高等教育"十三五"规划教材

教育部新工科研究与实践项目(E-KYDZCH20201809)资助

采矿 AutoCAD 绘图基础与开发

主　编　郑西贵　任海兵

副主编　安铁梁　冯晓巍

中国矿业大学出版社

·徐州·

内容提要

本书主要介绍 AutoCAD 2018 软件在采矿工程专业中进行图纸绘制和辅助设计的方法与技巧。全书共15章和2个附录，分别介绍了 AutoCAD 2018 概述，坐标系和对象选择，设置绘图环境，文字编辑和图案填充，对象特性，块、属性与外部参照，图形显示、查询和计算，尺寸标注，批量化设计和光栅图像，布局与出图，三维坐标系与视图，三维对象的绘制与编辑，以及 AutoCAD 常用快捷命令、常用采矿图元符号等内容。

本书中实例超过百例，所有实例均取自采矿工程设计手册、生产实际、行业标准和企业规范，遵循了"绘图之道，唯在于勤；成图之妙，唯在于思"的绘图方针，体现了采矿工程专业的特色。

本书可作为高等院校研究生、本科生和企业职工学习计算机绘图的首选教材，也是采矿工程领域技术人员的必备参考书。

图书在版编目(CIP)数据

采矿 AutoCAD 绘图基础与开发 / 郑西贵，任海兵主编.
—徐州：中国矿业大学出版社，2021.1
ISBN 978-7-5646-4012-5

Ⅰ. ①采… Ⅱ. ①郑… ②任… Ⅲ. ①矿山开采—计算机辅助设计—AutoCAD 软件 Ⅳ. ①TD802-39

中国版本图书馆 CIP 数据核字(2018)第138254号

书　　名　采矿 AutoCAD 绘图基础与开发
主　　编　郑西贵　任海兵
责任编辑　姜　华　吴学兵
出版发行　中国矿业大学出版社有限责任公司
（江苏省徐州市解放南路　邮编 221008）
营销热线　(0516)83884103　83885105
出版服务　(0516)83995789　83884920
网　　址　http://www.cumtp.com　**E-mail**:cumtpvip@cumtp.com
印　　刷　江苏淮阴新华印务有限公司
开　　本　787 mm×1092 mm　1/16　**印张** 24.5　**字数** 612 千字
版次印次　2021年1月第1版　2021年1月第1次印刷
定　　价　45.00元

前　言

《采矿 AutoCAD 绘图基础与开发》是作者编撰的系列教材的最新一部，也是第四部，前三部分别是《精通采矿 AutoCAD 2014 教程》《实用采矿 AutoCAD 2010》和《采矿 AutoCAD 2006 入门与提高》。教材的相继出版，既得益于 Autodesk 公司对于 AutoCAD 软件的不断出新，更体现了作者与读者互动程度的深入、编撰思路的提升。本教材遵循了辩证唯物主义和历史唯物主义认识客观世界的基本方法论和世界观，有助于提升运用计算机提高采矿工程专业辅助设计的水平和能力。

本教材共三部分 15 章，分别介绍了：AutoCAD 2018 概述，坐标系和对象选择，AutoCAD 2018 的设置，文字编辑和图案填充，对象特性，块、属性和外部参照，图形显示、查询和计算，尺寸标注，批量化设计和光栅图像，布局与出图；三维坐标系与视图，三维对象，三维对象编辑和采矿三维实例；AutoCAD 二次开发实例等。各章节的基础实例与综合图形练习均取自采矿工程设计手册、生产实际、行业标准和企业规范，其数逾百。

本教材的编写遵循了培养卓越工程师中以勤为本、以博扩充视野、以规范熟悉传统及进行创新的思路，体现了勤于学习、勤于思考、勤于实践和勤于总结的创新人才的学习观。教材编写组提出的“绘图之道，唯在于勤；成图之妙，唯在于思”方法论符合 21 世纪对工程技术人员的强基础、宽领域和严要求的基本规范和要求。章节的编排、案例的选择，本着引导读者学会学习、享受学习和快乐学习的宗旨进行了遴选和排序。随着智能矿山开采的逐步推进，使用计算机绘图及辅助设计的需求也必随之增加。案例中选择的锚杆、锚索支护及锚架联合支护代表了当前煤巷围岩控制的主流支护技术。

本教材中关于输入命令或 AutoCAD 中自有命令做了如下约定：① 不区分大写和小写；② 对于重复出现的命令、语句或提示符，为减少赘言，仅保留一次；③ 部分对话框的显示内容、色彩或次序，可能会由于使用者操作习惯的不同而存在差异；④ 关于鼠标的左右键拾取或回车确认所代表的含义为：“↵”表示单击鼠标右键，“↙”表示单击鼠标左键。

本教材由郑西贵统稿，具体编写分工如下：第 1～10 章，郑西贵、任海兵；第 11～13 章，安铁梁、冯晓巍；第 14～15 章，任海兵；附录，郑西贵。马军强完成了部分内容的编写；林在康教授对全书进行了审定。

本教材为“高等教育‘十三五’规划教材”，并得到了“教育部新工科研究与实践项目(E-KYDZCH20201809)”“江苏高校优势学科建设工程二期”“江苏省品牌专业建设工程二期”和“中国矿业大学教学名师培育项目”等项目的资助，在此表示感谢。

由于编者水平所限和时间紧促，书中难免存在错漏，敬请读者赐教。

编　者

2020 年 10 月

目　录

第 1 章　AutoCAD 2018 概述

本章主要介绍 AutoCAD 2018 的安装与卸载、启动与退出、界面、直线、圆、矩形、删除、放弃、重做和移动等常用绘图与修改的命令以及帮助、新增与网络功能。实例为常用采矿图元的绘制。

1.1　程序的安装与卸载

1.1.1　AutoCAD 2018 对系统配置的要求

1.1.1.1　硬件要求

目前主流计算机的配置均能满足 AutoCAD 2018 运行的最低要求，若用户对软件运行速度或图形显示流畅程度有过高要求的话，则计算机的配置也需要很高。安装 AutoCAD 2018 对用户的计算机硬件及软件配置的要求见表 1-1。

表 1-1　安装 AutoCAD 2018 对计算机硬件及软件配置的需求

序号	硬件/软件	配置需求	
		32 位版本	64 位版本
1	Microsoft Windows 操作系统	Microsoft® Windows® 7 SP1 Microsoft Windows 8.1 的更新 KB2919355	Microsoft® Windows® 7 SP1 Microsoft Windows 8.1 的更新 KB2919355 Microsoft Windows 10
2	WEB 浏览器	Windows Internet Explorer® 11 或更高版本	Windows Internet Explorer® 11 或更高版本
3	处理器	Intel Pentium 4 或 AMD Athlon™ Dual Core，1.6 GHz(XP)/3.0 GHz(Vista)或更高，采用 SSE2 技术	AMD Athlon 64 或 AMD Opteron™ 采用 SSE2 技术等
4	内存	2 GB(建议使用 4 GB)	4 GB(建议使用 8 GB)
5	显示器	常规显示：1 360×768(建议 1 920×1 080)，真彩色 高分辨率和 4 KB 显示：分辨率达 3 840×2 160 支持 Windows 10、64 位系统(使用的显卡)	
6	硬盘	至少 4 GB	至少 4 GB
7	定点设备	鼠标、轨迹球或其他设备	
8	DVD/CD-ROM	任意速度(仅用于安装)	
9	可选硬件	打印机或绘图仪、数字化仪、调制解调器或其他访问 Internet 连接的设备、网络接口卡	
备注	如用户对三维功能有较高需求的话，可在安装手册中查看相应的建议配置		

1.1.1.2　操作系统要求

AutoCAD 2018 适用于 Windows 8 以上 Windows 和 Windows Server 服务器企业级操

作系统等，安装时会自动检测 Windows 操作系统是 32 位版本还是 64 位版本，并选择适当的 AutoCAD 2018 版本进行安装，具体要求见表 1-1。

1.1.2 安装 AutoCAD 2018

（1）AutoCAD 2018 的安装非常便捷，将 AutoCAD 2018 安装盘插入光驱后，系统会自动运行 Setup. exe 文件，弹出【Autodesk AutoCAD 2018】界面，见图 1-1。

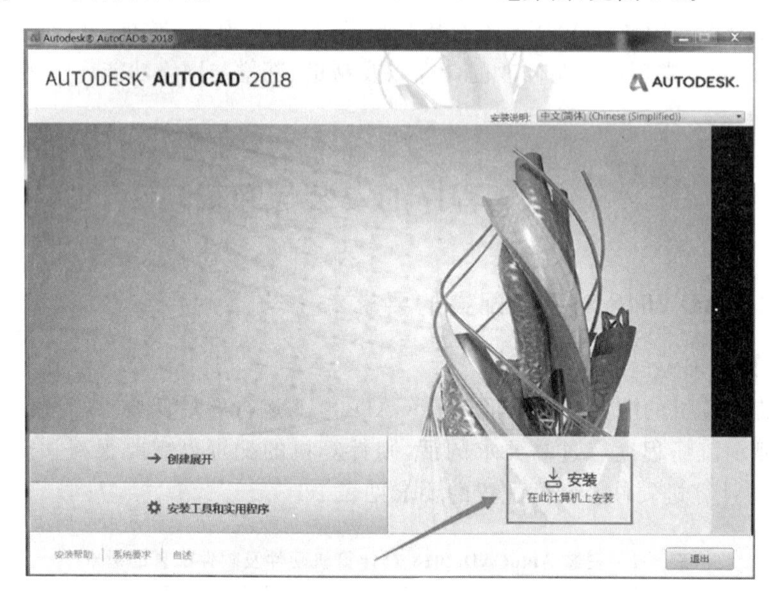

图 1-1 【Autodesk AutoCAD 2018】界面

（2）在【Autodesk AutoCAD 2018】界面中单击【安装】按钮，弹出【Autodesk AutoCAD 2018 安装许可协议】界面，见图 1-2。

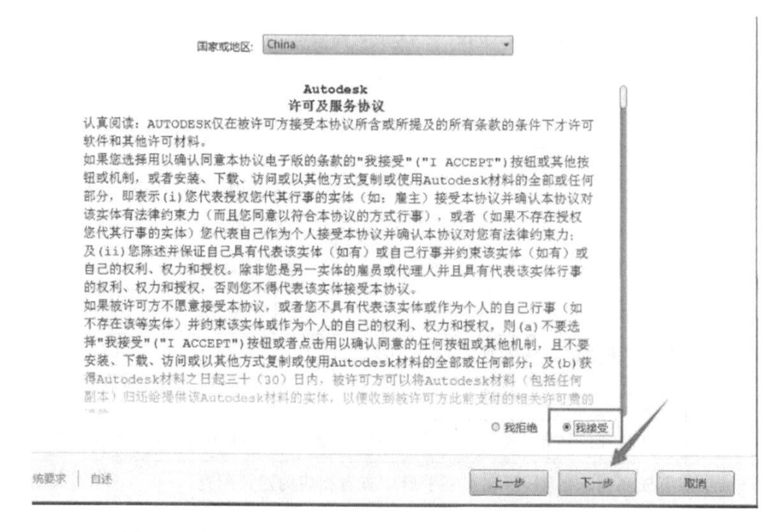

图 1-2 【Autodesk AutoCAD 2018 安装许可协议】界面

(3) 在【Autodesk AutoCAD 2018 安装许可协议】界面，选择【我接受】，见图 1-2。然后单击【下一步】按钮即可开始安装 AutoCAD 2018。在安装过程中，根据向导的提示给予响应，直到结束。

(4) 安装完成后，根据系统提示选择重新启动计算机。

(5) 重新启动计算机，首次运行 AutoCAD 2018，程序会提示用户激活产品，此时需要选择【激活产品】，并输入相应的序列号后即可完成 AutoCAD 2018 的激活，否则只会有 30 天的试用时间。

(6) 安装时的注意事项。

① 如果不希望自动安装程序运行，在插入安装盘时按住 Shift 键即可。

② 选择安装路径。在安装过程中，会出现“选择安装路径”的提示，默认的路径是 C 盘，用户可以根据需要自行设定新的路径，但建议选择默认路径。

1.1.3 卸载 AutoCAD 2018

卸载 AutoCAD 2018 时，卸载程序将从系统中删除所有 AutoCAD 安装文件组件。在 Windows 10 系统中卸载步骤如下：

(1) 单击桌面【控制面板】图标，打开【控制面板】程序窗口。

(2) 单击【卸载程序】，打开【卸载或更改程序】窗口，选择“AutoCAD 2018”，然后鼠标右键单击选择【卸载/更改】按钮。

(3) 在【卸载 AutoCAD 2018】窗口单击【卸载】按钮，根据提示进行响应即可。

(4) 当系统通知用户已成功卸载产品时，单击【完成】按钮即可。

用户也可以通过上述步骤对 AutoCAD 2018 进行修复，或增加其他功能的安装。此外，AutoCAD 程序虽被卸载，但软件许可仍被保留，重装 AutoCAD 时无须注册和重新激活程序。

1.2 程序的启动与退出

1.2.1 AutoCAD 2018 的启动与退出

1.2.1.1 *启动* AutoCAD 2018

启动 AutoCAD 2018 的操作方式有如下几种：

(1) 手动敲击键盘上的【Windows】键，在应用菜单中选择【AutoCAD 2018】。

(2) 双击桌面上“AutoCAD 2018”快捷图标。

(3) 选中桌面上“AutoCAD 2018”快捷图标后，单击鼠标右键，选择【打开】项。

(4) 在【我的电脑】或【资源管理器】中双击【ACAD. EXE】可执行文件。

(5) 双击后缀格式为“ * . dwg”的文件，即可启动 AutoCAD 并打开程序。

启动后的 AutoCAD 2018 初始界面见图 1-3。

浮在 AutoCAD 2018 初始界面之上的是【创建】窗口，用户可以根据需要，在初始界面中选择打开文件、打开图纸集、联机获得更多样板、了解样例图形。打开【开始绘制】窗口后显示出的界面为 AutoCAD 2018 的【二维草图与注释】人性化的界面。

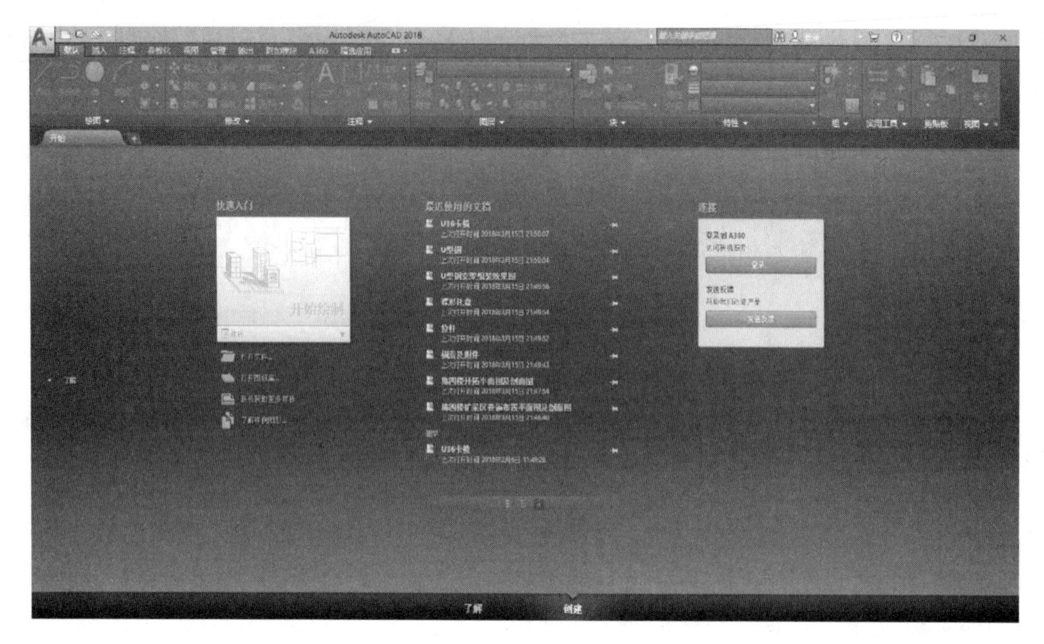

图 1-3 AutoCAD 2018 初始界面

1.2.1.2 退出 AutoCAD 2018

退出 AutoCAD 2018 的操作方式有以下几种：

(1) 单击 AutoCAD 2018 程序窗口右上角的【关闭】按钮。

(2) 执行应用程序菜单 →【退出 AutoCAD】按钮。

(3) 在命令行输入“Quit”命令，并按回车键或空格键。

(4) 执行 Ctrl+Q 组合键。

1.2.2 创建新图形文件

1.2.2.1 命令功能

■ 创建空白的图形文件。

1.2.2.2 命令调用方式

■ 单击快速工具栏上的【新建】按钮。

■ 在命令行输入“New”命令，并按回车键或空格键。

■ 执行 Ctrl+N 组合键。

■ 执行应用程序菜单 →【新建】按钮。

1.2.2.3 命令应用

执行【新建】图形命令后会出现【选择样板】对话框，见图 1-4。该对话框默认的样板文件是 acadiso.dwt，可选择该样板文件作为新建文件的样板。单击【打开】按钮，AutoCAD 2018 将创建一个空白图形文件，新图形文件的默认名称为“Drawing2”。

1.2.2.4 说明

在系统提示选择样板时，用户可以根据需要选择 AutoCAD 程序提供的样板文件，也可以根据定义出的采矿专有设计图纸(如巷道断面等)的样板文件进行选择。有关样板的内容

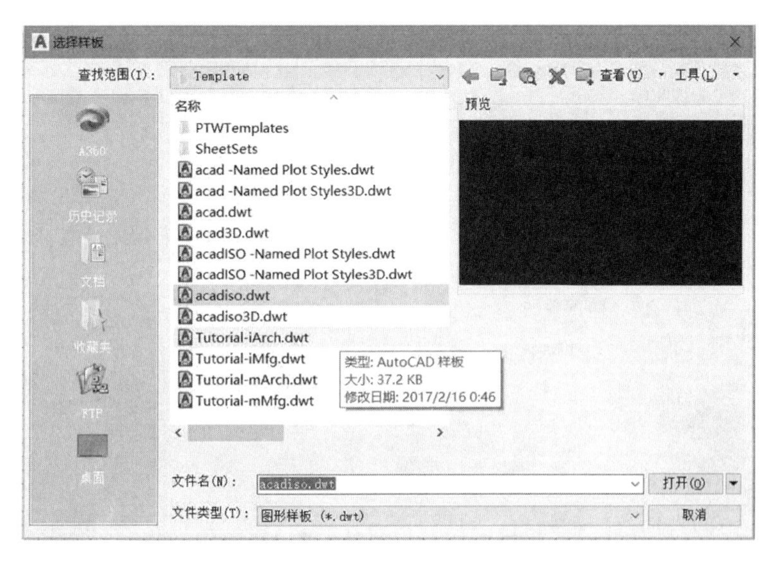

图 1-4　【选择样板】对话框

见本书第 9 章。在图 1-4 中，也可单击【打开】按钮右侧的下拉按钮，选择【无样板打开一公制】。一般而言，空白文件创建完成后的第一步工作应对其进行保存，而且文件的命名应有较强的可读性，文件的存储也应该分门别类并系统化。

1.2.3　打开图形文件

1.2.3.1　命令功能

■ 打开一个或多个现有图形文件，或打开现有图形文件的一部分。

1.2.3.2　命令调用方式

■ 单击快速工具栏上的【打开】按钮。

■ 在命令行输入“Open”命令，并按回车键或空格键。

■ 执行 Ctrl+O 组合键。

■ 执行应用程序菜单 →【打开】→【图形】或【图纸集】。

1.2.3.3　命令应用

（1）打开完整的图形文件

执行【打开】命令后，弹出【选择文件】对话框，见图 1-5。在该对话框中选择需要打开的文件，单击【打开】按钮即可完成操作。

（2）局部打开图形文件

在图 1-6 中，单击【打开】按钮右侧的下拉按钮，选择【局部打开】项，可打开已有图形文件的一部分。

（3）在打开的多个图形文件中切换

对已经打开的图形文件再次执行【打开】命令时，会出现如图 1-7 的提示，此时应单击【否】按钮，结束【打开】操作。

在已经打开的图形文件中进行切换的步骤如下：

① 结束【打开】操作。

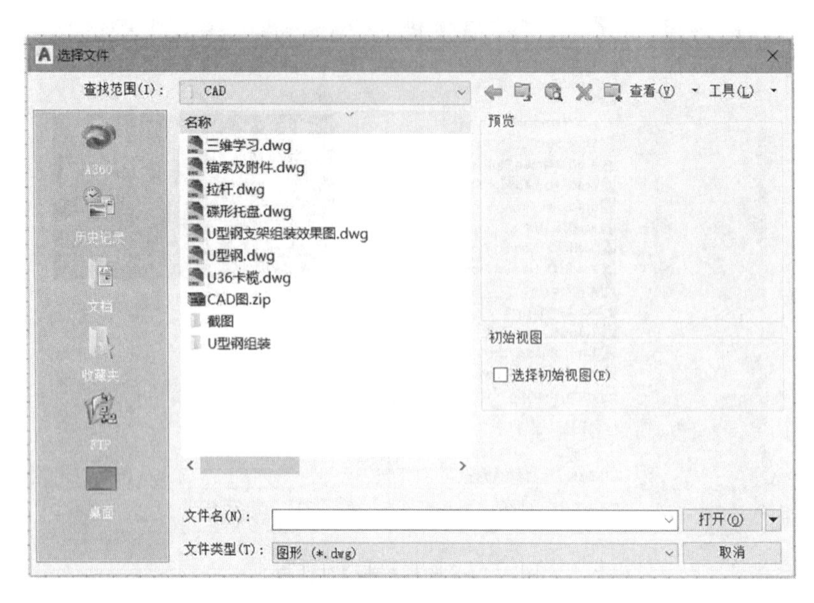

图 1-5 【选择文件】对话框

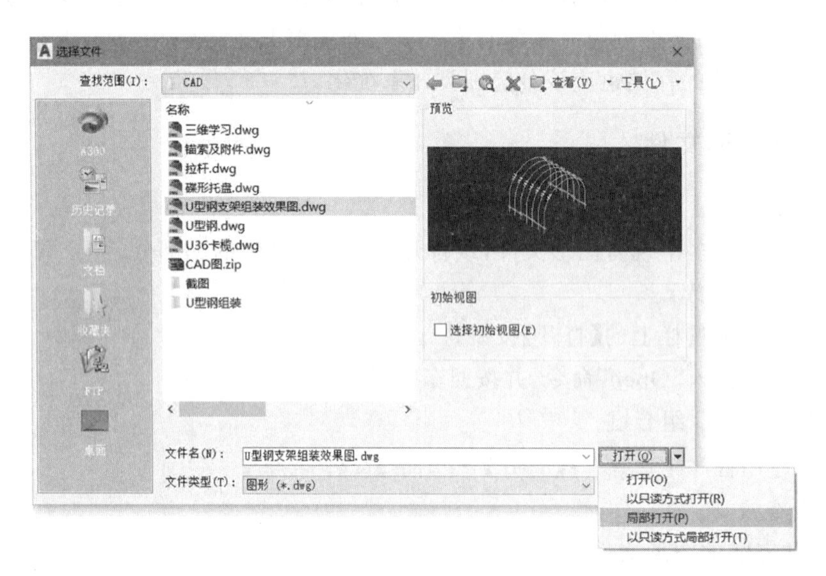

图 1-6 局部打开图形文件

② 选择需要的文件后单击即可切换到该文件，见图 1-8。

用户也可以采用 Ctrl+F6 组合键进行切换。

1.2.3.4 说明

(1) 建议用户先打开 AutoCAD 程序，再选择需要打开的图形文件。

(2) 选择文件时，使用 Ctrl 键或 Shift 键，可以一次打开多个文件。

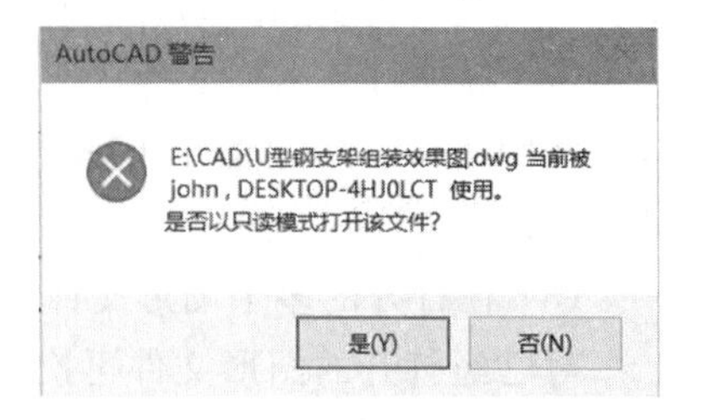

图 1-7 【AutoCAD 警告】对话框

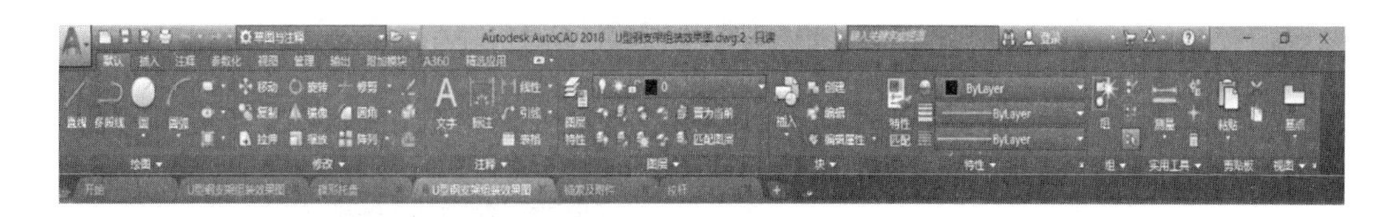

图 1-8 在已打开的多个图形文件中进行切换

(3) 一般不要对同一文件重复执行打开操作。

(4) 使用局部打开功能可提高图形文件显示效率。

1.2.4 保存图形文件

1.2.4.1 命令功能

■ 保存当前图形文件。

1.2.4.2 命令调用方式

■ 单击快速工具栏上的【保存】按钮。

■ 在命令行输入"Save"命令,并按回车键或空格键。

■ 执行 Ctrl+S 组合键。

■ 执行应用程序菜单 →【保存】。

1.2.4.3 说明

(1) 开始工作之前的第一步,即是保存工作。如果是第一次保存图形,则显示【图形另存为】对话框。

(2) 输入新建图形的名称(不需要扩展名),然后单击【保存】按钮。

(3) 保存文件时,文件名的命名应尽可能地说明文件的内容。

(4) 文件的存放路径应系统化。

(5) 文件一般不直接在 U 盘或其他移动存储器上操作。

(6) 在绘图过程中,应对文件实时保存,以防丢失文件。

(7) 文件的自动保存设置见 2.3.3 节。

1.2.5 图形文件的另存为

1.2.5.1 命令功能

■ 将当前文件换名或换格式保存。

1.2.5.2 命令调用方式

■ 执行应用程序菜单 →【另存为】。

■ 执行 Ctrl+Shift+S 组合键。

1.2.5.3 命令应用

执行图形文件【另存为】命令后,出现如图 1-9 所示的【图形另存为】对话框。在该对话框中可以将当前文件以其他的文件名或格式保存。

AutoCAD 2018 提供的文件格式类型有 14 种,见表 1-2。

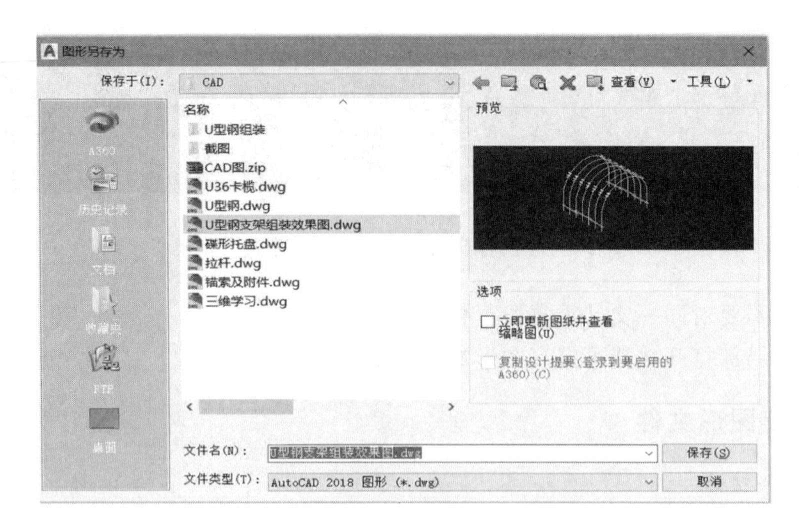

图 1-9 【图形另存为】对话框

表 1-2 AutoCAD 2018 中的文件类型

序号	文件类型	说明
1	AutoCAD 2018 图形(*.dwg)	AutoCAD 2018 文件类型
2	AutoCAD 2013/LT2013 图形(*.dwg)	AutoCAD 2013 文件类型
3	AutoCAD 2010/LT2010 图形(*.dwg)	AutoCAD 2010 文件类型
4	AutoCAD 2007/LT2007 图形(*.dwg)	AutoCAD 2007 文件类型
5	AutoCAD 2004/LT2004 图形(*.dwg)	AutoCAD 2004 文件类型
6	AutoCAD 2000/LT2000 图形(*.dwg)	AutoCAD 2000 文件类型
7	AutoCAD R14/LT98/LT97 图形(*.dwg)	AutoCAD R14 文件类型
8	AutoCAD 图形标准(*.dws)	AutoCAD 标准图形文件
9	AutoCAD 图形样板(*.dwt)	AutoCAD 图形样板文件
10	AutoCAD 2018 DXF(*.dxf)	AutoCAD 2018 二进制 DXF 文件
11	AutoCAD 2013/LT2013 DXF(*.dxf)	AutoCAD 2013 二进制 DXF 文件
12	AutoCAD 2010/LT2010 DXF(*.dxf)	AutoCAD 2010 二进制 DXF 文件
13	AutoCAD 2007/LT2007 DXF(*.dxf)	AutoCAD 2007 二进制 DXF 文件
14	AutoCAD 2004/LT2004 DXF(*.dxf)	AutoCAD 2004 二进制 DXF 文件
15	AutoCAD 2000/LT2000 DXF(*.dxf)	AutoCAD 2000 二进制 DXF 文件
16	AutoCAD R12/LT2 DXF(*.dxf)	AutoCAD R12/LT12 二进制 DXF 文件

1.2.5.4 说明

(1) 对只读文件的保存必须使用该命令。

(2) 图形文件另存为的功能与复制文件相类似。

(3) 高版本的文件一般必须另存为低版本格式,才能由低版本的 AutoCAD 打开。

1.2.6 图形文件的关闭

1.2.6.1 命令功能

■ 关闭当前图形文件。

1.2.6.2 命令调用方式

■ 单击绘图区右上角的【关闭】按钮。

■ 在命令行输入“Close”命令，并按回车键或空格键。

■ 执行应用程序菜单 →【关闭】→【当前图形】。

1.2.6.3 命令应用

对当前图形文件执行【关闭】命令后，则关闭该文件。

1.2.6.4 说明

(1) 该命令关闭的文件是当前文件，所以要关闭某一图形文件，应先把该图形文件置为当前文件，然后再执行该命令。

(2) 若需要关闭的文件已打开但不是当前文件，可单击【视图】选项卡内【窗口】面板上【打开图形】的功能区按钮(见图 1-8)，将所需文件置于当前。

(3) 执行【关闭】图形文件命令后，如果当前图形文件没有存盘，会弹出提示对话框，根据实际选择响应操作，完成文件的存盘工作。

(4) 执行应用程序菜单 →【关闭】→【所有图形】，可以关闭当前所有打开的图形，但不退出 AutoCAD。

1.3 程序界面的结构与功能

初次打开 AutoCAD 2018，程序界面见图 1-10。界面内主要包括：应用程序菜单、快速工具栏、标题栏、信息中心、选项卡、面板、绘图区、坐标系图标、命令窗口、状态栏、光标、ViewCube 和导航工具栏等。

图 1-10 AutoCAD 2018 程序界面

1.3.1 应用程序菜单

应用程序菜单位于 AutoCAD 2018 程序界面的左上角，延续了 AutoCAD 2010 的功能。

单击应用程序菜单，可弹出 AutoCAD 程序自带的相关菜单，见图 1-11。应用程序菜单的菜单项数量与排列顺序延续了 AutoCAD 2010 的风格。

1.3.2 快速工具栏

快速工具栏位于 AutoCAD 2018 程序界面的最上方，见图 1-10。快速工具栏列出最常用的几个工具按钮，有【新建】、【打开】、【保存】、【另存为】、【打印】、【工作空间】等按钮。

在快速工具栏最右侧单击下拉按钮，可弹出如图 1-12(a)所示的快捷菜单；单击鼠标右键可弹出如图 1-12(b)所示的快捷菜单；在面板功能区内的工具按钮中单击鼠标右键可弹出如图 1-12(c)所示的快捷菜单。

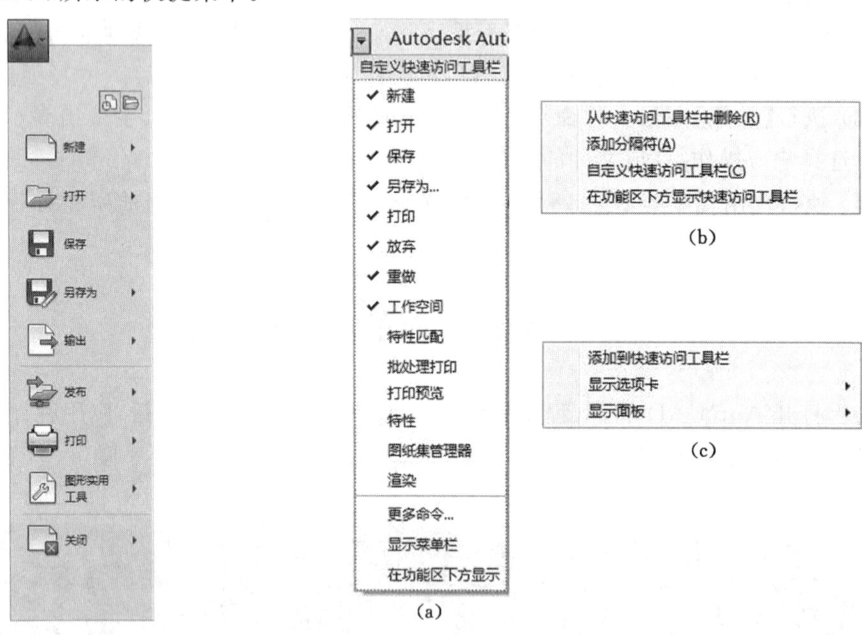

图 1-11 应用程序菜单功能

图 1-12 快速工具栏快捷菜单

1.3.3 标题栏

标题栏位于菜单栏上方，也是 AutoCAD 2018 程序界面的最上方，见图 1-10。标题栏首先显示的是 AutoCAD 2018 程序的名称，然后是当前图形文件的文件名。

1.3.4 信息中心

信息中心区域提供了【搜索】、【Autodesk 360 登陆】、【Autodesk Exchange 应用程序】、【连接】、【帮助】等功能按钮。信息中心区域的右侧分别列出了【最小化】、【最大化/还原】和【关闭】按钮。

1.3.5 选项卡功能区

选项卡功能区是 AutoCAD 2009 以后版本的新增功能，位于快速工具栏和菜单栏的下方。默认的选项卡共有 11 个，分别为默认、插入、注释、布局、参数化、视图、管理、输出、插件、Autodesk 360、精选应用等。每个选项卡又包括不同数量和功能的面板，面板内几乎包括了 AutoCAD 的所有功能。在选项卡上单击鼠标右键，可弹出选项卡快捷菜单，见图 1-13。

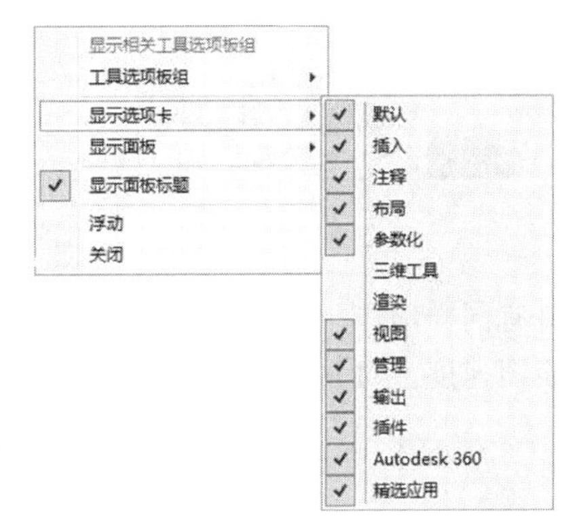

图 1-13　选项卡快捷菜单

1.3.6　面板功能区

面板功能区也是 AutoCAD 2009 以后版本的新增功能。不同选项卡包含的面板数量和功能各不相同，AutoCAD 2018 选项卡与面板组成的功能区基本上延续了 AutoCAD 2010 的风格。AutoCAD 2018 初始界面共包括 11 个选项卡的 51 个面板功能区。在面板上单击鼠标右键，可弹出与图 1-13 相似的快捷菜单，控制面板的显示方式。单击选项卡功能区右侧的【最小化】按钮，可隐藏面板功能区。

1.3.7　绘图区

绘图区即屏幕中最大的乳白色区域，也称工作区或当前视口。一般只能在绘图区内进行图形的绘制及编辑。绘图区背景颜色可根据需要更改。工作时绘图区的面积显然越大越好。当前绘图区一般称为视口。

视口控件位于绘图区的左上角，可以单击 3 个方括号中的任意一个来更改设置。单击最左边的【一】可显示选项，用于恢复/更改最大化视口、更改视口配置或控制 ViewCube 和导航工具的显示；单击【俯视】可以在几个标准和自定义的视图之间选择；单击【二维线框】可选择一种视图样式，大多数其他视图样式用于三维可视化。

ViewCube 是三维导航工具，位于绘图区的右侧，用来控制三维视图的方向。用户可以通过【视图】选项卡→【用户】界面操作来控制是否显示。

导航工具栏位于绘图区的右侧，可以用于图形的平移和缩放等操作。用户可以通过【视图】选项卡→【用户】界面操作来控制是否显示。

1.3.8　坐标系图标

坐标系图标位于绘图区的左下角，用于显示当前坐标系，如坐标原点、X、Y、Z 轴正向等。AutoCAD 默认的坐标系为世界坐标系。坐标系的详细讲解见 2.1 节。

1.3.9　命令窗口

AutoCAD 2018 命令窗口较 AutoCAD 2010 改动较大。命令窗口悬浮于绘图区的下方，输入命令或操作以后，历史消息记录会悬浮于命令窗口的上方，见图 1-14。如果历史消息记录行数过多，会影响绘图区的大小，一般显示为 3 行。用户可以设置命令窗口的透明度，也可以拖动命令窗口显示 AutoCAD 2018 的命令行界面。

按 F2 功能键可以在悬浮窗口的上方弹出文字窗口，用户可以在文字窗口内查看所有的历史操作记录。在打开文字窗口的状态下按 F2 功能键会关闭文字窗口，回到 AutoCAD 2018 程序界面。按 Ctrl+F2 组合键可以弹出新的文字窗口，与按 F2 功能键弹出的文字窗

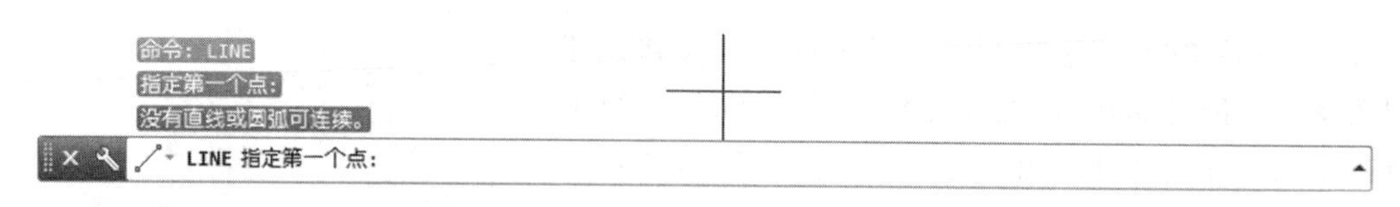

图 1-14 命令窗口

口有同样的作用。文字窗口是 AutoCAD 的特有功能之一，根据它反映出的提示可以提高绘图速度。对其总结如下：

命令发出莫慌张，紧随提示细细行。三角默认直接用，若换选项输参数。

使用 Ctrl+9 组合键可控制文字窗口的显示与否。用键盘输入命令时，不需要将光标对准命令行并单击，AutoCAD 2018 会将键入的命令自动显示在命令行。

AutoCAD 2018 对命令行功能进行了增强，可以提供自动更正和自定义搜索功能，方便用户的使用。

为了方便介绍，在本书的后续章节中，均默认把文字窗口拖动到状态栏上方，恢复 AutoCAD 2018 文字窗口的界面。

1.3.10 状态栏

状态栏位于文字窗口下方，也是 AutoCAD 2018 程序界面的最下方，见图 1-15。AutoCAD 2018 延续了 AutoCAD 2010 的状态栏风格，并且丰富了状态栏的功能按钮，所有的功能按钮选用图标显示，当光标移动到某个图标上时，光标附近显示光标名称。

图 1-15 状态栏

状态栏列出了模型、捕捉、栅格、正交、极轴、对象捕捉、对象追踪、动态 UCS、动态输入、线宽和透明度等功能；快捷特性可打开或关闭对象的快捷特性显示功能；选择循环可以打开或者关闭选择循环，用于彼此较为接近或者重合的对象的选择；注释监视器的作用是监视图形中的标注是否与对象关联，没有关联的给出黄色的“!”；默认的空间为模型空间，布局空间多用于打印与出图；快速查看工具用于对图形文件的控制；注释工具用于对图形的比例等内容的设置。

1.3.11 光标

光标是指鼠标在绘图区的显示形状，在不同命令状态下光标的显示形状各不相同，常见的光标显示形状如图 1-16 所示。

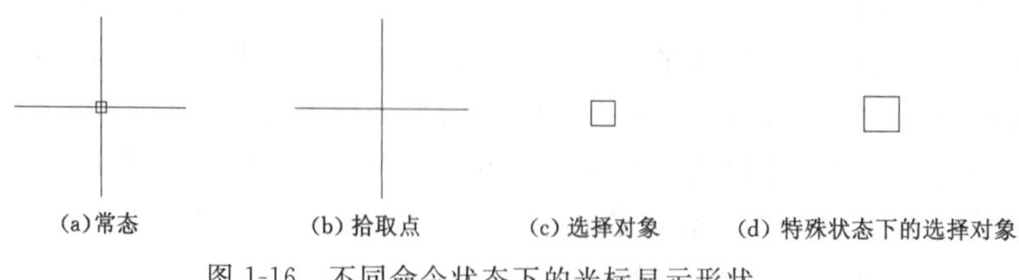

图 1-16 不同命令状态下的光标显示形状

1.4　基本命令简介

1.4.1　调用 AutoCAD 命令

AutoCAD 2018 中的命令一般有三种调用方式，分别是：

(1) 通过鼠标调用，即用鼠标单击面板功能区的命令按钮或快捷菜单项；

(2) 通过键盘调用，即在命令行用键盘输入命令或命令别名，或执行快捷组合键；

(3) 通过应用程序菜单调用，即通过鼠标或键盘激活应用程序菜单后再选择需要的子菜单项完成。

在 AutoCAD 2018 中较快捷的操作方式是左手控制键盘并输入命令，右手控制鼠标在屏幕内拾取对象或执行其他操作。输入命令时不区分大小写。

1.4.2　透明命令

1.4.2.1　含义

透明命令指的是在执行当前命令中，可嵌套执行其他命令且不中断当前命令的命令。该类命令多为图形显示、设置及辅助工具命令。

1.4.2.2　几个常用的图形显示命令

AutoCAD 2018 提供了丰富的图形显示命令，如实时平移、实时缩放、范围缩放等，这些命令既可通过点击工具按钮的方式进行操作，也可通过在命令行输入命令别名的方式方便地放大或缩小视图、查找所绘制的对象。这里初步介绍实时平移、实时缩放和范围缩放 3 个图形显示的控制命令，其中实时平移与实时缩放工具按钮位于【导航工具】的状态栏内，见图 1-17。具体的图形显示操作见本书第 9 章。

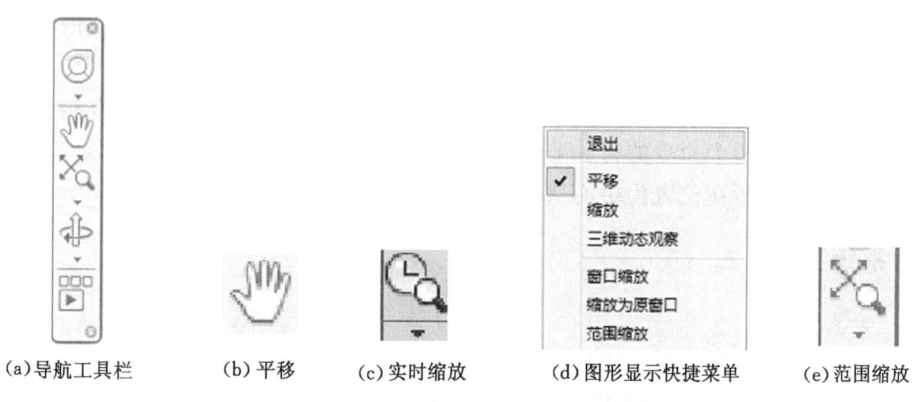

(a) 导航工具栏　(b) 平移　(c) 实时缩放　(d) 图形显示快捷菜单　(e) 范围缩放

图 1-17　几个常用的图形显示命令

(1) 平移(Pan)

【平移】命令用于在绘图区平移当前图纸，该命令为透明命令，见图 1-17(b)。

命令的调用方式如下：

① 在命令行为空时输入字母“P”后按回车键。

② 按住鼠标中轮不放进行拖动。

采用上述第①种调用方式执行【平移】命令后，光标在绘图区内变为手形光标，按住鼠标左键即可使图形与光标一起在绘图区平移，任何时候要停止平移，敲击回车键或 Esc 键即可，也可以单击鼠标右键后弹出图形显示快捷菜单，见图 1-17(d)，选择【退出】项。

如果采用第②种调用方式，则按住鼠标中轮后移动鼠标，可实现图纸在绘图区的平移。

(2) 实时缩放(Zoom)

【实时缩放】命令用于在绘图区缩放图纸，以便绘制或编辑对象，该命令为透明命令，见图 1-17(c)。

命令的调用方式如下：

① 在命令行为空时输入字母“Z”后按回车键。

② 向上或向下滚动鼠标中轮。

采用上述第①种方式执行【实时缩放】命令后，光标在绘图区内变为放大镜光标，按住鼠标左键垂直向上拖动光标，放大显示图形；按住鼠标左键垂直向下拖动光标，缩小显示图形。与实时平移的退出方式一样，任何时候要停止缩放，敲击回车键或 Esc 键即可，也可以单击鼠标右键弹出快捷菜单选择【退出】项。

如果采用第②种方式，通过滚动鼠标中轮可直接实现图形的放大与缩小。

(3) 范围缩放

【范围缩放】命令执行后可将所有对象最大化地显示在当前视口，该命令不是透明命令，见图 1-17(e)。

命令的调用方式如下：

在命令行为空时输入字母“Z”后按回车键，然后输入字母“E”再次按回车键。

1.4.2.3 说明

(1) 用于控制图形显示大小的命令相当于用不同倍数的放大镜查看图纸，图纸内部各对象的实际尺寸并未发生改变。

(2) 用于控制图形平移的命令相当于移动纸质的图纸进行查看对象，图纸内部各对象的相对位置并未发生改变。

(3)【平移】与【实时缩放】为透明命令，实现这两个命令的最快捷方式为直接按住或滚动鼠标中轮。使用这两个命令的另一要点是执行命令前要将光标的位置设置好，因为图形平移或缩放是以光标所在位置为中心进行的。

1.4.3 系统变量

1.4.3.1 含义

AutoCAD 2018 将操作环境和某些命令的值存储在系统变量中。用户可以通过直接在命令行中输入系统变量名来检查任意系统变量并修改可写系统变量的值，或者通过使用 SETVAR 命令来实现。系统变量用于控制 AutoCAD 的某些功能或配置工作环境。

1.4.3.2 说明

在命令行键入“Setvar”后输入符号“?”，然后选择需要的变量进行配置。

1.4.4 键盘操作

如前所述，在 AutoCAD 中操作较快捷的做法是左手掌控键盘，右手操控鼠标。根据键盘中各键功能的不同，可将其分为以下几类：

(1) 打字键，即键盘上 A～Z，0～9 等所在的键。

(2) 光标键，共 4 个，分别是：↑，←，→，↓。其中：向上的光标键可获取在当前图形文件中输入过的历史数据或命令。

(3) 控制键，共 3 个，分别是：Esc（退出键）、Space（空格键）、Enter（回车键）。其中：在执行命令的过程中敲击 Esc 键可中断当前命令，命令行为空时单击鼠标右键或敲击回车键可重复上次命令。

(4) 辅助键，共 3 个，分别是：Ctrl、Shift 和 Alt。Ctrl 键和 Shift 键在执行选择文件或对象时，可辅助一次选中多个文件或对象。

(5) 功能键，共 12 个，即 F1～F12，各功能键的对应功能见表 1-3。

表 1-3　AutoCAD 2018 中的功能键

序号	功能键	功　能	序号	功能键	功　能
1	F1	【帮助】	7	F7	打开/关闭【栅格】
2	F2	打开/关闭【文字窗口】	8	F8	打开/关闭【正交】
3	F3	打开/关闭【对象捕捉】	9	F9	打开/关闭【捕捉】
4	F4	打开/关闭【三维对象捕捉】	10	F10	打开/关闭【极轴】
5	F5	【等轴测平面】	11	F11	打开/关闭【对象追踪】
6	F6	打开/关闭【动态 UCS】	12	F12	打开/关闭【线宽】

1.4.5　几个常用的对象捕捉

通过捕捉对象的特征点，可进行精确制图。常用的对象捕捉有直线的端点、中点、交点和圆或椭圆的圆心等特征点。详细介绍见本书第 3 章。

1.4.5.1　对象捕捉的设置

对象捕捉的设置步骤如下：

(1)【对象捕捉】按钮位于状态栏【绘图工具】区内，见图 1-18。

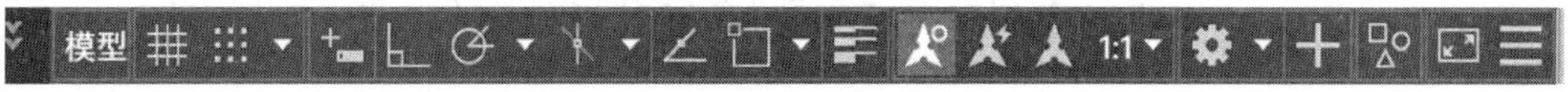

图 1-18　状态栏【绘图工具】区功能

(2) 在【对象捕捉】按钮上单击鼠标右键后，在弹出的快捷菜单上单击【中点】项，如图 1-19(a)，即完成中点特征点的自动捕捉设置。快捷菜单上特征点左侧的图标如果已被方框框住，则表示该项功能已可实现自动捕捉。再次单击已出现方框的特征点，可解除对该项特征点的自动捕捉功能。

(3) 在【对象捕捉】按钮上重复单击鼠标右键并选择【圆心】、【象限点】等项，设置完毕的结果应如图 1-19(b)所示。

(4) 如果需要一次设置多个特征点的对象捕捉，可在图 1-19 所示的快捷菜单中选择【设置】项，弹出【草图设置】对话框后选择特征点左侧的复选框即可。

1.4.5.2 对象捕捉的打开与关闭

单击状态栏【绘图工具】区内的【对象捕捉】按钮或按 F3 功能键，可实现对象捕捉功能的打开与关闭。对象捕捉功能打开后，在绘图或修改命令执行过程中可实现特征点的自动捕捉。

1.4.5.3 对象捕捉快捷菜单

在绘图区内，执行 Ctrl＋鼠标右键或 Shift＋鼠标右键可弹出【对象捕捉】快捷菜单，见图 1-20。通过选择对应项目可实现单次捕捉到对象的特征点功能。

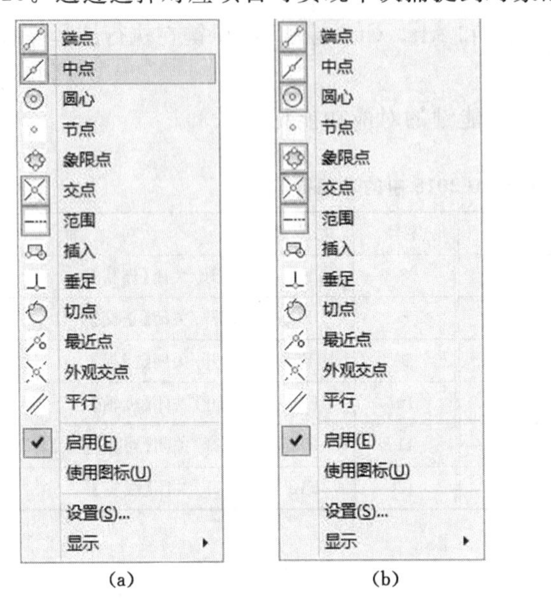

图 1-19 状态栏【对象捕捉】快捷菜单

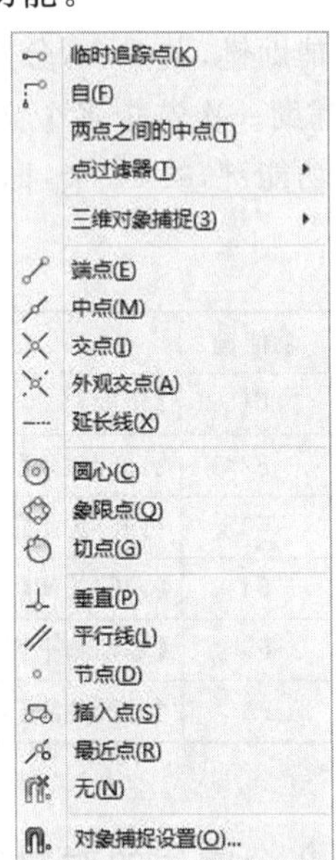

图 1-20 绘图区【对象捕捉】快捷菜单

1.4.5.4 说明

【对象捕捉】工具栏上的命令全部为辅助功能命令，只有在执行绘图或编辑命令后使用特征点捕捉功能时才有效。

1.5 绘图与修改命令的使用(一)

本书约定，绘制图形前先关闭【动态输入】、【快捷特性】和【动态 UCS】功能。

1.5.1 直线(Line)

1.5.1.1 命令功能

■ 绘制一条直线或一系列连续的直线段，但每条直线段都是一个独立的对象。

1.5.1.2 命令调用方式

■ 单击【默认】选项卡→【绘图】面板→【直线】按钮。

■ 在命令行输入“Line”或命令别名“L”，并按回车键或空格键。

1.5.1.3 命令应用

(1) 绘制已知端点坐标的直线。

对于已知端点坐标的直线，依次输入各端点的坐标即可。在绘制过程中，如果要删除直线，则输入“U”；如果绘一封闭多边形，则在画最后一根直线前输入“C”并回车。绘制结果如图 1-21(a)所示。

命令：line ↵　　执行直线命令
LINE 指定第一点：0,0 ↵　　输入 A 点坐标，图 1-21(a)
指定下一点或［放弃(U)］：0,30 ↵　　输入 B 点坐标，图 1-21(a)
指定下一点或［放弃(U)］：40,0 ↵　　输入 C 点坐标，图 1-21(a)
指定下一点或［闭合(C)/放弃(U)］：C ↵　　选闭合(C)项
命令：z ↵　　执行缩放命令
指定窗口的角点，输入比例因子 (nX 或 nXP)，或者
［全部(A)/中心(C)/动态(D)/范围(E)/上一个(P)/
比例(S)/窗口(W)/对象(O)］＜实时＞：e ↵　　选范围(E)项

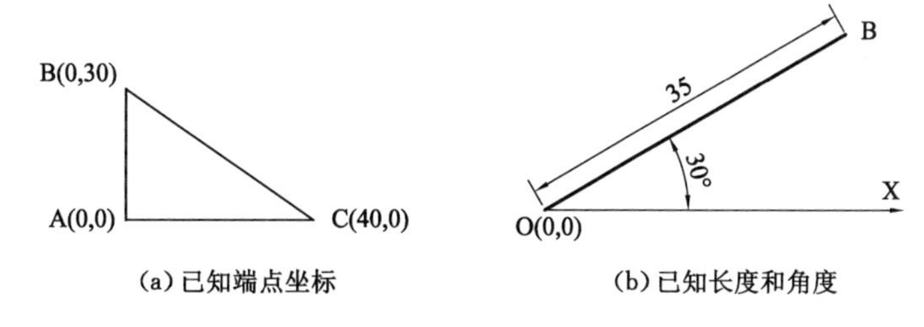

(a) 已知端点坐标　　(b) 已知长度和角度

图 1-21　绘制直线示例

(2) 绘制已知角度的直线，绘制结果如图 1-21(b)所示。

命令：line ↵　　执行直线命令
LINE 指定第一点：0,0 ↵　　输入 O 点坐标，图 1-21(b)
指定下一点或［放弃(U)］：35＜30 ↵　　输入 B 点坐标，图 1-21(b)
指定下一点或［放弃(U)］：↵　　回车结束命令
命令：z ↵　　执行缩放命令
指定窗口的角点，输入比例因子 (nX 或 nXP)，或者
［全部(A)/中心(C)/动态(D)/范围(E)/上一个(P)
/比例(S)/窗口(W)/对象(O)］＜实时＞：e ↵　　选范围(E)项

(3) 绘制水平或垂直的直线。

对于水平或垂直的直线，可在指定第一点后，按 F8 键打开【正交】，用光标确定需要绘制直线的方向后直接输入所绘直线的长度即可。

1.5.1.4　说明

(1) 使用【直线】(Line)命令，可以创建一系列连续的线段，而且可以单独编辑一系列线段中的所有单个线段而不影响其他线段，也可以闭合一系列线段，将第一条线段和最后一条线段连接起来。

(2) 如果绘制的直线在绘图区看不到或显示过小，可用【范围缩放】命令使其最大化地显示在当前视口内。

(3) 绘制直线的命令应根据实际需要灵活运用，总结如下：

坐标直接连，方向输角度。正交平且直，极轴面更广。

1.5.2 圆(Circle)

1.5.2.1 命令功能

■ 创建圆。

1.5.2.2 命令调用方式

■ 单击【默认】选项卡→【绘图】面板→【圆】按钮,见图 1-22。

■ 在命令行输入“Circle”或命令别名“C”,并按回车键或空格键。

图 1-22 绘制圆面板

1.5.2.3 命令应用

(1) 用圆心-半径方式绘圆,绘制结果如图 1-23(a)所示。

命令:circle ↵	执行圆命令
指定圆的圆心或[三点(3P)/两点(2P)/相切、相切、半径(T)]:↙	指定 O 点,图 1-23(a)
指定圆的半径或[直径(D)]:10 ↵	输入半径

(2) 用圆心-直径绘圆时,只需在“指定圆的半径或[直径(D)]”的提示下输入“D”后再输入直径数值即可。

(3) 用两点(2P)方式绘圆,绘制结果如图 1-23(b)所示。

命令:circle ↵	执行圆命令
指定圆的圆心或[三点(3P)/两点(2P)/相切、相切、半径(T)]:2p ↵	选两点(2P)项,图 1-23(b)
指定圆直径的第一个端点:↙	指定 A 点
指定圆直径的第二个端点:↙	指定 B 点

(4) 用三点(3P)方式绘圆。三点方式绘圆与两点方式绘圆相似,执行【圆】命令后,输入“3P”并分别拾取 3 个点即可,绘制结果如图 1-23(c)所示。

(5) 用相切、相切、半径方式绘圆,绘制结果如图 1-23(d)所示。

命令:circle ↵	执行圆命令
circle 指定圆的圆心或[三点(3P)/两点(2P)/相切、相切、半径(T)]:t ↵	选相切(T)项
指定对象与圆的第一个切点:↙	指定 A 点,图 1-23(d)
指定对象与圆的第二个切点:↙	指定 B 点,图 1-23(d)
指定圆的半径 :10 ↵	输入半径并回车

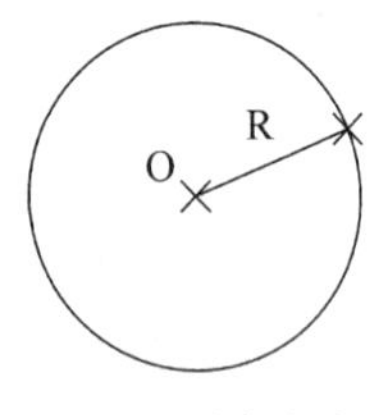

(a) 圆心-半径方式

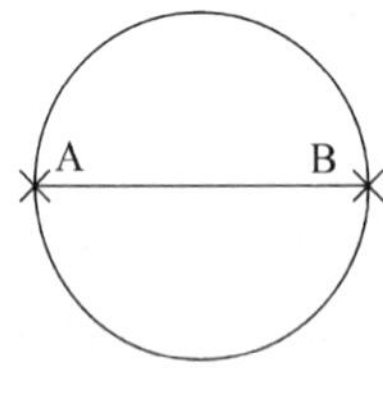

(b) 两点方式

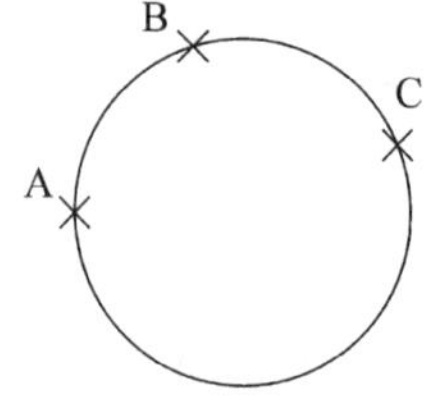

(c) 三点方式

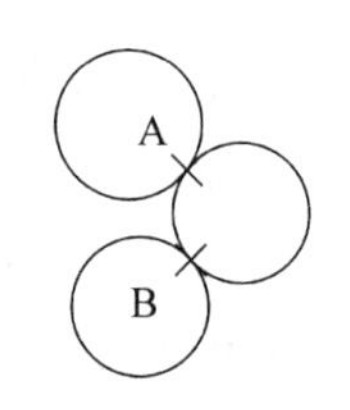

(d) 切点方式

图 1-23 绘制圆示例

(6) 用相切、相切、相切方式绘圆。该方式指需绘制的圆与已存在的 3 个对象,如直线或圆均相切。请读者自己练习绘制三角形的内切圆。

1.5.2.4 说明

(1) 两点绘圆多应用于直径已知的情况。

(2) 用相切、相切、相切方式绘圆时，若切点的拾取位置不合适，会影响绘制结果。

(3) 圆四周的极左、极右、极上和极下点称为象限点。

(4) 绘制圆的命令总结如下：

给定圆心输半径，两点三点任我绘。相切相切更快捷，捕捉不忘象限点。

1.5.3 矩形(Rectangle)

1.5.3.1 命令功能

■ 创建矩形。

1.5.3.2 命令调用方式

■ 单击【默认】选项卡→【绘图】面板→【矩形】按钮。

■ 在命令行输入"Rectang"或命令别名"Rec"，并按回车键或空格键。

1.5.3.3 命令应用

矩形的绘制需分别给出对角点的坐标，绘制成的矩形用多段线表示。也可以绘制带倒角、带圆角、有宽度、厚度或标高的矩形，见图1-24。

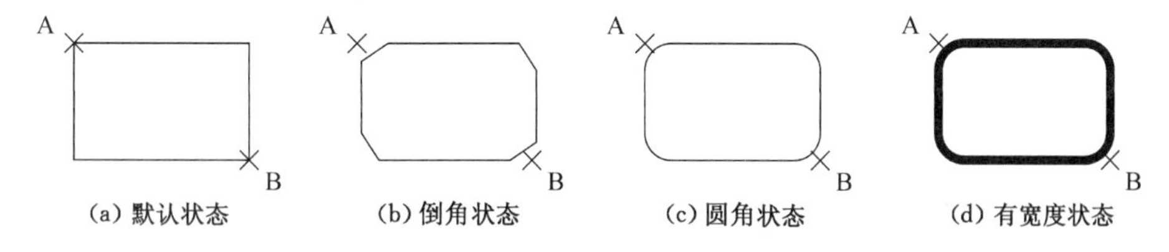

图1-24 绘制矩形示例

(1) 以缺省设置绘制矩形，绘制结果如图1-24(a)所示。

命令：rectang ↵ 执行矩形命令

指定第一个角点或[倒角(C)/标高(E)/圆角(F)/厚度(T)/宽度(W)]:↙ 指定A点，图1-24(a)

指定另一个角点或[尺寸(D)]:↙ 指定B点，图1-24(a)

(2) 绘制倒角矩形，绘制结果如图1-24(b)所示。

命令：rectang ↵ 执行矩形命令

指定第一个角点或[倒角(C)/标高(E)/圆角(F)/厚度(T)/宽度(W)]:c ↵ 选倒角(C)项

指定矩形的第一个倒角距离 <0.0000>: 2 ↵ 输入第一倒角距离

指定矩形的第二个倒角距离 <2.0000>: 3 ↵ 输入第二倒角距离

指定第一个角点或[倒角(C)/标高(E)/圆角(F)/厚度(T)/宽度(W)]:↙ 指定A点，图1-24(b)

指定另一个角点或 [尺寸(D)]:↙ 指定B点，图1-24(b)

若在上面的第二步输入"F"选圆角项后，再输入圆角半径，可绘制圆角矩形，绘制结果如图1-24(c)所示。

(3) 绘制有线宽的矩形，绘制结果如图1-24(d)所示。

命令：rectang ↵ 执行直线命令

当前矩形模式:圆角=3.0000 ↵ 当前矩形模式

指定第一个角点或[倒角(C)/标高(E)/圆角(F)/厚度(T)/宽度(W)]:w ↵ 选宽度(W)项
指定矩形的线宽 <0.0000>: 1 ↵ 输入线宽 1
指定第一个角点或[倒角(C)/标高(E)/圆角(F)/厚度(T)/宽度(W)]:↙ 指定 A 点,图 1-24(d)
指定另一个角点或[尺寸(D)]: @20,-13 ↵ 指定 B 点,图 1-24(d)

1.5.3.4 说明

(1) AutoCAD 中的矩形实际上是一封闭的多段线。

(2) 绘制带有倒角的矩形时,两倒角距离之和不能大于或等于矩形短边长。如果绘制圆角矩形的长宽相等,且半径为长宽的一半,则可用【矩形】命令绘制圆、圆筒等。

(3)【矩形】命令具有继承性,即如果更改了绘制矩形的各项参数,这些参数会始终起作用直至重新赋值或重新启动 AutoCAD。

(4) 有标高和厚度的矩形绘制适用于三维部分。

1.5.4 简单的文字标注(Mtext)

1.5.4.1 命令功能

■ 创建多行文字。

1.5.4.2 命令调用方式

■ 单击【默认】选项卡→【注释】面板→【多行文字】按钮。

■ 在命令行输入“Mtext”或命令别名“Mt”,并按回车键或空格键。

1.5.4.3 命令应用

命令: mtext ↵ 执行多行文字命令
当前文字样式:"样式 1" 当前文字高度:2.5 ↵ 说明当前文字属性
指定第一角点: ↙ 指定 A 点,图 1-25(a)
指定对角点或 [高度(H)/对正(J)/行距(L)/旋转(R)/样式(S)/
宽度(W)]:↙ 指定 B 点,图 1-25(a)

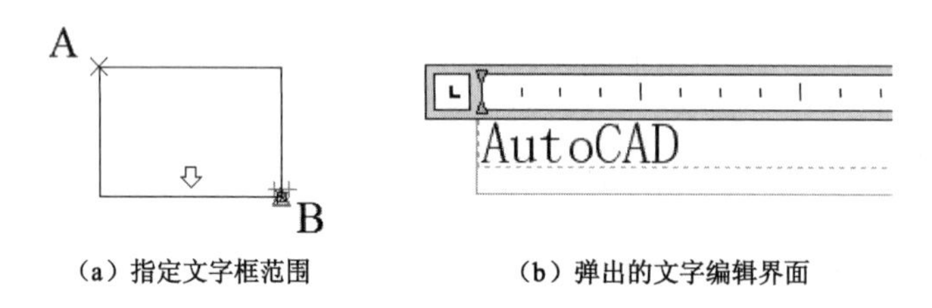

(a) 指定文字框范围 (b) 弹出的文字编辑界面

图 1-25 多行文字标注示例

打开文字编辑器后界面如图 1-25(b)所示,分别设置“文字样式”“字体”或“字高”,输入文字后单击【确定】按钮。

1.5.4.4 说明

(1) 在多行文字的编辑区内,如果文字的字数宽度大于 A 点至 B 点的宽度,AutoCAD 2018 会自动换行。

(2) 对于经常用到的同一种“字体”和“字高”的文字,可将其归为一类,建立专门的文字样式,具体见 4.2 节。

1.5.5 删除(Erase)

1.5.5.1 命令功能

■ 从图形中删除对象。

1.5.5.2 命令调用方式

■ 单击【默认】选项卡→【修改】面板→【删除】按钮。

■ 在命令行输入“Erase”或命令别名“E”,并按回车键或空格键。

1.5.5.3 命令应用

命令:erase ↵	执行删除命令
选择对象:↙找到 1 个	拾取圆,图 1-26(b)
选择对象:↵	回车结束命令

对图 1-26(a)中的圆执行【删除】命令后结果如图 1-26(d)所示。

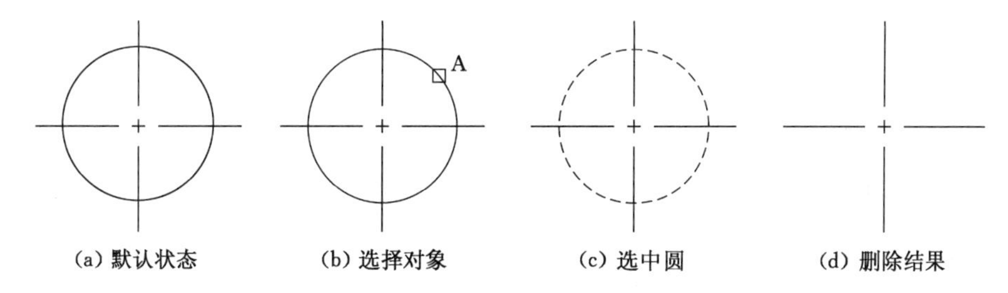

图 1-26 删除对象示例

1.5.5.4 说明

(1) 无命令时先选择需要删除的对象后再执行【删除】命令也可以将对象删除。

(2) 在命令行为空时选择需要删除的对象后,敲击 Delete 键也可以将对象删除。

(3) “Oops”命令可恢复最后一次【删除】命令删除的对象。

1.5.6 放弃(Undo)

1.5.6.1 命令功能

■ 撤销最后一次或多次的操作命令。

1.5.6.2 命令调用方式

■ 单击快速工具栏上的【放弃】按钮。

■ 在命令行输入“Undo”或命令别名“U”,并按回车键或空格键。

■ 执行 Ctrl+Z 组合键。

1.5.6.3 命令应用

命令:undo ↵	执行删除命令
当前设置:自动=开,控制=全部,合并=是,图层=是	
输入要放弃的操作数目或[自动(A)/控制(C)/开始(BE)/结束(E)/	
标记(M)/后退(B)]<1>:↵	回车选择放弃最近 1 次操作
ERASE	显示上一步的操作

操作结束后如图 1-26(a)所示。

1.5.6.4 说明

(1) 放弃最近一次的操作，可直接执行 Ctrl＋Z 组合键。

(2) 在“输入要放弃的操作数目＜1＞”的提示下，输入不同的数字，可放弃本操作前对应数量命令的操作。如输入 5 相当于放弃最近 5 次的操作命令。

1.5.7 重做(Redo)

1.5.7.1 命令功能

■ 恢复上一个用【放弃】(Undo)命令放弃的效果。

1.5.7.2 命令调用方式

■ 单击快速工具栏上的【重做】按钮。

■ 在命令行输入“Redo”，并按回车键或空格键。

■ 执行 Ctrl＋Y 组合键。

1.5.7.3 命令应用

在 1.5.6 节中执行完毕【放弃】命令后，立即执行一次【重做】命令，可将图形状态恢复到图 1-26(d)的状态。

1.5.8 移动(Move)

1.5.8.1 命令功能

■ 将对象往指定的方向进行平移。

1.5.8.2 命令调用方式

■ 单击【默认】选项卡→【修改】面板→【移动】按钮。

■ 在命令行输入“Move”或命令别名“M”，并按回车键或空格键。

1.5.8.3 命令应用

(1) 使用两点移动对象，移动前的平巷人车对象见图 1-27(a)，移动结果见图 1-27(b)。

命令：move ↵	执行移动命令
选择对象：找到 3 个↙	拾取平巷人车
选择对象：↵	回车结束拾取对象
指定基点或位移：_cen 于 ↙	单击对象捕捉上的交点 A 点
指定位移的第二点或 <用第一点作位移>：↙	指定 B 点

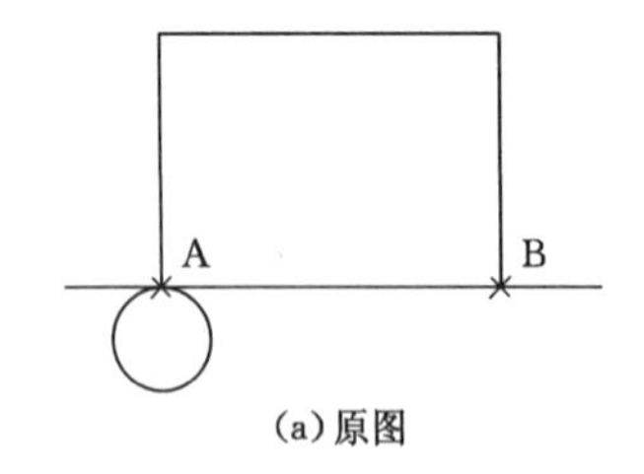

(a) 原图

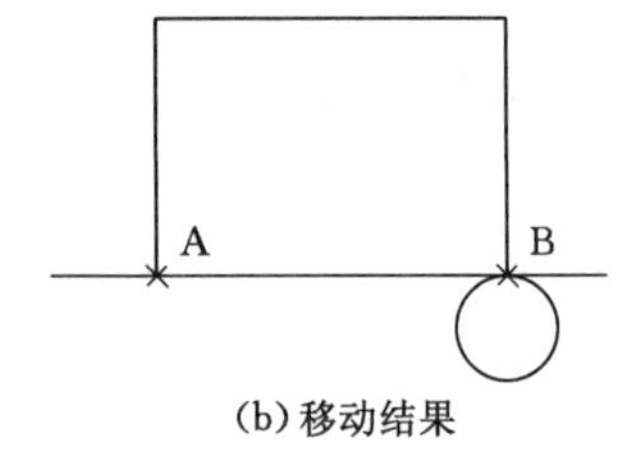

(b) 移动结果

图 1-27 移动对象示例一

(2) 使用位移移动对象，移动前的平板车对象见图 1-28(a)，移动结果见图 1-28(b)。

命令：move ↵	执行移动命令
选择对象：找到 2 个↙	拾取平板车

选择对象：↵　　回车结束拾取对象
指定基点或位移：_cen 于↙　　单击圆心 A 点
指定位移的第二点或 ＜用第一点作位移＞：@7,0 ↵　　输入第二点相对坐标

7　　7
A　　A

(a)原图　　(b)移动结果

图 1-28　移动对象示例二

1.5.8.4　说明

(1) 执行【移动】命令出现“指定基点或位移”时，一定要指定有意义的特征点，如圆心、端点、中点或交点等。

(2) 如果使用两点移动对象，则第二点的拾取也应选择有意义的特征点。若没有可供选择的特征点，可绘制辅助线作出辅助特征点的位置。

(3) 如果使用位移移动对象，则方向的确定一定要准确，并在确定好方向后直接输入需要移动的距离即可。

(4) 传统手工绘制时必须把线条一次绘制到位，否则只能擦除重新绘制。而 AutoCAD 2018 中可以在绘图区内任一位置绘制对象，然后将其像组装零件一样移动对象到它应该在的位置。

1.6　采矿基本图元的绘制

本章实例为采矿常用图形符号，共 4 个，分别是固定厢式矿车、钢溜槽、可伸缩胶带输送机和矿用绞车。绘制完成后对图元进行简单的文字标注，加上图元名称，不需进行尺寸标注。实例的绘制均按照先详细审图后绘制的顺序进行。

1.6.1　固定厢式矿车

固定厢式矿车图元的形状及尺寸见图 1-29。

1.6.1.1　审图

图形由两个半径相同的圆和一个矩形组成。

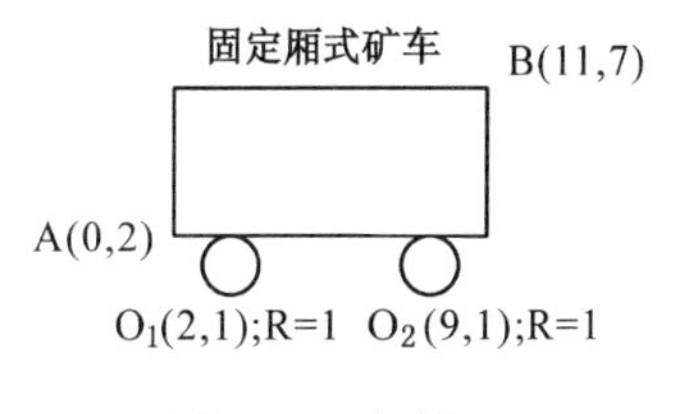

图 1-29　实例一

1.6.1.2　图形绘制顺序

先绘制圆或矩形均可。

1.6.1.3　绘制图形

(1) 新建一文件并命名为“固定厢式矿车”。

(2) 绘制圆 O_1。

命令：circle ↵　　执行圆命令
指定圆的圆心或 [三点(3P)/两点(2P)/相切、相切、半径(T)]：2,1 ↵　　输入圆 O_1 坐标
指定圆的半径或 [直径(D)]：1 ↵　　输入圆 O_1 半径 1 后回车

执行【范围缩放】命令。

（3）绘制圆 O_2。

命令：circle ↵ 执行圆命令

指定圆的圆心或［三点(3P)/两点(2P)/相切、相切、半径(T)］：9,1 ↵ 输入圆 O_2 坐标

指定圆的半径或［直径(D)］<1.0000>：↵ 回车结束命令

（4）绘制矩形。

命令：rectang ↵ 执行矩形命令

指定第一个角点或［倒角(C)/标高(E)/圆角(F)/厚度(T)/

宽度(W)］：0,2 ↵ 输入 A 点坐标后回车

指定另一个角点或［尺寸(D)］：11,7 ↵ 输入 B 点坐标后回车

（5）添加图名"固定厢式矿车"。

1.6.1.4 说明

（1）文件应保存在 D 盘或其他盘符下，一般不保存在系统盘 C 盘内。

（2）绘制圆 O_2 时应观察命令行，由于与圆 O_1 半径相同，此时不需要再输入半径，直接回车即可。

（3）绘制矩形时也可以先输入 B 点坐标再输入 A 点坐标。

（4）命令行为空时输入"Z"后回车，再输入"E"并回车，用【范围缩放】命令来查看图形。如果圆显示为折线状，可在命令行输入"Re"使其光滑显示。

（5）绘制完毕后删除不需要的对象。

1.6.2 钢溜槽

钢溜槽图元的形状及尺寸见图 1-30。

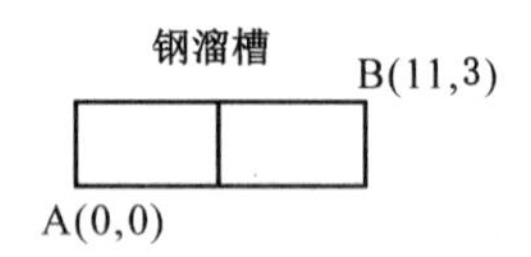

图 1-30 实例二

1.6.2.1 审图

图形由一个矩形和矩形长边中点相连的直线组成。

1.6.2.2 图形绘制顺序

先绘制矩形，再用【对象捕捉】捕捉【中点】的方式绘制直线。绘图步骤如图 1-31 所示。

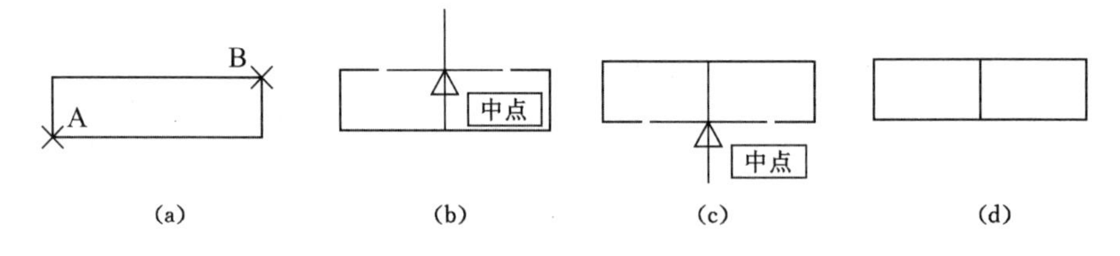

图 1-31 实例二的绘制步骤

1.6.2.3 绘制图形

（1）新建一文件并命名为"钢溜槽"。

（2）绘制矩形，绘制结果如图 1-31(a)所示。

命令：rsc ↵ 执行矩形命令

指定第一个角点或［倒角(C)/标高(E)/圆角(F)/厚度(T)/

宽度(W)］：0,0 ↵ 输入 A 点坐标，图 1-31(a)

指定另一个角点或［面积(A)/尺寸(D)/旋转(R)］：11,3 ↵ 输入 B 点坐标，图 1-31(b)

执行【范围缩放】命令。

(3) 绘制直线，绘制结果如图 1-31(d)所示。

命令：L ↵　　执行直线命令

指定第一点：mid 于↙　　捕捉上边中点，图 1-31(b)

指定下一点或［放弃(U)］：mid 于↙　　捕捉下边中点，图 1-31(c)

指定下一点或［放弃(U)］：↵　　回车结束命令

(4) 添加图名"钢溜槽"。

1.6.3　可伸缩胶带输送机

可伸缩胶带输送机图元的形状及尺寸见图 1-32。

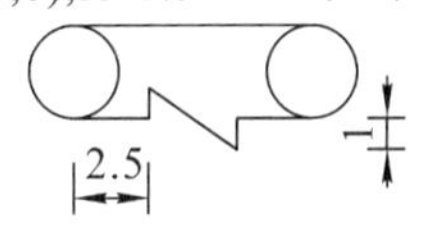

图 1-32　实例三

1.6.3.1　审图

两个半径相同的圆；一条圆的外公切线；长度、位置已知的水平线段和垂直线段各两条；一段位置已知的倾斜线段。

1.6.3.2　图形绘制顺序

绘制两个半径相等的圆、绘制圆的外公切线、绘制左侧的水平线段和垂直线段、绘制右侧的水平线段和垂直线段、绘制斜线段，见图 1-33。

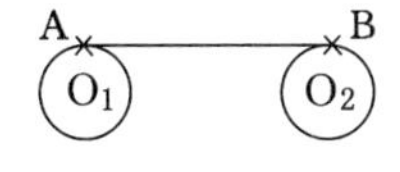

(a) 绘制圆及外公切线

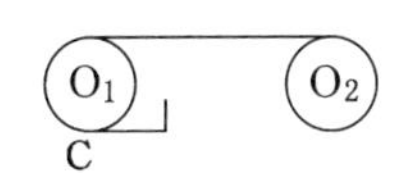

(b) 绘制左侧两段直线

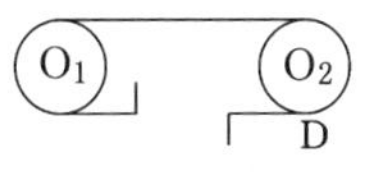

(c) 绘制右侧两段直线

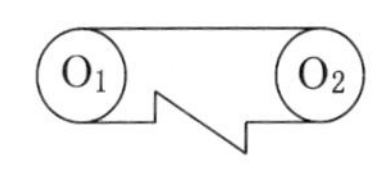

(d) 绘制斜线

图 1-33　实例三的绘制步骤

1.6.3.3　绘制图形

(1) 新建一文件并命名为"可伸缩胶带输送机"。

(2) 绘制圆(两圆半径均为 1.5)。绘制完毕后执行【范围缩放】命令。

(3) 绘制圆的外公切线，绘制结果如图 1-33(a)所示。

命令：line ↵　　执行直线命令

指定第一点：_qua 于↙　　O_1 上象限点，图 1-33(a)A

指定下一点或［放弃(U)］：_qua 于↙　　O_2 上象限点，图 1-33(a)B

指定下一点或［放弃(U)］：↵　　回车结束命令

(4) 绘制左侧的水平线段和垂直线段，绘制结果如图 1-33(b)所示。

命令：line ↵　　执行直线命令

指定第一点：_qua 于↙　　捕捉圆 O_1 的下象限点

指定下一点或［放弃(U)］：　<正交 开> 2.5 ↵　　打开正交
光标水平右置并输入 2.5

指定下一点或［放弃(U)］：1 ↵　　光标垂直上置并输入 1

指定下一点或［闭合(C)/放弃(U)］：↵　　回车结束命令

(5) 绘制右侧的水平线段和垂直线段，绘制结果如图 1-33(c)所示。

命令：line ↵　　执行直线命令

指定第一点：_qua 于↙　　捕捉圆 O_2 的下象限点

指定下一点或［放弃(U)］:2.5 ↵　　光标水平左置并输入 2.5
指定下一点或［放弃(U)］: 1 ↵　　光标垂直下置并输入 1
指定下一点或［闭合(C)/放弃(U)］: ↵　　回车结束命令

(6) 绘制斜线段。

连接左侧垂直线段的上端点和右侧垂直线段的下端点，绘制结果如图 1-33(d)所示。

(7) 添加图名“可伸缩胶带输送机”。

1.6.3.4 说明

(1) 文件应保存在 D 盘或其他盘符下，一般不保存在系统盘 C 盘内。

(2) 本例用到的特征点捕捉有象限点和端点。

(3) 状态栏上的辅助功能使用了【正交】。如果正交功能未启用，可按 F8 键或单击任务栏上的【正交】按钮启用正交功能。如果已经启用了正交功能，应根据实际需要决定是否关闭该功能。

(4) 直线的绘制用的是给定方向输距离法。方向的给定十分重要，给定时要注意方向的正误。

(5) 绘制过程中或结束时可在命令行输入“Z”后回车，再输入“E”并回车，用【范围缩放】命令来查看图形。如果圆显示为折线状，可在命令行输入“Re”使其光滑显示。

(6) 绘制完毕后删除不需要的对象。

1.6.4 矿用绞车

矿用绞车图元的形状及尺寸见图 1-34。

1.6.4.1 审图

六段正交直线段且两两长度相等。

明确六段直线段的相对位置。

1.6.4.2 图形绘制顺序

绘制六段直线段，执行【移动】命令成图，见图 1-35。

1.6.4.3 绘制图形

(1) 新建一文件并命名为“矿用绞车”。

矿用绞车
A(0,0)
1
3.5
1
9

图 1-34 实例四

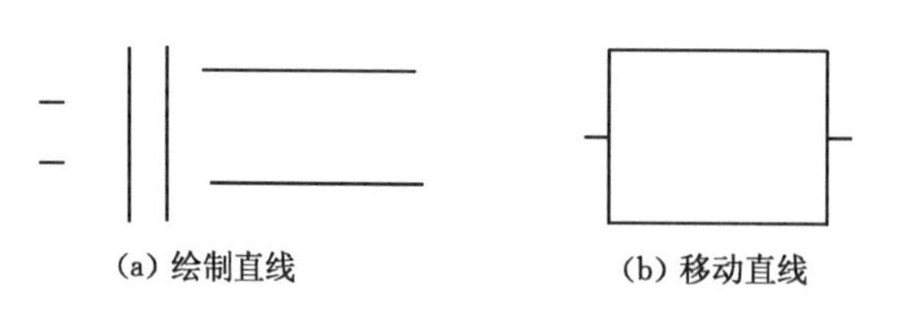

(a) 绘制直线　　(b) 移动直线

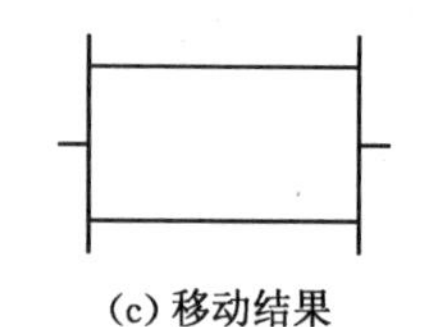

(c) 移动结果

图 1-35 实例四的绘制步骤

(2) 绘制六段直线段。

短水平线长度为 1；垂直线长度为 7；长水平线长度为 9；六段直线段的绘制方法均采用给定方向输长度法，绘制结果如图 1-35(a)所示。

(3) 执行【移动】命令成图。

按 F3 键打开状态栏上的【对象捕捉】按钮启用对象捕捉功能，移动各线条使其相对位置如图 1-35(b)所示，移动方式为两点移动对象法。重新执行【移动】命令移动两条水平线使其位置如图 1-35(c)所示，移动方式为位移移动对象法。

(4) 添加图名“矿用绞车”。

1.6.4.4　说明

(1) 在绘制直线的过程中可将六段直线段一次绘制完毕后再执行移动命令。

(2) 熟练掌握【移动】命令移动对象的两点方式。

(3) 按 F3 键打开对象捕捉功能后，可以快捷地选择线段的特征点。

(4) 绘制结束后用【范围缩放】命令查看图形。

(5) 绘制完毕后删除不需要的对象。

1.7　帮助功能和新增功能

1.7.1　帮助功能

1.7.1.1　命令功能

■ 了解 AutoCAD 2018 命令的操作及其他功能。

1.7.1.2　命令调用方式

■ 单击信息中心区右侧的【帮助】工具按钮。

■ 在命令行输入“Help”或输入“?”，并按回车键或空格键。

■ 执行 F1 功能键。

1.7.1.3　命令应用

(1) 执行【帮助】命令，打开【AutoCAD 2018 帮助】界面，见图 1-36。

图 1-36　AutoCAD 2018 帮助界面

AutoCAD 2018 帮助界面由左右两部分组成：

第 1 部分包括【搜索】和【收藏夹】两个选项卡，用户可以在搜索栏中输入想要查询的内容，进行查询。

第 2 部分包括【学习】、【下载】、【连接】、【资源】4 个区域，用户可以在相应区域内点击链接相关的资源。例如，在【下载】区域可以点击下载"脱机帮助"文件；在【资源】区域内点击"命令"，即可查看 AutoCAD 2018 的所有命令。

1.7.1.4 实时帮助功能

AutoCAD 2018 还提供了实时帮助功能。调用方式为：将鼠标悬停在相应的功能按钮上，即可出现如图 1-37(a)所示的帮助提示，帮助提示包括功能按钮的中英文名称和功能简介。如果悬停时间稍长一些，可出现该命令如何应用的更为详细的帮助介绍，见图 1-37(b)。

在弹出如图 1-37(b)所示的界面时再按下 F1 键，可在【帮助】中获得相应命令的全部帮助信息。

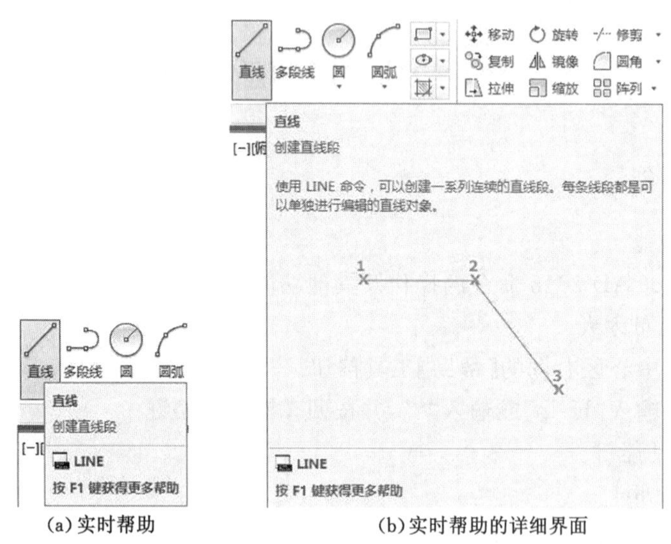

(a) 实时帮助 (b) 实时帮助的详细界面

图 1-37 AutoCAD 2018 时帮助信息

1.7.2 新增功能

与 AutoCAD 2018 及以前的版本相比，新增及改进功能包括命令行功能增强、Autodesk 360、地理数据的支持、插入点云格式支持、Autodesk exchange 应用程序、绘图功能增强等。

AutoCAD 2018 对命令行功能进行了增强，包括自动更正、同义词搜索和自定义搜索等。用户可以在【管理】选项卡中添加自己的自动更正和同义词条目，见图 1-38。

图 1-38 添加自动更正和同义词条目

自定义搜索见图 1-39，用户可以在命令行上单击鼠标右键，选择【输入搜索选项】，可以对自定义搜索内容进行设置，其中可以按照名称搜索不同类型的内容。例如，在命令行键入某个填充图案的名称，就可以直接从命令行应用它。命令行同时可以对命令通过在线帮助。

Autodesk 360 可以用来联机共享和访问文档，方便对文档的操作。例如，设计提要可

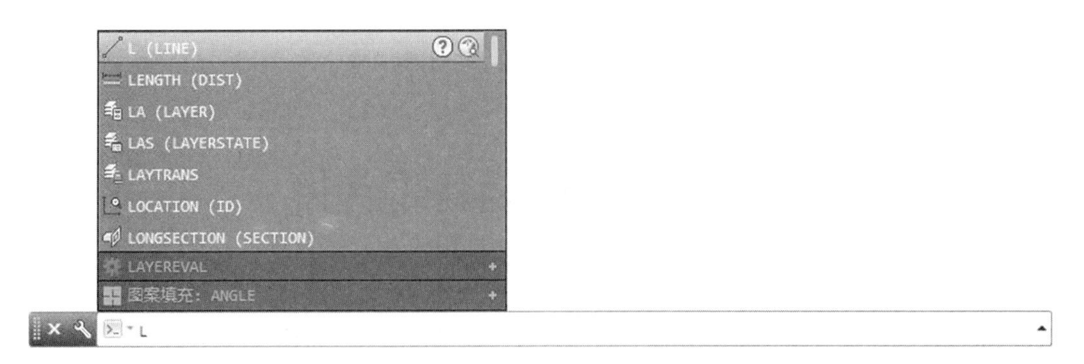

图 1-39　自定义搜索

以给图形添加消息或图像，并将其分享给标记的客户或者同事。

AutoCAD 2018 改进了对地理数据的支持。用户必须登录到 Autodesk 360 才可将实时地图数据添加到需要的图形中。

AutoCAD 2018 对点云功能进行了增强。可以插入两种新点云格式：. rcs 格式是单个点云文件，. rcp 格式是参照多个. rcs 文件的项目文件。

AutoCAD 2018 在【插件】和【应用程序】选项卡中增加了一些 Autodesk exchange 应用程序，可以方便用户对软件的使用。

AutoCAD 2018 添加了大量的绘图增强功能，例如绘图时按住 Ctrl 键，即可以在任意方向绘制圆弧，用圆角倒角命令来闭合开放多段线，用图层管理器中的快捷菜单来合并选定的图层，可以方便地把外部参照设置为附着或者覆盖，或者更改路径类型等。

第2章　坐标系和对象选择

与手工绘图相比，使用计算机绘图具有绘图仪器简单、绘图精确度高、对象的可操控性强、对象易管理和可参数化绘图等特点。为实现上述功能，AutoCAD 2018 提供了丰富的绘图命令与修改命令，但如果想一次就把所有命令都学会的话，不仅枯燥而且不太现实。所以在本书中将结合 AutoCAD 2018 软件的各项功能分章分节，并结合具体采矿实例依次向读者介绍绘图和修改命令的使用。

结合笔者实践经验，认为学习 AutoCAD 的指导方针是：绘图之道，唯在于勤；成图之妙，唯在于思。换句话说也就是如果能够采用尽可能少的步骤完成尽可能多的要求就学成功了。

本章重点介绍二维坐标系、点的输入法、采矿工程制图环境的配置、对象选择、常用绘图与修改命令介绍（如圆弧、多边形、构造线、射线、复制、偏移、修剪及延伸等）、夹点的应用以及采矿相似图元与经纬网的绘制等。

2.1　二维坐标系

在 AutoCAD 2018 中绘图与我们传统的手工绘图一样，如何确定对象的位置是绘图过程中首要问题。AutoCAD 2018 解决这一问题的方式有两种：一种是利用坐标的方式，另外一种是采取辅助线的方式。本节介绍第一种方式的应用。

AutoCAD 2018 使用笛卡尔坐标系来确定图中对象的位置。该坐标系与数学中的坐标系一样，由 X 轴、Y 轴及原点 O 组成。AutoCAD 中的坐标系根据坐标原点 O 的位置不同可以分为两种：世界坐标系和用户坐标系。本节介绍平面直角坐标与极坐标。

2.1.1　世界坐标系（WCS）

所谓世界坐标系，又称通用坐标系，也就是刚刚打开 AutoCAD 2018 程序时的坐标系，它的坐标原点 O 位于绘图区的左下角（实际上是初始图形界限的左下角，图形界限见本书第 3 章）。它的坐标系图标如图 2-1 所示，坐标原点为小方格标记的中心。

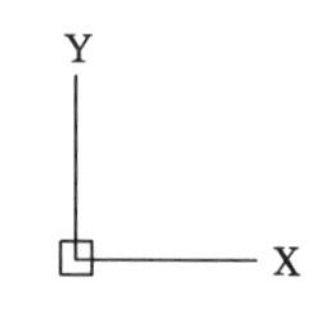

图 2-1　世界坐标系图标

当前光标的坐标值动态地显示在状态栏最左侧的坐标值区域。

2.1.2　用户坐标系（UCS）

所谓用户坐标系，是指更改了坐标原点 O 的位置或 X 轴、Y 轴方向的坐标系。它的坐标系图标如图 2-2 所示，坐标原点为十字标记的交点。

2.1.2.1　更改坐标原点 O 的步骤

（1）在命令行中输入命令“UCS”后回车。

（2）指定新的原点（或输入新原点的坐标）后回车。

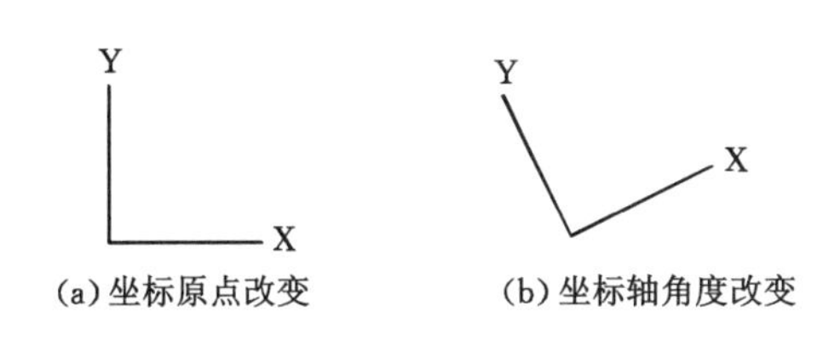

(a) 坐标原点改变　　(b) 坐标轴角度改变

图 2-2　用户坐标系图标

指定了新的原点后的坐标系图标如图 2-2(a)所示。

2.1.2.2　将用户坐标系恢复为世界坐标的步骤

(1) 在命令行输入命令"UCS"后回车。

(2) 在命令行输入"W"(选【世界】项)后回车。

执行此操作后，坐标系即恢复为世界坐标系。

2.2　点的输入法

AutoCAD 2018 中点的输入方式有屏幕拾取法、直接距离输入法和坐标输入法等方式，分述如下。

2.2.1　点的屏幕拾取法

点的屏幕拾取法为：在绘图区内移动光标到合适位置后单击鼠标左键拾取即可。特别地，利用 AutoCAD 2018 的辅助功能，如网格的设置与捕捉、正交、对象捕捉等功能可以方便、准确地进行特殊点的输入。

2.2.2　点的直接距离输入法

点的直接距离输入法主要用于确定第一点之后的其他点的输入。其方式为：在确定第一点后，给出第二点相对于第一点的方向，然后输入两点之间的距离即可。

在本书中，点的直接距离输入法也称为给定方向输距离法，这种方式是在 AutoCAD 2018 完成操作的最快捷的方法之一。

2.2.3　点的坐标输入法

绘制或修改实体时，用屏幕拾取法和直接距离输入法不能满足点的输入需求，可以通过输入点的坐标来解决问题。AutoCAD 2018 中的坐标分为绝对坐标和相对坐标两种，与数学中的坐标相同，绝对坐标和相对坐标又分为直角坐标和极坐标。

2.2.3.1　绝对坐标

相对于当前坐标系坐标原点的坐标称为绝对坐标。

(1) 绝对直角坐标

绝对直角坐标的格式为：(x,y)。其中 x 为点的横坐标，y 为点的纵坐标，坐标值之间用西文(即半角)的逗号隔开。

例如图 2-3 中，A 点的绝对直角坐标值为(10,20)，B 点的绝对直角坐标值为(40,40)。

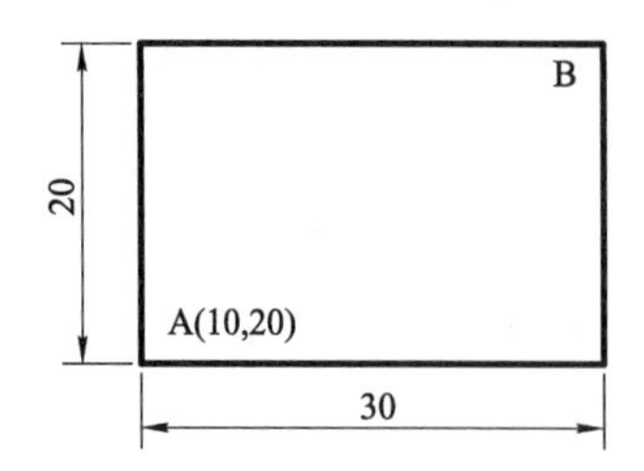

图 2-3 绝对直角坐标与相对直角坐标

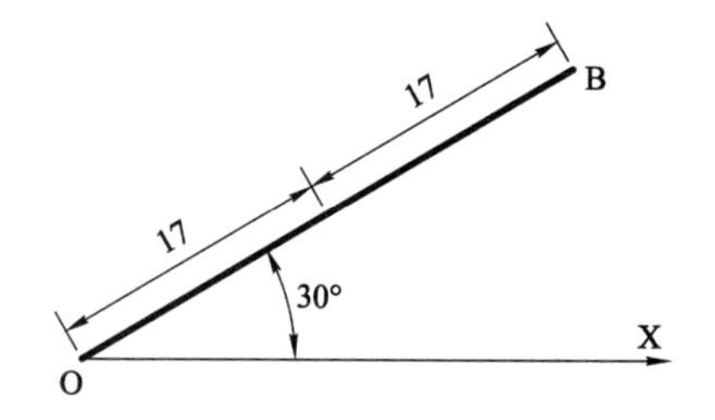

图 2-4 绝对极坐标与相对极坐标

（2）绝对极坐标

绝对极坐标的格式为：(ρ<α)。其中 ρ 为点与坐标原点的距离，α 为点与坐标系 X 轴正方向的夹角，坐标值之间用西文（半角）的小于号隔开，逆时针旋转为正。

例如图 2-4 中，A 点的绝对极坐标值为（17<30），B 点的绝对极坐标值为（34<30）。

在二维绘图过程中，绝对坐标一般与用户坐标系结合使用。

2.2.3.2 相对坐标

相对于当前坐标系中前一点的坐标称为相对坐标。相对坐标的格式是在绝对坐标的前面加以相对符号“@”。

（1）相对直角坐标

相对直角坐标的格式为：(@x，y)。其中@为相对符号，x 为点的横坐标，y 为点的纵坐标，坐标值之间用西文的逗号隔开。

例如图 2-3 中，B 点相对于 A 点的相对直角坐标值为（@30，20）。

（2）相对极坐标

相对极坐标的格式为：(@ρ<α)。其中@为相对符号，ρ 为点与坐标原点的距离，α 为点与坐标系 X 轴正方向的夹角，坐标值之间用西文的小于号隔开。

例如图 2-4 中，B 点相对于 A 点的相对极坐标值为（@17<30）。

2.2.4 相对坐标原点的输入法

坐标输入法中用的较多的是相对坐标的使用，根据相对坐标中坐标原点是否需要捕捉分为不需要捕捉和需要捕捉两种情形。

2.2.4.1 相对坐标原点不需要捕捉

相对坐标原点不需要捕捉的情形一般出现在同一命令中，例如图 2-5 中，B 点相对于 A 点的相对坐标格式为（@25<30），C 点相对于 B 点的相对坐标格式为（@30，0），D 点相对于 C 点的相对坐标格式为（@25<－30）。

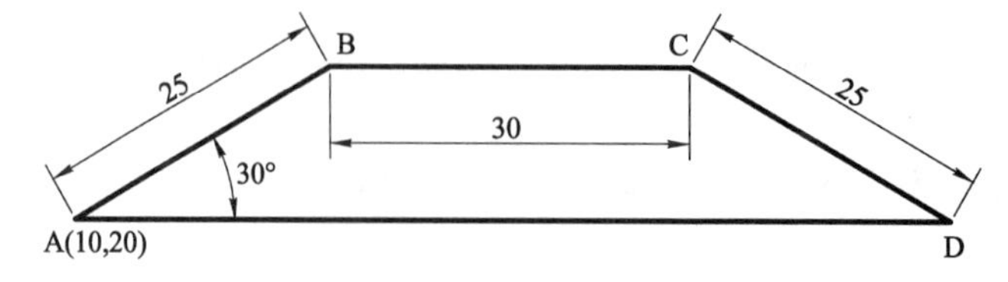

图 2-5 不需要捕捉相对坐标原点的情形

绘制该图形时，首先执行直线命令，先输入 A 点的坐标，然后依次输入图中的相对坐标值，就可完成图形的绘制。

2.2.4.2 相对坐标原点需要捕捉

相对坐标原点的捕捉方式：

(1) 输入“From”。

(2) 拾取作为相对坐标原点的点。

(3) 输入相对坐标。

例如在图2-6的斜巷人车中，已知圆A和圆B相对于圆A的坐标，作出圆B。

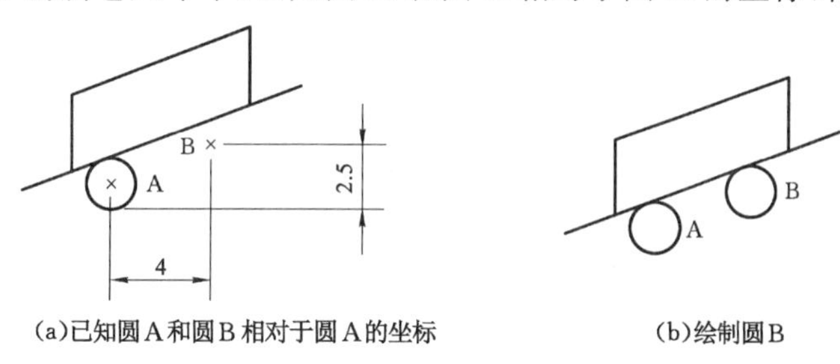

(a)已知圆A和圆B相对于圆A的坐标　　(b)绘制圆B

图2-6 需要捕捉相对坐标原点的情形

2.3 采矿工程制图环境的配置

2.3.1 命令功能

用户可在【选项】对话框中修改影响AutoCAD界面和图形环境的许多配置。例如，可以指定AutoCAD自动将图形保存到临时文件中的时间间隔，指定常用文件的搜索路径。笔者根据使用AutoCAD的经验，本着用尽可能少的步骤完成尽可能多的内容的原则，对【选项】对话框中进行下列配置。

2.3.2 命令调用方式

■ 命令行为空时，在【文字窗口】行单击鼠标右键选择【选项】项。

■ 单击应用程序菜单 →【选项】菜单项。

■ 在命令行输入“Options”或命令别名“Op”并回车。

2.3.3 配置绘图环境

以上述任一种方式打开【选项】对话框，见图2-7。

2.3.3.1 各选项卡的作用

(1)【文件】选项卡用于指定AutoCAD搜索支持文件、驱动程序、菜单文件和其他文件的文件夹。

(2)【显示】选项卡用于设置窗口元素、布局元素、十字光标的大小等。

(3)【打开的保存】选项卡用于设置文件打开、保存及另存为文件的有关设置。

(4)【打印和发布】选项卡用于控制与打印相关的选项。

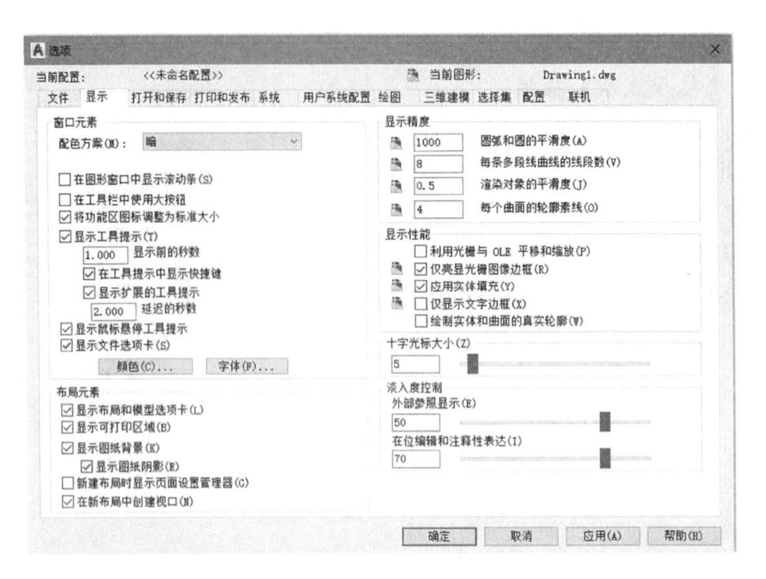

图 2-7 【选项】对话框

(5)【系统】选项卡用于控制 AutoCAD 系统的设置。

(6)【用户系统配置】选项卡用于优化 AutoCAD 的工作方式。

(7)【绘图】选项卡用于设置自动捕捉、自动追踪等功能。

(8)【三维建模】选项卡用于设置在三维中使用实体和曲面的选项。

(9)【选择集】选项卡用于设置选择集模式、夹点功能等。

(10)【配置】选项卡用于对系统配置的新建、重命名及删除系统配置等操作。

(11)【联机】选项卡用于与 Autodesk 360 账户同步图形或设置。

2.3.3.2 【显示】选项卡的配置

单击图 2-7 中的【显示】选项卡，其中：

(1)【窗口元素】区用于控制 AutoCAD 绘图环境特有的显示设置。其中：①【在图形窗口中显示滚动条】开关功能为在绘图区域的底部和右侧显示滚动条；②【颜色】按钮用于显示【图形窗口颜色】对话框，可以更改 AutoCAD 背景色。

背景色的更改步骤为：① 单击【颜色…】按钮，弹出【图形窗口颜色】对话框，见图 2-8。在【颜色】下拉框中可看到 AutoCAD 背景的默认配色为“黑”。② 在【颜色】下拉框中选择“白”色并单击【应用并关闭】按钮，可发现 AutoCAD 背景已更改为白色。将背景色更改为白色后，从 AutoCAD 中向 Office 中复制图形时可不带背景色。

(2)【布局元素】区控制现有布局和新布局。

(3)【十字光标大小】区用于控制十字光标的尺寸，默认尺寸为 5%。

2.3.3.3 【文件】选项卡的配置

单击图 2-7 中的【文件】选项卡，见图 2-9。

【文件】选项卡列出程序在其中搜索支持文件、驱动程序文件、菜单文件和其他文件的文件夹；还列出了用户定义的可选设置，例如哪个目录用于进行拼写检查。

单击【支持文件搜索路径】项前的下拉按钮展开目录夹，然后单击【添加】按钮，可在目录中增加 AutoCAD 支持的文件搜索路径，以便使用如特殊线型、图案填充等用户自定义或二

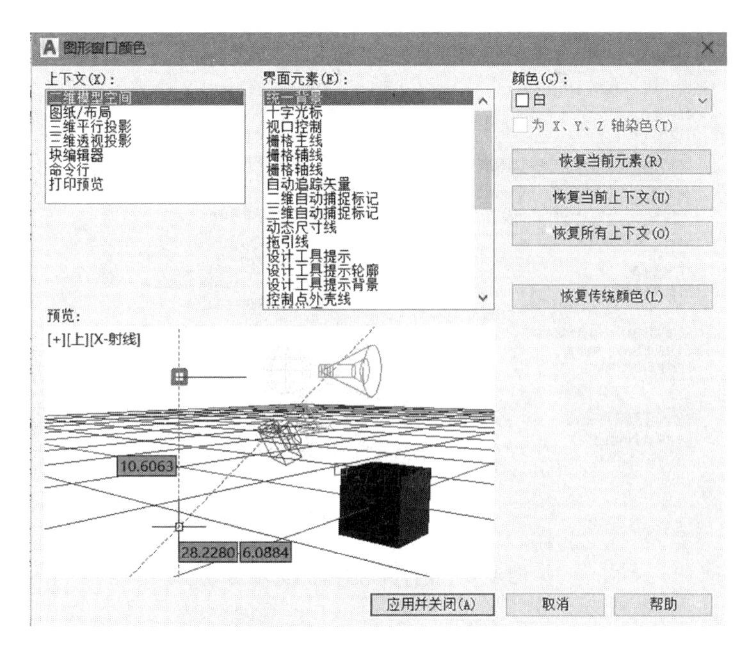

图 2-8 【图形窗口颜色】对话框

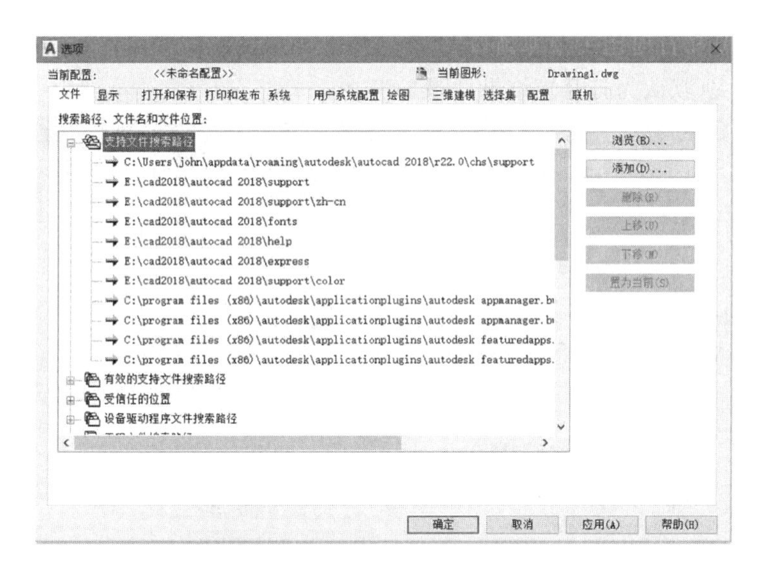

图 2-9 【文件】选项卡

次开发后的新功能。

2.3.3.4 【打开和保存】选项卡的配置

单击图 2-7 中的【打开和保存】选项卡，见图 2-10。

(1)【文件保存】区内的【另存为】项可预设执【另存为】命令时的文件类型。

(2)【文件安全措施】区的内的【自动保存】可以设置自动保存的间隔分钟数，在实际应用时一般将时间间隔设置为 10 或 5 分钟。

(3)【文件打开】区功能为控制与最近使用过的文件及打开的历史文件相关的设置。【最近使用的文件数】项控制【文件】菜单中所列出的最近使用过的文件的数目。通过执行应

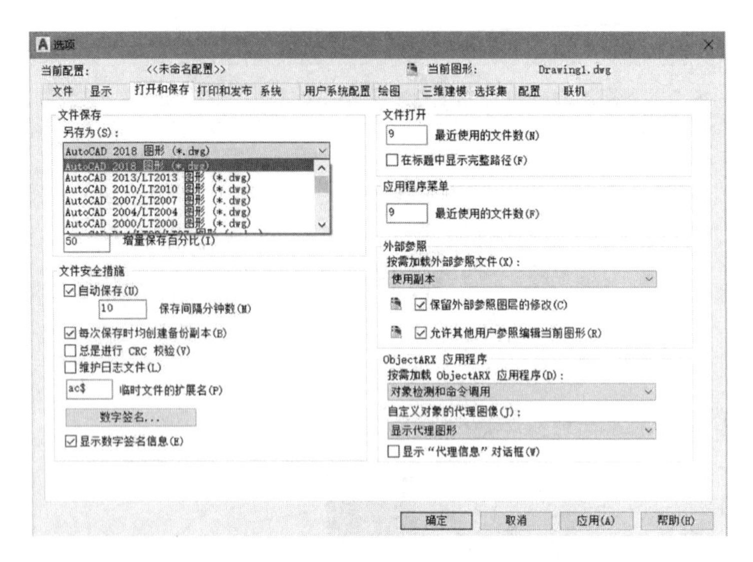

图 2-10 【打开和保存】选项卡

用程序菜单 即可列出最近打开的 9 个文件。

2.3.3.5 【用户系统配置】选项卡的配置

单击图 2-7 中的【用户系统配置】选项卡，关闭【Windows 标准操作】区中【绘图区域中使用快捷菜单】开关(默认为打开)，结果见图 2-11。

图 2-11 【用户系统配置】选项卡

如果需要自定义右键，可选中【绘图区域中使用快捷菜单】项后，单击【自定义右键单击】按钮，弹出【自定义右键单击】对话框，见图 2-12。用户可根据需要进行【默认模式】、【编辑模式】和【命令模式】的设置。

本书约定，正常绘图时关闭图 2-11 中的【绘图区域中使用快捷菜单】项，特别需要时会说明，将其打开进行操作。

2.3.4 说明

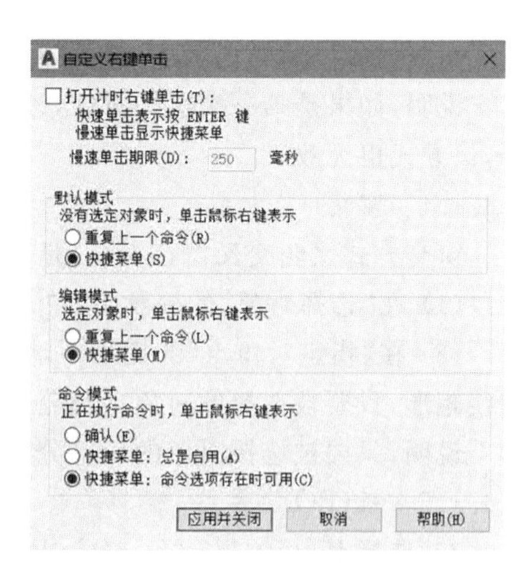

图 2-12 【自定义右键单击】对话框

通过以上的配置，AutoCAD 2018 的绘图环境有以下方面的优化：

(1) 扩大了绘图区的大小。

(2) 更改了绘图区的颜色。

(3) 设定了自动保存的时间。

(4) 优化了鼠标的左右键。经过上述配置后，鼠标的左键相当于执行键，右键相当于回车确认键。

(5) 命令行为空时，在绘图区单击鼠标右键相当于重复最近一次的命令。

(6) 特别地，如果执行了错误的命令或需中止当前命令，只需敲击一次或两次 Esc 键或空格键即可。

本书中以后涉及的命令及实例，均按以上配置为标准，如果读者所使用的 AutoCAD 的配置与上述不一致，请参照本节配置，以方便以后章节的学习。

2.4 对象选择方法与技巧

在 AutoCAD 2018 中执行许多命令后都会出现“选择对象”的提示。不管由哪个命令给出“选择对象”的提示，在命令行中输入“?”，均可查看 AutoCAD 提供的所有选择方式。下面介绍各种选择对象、对象编组的含义及设置对象选择的方式。

2.4.1 选择对象的方式

AutoCAD 2018 提供的选择对象的方式有 19 种，分别为点击拾取、窗口(W)、上一个(L)、窗交(C)、框(BOX)、全部(ALL)、栏选(F)、圈围(WP)、圈交(CP)、编组(G)、添加(A)、删除(R)、多个(M)、前一个(P)、放弃(U)、自动(AU)、单个(SI)、子对象(SU)、对象(O)。

2.4.1.1 点击拾取方式

在“选择对象”的提示下，光标的形状变成一个小方块，叫“拾取框”。用它可以直接点选拾取对象，被选中的对象呈虚线显示。

说明：点选拾取方式适用于选择少量的对象。

2.4.1.2 窗口(Windows)方式

窗口方式也叫完全窗口方式，是 AutoCAD 默认的选择方式之一。其调用方式如下：

(1) 在“选择对象”的提示下，单击鼠标左键确定第一点；

(2) 在“指定对角点”的提示下，向右上(或右下)方向拖动鼠标，形成一背景为浅蓝色的实线矩形，直到被选择的对象全部落在矩形框内，再单击鼠标左键确认。

说明：只有对象全部被实线窗口框住，该对象才能被选中。

2.4.1.3 上一个(L)方式

在“选择对象”的提示下，输入“L”并回车可选前一次选择的对象。

说明：如果是第一次选择对象，该方式无效；如果在执行该种方式之前执行了【放弃】命令，该方式也无效。

2.4.1.4 窗交(C)方式

窗交方式又叫交叉窗口方式，是 AutoCAD 默认的选择方式之一。其调用方式如下：

(1) 在“选择对象”的提示下，单击鼠标左键确定第一点；

(2) 在“指定对角点”的提示下，向左上(或左下)方向拖动鼠标，形成一背景为浅绿色的虚线矩形，只要被选择的对象一部分落在矩形框内，即可单击鼠标左键确认。

说明：只要被选择对象的一部分落入交叉窗口，该对象就被选中。

2.4.1.5 框(BOX)方式

在“选择对象”的提示下，输入“BOX”并回车可调用框方式。

说明：框方式是 AutoCAD 的默认方式，如果没有执行其他的选择方式，不需要输入“BOX”即执行该种方式。

2.4.1.6 全部(ALL)方式

在“选择对象”的提示下，输入“ALL”并回车可调用该方式，选中解冻层和未锁定图层中的所有可见对象。

说明：全部方式类似于清屏命令，如果需要删除文件内的所有对象适用该种方式，但关闭而无锁定的图层中的对象也会被删除掉。

2.4.1.7 栏选(F)方式

在“选择对象”的提示下，输入“F”并回车可调用该方式。

根据“命令行”提示绘制一条或多条与需要选择的对象相交的直线，绘制完毕后与该直线相交的所有当前视口内的对象都被选中。

说明：栏选方式只适用于当前视口。

2.4.1.8 圈围(WP)方式

在“选择对象”的提示下，输入“WP”并回车可调用该方式。

选择多边形(通过待选对象周围的点定义)中的所有对象，该多边形可以为任意形状，但不能与自身相交或相切。AutoCAD 会绘制多边形的最后一条边，所以该多边形在任何时候都是闭合的。

说明：圈围方式相当于扩展了的完全窗口方式。

2.4.1.9 圈交(CP)方式

在“选择对象”的提示下，输入“CP”并回车可调用该方式。

说明：圈交方式与圈围方式的使用相同，其作用相当于扩展了的窗交方式。

2.4.1.10 编组(G)方式

在“选择对象”的提示下，输入“G”并回车可调用该方式。

说明：编组方式可选择指定组中的全部对象。

2.4.1.11 添加(A)方式

在“选择对象”的提示下，输入“A”并回车可调用该方式。使用 AutoCAD 提供的任何对象选择方法均可将选定对象添加到选择集

2.4.1.12 删除(R)方式

在已经选择了多个对象后,如果需要删除选中对象中的一个或多个,可在"选择对象"的提示下,输入"R"并回车可调用该方式。使用 AutoCAD 提供的任何对象选择方法均可将选定对象从选择集中删除。

2.4.1.13 多个(M)方式

在"选择对象"的提示下,输入"M"并回车可调用该方式。

说明:多个方式指定多次选择而不高亮显示对象,从而加快对复杂对象的选择过程。如果两次指定相交对象的交点,该方式也将选中这两个相交对象。

2.4.1.14 前一个(P)方式

在"选择对象"的提示下,输入"P"并回车可调用该方式。

说明:该方式用于针对前后两次操作都一样或基本相同时的对象选择,尤其适用于对多个对象的连续编辑,但如果执行了如【删除】命令等编辑操作后,此功能失效。

2.4.1.15 放弃(U)方式

在"选择对象"的提示下,输入"U"并回车可调用该方式。放弃方式选择最近加到选择集中的对象。

2.4.1.16 自动(AU)方式

在"选择对象"的提示下,输入"AU"并回车可调用该方式。切换到自动方式下,指向一个对象即可自动选择该对象;指向对象内部或外部的空白区,将形成框选方法定义的选择框的第一个角点。自动方式和添加方式为默认模式。

2.4.1.17 单个(SI)方式

在"选择对象"的提示下,输入"SI"并回车可调用该方式。

说明:单个选择指定第一个或第一组对象而不继续提示进一步选择。

2.4.1.18 子对象(SU)方式

在"选择对象"的提示下,输入"SU"并回车可调用该方式。

说明:该方式适用于三维操作,使用户可以逐个选择原始形状,如复合实体的一部分或三维实体上的顶点、边和面。

2.4.1.19 对象(O)方式

在"选择对象"的提示下,输入"O"并回车可调用该方式。

说明:该方式用于结束选择子对象的功能,使用户可以使用对象选择方法。

2.4.2 对象编组(Group)

2.4.2.1 命令功能

■ 对象编组指的是将经常用到的两个以上的多个对象组合在一起,成为一个命名选择集。选择该选择集时只要选择集中的任一对象被选中,则整个选择集被选中。

2.4.2.2 命令调用方式

■ 点击【默认】选项卡【组】面板下拉菜单中的【编组管理器】选项,打开【对象编组】对话框。

■ 在命令行输入"Group"或命令别名"G"并回车。

2.4.2.3 【对象编组】对话框

打开【对象编组】对话框，见图 2-13。该对话框由【编组名】、【编辑标识】、【创建编组】和【修改编组】4 个区域组成，各区含义如下：

(1)【编组名】区以列表形式显示现有编组的名称。其中:【可选择的】项标识选中组是否可选择的状态。

(2)【编组标识】区用于显示现有编组的名称。其中:【编组名】指定编组名;【说明】显示选定编组的说明;【查找名称】列出对象所属的编组;【亮显】显示选定编组中的成员。

(3)【创建编组】区可指定新编组的特性。其中:【新建】用选定的对象创建新编组;【可选择的】指出新编组是否可选择;【未命名的】指示新编组未命名。

(4)【修改编组】区可修改现有编组。其中:【删除】从选定编组中删除对象;【添加】将对象添加到选定编组中;【重命名】将选定编组重命名为在【编组标识】下的【编组名】框中输入的名称;【重排】显示【编组排序】对话框(见图 2-14),从中可以修改选定编组中对象的编号次序;【分解】删除选定编组的定义,编组中的对象仍保留在图形中;【可选择的】指定编组是否可选择。

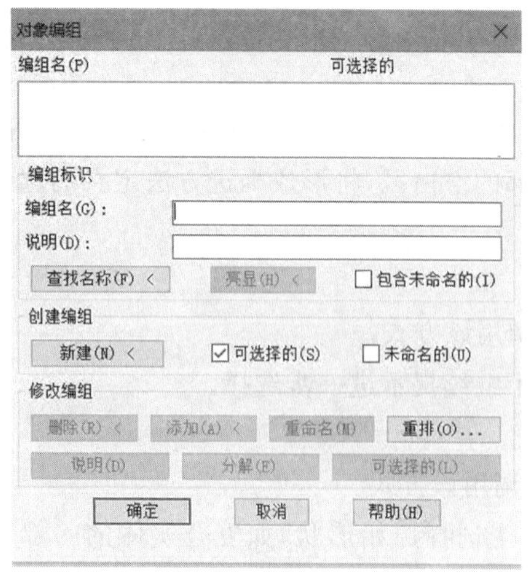

图 2-13 【对象编组】对话框

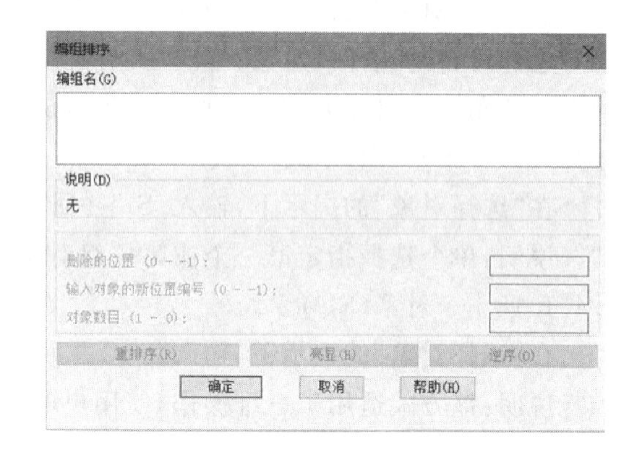

图 2-14 【编组排序】对话框

2.4.2.4 创建编组的步骤

(1) 点击【默认】选项卡【组】面板下拉菜单中的【编组管理器】选项,打开【对象编组】对话框。

(2) 在【对象编组】对话框的【编组标识】下,输入编组名“001”和说明“固定厢式矿车”,见图 2-15(a)。

(3) 在【创建编组】区中单击【新建】按钮。

(4) 图 2-15(a)所示对话框暂时关闭,选择对象并按回车键。

(5) 单击【确定】按钮。

“001”编组创建完毕后,选中组成编组的矩形或任意一个圆,则整个对象均被选中,见图 2-15(b)。

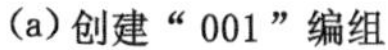
(a) 创建"001"编组

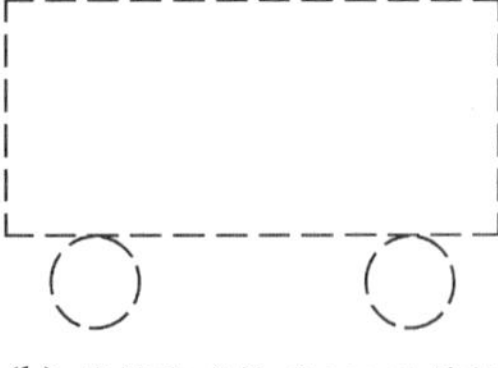
(b) 编辑完成的"001"编组

图 2-15　对象编组的使用

2.4.2.5　删除命名编组的步骤

(1) 点击【默认】选项卡【组】面板下拉菜单中的【编组管理器】选项，打开【对象编组】对话框。

(2) 在【对象编组】对话框中，从【编组名】列表中选择编组名。

(3) 在【修改编组】区中选择【分解】按钮。

(4) 选择【确定】按钮，编组被删除。

2.4.2.6　对象编组的选择

(1) 在"选择对象"的提示下，输入"G"并回车调用编组选择对象方式。

(2) 在"选择编辑名"的提示下，输入已创建的编组名并回车。

2.4.2.7　说明

(1) 编组的属性一般均设置为可选择的。

(2) 编组的命名越简单越好，如：001、002 或 a、b 等。

(3) 编组的说明越详尽越好，如：固定厢式矿车、可伸缩胶带输送机等。

(4) 将多个对象编组后，选中编组中的任一对象时，整个编组被选中，可提高编辑速度与准确性。在编辑对象时，根据"选择对象"的提示，输入"G"后回车，再输入编组的命名后回车即可调用该编组。

(5) 命令调用方式选择在命令行中输入"Group"时，并不会弹出【对象编组】对话框，读者应根据命令行的提示完成对象编组的操作。

2.4.3　对象选择设置

2.4.3.1　对象【选择】设置对话框

打开【选项】对话框，单击【选择集】选项卡，可打开【选择集】对话框，见图 2-16。

(1)【拾取框大小】区用于控制 AutoCAD 拾取框的显示尺寸。

(2)【选择集预览】区用于设置在命令处于活动或未激活时的视觉效果。

图 2-16 【选择集】对话框

(3)【选择集模式】区用于控制与对象选择方法相关的设置。其中:【先选择后执行】也叫主谓选择法,允许在启动命令之前先选择对象后调用命令,被调用的命令对先前选定的对象产生影响。可以用【先选择后执行】来使用多个编辑命令,具体命令见表 2-1。

表 2-1 AutoCAD 2018 中可以先选择后执行的编辑命令

序 号	命令名称	序 号	命令名称
1	删除(ERASE)	10	修改(CHANGE)
2	对齐(ALIGN)	11	列表(LIST)
3	透视视图(DVIEW)	12	拉伸(STRETCH)
4	移动(MOVE)	13	修改特性(CHPROP)
5	阵列(ARRAY)	14	镜像(MIRROR)
6	旋转(ROTATE)	15	写块(WBLOCK)
7	块(BLOCK)	16	复制(COPY)
8	分解(EXPLODE)	17	特性(PROPERTIES)
9	缩放(SCALE)		

(4)【夹点尺寸】区用于控制 AutoCAD 中夹点的显示尺寸。

(5)【夹点】区用于控制与夹点相关的设置。在对象被选中后,其上将显示夹点,即一些小方块。点击【夹点颜色】按钮,弹出【夹点颜色】对话框,其中:【未选中夹点颜色】确定未选中的夹点的颜色;【选中夹点颜色】确定选中的夹点的颜色,该种夹点称为热夹点;【悬停夹点颜色】决定光标在夹点上滚动时夹点显示的颜色,该种夹点称为温夹点;【夹点轮廓颜色】决定夹点轮廓的颜色。

(6)【功能区选项】区用于设置上下文状态时的选项卡。

2.4.3.2 说明

(1) 正确地使用对象选择的方法对提高绘图速度有很大的帮助。

(2) 一般地，初学者没有必要对图 2-16 中的设置进行重新设置。

(3) 如果在选择对象过程中出现故障，可参照图 2-16 进行恢复设置。

2.4.4　快速选择对象

2.4.4.1　命令功能

快速选择用于创建选择集，该选择集包括或排除符合指定过滤条件的所有对象。该命令应用范围是：

(1)【快速选择】(Qselect)命令可应用于整个图形或现有的选择集。

(2)【快速选择】(Qselect)命令创建的选择集可替换当前选择集，也可附加到当前选择集。

(3) 如果当前图形是局部打开的，【快速选择】(Qselect)命令将不考虑未加载的对象。

2.4.4.2　命令调用方式

■ 执行【默认】选项卡→【实用工具】面板→【快速选择】按钮。

■ 在命令行输入“Qselect”并回车。

2.4.4.3　【快速选择】对话框

执行或在命令行输入“Qselect”并回车，可打开【快速选择】对话框，见图 2-17。

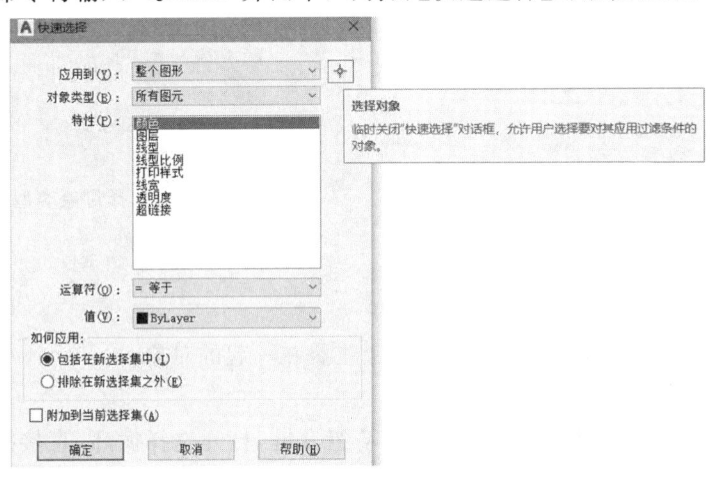

图 2-17　【快速选择】对话框

【快速选择】对话框中各项参数含义如下：

(1)【应用到】将过滤条件应用到整个图形或当前选择集；要选择将在其中应用该过滤条件的一组对象，使用【选择对象】按钮，完成对象选择后，按回车键重新显示该对话框。AutoCAD 将【应用到】设置为【当前选择】。

(2)【选择对象】按钮，单击该按钮可回到视口中进行对象选择。

(3)【对象类型】指定要包含在过滤条件中的对象类型，如直线、圆、文字等。

(4)【特性】指定过滤器的对象特性。

(5)【运算符】控制过滤的范围。

(6)【值】指定过滤器的特性值。

(7)【如何应用】区指定将符合给定过滤条件的对象包括在新选择集内。

2.4.4.4 命令应用

本例说明如何选择图 2-18(a)中卡轨车的所有圆。

(1) 执行快速选择命令,打开【快速选择】对话框,见图 2-17。

(2) 单击【选择对象】按钮,选择视口内的所有对象,见图 2-18(b)。

(3) 单击【对象类型】下拉按钮,选择【圆】选项,再选中【排除在新选择集之外】后单击【确定】按钮,见图 2-19。

(4) 选择结果如图 2-18(c)所示。

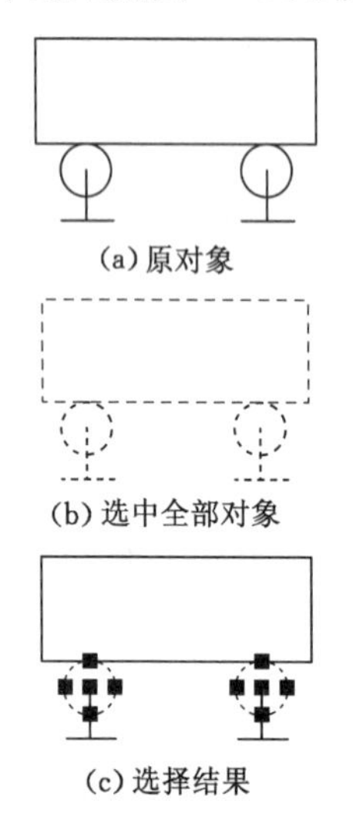

图 2-18 快速选择的应用

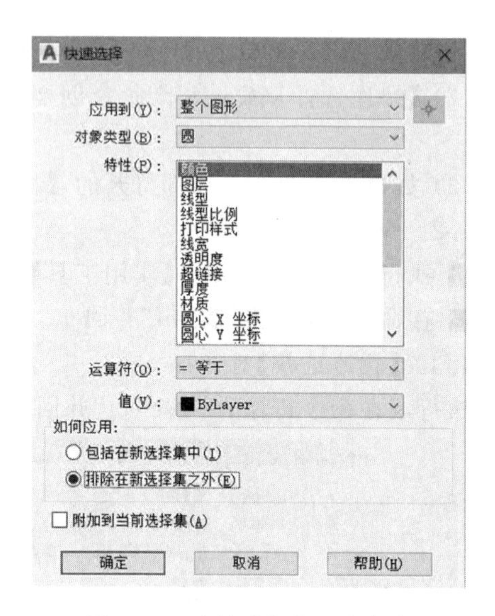

图 2-19 选择对象类型为直线

2.4.5 重叠对象的选择

重叠对象是指在绘图时,2 个或 2 个以上重叠在一起的对象。

重叠对象的选择步骤如下:

(1) 在“选择对象”的提示下,按 Ctrl+W 组合键,打开选择循环,直接拾取重叠对象的重叠部分。

(2) 弹出【选择集】对话框,在该对话框中被选中的图元成虚线显示,如果是需要选择的图元,点击图元名称即可。

2.5 绘图与修改命令的使用(二)

2.5.1 圆弧(Arc)

2.5.1.1 命令功能

■ 创建圆弧。

2.5.1.2 命令调用方式

■ 单击【默认】选项卡→【绘图】面板→【圆弧】按钮。

■ 在命令行输入“Arc”或命令别名“A”并回车。

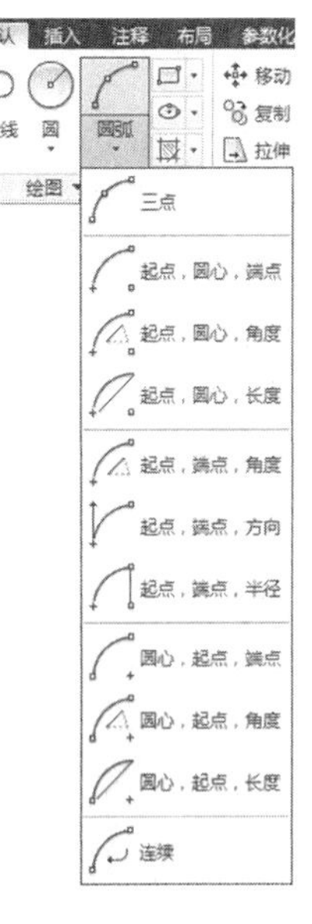

图 2-20　【圆弧】子菜单

2.5.1.3　命令应用

根据所绘圆弧的已知条件，如弧的圆心、弦长、半径或所包含的圆周角，【圆弧】(Arc)命令提供了 11 种绘制圆弧的方法，如三点(3P)、起点、圆心、端点(S、C、E)等，如图 2-20 所示。

(1) 过三点(3P)绘弧，绘制结果如图 2-21(b)所示。

命令：arc ↲　　执行圆弧命令
指定圆弧的起点或［圆心(C)］：↙　　指定 A 点，图 2-21(a)
指定圆弧的第二个点或［圆心(C)／端点(E)］：↙　　指定 O 点，图 2-21(a)
指定圆弧的端点：↙　　指定 B 点，图 2-21(a)

(2) 过起点、圆心、端点(S、C、E)绘弧，绘制结果如图 2-21(c)所示。

执行【绘图】→【圆弧】→【起点、圆心、端点】按钮↙　　执行圆弧命令
指定圆弧的起点或［圆心(C)］：↙　　指定 A 点，图 2-21(c)
指定圆弧的第二个点或［圆心(C)／端点(E)］：↙　　指定 O 点，图 2-21(c)
指定圆弧的端点：↙　　指定 B 点，图 2-21(c)

若按照 B→O→A 的拾取顺序，其绘制结果如图 2-21(d)所示。

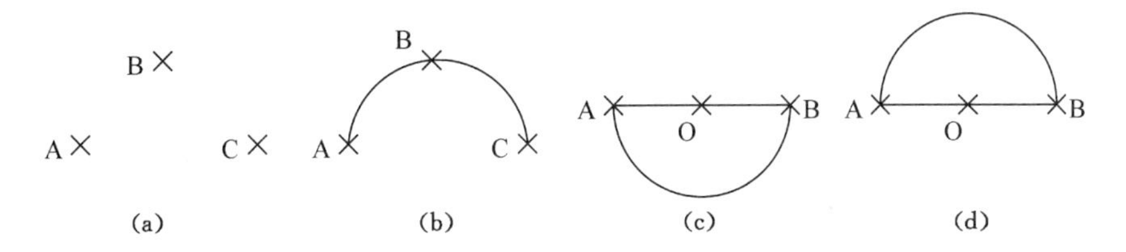

图 2-21　绘制圆弧示例一

(3) 过起点、端点、角度(S、E、A)绘弧，绘制结果如图 2-22(b)所示。

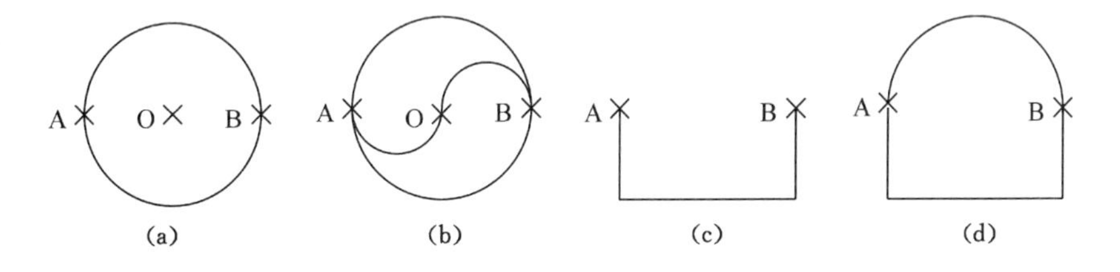

图 2-22　绘制圆弧示例二

执行【绘图】→【圆弧】→【起点、圆心、角度】按钮↙　　执行圆弧命令
指定圆弧的起点或［圆心(C)］：↙　　指定 A 点，图 2-22(a)
指定圆弧的第二个点或［圆心(C)/端点(E)］：↙　　指定 O 点，图 2-22(a)
指定圆弧的端点：↲
指定圆弧的圆心或［角度(A)/方向(D)/半径(R)］：_a 指定包含角：180 ↲　　输入圆弧包含角

2.5.1.4　说明

(1) 理解圆的角度的概念，顺时针为负、逆时针为正。

(2) 如果需要的圆弧不能由“Arc”命令绘制，可先绘一圆，然后从圆上取下相应一段即可。

(3) 在 AutoCAD 2018 中，按住 Ctrl 键，可以改变圆弧的绘图方向。

请练习图 2-22(d)中圆弧的绘制。

2.5.2 多边形(Polygon)

2.5.2.1 命令功能

■ 创建正多边形,边数 3～1024。

2.5.2.2 命令调用方式

■ 单击【默认】选项卡→【绘图】面板→【多边形】按钮。

■ 在命令行输入"Polygon"并回车。

2.5.2.3 命令应用

【多边形】(Polygon)命令提供了 3 种绘制正多边形的方法。

(1) 通过给定正多边形边长绘制正多边形,绘制结果如图 2-23(b)所示。

命令:polygon ↵	执行正多边形命令
输入边的数目<4>:5 ↵	输入正多边形边数目
指定正多边形的中心点或[边(E)]:e ↵	选边(E)项
指定边的第一个端点:0,0 ↵	指定 A 点,图 2-23(a)
指定边的第二个端点:@10,0 ↵	输入边长并回车

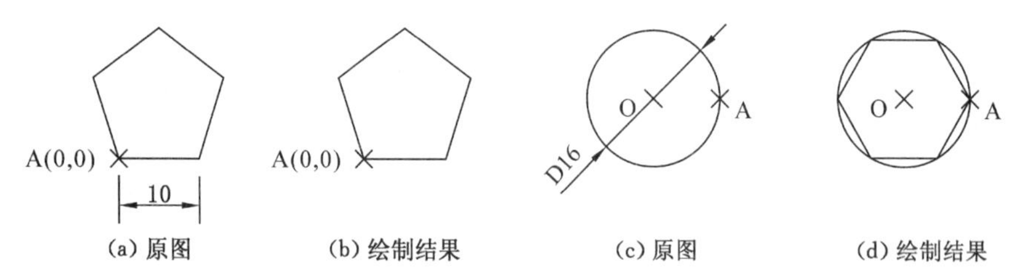

(a) 原图　(b) 绘制结果　(c) 原图　(d) 绘制结果

图 2-23 绘制圆弧示例二

(2) 通过正多边形的中心点和外接圆半径绘制正多边形,绘制结果如图 2-23(d)所示。

命令: polygon ↵	执行正多边形命令
输入边的数目 <4>: 6 ↵	输入正多边形边数目
指定正多边形的中心点或 [边(E)]:↙	指定 O 点,图 2-23(c)
输入选项 [内接于圆(I)/外切于圆(C)] <I>:i ↵	选内接于圆(I)项
指定圆的半径:↙	指定圆右象限点

(3) 通过正多边形的中心点和内切圆半径绘制正多边形,请自行练习。

2.5.2.4 说明

(1) 正多边形绘制的边数为 3～1024。

(2) 注意在绘制过程中如何使正多边形的一边保持水平。

(3) 对正多边形命令总结如下:

三边四边百千边,一零二四是极限。给定边长直接绘,内切外接定半径。

2.5.3 构造线(Xline)

2.5.3.1 命令功能

■ 创建无限长的线,通常用作辅助定位线。

2.5.3.2　命令调用方式

■ 单击【默认】选项卡→【绘图】面板→【构造线】按钮。

■ 在命令行输入“Xline”或命令别名“Xl”并回车。

2.5.3.3　命令应用

(1) 通过两点绘制构造线，绘制结果如图 2-24(b)所示。

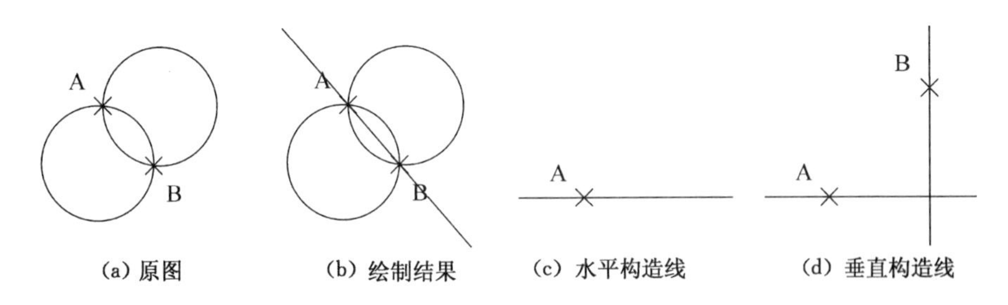

图 2-24　绘制构造线示例一

命令：xline ↲	执行构造线命令
XLINE 指定点或 [水平(H)/垂直(V)/角度(A)/二等分(B)/偏移(O)]:↙	指定 A 点，图 2-24(a)
指定通过点：↙	指定 B 点，图 2-24(a)
指定通过点：↲	回车结束或继续

(2) 绘制水平构造线，绘制结果如图 2-24(c)所示。

命令：xl ↲	执行构造线命令
XLINE 指定点或 [水平(H)/垂直(V)/角度(A)/二等分(B)/偏移(O)]:h ↲	选水平(H)项
指定通过点：↙	指定 A 点，图 2-24(c)
指定通过点：↲	回车结束或继续

(3) 绘制垂直构造线，绘制结果如图 2-24(d)所示。

命令：xl ↲	执行构造线命令
XLINE 指定点或 [水平(H)/垂直(V)/角度(A)/二等分(B)/偏移(O)]:v ↲	选垂直(V)项
指定通过点：↙	指定 B 点，图 2-24(d)
指定通过点：↲	回车结束或继续

(4) 以指定角度绘制构造线，绘制结果如图 2-25(b)所示。

命令：xl ↲	执行构造线命令
XLINE 指定点或 [水平(H)/垂直(V)/角度(A)/二等分(B)/偏移(O)]:a ↲	选角度(A)项
输入构造线的角度 (0) 或 [参照(R)]:135 ↲	输入构造线角度
指定通过点：↙	指定 A 点，图 2-25(a)
指定通过点：↲	回车结束或继续

(5) 绘制二等分构造线，绘制结果如图 2-26(b)所示。二等分构造线为角平分线。

命令：xl ↲	执行构造线命令
XLINE 指定点或 [水平(H)/垂直(V)/角度(A)/二等分(B)/偏移(O)]:b ↲	选角度二等分(B)项
指定角的顶点：↙	指定 C 点，图 2-26(a)
指定角的起点：↙	指定 A 点，图 2-26(a)
指定角的端点：↙	指定 B 点，图 2-26(a)
指定角的端点：↲	回车结束或继续

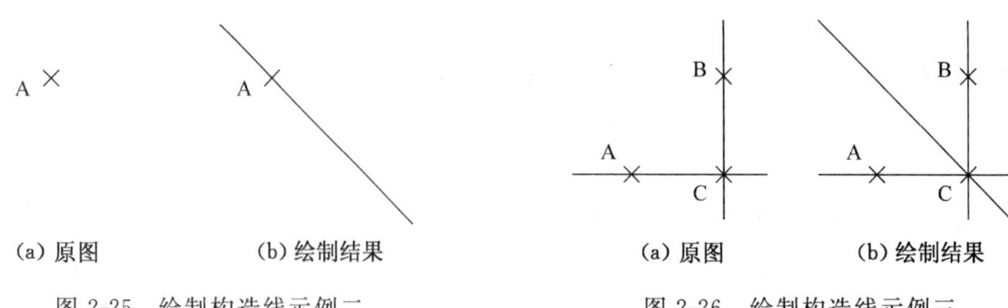

(a) 原图 (b) 绘制结果

图 2-25 绘制构造线示例二

(a) 原图 (b) 绘制结果

图 2-26 绘制构造线示例三

2.5.3.4 说明

(1) 构造线多用作辅助定位线。

(2) 构造线可方便地绘制角平分线。

(3) 构造线的夹点有 3 个,选中并拖动中点可执行移动命令,选中并拖动两侧夹点可执行旋转构造线命令,见图 2-27。

(4) 应用命令行中的【偏移】项,可按一定距离生成已有线段的平行构造线。

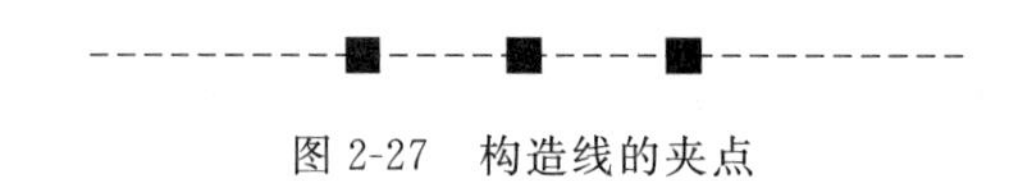

图 2-27 构造线的夹点

2.5.4 射线(Ray)

2.5.4.1 命令功能

■ 创建有一端点的无限长线。

2.5.4.2 命令调用方式

■ 单击【默认】选项卡→【绘图】面板→【射线】按钮。

■ 在命令行输入"Ray"并回车。

2.5.4.3 命令应用

绘制射线,结果如图 2-28(a)所示。

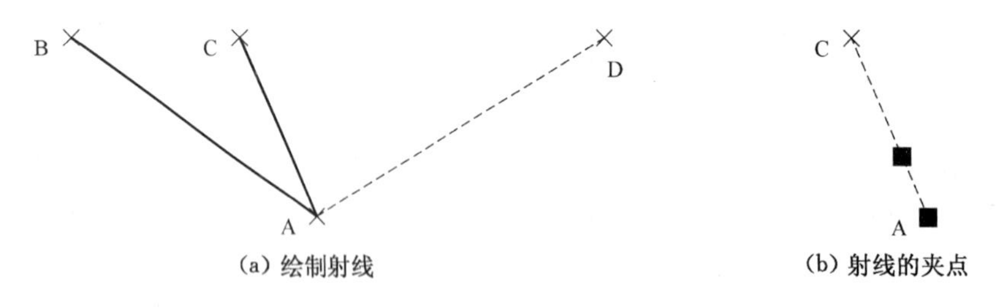

(a) 绘制射线 (b) 射线的夹点

图 2-28 绘制射线示例

命令: ray ↵	执行射线命令
指定起点: ↙	指定 A 点,图 2-28(a)
指定通过点: ↙	指定 B 点,图 2-28(a)
指定通过点: ↙	指定 C 点,图 2-28(a)
指定通过点: ↙	指定 D 点,图 2-28(a)
指定通过点: ↵	回车结束或继续

2.5.4.4 说明

(1) 射线与构造线一样，一般多用作辅助线。

(2) 射线的夹点有两个，选中端点并拖动可执行移动射线，选中另一夹点可旋转射线，见图 2-28(b)。

2.5.5 复制(Copy)

2.5.5.1 命令功能

■ 对选中的对象进行一个或多个复制。

2.5.5.2 命令调用方式

■ 单击【默认】选项卡→【修改】面板→【复制】按钮。

■ 在命令行输入“Copy”或命令别名“Co”并回车。

2.5.5.3 命令应用

【复制】(Copy)命令提供了两种方法复制对象，如图 2-29 所示。

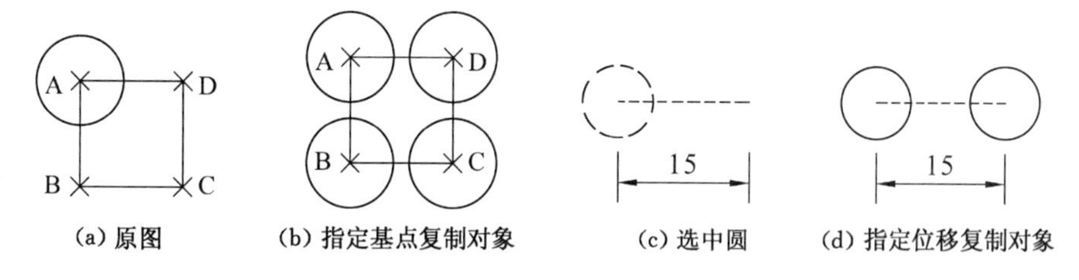

图 2-29 复制对象示例

(1) 通过指定基点复制对象，复制结果如图 2-29(b)所示。

命令：copy ↵	执行复制命令
选择对象：↙找到 1 个	拾取图 2-29(a)中的圆
选择对象：↵	回车结束拾取对象
指定基点或位移：↙	指定 A 点，图 2-29(a)
指定位移的第二点：↙	指定 B 点，图 2-29(a)
指定位移的第二点：↙	指定 C 点，图 2-29(a)
指定位移的第二点：↙	指定 D 点，图 2-29(a)
指定位移的第二点：↵	回车结束命令

(2) 通过指定位移复制对象，复制结果如图 2-29(d)所示。

命令：copy ↵	执行复制命令
选择对象：找到 1 个↙	拾取图 2-29(c)中的圆
选择对象：↵	回车结束拾取对象
指定基点或位移：↙	指定圆心
指定位移的第二点或 <用第一点作位移>：15 ↵	给定方向，输入距离

2.5.5.4 说明

(1) 当所需对象形状完全相同时，可以使用复制命令生成新的对象。部分形状相同时，也可以使用复制命令对新生成的对象进行适当编辑后成为需要的对象。

(2) 无论是指定点复制对象还是指定位移复制对象，基点的指定很关键，应尽量选取圆心、中点等有意义的特征点。

（3）新生成的对象与原对象有相同的特性。

（4）包括线条、文字、标注或光栅图像在内的多数对象均可适用复制命令。

2.5.6 偏移(Offset)

2.5.6.1 命令功能

■ 创建同心圆、平行线和平行曲线。

2.5.6.2 命令调用方式

■ 单击【默认】选项卡→【修改】面板→【偏移】按钮。

■ 在命令行输入“Offset”或命令别名“O”并回车。

2.5.6.3 命令应用

【偏移】(Offset)命令有两种方法可以偏移对象。

（1）以指定的距离偏移对象，偏移结果如图 2-30(b)所示。

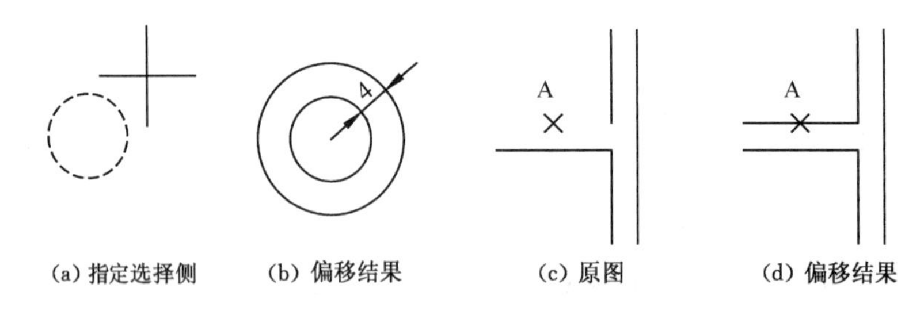

图 2-30 偏移对象示例一

命令：offset ↵	执行偏移命令
指定偏移距离或 [通过(T)]<通过>：4 ↵	输入偏移距离
选择要偏移的对象或<退出>：↙	拾取圆，图 2-30(a)
指定点以确定偏移所在一侧：↙	在圆外指定一点
选择要偏移的对象或<退出>：↵	回车结束命令

（2）通过指定点偏移对象，偏移结果如图 2-30(d)所示。

命令：offset ↵	执行偏移命令
指定偏移距离或 [通过(T)]<通过>：t ↵	选通过(T)项，拾 A 点
指定第二点：per 于↙	捕捉垂足
选择要偏移的对象或<退出>：↙	选择对象
指定点以确定偏移所在一侧：↙	指定偏移所在侧

2.5.6.4 说明

（1）偏移距离的指定方式有两种，可以在屏幕上直接拾取，也可以在命令行直接输入距离。不论向原对象的哪一侧偏移，输入的数值总为正数。

（2）在“指定点以确定偏移所在一侧”的提示下指定点时，应注意“对象捕捉”的影响，此时应尽量选择远离原对象和其他对象的空白处进行点击。

（3）用【偏移】命令创建平行线时，需要的参数是两根平行线之间的垂距。例如图 2-31(a)、(b)中的 BB 线段均可由 AA 线段执行【偏移】命令生成，但图 2-31(c)中的 BB 线段就难以用【偏移】命令生成。

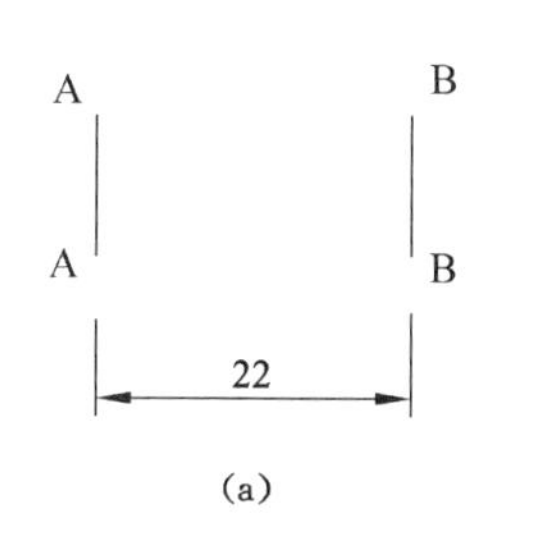

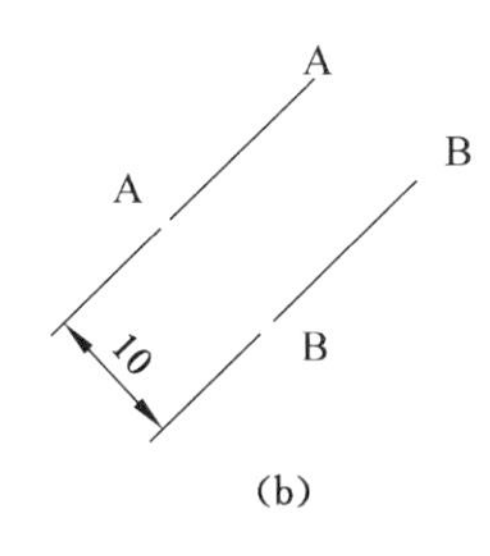

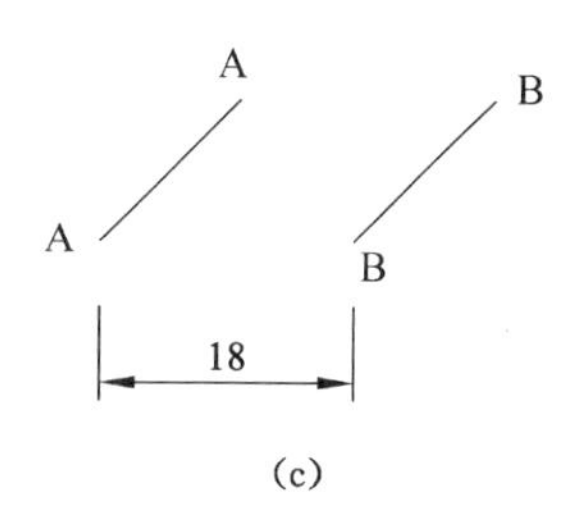

图 2-31 偏移对象示例二

(4) 创建由多条直线连接成的折线的平行线时，快捷方式是使原对象通过编辑成为一条多段线，一次偏移出其平行线。

2.5.7 修剪(Trim)

2.5.7.1 命令功能

■ 按其他对象定义的剪切边修剪对象。

2.5.7.2 命令调用方式

■ 单击【默认】选项卡→【修改】面板→【修剪】按钮。

■ 在命令行输入“Trim”或命令别名“Tr”并回车。

2.5.7.3 命令应用

掌握【修剪】(Trim)命令的关键在于对边界的认识。在执行【修剪】命令之后，出现的“选择对象”指的是选择作为修剪边界的对象。如果有直接可以利用的边界，则称之为有天然边界。在有天然边界的情况下，可以不进行边界的选择，直接进行下一步的操作。另外，被选择作为边界的对象也可以被修剪。

【修剪】命令在实际应用过程中，一般有以下三种情况：

(1) 有天然边界的修剪，修剪结果如图 2-32(b)所示。

命令：trim ↲	执行修剪命令
当前设置：投影＝UCS，边＝无	当前设置
选择剪切边...	
选择对象：↲	不选择，直接回车
选择要修剪的对象，或按住 Shift 键选择要延伸的对象，	拾取图 2-32(a)中直线 AA
或[投影(P)/边(E)/放弃(U)]：↙	中间部分

同样的，若需要将图 2-32(c)中的直线 BB 和直线 CC 修剪成图 2-32(d)中的形状，这种情形也属于有天然边界，所以在执行了【修剪】命令后可不进行边界的选择而直接进行修剪。

(2) 没有天然边界的修剪，修剪结果如图 2-33(b)所示。

命令：trim ↲	执行修剪命令
当前设置：投影＝UCS，边＝无	当前设置
选择剪切边...	
选择对象：↙	拾取 BB，图 2-33(a)
选择要修剪的对象，或按住 Shift 键选择要延伸的对象，	拾取图 2-33(a)中直线 AA
或 [投影(P)/边(E)/放弃(U)]：↙	超出直线 BB 部分

(3) 栏选，一次对多个对象的修剪，修剪结果如图 2-33(d)所示。

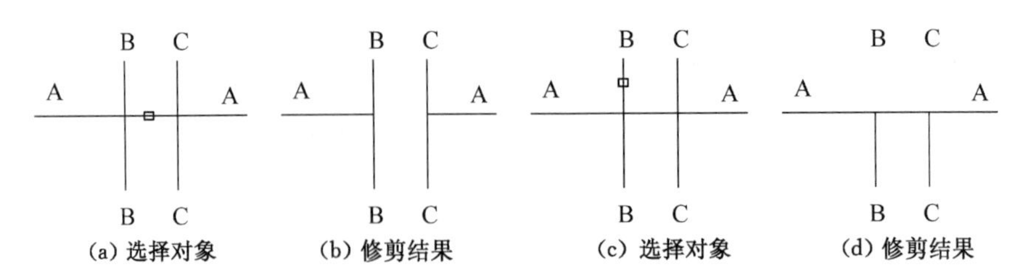

图 2-32　剪切对象示例一

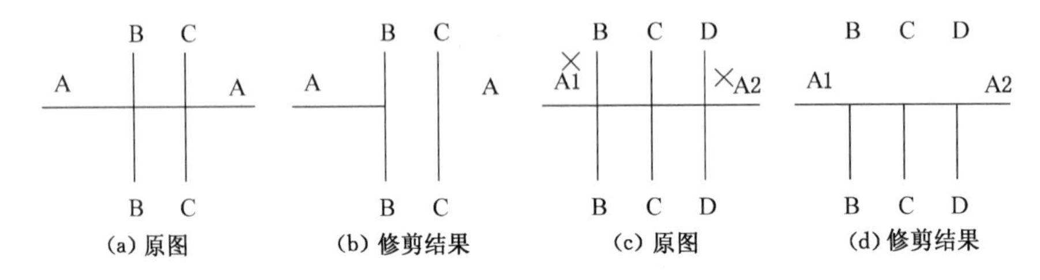

图 2-33　剪切对象示例二

命令：trim ↵	执行修剪命令
当前设置：投影=UCS，边=无	当前设置
选择剪切边...	
选择对象：↵	不选择，直接回车
选择要修剪的对象，或按住 Shift 键选择要延伸的对象，	
或 [投影(P)/边(E)/放弃(U)]：f ↵	输入 F，选择栏选
第一栏选点：↙	拾取 A1，图 2-33(c)
指定直线的端点或 [放弃(U)]：↙	拾取 A2，图 2-33(c)
指定直线的端点或 [放弃(U)]：↵	回车结束选择
选择要修剪的对象，或按住 Shift 键选择要延伸的对象，	
或 [投影(P)/边(E)/放弃(U)]：↵	回车结束命令

2.5.7.4　说明

(1) 在有天然边界的情况下，若被修剪的对象为两个内切的圆或圆弧，此时最好选择边界后再执行修剪命令。

(2) 修剪命令中其他参数项，如【无】、【投影】、【边】、【延伸】及【不延伸】多适用于三维操作，在此不详述。

2.5.8　延伸(Extend)

2.5.8.1　命令功能

■ 将对象延伸到另一对象。

2.5.8.2　命令调用方式

■ 单击【默认】选项卡→【修改】面板→【延伸】按钮。

■ 在命令行输入“Extend”或命令别名“Ex”并回车。

2.5.8.3　命令应用

同【修剪】命令一样，掌握【延伸】(Extend)命令的关键在于对边界的认识。在执行【延伸】命令之后，第一次出现的“选择对象”指的也是选择作为延伸边界的对象。

【延伸】命令的应用示例如下：

(1) 执行延伸命令并指定延伸边界，见图 2-34(a)。

(2) 选择需要延伸的对象，见图 2-34(b)。延伸结果如图 2-34(c)所示。

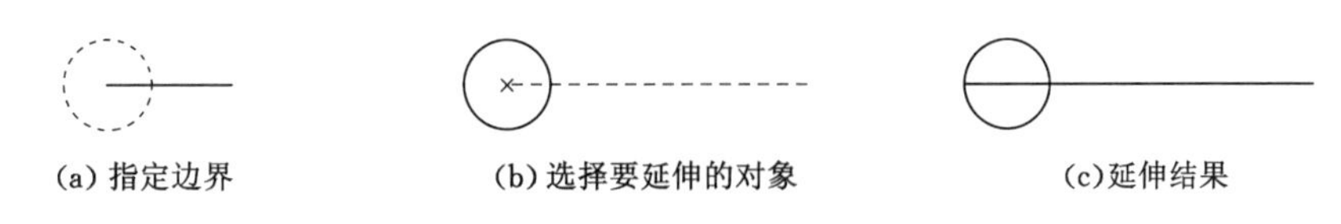

图 2-34　延伸对象示例一

2.5.8.4　说明

(1) 圆弧、椭圆弧不能被延伸为完整的圆或椭圆。

(2) 在“选择要延伸对象”的提示下选择对象时，应在对象的被延伸侧拾取，见图 2-35(b)。图 2-35(c)所示为延伸结果。

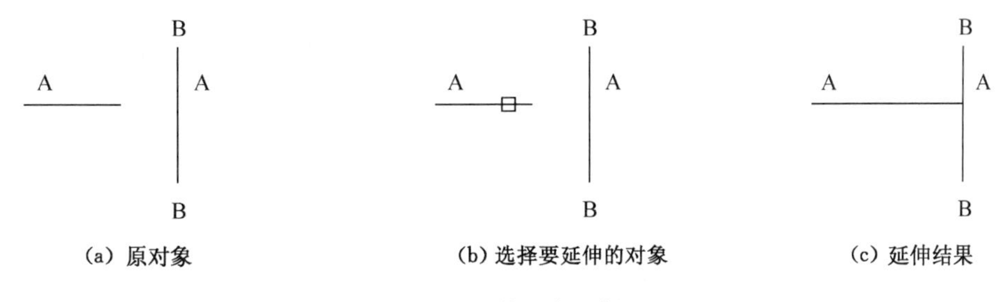

图 2-35　延伸对象示例二

2.6　夹点概述与应用

2.6.1　夹点概述

2.6.1.1　夹点概念

夹点是一些实心的小方框，使用鼠标等定点设备指定对象时，对象关键点上(如端点、中点、交点、圆心等)将出现夹点。常见图形的夹点默认设置如图 2-36 所示。

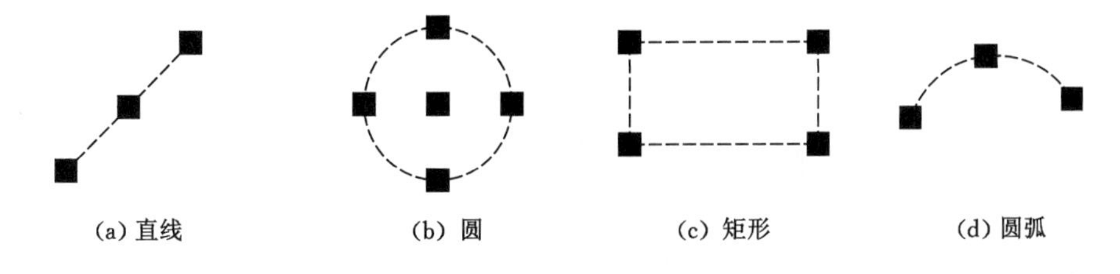

图 2-36　常见对象的夹点

2.6.1.2　夹点设置

夹点一般通过【选项】对话框中【选择集】选项卡进行设置，包括：

(1) 夹点显示尺寸。

(2) 夹点种类的显示颜色。

2.6.1.3 夹点种类

夹点共有三种类型:冷夹点、温夹点、热夹点。其中,冷夹点(蓝色)只显示对象信息,不可操作;当光标移入冷夹点时夹点转变为红色即为温夹点,也不可操作;只有当鼠标按下夹点变为棕红色即热夹点时才可操作,进行需要的编辑。

2.6.1.4 夹点编辑对象的操作种类

使用热夹点可以对选中的对象执行拉伸、移动、复制、缩放、旋转、镜像、查看属性等操作。

2.6.1.5 说明

(1) 使用夹点编辑对象应在命令行为空时选择对象。

(2) 按住 Shift 键可对多个夹点或对象同时进行编辑。

(3) 在热夹点上单击鼠标右键可弹出快捷菜单,也可以根据命令行提示依次选择需要的参数进行操作。

(4) 用夹点编辑对象时,除【复制】命令外,执行完毕命令后,都会将原对象删除。

2.6.2 使用夹点编辑对象

2.6.2.1 拉伸对象

使用夹点拉伸对象的步骤如下:

(1) 命令行为空时选择要拉伸的对象,见图 2-37(b)。

(2) 在对象上选择基夹点 B,亮显选定夹点并激活默认夹点模式"拉伸",向右拉伸 4 mm,见图 2-37(c)。

(3) 同理,将夹点 C 向左拉伸 4 mm,见图 2-37(d)。

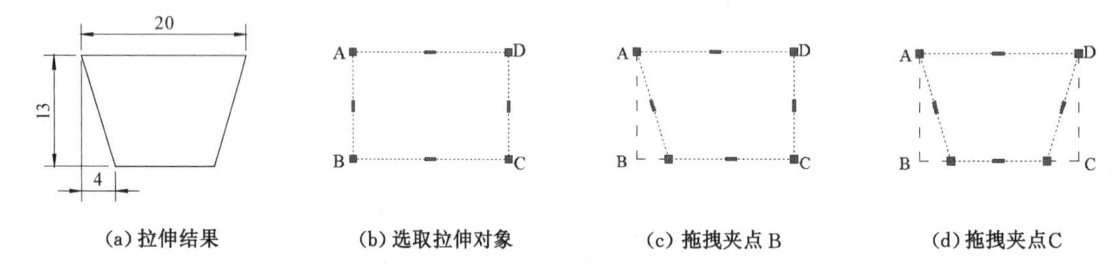

(a) 拉伸结果 (b) 选取拉伸对象 (c) 拖拽夹点 B (d) 拖拽夹点C

图 2-37 使用夹点拉伸对象

2.6.2.2 移动对象

使用夹点移动水泵对象的步骤如下:

(1) 选择水泵中的圆形。

(2) 在对象上通过单击选择基夹点圆心 A,见图 2-38(a)。

(3) 单击目标点 B 移动圆形。移动结果如图 2-38(b)所示。

2.6.2.3 复制对象

用夹点复制煤水泵对象步骤如下:

(1) 选择要复制的对象圆 A,拾取圆心,使其作为基夹点,见图 2-39(a)。

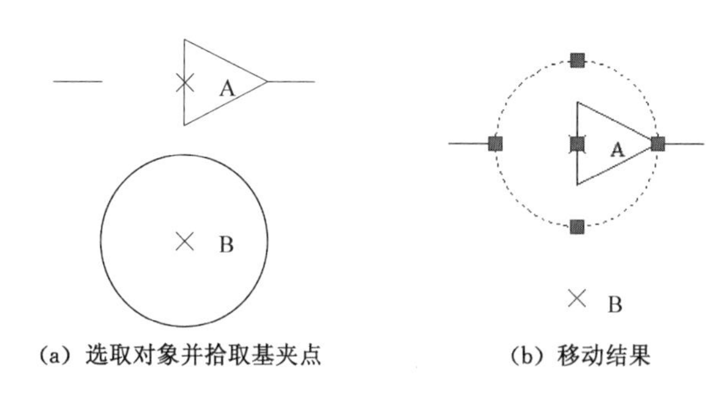

(a) 选取对象并拾取基夹点　　(b) 移动结果

图 2-38 使用夹点移动对象

(2) 按命令行提示或单击鼠标右键选择【复制】命令。

(3) 根据命令行提示指定目标点 B。复制结果如图 2-39(b)所示。

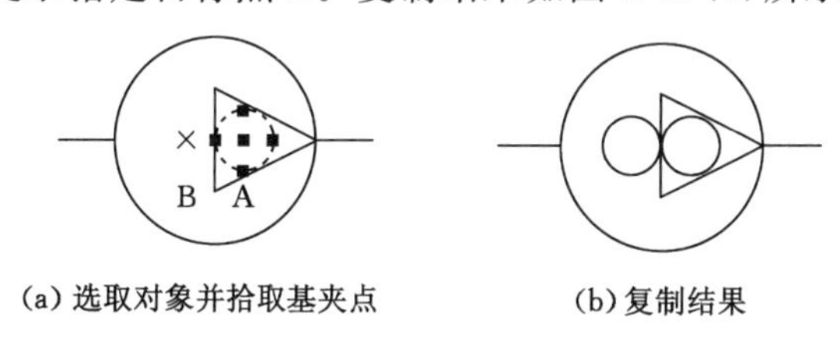

(a) 选取对象并拾取基夹点　　(b) 复制结果

图 2-39 使用夹点复制对象

2.6.2.4 缩放对象

使用夹点缩放对象的步骤如下：

(1) 选择要缩放的对象，见图 2-40(a)。

(2) 在对象上通过单击选择基夹点，亮显选定夹点，见图 2-40(b)，并激活夹点模式“拉伸”。

(3) 按回车键遍历夹点模式，直到显示夹点模式“缩放”。

(4) 移动定点设备并在合适的位置单击。缩放结果如图 2-40(c)所示。

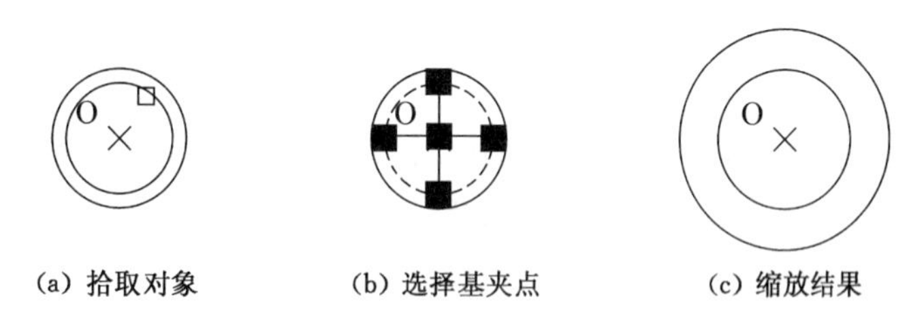

(a) 拾取对象　　(b) 选择基夹点　　(c) 缩放结果

图 2-40 使用夹点缩放对象

2.6.2.5 旋转对象

使用夹点旋转对象的步骤如下：

(1) 选择要旋转的对象，见图 2-41(a)。

(2) 在对象上通过单击选择基夹点，亮显选定夹点，见图 2-41(b)。

(3) 单击回车键遍历夹点模式，直到显示夹点模式“旋转”。

(4) 移动定点设备并在指定角度单击，见图 2-41(c)。

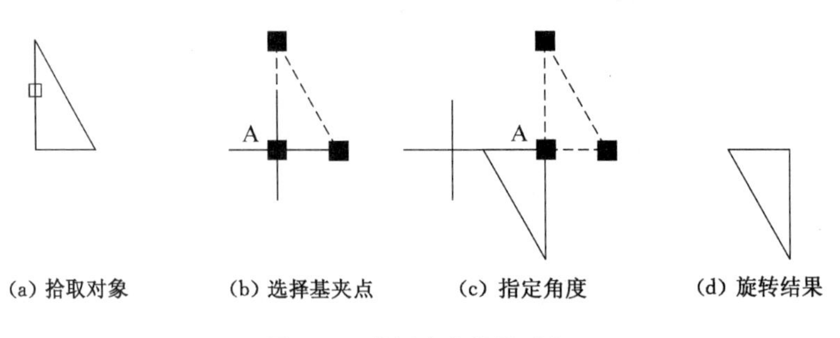

图 2-41　使用夹点旋转对象

(5) 选定对象绕基夹点旋转。旋转结果如图 2-41(d)所示。

2.6.2.6　镜像对象

使用夹点镜像对象的步骤如下：

(1) 选择要镜像的对象，见图 2-42(a)。

(2) 在对象上通过单击选择基夹点，见图 2-42(b)。

(3) 按回车键遍历夹点模式，直到出现夹点模式“镜像”。

(4) 单击指定镜像线的第一点。

(5) 单击指定镜像线的第二点。镜像结果如图 2-42(c)所示。

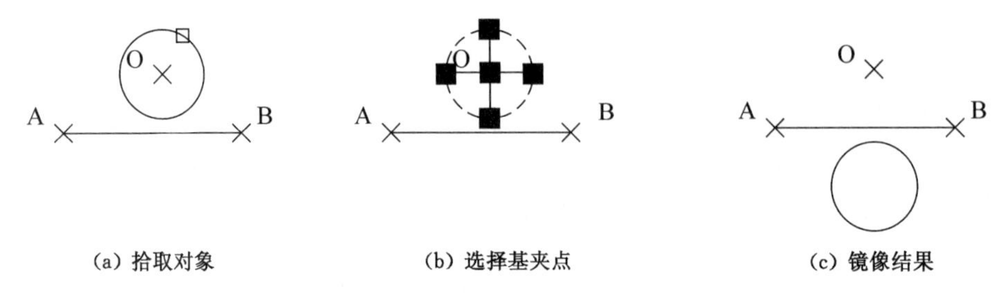

图 2-42　使用夹点镜像对象

2.6.3　说明

(1) 使用夹点编辑对象时，命令行应为空，即无正在执行的命令。

(2) 按住 Shift 键可完成多个夹点的选择。

(3) 对夹点的总结如下：

命令为空选对象，激活夹点按右键。

2.7　采矿相似图元与经纬网的绘制

本章实例共 2 个，分别为相似图元的绘制和经纬网的绘制。

2.7.1　相似图元的绘制

对于相似图形，在 AutoCAD 中可采用先绘制基准图形，在此基础上进行复制、偏移、旋转或删除多余对象步骤后，即可完成新图形的绘制。下面以常用的本书附录 B2 中岩石电钻图元[见图 2-43(a)]为例，说明由一幅图形生成其他相似图形[见图 2-43(b)、(c)、(d)]的快捷操作方法。

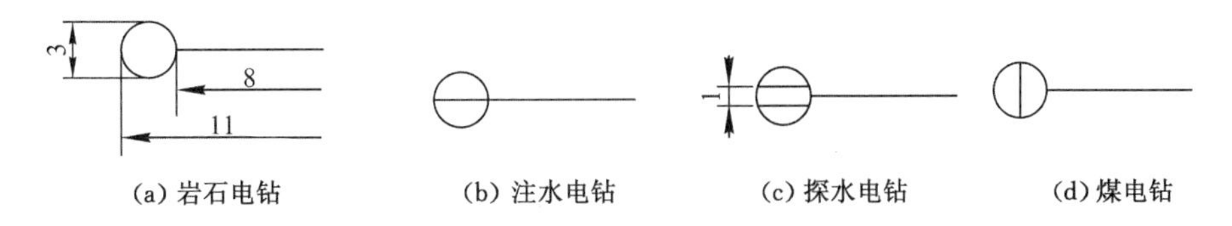

(a) 岩石电钻　(b) 注水电钻　(c) 探水电钻　(d) 煤电钻

图 2-43　图元示例

2.7.1.1　审图

(1) 图 2-43 中一组图元均由圆和一至两根不等的直线组成。

(2) 图 2-43 中后 3 个图元可在第一个图元的基础上递进绘出。

2.7.1.2　图形绘制顺序

(1) 绘制图 2-43(a)图元。

(2) 复制图 2-43(a)，依次进行新增、偏移或使用夹点生成其他 3 个图元。

2.7.1.3　绘制图形

(1) 新建文件并保存。新建一文件并命名为“常用采矿图元”。

(2) 绘制图 2-43(a)岩石电钻图元，绘制顺序如图 2-44 所示。

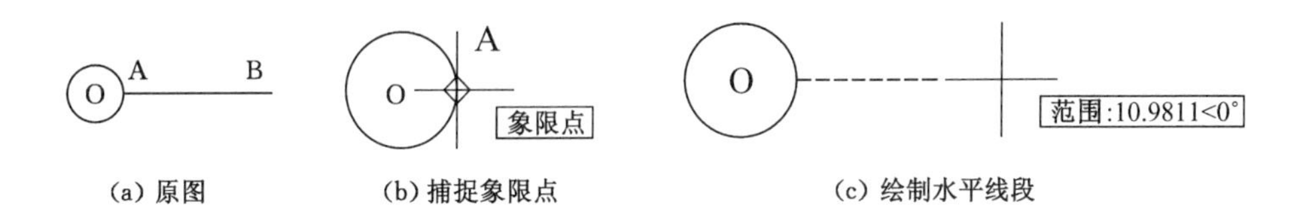

(a) 原图　(b) 捕捉象限点　(c) 绘制水平线段

图 2-44　岩石电钻的绘制顺序

命令：c ↵　　执行圆命令

CIRCLE 指定圆的圆心或 [三点(3P)/两点(2P)/相切、相切、半径(T)]：0,0 ↵　　圆 O 圆心，图 2-44(a)

指定圆的半径或 [直径(D)]：d ↵　　选直径(D)项

指定圆的直径：3 ↵　　输入 3 回车

命令：l ↵　　执行直线命令

LINE 指定第一点：qua ↵　　捕捉象限点

指定下一点或 [放弃(U)]：↙　　指定 A 点，图 2-44(b)

<正交 开>　　打开正交，图 2-44(c)

8 ↵　　输入 AB 长度回车

指定下一点或 [放弃(U)]：↵　　回车结束命令

(3) 绘制图 2-43(b)所示注水电钻图元。

将上面所绘图元水平向右复制一组，并绘制直线 AC，绘制顺序如图 2-45 所示。

命令：co ↵　　执行复制命令

COPY 选择对象：↙指定对角点：找到 2 个　　选择图 2-45 圆与直线

选择对象：↵　　回车结束选择

当前设置:复制模式 = 多个
指定基点或 [位移(D)/模式(O)] <位移>:<对象捕捉 开>↙　　按 F3 键打开对象捕捉指定 O 点,图 2-45(b)
指定第二个点或 <使用第一个点作为位移>: 20 ↵　　光标水平向右,并输入距离,图 2-45(c)
指定第二个点或 [退出(E)/放弃(U)] <退出>: ↵　　回车结束复制命令
命令: l ↵　　执行直线命令
LINE 指定第一点: ↙　　指定 A 点,图 2-45(c)
指定第一点: qua ↵　　捕捉象限点
指定下一点或 [放弃(U)]: ↙　　指定 C 点,图 2-45(d)
指定下一点或 [放弃(U)]: ↵　　回车结束直线命令

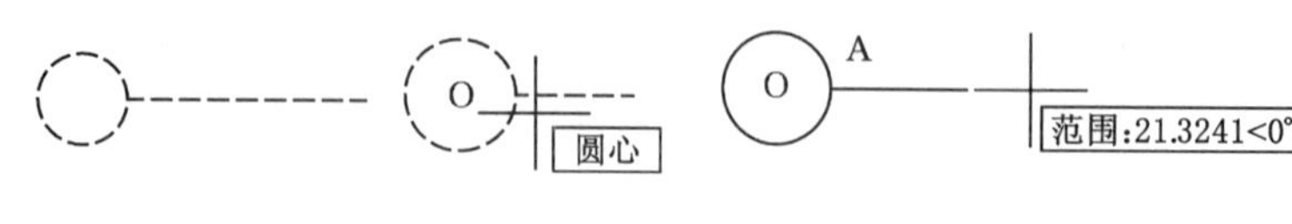

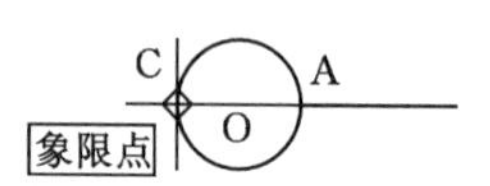

(a) 选择对象　(b) 捕捉圆心　(c) 指定方向　(d) 捕捉象限点

图 2-45　注水电钻的绘制顺序

用户也可采用将直线 AB 向左延伸至圆 O 左象限点的方式生成注水电钻。但为使后面的图元操作更便捷,上例重新绘制了直线 AC。

(4) 绘制图 2-43(c)所示探水电钻图元,绘制顺序如图 2-46 所示。

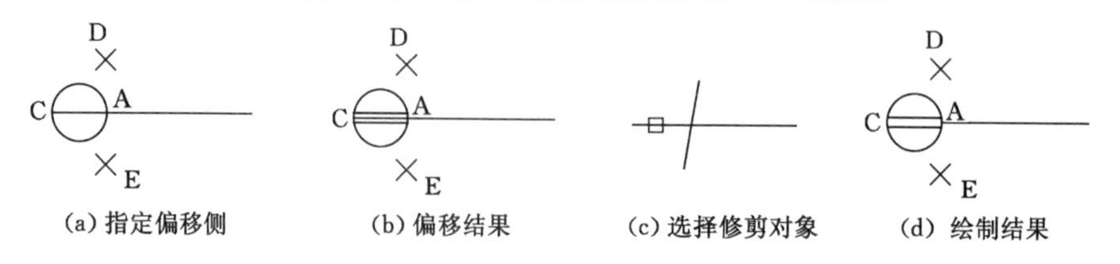

(a) 指定偏移侧　(b) 偏移结果　(c) 选择修剪对象　(d) 绘制结果

图 2-46　探水电钻的绘制顺序

执行复制命令,将注水电钻向右水平 20 处复制一个,然后执行下列操作。

命令: o ↵　　执行偏移命令
OFFSET 当前设置: 删除源=否　图层=源　OFFSETGAPTYPE=0
指定偏移距离或[通过(T)/删除(E)/图层(L)] <1.0000>:0.5 ↵　　输入偏移距离
选择要偏移的对象,或[退出(E)/放弃(U)] <退出>:↙　　选择 AC
指定要偏移的那一侧上的点,或 [退出(E)/多个(M)/放弃(U)] <退出>:↙　　指定 D 点,图 2-46(a)
选择要偏移的对象,或[退出(E)/放弃(U)] <退出>:↙　　选择 AC,图 2-46(a)
指定要偏移的那一侧上的点,或 [退出(E)/多个(M)/放弃(U)] <退出>:↙　　指定 E 点
选择要偏移的对象,或[退出(E)/放弃(U)] <退出>:↵　　回车结束偏移命令

偏移结果如图 2-46(b)所示,删除直线 AC 后执行下列操作,将偏移得到的两条直线超出圆 O 的部分剪切掉。

命令: tr ↵　　执行修剪命令
TRIM 当前设置:投影=UCS,边=无 选择剪切边...

选择对象或 ＜全部选择＞:↵　　有天然边界

选择要修剪的对象,或按住 Shift 键选择要延伸的对象,或

[栏选(F)/窗交(C)/投影(P)/边(E)/删除(R)/放弃(U)]:↙　　滚动鼠标中轮,依次拾取圆外直线,图 2-46(c)

修剪结果如图 2-46(d)所示。

(5) 绘制图 2-43(d)所示煤电钻图元。

执行复制命令,将注水电钻向右水平 40 处复制一个,然后执行下列操作。

① 清空命令行,选择直线 AC,见图 2-47(b)。

② 选中直线 AC 的中点夹点,单击鼠标右键,弹出快捷菜单,见图 2-47(c),选择【旋转】项。

③ 在命令行输入旋转角度 90 并回车,结果如图 2-47(d)所示。

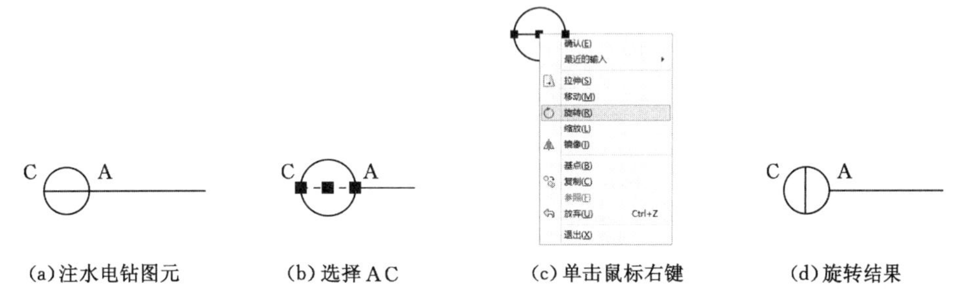

(a)注水电钻图元　(b)选择 AC　(c)单击鼠标右键　(d)旋转结果

图 2-47　探水电钻的绘制顺序

2.7.2　经纬网

经纬网如图 2-48 所示。图纸要求:外图框尺寸为 1189 mm×841 mm,即 A0 号图纸。内、外框距为 10 mm。假定北方向为右上方向,第一根经线 AA 过内图框左下角,与 X 轴夹角为 30°,如图 2-49 所示。纬线 BB 过图框左上角。方格间距为 100 mm。

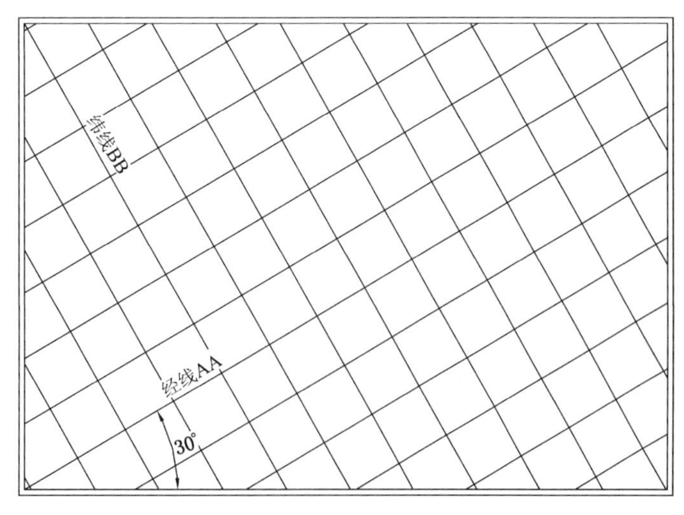

图 2-48　经纬网

2.7.2.1　审图

两个矩形。两种射线或构造线。

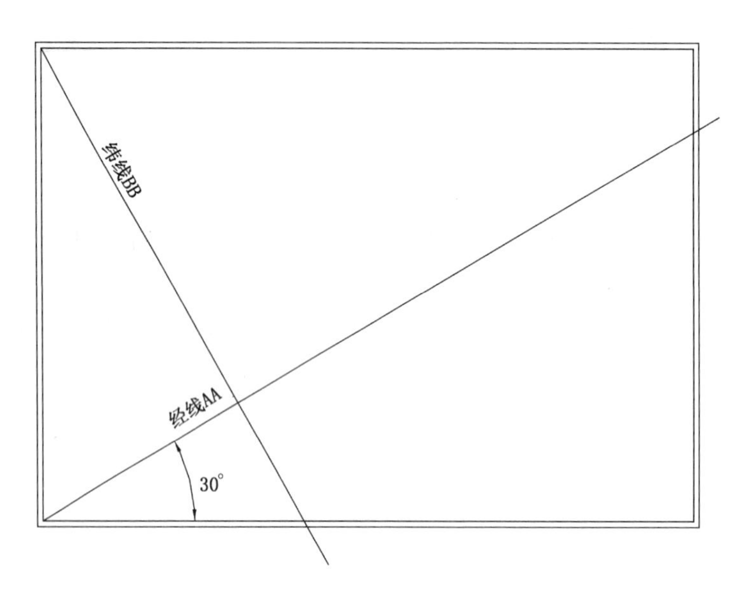

图 2-49 绘制第一根经线与纬线

2.7.2.2 图形绘制顺序

新建文件并保存；设置图形界限及单位；绘制图纸内、外框；绘制经线 AA 与纬线 BB；偏移、复制或阵列经线 AA 和纬线 BB，得到全部经纬线；修剪成图；检查。

2.7.2.3 绘制图形

(1) 新建文件并保存。新建一文件并命名为“经纬网”。

(2) 绘制外图框。执行【矩形】命令，第一角点坐标为(0,0)，对角点坐标为(1189,841)。

(3) 绘制内图框。对外图框向外侧执行【偏移】命令，偏移间距为 10。

(4) 绘制经线 AA 和纬线 BB，绘制结果如图 2-49 所示。

命令：ray ↵	执行射线命令
指定起点：_int 于↙	拾取内图框左下角
指定通过点：<30 ↵	输入射线角度 30
指定通过点：↙	在图框内部拾取点
指定通过点：↵	回车结束命令
命令：↵	重复射线命令
指定起点：_int 于↙	拾取内图框左上角
指定通过点：_per 于↙	捕捉射线 AA 垂足
指定通过点：↵	回车结束命令

(5) 偏移经线 AA 和纬线 BB，偏移间距为 100，得到全部经纬线，如图 2-50 所示。

(6) 修剪和延长经纬线。

【修剪】或【延长】命令中的边界为内图框，选择要修剪或延伸的对象时可使用“栏选”选择方式，一次修剪或延长所有需要操作的经纬线。结果如图 2-51 所示。

命令：trim ↵	执行修剪命令
当前设置：投影＝UCS，边＝无	
选择剪切边...	
选择对象：↙找到 1 个	拾取内图框

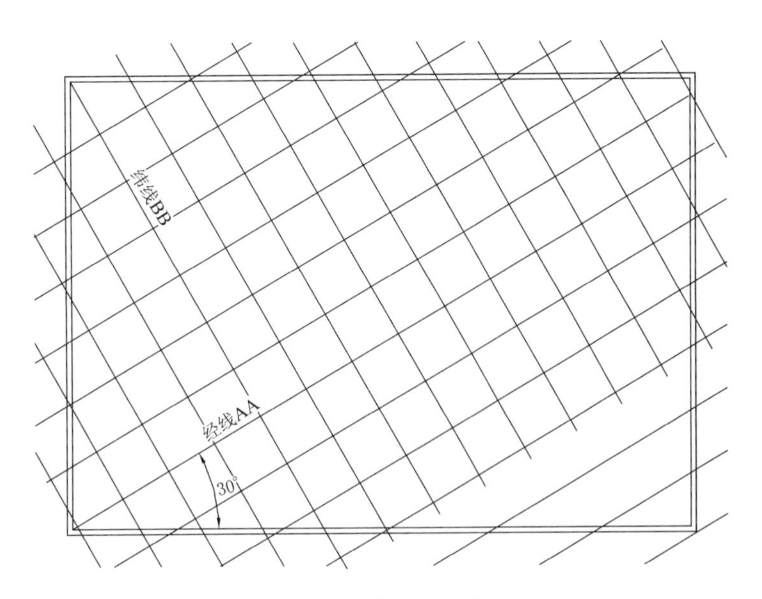

图 2-50　偏移经纬线

选择对象：↵	回车结束选择
选择要修剪的对象，或按住 Shift 键选择要延伸的对象，	
或 [投影(P)/边(E)/放弃(U)]：f ↵	输入 F，选择栏选
第一栏选点：↙	拾取外图框任一角点
指定直线的端点或 [放弃(U)]：↙	拾取外图框下一角点
指定直线的端点或 [放弃(U)]：↙	拾取外图框下一角点
指定直线的端点或 [放弃(U)]：↙	拾取外图框下一角点
指定直线的端点或 [放弃(U)]：↵	回车结束拾取点
选择要修剪的对象，或按住 Shift 键选择要延伸的对象，	
或 [投影(P)/边(E)/放弃(U)]：↵	回车结束命令

(7) 用范围缩放命令检查图形，删除不需要的对象。绘制结果如图 2-51 所示。

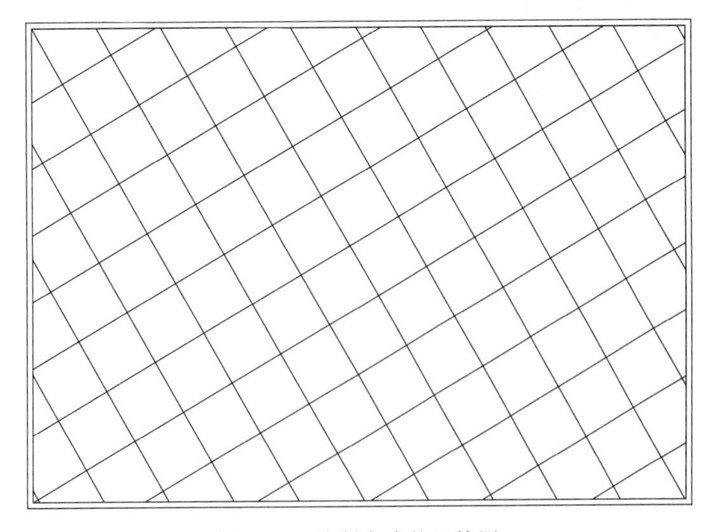

图 2-51　绘制完成的经纬网

第 3 章 AutoCAD 2018 的设置

俗话说“工欲善其事，必先利其器”。在开始使用 AutoCAD 进行辅助设计之前，对其进行相关设置是十分必要的。

本章主要介绍测量系统、绘图单位、图形界限的初始设置，草图设置和正交设置，以及云线、圆环、镜像、分解、拉长和阵列等常用的绘图与修改命令。本章实例为炮眼布置图和锚杆支护的矩形巷道断面的绘制。

3.1 程序的初始设置

AutoCAD 2018 的初始设置包括测量系统、绘图单位、图形界限的初始设置。

3.1.1 测量系统的初始设置

3.1.1.1 显示初始测量系统界面

AutoCAD 2018 启动时一般不显示初始测量系统界面，可在打开 AutoCAD 2018 后执行下列操作，显示【创建新图形】窗口，见图 3-1。

命令：startup ↵ 执行图形初始化命令

输入 STARTUP 的新值 <0>：1 ↵ 输入 1 回车

命令：filedia ↵ 执行启动对话框命令

输入 FILEDIA 的新值 <1>：0 ↵ 输入 0 回车

如果不需要显示启动对话框，将“Startup”和“Filedia”命令依次设为初始值即可。

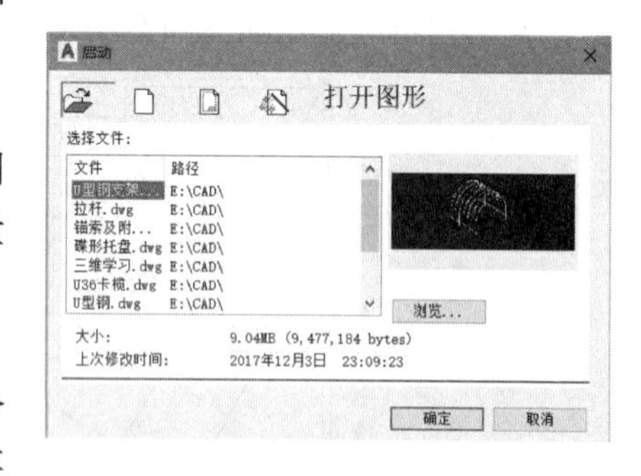

图 3-1 【创建新图形】对话框

3.1.1.2 选择公制作为初始测量系统

AutoCAD 2018 提供两种测量系统，分别是英制和公制。在新建文件时，一般选择公制作为初始测量系统，见图 3-1。

3.1.1.3 说明

公制测量系统为十进制，常用单位有千米、米、分米、厘米和毫米等。英制为十二进制，常用单位有英里、英尺和英寸等。1 英寸＝25.4 mm，1 mm＝0.3937 英寸。

3.1.2 绘图单位的初始设置

3.1.2.1 命令功能

■ 控制坐标和角度的显示精度和格式。

3.1.2.2　命令调用方式

■ 执行应用程序 按钮→【图形实用工具】→【单位】。

■ 在命令行输入“Units”并回车。

3.1.2.3　【图形单位】对话框

执行【单位】命令打开【图形单位】对话框，见图 3-2(a)。该对话框由【长度】区、【角度】区、【插入时的缩放单位】区、【输出样例】区、【光源】区、【方向】按钮和【帮助】按钮等组成。

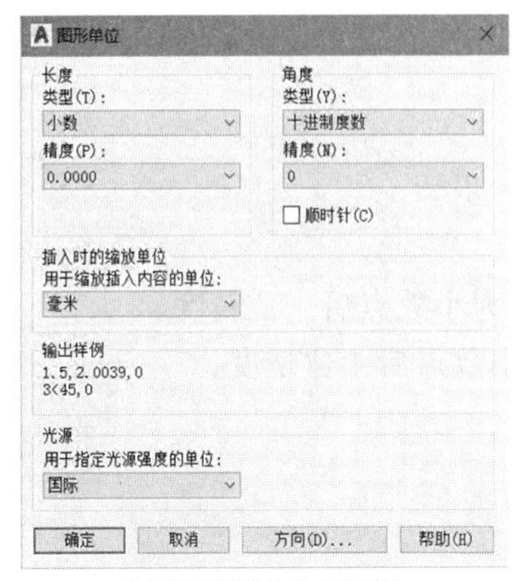

(a)【图形单位】对话框

(b) 单位列表

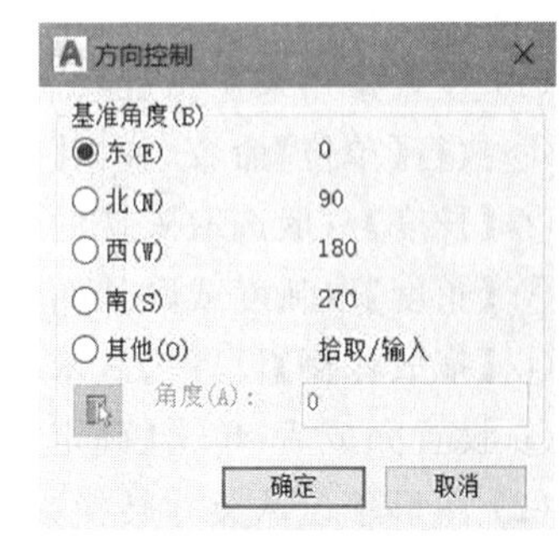

(c)【方向控制】对话框

图 3-2　图形单位的设置

(1)【长度】区用于指定测量的当前单位及当前单位的精度。

AutoCAD 2018 中提供的长度类型有 5 种，分别是：“建筑”“小数”“工程”“分数”和“科学”。各种类型举例如下：

建筑单位制	12′4.34″
小数单位制	12.232
工程单位制	6′1/5″
分数单位制	3/6
科学单位制	23.3E+09

AutoCAD 2018 中提供的长度精度有 9 种，精度类型为 0～0.00000000。

(2)【角度】区用于指定当前角度格式和当前角度显示的精度。

AutoCAD 2018 中提供的角度类型有 5 种，分别是：“十进制度数”“百分度”“度\分\秒”“弧度”和“勘测单位”，精度类型从 0～0.00000000。各种类型举例如下：

十进制度数	108.3
百分度	23.33g
度\分\秒	123d45′56.,″
弧度	3.3r
勘测单位	N 45d0′0″ E

AutoCAD 2018 默认的角度方向为逆时针为正，顺时针为负。如果打开【顺时针】开关，则按顺时针确定正方向。一般不打开该开关。

(3)【插入时的缩放单位】区的功能是用 AutoCAD 2018 控制插入到当前图形中的块和

图形的测量单位，见图 3-2(b)。如果块或图形创建时使用的单位与该选项指定的单位不同，则在插入这些块或图形时将对其按比例缩放。插入比例是源块或图形使用的单位与目标图形使用的单位之比。

(4)【输出样例】区用于显示当前绘图单位设置下的示例。

(5)【方向】按钮，单击【方向】按钮，弹出【方向控制】对话框，见图 3-2(c)。该对话框的功能是确定角度中零度的方向。AutoCAD 提示输入角度时，可以在需要方向定位一个角度或输入一个角度。默认的零度方向是【东】，即世界坐标系 X 轴的正方向，一般使用默认设置即可。

3.1.2.4 命令应用

(1) 设置常用采矿工程绘制图时的单位格式与精度的步骤。

① 执行【单位】命令，弹出【图形单位】对话框。

②【长度】一般选取默认的设置，即小数型，精度设置为小数点后 4 位精度。

③【角度】取弧度或默认的十进制度数，精度设置为小数点后 4 位精度。

④【拖放比例】设置为毫米。

⑤ 设置完成后，单击【确定】按钮。

(2) 图形单位从英寸转换为厘米的步骤。

① 执行【默认】选择卡→【修改】面板→【缩放】按钮项。

② 在"选择对象"提示下，输入"All"并回车；选定图形中要缩放的所有对象。

③ 指定基点。

④ 输入比例因子 2.54(每英寸等于 2.54 cm)。

3.1.3 图形界限的初始设置

3.1.3.1 命令功能

■ 在当前的【模型】或【布局】选项卡上设置并控制栅格显示的界限。

3.1.3.2 命令调用方式

■ 在命令行输入"Limits"并回车。

3.1.3.3 图形界限中各参数的含义

执行命令后会有提示"指定左下角点"，一般均取默认值(0,0)。【指定右上角点】参数用于指定图形界限的右上角点，一般根据实际的图纸大小输入具体的数值，常用的图纸大小及尺寸及见表 3-1。【开】/【关】选项用于打开或关闭图形界限检查。若选择打开的状态，则在图形界限以外不能够执行任何操作命令。

表 3-1 常用的图纸大小及尺寸　　单位：mm

图号	尺寸	图号	尺寸	图号	尺寸
A0	1189×841	A1	841×594	A2	594×420
A3	420×297	A4	297×210	A5	210×148
B3	364×515	B5	257×182	16 开	260×184
B4	364×257	8 开	368×260	32 开	184×130

3.1.3.4　命令应用

下面的例子将当前图形文件的图形界限设置为 A0 号图纸大小。

命令：limits ↵　　执行图形界限命令
重新设置模型空间界限：
指定左下角点或［开(ON)/关(OFF)］<0.0000,0.0000>：↵　　回车用默认值
指定右上角点 <420.0000,297.0000>：1189,841 ↵　　输入 A0 号图纸的尺寸

3.1.3.5　说明

(1) AutoCAD 2018 默认的图形界限为一横向 A3 纸，即 X 方向为 420 mm，Y 方向为 297 mm。坐标系原点位于图形界限的左下角。

(2) 在指定图形界限左下角时如果选择“此范围”，则系统会自动打开边界检验功能，此时只能在设定的范围内绘图；如果超出范围，AutoCAD 2018 会拒绝操作。

(3) 在指定图形界限左下角时如果选择“Off”，系统会自动关闭边界检验功能，此时可以在绘图区内的任何位置绘制图形。一般取默认的“Off”值。

(4) 采矿工程制图的图纸图号一般为 A0～A4。必要时可以将表 3-1 中图纸幅面的长边加长(0 号及 1 号图纸幅面允许加长两边)，其加长量应按 5 号图纸幅面相应的长边或短边尺寸成整数倍增加，见图 3-3。

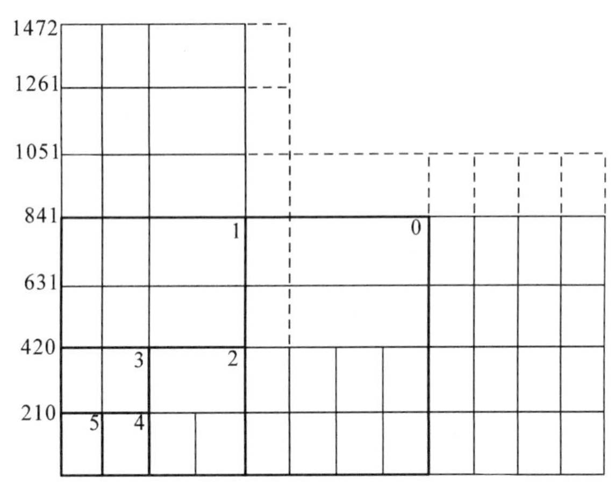

图 3-3　常用图纸幅面尺寸及加长取值

(5) 如果绘图所需图纸幅面比表 3-1 规定的还要缩小，应采用以下缩小比例：$1:10^n$，$1:2\times10^n$，$1:2.5\times10^n$，$1:5\times10^n$，此处 n 为整数。

3.2　辅助绘图工具的设置

手工绘图时，可以用丁字尺、三角板和圆规绘制辅助线进行定位。AutoCAD 2018 提供了多种辅助绘图工具，如栅格、捕捉、对象捕捉和极轴追踪等，通过【草图设置】对话框(如图 3-4 所示)，可以对这些辅助功能进行设置，以便更快、更准确地绘图。

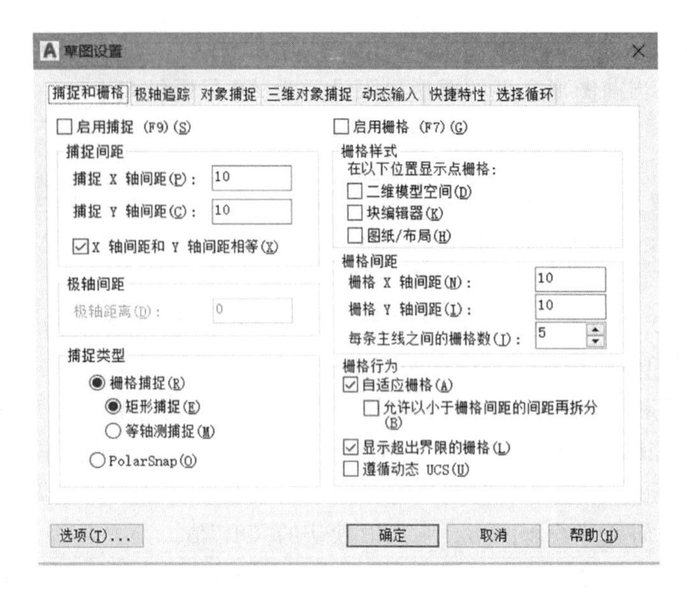

图 3-4 【草图设置】对话框

3.2.1 草图设置概述

3.2.1.1 命令功能

■ 设置捕捉和栅格、极轴追踪、对象捕捉、三维对象捕捉、动态输入、快捷特性、选择循环。

3.2.1.2 命令调用方式

■ 用鼠标右键单击状态栏上的【栅格】、【捕捉】、【极轴】等按钮，选择【设置】。

■ 在命令行输入“Dsettings”或命令别名“Ds”并回车。

3.2.1.3 说明

【草图设置】对话框由【捕捉和栅格】、【极轴追踪】、【对象捕捉】、【三维对象捕捉】、【动态输入】、【快捷特性】和【选择循环】7 个选项卡及【选项】按钮组成，见图 3-4。单击【选项】按钮后可弹出【选项-绘图】选项卡。

3.2.2 捕捉和栅格的设置

3.2.2.1 【捕捉和栅格】选项卡

单击打开图 3-4 中的【捕捉和栅格】选项卡，该选项卡内各参数含义如下：

(1)【启用捕捉】开关。打开【启用捕捉】开关或按 F9 键，也可以通过单击状态栏上的【捕捉】按钮打开【捕捉】模式。

(2)【启用栅格】开关。打开【启用栅格】开关或按 F7 键，也可以通过单击状态栏上的【栅格】按钮打开【栅格】模式。

(3)【捕捉间距】区用于设置 X 轴和 Y 轴的捕捉间距。【捕捉 X 轴间距】指定 X 方向的捕捉间距，间距值必须为正实数；【捕捉 Y 轴间距】指定 Y 方向的捕捉间距，间距值必须为正实数。

(4)【栅格间距】区可控制栅格点的显示。【栅格 X 轴间距】指定 X 方向的点间距，如果该值为 0，则栅格采用【捕捉 X 轴间距】值。【栅格 Y 轴间距】指定 Y 方向的点间距，如果该值为 0，则栅格采用【捕捉 Y 轴间距】的值。

(5)【捕捉类型】区可控制捕捉模式设置。【栅格捕捉】设置栅格捕捉类型。【矩形捕捉】将捕捉样式设置为标准矩形捕捉模式。

(6)【极轴间距】区用于控制极轴捕捉增量距离。【极轴距离】选定【捕捉类型和样式】下的【极轴捕捉】时，设置极轴距离值。如果该值为 0，则极轴捕捉距离采用【捕捉 X 轴间距】的值。

3.2.2.2　命令应用

(1) 栅格的 X 间距和 Y 间距可以设置为不相等的间距。

(2) 捕捉的 X 间距和 Y 间距应与栅格的 X 间距和 Y 间距相同，或是其整数倍。示例结果如图 3-5 所示。

(3) 栅格只显示在设定的图形界限范围内。如果间距过小，AutoCAD 2018 会提示“栅格太密，无法显示”的信息，屏幕上不显示栅格点。

(4) 不启用栅格显示的情况下，也可以启用捕捉功能。

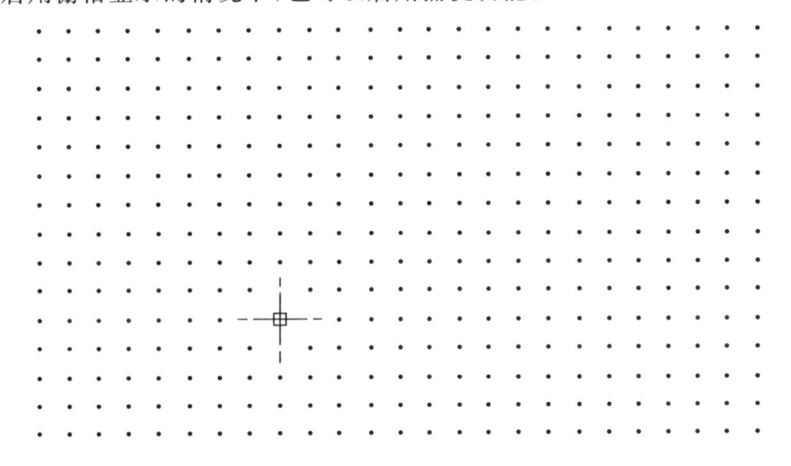

图 3-5　栅格与捕捉

3.2.3　极轴追踪的设置

3.2.3.1　【极轴追踪】选项卡

单击打开图 3-4 中的【极轴追踪】选项卡，见图 3-6。该选项卡包括【启用极轴追踪】开关和【极轴角设置】、【对象捕捉追踪设置】、【极轴角测量】三个区等，各参数含义如下：

(1)【极轴角设置】区用于设置追踪时角度的增量，可以根据需要自行设置。

(2)【对象捕捉追踪设置】区相当于扩展了的【正交】功能。

(3)【极轴追踪】与【正交】模式不能同时打开。

(4)【附加角】开关使用时其数值必须为绝对值，且转换为十进制方式输入。

3.2.3.2　命令应用

例如，绘制图 3-7(a) 中的直线 OB。

命令：l↵　　　　执行直线命令

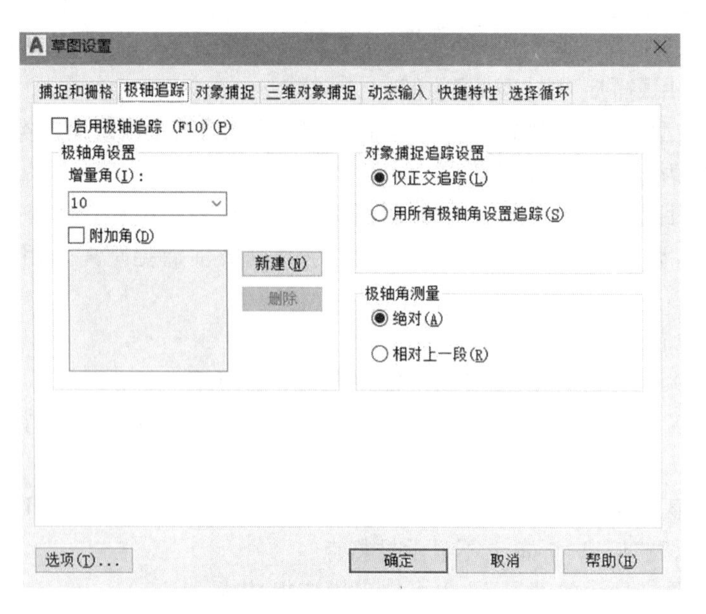

图 3-6 【极轴追踪】选项卡

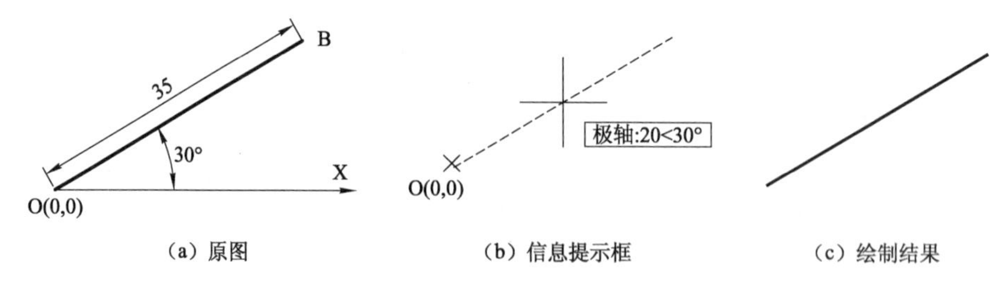

(a) 原图　　(b) 信息提示框　　(c) 绘制结果

图 3-7 极轴的应用

LINE 指定第一点:0,0 ↵	指定 O 点,图 3-7(b)
指定下一点或 [放弃(U)]:＜极轴 开＞ 35 ↵	打开极轴并移动光标至图示位置出现提示信息框后输长度,图 3-7(b)
指定下一点或 [放弃(U)]: ↵	回车结束命令

3.2.4 正交设置

3.2.4.1 命令功能

■ 光标移动限制在水平或垂直方向上,相当于手工绘图时的丁字尺功能。

3.2.4.2 命令调用方式

■ 单击状态栏上的【正交】按钮。

■ 在命令行输入"Ortho"并回车。

■ 按 F8 键。

3.2.4.3 命令应用

(1)【正交】为透明命令,可以在绘制或编辑操作的过程中打开或关闭该命令。

(2) 打开【正交】后,光标移动限制在水平或垂直方向上。

(3) 在绘图或编辑的过程中，采用【正交】给定方向配合键盘或直接用鼠标拾取指定距离的方式，可提高绘图精度与速度。

3.2.5 动态输入设置

3.2.5.1 命令功能

■ 控制指针输入、标注输入、动态提示以及绘图工具提示的外观。

3.2.5.2 命令应用

单击打开图 3-4 中的【动态输入】选项卡，见图 3-8。该选项卡内各参数含义如下：

(1)【指针输入】和【标注输入】分别用于显示指针或标注输入的样例。

(2)【绘图工具提示外观】按钮用于显示【工具提示外观】对话框，见图 3-9。

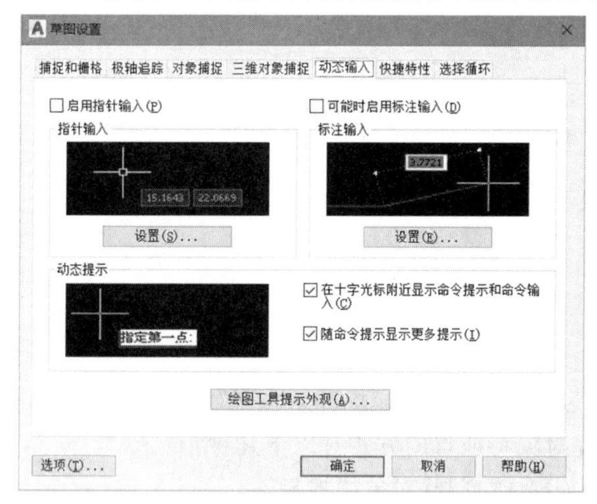

图 3-8 【动态输入】选项卡

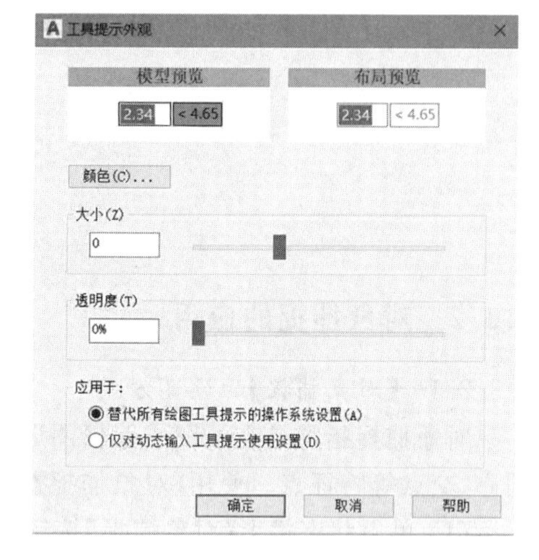

图 3-9 【工具提示外观】对话框

3.3 对象捕捉设置

3.3.1 对象捕捉的设置(Osnap)

3.3.1.1 【对象捕捉】选项卡

单击打开图 3-4 中的【对象捕捉】选项卡，见图 3-10。该选项卡内各参数含义如下：

(1)【启用对象捕捉】开关或按 F3 键，也可以通过单击状态栏上的【对象捕捉】按钮打开【对象捕捉】模式。

(2)【启用对象捕捉追踪】开关或按 F11 键，也可以通过单击状态栏上的【对象捕捉】打开【对象捕捉】模式。

(3)【对象捕捉模式】区可指定执行对象捕捉的模式。选择一个或多个选项，控制对象捕捉设置。

3.3.1.2 说明

【对象捕捉】为透明命令，其设置并非越多越好，应根据需要设置。

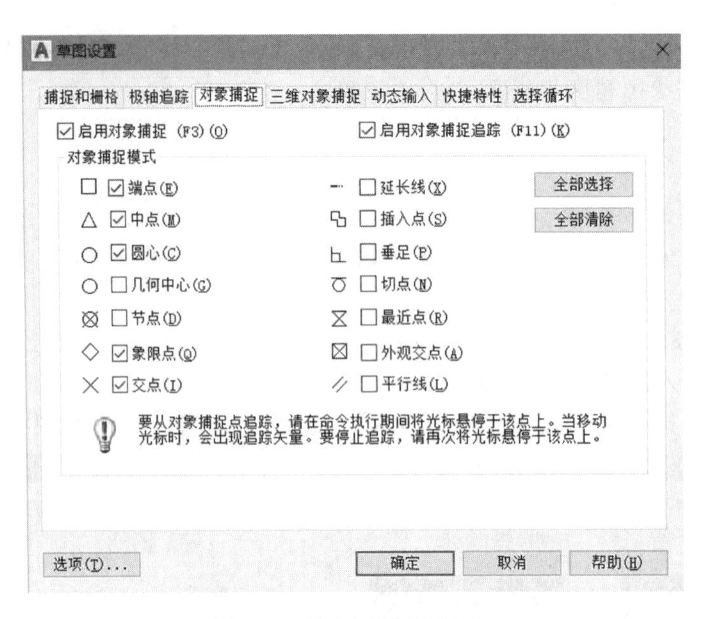

图 3-10 【对象捕捉】选项卡

3.3.2 对象捕捉的应用

3.3.2.1 【对象捕捉】的设置方式

对象捕捉指的是在绘图或编辑图形的过程中，精确地捕捉到对象的特征点上，如中点、圆心、交点等特征点。使用【对象捕捉】捕捉对象特征点的方式有以下几种：

(1) 单击状态栏上【对象捕捉】按钮或按 F3 键打开【对象捕捉】。

(2) 按 Shift 键＋鼠标右键弹出【对象捕捉】快捷菜单选择特征点，见图 1-20。

(3)【对象捕捉】快捷菜单中捕捉特征点的命令及其别名见表 3-2。

表 3-2 【对象捕捉】快捷菜单中的捕捉项及命令名称

序号	按钮	捕捉名称	命令	命令缩写	说明
1		临时追踪点	Temporary Track Point	TT	捕捉临时追踪点
2		自	Snap From	From	捕捉相对坐标原点
3		端点	Snap to Endpoint	End	捕捉端点
4		中点	Snap to Midpoint	Mid	捕捉中点
5		交点	Snap to Intersection	Int	捕捉交点
6		外观交点	Snap to Apparent Intersection	App	捕捉交叉点
7		延长线	Snap to Extension	Ext	捕捉延长线上点

表 3-2(续)

序号	按钮	捕捉名称	命令	命令缩写	说明
8		圆心	Snap to Center	Cen	捕捉圆心
9		象限点	Snap to Quadrant	Qua	捕捉象限点
10		切点	Snap to Tangent	Tan	捕捉切点
11		垂直	Snap to Perpendicular	Per	捕捉垂足
12		平行线	Snap to Parallel	Par	捕捉平行线
13		节点	Snap to Node	Nod	捕捉节点
14		插入点	Snap to Insert	Ins	捕捉插入点
15		最近点	Snap to Nearest	Nea	捕捉最近点
16		无	Snap to None	Non	关闭捕捉模式
17		对象捕捉设置	Object Snap Settings	Dsettings	设置对象捕捉
18		两点之间的中点	Middle of 2 points	M2p	捕捉两点之间的中点
19		三维对象捕捉	Three—dimensional Object Snap	3	捕捉三维对象的点
20		点过滤器		T	捕捉点

3.3.2.2　【对象捕捉】的使用方式

如前所述,【对象捕捉】可捕捉的特征点有临时追踪点、自、端点、中点、交点、外观交点、延长线、圆心、象限点、切点、垂直、平行线、节点、插入点、最近点和无捕捉等。

(1)【临时追踪点】(TT)。用于跟踪每一个跟踪点的 X 坐标,再跟踪另一个跟踪点的 Y 坐标,两跟踪线的交点就是目的点的坐标。使用【临时追踪点】之前应打开【对象捕捉】功能,并将常用的端点、中点、圆心等设置为自动捕捉方式,当出现这些特征点的标记后,不用拾取而是离开特征点去捕捉另一点的 X 或 Y 坐标。

例如,在图 3-11(a)所示的正多边形几何中心位置绘制一圆。

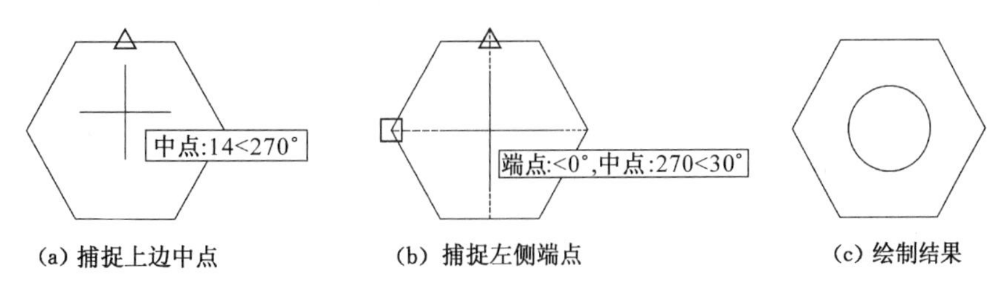

(a) 捕捉上边中点　(b) 捕捉左侧端点　(c) 绘制结果

图 3-11　【临时追踪点】的应用

命令:c ↵　　执行圆命令
CIRCLE 指定圆的圆心或［三点(3P)/两点(2P)/相切、相切、半径(T)]:
＜对象捕捉 开＞ ＜对象捕捉追踪 开＞↙　　打开对象捕捉,对象跟踪显示中点和端点标记,在虚线相交处单击,图 3-11
指定圆的半径或［直径(D)］＜5.0000＞: 5 ↵　　输入半径并回车

绘制结果如图 3-11(c)所示,在图 3-11(b)中光标大致移动到正多边形的几何中心处才会出现虚线。

(2)【自】(From)。用于捕捉相对坐标的原点。在使用【自】功能之前应先打开【对象捕捉】辅助功能,并将常用特征点设置为自动捕捉方式。

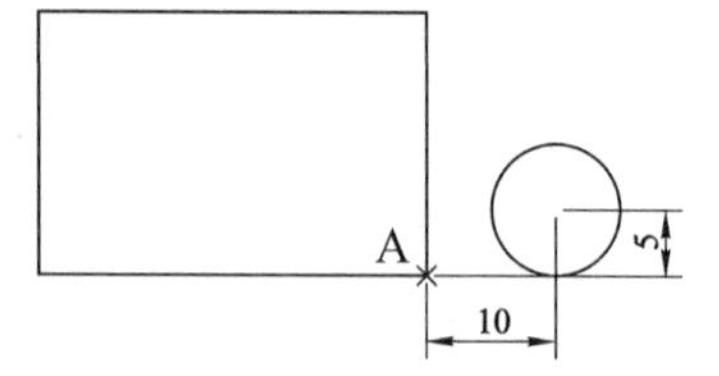

图 3-12 【自】的应用

例如图 3-12 中,需要在矩形 A 点右侧 10 个单位、上方 5 个单位绘制一圆。

命令:c ↵　　执行圆命令
CIRCLE 指定圆的圆心或[三点(3P)/两点(2P)]: _from ↵　　单击【自】
基点: ↙　　指定 A 点,图 3-12
＜偏移＞: @10,5 ↵　　输入相对坐标
指定圆的半径或［直径(D)］:5 ↵　　输入半径

(3)【两点之间的中点】(M2p)。用于捕捉两点之间的中点。在使用【两点之间的中点】功能之前应先打开【对象捕捉】辅助功能,并将常用特征点设置为自动捕捉方式。

例如,在图 3-13(a)所示的两个圆的中间绘制第三个圆。

命令:c ↵　　执行圆命令
CIRCLE 指定圆的圆心或[三点(3P)/两点(2P)]: _m2p ↵　　单击【两点之间的中点】
中点的第一点: ↙　　指定 A 点,图 3-13(a)
中点的第一点: 中点的第二点:↙　　指定 B 点,图 3-13(a)
指定圆的半径或［直径(D)］:5 ↵　　输入半径

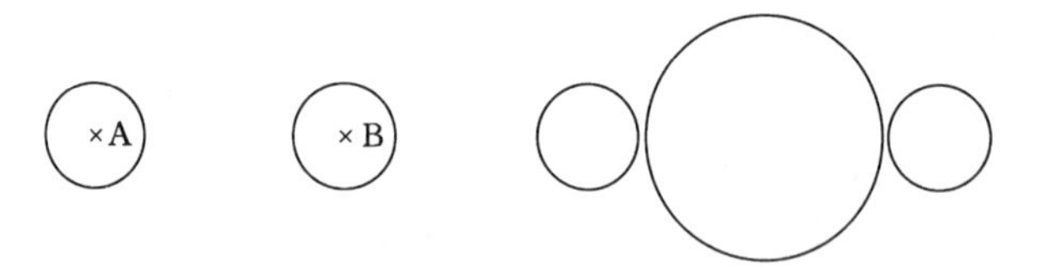

(a) 已知圆 A 和圆 B　　(b) 绘制结果

图 3-13 【两点之间的中点】的应用

(4)【端点】(End)。用于捕捉对象的最近角点。选择端点时将靶区靠近对象需要捕捉的一侧,待出现红色方框标记或“端点”提示后按鼠标左键拾取即可,见图 3-14。

(5)【中点】(Mid)。用于捕捉对象的中点。选择中点时将靶区靠近对象大致中点处,待出现红色三角标记或“中点”提示后按鼠标左键拾取即可,见图 3-15。

(6)【交点】(Int)。用于捕捉对象的交点。选择交点时将靶区靠近相交对象的大致交点处,待出现红叉标记或“交点”提示后按鼠标左键拾取即可,见图 3-16。

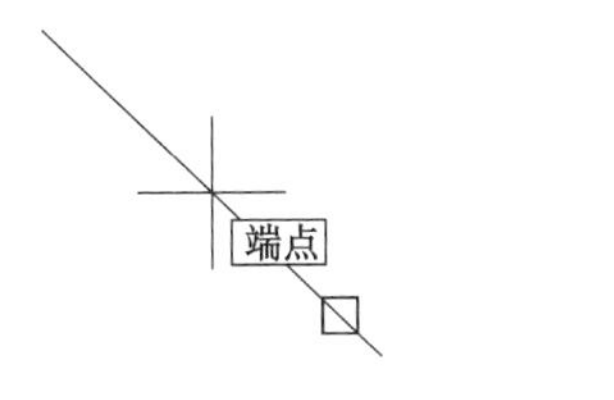

图 3-14　捕捉端点

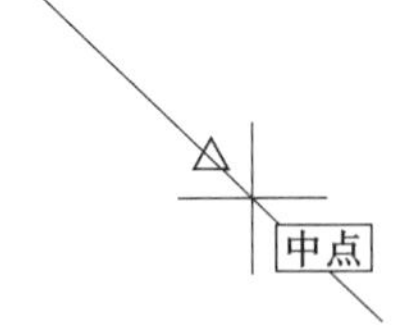

图 3-15　捕捉中点

图 3-16　捕捉交点

(7)【外观交点】(App)。用于捕捉不在同一个平面上的两个对象的外观交点。【外观交点】捕捉两个对象的外观交点，该对象在三维空间不相交，在当前视图中看起来相交。

(8)【延长线】(Ext)。用于在光标经过对象的端点时，显示临时延长线或圆弧，以便在延长线或圆弧上指定点。选择延长线时将靶区靠近被选对象，待出现红色十字标后，移动光标至对象的大致延长线趋势方向即可，见图 3-17。

(a) 捕捉圆弧延长线　(b) 捕捉直线延长线

图 3-17　捕捉延长线

(9)【圆心】(Cen)。用于捕捉圆弧、圆、椭圆或椭圆弧的圆心。选择圆心时将靶区靠近被选对象，待出现红色圆圈或“圆心”提示后，按鼠标左键拾取即可，见图 3-18。

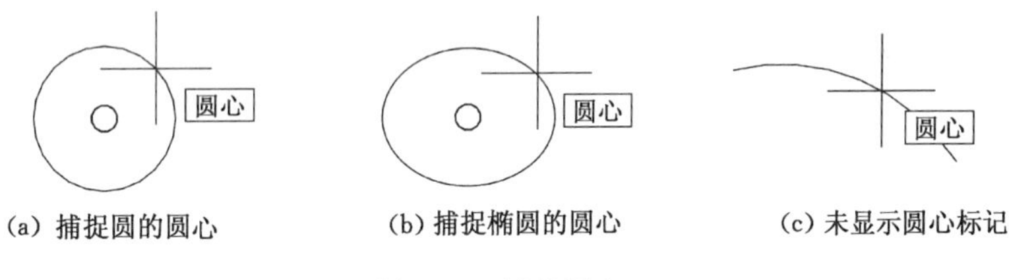

(a) 捕捉圆的圆心　(b) 捕捉椭圆的圆心　(c) 未显示圆心标记

图 3-18　捕捉圆心

一般地，捕捉圆心时应将靶区移近到被选对象上进行捕捉，而不需要到对象的圆心处去捕捉，见图 3-18(c)，而且只要出现“圆心”提示就表明已经捕捉到圆心。

(10)【象限点】(Qua)。象限点是指圆或椭圆的与当前 UCS 平行的极左点、极右点、最上点和最下点，见图 3-18(a)、(b)。圆弧或椭圆弧的象限点是指包含它自身的圆或椭圆的象限点，见图 3-19(c)。【象限点】可捕捉到圆弧、圆、椭圆或椭圆弧的象限点。

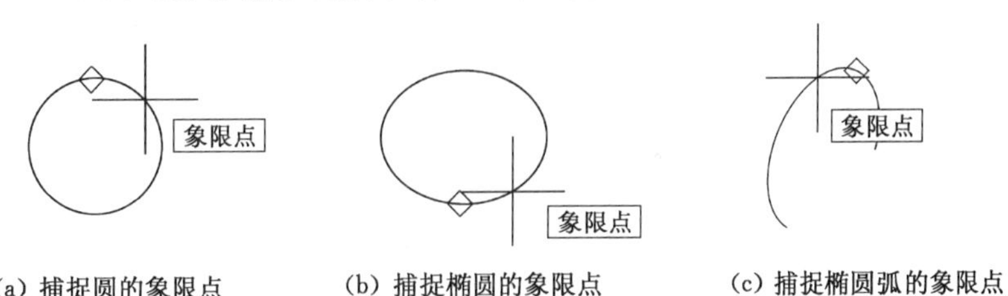

(a) 捕捉圆的象限点　(b) 捕捉椭圆的象限点　(c) 捕捉椭圆弧的象限点

图 3-19　捕捉象限点

(11)【切点】(Tan)。用于捕捉圆弧、圆、椭圆、椭圆弧或样条曲线的切点，见图 3-20。在绘制的过程中需要捕捉一个以上的切点时，AutoCAD 自动打开“递延切点”捕捉模式。当靶框经过“递延切点”捕捉点时，会显示标记和工具栏提示。

(a) 捕捉圆的切点　(b) 捕捉椭圆的切点　(c) 捕捉圆切点示例

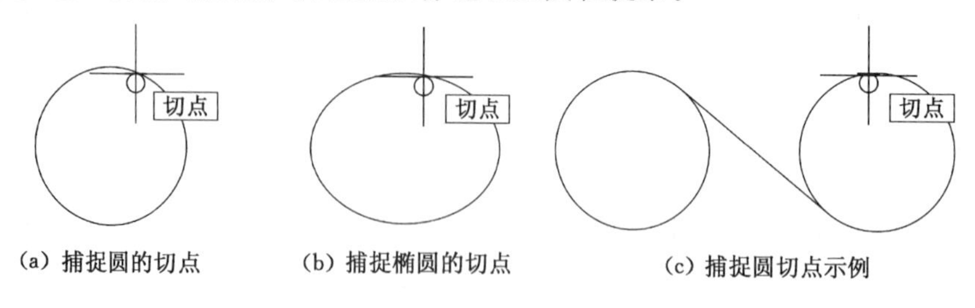

图 3-20　捕捉切点

(12)【垂直】(Per)。用于捕捉圆弧、圆、椭圆、椭圆弧、直线、多线、多段线、射线、面域、实体、样条曲线或参照线的垂足，也可用于捕捉圆弧、圆、椭圆、椭圆弧、直线、多线、多段线、射线延长线上的垂足，见图 3-21。

(a)　(b)　(c)

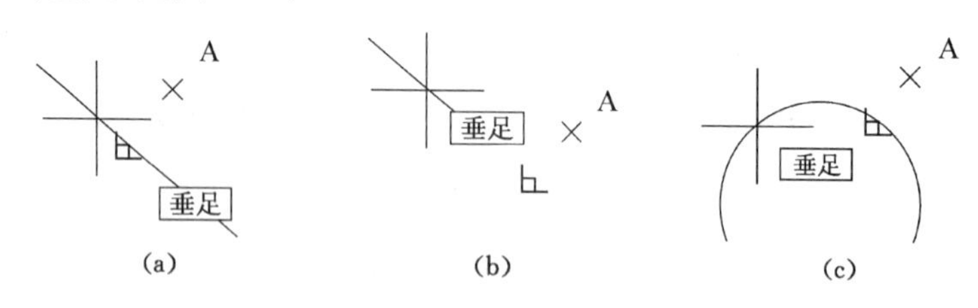

图 3-21　捕捉垂足

(13)【平行线】(Par)。用于捕捉与指定直线平行的线上的点。选择【平行线】捕捉时，将靶区移近到被选对象上，待出现平行线标记后(不需要拾取)，见图 3-22(a)，移动光标至与该直线大致平行的位置后会出现“平行”提示，见图 3-22(b)，此时单击鼠标左键拾取点或直接输入距离即可完成平行线的捕捉，见图 3-22(c)。

(a) 显示“平行”标记　(b) 移动光标出现“平行”提示　(c) 绘制结果

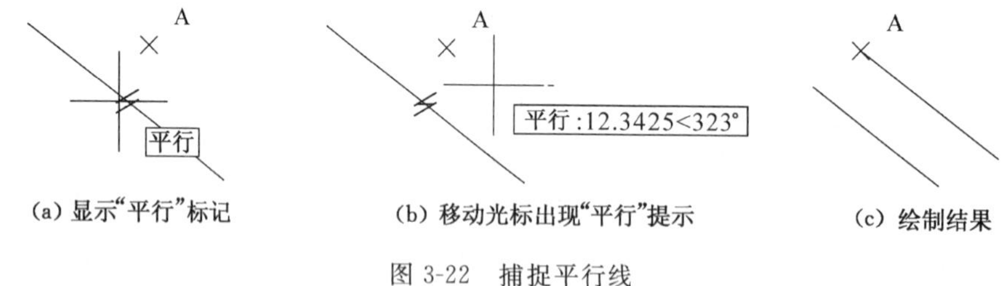

图 3-22　捕捉平行线

(14)【节点】(Nod)。用于捕捉点对象、标注定义点或标注文字起点，见图 3-23。

(15)【插入点】(Ins)。用于捕捉属性、块、形或文字的插入点，见图 3-24。

(a)　(b)

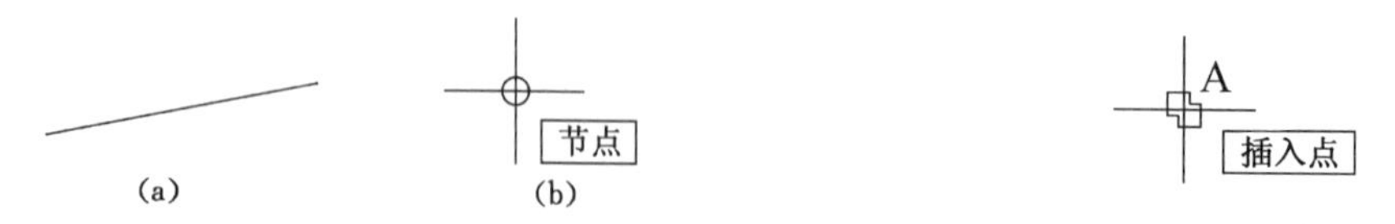

图 3-23　捕捉节点

图 3-24　捕捉插入点

(16)【最近点】(Nea)。用于捕捉圆弧、圆、椭圆、椭圆弧、直线、多线、点、多段线、射线、样条曲线或参照线的最近点，见图 3-25。

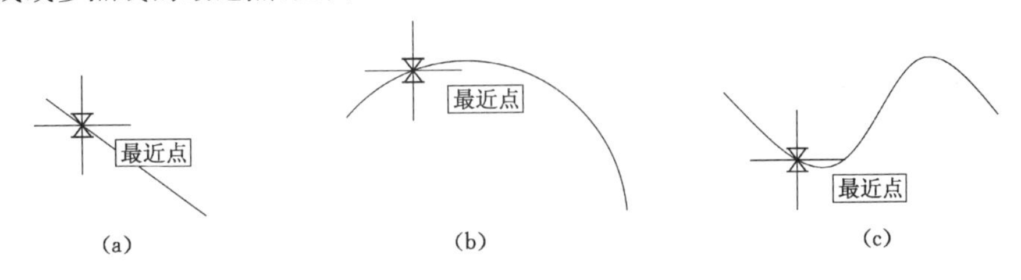

图 3-25　捕捉最近点

(17)【无】(Non)。【无】捕捉可取消所有模式的已拾取捕捉。

(18)【对象捕捉设置】(Dsettings)。可打开【草图设置】对话框内的【对象捕捉】选项卡。

(19) 在绘图区中按下 Shift 键和鼠标右键弹出的快捷菜单中有一【三维对象捕捉】功能，可以捕捉三维对象中的顶点、中点等。

3.3.3　对象捕捉追踪的设置

对象捕捉追踪的设置在【极轴追踪】选项卡内完成，见图 3-6。

3.3.3.1　启用对象捕捉追踪

选中【启用极轴追踪】开关或按 F10 键，也可以单击状态栏上的【对象追踪】按钮打开【对象追踪】模式。

3.3.3.2　对象捕捉追踪设置

【极轴追踪】选项卡的【对象捕捉追踪设置】区用于设置对象捕捉追踪选项。其中:【仅正交追踪】当对象捕捉追踪打开时，仅显示已获得的对象捕捉点的正交(水平/垂直)对象捕捉追踪路径。【用所有极轴角设置追踪】当对象捕捉追踪打开时，在指定点时允许光标沿已获得的对象捕捉点的任何极轴角追踪路径进行追踪。

3.3.3.3　说明

(1) 对象捕捉追踪是非常有用的一种捕捉工具，应熟练掌握、灵活应用。

(2) 单击状态栏上的【对象追踪】按钮可以打开或关闭对象捕捉追踪。

3.4　绘图与修改命令的使用(三)

3.4.1　云线(Revcloud)

3.4.1.1　命令功能

■ 创建由连续圆弧组成的多段线以构成云线形。

3.4.1.2　命令调用方式

■ 单击【默认】选项卡→【绘图】面板→【修订云线】按钮。

■ 在命令行输入“Revcloud”并回车。

3.4.1.3　命令中各参数的含义

在执行【云线】命令后，命令行会出现“指定起点或[弧长(A)/对象(O)/样式(S)]”提示，提示中的各参数意义如下：

(1) 弧长(A)项。该项可指定云线中弧线的长度。弧线的长度包括最小弧长和最大弧长的值，且最大弧长不能大于最小弧长的 3 倍。

(2) 对象(O)项。该项可将指定对象转换为云状对象。转换时会有是否反转的提示，如果选择“是”，则会选中云线，并反转云线中的弧线方向，否则保留弧线的原样。

(3) 样式(S)项。该项可指定修订云线的样式。

3.4.1.4 命令应用

(1) 绘制云线，结果如图 3-26(a)所示。

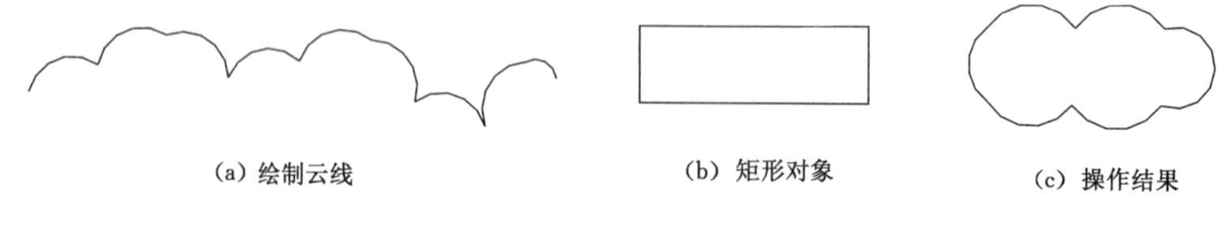

(a) 绘制云线　　(b) 矩形对象　　(c) 操作结果

图 3-26 云线绘制示例

命令：revcloud ↵　　执行云线命令
最小弧长：15　最大弧长：15　样式：普通　　说明当前弧长及样式
指定起点或［弧长(A)/对象(O)/样式(S)］<对象>：↙　　指定起点
沿云线路径引导十字光标...　　在绘图区内移动光标
反转方向［是(Y)/否(N)］<否>：↵　　选(N)项，完成绘制云线

(2) 将对象转换为修订云线的步骤，操作结果如图 3-26(c)所示。

命令：revcloud ↵　　执行云线命令
最小弧长：15　最大弧长：15　样式：普通　　说明当前弧长及样式
指定起点或［弧长(A)/对象(O)/样式(S)］<对象>：↙　　拾取矩形
选择对象：↵　　回车结束选择
反转方向［是(Y)/否(N)］<否>：↵　　选(N)项，完成修订云线

3.4.1.5 说明

(1) 绘制新的云线或将已有对象转变为云线时，圆弧半径可以根据需要重新设定，但最大弧长不能大于最小弧长的 3 倍。

(2) 将已有对象转换为云线时，圆弧半径如不相同，则操作结果也不相同。

(3) 读者可以根据需要创建新的云线样式。

3.4.2 圆环(Donut)

3.4.2.1 命令功能

■ 绘制填充的圆和环。

3.4.2.2 命令调用方式

■ 单击【默认】选项卡→【绘图】面板→【圆环】按钮。

■ 在命令行输入“Donut”或命令别名“Do”并回车。

3.4.2.3 命令应用

(1) 绘制圆环，结果如图 3-27(b)所示。

命令：donut ↲　　执行圆环命令
指定圆环的内径 ＜0.5000＞：26 ↲　　输入圆环内径
指定圆环的外径 ＜1.0000＞：30 ↲　　输入圆环外径
指定圆环的中心点或 ＜退出＞：↙　　指定圆中心点，图 3-27(a)
指定圆环的中心点或 ＜退出＞：↲　　继续绘制或结束

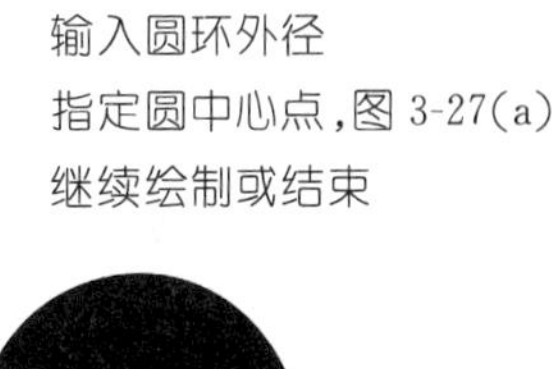

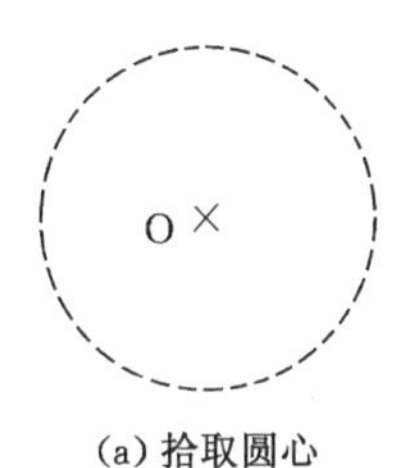

(a) 拾取圆心

(b) 圆环绘制结果

(c) 圆饼绘制结果

图 3-27　云线绘制示例

(2) 绘制圆饼，结果如图 3-27(c)所示。

命令：donut ↲　　执行圆环命令
指定圆环的内径 ＜26.0000＞：0 ↲　　输入圆环内径
指定圆环的外径 ＜30.0000＞：↲　　回车使用前值
指定圆环的中心点或 ＜退出＞：↙　　指定圆中心点
指定圆环的中心点或 ＜退出＞：↲　　继续绘制或结束

3.4.2.4　说明

(1) 绘制圆环时的内、外径均指直径。

(2) 若输入的圆的外径值小于内径值，AutoCAD 会自动将两值调换，即把先输入的大一些的数值作为外径，把后输入的小一些的数作为内径。

(3) 若输入的圆的内径与外径相等，绘制结果为一圆。

(4) 圆环有上、下、左、右 4 个象限点夹点，但无圆心特征点，见图 3-28(a)。

(5) 用命令"Fill"可控制圆环或圆饼填充与否，AutoCAD 2018 的默认参数为 ON，见图 3-28(b)、(c)。

命令：fill ↲　　执行填充参数命令
输入模式 [开(ON)/关(OFF)] ＜开＞：off ↲　　选关(OFF)项，图 3-28(b)、(c)

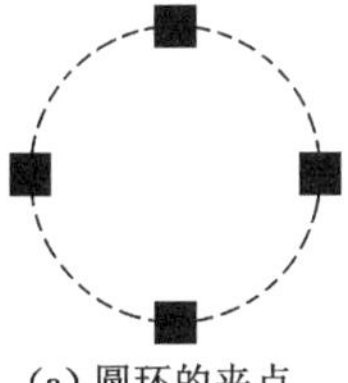

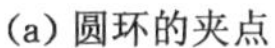

(a) 圆环的夹点

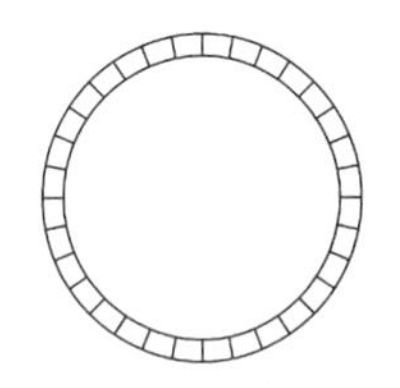

(b) 圆环的填充显示

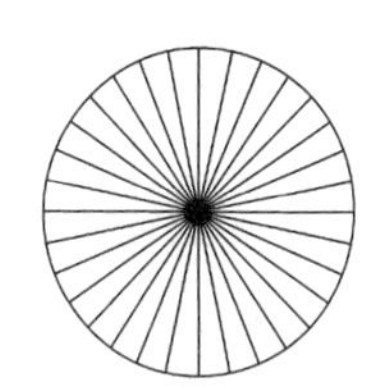

(c) 圆饼的填充显示

图 3-28　圆环的相关参数显示

3.4.3　镜像(Mirror)

3.4.3.1　命令功能

■ 创建对象的镜像图像。

3.4.3.2 命令调用方式

■ 单击【默认】选项卡→【修改】面板→【镜像】按钮。

■ 在命令行输入“Mirror”或命令别名“Mi”并回车。

3.4.3.3 命令应用

(1) 镜像双滚筒采煤机对象，操作结果如图 3-29(d)所示。

命令：mirror ↵	执行镜像命令
选择对象：指定对角点：找到 3 个↙	选择原对象，图 3-29(a)、(b)
选择对象：↵	结束选择
指定镜像线的第一点：↙	指定 A 点，图 3-29(c)
指定镜像线的第二点：↙	指定 B 点，图 3-29(c)
是否删除源对象？[是(Y)/否(N)] <N>：↵	选择默认参数

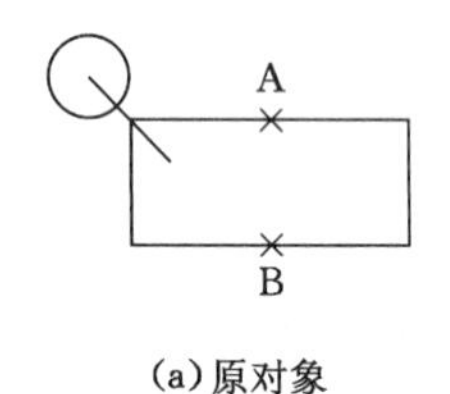

(a) 原对象

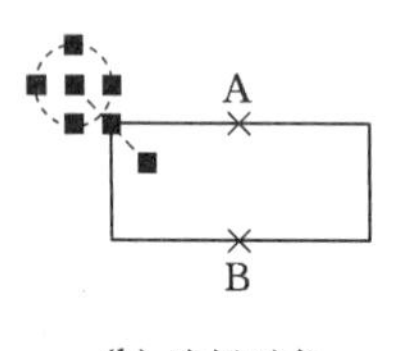

(b) 选择对象

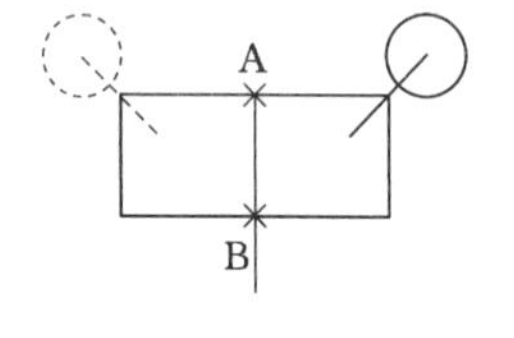

(c) 指定对称轴

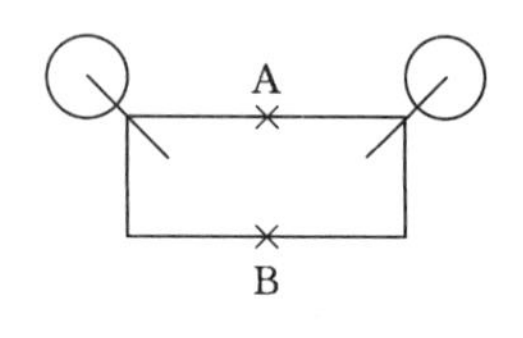

(d) 镜像结果

图 3-29 镜像对象示例一

(2) 镜像文字。镜像文字前应先预设参数 Mirrtext 的值。若 Mirrtext 的值为 0，原文字保持不变，见图 3-30(a)；若 Mirrtext 的值为 1，原文字成倒映，见图 3-30(b)。

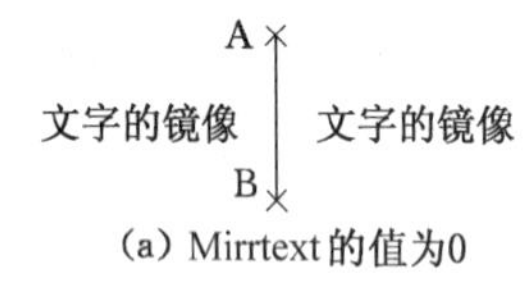

(a) Mirrtext 的值为0

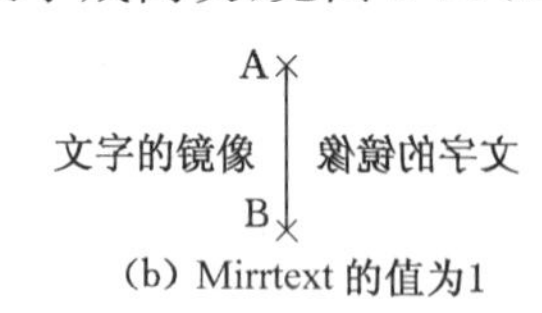

(b) Mirrtext 的值为1

图 3-30 镜像对象示例二

命令：mirrtext ↵	执行镜像文字命令
输入 MIRRTEXT 的新值 <0>：1 ↵	输入新值 1 并回车

3.4.3.4 说明

(1) 镜像轴的给定很关键，尤其是第一点的选择更为重要。

(2) 当镜像轴正交时，拾取了镜像线的第一点，可在给定方向后直接点击。

(3) 源对象的删除与否应根据实际选择。

(4) 镜像文字时，应注意参数 Mirrtext 值的影响。

3.4.4 分解(Explode)

3.4.4.1 命令功能

■ 将合成对象分解为分部对象。

3.4.4.2 命令调用方式

■ 单击【默认】选项卡→【修改】面板→【分解】按钮。

■ 在命令行输入“Explode”或命令别名“X”并回车。

3.4.4.3　命令应用

对图 3-31(a)中所示的矩形对象执行分解命令后成为 4 条直线，见图 3-31(d)。

命令：explode ↵　　　　执行分解命令

选择对象：找到 1 个↙　　　　拾取矩形，图 3-31(b)、(c)

选择对象：↵　　　　回车结束选择

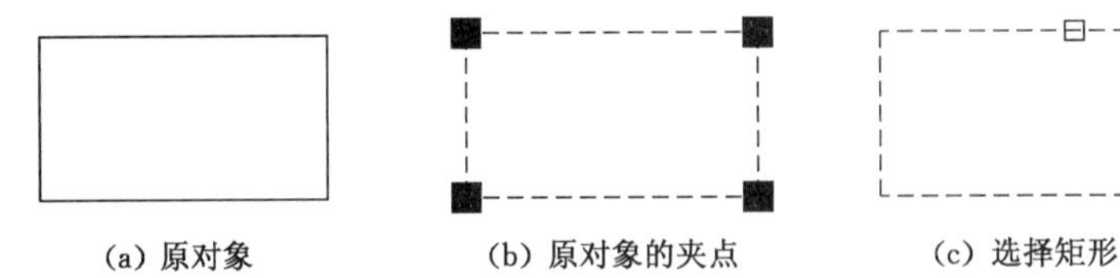

(a) 原对象　(b) 原对象的夹点　(c) 选择矩形　(d) 分解结果的夹点

图 3-31　分解对象示例

3.4.4.4　说明

(1) 适用于分解命令的二维对象及该对象的分解结果为：

【二维多段线】放弃所有关联的宽度或切线信息；

【圆弧】如果位于非一致比例的块内，则分解为椭圆弧；

【块】一次删除一个编组级；

【圆】如果位于非一致比例的块内，则分解为椭圆；

【引线】根据引线的不同，可分解成直线、样条曲线、实体(箭头)、块插入(箭头、注释块)、多行文字或公差对象；

【多行文字】分解成单行文字对象；

【多线】分解成直线和圆弧。

(2) 分解命令多用于辅助定位。

(3) 读者可思考分解后的对象如何重新生成为完整对象。

3.4.5　拉长(Lengthen)

3.4.5.1　命令功能

■ 修改对象的长度和圆弧的包含角。

3.4.5.2　命令调用方式

■ 单击【常用】选项卡→【修改】面板→【拉长】按钮。

■ 在命令行输入“Lengthen”或命令别名“Len”并回车。

3.4.5.3　命令应用

对图 3-32(a)中的对象执行拉长命令后，结果如图 3-32(c)所示。

(1) 用增量(DE)项拉长对象，结果如图 3-32(c)所示。

命令：lengthen ↵　　　　执行拉长命令

选择对象或 [增量(DE)/百分数(P)/全部(T)/动态(DY)]：de ↵　　　　选增量(DE)项

输入长度增量或 [角度(A)] <0.0000>：20 ↵　　　　输送增量值

选择要修改的对象或 [放弃(U)]：↙　　　　选择 B 侧，图 3-32(b)

选择要修改的对象或 [放弃(U)]：↵　　　　回车结束命令

在第一次“选择要修改的对象”的提示下，若选择直线 AB 靠 A 侧，则直线向左侧拉长。

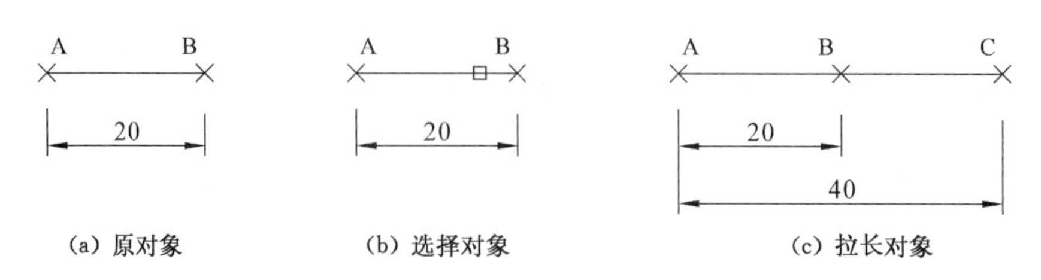

(a) 原对象　(b) 选择对象　(c) 拉长对象

图 3-32　拉长对象示例

用“增量(DE)”项拉长对象，输入正数会将对象拉长，输入负数可将对象缩短。

(2) 用百分数(P)项拉长对象。

命令：lengthen ↵	执行拉长命令
选择对象或［增量(DE)/百分数(P)/全部(T)/动态(DY)］:p ↵	选百分数(P)项
输入长度百分数 <100.0000>：50 ↵	输入百分数
选择要修改的对象或［放弃(U)］：↙	选择需要拉长的对象
选择要修改的对象或［放弃(U)］：↵	继续拉长或结束命令

用“百分数(P)”项拉长对象时，输入的数字大于 100 可将原对象增长，输入小于 100 的数字可将原对象缩短。

(3) 用全部(T)项拉长对象。

命令：lengthen ↵	执行拉长命令
选择对象或［增量(DE)/百分数(P)/全部(T)/动态(DY)］:t ↵	选全部(T)项
指定总长度或［角度(A)］<00.0000)>：40 ↵	输入需要的总长度
选择要修改的对象或［放弃(U)］：↙	选择需要拉长的直线
选择要修改的对象或［放弃(U)］：↵	继续拉长或结束命令

用“全部(T)”项拉长对象时，若输入的新长度大于对象的原长会将原对象增长，若输入的新长度小于对象的原长可将原对象缩短。

(4) 用动态(DY)项拉长对象。

命令：lengthen ↵	执行拉长命令
选择对象或［增量(DE)/百分数(P)/全部(T)/动态(DY)］:dy ↵	选动态(DY)项
选择要修改的对象或［放弃(U)］：↙	选择需要拉长的对象
指定新端点：↙	指定新的端点
选择要修改的对象或［放弃(U)］：↵	继续拉长或结束命令

3.4.5.4　说明

(1)【拉长】命令执行后必须先选参数，然后选择对象。

(2) 增量参数，输入正数拉长原对象，负数缩短原对象。

(3) 百分数参数，输入的数字大于 100 拉长原对象，小于 100 缩短原对象。

(4) 全部参数，大于对象原长拉长原对象，小于原长缩短原对象。

(5) 动态参数，可根据需要灵活改变对象长度。

3.4.6　阵列(Array)

3.4.6.1　命令功能

■ 创建按指定方式排列的多个对象。

3.4.6.2　命令调用方式

AutoCAD 2018 提供了 3 种阵列方式，分别是矩形阵列（ARRAYRECT）、路径阵列（ARRAYPATH）和环形阵列（ARRAYPOLAR）。

■ 单击【默认】选项卡→【修改】面板→相应阵列方式的阵列按钮。

■ 在命令行输入所需要的阵列方式的命令。

■ 在命令行输入“Array”或命令别名“Ar”并回车，选择相应的阵列方式。

3.4.6.3　矩形阵列的阵列创建

点击【默认】选项卡→【修改】面板→【矩形阵列】按钮，或在命令行输入矩形阵列命令“ARRAYRECT”，选择阵列对象后，显示【阵列创建】选项卡，如图 3-33 所示，选项卡内各项参数含义如下：

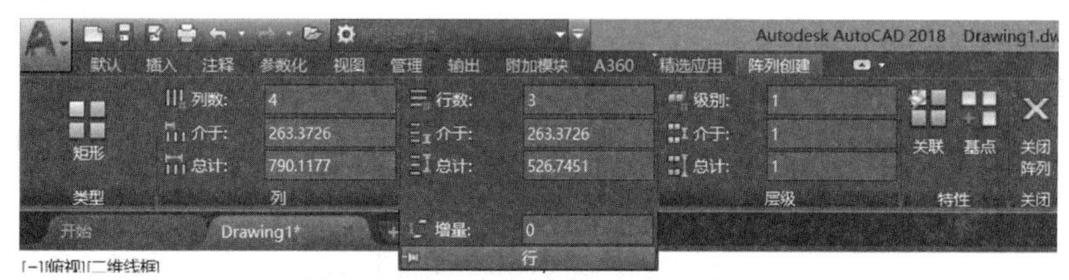

图 3-33　矩形阵列【阵列创建】选项卡

（1）【类型】面板显示阵列创建的方式为【矩形】阵列。

（2）【列】面板中，【列数】用于指定矩形阵列的列数；【介于】用于指定相邻两列的列间距；【总计】用于指定第一列对象和最后一列对象间的间距。

（3）【行】面板中，【行数】用于指定矩形阵列的行数；【介于】用于指定相邻两行的行间距；【总计】用于指定第一行对象和最后一行对象的间距。

（4）【层级】面板用于三维绘图，【级别】用于指定三维模型的层数；【介于】用于指定三维模型的层间距；【总计】用于指定三维模型的第一层对象和最后一层对象之间的间距。

（5）【特性】面板中，【关联】选项用于控制是否创建关联阵列对象；【基点】选项可以重新定义阵列的基点。

3.4.6.4　路径阵列的阵列创建

点击【默认】选项卡→【修改】面板→【路径阵列】按钮，或在命令行输入路径阵列命令“ARRAYPATH”，选择阵列对象和路径曲线后，显示【阵列创建】选项卡，如图 3-34 所示，选项卡内各项参数含义如下：

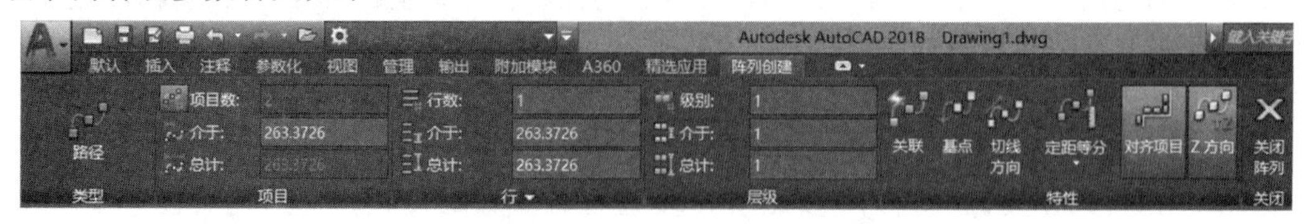

图 3-34　路径阵列【阵列创建】选项卡

（1）【类型】面板显示阵列创建的方式为【路径】阵列。

（2）【项目】面板中，【项目数】用于指定路径阵列的项数，允许从路径曲线的长度和项目间距自动计算项数；【介于】用于指定项间距；【总计】用于指定第一项到最后一项的总距离。

（3）【行】面板中，【行数】用于指定路径阵列的行数；【介于】用于指定相邻两行的行间距；【总计】用于指定第一行对象和最后一行对象的间距。

（4）【层级】面板用于三维绘图，【级别】用于指定三维模型的层数；【介于】用于指定三维模型的层间距；【总计】用于指定三维模型的第一层对象和最后一层对象之间的间距。

（5）【特性】面板中，【关联】选项用于控制是否创建关联阵列对象；【基点】选项可以重新定义阵列的基点，允许重新定位相对于路径曲线起点的阵列的第一个项目；【切线方向】用于指定相对于路径曲线的第一个项目的位置，允许指定与路径曲线的起始方向平行的两个点；【定数等分】用于重新分部项目，使沿路径的长度平均定数等分；【定距等分】编辑路径时，或通过夹点或【特性】面板编辑项目数时，保持当前的项目间距；【对齐项目】用于指定是否对齐每个项目以与路径方向相切，对齐相对于第一个项目的方向；【Z 方向】用于控制是保持项目的原始 Z 方向还是沿三维路径倾斜方向。

3.4.6.5 环形阵列的阵列创建

点击【默认】选项卡→【修改】面板→【环形阵列】按钮，或在命令行输入矩形阵列命令“ARRAYPOLAR”，选择阵列对象后，显示【阵列创建】选项卡，如图 3-35 所示，选项卡内各项参数含义如下：

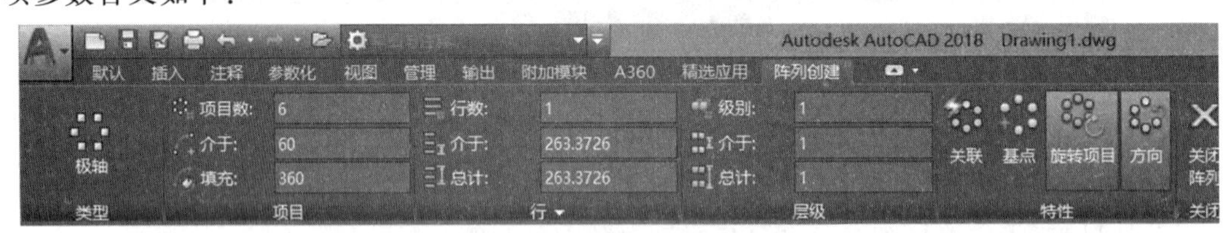

图 3-35 环形阵列【阵列创建】选项卡

（1）【类型】面板显示阵列创建的方式为【环形】阵列。

（2）【项目】面板中，【项目数】用于指定环形阵列的项数；【介于】用于指定项目间的角度；【总计】用于指定阵列中第一项和最后一项之间的角度。

（3）【行】面板中，【行数】用于指定环形阵列的行数；【介于】用于指定相邻两行的行间距；【总计】用于指定阵列第一行到最后一行对象的间距。

（4）【层级】面板用于三维绘图，【级别】用于指定三维模型的层数；【介于】用于指定三维模型的层间距；【总计】用于指定三维模型的第一层对象和最后一层对象之间的间距。

（5）【特性】面板中，【关联】选项用于控制是否创建关联阵列对象；【基点】选项可以重新定义阵列的基点和阵列中夹点的位置；【旋转项目】控制在阵列项目时是否旋转；【方向】控制是否创建逆时针或者顺时针阵列。

3.4.6.6 矩形阵列命令应用

（1）执行【矩形阵列】命令，选择阵列对象，显示【阵列创建】选项卡。

（2）在【阵列创建】选项卡中，按照图 3-36 进行各参数的设置。在【列】面板中，【列数】框输入 4，【介于】框输入 20；在【行】面板中，【行数】框输入 4，【介于】框输入 12。

（3）参数设置完成后，在绘图区中可以看到阵列效果。

（4）单击【关闭阵列】按钮，操作结果如图 3-37(c)所示。

3.4.6.7 路径阵列命令应用

（1）执行【路径阵列】命令，选择阵列对象，选择路径曲线，显示【阵列创建】选项卡。

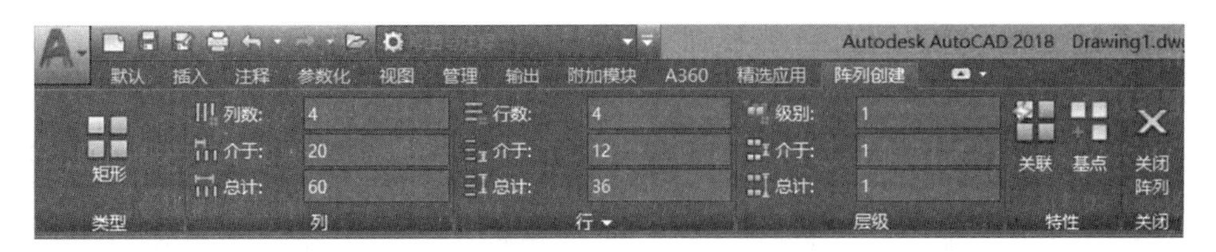

图 3-36　设置矩形阵列【阵列创建】选项卡

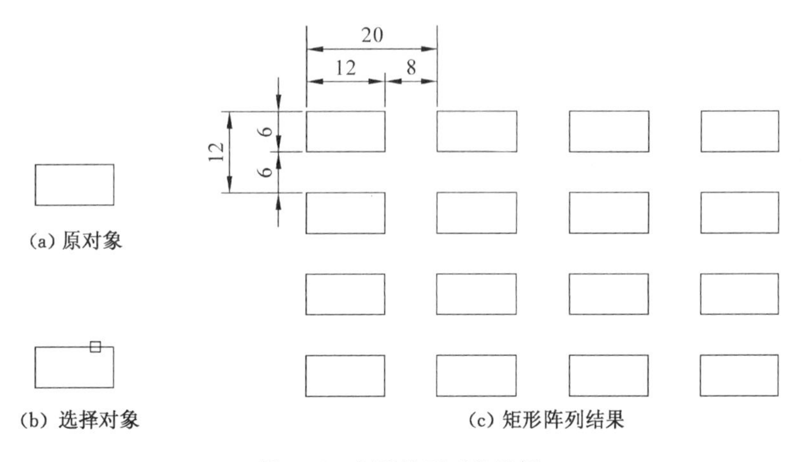

图 3-37　矩形阵列对象示例

(2) 在【阵列创建】选项卡中，按照图 3-38 进行各参数的设置。在【项目】面板中，【项目数】框输入 4；在【行】面板中，【行数】框输入 2，【介于】框输入 8；在【特性】面板中，选择定数等分。

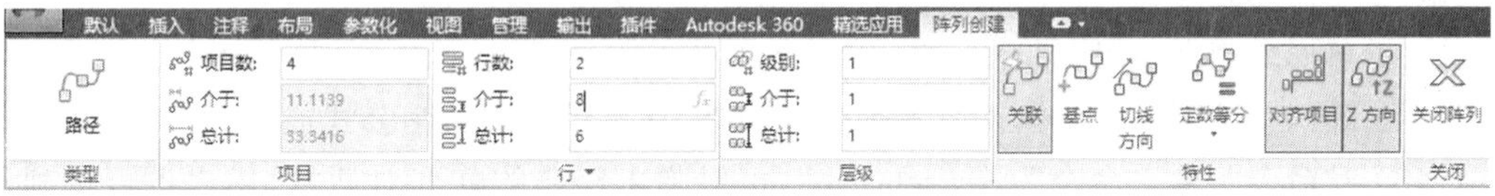

图 3-38　设置路径阵列【阵列创建】选项卡

(3) 参数设置完成后，在绘图区中可以看到阵列效果。

(4) 单击【关闭阵列】按钮，操作结果如图 3-39(b)所示。

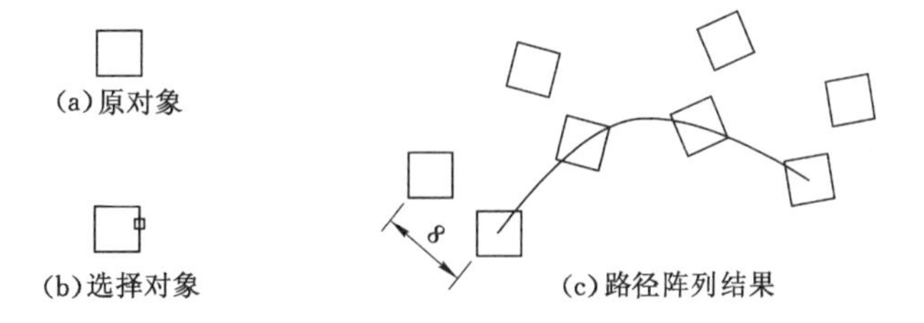

图 3-39　路径阵列对象示例

3.4.6.8　环形阵列命令应用

(1) 执行【环形阵列】命令，选择局部通风机阵列对象，指定阵列中心，显示【阵列创建】选项卡。

(2) 在【阵列创建】选项卡中,按照图 3-40 进行各参数的设置。在【项目】面板中,【项目数】框输入 3;在【行】面板中,【行数】框输入 1;在【特性】面板中,选择【旋转项目】选项。

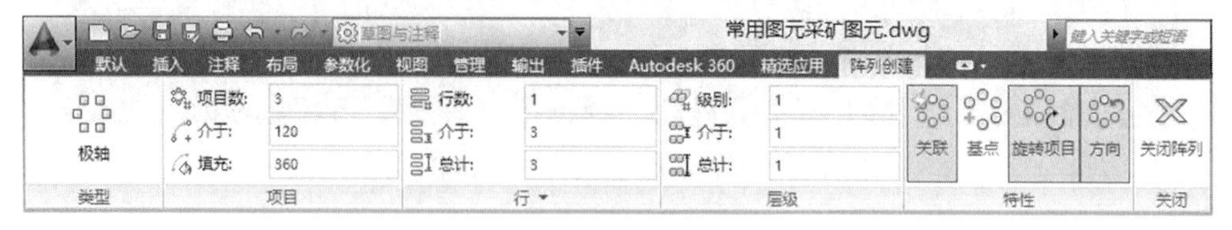

图 3-40 设置环形阵列【阵列创建】选项卡

(3) 参数设置完成后,在绘图区中可以看到阵列效果。

(4) 单击【关闭阵列】按钮,操作结果如图 3-41(b)所示。

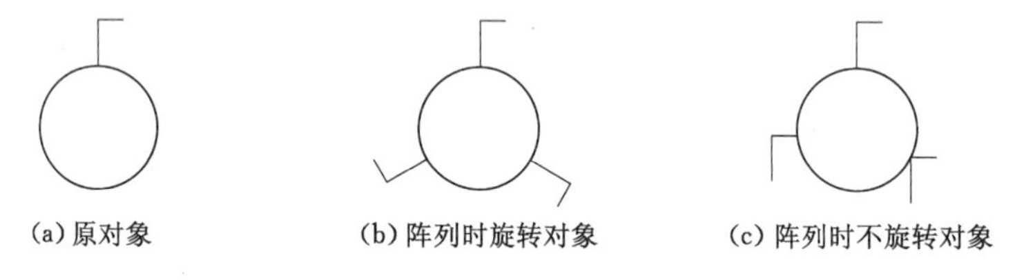

图 3-41 环形阵列对象示例

(5) 如果在设置参数时,未选中【特性】面板中【旋转项目】选项,则阵列效果如图 3-41(c)所示。

3.4.6.9 说明

(1) 矩形阵列对象时,行偏移和列偏移指的是图形中相同点至相同点的长度。

(2) 单行(列)多列(行)阵列对象时,行(列)偏移为 0 且不可忽略。

(3) 环形阵列对象时,项目总数包括原对象在内。

(4) 阵列中除可以直接输入行和列的间距外,还可以使用数学公式或方程式获取。

(5) 在命令行输入命令“Arrayclassic”,可以弹出经典的阵列对话框,用户也可以利用阵列对话框进行阵列。

3.5 炮眼布置图与巷道断面的绘制

本章实例共 2 个,分别是炮眼布置图和锚杆支护的矩形巷道断面的绘制。

3.5.1 炮眼布置图

本节的炮眼布置图绘制如图 3-42(a)所示,断面中央掏槽眼的尺寸如图 3-42(b)所示,绘制结束后标注不需要完成。

3.5.1.1 审图

(1) 炮眼布置图的构成线分类主要有两点,即半圆拱形的巷道断面和各类炮眼。

(2) 图中的炮眼分为周边眼、外圈辅助眼、内圈辅助眼、掏槽眼和底板眼 5 种。

(3) 各类炮眼的定位可由巷道轮廓线结合辅助圆的方式完成,见图 3-43。

(4) 图形左右对称,可绘制完成一半,然后镜像生成另一半。

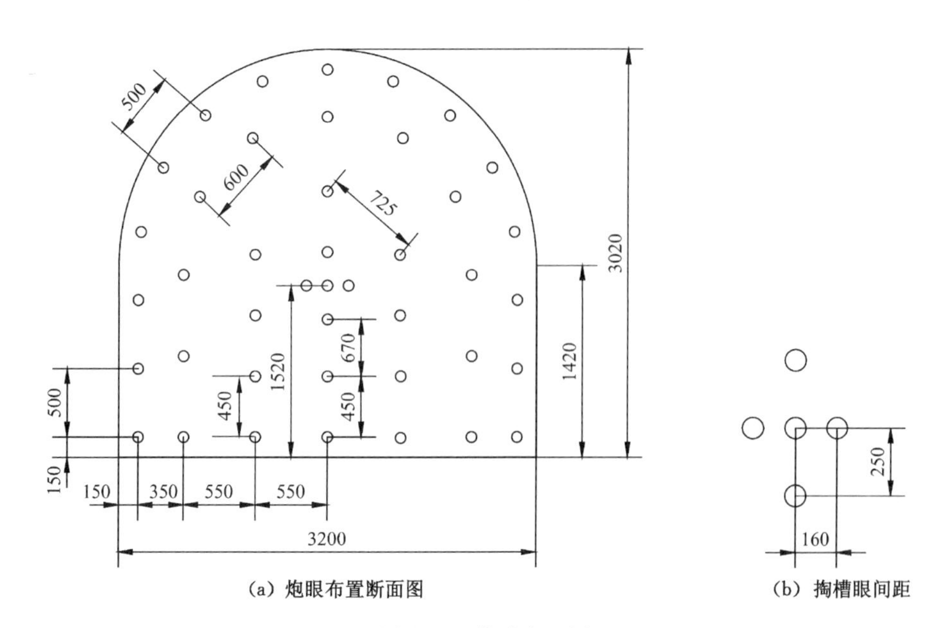

图3-42　炮眼布置图

(5) 所有炮眼的尺寸一致，均为直径42 mm的圆。

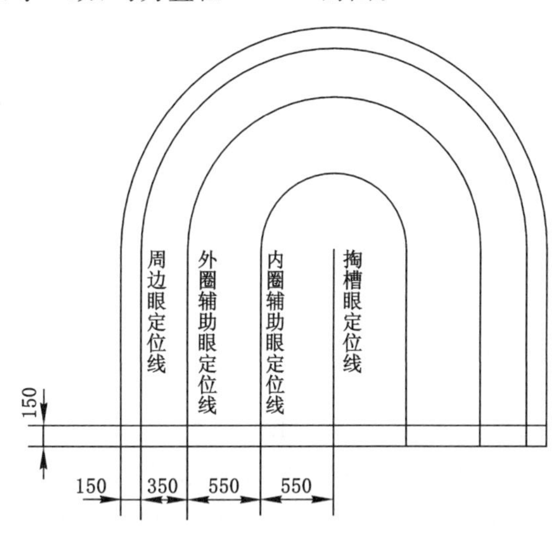

图3-43　辅助定位线

3.5.1.2　图形绘制顺序

新建文件并保存；设置图形界限及单位；绘制巷道轮廓线；偏移辅助定位线；绘制底板眼；绘制左侧周边眼；绘制左侧外圈辅助眼；绘制左侧内圈辅助线；绘制掏槽眼；镜像成图并检查。

3.5.1.3　绘制图形

(1) 新建文件并保存。

(2) 设置图形界限。

命令：limits ↵　　　　执行图形界限命令

重新设置模型空间界限：

指定左下角点或［开(ON)/关(OFF)］<0.0000,0.0000>：↵　　　　回车取默认值

指定右上角点 ＜420.0000,297.0000＞:10500,14580 ↵　　输入右上角值并回车

图形界限为按照 1∶50 比例放大后的 A4 纸张尺寸,即宽度为 210 mm×50＝10500 mm,高度为 297 mm×50＝14580 mm。

(3) 绘制巷道轮廓线。

① 绘制巷道两帮及底板线,即图 3-44 直线 AB、BC、CD。

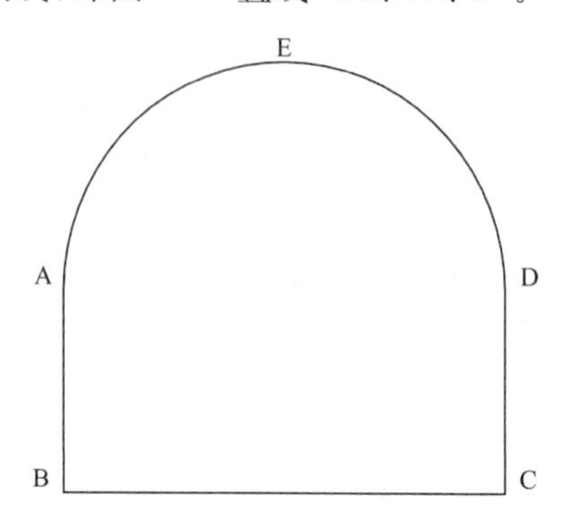

图 3-44　绘制巷道轮廓线

命令: l ↵　　执行直线命令
LINE 指定第一点:0,1420 ↵　　输入 A 点坐标,图 3-44
＜正交 开＞　　按 F8 键打开正交
指定下一点或 [放弃(U)]:1420 ↵　　给定 B 点方向输入距离
指定下一点或 [放弃(U)]:3200 ↵　　给定 C 点方向输入距离
指定下一点或 [闭合(C)/放弃(U)]:1420 ↵　　给定 D 点方向输入距离
指定下一点或 [闭合(C)/放弃(U)]: ↵　　回车结束命令

② 绘制半圆拱,即图 3-44 中弧 DEA。

命令: a ↵　　执行 S、E、A 圆弧命令
指定圆弧的起点或 [圆心(C)]:D ↙　　拾取 D 点,图 3-44
指定圆弧的端点:A ↙　　拾取 A 点,图 3-44
指定圆弧的圆心或 [角度(A)/方向(D)/半径(R)]: 180 ↵　　输入弧 DEA 的包含角

(4) 偏移辅助定位线。按照偏移距离分别为 150、350、550、550 mm 将图 3-44 中的巷道两帮和拱顶分别向圆弧内部进行偏移。然后按照 150 mm 的距离将巷道底板线向上偏移一次,结果如图 3-43 所示。

(5) 绘制底板眼,结果如图 3-45、图 3-46 所示。

命令: c ↵　　执行圆命令
CIRCLE 指定圆的圆心或[三点(3P)/两点(2P)/相切、相切、半径(T)]:f ↙
　　拾取 F 点,图 3-45
指定圆的半径或 [直径(D)]: d ↵　　选直径(D)项
指定圆的直径: 42 ↵　　输入炮眼直径

复制其他底板眼,结果如图 3-46 所示。

命令: co ↵　　执行复制命令
COPY 选择对象: ↙找到 1 个　　拾取上步绘制的圆
选择对象:

当前设置:复制模式 = 多个
指定基点或 [位移(D)/模式(O)] <位移>:cen 于↙　　捕捉圆心
指定第二个点或 <使用第一个点作为位移>:int 于↙　　捕捉 G 点,图 3-46
指定第二个点或 [退出(E)/放弃(U)] <退出>: int 于↙　　捕捉 H 点,图 3-46
指定第二个点或 [退出(E)/放弃(U)] <退出>: int 于↙　　捕捉 I 点,图 3-46
指定第二个点或 [退出(E)/放弃(U)] <退出>:↵　　回车结束命令

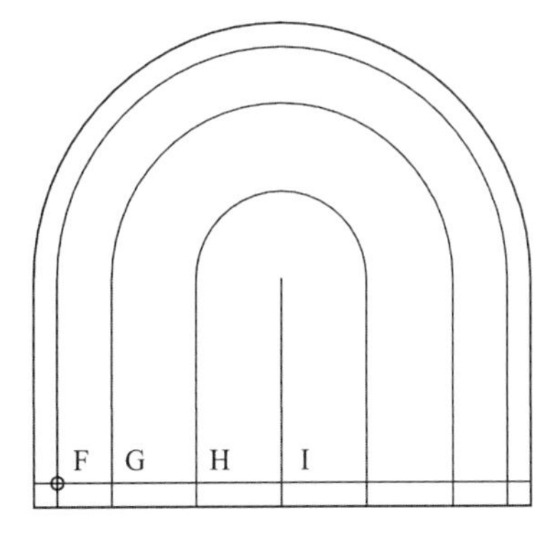

图 3-45　绘制第一个底板眼

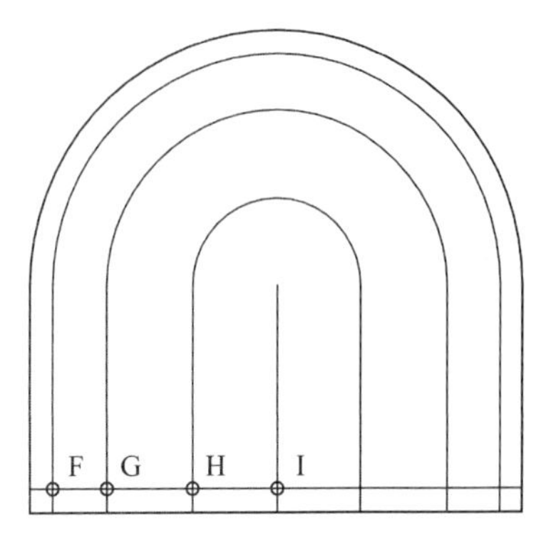

图 3-46　绘制其他底板眼

(6) 绘制左侧周边眼,结果如图 3-47(d)所示。

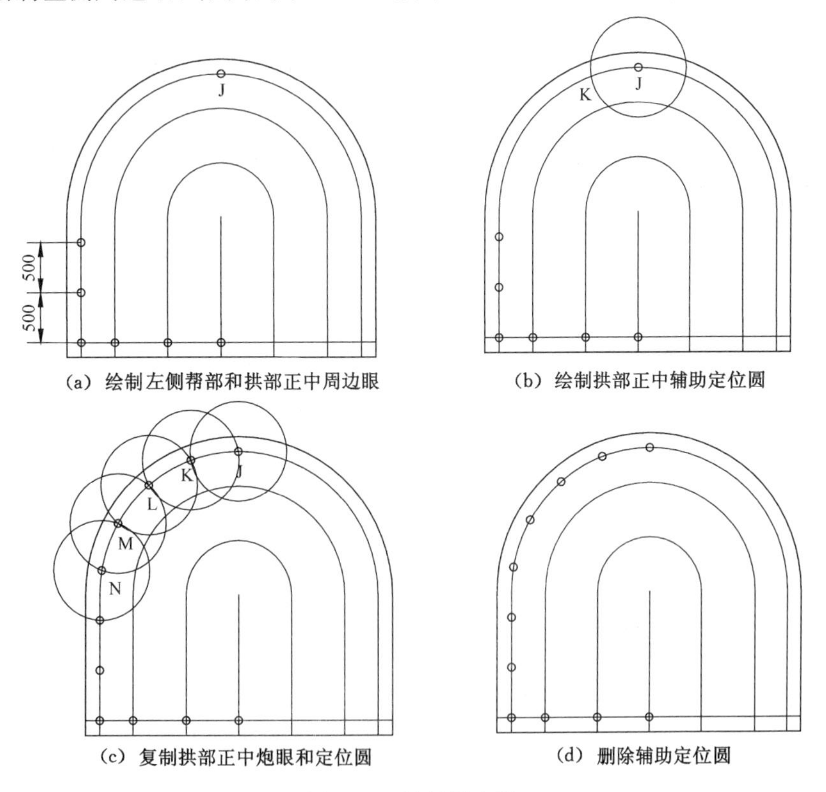

(a) 绘制左侧帮部和拱部正中周边眼　(b) 绘制拱部正中辅助定位圆
(c) 复制拱部正中炮眼和定位圆　(d) 删除辅助定位圆

图 3-47　绘制周边眼

① 复制左侧帮部周边眼。按照给定方向输距离的方式将最左侧底板眼垂直向上复制两次,距离分别为 500、1000 mm,见图 3-47(a)。

② 绘制拱部正中周边眼。在周边眼辅助定位线的顶部正中绘制一直径为 42 mm 的炮眼，再绘制一半径 500 mm 的辅助定位圆，见图 3-47(b)。500 mm 为周边眼的间距，即弧 JK 的弦长。

③ 复制其他拱部周边眼，结果如图 3-47(c)所示。

命令：co ↲　　执行复制命令
COPY 选择对象：↙找到 2 个　　选择正中炮眼及定位圆
选择对象：
当前设置：复制模式 = 多个
指定基点或 [位移(D)/模式(O)] ＜位移＞：cen 于↙　　捕捉圆心 J，图 3-47(c)
指定第二个点或 ＜使用第一个点作为位移＞：int 于↙　　捕捉 K 点，图 3-47(c)
指定第二个点或 ＜使用第一个点作为位移＞：int 于↙　　捕捉 L 点，图 3-47(c)
指定第二个点或 ＜使用第一个点作为位移＞：int 于↙　　捕捉 M 点，图 3-47(c)
指定第二个点或 ＜使用第一个点作为位移＞：int 于↙　　捕捉 N 点，图 3-47(c)
指定第二个点或 [退出(E)/放弃(U)] ＜退出＞：↲　　回车结束命令

④ 删除辅助定位圆，结果如图 3-47(d)所示。

(7) 绘制左侧内、外圈辅助眼。

按照左侧周边眼的绘制顺序及方法，分别绘制内、外圈辅助眼，然后删除辅助定位圆，结果如图 3-48 所示。

(8) 绘制掏槽眼，掏槽眼的间距按照图 3-42 取值。

① 将正中的底板眼分别按照 450、670、250、250 mm 的距离垂直向上复制 4 个，生成巷道断面轴线方向的上掏槽眼。

② 将巷道正中的掏槽眼按照 160 mm 的距离水平向左复制一个，完成后的结果见图 3-49。

③ 删除辅助定位线。

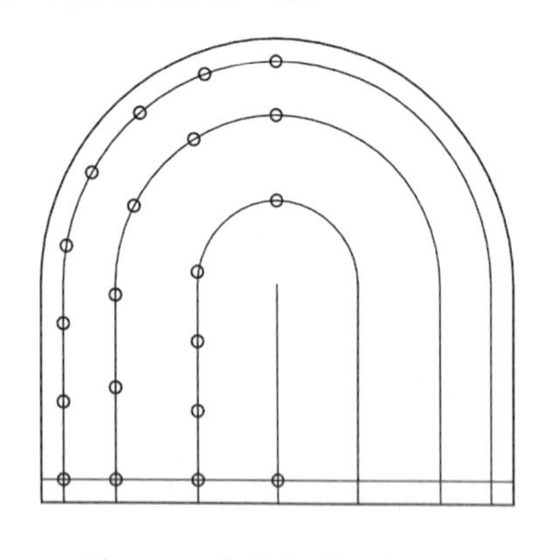

图 3-48　绘制内、外圈辅助眼

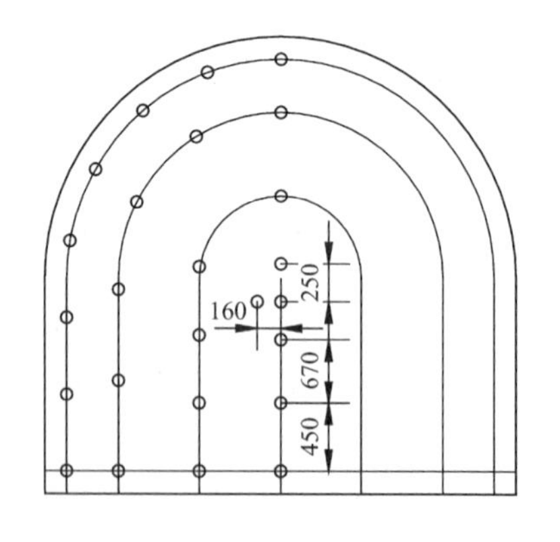

图 3-49　绘制掏槽眼

(9) 镜像成图并检查，结果如图 3-50(b)所示。

命令：mi ↲　　执行镜像命令
MIRROR 选择对象，找到 17 个↙　　拾取中线左侧所有炮眼
指定镜像线的第一点：↙　　拾取 P 点，图 3-50(a)
指定镜像线的第二点：↙　　拾取 Q 点，图 3-50(a)
要删除源对象吗？[是(Y)/否(N)] ＜N＞：↲　　选否(N)项

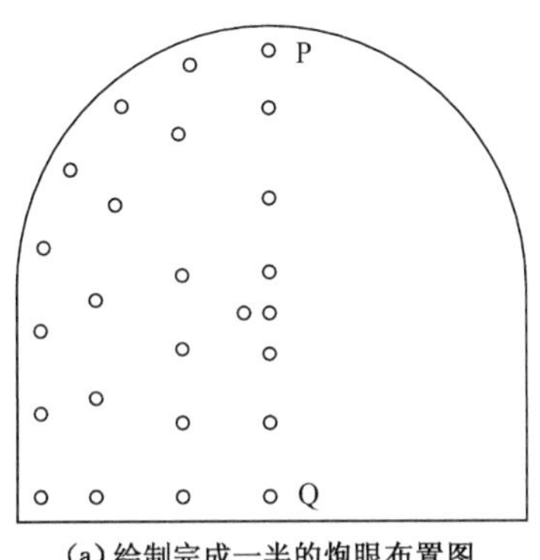

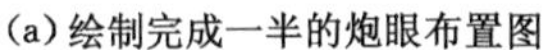
(a) 绘制完成一半的炮眼布置图

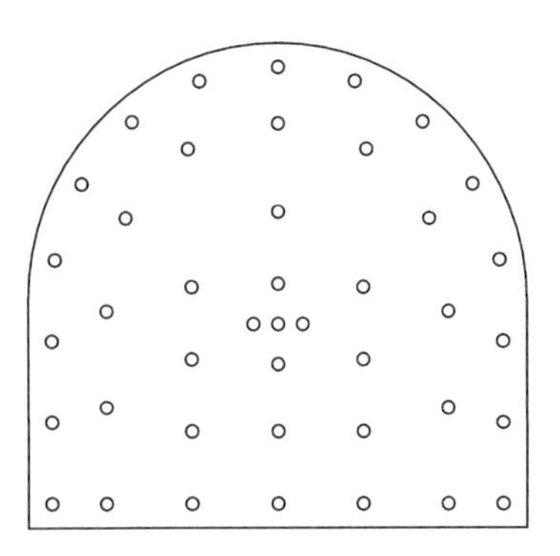
(b) 炮眼布置图绘制完成

图 3-50　炮眼布置图成图

3.5.1.4　说明

(1) 本例的关键在于辅助定位线需要把握住。辅助定位线包括用轮廓线生成的定位线和绘制的定位圆。

(2) 辅助定位圆在学完本书第 5 章有关“图层”的内容后，也可以不删除。

(3) 本例使用的辅助定位圆的方式展示了已知弦长定位的实现方法。

3.5.2　锚杆支护的矩形巷道断面

锚杆支护的巷道断面为矩形巷道的绘制，见图 3-51。标注不需要完成。

巷道断面的相关各参数：净宽 3200 mm，净高 2400 mm。两帮锚杆共 6 根，左右对称各

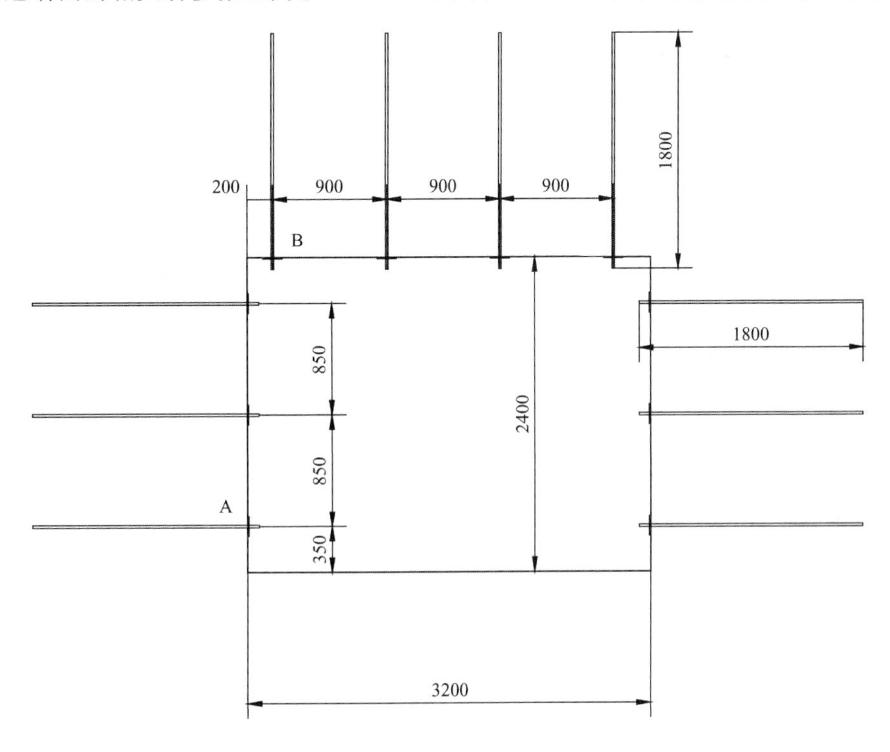

图 3-51　锚杆支护的矩形巷道断面

3 根，间距 850 mm，底脚锚杆距底板 350 mm，定位点为图 3-51 中的 A 点。顶板锚杆共 4 根，间距 900 mm，顶板左侧锚杆距帮部 200 mm，定位点为图 3-51 中的 B 点。

锚杆规格：直径 20 mm，长度 1800 mm，外露 90 mm，托盘尺寸长、宽、厚分别为 150、150、10 mm。

3.5.2.1　审图

矩形断面、锚杆与托盘。

3.5.2.2　图形绘制顺序

新建文件并保存；设置图形界限及单位；绘制矩形断面；绘制左帮底脚锚杆及托盘；绘制顶板左侧锚杆及托盘；阵列左帮锚杆；镜像得到右帮锚杆；阵列顶板锚杆；成图并检查。

3.5.2.3　绘制图形

(1) 新建文件并保存。新建一文件并命名为“锚杆支护的矩形巷道断面”。

(2) 设置图形界限。图形界限为按照 1∶50 比例放大后的 A4 纸张尺寸，即宽度为 210 mm×50＝10500 mm，高度为 297 mm×50＝14580 mm。

(3) 设置单位。执行【单位】命令，长度的类型选择小数型，精度为小数点后 4 位精度；角度的类型选择十进制类型，精度也为小数点后 4 位精度；缩放比例的单位选择毫米；方向取默认值。

(4) 绘制矩形断面，结果如图 3-52(c)所示。

命令：rectang ↵　　执行矩形命令

指定第一个角点或［倒角(C)/标高(E)/圆角(F)/厚度(T)/宽度(W)］：0,0 ↵　　输入 X 点坐标，图 3-52(c)

指定另一个角点或［尺寸(D)］：@3200,2400 ↵　　输入 Y 点坐标，图 3-52(c)

(5) 绘制左帮底脚锚杆及托盘，绘制顺序见图 3-52(a)、(b)，结果如图 3-52(c)所示。

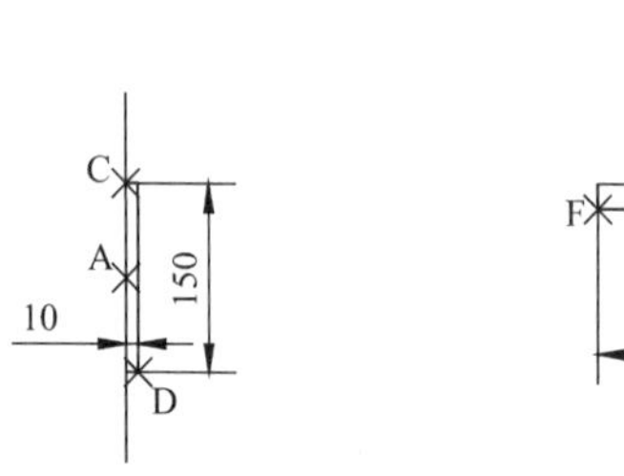

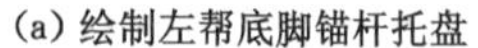
(a) 绘制左帮底脚锚杆托盘

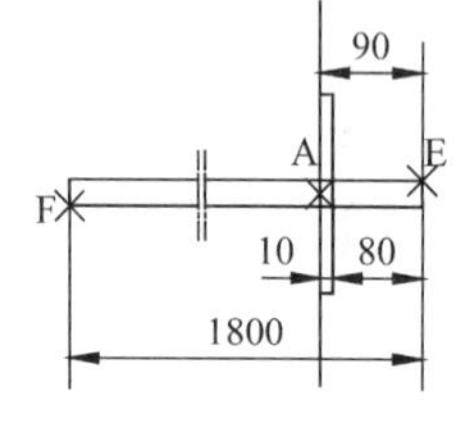

(b) 绘制左帮底脚锚杆

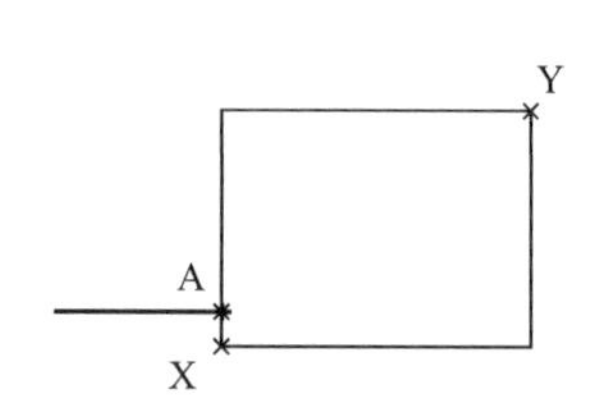

(c) 绘制结果

图 3-52　绘制左帮底脚锚杆托盘及锚杆

① 绘制锚杆托盘。

命令：rectang ↵　　执行矩形命令

指定第一个角点或［倒角(C)/标高(E)/圆角(F)/厚度(T)/　　捕捉“自”功能

宽度(W)］：_from ↙　　拾取 X 点，图 3-52(c)

基点：＜偏移＞：@0,425 ↵　　C 点坐标，图 3-52(a)

指定另一个角点或［面积(A)/尺寸(D)/旋转(R)］：@10,150 ↵　　D 点坐标，图 3-52(a)

② 绘制锚杆。

命令：rectang ↵　　执行矩形命令

指定第一个角点或［倒角(C)/标高(E)/圆角(F)/厚度(T)/　　捕捉“自”功能

宽度(W)]: _from ↙　　　　　　　　　　　　　　　　　　　　　拾取 A 点,图 3-52(b)
基点: <偏移>: @90,10 ↵　　　　　　　　　　　　　　　　　　E 点坐标,图 3-52(b)
指定另一个角点或[面积(A)/尺寸(D)/旋转(R)]:@－1710,－10 ↵　F 点坐标,图 3-52(b)

(6) 绘制顶板左侧锚杆及托盘。按照左帮底脚锚杆及托盘的绘制方式绘制顶板左侧锚杆及托盘,绘制顺序见图 3-53(a)、(b),结果如图 3-53(c)所示。

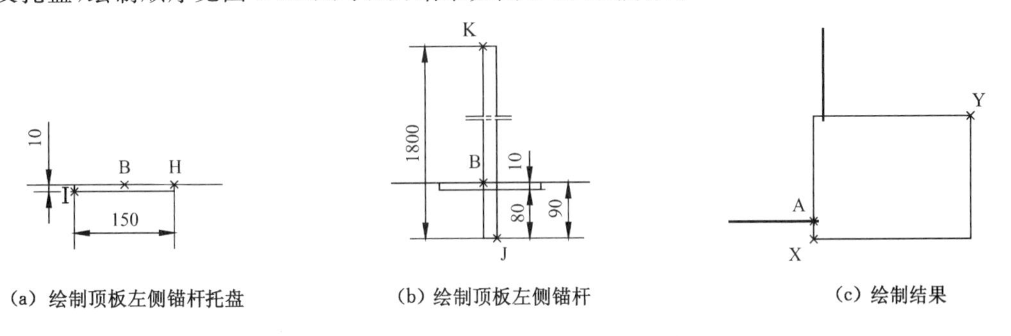

(a) 绘制顶板左侧锚杆托盘　(b) 绘制顶板左侧锚杆　(c) 绘制结果

图 3-53　绘制顶板左侧锚杆托盘及锚杆

(7) 阵列左帮锚杆。按照一列三行,行偏移量为 850、列偏移量为 0 的矩形阵列方式阵列左帮锚杆,结果如图 3-54 所示。

(8) 镜像得到右帮锚杆。以巷道顶底板的中点连线为对称轴镜像左帮 3 根锚杆,得到右帮锚杆,结果如图 3-55 所示。

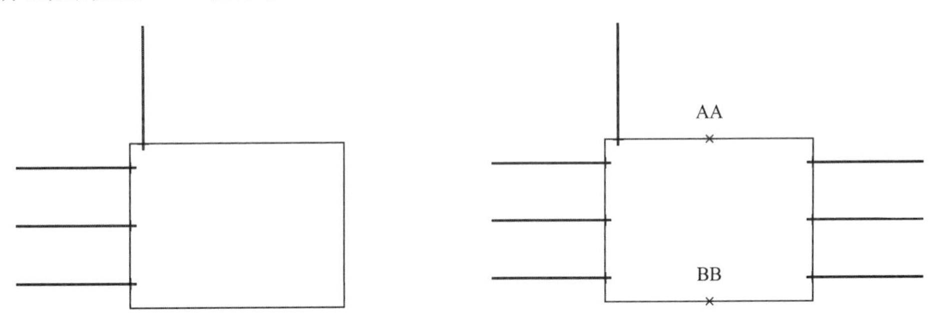

图 3-54　阵列左帮锚杆及托盘　　图 3-55　镜像得到右帮锚杆及托盘

(9) 阵列顶板锚杆。按照一行四列,行偏移量为 0、列偏移量为 900 的矩形阵列方式阵列顶板锚杆,结果如图 3-56 所示。

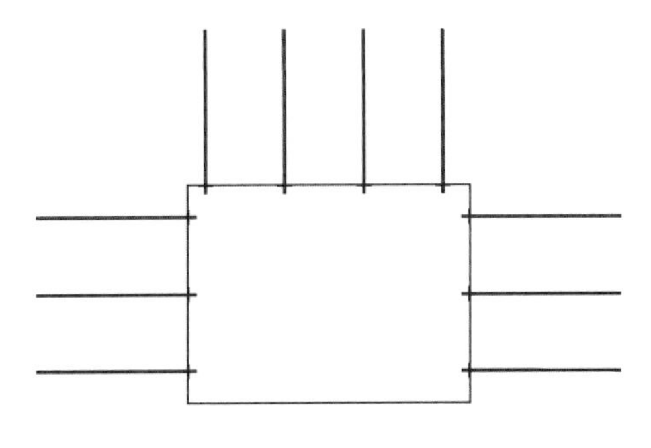

图 3-56　锚杆支护的矩形巷道断面绘制结果

(10) 成图并检查。用范围缩放命令检查图形，删除不需要的对象，绘制结果如图 3-56 所示。

3.5.2.4 说明

(1) 所绘制的巷道断面应在图形界限的正中间，可以通过移动对象的方式进行。

(2) 断面图的图框可以根据需要绘出。

(3) 两帮或顶板的第一根锚杆也可以根据读者自身习惯，用辅助线或辅助圆进行精确定位。

第4章 文字编辑和图案填充

本章介绍的绘图与修改命令有：椭圆、椭圆弧、旋转、缩放、对齐、倒角、圆角与拉伸命令等。

文字编辑和图案填充是本章介绍的两个主要内容。AutoCAD提供了多种创建文字的方法。对简短的输入项使用单行文字。对于大段的注释文字或带有特殊格式，如上标、下标等格式的文字一般多使用多行文字功能。向封闭区域便捷、快速地添加图案是AutoCAD软件提供的强大功能。

本章的实例共3个，分别是：指北针的绘制、标题栏的绘制以及注释第2章2.7节中实例绘制的经纬网。

4.1 绘图与修改命令的使用(四)

4.1.1 椭圆(Ellipse)

4.1.1.1 命令功能

■ 创建一个或一系列椭圆。

4.1.1.2 命令调用方式

■ 单击【默认】选项卡→【绘图】面板→【椭圆】按钮。

■ 在命令行输入“Ellipse”或命令别名“El”并回车。

4.1.1.3 命令应用

(1) 已知中心点及长短轴，绘制结果如图4-1(b)所示。

命令：ellipse ↵	执行椭圆命令
指定椭圆的轴端点或［圆弧(A)/中心点(C)］：c ↵	选中心点(C)项
指定椭圆的中心点：0,0 ↵	O点坐标，图4-1(a)
指定轴的端点：－10,0 ↵	A点坐标，图4-1(a)
指定另一条半轴长度或［旋转(R)］：5 ↵	输入另一半轴长度

(2) 已知长短轴，绘制结果如图4-2(b)所示。

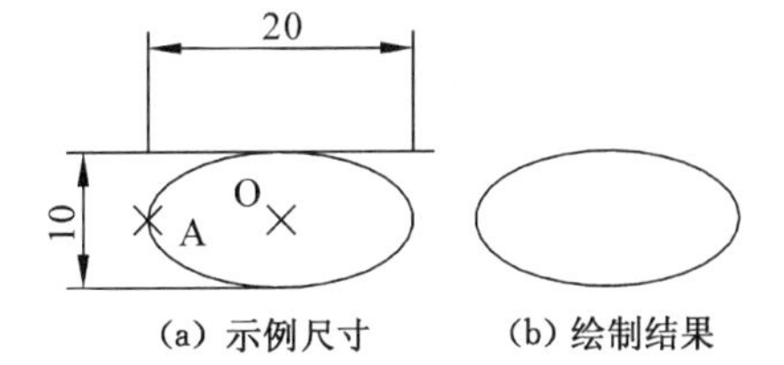

图4-1 椭圆绘制示例一

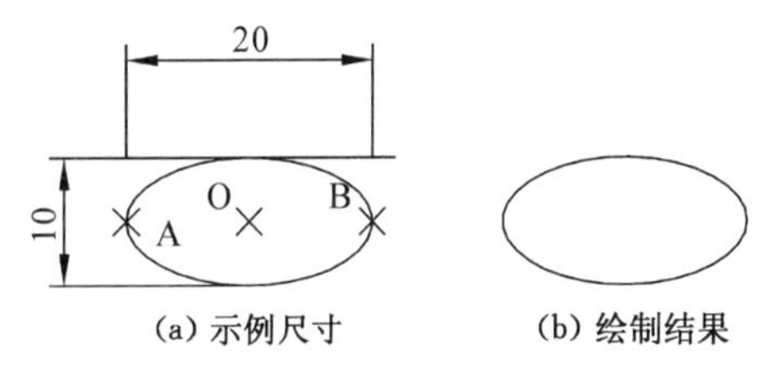

图4-2 椭圆绘制示例二

命令：ellipse ↵	执行椭圆命令
指定椭圆的轴端点或［圆弧(A)/中心点(C)］：−10,0 ↵	指定 A 点,图 4-2(a)
指定轴的另一个端点：@20,0 ↵	B 点相对坐标,图 4-2(a)
指定另一条半轴长度或［旋转(R)］：5 ↵	输入另一半轴长度

4.1.1.4 说明

(1) 在绘制椭圆时应注意第二条轴线的提示一般为半轴长。

(2) 请读者自行练习倾斜椭圆的绘制。

4.1.2 椭圆弧

4.1.2.1 命令功能

■ 创建一个或一系列椭圆弧。

4.1.2.2 命令调用方式

■ 单击【默认】选项卡→【绘图】面板→【椭圆弧】按钮。

■ 在命令行输入“Ellipse”或命令别名“El”并回车。

4.1.2.3 命令应用

椭圆弧的绘制一般应遵循确定中心点→确定长短轴→确定包含角的步骤,见图 4-3。

命令：ellipse ↵	执行椭圆弧命令
指定椭圆的轴端点或［圆弧(A)/中心点(C)］：a	选圆弧(A)项
指定椭圆弧的轴端点或［中心点(C)］：c ↵	选中心点(C)项
指定椭圆弧的中心点：0,0 ↵	指定 O 点,图 4-3(a)
指定轴的端点：15,0 ↵	输入 A 点坐标,图 4-3(a)
指定另一条半轴长度或［旋转(R)］：7.5 ↵	输入另一半轴长度
指定起始角度或［参数(P)］：0 ↵	确定椭圆弧的起始角
指定终止角度或［参数(P)/包含角度(I)］：270 ↵	输入椭圆弧的终止角

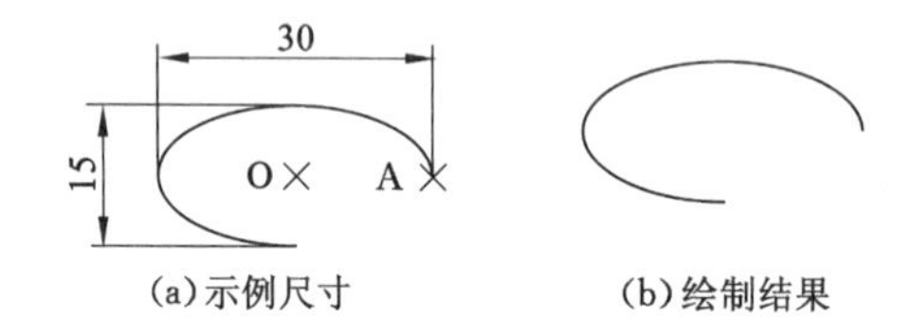

图 4-3 椭圆弧绘制示例

4.1.2.4 说明

(1) 如果椭圆弧不方便绘制,可先绘制出完整的椭圆,然后修剪出需要的某段或几段弧。

(2) 绘制椭圆弧时的起始角度、终止角度与包含角度与绘制圆弧的含义相同,具体可参考圆弧的绘制。

4.1.3 旋转(Rotate)

4.1.3.1 命令功能

■ 围绕基点旋转对象。

4.1.3.2　命令调用方式

■ 单击【默认】选项卡→【修改】面板→【旋转】按钮。

■ 在命令行输入“Rotate”或命令别名“Ro”并回车。

4.1.3.3　命令应用

(1) 绝对旋转法(已知基点及角度),操作结果如图 4-4(d)所示。

命令: rotate ↵　　执行旋转命令
UCS 当前的正角方向:　ANGDIR=逆时针　ANGBASE=0
选择对象: ↵ 找到 12 个对象　　拾取对象并回车
指定基点: ↙　　指定圆心,图 4-4(c)
指定旋转角度或 [参照(R)]: −45 ↵　　输入旋转角度并回车

(a) 原图

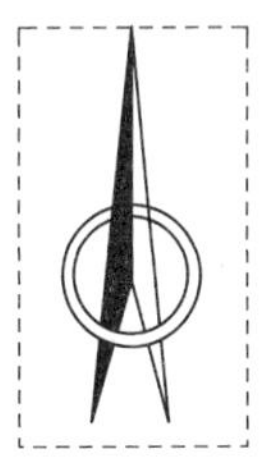

(b) 选择对象

(c) 旋转结果

图 4-4　旋转对象示例

(2) 参照旋转法(已知基点但角度不明确),操作结果如图 4-5(c)所示。

命令: rotate ↵　　执行旋转命令
UCS 当前的正角方向:　ANGDIR=逆时针　ANGBASE=0
选择对象: ↵　　拾取直线 OA
指定基点: ↙　　指定 O 点,图 4-5(b)
指定旋转角度或 [参照(R)]: r ↵　　选择参照(R)项
指定参照角 <0>: ↙　　指定 O 点,图 4-5(b)
指定第二点: ↙　　指定 A 点,图 4-5(b)
指定新角度: ↙　　单击 B 点,图 4-5(b)

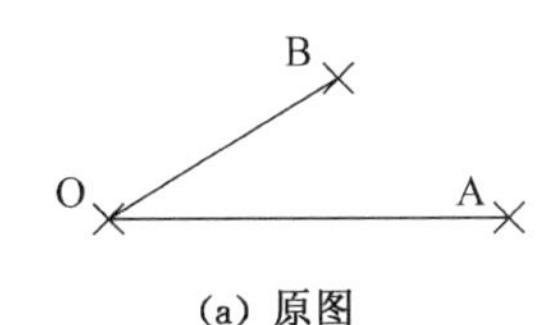

(a) 原图

B
O
A

(b) 选择对象

A
B
O

(c) 旋转结果

图 4-5　参照旋转对象示例

4.1.3.4　说明

使用【旋转】命令时应注意旋转角的正负。围绕基点,顺时针为负,逆时针为正。

4.1.4　缩放(Scale)

4.1.4.1　命令功能

■ 按比例放大或缩小对象。

4.1.4.2 命令调用方式

■ 单击【默认】选项卡→【修改】面板→【缩放】按钮。

■ 在命令行输入“Scale”或命令别名“Sc”并回车。

4.1.4.3 命令应用

(1) 绝对缩放法，按指定的比例缩放选定对象的尺寸，见图 4-6。

命令：scale ↵　　执行缩放命令
选择对象：↙找到 1 个　　拾取对象并回车
指定基点：↙　　指定 A 点，图 4-6(a)
指定比例因子或 [参照(R)]：0.5 ↵　　输入比例因子并回车

缩放结果如图 4-9(b)所示。

命令：scale ↵　　执行缩放命令
选择对象：找到 1 个↙　　拾取对象并回车
指定基点：↙　　指定 A 点，图 4-6(c)
指定比例因子或 [参照(R)]：1.5 ↵　　输入比例因子并回车

将原图放大 1.5 倍后操作结果如图 4-6(c)所示。

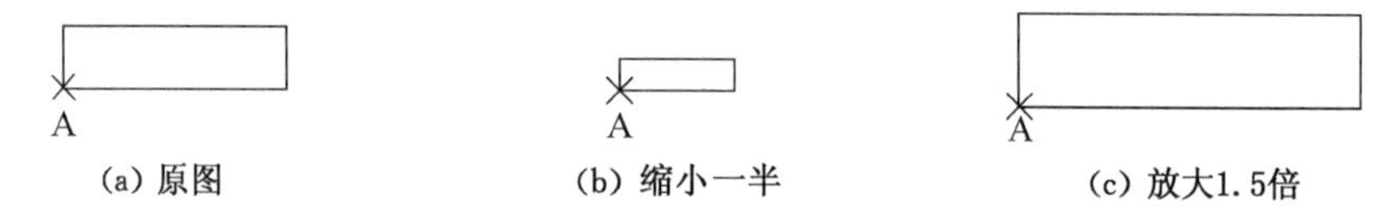

(a) 原图　(b) 缩小一半　(c) 放大1.5倍

图 4-6 绝对缩放对象示例

(2) 参照缩放法，按参照长度或新长度缩放所选对象，操作结果如图 4-7(c)所示。

命令：scale ↵　　执行缩放命令
选择对象：↙找到 1 个　　拾取对象并回车
指定基点：↙　　指定 A 点，图 4-7(a)
指定比例因子或 [参照(R)]：r ↵　　选参照(R)项
指定参照长度 <1>：↙　　指定 A 点，图 4-7(b)
指定第二点：↙　　指定 B 点，图 4-7(b)
指定新长度：↙　　指定 C 点，图 4-7(b)

A B C
(a) 原图

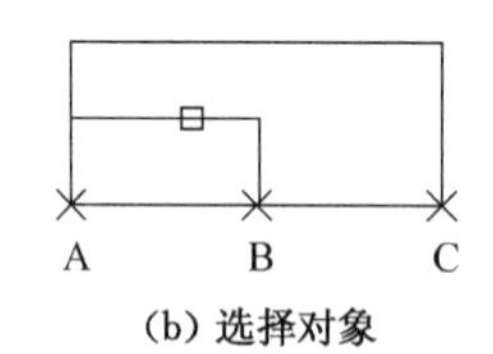

(b) 选择对象

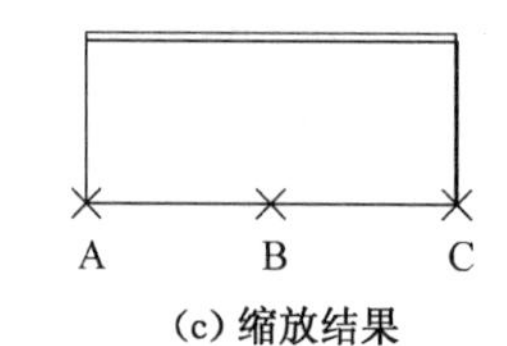

(c) 缩放结果

图 4-7 参照缩放对象示例

4.1.4.4 说明

(1) 使用【缩放】命令时应注意缩放比例的设置，比例因子大于 1，放大原对象；比例因子小于 1，缩小原对象。

(2) 图 4-7 中由于两矩形的长、宽比例不一致，所以操作完成后两矩形不会重合。

4.1.5　对齐(Align)

4.1.5.1　命令功能

■ 在二维和三维空间中将相关对象对齐。

4.1.5.2　命令调用方式

■ 单击【默认】选项卡→【修改】面板→【对齐】按钮。

■ 在命令行输入“Align”或命令别名“Al”并回车。

4.1.5.3　命令应用

命令：align ↵	执行对齐命令
选择对象：找到 1 个↙	拾取对象并回车
指定第一个源点：↙	指定 A 点，图 4-8(b)
指定第一个目标点：↙	指定 C 点，图 4-8(b)
指定第二个源点：↙	指定 B 点，图 4-8(c)
指定第二个目标点：↙	指定 D 点，图 4-8(c)
指定第三个源点或 <继续>：↵	回车结束点的指定
是否基于对齐点缩放对象？[是(Y)/否(N)] <否>：↵	回车结束命令

操作结果如图 4-8(d)所示。

4.1.5.4　说明

在 AutoCAD 2018 中将【对齐】命令归类为三维操作命令，但在二维操作中该命令也很有用，如图 4-8 示例。

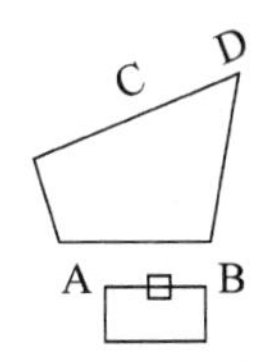

(a) 选择对象

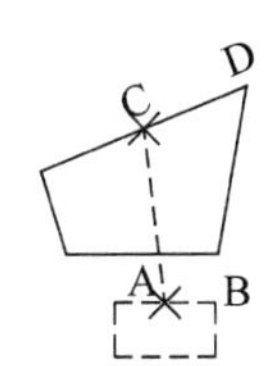

(b) 指定第一源点和目标点

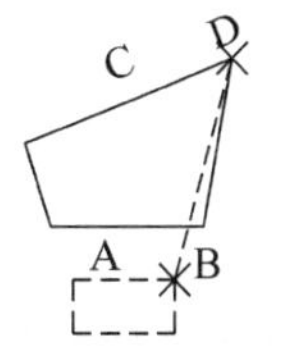

(c) 指定第二源点和目标点

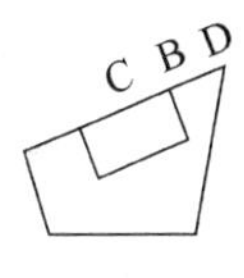

(d) 对齐结果

图 4-8　对齐对象示例

4.1.6　倒角(Chamfer)

4.1.6.1　命令功能

■ 给对象加倒角。

4.1.6.2　命令调用方式

■ 单击【默认】选项卡→【修改】面板→【倒角】按钮。

■ 在命令行输入“Chamfer”或命令别名“Cha”并回车。

4.1.6.3　命令中各参数的含义

在执行【倒角】命令后，命令行会出现“选择第一条直线或［多段线(P)/距离(D)/角度(A)/修剪(T)/方式(M)/多个(U)］：”提示，其中各参数含义如下：

(1)“选择第一条直线”时，可直接使用光标拾取对象，第一条直线选中后会提示选择第二条直线，按提示进行选择后即可完成【倒角】命令的操作。

(2)“多段线(P)”项，可对整个二维多段线倒角。如果多段线包含的线段过短以至于无法容纳倒角距离,则不对这些线段倒角。

(3)"距离(D)"项,用于设置倒角至选定边端点的距离。如果将两个距离都设置为零,AutoCAD 将延伸或修剪相应的两条线以使二者终止于同一点。

(4)"角度(A)"项,可用第一条线的倒角距离和第二条线的角度设置倒角距离。

(5)"修剪(T)"项,控制 AutoCAD 是否将选定边修剪到倒角线端点。

(6)"方式(M)"项,控制 AutoCAD 是使用距离还是角度来创建倒角。

(7)"多个(U)"项,可给对象集加倒角。

4.1.6.4 命令应用

对图 4-9(a)中的两条直线进行倒角操作,倒角距离为 8,操作结果如图 4-9(b)所示。

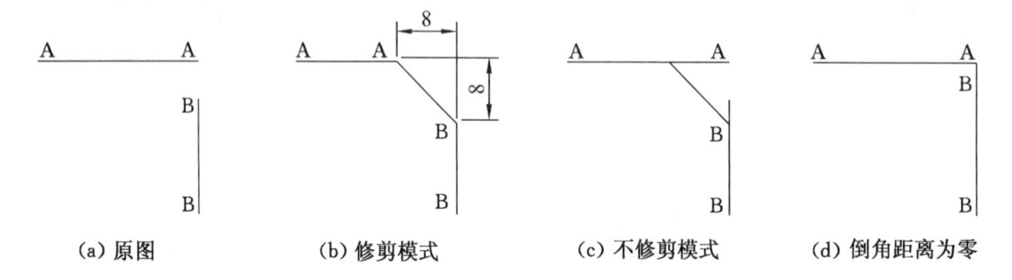

图 4-9 倒角对象示例

命令:chamfer ↵	执行倒角命令
("修剪"模式)当前倒角距离 1 = 0.0000,距离 2 = 0.0000	当前设置
选择第一条直线或[多段线(P)/距离(D)/角度(A)/修剪(T)/方式(M)/多个(U)]:d ↵	选距离(D)项
指定第一个倒角距离 <10.0000>:8 ↵	输入第一个倒角距离
指定第二个倒角距离 <8.0000>:↵	接受保留值并回车
选择第一条直线或[多段线(P)/距离(D)/角度(A)/修剪(T)/方式(M)/多个(U)]:	
拾取第一条直线:↙	拾取直线 AA,图 4-9(b)
选择第二条直线:↙	拾取直线 BB,图 4-9(b)

4.1.6.5 说明

(1)在【倒角】命令中如选择不修剪对象,其操作结果如图 4-9(c)所示。

(2)若倒角距离设置为零,该命令相当于【延伸】命令,见图 4-9(d)。

(3)若第一个倒角距离和第二个倒角距离设置的数值不同,在给对象倒角时,直线的选择顺序应与倒角距离的设置相同。

4.1.7 圆角(Fillet)

4.1.7.1 命令功能

■ 给对象加圆角。

4.1.7.2 命令调用方式

■ 单击【默认】选项卡→【修改】面板→【圆角】按钮。

■ 在命令行输入"Fillet"或命令别名"F"并回车。

4.1.7.3 命令中各参数的含义

在执行【圆角】命令后，命令行会出现“选择第一条直线或[多段线(P)/半径(R)/修剪(T)/多个(U)]：”提示，其中各参数含义如下：

(1)“选择第一条直线”时，可直接使用光标进行拾取对象，第一条直线选中后会提示选择第二条直线，按提示进行选择后即可完成【圆角】命令的操作。

(2)“多段线(P)”项，可对整个二维多段线圆角。如果多段线包含的线段过短以至于无法容纳倒角距离，则不对这些线段圆角。

(3)“半径(R)”项，用于设置用多大半径的圆弧为对象圆角。

(4)“修剪(T)”项，用于控制 AutoCAD 是否将选定边修剪到圆角线端点。

(5)“多个(U)”项，可给对象集加圆角。

4.1.7.4 命令应用

对图 4-10(a)中的两条直线进行圆角操作，圆角半径为 10，结果如图 4-10(b)所示。

命令：fillet ↵	执行圆角命令
当前设置：模式 = 修剪，半径 = 0.0000	当前设置
选择第一个对象或[多段线(P)/半径(R)/修剪(T)/多个(U)]：↙	拾取直线 AA，图 4-10(b)
选择第二个对象：↙	拾取直线 BB，图 4-10(b)

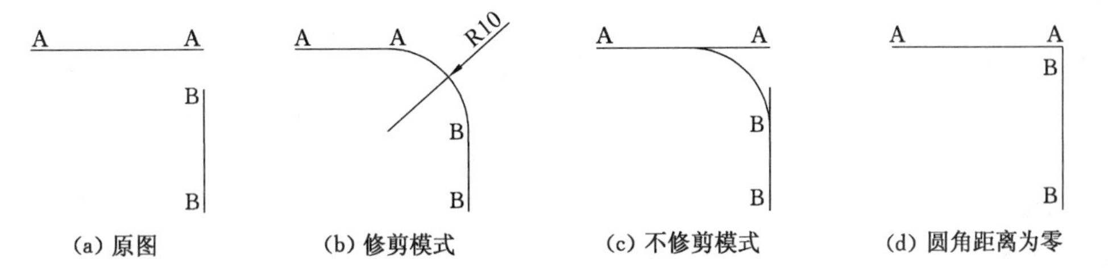

(a) 原图 (b) 修剪模式 (c) 不修剪模式 (d) 圆角距离为零

图 4-10 圆角对象示例

4.1.7.5 说明

(1) 在【圆角】命令中如选择不修剪对象，其操作结果如图 4-10(c)所示。

(2) 若圆角距离设置为零，该命令相当于【延伸】命令，见图 4-10(d)。

4.1.8 拉伸(Stretch)

4.1.8.1 命令功能

■ 拉伸与选择窗口或多边形交叉的对象。

4.1.8.2 命令调用方式

■ 单击【默认】选项卡→【修改】面板→【拉伸】按钮。

■ 在命令行输入“Stretch”或命令别名“S”并回车。

4.1.8.3 命令应用

(1) 拉伸对象。

(2) 改变对象的 X、Y 方向的比例，操作结果如图 4-11(d)所示。

命令：stretch ↵	执行拉伸命令
以交叉窗口或交叉多边形选择要拉伸的对象...	
选择对象：↙	选择对象，图 4-11(b)

指定基点或位移：↙ 指定基点，图 4-11(c)

指定位移的第二个点或 <用第一个点作位移>：2 ↵ 打开正交，光标方向垂直向上

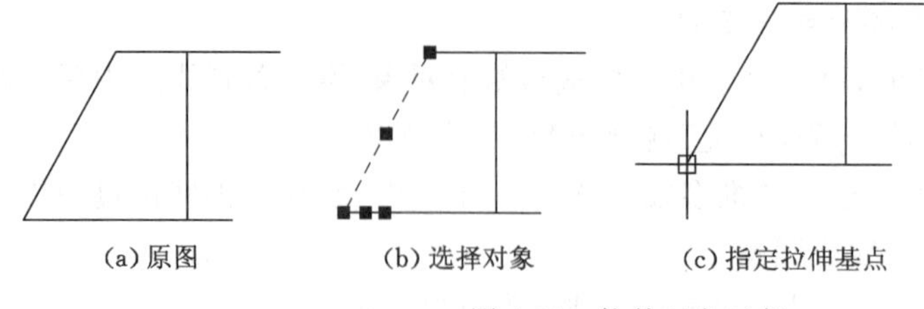

(a) 原图 (b) 选择对象 (c) 指定拉伸基点

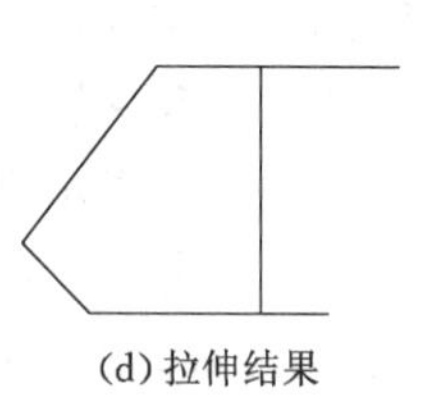

(d) 拉伸结果

图 4-11 拉伸对象示例

4.1.8.4 说明

(1) 执行【拉伸】命令时一般使用交叉窗口选择对象。

(2) 利用夹点的拖拽也可完成相应操作。

4.2 文字的形式与编辑

4.2.1 文字概述

在图纸中输入文字是绘制图纸的一个组成部分。要正确、美观的在图纸上书写文字，首先要学会正确设置文字样式，然后掌握文字输入命令及其各选项的使用，还需掌握编辑和修改文字的命令。

图纸的文字一般有两种形式，一种是较短的字或词等总在一行出现的文字，称之为单行文字；另一种是大段的注释文字或带有内部格式（如上、下标或斜体、加粗等特殊格式）的较长的输入项，称之为多行文字。换句话说，在单行文字中不可以使用回车，在多行文字中既可以使用软回车（即自动换行），也可以使用硬回车（即手工换行）。

AutoCAD 2018 中的文字操作可单击【默认】选项卡内的【注释】面板[见图 4-12(a)]或单击【注释】选项卡内的【文字】面板[见图 4-12(b)]上各按钮完成。

(a)【注释】面板

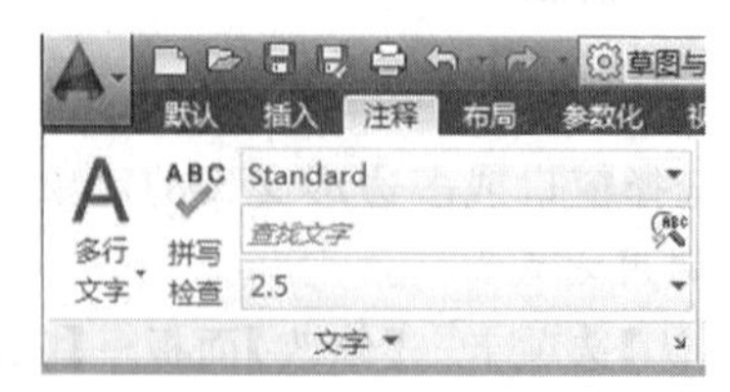

(b)【文字】面板

图 4-12 文字注释功能区

4.2.2 文字样式(Text Style)

4.2.2.1 命令功能

■ 创建、修改或设置命名文字样式。

4.2.2.2　命令调用方式

■ 单击【默认】选项卡→【注释】面板→【文字样式】按钮。

■ 在命令行输入“Style”或命令别名“St”并回车。

4.2.2.3　【文字样式】对话框

执行【文字样式】命令，打开【文字样式】对话框，见图 4-13。对话框中各项含义如下：

(1)【样式】区，用于显示文字样式名、添加新样式以及重命名和删除现有样式。【样式】列表可显示创建的样式，默认的样式名为“Standard”。

单击【新建】按钮，可弹出【新建文字样式】对话框，见图 4-14。在该对话框中可创建新的文字样式，默认的新建样式名为“样式 1”，样式名最长可达 255 个字符，包括字母、数字以及特殊字符，如美元符号 $ 、下划线_和连字符-。在【样式】区中选中新创建的文字样式名后按 F2 键或再次单击相应样式名，可实现重命名功能。

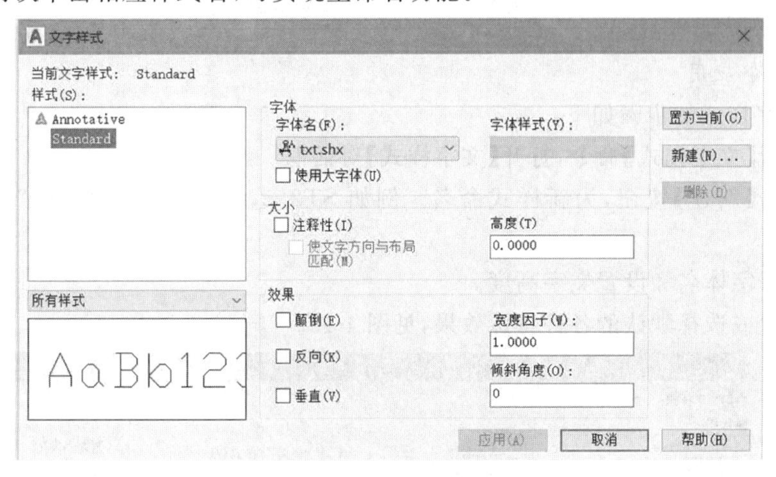

图 4-13　【文字样式】对话框

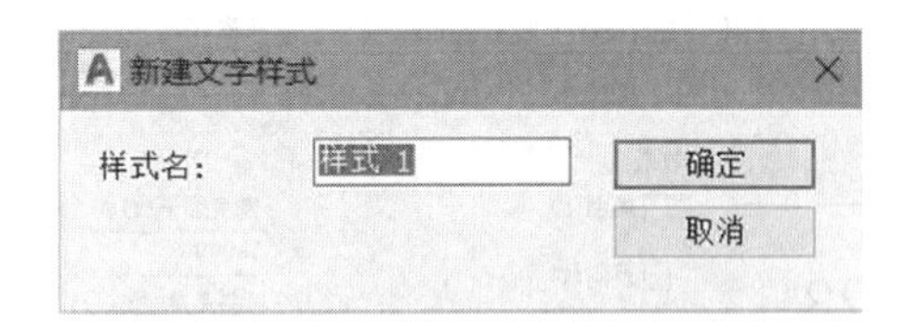

图 4-14　【新建文字样式】对话框

单击【删除】按钮，可删除当前的文字样式。也可以从列表中选择一个样式名将其置为当前，然后单击该按钮。

(2)【字体】区，可用于更改文字样式的字体。其中：【字体名】列表列出所有注册的 TrueType 字体和 AutoCAD Fonts 文件夹中 AutoCAD 编译的形(SHX)字体的字体名；【字体样式】列表指定字体格式，比如斜体、粗体或者常规字体；【使用大字体】开关指定亚洲语言的大字体文件，只有在【字体名】中指定形(SHX)文件，才能使用“大字体”，即只有形(SHX)文件可以创建“大字体”；选定【使用大字体】后，【字体样式】显示“大字体”，用于选择大字体文件。

(3)【大小】区，用于设置文字的高度或指定文字为“注释性”。其中：【高度】根据输入的值设置文字高度。

(4)【效果】区，用于修改字体的特性，如宽度因子、倾斜角度以及是否颠倒、反向或垂直。各种特殊效果如图 4-15 所示。

(5)【所有样式】下拉列表，可列出正在使用的或已经创建的样式名。其下方的【预览】区可对创建的样式名或各种效果进行实时预览。

(6)【应用】按钮，单击该按钮可将对话框中所做的样式更改应用到图形中具有当前样式的文字。

中国矿业大学	中国矿业大学	中国矿业大学	中国矿业大学
(a) 颠倒	(b) 反向	(c) 宽度比例=0.75	(d) 倾斜

图 4-15 特殊文字效果示例

4.2.2.4 命令应用

创建文字样式的步骤如下：

(1) 执行【文字样式】命令，打开【文字样式】对话框。

(2) 单击【新建】按钮，为新样式命名。例如 ST2.5，表示字体为"宋体"、文字高度为 2.5。

(3) 选择字体名和设置文字高度。

(4) 设置或选择默认的各种特殊效果，见图 4-16。

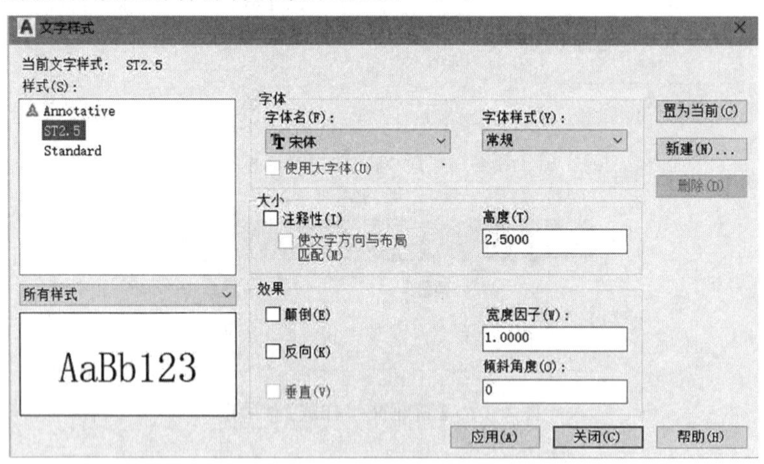

图 4-16 创建文字样式示例

(5) 在【预览】区对创建的文字样式效果进行预览。

(6) 预览正确后，依次单击【应用】和【关闭】按钮。

4.2.2.5 说明

(1) 样式名的命名要有可读性。例如要创建一宋体、字高为 8 的样式，可将其命名为 ST8，其中 ST 表示宋体，8 表示字高。

(2) 选择汉字字体时，应注意字体名中有没有"@"符号。虽然字体名完全一样但效果却完全不同，见图 4-17。采矿工程绘图时，一般不使用带"@"符号的字体。但将单行带

“@”的字体旋转90°后可实现竖标文字，见图4-17(c)。

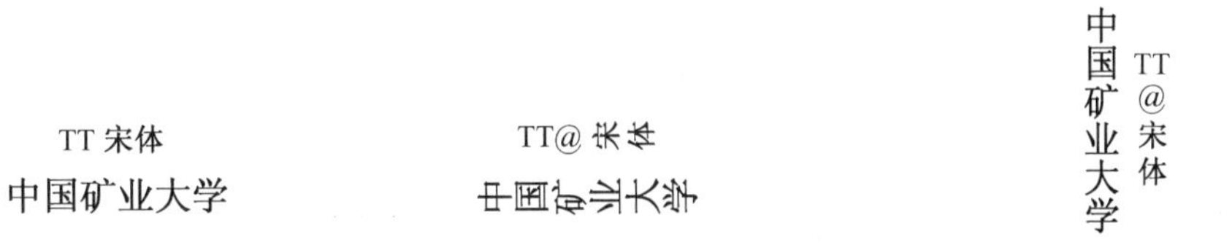

TT宋体
中国矿业大学
(a) TT宋体

TT@宋体
中国矿业大学
(b) TT@宋体
文字角度=0°

中国矿业大学
TT@宋体
(c) TT@宋体
文字角度=90°

图4-17 相似字体示例

(3) 除非有特殊需要，一般不选择使用“大字体”。

4.2.3 对正方式

向图纸中标注文本时，需要把文字放在表格或图形的合适位置。AutoCAD通过文字的对齐方式(即夹点)可实现这种功能。

AutoCAD中文字的对正方式一共有15种，默认的是左下对齐方式。常用的单行文字对齐方式如图4-18所示。

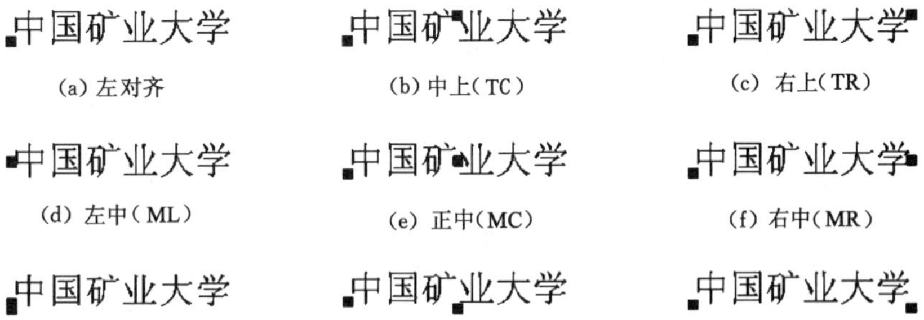

中国矿业大学
(a) 左对齐

中国矿业大学
(b) 中上(TC)

中国矿业大学
(c) 右上(TR)

中国矿业大学
(d) 左中(ML)

中国矿业大学
(e) 正中(MC)

中国矿业大学
(f) 右中(MR)

中国矿业大学
(g) 左下(BL)

中国矿业大学
(h) 中下(BC)

中国矿业大学
(i) 右下(BR)

图4-18 常用的单行文字对齐方式

各对正方式含义如下：

(1) 对齐(A)方式。该方式通过指定基线端点来指定文字的高度和方向。字符的大小根据其高度按比例调整。文字字符串越长，字符越矮。

(2) 调整(F)方式。该方式指定文字按照由两点定义的方向和一个高度值布满一个区域，只适用于水平方向的文字。高度以图形单位表示，是大写字母从基线开始的延伸距离。指定的文字高度是文字起点到用户指定的点之间的距离。文字字符串越长，字符越窄。字符高度保持不变。

(3) 中心(C)方式。该方式从基线的水平中心对齐文字，此基线是由绘图时点指定的。旋转角度是指基线以中点为圆心旋转的角度，它决定了文字基线的方向，可通过指定点来决定该角度。文字基线的绘制方向为从起点到指定点，如果指定点在中心点的左边，将绘制出倒置的文字。

(4) 中间(M)方式。该方式在基线的水平中点和指定高度的垂直中点上对齐。中间对齐的文字不保持在基线上。中间方式与正中方式不同，中间方式使用的中点是所有文字包括下行文字在内的中点，而正中方式使用大写字母高度的中点。

(5) 右(R)方式。该方式可以给出点指定基线上右对正文字。

(6) 左上(TL)、中上(TC)、右上(TR)、左中(ML)、正中(MC)、右中(MR)、左下(BL)、中下(BC)、右下(BR)方式。以上各种方式分别指定文字顶点的点于左上、中上、右上、左中、正中、右中、左下、中下、右下对正文字。这几种方式只适用于水平方向的文字。

在采矿工程图纸的绘制过程中，最常用到的方式是带“中”的正中(MC)、中上(TC)、中下(BC)、左中(LC)和右中(RC)等方式。

4.2.4 单行文字(Dtext)

4.2.4.1 命令功能

■ 创建单行文字对象。

4.2.4.2 命令调用方式

■ 单击【默认】选项卡→【注释】面板→【文字】下拉按钮→【单行文字】。

■ 单击【注释】选项卡→【文字】面板→【多行文字】下拉按钮→【单行文字】。

■ 在命令行输入“Dtext”或命令别名“Dt”并回车。

4.2.4.3 命令应用

(1) 以中下方式标注单行文本，文字标注结果如图 4-19(b)所示。

命令：dtext ↵	执行单行文本命令
当前文字样式： ST2.5 当前文字高度： 2.5000	当前设置
指定文字的起点或[对正(J)/样式(S)]：j ↵	选对正(J)项
输入选项[对齐(A)/调整(F)/中心(C)/中间(M)/右(R)/左上(TL)/中上(TC)/右上(TR)/左中(ML)/正中(MC)/右中(MR)/左下(BL)/中下(BC)/右下(BR)]：bc ↵	选中下(BC)项
指定文字的中下点：_from 基点↙	指定 A 点，图 4-19(a)
<偏移>：@0,1	输入文字偏移直线距离
指定文字的旋转角度 <0.0000>：↵	回车取默认值
输入文字：单行文本↵	输入需要标注的文本
↵	连续回车结束命令

A　　单行文本

(a) 捕捉对齐点　　(b) 标注结果

图 4-19　单行文本注释示例一

B　　单行文本

(a) 捕捉对齐点　　(b) 标注结果

图 4-20　单行文本注释示例二

(2) 以正中方式标注单行文本，文字标注结果如图 4-20(b)所示。

命令：dtext ↵	执行单行文本命令
当前文字样式： TNR2 当前文字高度： 2.0000	当前设置
指定文字的起点或[对正(J)/样式(S)]：j ↵	选对正(J)项
输入选项[对齐(A)/调整(F)/中心(C)/中间(M)/右(R)/左上(TL)/中上(TC)/右上(TR)/左中(ML)/正中(MC)/右中(MR)/左下(BL)/	

中下(BC)/右下(BR)]：mc↵	选正中(MC)项
指定文字的正中点：↙	指定 B 点，图 4-20(a)
指定文字的旋转角度 <0.0000>：↵	回车取默认值
输入文字：单行文本↵	输入文本并回车
↵	连续回车结束命令

4.2.4.4　说明

(1) 标注单行文字之前必须先设好文字样式。

(2) 标注前应把需要的文字样式置为当前。

(3) 如果用“中”的方式对正文字，可使用辅助线定位。

(4) 单行文字内容输入完毕后需彻底回车后才能确定文字的位置是否正确。

4.2.5　多行文字(Mtext)

4.2.5.1　命令功能

■ 创建多行文字对象。

4.2.5.2　命令调用方式

■ 单击【默认】选项卡→【注释】面板→【文字】下拉按钮→【多行文字】。

■ 单击【注释】选项卡→【文字】面板→【多行文字】下拉按钮→【多行文字】。

■ 在命令行输入“Mtext”或命令别名“Mt”并回车。

4.2.5.3　【文字编辑器】选项卡

执行【多行文字】命令后，可弹出【文字编辑器】选项卡，见图 4-21。

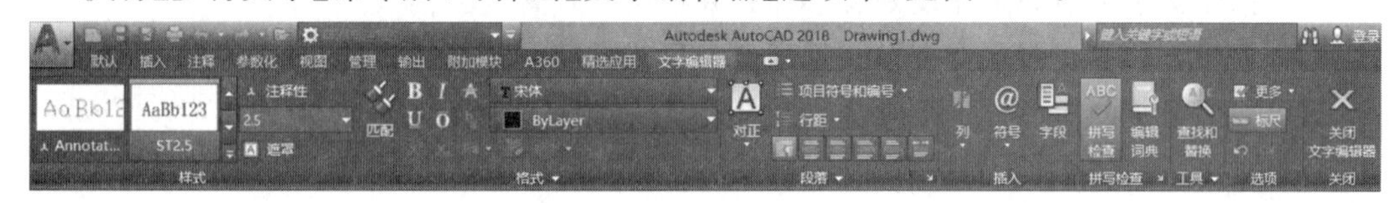

图 4-21　【文字编辑器】选项卡

【文字编辑器】选项卡由【样式】、【格式】、【段落】、【插入】、【拼写检查】、【工具】、【选项】和【关闭】等面板组成。在【文字编辑器】选项卡内单击【选项】面板→【更多】→【编辑器设置】→【显示工具栏】，可弹出【文字格式】工具栏，见图 4-22。

图 4-22　【文字格式】工具栏

【文字格式】工具栏用于控制多行文字对象的文字样式和选定文字的字符格式。其中各项含义为：【文字样式】、【字体】、【文字高度】等项与【文字样式】对话框中含义相同；【加粗】、【倾斜】、【下划线】、【颜色】和【堆叠】用于设置文字的特殊格式；【标尺】用于设置段落缩进标记、首行缩进标记和制表位。

在【多行文字编辑器】中单击鼠标右键可弹出【多行文字编辑器】快捷菜单，可进行快捷操作。

4.2.5.4 命令应用

命令：mtext ↵	执行多行文字命令
当前文字样式:"标注 2"　当前文字高度:2	显示当前设置
指定第一角点：↙	指定 A 点,图 4-23(a)
指定对角点或 [高度(H)/对正(J)/行距(L)/旋转(R)/样式(S)/宽度(W)]：↙	指定 B 点,图 4-23(a)

在弹出的【多行文字编辑器】中输入需要标注的文本后单击【确定】按钮,标注结果如图 4-23(b)所示。为达到更好的对齐效果,应调整注释文字内部的排列形式以及多行文字的夹点位置,改变文字区的宽、高等尺寸,见图 4-23(c)。

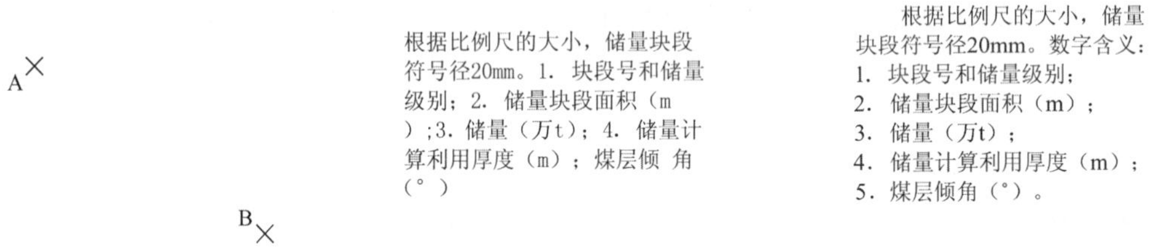

A×

B×

(a) 指定标注范围

根据比例尺的大小，储量块段
符号径20mm。1. 块段号和储量
级别；2. 储量块段面积（m
）;3. 储量（万t）；4. 储量计
算利用厚度（m）；煤层倾 角
（° ）

(b) 标注初始结果

根据比例尺的大小，储量
块段符号径20mm。数字含义：
1. 块段号和储量级别；
2. 储量块段面积（m）；
3. 储量（万t）；
4. 储量计算利用厚度（m）；
5. 煤层倾角（°）。

(c) 调整后的结果

图 4-23　多行文字示例

4.2.5.5 说明

使用多行文字时应注意以下事项：

(1) 标注文字之前必须先设好文字样式并把该样式置为当前。

(2) 一般不采取在多行文字样式管理器中更改文字大小及字体的方式。

(3) 如果指定的矩形框过小则会自动换行。

(4) 对多行文字执行【分解】命令会转变为单行文字。

4.2.6 特殊文字

4.2.6.1 特殊字符

在 AutoCAD 2018 中可以通过以下几种方式实现特殊文字的插入：

(1) 可以通过输入“两个百分号＋控制码”来实现的符号共有 3 个。其中:“%%c”表示直径符号“Φ”,“%%d”表示角度“°”,“%%p”表示正负号“±”。

(2) 在【文字编辑器】的【插入】面板中单击【符号】按钮,可弹出【符号】下拉菜单,见图 4-24(a)。单击该菜单中的符号项可插入对应的符号。

(3) 在【符号】下拉菜单中单击【其他】选项,可弹出【字符映射表】窗口,见图 4-24(b)。在该窗口中选取需要的特殊字符,单击【选择】按钮后再单击【复制】按钮,然后在【多行文字编辑器】中执行【粘贴】命令即可。

4.2.6.2 特殊效果

(1) 堆叠文字。

堆叠文字可用来标记公差或测量单位的文字或分数(堆叠文字功能目前不支持中文字符)。使用特殊字符可以指示选定文字的堆叠位置,可以使用的特殊字符有 3 个:斜杠“/”以垂直方式堆叠文字,由水平线分隔;磅符号“#”以对角形式堆叠文字,由对角线分隔;插入符

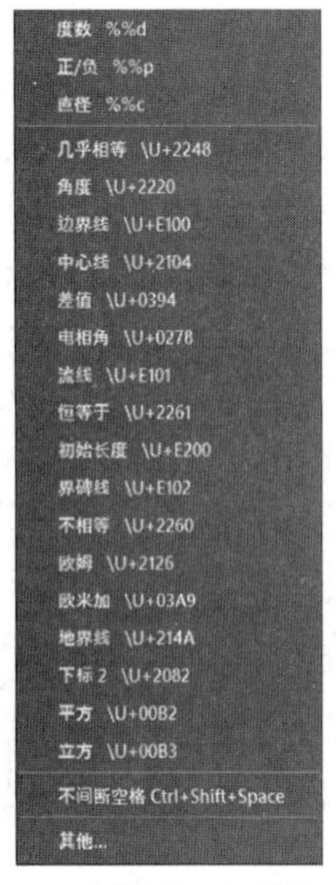

(a)【符号】下拉菜单

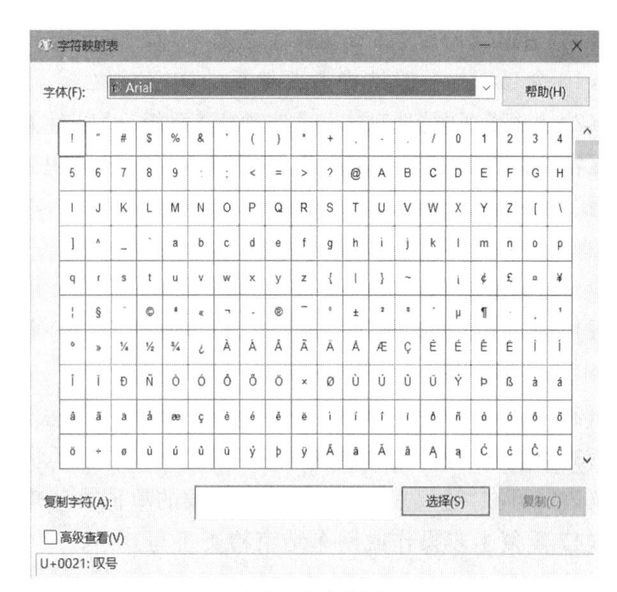

(b)【字符映射表】窗口

图 4-24　特殊符号注释功能区

“^”创建公差堆叠，不用直线分隔。

(2) 文字的上下标。

文字的上下标可以使用堆叠完成，也可以在【多行文字编辑器】中选择需要上标或下标的字符后，弹出快捷菜单并单击“上标(或下标)”。

4.2.7　编辑文字(Ddedit)

在 AutoCAD 2018 中对文字可进行内容、文字样式或字体等编辑操作。编辑操作可以通过文字编辑器、查找和替换、对象特性和检查拼写等方式完成。

4.2.7.1　通过【文字编辑器】编辑文字的步骤

(1) 命令行为空时选中需要编辑的文字对象。

(2) 将光标置于文字的笔画上，双击鼠标左键，可弹出【编辑文字】窗口或【多行文字】的格式栏。

(3) 单击【确定】按钮。

4.2.7.2　通过【查找和替换】对话框编辑文字的步骤

(1) 执行【编辑】→【查找】菜单项，弹出【查找和替换】对话框，见图 4-25。

(2) 在对话框中的【查找】列表框内输入要查找的内容，在【替换为】列表框内输入需要更改的内容。

(3) 单击【下一个】按钮，在找到需要更改的对象后单击【全部替换】按钮。

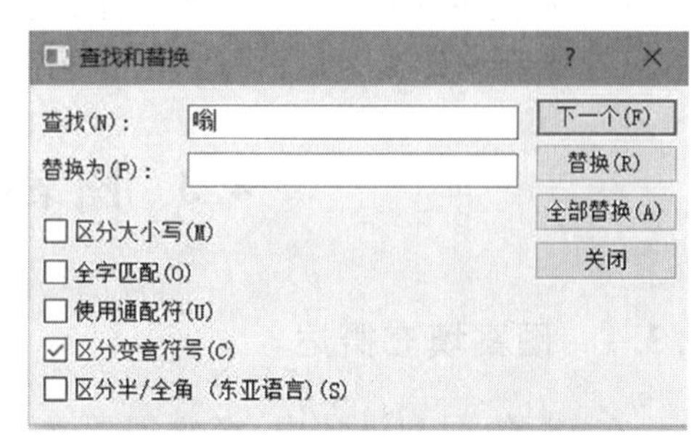

图 4-25　【查找和替换】对话框

4.2.7.3 通过【特性】窗口编辑文字的步骤

(1) 命令行为空时选中需要编辑的文字对象。

(2) 执行【视图】选项卡→【选项板】面板→【特性】按钮,弹出【特性】窗口,见图 4-26。在该窗口中可对需要更改的文字样式、字高或文字内容等进行编辑。

有关对象特性的更详细的内容见本书第 5.2 节。

4.2.7.4 检查拼写

(1) 执行【工具】→【拼写检查】菜单项,或在命令行输入"Spell"命令并回车。

(2) 选择需要检查拼写的对象。

(3) 如果有拼写错误的单词,AutoCAD 会提示,并给出"建议表",可在"建议表"中选择需要更改的单词或忽略。

(4) 重复上步操作或回车结束检查拼写。

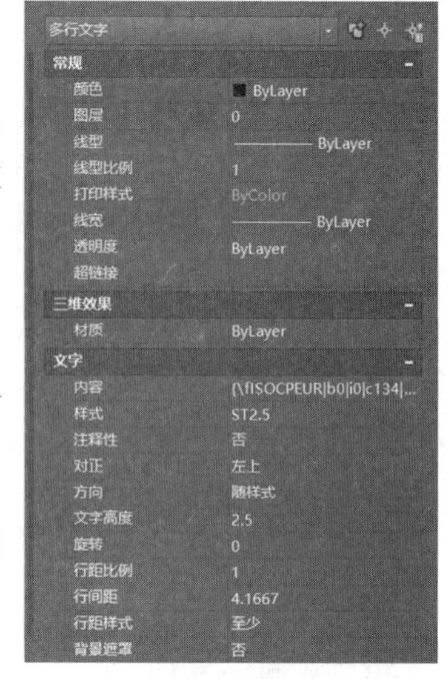

图 4-26 【特性】窗口

4.2.8 说明

为了便于文字的标注和编辑,在创建文字时应注意以下事项:

(1) 图纸中有几种字型,就建立几种文字样式。

(2) 文字样式的命名应具有可读性,一般采取字体名与文字高度及宽度比例相结合的方式。常用采矿工程制图中用的文字样式名见表 4-1。

表 4-1 常用采矿工程制图中的文字样式

序号	中文样式名	符号样式名	意义		
			字体名	文字高度	宽度比例
1	黑体 8	HT8	黑体	8	1(默认)
2	仿宋 5	FS5-0.75	仿宋_2312	5	0.75
3	楷体 4	KT4	楷体_2312	4	1(默认)

(3) 标注哪一种字型的文字时,必须把该文字的样式置为当前;修改时亦然。

(4) 当单行文字或多行文字均可完成操作时,优先使用单行文字。

(5) 对多行文字执行【分解】命令后,可生成单行文字,但建议不进行此操作。

(6) 拖拽多行文字的夹点可控制多行文字的宽度,以调整行数。

(7) 控制文字是否显示为空心字的系统变量是"Textfill"。

4.3 图案填充概述与技巧

4.3.1 图案填充概述

在实际绘图和设计中,经常需要在一定的区域用规定的图案加以填充。AutoCAD 2018 提供了具有丰富图案填充文件和使用方便的填充命令。所用的图案可以很简单,如表示煤层的纯黑或灰黑色的颜色填充，或是其他的剖面线填充等，AutoCAD 还允许用户自定义图案填充文件，并提供了编辑和修改图案的方法。

4.3.2　图案填充(Hatch)

4.3.2.1　命令功能

■ 使用填充图案或渐变色来填充封闭区域或选定对象。

4.3.2.2　命令调用方式

■ 单击【默认】选项卡→【绘图】面板→【图案填充】按钮。

■ 在命令行输入“Hatch”或命令别名“H”并回车。

4.3.2.3　【图案填充和渐变色】对话框

执行【图案填充】命令，打开【图案填充和渐变色】对话框，见图 4-27。该对话框各项含义如下：

图 4-27　【图案填充和渐变色】对话框

(1)【图案填充】选项卡用于定义要应用的填充图案的外观。其中：

①【类型和图案】区用于指定图案填充的类型和图案。其中:【类型】列表框可设置图案类型(一般用默认);【图案】列表框列出可用的预定义图案;【...】按钮用于显示【填充图案选项板】对话框，见图 4-28(a)、(b);【样例】用于显示选定图案的预览图像;【自定义图案】列出可用的自定义图案。

②【角度和比例】区用于指定选定填充图案的角度和比例。其中:【角度】指定填充图案的角度;【比例】可放大或缩小预定义或自定义图案。

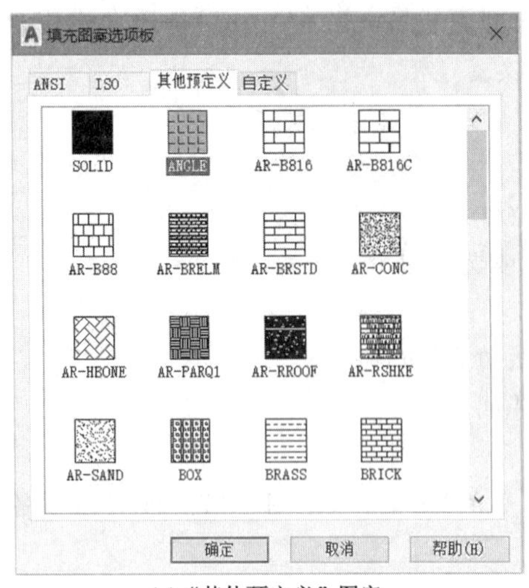

(a)“其他预定义”图案

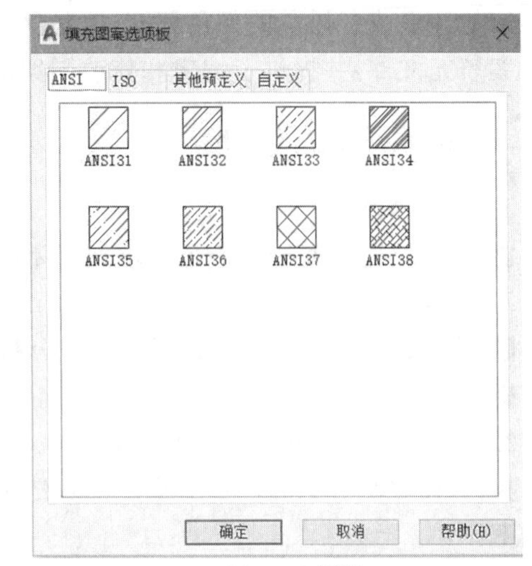

(b) ANSI图案

图 4-28 【填充图案选项板】对话框

③【图案填充原点】区用于控制填充图案生成的起始位置。

(2)【渐变色】选项卡定义要应用的渐变色填充的外观。在采矿工程绘图中较少用到，可参考帮助查看该选项卡功能。

(3)【边界】区内各按钮功能:【添加:拾取点】可根据屏幕中可见的对象确定边界,是最常用的选择填充区域的方式;【添加:选择对象】可指定要填充的对象。

(4)【选项】区可设置填充的图案是否关联。

(5)【预览】按钮可对填充的结果进行预览。

单击【图案填充和渐变色】对话框中【帮助】按钮右侧的【 】功能扩充按钮,可显示扩充后的图案填充功能。

4.3.2.4 命令应用

(1) 执行【图案填充】命令,打开【图案填充和渐变色】对话框。

(2) 在【图案填充】选项卡中,单击【...】按钮。

(3) 在弹出的【填充图案选项板】对话框的【其他预定义】选项卡中选择混凝土(AR-CONC)类型图案。

(4) 单击【确定】按钮,再单击【拾取点】按钮,在屏幕上拾取需要填充的对象,如图 4-29(b),然后单击鼠标右键。

(5) 对填充效果进行预览,然后单击【确定】按钮,结果如图 4-29(c)所示。

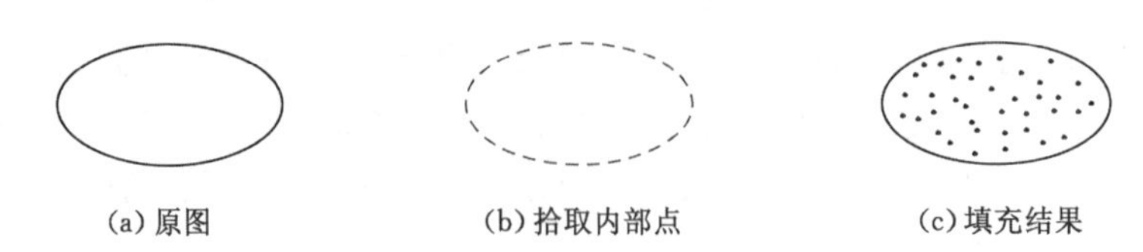

(a) 原图　(b) 拾取内部点　(c) 填充结果

图 4-29 图案填充的应用示例

4.3.2.5　填充图案的选择

(1) 尽量在图案的边界处选取图案(尤其适用于实体填充)。

(2) 尽量用交叉窗口选取图案。

(3) 可以使用【快速选择】命令一次选中多个对象,然后过滤多余对象。

(4) 可以在“选择对象”的提示下,按住 Ctrl 键执行循环选择对象。

4.3.3　编辑图案填充(HatchEdit)

4.3.3.1　命令功能

■ 修改一个图案或渐变色填充。

4.3.3.2　命令调用方式

■ 在命令行输入“HatchEdit”命令并回车。

■ 在创建的填充图案上双击,弹出【图案填充和渐变色】对话框进行修改。

■ 命令为空时选中对象,打开【特性】窗口进行修改。

4.3.3.3　命令应用

执行【编辑图案填充】命令,根据提示选择需要编辑的对象后回车,弹出【图案填充和渐变色】对话框,见图 4-27。常用的编辑项如下:

(1) 角度。除纯颜色填充外,其他图案类型均具有角度项。同一类型的图案,若角度的设置不同则结果也不同,见图 4-30。

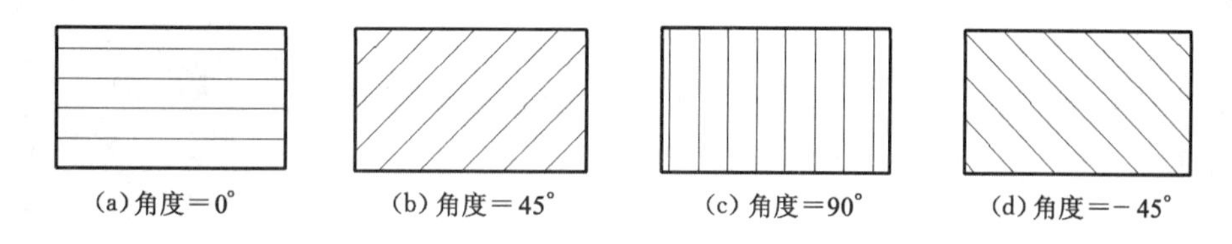

图 4-30　“图案填充-角度”的应用

(2) 比例。除纯颜色填充外,其他图案类型均具有比例项。同一类型的图案,若比例的设置不同则结果也不同,见图 4-31。

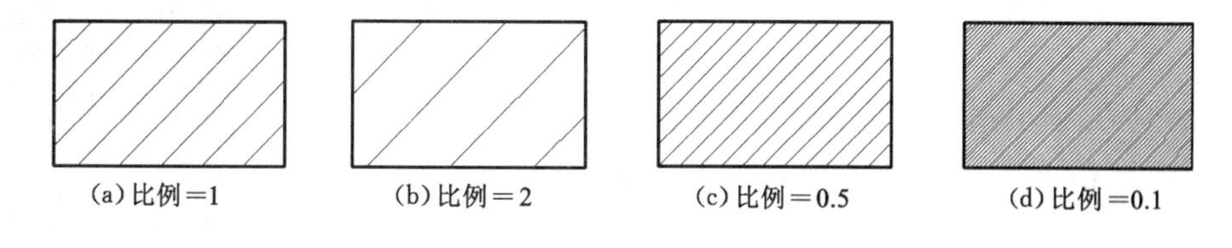

图 4-31　“图案填充-比例”的应用

(3) 孤岛检测样式。在【图案填充和渐变色】对话框的扩充区域内,如图 4-27 所示的【孤岛】检测区,可根据需要选择“普通”“外部”和“忽略”3 种样式,示例见图 4-32。

(4) 关联和非关联组合。若图案的组合属性为“关联”,则修改填充边界时图案或填充随之更新,见图 4-33(b);若为“非关联”,则不随之更新,见图 4-33(d)。

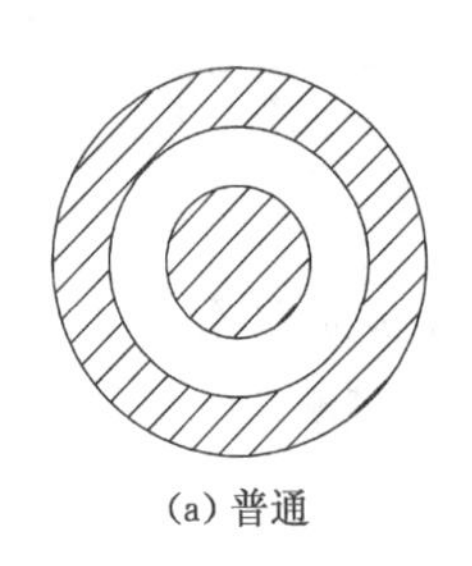
(a) 普通

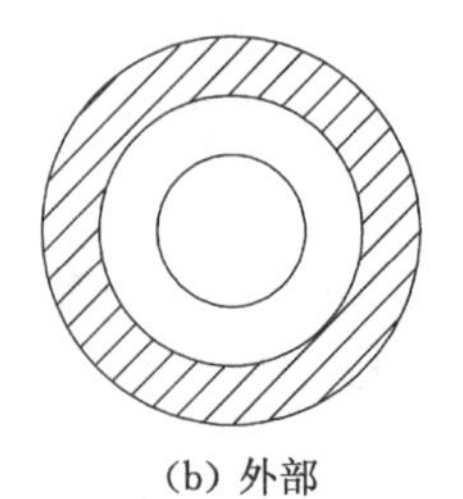
(b) 外部

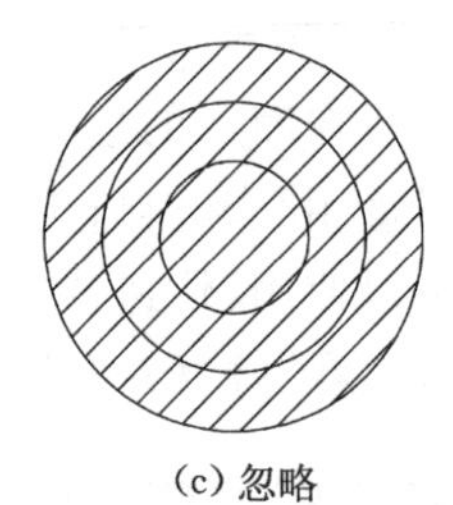
(c) 忽略

图 4-32 孤岛检测样式

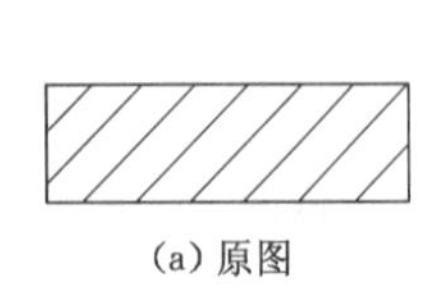
(a) 原图

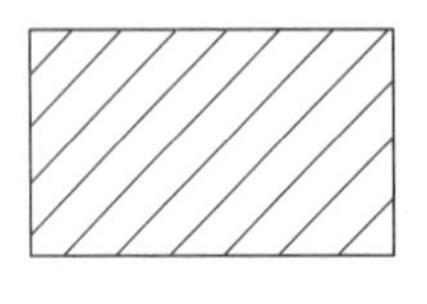
(b) 关联填充结果

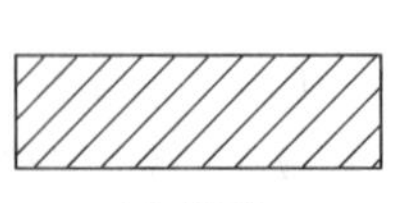
(c) 原图

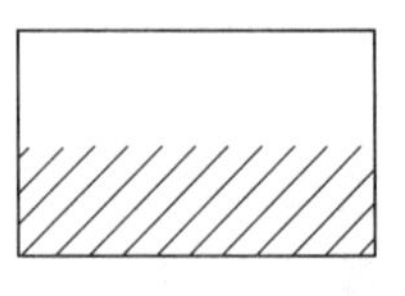
(d) 非关联填充结果

图 4-33 填充图案的关联特性

4.3.4 工具选项板(ToolPalettes)

4.3.4.1 命令功能

■ 提供组织、共享和放置块及填充图案的有效方法。

4.3.4.2 命令调用方式

■ 单击【视图】选项卡→【选项板】面板→【工具选项板】按钮。

■ 在命令行输入"ToolPalettes"命令并回车。

4.3.4.3 【工具选项板】窗口

执行【工具选项板】命令,打开【工具选项板】窗口,见图 4-34。可根据需要选择适当的图案填充类型进行填充。

4.3.4.4 命令应用

(1) 创建需要填充或插入块的图形。

(2) 弹出【工具选项板】窗口,将【ISO 图案填充】选项卡置为当前。

(3) 在选项卡内选择需要填充的图案。

(4) 在屏幕上拾取需要填充的封闭区域后即可完成图案的填充。

图 4-34 填充图案的关联特性

4.3.5 说明

(1) 填充图案将被填充的区域在屏幕内最大化显示。

(2) 关闭填充区域可删除不需要的对象,并重生成图形。

(3) 如果填充区域不封闭,则检查夹点。

(4) 如果填充区域封闭仍不能完成操作,则可应用添加辅助线化整为零的方式,辅助线的添加应采取逐根添加的方式。

(5) 如果图案填充失真，重生成即可。

(6) 对图案慎用分解命令。

(7)【工具选项板】内的图案可以根据需要自定义。

4.4　表格的创建与修改

表格是在行和列中包含数据的对象。创建表格对象时，首先创建一个空表格，然后在表格的单元中添加内容。

4.4.1　创建表格(Table)

4.4.1.1　命令功能

■ 在图形中创建空表格对象。

4.4.1.2　命令调用方式

■ 单击【注释】选项卡→【表格】面板→【表格】按钮。

■ 在命令行输入“Table”命令并回车。

4.4.1.3　【插入表格】对话框

执行【表格】命令，打开【插入表格】对话框，见图 4-35。

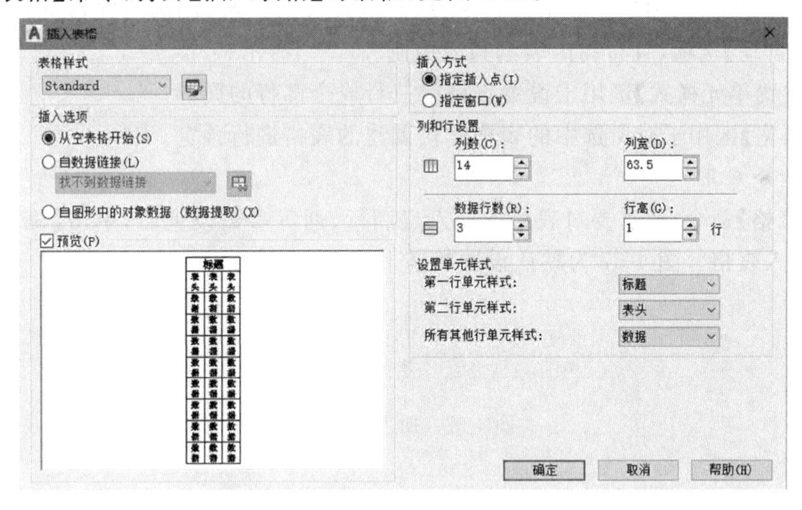

图 4-35　【插入表格】对话框

【插入表格】对话框由【表格样式】、【插入选项】、【插入方式】、【列和行设置】、【设置单元样式】和【预览】等六个区组成。各项含义如下：

(1)【表格样式】区用于设置插入表格的样式，单击【表格样式】列表框右侧的【启动“表格样式”对话框】按钮，可弹出【表格样式】对话框，见图 4-36。

(2)【插入选项】区用于指定表格的创新起始方式，如果已有数据，可选择【自数据链接】选项。

(3)【插入方式】区用于指定表格的插入方式。【指定插入点】方式通过指定表左上角的位置插入表格；【指定窗口】方式通过指定表的大小和位置插入表格。

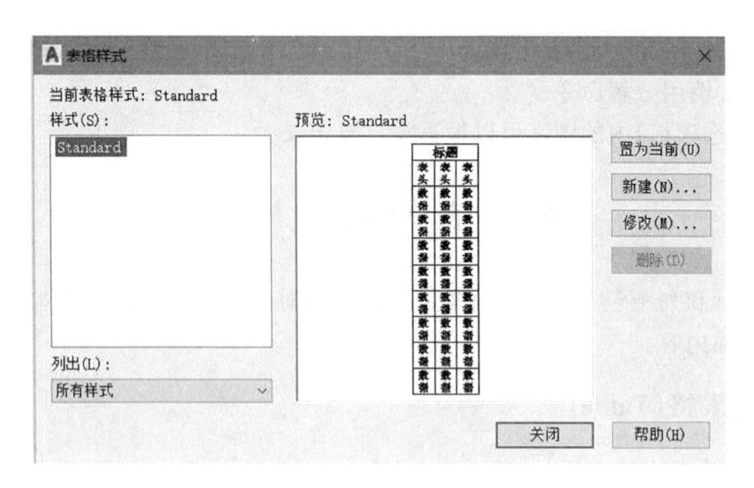

图 4-36 【表格样式】对话框

(4)【列和行设置】区用于设置列和行的数目和大小。【列数】指定列数。【列宽】指定列的宽度，最小列宽为一个字符。【数据行数】指定行数。选定【指定窗口】选项并指定行高时，则【数据行数】选定了【自动】选项，且行数由表的高度控制。带有标题行和表头行的表格样式最少应有三行，最小行高为一行。【行高】按照文字行高指定表的行高，文字行高基于文字高度和单元边距，这两项均在表格样式中设置。选定【指定窗口】选项并指定行数时，则【行高】选定了【自动】选项，且行高由表的高度控制。

(5)【设置单元样式】区用于设置表格前三行或全部行的属性。

(6)【预览】区用于对所选中的表格样式创建的表格进行预览。

4.4.1.4 命令应用

执行【表格】命令，按需要对表格的插入点和行、列等参数设置后，单击【确定】按钮即可在屏幕上插入表格。图 4-37 为默认设置状态下插入的表格。

标题				
表头	表头	表头	表头	表头
数据	数据	数据	数据	数据

图 4-37 插入表格示例

4.4.2 修改表格

4.4.2.1 修改单元格的内容

(1) 选中需要修改内容的单元格，可激活表格，见图 4-38。

	A	B	C	D	E
1	标题				
2	表头	表头	表头	表头	表头
3	数据	数据	数据	数据	数据

图 4-38 修改表格示例

(2) 在选中的单元格内双击鼠标左键，弹出【文字编辑器】对话框，即可修改相应单元格内容。

（3）单元格的内容修改完毕后，单击表格外部的绘图区或连续按下回车键即可。

4.4.2.2　合并、插入或删除单元格或行

（1）在表格线条上双击鼠标左键，弹出【表格单元】选项卡，见图 4-39。

图 4-39　【表格单元】选项卡

（2）根据需要，在【表格单元】选项卡中选择【插入行】、【插入列】或【合并】下拉按钮等项。

以上操作也可以通过单击鼠标右键弹出快捷菜单选择相应项的方式完成，而且结合 Shift 键可选中多个单元格或多行。

4.4.2.3　修改表格或单元格的尺寸

（1）命令行为空时选中需要修改尺寸的单元格（单击单元格内部或单元格线条均可，结合 Shift 键可实现多个单元格的选取）。

（2）单击【视图】选项卡→【选项板】面板→【特性】按钮，弹出【特性】窗口，见图 4-40。在该窗口的【单元】区内修改【单元宽度】或【单元高度】等项即可。

4.4.2.4　说明

（1）AutoCAD 2018 中的表格功能非常强大，通过【表格单元】选项卡可实现单元格求和、平均值等功能的操作，类似 Excel 软件，操作较简便，读者可自行练习。

（2）表格或单元格的几何尺寸、内容均可通过【特性】窗口的【行高】或【列宽】等项进行尺寸的修改。有关【特性】的内容详见本书第 5 章。

（3）激活创建的表格后，按 Tab 键可实现在表格中各单元格的遍历。按回车键可实现在同列单元格依次向下的遍历。

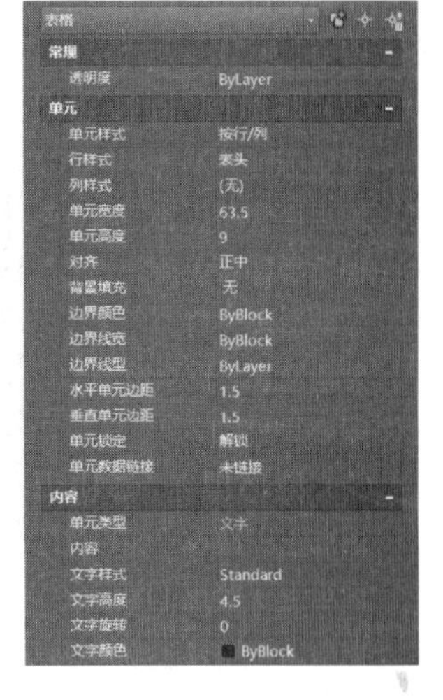

图 4-40　【特性】窗口

（4）修改表格的尺寸、行列数或文字样式时应结合鼠标右键快捷菜单、【特性】窗口、【表格单元】选项卡和【文字编辑器】选项卡进行操作。特殊地，在表格不同的部位击鼠标右键弹出的快捷菜单也不尽相同。

4.4.3　表格样式（TableStyle）

4.4.3.1　命令功能

■ 定义新表格样式。

4.4.3.2　命令调用方式

■ 单击【注释】选项卡→【表格】面板→【↘】按钮。

■ 在命令行输入“TableStyle”命令并回车。

4.4.3.3 【插入表格】对话框

执行【表格样式】命令，打开【表格样式】对话框，见图 4-36。该对话框内各项含义如下：

(1)【新建】按钮可弹出【创建新的表格样式】对话框，见图 4-41，可创建新的表格样式。在【新样式名】框中输入新的样式名称后单击【继续】按钮，可打开【新建表格样式】对话框，见图 4-42。

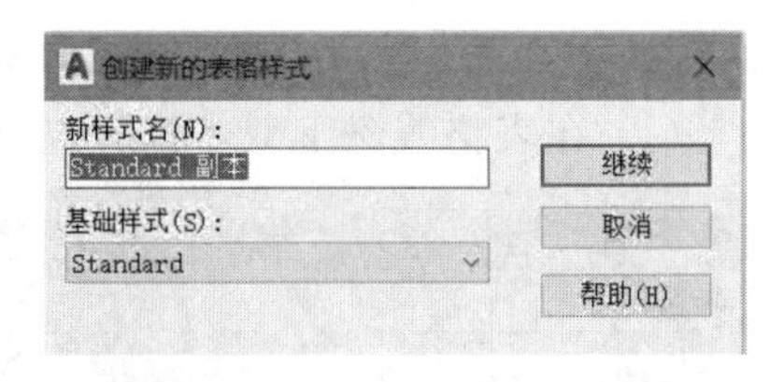

图 4-41 【创建新的表格样式】对话框

【新建表格样式】对话框中有【起始表格】、【常规】、【单元样式】及【单元样式预览】4 个区。在【单元样式】区的【数据】列表框中列出了【数据】、【标题】、【表头】等项目。【常规】、【文字】、【边框】选项卡分别用于对所有单元格或标题、表头、数据等项的对齐方式、边框格式及文字样式进行设置。

(2)【修改】按钮可对创建好的表格样式进行修改。对于不需要的表格样式可以单击【删除】按钮删除。

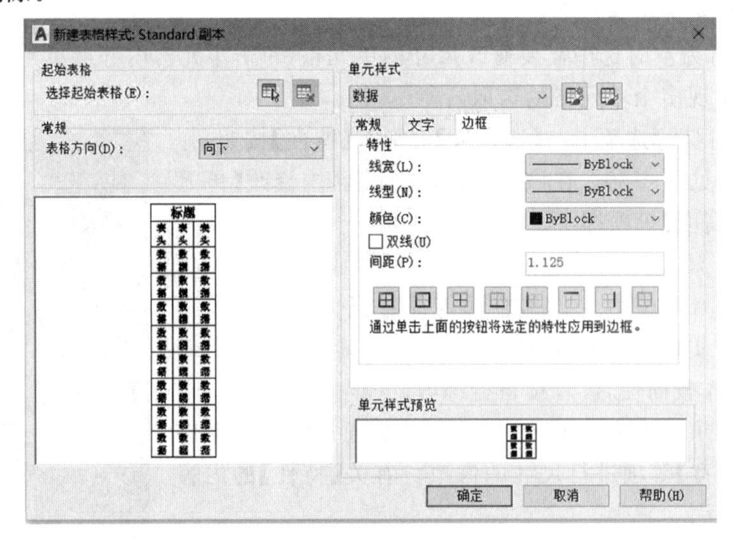

图 4-42 【新建表格样式】对话框

4.5 采矿工程图常规指北针与标题栏的绘制

本章实例共 3 个，分别是常规指北针和标题栏的绘制以及为 2.7 节实例注释。

4.5.1 指北针

采矿类工程图中用的指北针一般有两种，见图 4-43(a)、(b)。本节针对图 4-43(a)说明此图元的绘制过程。读者可自行练习图 4-43(b)的绘制。

4.5.1.1 审图

指北针的绘制包括圆与圆环，对称的两组线条及图案填充，箭头处圆环与圆断开，箭尾处箭尾断开。

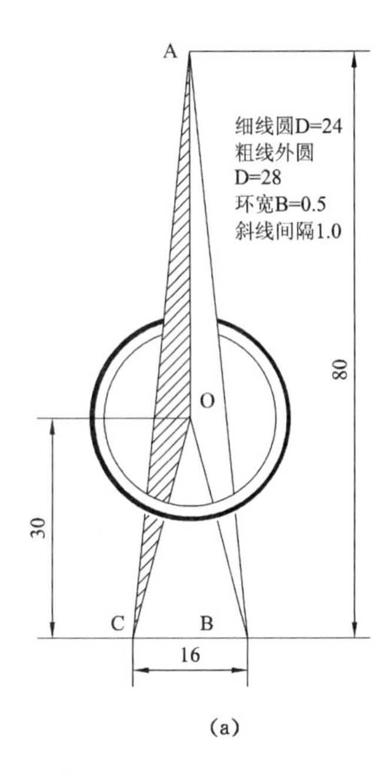

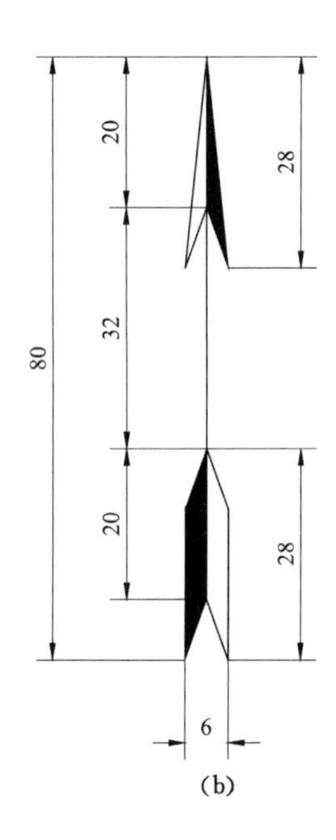

图 4-43　矿用指北针示例

4.5.1.2　图形绘制顺序

新建文件并保存;绘制细线圆;绘制圆环;绘制箭头并镜像之;修剪图形;填充图案;成图并检查。绘图顺序如图 4-44 所示。

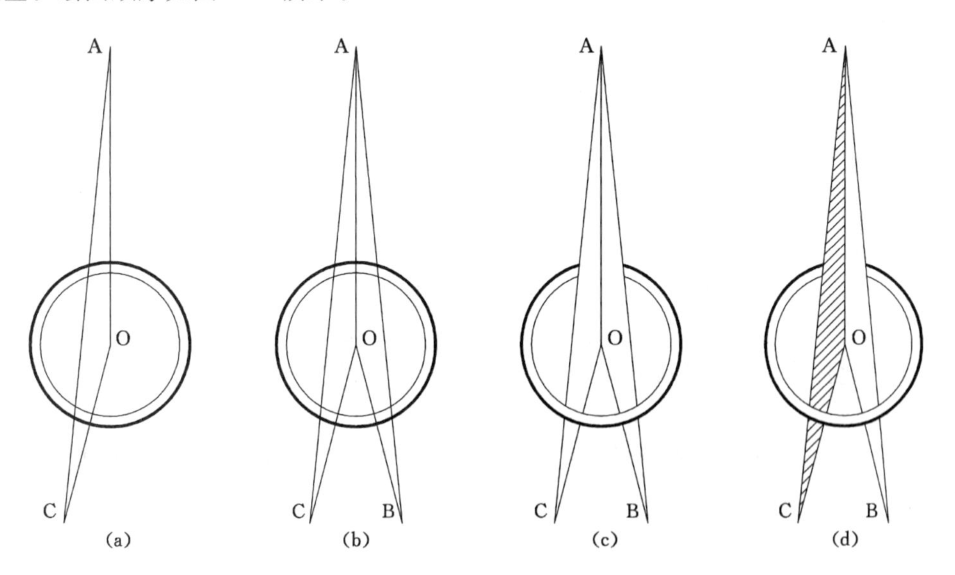

图 4-44　矿用指北针的绘制

4.5.1.3　绘制图形

(1) 新建文件并保存。新建一文件,命名为“矿用指北针”。

(2) 绘制内圆。

命令：circle ↵　　执行圆命令
指定圆的圆心或[三点(3P)/两点(2P)/相切、相切、半径(T)]：0,0 ↵　　输入 O 点坐标
指定圆的半径或 [直径(D)]：d ↵　　选直径(D)项
指定圆的直径：24 ↵　　输入内圆直径

(3) 绘制外圆环(即粗线圆)。

命令：donut ↵　　执行圆环命令
指定圆环的内径 <0.5000>：27 ↵　　输入圆环内径
指定圆环的外径 <1.0000>：28 ↵　　输入圆环外径
指定圆环的中心点或 <退出>:0,0 ↵　　输入 O 点坐标
指定圆环的中心点或 <退出>:↵　　回车结束命令

(4) 绘制左侧箭头，操作结果如图 4-44(a)所示。

命令：line ↵　　执行直线命令
指定第一点：0,0 ↵　　输入 O 点坐标
指定下一点或 [放弃(U)]：0,50 ↵　　输入 A 点坐标
指定下一点或 [放弃(U)]：−8,−30 ↵　　输入 C 点坐标
指定下一点或 [闭合(C)/放弃(U)]:c ↵　　选闭合(C)项
指定下一点或 [闭合(C)/放弃(U)]:↵　　回车结束命令

(5) 镜像箭头，操作结果如图 4-44(b)所示。

命令：mi ↵　　执行镜像命令
选择对象：指定对角点：找到 2 个↙　　拾取直线 OC、AC
选择对象：↵　　回车结束选择
指定镜像线的第一点：↙　　指定 A 点
指定镜像线的第二点：↙　　指定 O 点
是否删除源对象？[是(Y)/否(N)] <N>:↵　　回车取默认参数

(6) 修剪圆、圆环及箭头，操作结果如图 4-44(c)所示。

命令：tr ↵　　执行修剪命令
选择剪切边...
选择对象或 <全部选择>:all ↵　　输入 All，选择所有对象
选择对象：↵　　结束选择
选择要修剪的对象，或按住 Shift 键选择要延伸的对象，或
[栏选(F)/窗交(C)/投影(P)/边(E)/删除(R)/放弃(U)]：↙　　依次拾取需修剪的对象

注意指北针箭头处修剪圆及圆环，箭尾处修剪箭尾。

(7) 填充。

在【图案填充和渐变色】对话框中，选择 ANSI31 型 ISO 图案，比例设置为 0.1667，然后填充左侧箭头区域，填充结果如图 4-44(d)所示。

(8) 检查成图。

注意箭头、箭尾的修剪，应填充的区域为左侧，绘制完毕后保存文件。

4.5.2 标题栏的绘制

本例准备绘制的采矿毕业设计图纸标题栏，如图 4-45 所示。

煤矿上实际使用的图纸标题栏如图 4-46 所示。

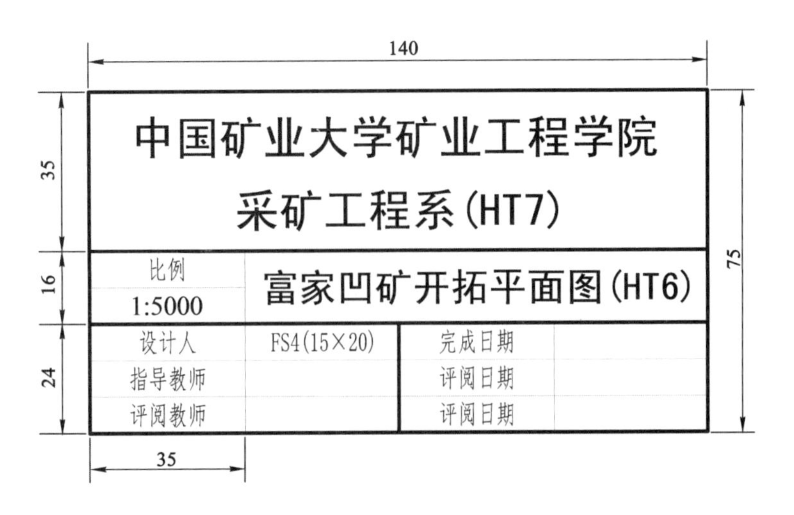

图 4-45 采矿毕业设计图纸标题栏绘制示例

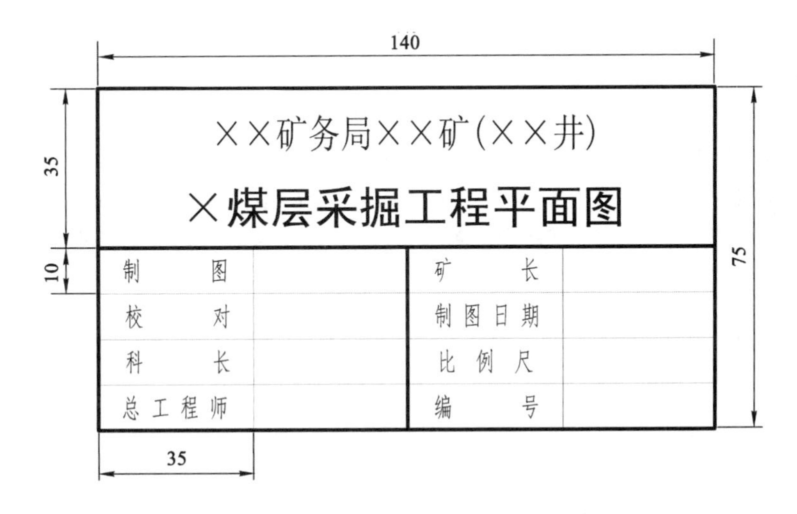

图 4-46 矿用图纸标题栏示例

4.5.2.1 审图

标题栏实际为包含3种文字样式的特殊表格。本例特殊之处在于表格仅有第一行“标题”和第二行以下各行的“数据”,无“表头”,且需合并“数据”行中第一行和第二行的第2、3、4列单元格。另外,“标题”行中有两行文字。

4.5.2.2 图形绘制顺序

新建文件并保存;创建文字样式;创建表格样式;绘制表格;调整表格高度;合并单元格;添加注释文本;检查成图。

4.5.2.3 绘制图形

(1) 新建文件并保存。新建一文件,命名为“标题栏”。

(2) 执行【文字样式】命令,按表4-2建立3种文字样式。

表 4-2 需创建的文字样式

序号	样式名	字 体	字高	宽度比例	对齐方式	应用对象
1	HT7	TT 黑体	7	1	正中	标题
2	HT6	TT 黑体	6	1	正中	数据
3	FS4-0.75	TT 仿宋_GB2312	4	0.75	正中	数据

(3) 执行【表格样式】命令,样式名为“标题栏”。按表 4-3 设置“标题”和“数据”的相关内容。

表 4-3 表格样式中的相关参数设置

序号	项目	文字样式	对齐方式	填充颜色	备 注
1	标题	HT7	正中	无	选择有“标题”行
2	表头	HT6	正中	无	实际为数据项
3	数据	FS4-0.75	正中	无	

(4) 绘制表格。

执行【绘制表格】命令,在【插入表格】对话框中按图 4-47 进行设置(注意【列和行设置】区的【数据行数】设置为 5 行,【设置单元样式】区的【第二行单元样式】列表框中选【数据】),然后单击【确定】按钮,在屏幕上指定合适的插入点,绘制结果如图 4-48 所示。

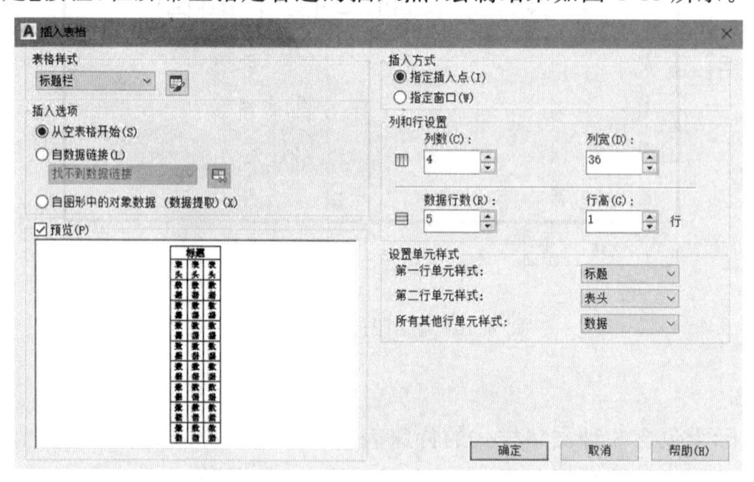

图 4-47 【插入表格】对话框的设置

图 4-48 插入完成的表格

(5) 调整表格高度。

选中表格的最上一行，见图 4-49(a)，并单击【视图】选项卡→【选项板】面板→【特性】按钮，在弹出的【特性】窗口中将【单元高度】设置为 35，见图 4-49(b)。采用同样的方法将其他各行的单元高度设置为 10。

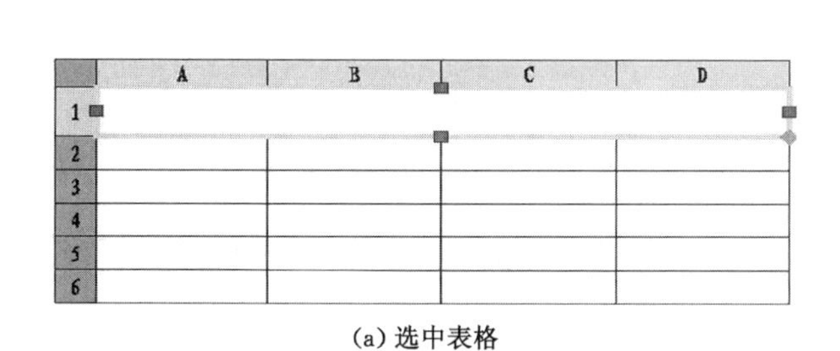

(a) 选中表格

表格

单元	
单元样式	按行/列
行样式	标题
列样式	(无)
单元宽度	140
单元高度	35
对齐	正中
背景填充	无
边界颜色	ByBlock
边界线宽	ByBlock
边界线型	ByBlock
水平单元边距	1.5
垂直单元边距	1.5
单元锁定	解锁
单元数据链接	未链接
内容	
单元类型	文字
内容	
文字样式	Standard
文字高度	7
文字旋转	0
文字颜色	ByBlock

特性

(b)【特性】窗口

图 4-49　表格【特性】窗口

(6) 合并单元格。

选中 B2 单元格式，按下 Shift 键，再选中 D3 单元格，单击【表格单元】选项卡中【合并】下拉按钮内的【全部】项，完成合并操作。

(7) 添加注释文本。

激活各单元格，按照图 4-45 依次键入相应内容。注意第 1 行即“标题”行的换行方式可在第 1 行文字输入完成后连续按空格键。在向合并的单元格输入文字前，需将当前文字样式更改为“HT6”文字样式。

(8) 检查成图并保存文件。

4.5.3　注释经纬网

本例注释经纬网的步骤如下：

(1) 打开第 2 章所绘制经纬网文件。

(2) 创建文字样式 TNR2.2(样式为 TNR，字体为 Times New Roman，字高为 2.2)。

(3) 对各经线和纬线用单行文字进行标注。假定纬线 AA 数值为 11000，向右每根递增 200；经线 BB 数值为 74800，向右每根递增 200。

(4) 经纬网四周所标注的文字对齐方式见表 4-4。

(5) 经纬网四角点标注结果如图 4-50 所示。图中方块表示文字对齐方式，尺寸标注表示对齐点至经纬网内框的距离。添加注释完成后，同一根经线或纬线两端均应标注文字且数值相同。

表 4-4 经纬线四周文字的对齐方式及偏移距离

序号	项　目	对齐	偏移距离	序号	项　目	对齐	偏移距离
1	左侧数字	右中	1.0 mm	3	上侧数字	中下	2.0 mm
2	右侧数字	左中	1.0 mm	4	下侧数字	中上	3.0 mm

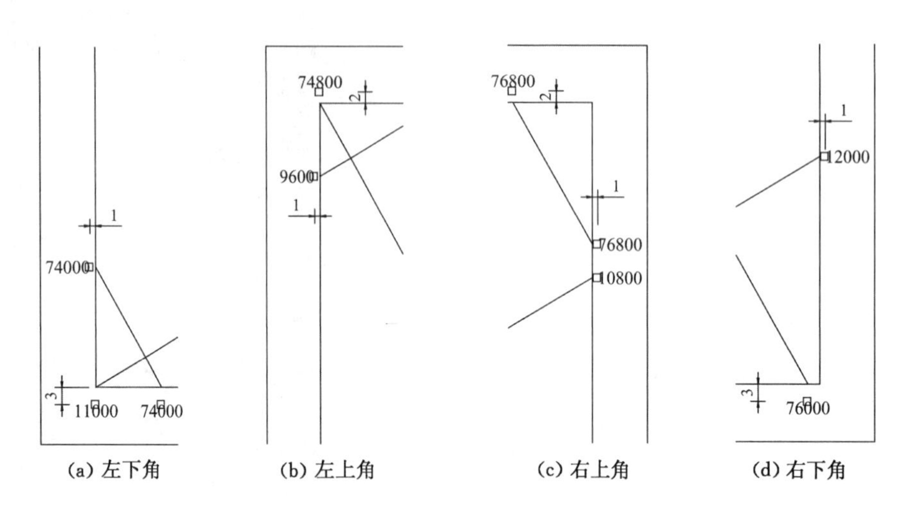

(a) 左下角　(b) 左上角　(c) 右上角　(d) 右下角

图 4-50 注释完成的经纬网四角点示意图

第5章 对象特性

本章介绍的绘图与修改命令有:点与等分、打断于点、打断及通过剪贴板复制裁剪、剪切和粘贴对象等。

本章的重点内容是介绍包括颜色、线型、线宽和图层基本属性在内的对象特性及使用方式,尤其是图层的分类、命名、创建以及管理,可以说是 AutoCAD 的灵魂。从本章以后,读者在绘制任何对象以前,应首先对该对象进行分层处理,并将其所在图层的属性(如颜色、线型、线宽等)设置为“随层”,以实现通过图层来管理对象的快捷操作。

本章实例共 2 个,分别为双轨运输大巷巷道断面的绘制及完善经纬网。

5.1 绘图与修改命令的使用(五)

5.1.1 点与等分(Point、Divide、Measure)

5.1.1.1 命令功能

■ 结合不同点的 X、Y 和 Z 值指定创建点对象且以点等分对象。

5.1.1.2 命令调用方式

■ 单击【默认】选项卡→【绘图】面板→【多点】按钮。

■ 在命令行输入“Point”或命令别名“Po”并回车绘制单点或多点。

■ 在命令行输入“Divide”或“Measure”并回车等分对象。

5.1.1.3 命令应用

(1) 绘制单点,绘制结果如图 5-1(a)所示。

命令: point ↵　　执行点命令
当前点模式: PDMODE=3 PDSIZE=0.0000
指定点: ↙　　指定 A 点,图 5-1(a)
单击鼠标右键重复绘制单点 ↙　　指定 B 点,图 5-1(a)

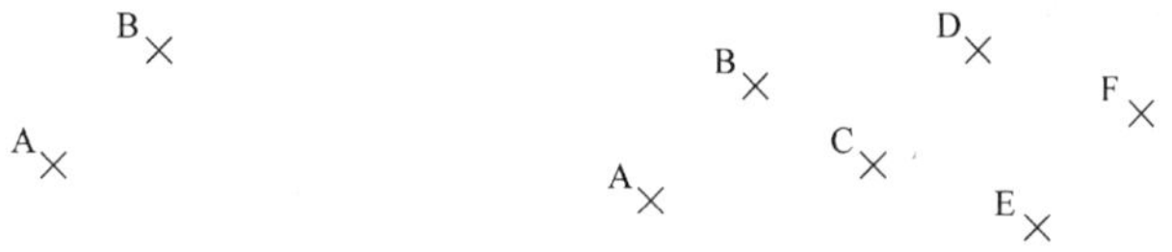

(a) 单点绘制　　(b) 多点绘制

图 5-1 点绘制示例

(2) 绘制多点,绘制结果如图 5-1(b)所示。

命令: point ↵　　执行多点命令
当前点模式: PDMODE=3 PDSIZE=0.0000

指定点：↙ 指定 A 点，图 5-1(b)

指定点：↙ 指定 B 点，图 5-1(b)

重复上述步骤，分别指定 C、D、E 和 F 各点。

(3) 定数等分，操作结果如图 5-2(b)所示。

命令：divide ↵ 执行定数等分命令

选择要定数等分的对象：↙ 拾取直线 AA，图 5-2(a)

输入线段数目或 [块(B)]：4 ↵ 输入数目并回车

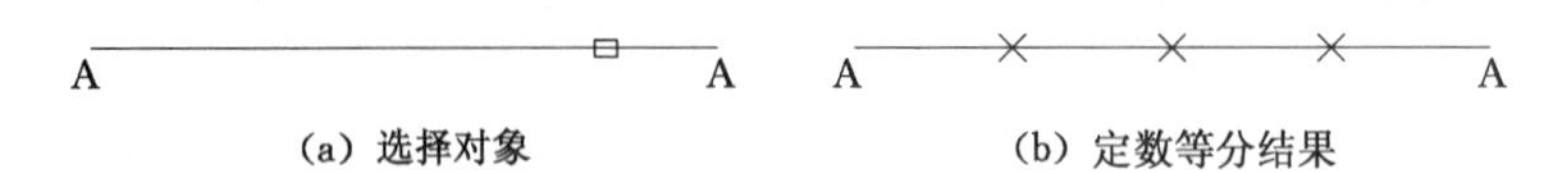

(a) 选择对象 (b) 定数等分结果

图 5-2 定数等分示例

(4) 定距等分，操作结果如图 5-3(b)所示。

命令：measure ↵ 执行定距等分命令

选择要定距等分的对象：↙ 拾取直线 AB，图 5-3(a)

指定线段长度或 [块(B)]：10 ↵ 输入线段长度并回车

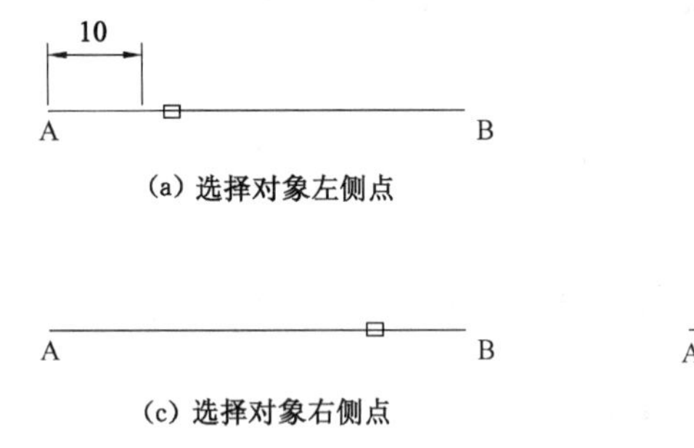

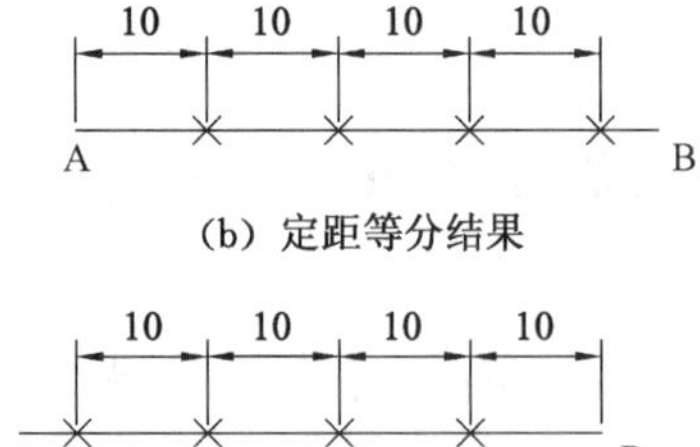

(a) 选择对象左侧点 (b) 定距等分结果

(c) 选择对象右侧点 (d) 定距等分结果

图 5-3 定距等分示例

使用【定距等分】命令拾取对象时，应特别注意需要确定等分的方位，例如是从左向右等分，还是从右向左等分。如果在图 5-3(c)中拾取靠 B 点近的部位，则等分结果如图 5-3(d)所示。此命令类似于延伸及拉长等命令的操作方法。

5.1.1.4 【点样式】对话框

单击【默认】选项卡→【实用工具】面板→【点样式】按钮，弹出【点样式】对话框，见图 5-4。

该对话框各项组成含义如下：

(1)【点模式】区，提供 20 种点的样式组成，常用的点样式是第一种小黑点。

(2)【点大小】区可设置点的大小，一般默认是 5.00。

(3)【相对于屏幕设置大小】用于设置显示的点对象大小，指定点对象相对于视口尺寸的百分比。

(4)【按绝对单位设置大小】用于设置显示的点对象大小，指定点大小的绝对值。

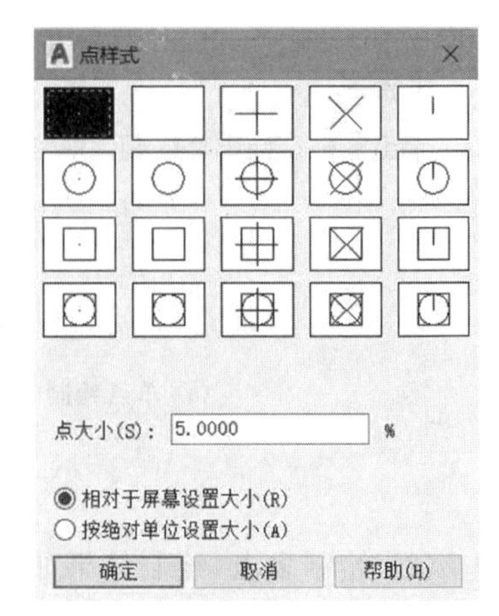

图 5-4 【点样式】对话框

5.1.1.5 说明

(1) 点的显示。AutoCAD图形中的点一般作为一种特殊的符号或者标记,在绘制点以前应该先设置点的当前样式。点的默认形式是一个小黑点,AutoCAD提供了多种形式的点,可以根据需要设置点的形式。

(2) 定距等分对象时,选择对象的位置不同,等分的结果也不相同。例如图5-3中,(a)图是靠近A端选择对象的,等分即从A端开始;(b)图在B端附近选择对象,即从B端开始等分。

(3) 点的捕捉为【对象捕捉】功能中的【节点】项。

(4) 图形打印时点的输出样式与显示状态一致。如果打印时不需要显示点或将其显示为一个小“黑点”,则需要在打印前执行【点样式】命令,设置点为第二种或第一种的显示样式。

5.1.2 打断于点(Break)

5.1.2.1 命令功能

■ 将对象在指定点断开。

5.1.2.2 命令调用方式

■ 单击【默认】选项卡→【修改】面板→【打断于点】按钮。

■ 在命令行输入“Break”或命令别名“Br”并回车。

5.1.2.3 命令应用

将对象在指定点处打断,操作结果如图5-5(b)所示。

命令: break ↵	执行打断于点命令
选择对象: ↙	拾取直线AB,图5-5(a)
指定第二个打断点 或 [第一点(F)]: f	
指定第一个打断点: ↙	指定C点,图5-5(a)
指定第二个打断点: @	自动结束命令

(a) 原直线对象 (b) 两段直线的夹点

图5-5 打断于点对象示例

5.1.2.4 说明

【打断于点】命令只能适用于“开口”的对象,如直线段、圆弧等对象,对封闭的圆或矩形等对象执行该命令无效。

5.1.3 打断(Break)

5.1.3.1 命令功能

■ 打断即删除对象的一部分,或将对象删除。

5.1.3.2 命令调用方式

■ 单击【默认】选项卡→【修改】面板→【打断】按钮。

■ 在命令行输入“Break”或命令别名“Br”并回车。

5.1.3.3 命令应用

将对象在指定点处打断,操作结果如图 5-6(b)所示。

命令:break ↵	执行打断命令
选择对象:↙	拾取直线 AB,图 5-6(a)
指定第一个打断点 或 [第一点(F)]:↙	指定 C 点,图 5-6(a)
指定第二个打断点 或 [第一点(F)]:↙	指定 D 点,图 5-6(a)

A C D B

(a) 原直线对象

A C D B

(b) 打断结果

图 5-6 打断对象示例

5.1.3.4 说明

【打断】命令执行后,原对象被断开,且出现“空隙”,对封闭的圆或矩形等对象也可执行此命令。在采矿工程制图中,标注等高线高程时多用此命令断开等高线,再注释文字表示高程。

5.1.4 通过剪贴板复制对象

5.1.4.1 命令功能

■ 将选定的对象复制到剪贴板。

5.1.4.2 命令调用方式

■ 单击【默认】选项卡→【剪贴板】面板→【复制裁剪】按钮。

■ 在命令行输入“CopyClip”并回车或 Ctrl+C 组合键。

5.1.4.3 命令应用

(1) 选择要复制的对象。

(2) 单击【默认】选项卡→【剪贴板】面板→【复制裁剪】按钮。

5.1.4.4 说明

(1) 复制裁剪对象后当前对象无任何变化。

(2) 不同于【修改】面板中的【复制】(Copy)命令,复制裁剪命令操作完成的对象,既可在当前文档内粘贴,也可粘贴到其他文档内。

5.1.5 通过剪贴板剪切对象

5.1.5.1 命令功能

■ 将选定的对象复制到剪贴板,并将其从图形中删除。

5.1.5.2 命令调用方式

■ 单击【默认】选项卡→【剪贴板】面板→【剪切】按钮。

■ 在命令行输入“CutClip”并回车或 Ctrl+X 组合键

5.1.5.3 命令应用

(1) 选择要剪切的对象。

(2) 单击【默认】选项卡→【剪贴板】面板→【剪切】按钮。

5.1.5.4 说明

(1) 复制裁剪对象后当前对象被删除。

(2) 与复制裁剪对象命令相同,剪贴板中的对象既可在当前文档内粘贴,也可粘贴到其他文档内。

5.1.6 通过剪贴板粘贴对象

5.1.6.1 命令功能

■ 将剪贴板中的对象粘贴到当前图形中,并控制数据的格式。

5.1.6.2 命令调用方式

■ 单击【默认】选项卡→【剪贴板】面板→【粘贴】下拉菜单→【粘贴...】按钮。

■ 在命令行输入"PasterSpec"并回车或 Ctrl+V 组合键。

5.1.6.3 粘贴对象的类型

粘贴对象的类型有 5 种,分别为:粘贴、粘贴为块、粘贴为超链接、粘贴到原坐标和选择性粘贴,见图 5-7(a)。各类型所代表的含义如下:

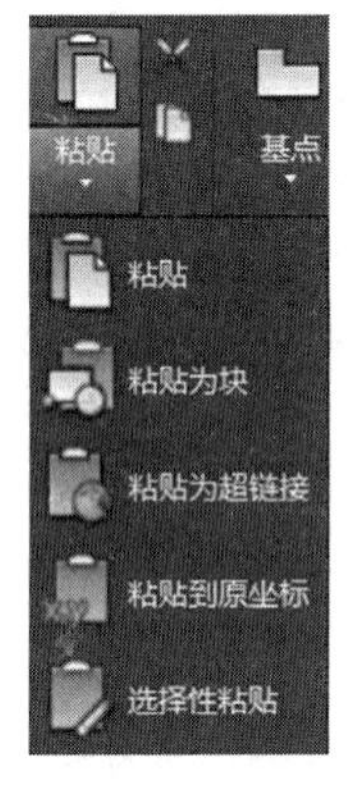

(a)【粘贴】下拉菜单按钮

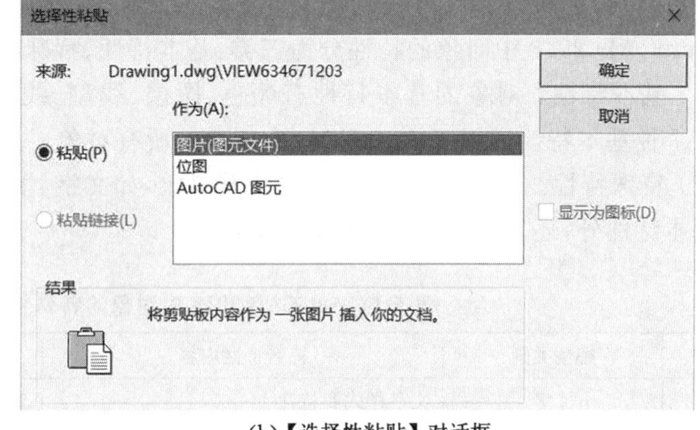

(b)【选择性粘贴】对话框

图 5-7 粘贴对象类型

(1)【粘贴】类型将剪贴板中的对象直接粘贴在当前文档中。

(2)【粘贴为块】类型将剪贴板中的对象以块的形式粘贴到当前文档中。有关【块】的详细介绍见本书第 6 章。

(3)【粘贴为超链接】类型将剪贴板中的对象以超链接的方式粘贴到当前文档中。

(4)【粘贴到原坐标】类型将剪贴板中的 AutoCAD 对象以复制或剪切时的坐标状态粘贴到当前文档中。

(5)【选择性粘贴】类型有【设备独立位图】和【位图】等几种,见图 5-7(b)。

5.1.6.4 命令应用

(1) 确定剪贴板不空。

(2) 单击【默认】选项卡→【剪贴板】面板→【粘贴】下拉菜单。

(3) 根据需要选择合适的粘贴方式。

5.1.6.5 说明

（1）通过剪贴板粘贴对象前必须保证剪贴板中有已经复制或剪切的对象，剪贴板中的对象既可是 AutoCAD 中创建的对象，也可是其他操作软件中复制或剪切的对象。

（2）与复制裁剪或剪切对象命令相同，剪贴板中的对象既可在当前文档内粘贴，也可粘贴到其他文档内。

（3）已打开文件之间的切换见本书第 1 章，即单击【视图】选项卡→【窗口】面板→【切换窗口】按钮后，选择需要的文件。也可通过 Ctrl＋F6 组合键在打开的文档间进行轮流切换。

5.2 特性概述

5.2.1 概述

5.2.1.1 当前特性

当前特性是指 AutoCAD 2018 默认时的对象特性，一般表现为随层。例如，颜色的随层颜色为黑色；线型的随层线型为连续型实线；线型比例为 1；图层名称为 0 层。

5.2.1.2 特性类别

AutoCAD 2018 中对象的特性分为三类：基本特性、特殊特性与几何特性。

（1）基本特性。对象的基本特性有颜色、图层、线型、线型比例、线宽、厚度、打印样式等。这 7 种基本特性适用于 AutoCAD 中创建的所有对象。

（2）特殊特性。AutoCAD 中创建的特殊对象，如文字、填充图案等共 9 类，这些对象除具有基本特性外，还具有自身的特殊特性，见表 5-1。

表 5-1 AutoCAD 2018 中对象的特殊特性

序号	特性类别	特殊特性内容	适用对象
1	文字	文字样式和特性	单行文字和多行文字对象
2	表格	表样式	表对象
3	填充图案	图案类型和显示方式	填充对象
4	标注	标注样式和注释性特性	标注、引线和公差对象
5	多段线	宽度	多段线
6	视口	视口的特性	图形显示
7	阴影显示	阴影显示	投射、接收或忽略阴影设置
8	多重引线	多重引线样式和特性	多重引线对象
9	材质	材质	三维绘制中的对象材质

（3）几何特性。几何特性为显示或控制所有对象的特征值或显示位置，如直线的起点、端点坐标，圆的圆心坐标和半径等参数。

5.2.1.3 特性显示

AutoCAD 2018 绘图区内可显示所有创建对象的特性，如对象的基本特性以及几何特性。

此外，AutoCAD 2018 还提供了相当数量的详细显示特性的面板或选项板功能，如【特性】面板、【快捷特性】面板、【特性】选项板。

基本特性一般显示在【默认】选项卡的【特性】面板内，见图 5-8(a)；也可以显示在【特性】选项板内，见图 5-8(b)。对于具体对象的特性，如几何尺寸或坐标定位也可以通过【特性】选项板显示。例如，圆的特性包括半径和面积等，见图 5-8(c)；直线的特性包括长度和角度等，见图 5-8(d)。

(a)【特性】面板

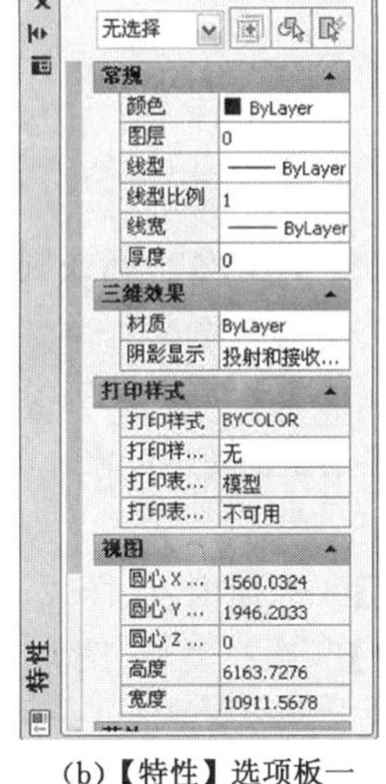

(b)【特性】选项板一

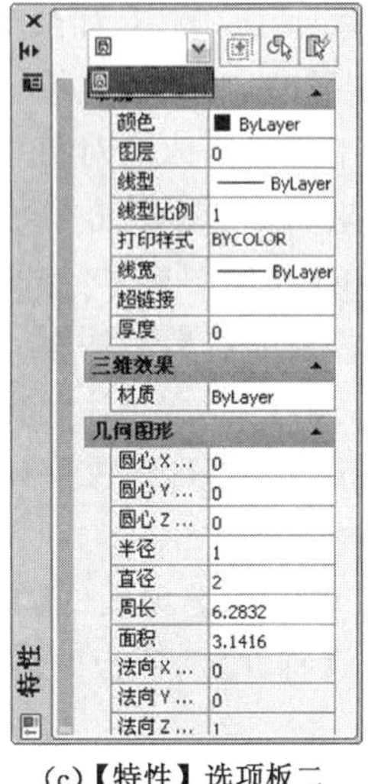

(c)【特性】选项板二

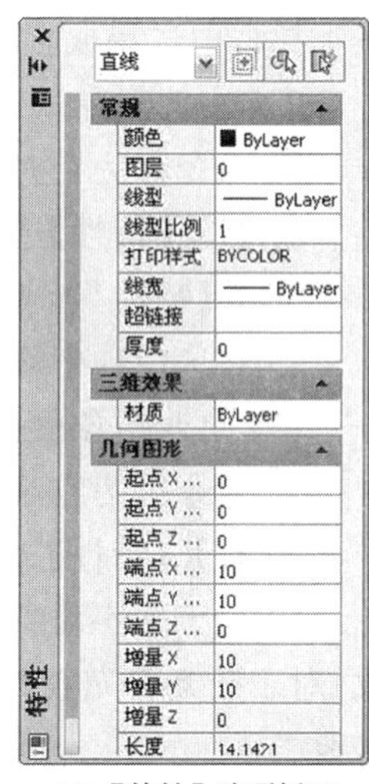

(d)【特性】选项板三

图 5-8 【特性】面板与【特性】选项板

5.2.2 【特性】选项板

5.2.2.1 命令功能

■ 控制并显示现有对象的详细特性。

5.2.2.2 命令调用方式

■ 单击【视图】选项卡→【选项板】面板→【特性】按钮。

■ 单击【默认】选项卡→【特性】面板→右下角展开按钮。

■ 在命令行输入“Properties”或命令别名“Pr”并回车。

5.2.2.3 【特性】选项板含义

执行【特性】命令，打开【特性】选项板，见图 5-8(b)。该选项板由标题栏、按钮区和特性显示区等组成。

(1) 标题栏由多个按钮组成，各按钮含义如下：【退出】可关闭【特性】选项板；【自动隐藏】可控制【特性】选项板的显示与否；【特性】用于控制【特性】选项板的移动、大小、关闭、允许固定和自动隐藏。

(2) 按钮区位于【特性】选项板上方，单击按钮区的按钮可完成以下操作：【切换 PICKADD 系统变量的值】用于设置选择集；【选择对象】切换到绘图窗口，可以选择其他对象；【快速选择】打开【快速选择】对话框，可快速创建基于过滤条件的选择集。

(3) 特性显示区占【特性】选项板的比例超过 80%，包括列出对象基本特征的【常规】区、对象的【三维效果】区、【打印样式】区、【视图】区和【其他】特性区。

5.2.2.4 命令应用

(1) 更改对象的基本显示特性，如颜色、线型、线宽等。

① 命令行为空时选中需要修改的对象。

② 打开【特性】选项板。

③ 在【特性】选项板的【常规】区选择颜色、图层、线型或其他内容项进行修改，修改时可在下拉框中选择或直接输入相应数字，如线型比例。

(2) 更改对象的几何尺寸，如圆心坐标、半径等。

① 命令行为空时选中需要修改的对象。

② 打开【特性】选项板。

③ 在【特性】选项板的【几何图形】区选择圆心 X、Y、Z 坐标或圆的半径、直径项。

④ 在选中项中输入需要的参数后回车。

(3) 更改对象的显示内容，如文字注释内容、图案填充类型等参数。

① 命令行为空时选中需要修改的文字对象或图案填充对象。

② 打开【特性】选项板。

③ 对于文字对象，在【特性】选项板的【文字】区选择内容、样式、对正或高度等项进行修改；对于图案填充对象，在【特性】选项板的【图案】区选择类型、图案名、角度或比例等项进行修改。

(4) 快捷选择对象，常用的操作方式如下：

① 命令行为空时选中对象，可包括直线、圆及文字等对象。

② 打开【特性】选项板。

③ 在按钮区内单击【对象类型】按钮，在弹出的列表框内选择需要的类型。例如选择圆类型，则在当前绘图区内可把步骤①中选择的其他所有对象删除，仅保留选中的圆对象，而且能够计算出选中圆对象的数量。

5.2.2.5 说明

(1)【特性】选项板用于列出选定对象或对象集的特性的当前设置。

(2) 选择多个对象时，【特性】选项板只显示选择集中所有对象的公共特性，此时可以使用【对象】列表框将其他类型的对象过滤掉。

5.2.3 快捷特性

5.2.3.1 命令功能

■ 控制并显示现有对象的通用特性。

5.2.3.2 命令调用方式

■ 命令行为空时选中对象后鼠标悬停在选中的对象上即可。

■ 单击状态栏→【快捷特性】按钮，可打开或关闭【快捷特性】显示。

5.2.3.3 【快捷特性】选项板

命令行为空时选中对象后，可弹出【快捷特性】选项板，见图 5-9。

图 5-9(a)为命令行为空时选中对象后弹出的初始【快捷特性】选项板状态。图 5-9(b)为命令行为空时选中对象后弹出的【快捷特性】选项板悬停状态。图 5-9(c)为仅将光标置于

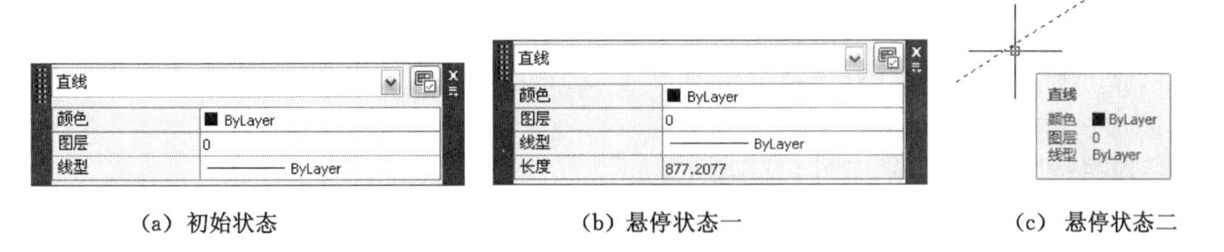

(a) 初始状态　(b) 悬停状态一　(c) 悬停状态二

图 5-9 【快捷特性】选项板

对象上时出现的悬停状态。

5.2.3.4 命令应用

【快捷特性】选项板列出了每种对象类型或一组对象最常用的特性。用户可以在【快捷特性】选项板中轻松自定义快捷特性。

(1) 选定一个或多个同一类型的对象时,【快捷特性】选项板将显示该对象类型的选定特性。

(2) 选定两个或两个以上不同类型的对象时,【快捷特性】选项板将显示选择集中所有对象的共有特性。

5.2.3.5 说明

(1) 读者可以根据需要选择打开或关闭【快捷特性】选项板。

(2) 如果希望永久性地关闭【快捷特性】选项板,可在第一次关闭选项板时进行设置。

5.2.4 特性匹配

5.2.4.1 命令功能

■ 将选定对象的特性应用于其他对象。

5.2.4.2 命令调用方式

■ 单击【视图】选项卡→【剪贴板】面板→【特性匹配】按钮。

■ 在命令行输入“Matchprop”或命令别名“Ma”后并回车。

5.2.4.3 命令应用

以下操作步骤演示如何将图 5-10 中(b)、(c)、(d)的图案角度更改为图 5-10(a)的图案角度的过程。

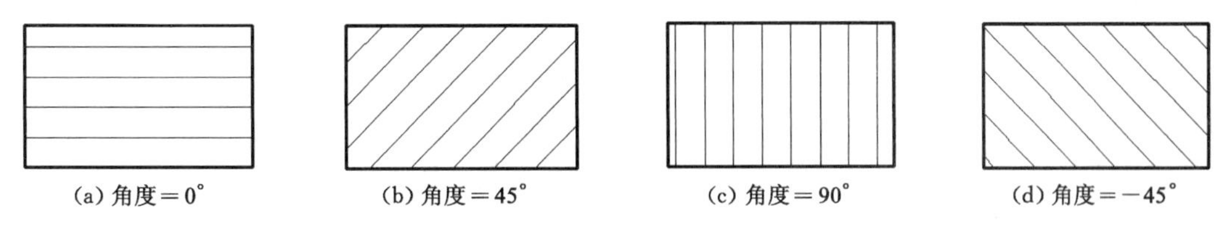

(a) 角度=0°　(b) 角度=45°　(c) 角度=90°　(d) 角度=−45°

图 5-10 图案填充角度参数示例

命令：ma ↵　　执行特性匹配命令

选择源对象：↙　　选择图 5-10(a)

当前活动设置：颜色 图层 线型 线型比例 线宽 厚度 打印样式

标注 文字 填充图案 多段线 视口 表格材质 阴影显示 多重引线

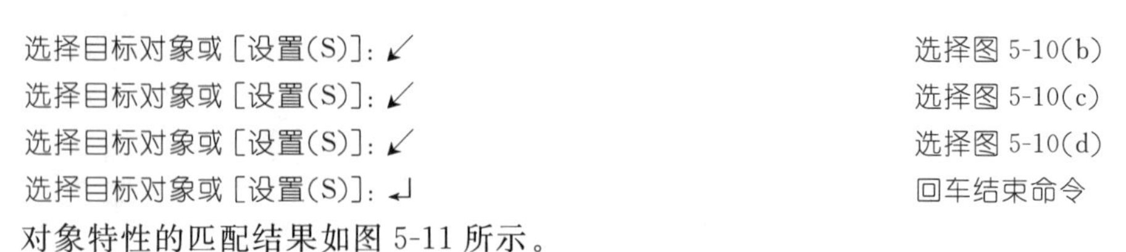
选择目标对象或 [设置(S)]: ↙ 选择图 5-10(b)
选择目标对象或 [设置(S)]: ↙ 选择图 5-10(c)
选择目标对象或 [设置(S)]: ↙ 选择图 5-10(d)
选择目标对象或 [设置(S)]: ↵ 回车结束命令

对象特性的匹配结果如图 5-11 所示。

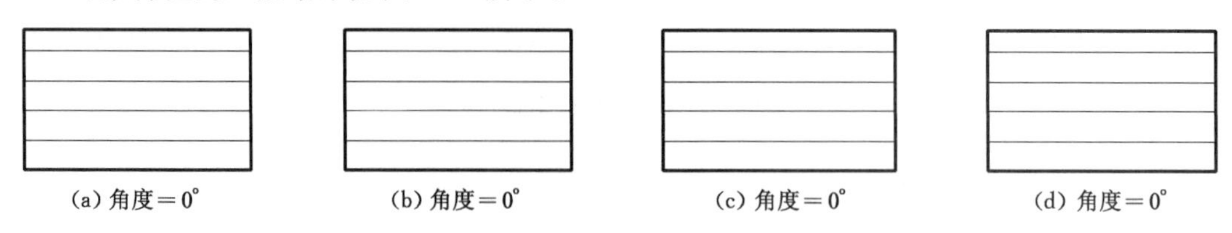

图 5-11 特性匹配对象示例

5.2.4.4 说明

(1)【特性匹配】命令适用的对象非常广泛，包括颜色、图层、线型、线型比例、线宽、厚度、打印样式、标注、文字、填充图案、多段线、视口、表格材质、阴影显示、多重引线等几乎所有 AutoCAD 提供的对象或对象的基本特性。

(2)【特性匹配】命令使用时应注意“源对象”的选择，一般地，第一个选中的对象即为“源对象”。

(3)【特性匹配】命令也适用于“先选择后执行”的主谓操作，且选择“目标对象”时可使用交叉窗口选择对象的方式。

5.3 基本特性的显示与应用

颜色、线型与线宽均属于 AutoCAD 2018 中对象的基本特性，通过图 5-12 所示的【特性】面板可以很便捷地设置、修改这三种基本特性。如需批量化处理对象的特性，见 5.4 节所述【图层】的相关内容。

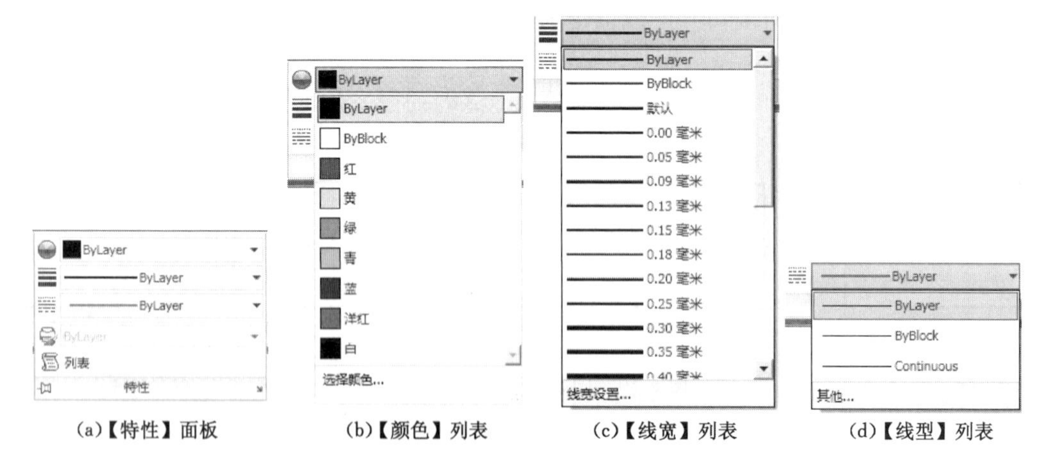

图 5-12 【特性】面板及【颜色】、【线宽】、【线型】列表

5.3.1 颜色(Color)

5.3.1.1 命令功能

■ 设置新对象的颜色。

5.3.1.2 命令调用方式

■ 单击【默认】选项卡→【特性】面板→【对象颜色】按钮。

■ 在命令行输入“Color”并回车。

5.3.1.3 【选择颜色】对话框

AutoCAD中提供的颜色种类有3种：索引颜色、真彩色和配色系统提供的色彩。

执行【颜色】命令，打开【选择颜色】对话框，见图5-13。该对话框由【索引颜色】、【真彩色】和【配色系统】选项卡等组成。

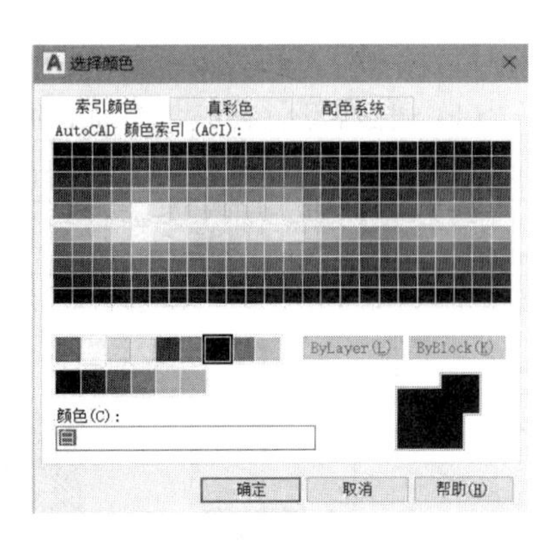

图5-13 【选择颜色】对话框

(1)【索引颜色】选项卡。

索引颜色共有255种，其中前9种颜色既有颜色名称也有色号，分别是红、黄、绿、青、蓝、品红、黑色、深灰和浅灰。从10至第255色只有色号，没有颜色名称。

该选项卡内各参数含义如下：【AutoCAD颜色索引】区包含240种颜色，当选择某一颜色时，在颜色列表的下面将显示该颜色序号，以及该颜色对应的RGB值；【标准颜色】选项组：该选项组中包含红、黄、绿、青、蓝等9种标准颜色，使用它们可以将图层的颜色设置为标准颜色；【灰度颜色】选项组：该选项组中包含6种灰度级，可以将图层的颜色设置为灰度色；【颜色】文本框：显示与编辑所选颜色的名称或编号；【随层】(ByLayer)按钮：单击该按钮，可以确定颜色为随层方式，即所绘制图形对象的颜色总是与所在图层颜色一致；【随块】(ByBlock)按钮：单击该按钮，可以确定颜色为随块方式。

(2)【真彩色】选项卡与【配色系统】选项卡，如图5-14所示。

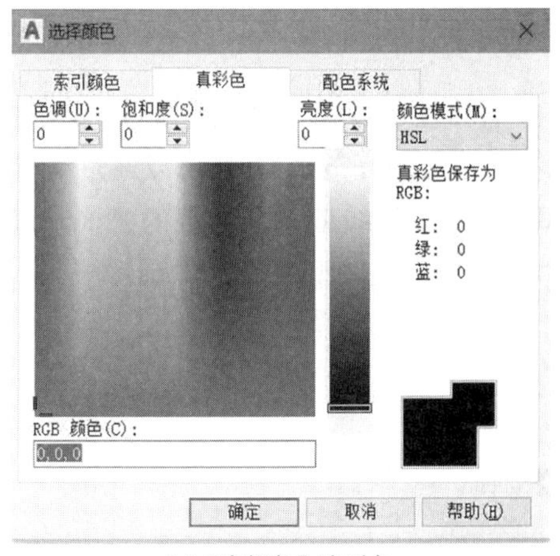

(a)【真颜色】选项卡

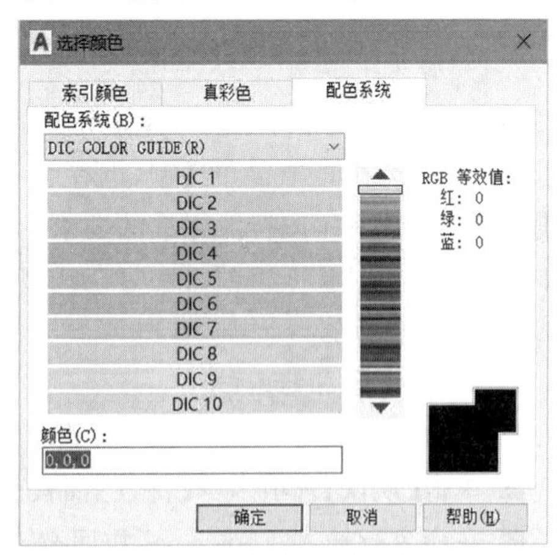

(b)【配色系统】选项卡

图5-14 【真彩色】选项卡与【配色系统】选项卡

【真彩色】选项卡中，真彩色(24 位颜色)可使用 1600 多万种颜色。使用时既可以设置颜色的色调、饱和度，也可以设置颜色的亮度和模式。该选项卡的【颜色模式】包括 HSL 和 RGB 两种：HSL 颜色模式是根据人类对颜色的感觉为基础，描述了颜色的 3 种基本特性——色调、饱和度和亮度；RGB 颜色模式源于有色光的三原色原理，颜色可以分解成红、绿和蓝三个分量；【颜色】框可指定 RGB 颜色值。

【配色系统】选项卡中，【配色系统】列表框用于指定选择颜色的配色系统。AutoCAD 提供了 9 种定义好的色库，可以选择一种色库，然后在显示的颜色条中选择所需要的颜色。这 9 种定义好的色库存储在【选项】对话框的【文件】选项卡内。

5.3.1.4 命令应用

(1) 通过【颜色】列表框更改对象颜色。

① 命令行为空时选中需要修改的对象。

② 单击【颜色】列表框选择合适的颜色。示例见图 5-15。

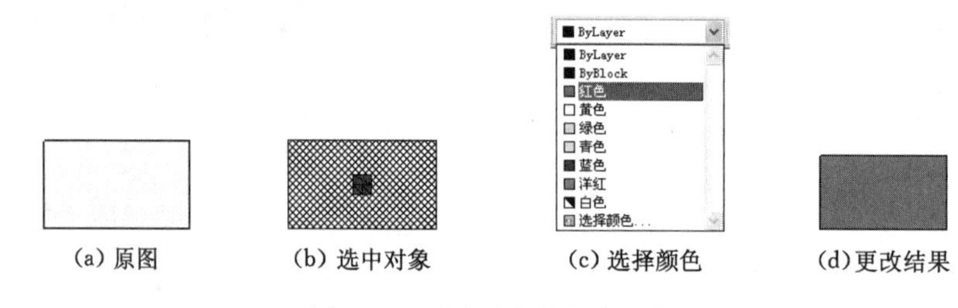

(a) 原图　(b) 选中对象　(c) 选择颜色　(d) 更改结果

图 5-15 更改对象的颜色示例

(2) 读者也可以通过【特性】选项板或【特性匹配】命令更改对象颜色。

5.3.1.5 说明

(1) 索引颜色类型中的第 255 号颜色在彩色打印时只可显示不可打印，一般用作辅助线。

(2) 在采矿工程制图中，大面积的煤层填充一般用 8 号色。

5.3.2 线型(Linetype)

5.3.2.1 概述

所谓"线型"，是指作为图形基本元素的线条的主承和显示方式，如虚线、实线、煤柱线等。AutoCAD 2018 中，既有简单线型，也有由一些特殊符号组成的复杂线型，还可以通过编辑线型来满足不同国家和不同行业标准的要求。AutoCAD 2018 中的线型一般加载的是 acad. lin 文件中的标准线型、ISO 128 线型和复杂线型。默认线型为随层连续型(Continuous)。

5.3.2.2 命令功能

■ 加载、设置和修改线型。

5.3.2.3 命令调用方式

■ 单击【默认】选项卡→【特性】面板→【线型】按钮。

■ 在命令行输入"Linetype"并回车。

5.3.2.4 【线型管理器】对话框

执行【线型】命令，打开【线型管理器】对话框，见图 5-16。该对话框内各项含义如下：

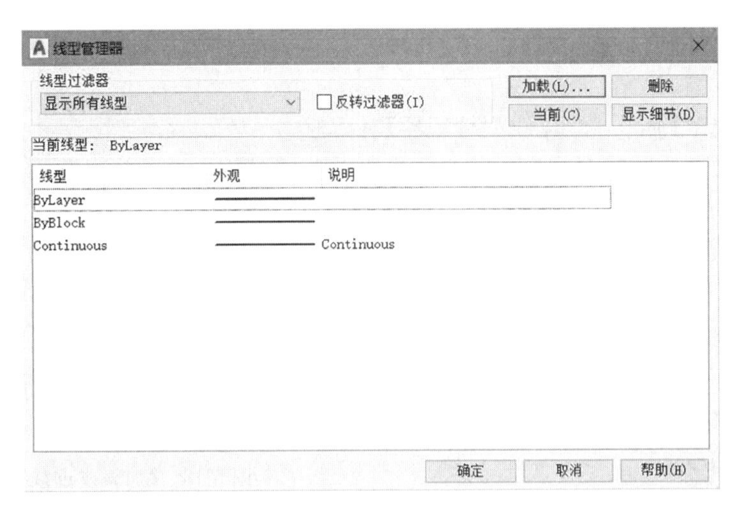

图 5-16 【线型管理器】对话框

【线型过滤器】列表框显示在线型列表中已加载的线型。如果选择【反转过滤器】复选框，仅显示为通过过滤器的线型。默认选项是【显示所有线型】。

【加载】按钮用于显示【加载或重载线型】对话框，以加载其他所需要的线型；【删除】按钮可从线型列表中删除选定的线型，且只能删除未参照的线型；【当前】按钮将选定线型设置为当前线型；【显示细节】或【隐藏细节】按钮可控制显示或隐藏【线型管理器】的【详细信息】部分。

【线型列表】框可根据【线型过滤器】中指定的选项显示已加载的线型。要迅速选定或清除所有线型，可在线型列表中单击鼠标右键以显示快捷菜单。

【详细信息】选项组可对已加载线型的名称和说明进行编辑。【缩放时使用图纸空间单位】复选框按相同的比例在图纸空间和模型空间缩放线型；【全局比例因子】用于设置所有线型的全局缩放比例因子；【当前对象缩放比例】用于设置新建对象的线型比例。

选中【详细信息】选项后的【线型管理器】对话框如图 5-17 所示。

线型管理器
线型过滤器
显示所有线型
反转过滤器(I)
加载(L)...
删除
当前(C)
隐藏细节(D)
当前线型： ByLayer
线型
外观
说明
ByLayer
ByBlock
Continuous
Continuous
详细信息
名称(N)：
说明(E)：
缩放时使用图纸空间单位(U)
全局比例因子(G)：
1.0000
当前对象缩放比例(O)：
1.0000
ISO 笔宽(P)：
1.0 毫米
确定
取消
帮助(H)

图 5-17 显示出细节的【线型管理器】对话框

5.3.2.5 命令应用

(1) 加载线型。

① 执行【线型】命令，弹出【线型管理器】对话框。

② 单击【加载】按钮，弹出【加载或重载线型】对话框，见图 5-18。

③ 在该对话框中选中需要的线型后单击【确定】按钮即可。

④ 将上一步加载完成的线型置为当前后即可使用该线型。

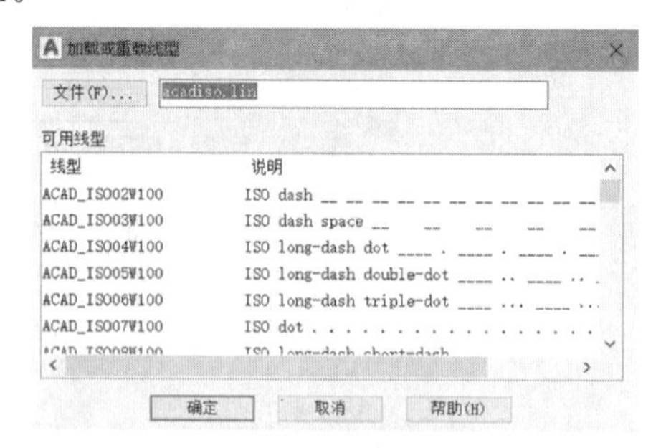

图 5-18 【加载或重载线型】对话框

(2) 更改对象线型。

① 空选选取对象。

② 单击【线型】列表框选择合适的线型，示例见图 5-19。

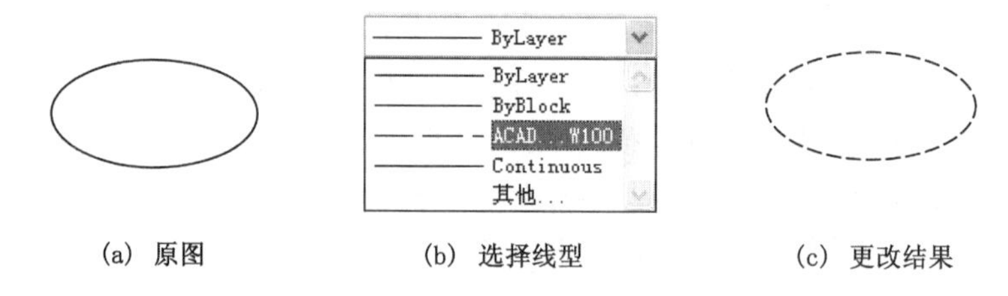

图 5-19 更改对象线型示例

(3) 读者也可以通过【特性】选项板或【特性匹配】命令更改线型比例。

5.3.2.6 控制线型比例

像图案填充的比例一样，通过全局修改或单个修改每个对象的线型比例因子，可以以不同的比例使用同一个线型。

默认情况下，全局和单独的线型比例均设置为 1。比例值越小，每个图形单位中画出的重复图案越多，见图 5-20。对于太短，甚至不能显示一个虚线小段的线段，可以使用更小的线型比例。但是若线型比例过大，对象有可能显示为不连续型的线型。

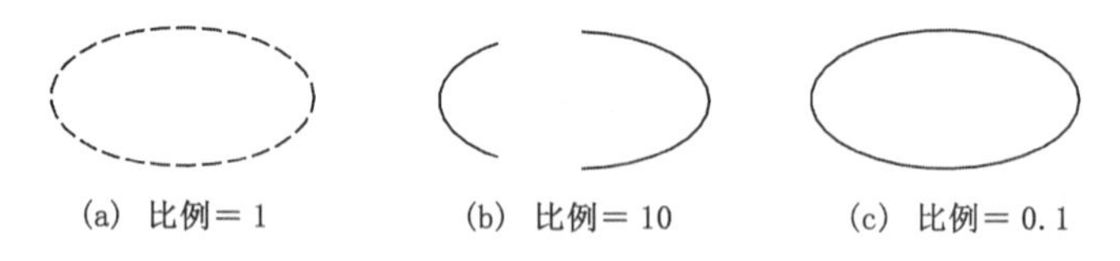

图 5-20 非连续型线型的比例控制示例

5.3.2.7 说明

(1)【全局比例因子】项，对图形中的所有非连续型线型都有效，改变全局比例因子将影响到所有已经存在的对象以及以后要绘制的新对象。系统默认值是 1。

(2)【当前对象缩放比例】项改变当前对象比例因子后，将影响到改变之后所绘制的图形对象，已有对象的比例因子不改变。

5.3.3 线宽(Lweight)

5.3.3.1 命令功能

■ 设置当前线宽、线宽显示选项和线宽单位。

5.3.3.2 命令调用方式

■ 单击【默认】选项卡→【特性】面板→【线宽】按钮。

■ 在命令行输入“Lweight”或别名“Lw”并回车。

5.3.3.3 【线宽设置】对话框

执行【线宽】命令，打开【线宽设置】对话框，见图5-21。

该对话框内各项含义为：【线宽】下拉列表框用于设置对象线宽值，由包括随层、随块和默认在内的标准设置组成，值为0的线宽以指定打印设备上可打印的最细线进行打印；【列出单位】区用于设置线宽的单位，一般应选择毫米；【显示线宽】开关控制是否按照实际线宽显示，【默认】列表可设置图层的默认线宽；【调整显示比例】区用于控制【模型】选项卡上线宽的显示比例；【当前线宽】区提示当前设置的线宽。

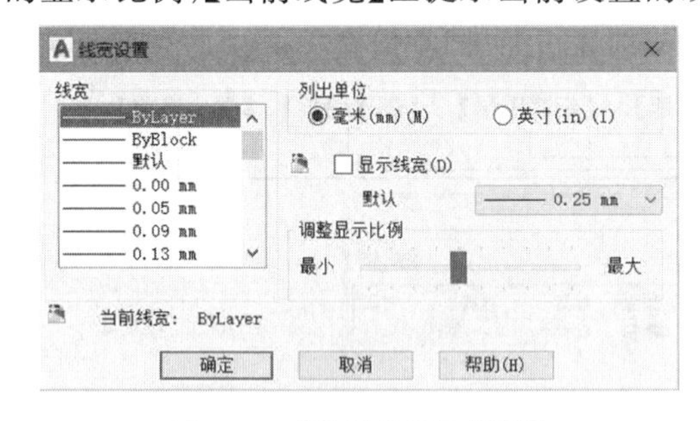

图5-21 【线宽设置】对话框

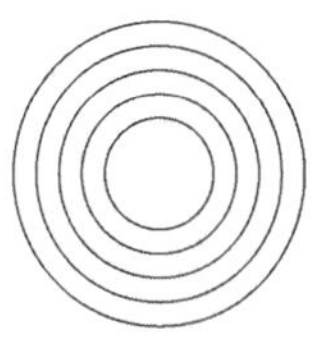
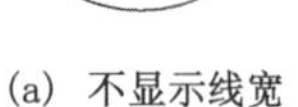

(a) 不显示线宽　　(b) 显示线宽

图5-22 显示线宽示例

5.3.3.4 显示线宽

单击状态栏上的【线宽】按钮可将对象的线宽进行显示或不显示，示例见图5-22。

如果线宽小于0.254 mm，即使打开【线宽】按钮，屏幕上也不显示对象线宽。另外，屏幕上显示的线宽并非打印出的实际宽度，显示的宽度相对于当前屏幕的宽度。

5.3.3.5 更改对象线宽

(1) 通过【线宽】下拉列表框更改对象线宽。

① 空选选取对象。

② 单击【线宽】下拉列表框选择合适的线宽。

(2) 读者也可以通过【特性】选项板或【特性匹配】命令更改线宽。

5.3.3.6 说明

线宽为0不代表对象无宽度，而是表示打印设备所能打印出的最细宽度。

5.4 图层的创建、管理与修改

5.4.1 图层概述

图层相当于绘图中使用的一层层重叠的透明图纸，是非常有效的对象属性管理器，现在已经被广泛应用在 AutoCAD、3DMAX、Flash、PhotoShop 等图像处理软件中。用户可以使用图层将信息按功能编组以及执行线型、颜色及其他标准的设置与管理。如常用的采矿工程制图中的井上下对照图，可将地面构筑物和井下巷道等分别布置在相应的图层中，如果仅需要了解井下情况，只需要将地面构筑物所在的图层关闭后打印即可。

5.4.2 图层特性管理器

5.4.2.1 命令功能

- 显示图形中的图层的列表及其特性。
- 添加、删除和重命名图层，修改图层特性或添加说明。
- 控制图层的显示。

5.4.2.2 命令调用方式

- 单击【默认】选项卡→【图层】面板→【图层特性】按钮。
- 在命令行输入“Layer”或命令别名“La”并回车。

5.4.2.3 【图层特性管理器】对话框

(1) 执行【图层】命令，打开【图层特性管理器】选项板，见图 5-23。

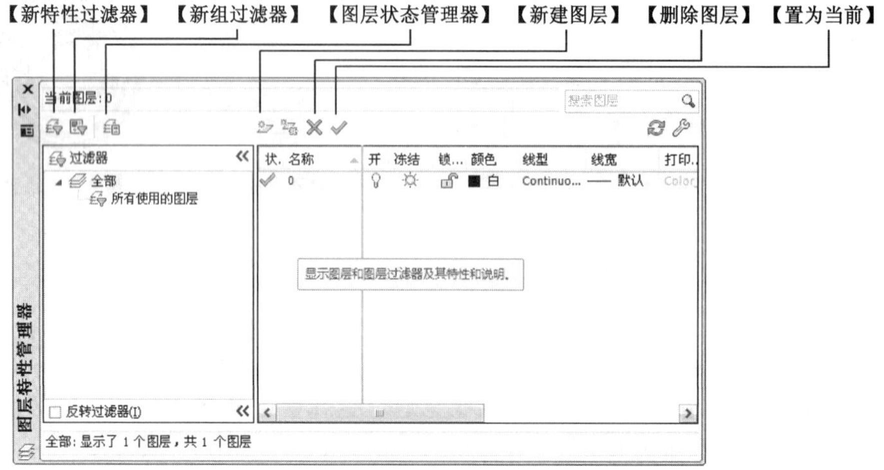

图 5-23 【图层特性管理器】选项板

该选项板各项含义为：【新特性过滤器】可显示【图层过滤器特性】对话框；【新组过滤器】创建一个图层过滤器，其中包含选定并添加到该过滤器的图层；【图层状态管理器】显示图层状态管理器；【新建图层】创建新图层，图层列表中将显示名为“图层 1”“图层 2”……的图层；【删除图层】可标记选定图层，以便进行删除，在关闭【图层过滤器特性】对话框后，即可删除相应图层；【置为当前】可将选定图层设置为当前图层，绘制的对象将被放置到当前图层中；【当前图层】用于显示当前图层的名称；【搜索图层】可快速过滤图层列表；【状态行】显示当前过滤器的名称、图层列表中所显示图层的数量和图形中图层的数量；【反转过滤器】复选框用于显示所有不满足选定图层特性过滤器中条件的图层；【应用到图层工具栏】通过应用当前图层过滤器，控制图层列表中图层的显示。

(2) 单击【新建特性过滤器】按钮，打开【图层过滤器特性】对话框，见图 5-24。

该对话框内各项含义为:【过滤器名称】框提供用于输入图层特性过滤器名称的空间;【过滤器定义】区显示图层特性;【过滤器预览】区预览显示根据定义进行过滤的结果。

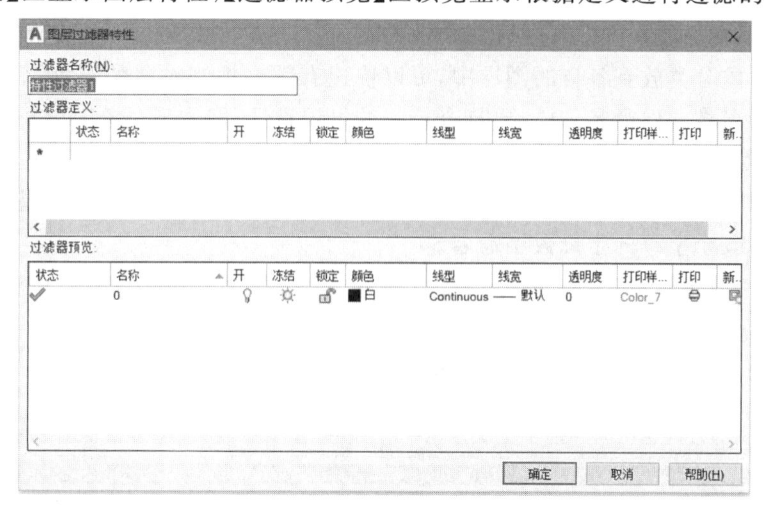

图 5-24 【图层过滤器特性】对话框

(3) 单击【图层状态管理器】按钮,打开【图层状态管理器】对话框,见图 5-25。

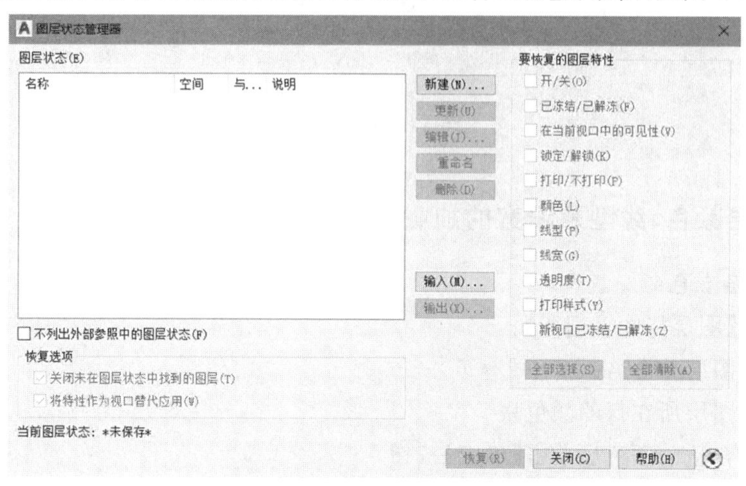

图 5-25 【图层状态管理器】对话框

该对话框内各项含义为:【图层状态】列表框列出保存在图形中的命名图层状态、保存它们的空间及可选说明;【新建】按钮显示【要保存的新图层状态】对话框,可以输入新命名图层状态的名称和说明;【删除】按钮可删除选定的命名图层状态;【输入】按钮可将上一次输出的图层状态文件加载到当前图形;【输出】按钮显示【标准文件选择】对话框,可将选定的命名图层状态保存到图层状态文件;【要恢复的图层特性】区指定恢复选定命名图层状态时所要恢复的图层状态设置和图层特性,当在【模型】选项卡上保存命名图层状态时,【新视口冻结/解冻】复选框不可用;【恢复】按钮可将图形中所有图层的状态和特性设置恢复为先前保存的设置,仅恢复保存该命名图层状态时选定的那些图层状态和特性设置;【关闭】按钮关闭【图层状态管理器】并保存所做更改。

5.4.3 图层的分类与命名

5.4.3.1 图层的分类

通过将对象分类放到各自的图层中，可以快速有效地控制对象的显示以及对其进行修改。图层的命名像文件命名一样，要具有较强的可识别性，即体现对象的分类性。

5.4.3.2 图层的命名

在一个图形中可以创建的图层数以及在每个图层中可以创建的对象数是无限的。图层最长可使用 255 个字符的字母数字命名。

【图层特性管理器】按名称的字母顺序排列图层，所以为了能够更有效地管理图层，在对图层命名时应体现成组性，同一类对象所在的图层的首字符应相同。

图层的分类与命名的应用，见图 5-26。

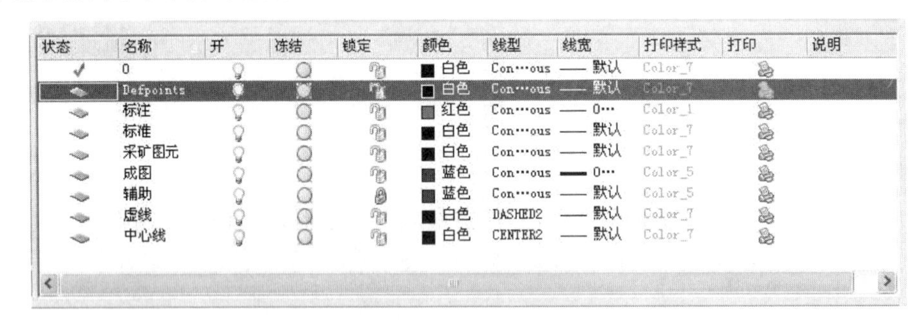

图 5-26 图层的分类与命名

5.4.4 图层颜色、线型及线宽的加载

5.4.4.1 图层颜色的加载步骤

(1) 打开【图层特性管理器】。

(2) 新建图层并命名。

(3) 单击图层所在行的颜色块。

(4) 选择合适的颜色后单击【确定】按钮。

(5) 单击鼠标右键选择置为当前。

5.4.4.2 图层线型的加载步骤

(1) 打开【图层特性管理器】。

(2) 新建图层并命名。

(3) 单击图层所在行的线型(Continuous)。

(4) 单击加载并选择合适的线型后单击【确定】按钮。

(5) 选中刚刚加载上的线型后再单击【确定】按钮。

(6) 单击鼠标右键选择置为当前。

5.4.4.3 图层线宽的加载步骤

(1) 打开【图层特性管理器】。

(2) 新建图层并命名。

(3) 单击图层所在行的线宽(默认)。

(4) 选择合适的线宽后单击【确定】按钮。

(5) 单击鼠标右键选择置为当前。

示例的创建结果如图 5-27 所示。

图 5-27 图层颜色、线型及线宽的加载

上述步骤中最后一步“单击鼠标右键选择置为当前”是为了在新建图层中直接进行新对象的创建,也可以通过单击【图层】下拉框的方式将新建的图层置为当前。

5.4.5 图层的开关、冻结与锁定

5.4.5.1 图层的开关

灯泡的亮灭可控制图层对象的显示与否,被关闭的图层仍然可以进行绘制及修改操作。在开状态下,灯泡的颜色为黄色,该图层上的图形可见,也可以在输出设备上打印。在关状态下,灯泡的颜色为灰色,该图层上的图形不可见,也不能打印输出。

5.4.5.2 图层的冻结

被冻结的图层内的对象用重生成命令无效,且在屏幕内不可见。AutoCAD 不在冻结图层上显示、打印、隐藏、渲染或重生成对象。

通过单击【冻结】列对应的雪花或太阳图标可以冻结或解冻图层。冻结图层可以加快缩放、平移和许多其他操作的运行速度,增强对象选择的性能并减少复杂图形的重生成时间。

5.4.5.3 图层的锁定

被锁定的图层内的对象不能执行删除操作,但可以执行复制、阵列等操作。

5.4.6 更改对象的图层

通过图层列表框可快捷地修改对象的各种特性,操作步骤如下:

(1) 命令行为空时选中需要修改的对象。

(2) 点击【图层】列表框下拉按钮选择合适的图层,见图 5-28。

读者也可以通过【特性】选项板或【特性匹配】命令更改对象图层。

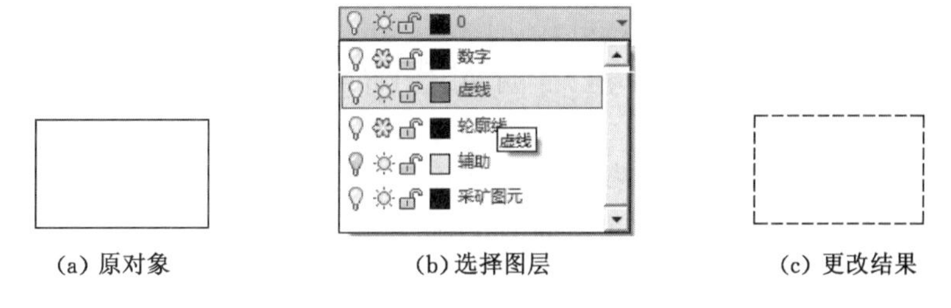

(a) 原对象 (b) 选择图层 (c) 更改结果

图 5-28 通过图层列表修改对象特性

5.4.7 删除图层

5.4.7.1 命令功能

■ 删除一些不需要的图层。

5.4.7.2 命令应用

(1) 打开【图层特性管理器】。

(2) 选中需要删除的图层。

(3) 单击【删除】按钮。

5.4.7.3 说明

(1) 删除 0 图层、Defpoints 图层、当前图层、依赖外部参照的图层或包含对象的图层时，会弹出【AutoCAD 信息提示框】，见图 5-29。

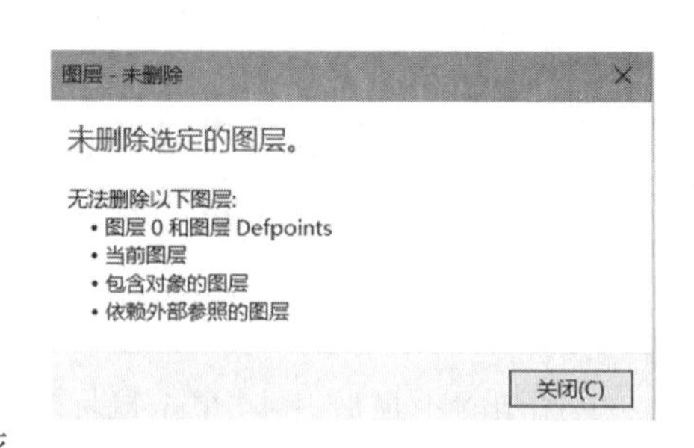

图 5-29 【AutoCAD 信息提示框】

0 图层是每个图形文件创建时自动生成的初始层，对该层执行删除无效；Defpoints(定义点)图层是创建标注时自动生成的参照图层，也不可以被删除；删除依赖外部参照的图层时，可将外部参照对象删除或拆离后再删除之；若删除当前图层，必须将其他图层置为当前后再删除之；删除包含对象的图层时，必须首先将该层内的对象删空后方可删除之。

(2) 在命令行输入“Purge”并回车或执行【应用程序】菜单→【图形实用工具】→【清理】菜单项，弹出【清理】对话框，见图 5-30。

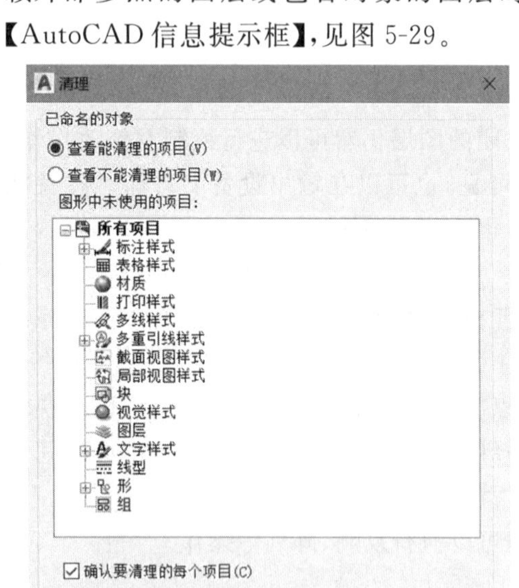

图 5-30 【清理】对话框

在该对话框中也可以删除不需要的图层、线型、各种样式和块等。单击【清理】按钮，可清理选中的或根据提示依次出现的图层、线型等。单击【全部清理】，可将当前图形文件中所有未使用的图层、线型、块或形等全部清除。

5.5 双轨运输大巷断面的绘制

本章实例共 2 个，第 1 个为给第 4 章注释完成的经纬网添加合适的图层，并设置标题栏、指北针等；第 2 个为双轨运输大巷断面的绘制。

本节实例反映了图层的使用、管理技巧，体现了在 AutoCAD 2018 中进行辅助设计时“特性由层定，当前要随层”的深刻含义。

5.5.1 完善经纬网

5.5.1.1 审图

先创建表格;再分别创建图层并按照其属性进行加载。

5.5.1.2 图形绘制顺序

打开原有文件;新建图层并加载相关特性;通过剪贴板复制、粘贴指北针及标题栏;调整指北针及标题栏的位置及角度;绘制采区边界;创建采区保护煤柱;成图并检查。本例绘制完成的图形结果如图 5-31 所示。

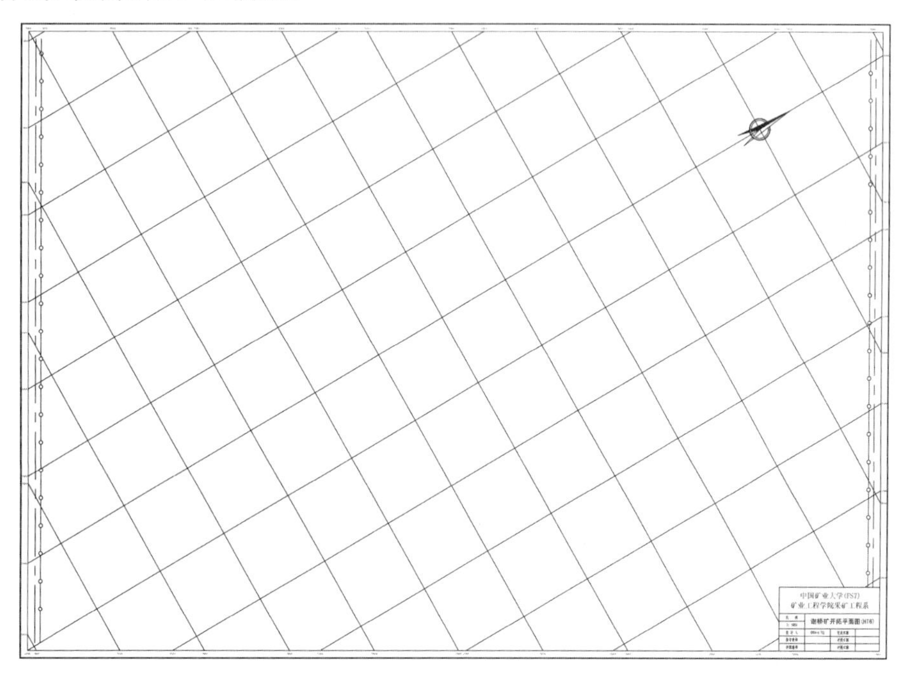

图 5-31 本节完善后的经纬网结果

5.5.1.3 绘制图形

(1) 打开第 4 章注释完成的"经纬网"文件。

(2) 创建图层并加载属性。

执行【图层】命令,按照表 5-2 创建新图层并加载图层的相关属性,将"经纬网"图层置于当前。

表 5-2 经纬网图中需要创建的图层及特性

序号	图层名称	颜色	线型	线宽/mm
1	图框-外	黑色	Continuous	1.00
2	图框-内	黑色	Continuous	0.30
3	标题栏	黑色	Continuous	0.30
4	经纬网	黑色	Continuous	0.15
5	采区边界	黑色	CENTERX2	0.50

表 5-2(续)

序号	图层名称	颜色	线型	线宽/mm
6	采区边界煤柱	黑色	FENCELINE1	0.25
7	等高线	黑色	Continuous	0.25
8	煤层露头线	黑色	Continuous	0.25
9	风氧化带	黑色	Continuous	0.25
10	巷道-煤层	黑色	Continuous	0.30
11	巷道-岩层	40	Continuous	0.30

创建完毕后关闭【图层特性管理器】对话框，结果如图 5-32 所示。

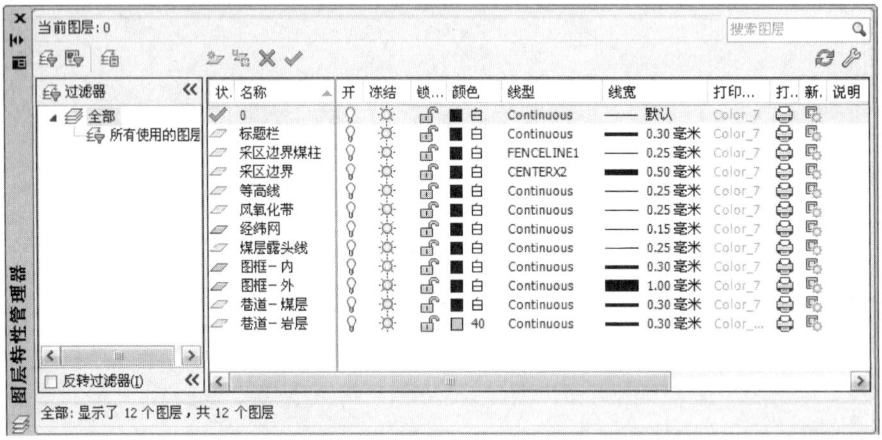

图 5-32 创建完成的【图层特性管理器】对话框

(3) 将“经纬网”中的对象向相应图层内归类。

① 清空命令行，按下 Ctrl+A 组合键选中当前图形内的所有对象，单击【默认】选项卡→【图层】面板→【图层】下拉按钮，选择“经纬网”图层。将当前所有对象均归于“经纬网”图层。

② 清空命令行，选中图纸外框，然后单击【默认】选项卡→【图层】面板→【图层】下拉按钮，选择“图框-外”图层。

③ 重复上述操作，将图层内框置于“图框-内”图层。

(4) 向当前文件添加标题栏，结果如图 5-33(c)所示。

① 打开第 4 章绘制的“标题栏”文件。

② 选中全部对象，通过剪贴板复制对象(可按 Ctrl+C 组合键)。

③ 关闭“标题栏”文件，回到“经纬网”文件中。

④ 通过剪贴板粘贴对象(或按 Ctrl+V 组合键)，将标题栏先置于外图框右下角外侧，见图 5-33(a)。

⑤ 选中标题栏，将其置于“标题栏”图层。

⑥ 执行【移动】命令，将标题栏右下角与内图框右下角交点重合放置，见图 5-33(b)。

⑦ 执行【修剪】命令，将标题栏外框内的经纬网修剪掉，见图 5-33(c)。

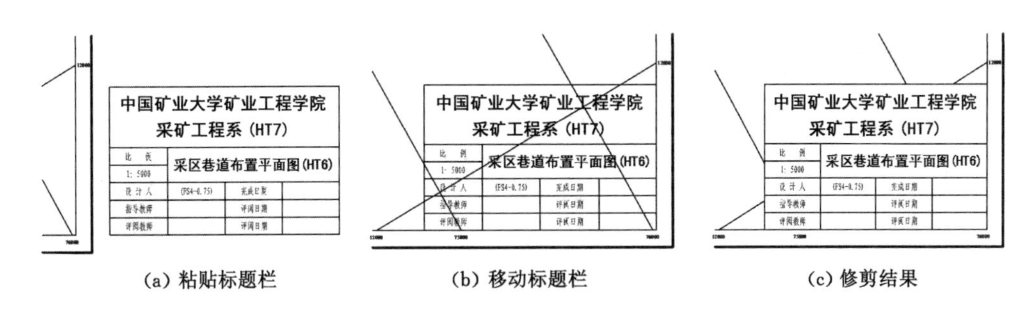

(a) 粘贴标题栏　(b) 移动标题栏　(c) 修剪结果

图 5-33　向图形中添加标题栏

(5) 向当前文件添加指北针,结果如图 5-34(b)所示。

① 打开第 4 章绘制的“指北针”文件。

② 选中全部对象,通过剪贴板复制对象(可按 Ctrl+C 组合键)。

③ 关闭“指北针”文件,回到“经纬网”文件中。

④ 通过剪贴板粘贴对象(或按 Ctrl+V 组合键),将指北针先置于外图框右上角外侧。

⑤ 选中指北针,将其置于“经纬网”图层。

⑥ 执行【移动】命令,将指北针置于图框内右上角适当位置,圆心与经纬网交点重合,见图 5-34(a)。

⑦ 选中指北针,以圆心为基点,顺时针旋转 60°,见图 5-34(b)。

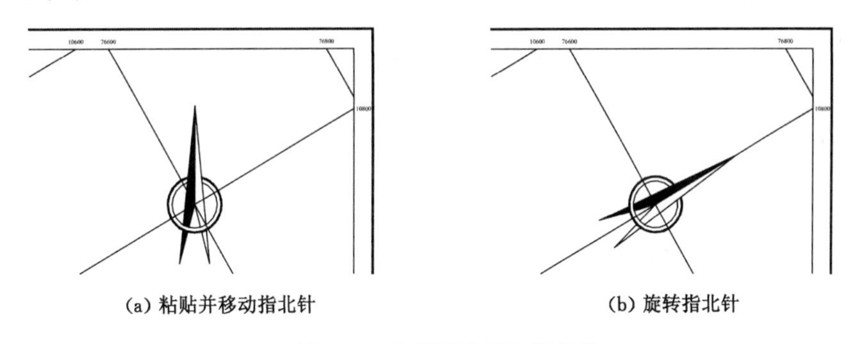

(a) 粘贴并移动指北针　(b) 旋转指北针

图 5-34　向图形中添加指北针

(6) 绘制采区边界线。

① 执行【偏移】命令,将内图框向内偏移 10 mm,并将其置于“采区边界”图层。

② 分解偏移完成的内图框,删除上、下两条边。

③ 修剪标题栏内的多余线段。

(7) 绘制采区边界保护煤柱。

① 执行【偏移】命令,将左、右两侧的采区边界线向图纸中央偏移 7.5 mm。

② 选中新生成的采区边界线,将其置于“采区边界煤柱”图层。

③ 修剪标题栏内的多余线段。

5.5.1.4　说明

(1) 本节创建的“等高线”等图层为空层,绘制完成后不需要删除。

(2) 图层的创建可以在开始时一次性创建完毕,也可以边绘制新对象边创建相应的图层。实际应用中,后一种情形居多。

5.5.2 双轨运输大巷断面的绘制

某矿双轨运输大巷断面如图 5-35 所示，本例讲述该断面的绘制，标注不需要完成。

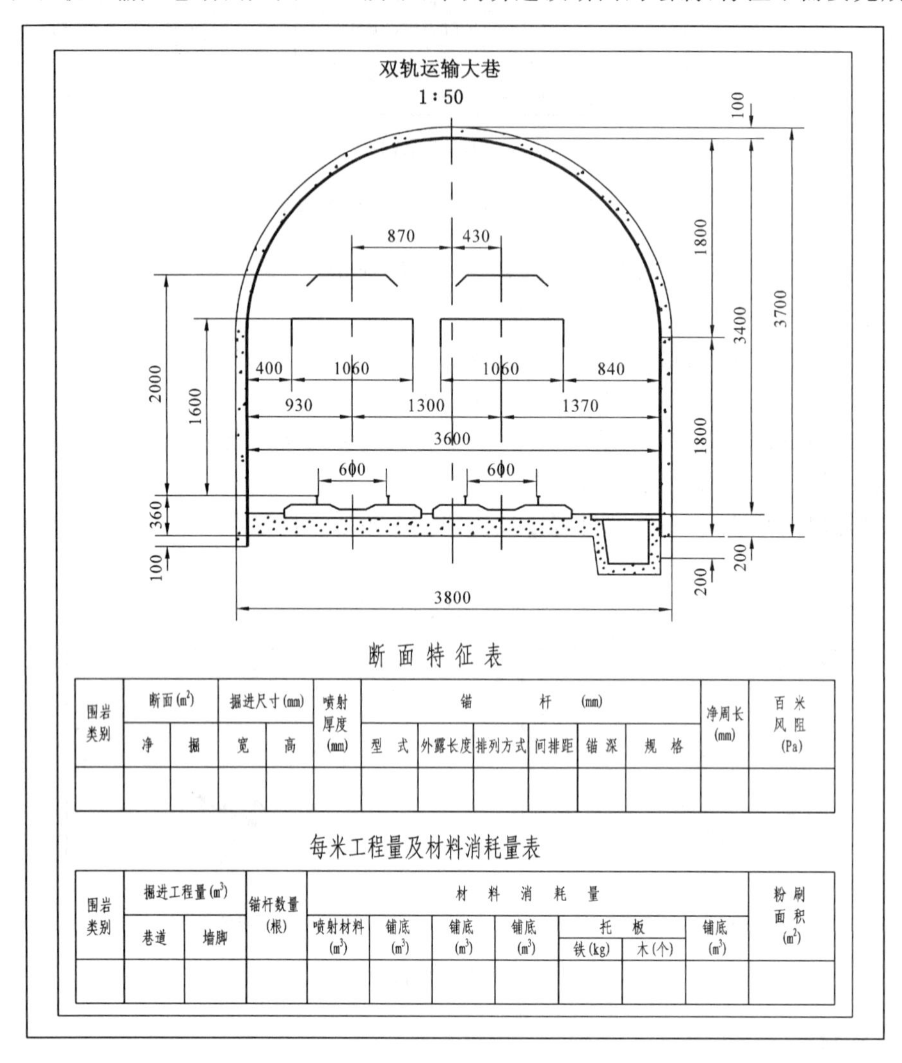

图 5-35 双轨运输大巷断面的绘制

5.5.2.1 审图

半圆拱形巷道断面；架线弓子、电机车轮廓线、工字钢、混凝土轨枕；左、右墙脚、水沟及盖板；两组表格。

5.5.2.2 图形绘制顺序

新建文件并保存；设定图形界限；创建图层；创建文字和表格样式；定位；绘制小图元；绘制表格；检查。

5.5.2.3 绘制图形

(1) 新建一个文件，命名为“双轨运输大巷断面”。

(2) 执行【图形界限】命令，将栅格区大小设置为 184 mm×260 mm。

(3) 执行【图层】命令，按照表 5-3 进行图层的创建及属性的加载。

表 5-3 需要创建的图层及特性

序号	图层名称	颜色	线 型	线宽/mm	线型意义
1	L-轮廓线	红色	Continuous	0.5	巷道净断面线
2	L-中心线	40	Center	0.18	巷道、轨道中心线
3	L-次轮廓线	黑色	Continuous	0.25	巷道毛断面及其他图元线
4	标注	蓝色	Continuous	0.13	尺寸标注
5	图框	黑色	Continuous	0.3	图纸内外框
6	图表	黑色	Continuous	0.15	文字标注、表格
7	辅助	255	Continuous	默认	辅助定位
8	填充	黑色	Continuous	0.13	填充图案

(4) 执行【文字样式】命令按照表 5-4 创建文字样式。

表 5-4 文字样式

序号	样式名	字体	实际字高	创建字高	宽度比例	应用对象
1	ST200	TT 宋体	4.0	200	1	图名
2	ST175	TT 宋体	3.5	175	1	比例
3	FS175-0.75	TT 仿宋_GB2312	3.5	175	0.75	表格名称
4	FS110-0.75	TT 仿宋_GB2312	2.2	110	0.75	表格正文
5	TNR110	Times New Roman	2.2	110	1	尺寸标注

(5) 执行【表格样式】命令按照表 5-5 创建表格样式。

表 5-5 表格样式

序号	选项卡	文字样式	对 齐	填充颜色	备 注
1	数据	FS2.2-0.75	正中	无	其余取默认设置
2	列标题	/	/	/	不包含页眉行
3	标题	/	/	/	不包含标题行

(6) 将“图框”图层置为当前，使用【矩形】命令创建图形外图框，尺寸 184 mm×260 mm，见图 5-36(a)。将矩形框分解，按照 24、20、27、20 的偏移距离分别对图框的上、下、左、右四边执行【偏移】命令，结果如图 5-36(b)所示。

(7) 将偏移生成的四段直线段的超出部分修剪掉，并将其放大 50 倍。按照图 5-37 所示尺寸进行定位线的创建，图中各直线段表示的意义如下：

直线 AA 为巷道中心线。

直线 BB、CC 为轨道中心线。

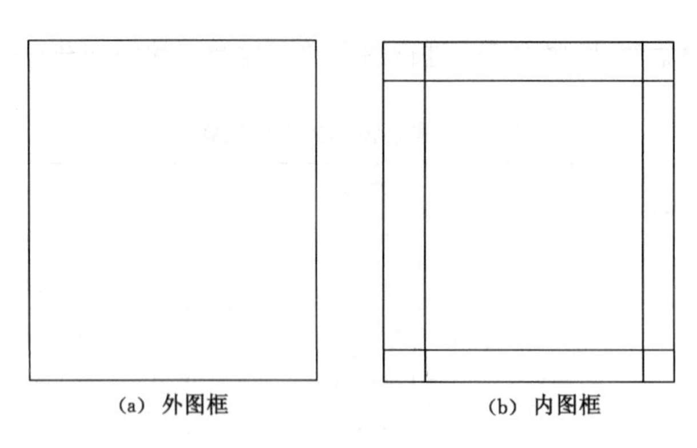

图 5-36 创建内外图框

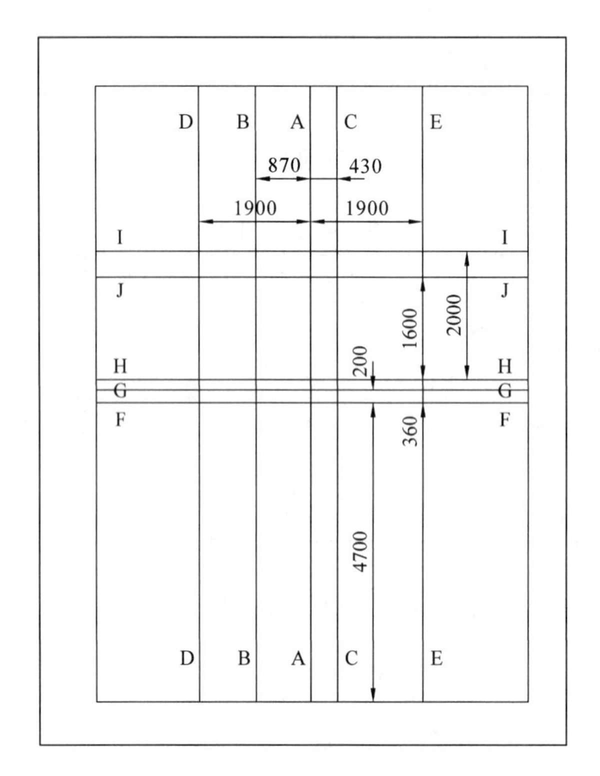

图 5-37 生成定位线

直线 DD、EE 分别为巷道左、右净断面帮线。

直线 FF 为巷道底板线

直线 GG 为渣面线。

直线 HH 为轨面线。

直线 JJ 为电机车轮廓线位置。

直线 II 为架线弓子位置。

创建步骤:将"辅助"图层置为当前,创建直线 AA 并偏移生成直线 BB、CC、DD、EE。将内图框下框线向上连续偏移得到直线 FF、GG、HH、JJ、II。将各线放置在"辅助"图层内。

(8) 用【直线】、【圆弧】等命令绘制巷道净断面，偏移生成毛断面，绘制左、右墙脚，分别见图 5-38(a)、(b)、(c)。然后将净断面置于"L-轮廓线"图层内；毛断面置于"L-次轮廓线"图层内。

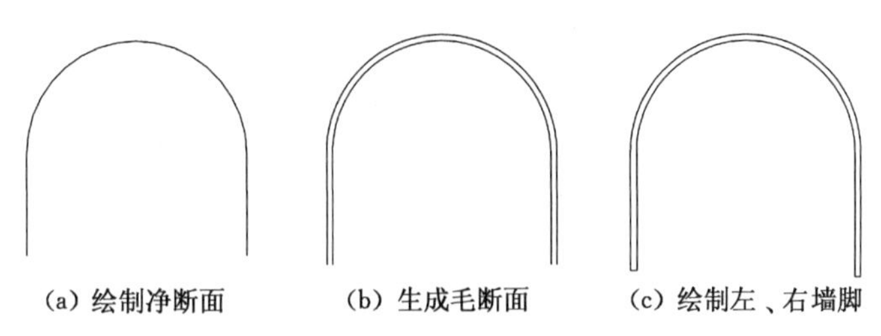

图 5-38　断面及墙脚的绘制

(9) 将"L-次轮廓线"图层置为当前，按照图 5-39 所示尺寸，完成各图元的绘制。

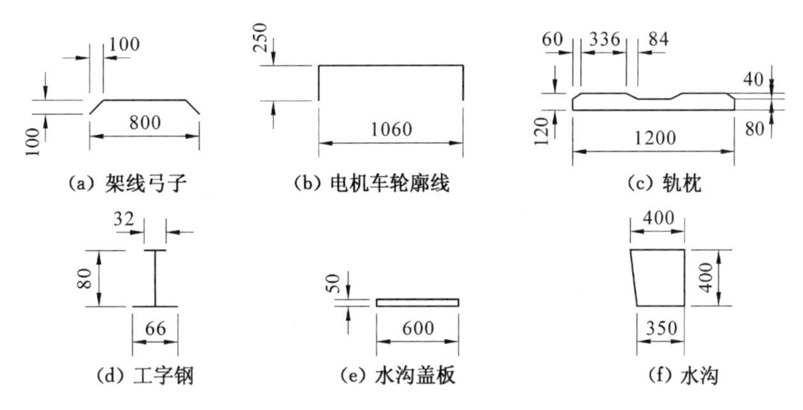

图 5-39　各图元的尺寸

(10) 建表格并完成文字注释。表格的尺寸见图 5-40。

围岩类别	断面(m^2)		掘进尺寸(mm)		喷射厚度(mm)	锚杆(mm)						净周长(mm)	百米风阻(Pa)
	净	掘	宽	高		型 式	外露长度	排列方式	间排距	锚 深	规 格		
420	420	420	420	420	420	500	480	480	420	420	650	420	750

(行高：800；400)

围岩类别	掘进工程量(m^3)		锚杆数量(根)	材 料 消 耗 量							粉刷面积(m^2)
	巷道	墙脚		喷射材料(m^3)	铺底(m^3)	铺底(m^3)	铺底(m^3)	托板 铁(kg)	托板 木(个)	铺底(m^3)	
420	540	540	540	550	550	550	550	550	550	550	750

(行高：800；400)

图 5-40　巷道特征表的尺寸

绘制步骤：先按表 5-5 创建表格样式，再执行【表格】命令，分别按照 3 行 14 列和 4 行 12

列创建表格。然后通过【特性】选项板依次修改各单元格高度和宽度值。将 FS2.2-0.75 文字样式置为当前后进行表格正文的添加，表格内具体数值暂空置。

(11) 归位。将绘制好的断面、各图元以及巷道特征表，按照图 5-35 所示进行归位，并在图中适当位置进行图名、比例及表格名称的标注；在“中心线”图层内绘制巷道与轨道中心线；以“AR-CONC”图案对净、毛断面之间进行填充，操作结果如图 5-41 所示。

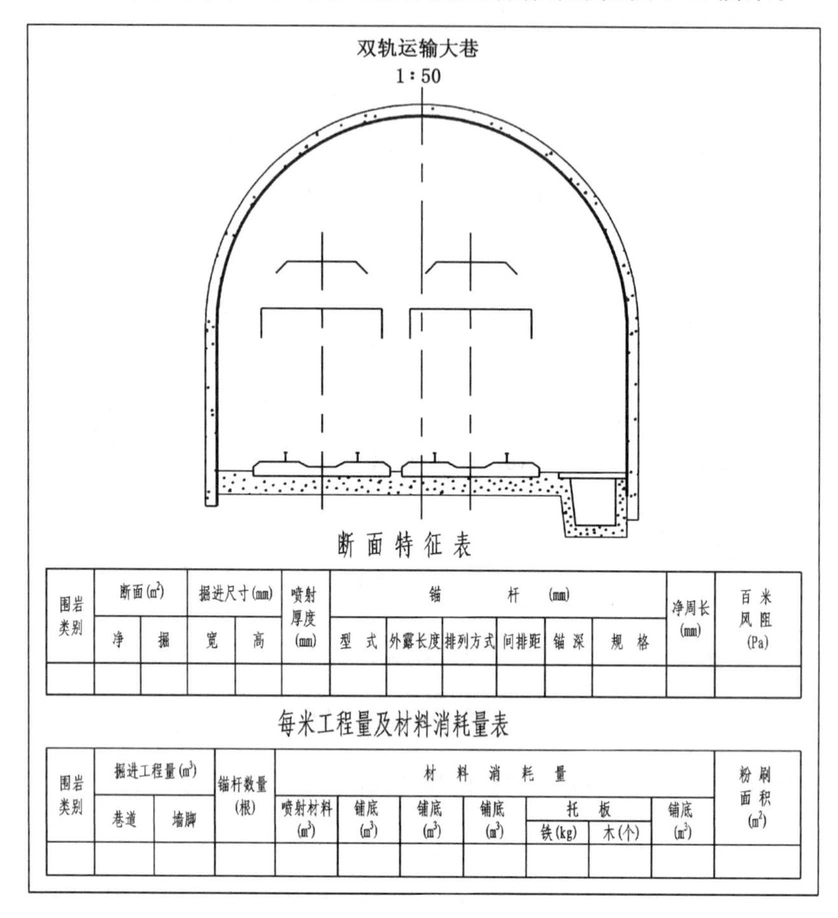

断 面 特 征 表

围岩类别	断面(m^2)		掘进尺寸(mm)		喷射厚度(mm)	锚杆(mm)						净周长(mm)	百米风阻(Pa)
	净	掘	宽	高		型式	外露长度	排列方式	间排距	锚深	规格		

每米工程量及材料消耗量表

围岩类别	掘进工程量(m^3)		锚杆数量(根)	材料消耗量							粉刷面积(m^2)
								托板			
	巷道	墙脚		喷射材料(m^3)	铺底(m^3)	铺底(m^3)	铺底(m^3)	铁(kg)	木(个)	铺底(m^3)	

图 5-41 绘制完成的巷道断面图

(12) 使用【范围缩放】命令检查图形文件，将多余的对象删除，并依次检查各对象的特性，使其与该对象所在图层的特性匹配。

5.5.2.4 说明

(1) 本例的标注不需完成。

(2) 对图元的画法(如架空线等)应体会不同绘制方法的快捷性。

第 6 章　块、属性和外部参照

本章主要介绍四部分内容：第一部分介绍样条曲线、多线、多段线及边界等 4 个常用的绘图与修改命令；第二部分介绍创建块、写块和插块，以及块操作中的技巧；第三部分介绍属性的创建、编辑及属性块的创建以及属性的提取；第四部分介绍外部参照的附着和绑定等内容。

块的操作可以使图形的设计速度更为快捷，通过属性可以创建动态块，这两种功能几乎不增加文档的大小，却十分有用。对于大型采矿工程图纸和复杂图纸，可通过分工独立完成，最后参照成为一个结合文档的快捷设计方法。

本章的实例共 3 个，分别是写块、插块以及标题栏属性块的创建与插入。

6.1　绘图与修改命令的使用(六)

6.1.1　样条曲线(Spline)

6.1.1.1　命令功能

■ 创建非一致有理 B 样条曲线(Nurbs)。

6.1.1.2　调用方式

■ 单击【默认】选项卡→【绘图】面板→【样条曲线】按钮。

■ 执行【绘图】→【样条曲线】菜单项。

■ 在命令行输入“Spline”或命令别名“Spl”并回车。

6.1.1.3　命令应用

绘制煤层底板等高线步骤如下，绘制结果如图 6-1 所示。

对于已知取样点坐标的样条曲线，依次单击点的坐标即可。在绘制过程中，如果要删除直线，输入选项(U)即可。

命令：spline ↲	执行样条曲线命令
当前设置：方式＝拟合，节点＝弦	
指定第一个点或 [方式(M)/节点(K)/对象(O)]：↙	指定 A 点
输入下一点或 [起点切向(T)/公差(L)]：↙	选定 B 点
输入下一点或 [端点相切(T)/公差(L)/放弃(U)]：↙	选定 C 点
输入下一点或 [端点相切(T)/公差(L)/放弃(U)/闭合(C)]：↙	选定 D 点
输入下一点或 [端点相切(T)/公差(L)/放弃(U)/闭合(C)]：↙	选定 E 点
输入下一点或 [端点相切(T)/公差(L)/放弃(U)/闭合(C)]：↙	选定 F 点

6.1.1.4　样条曲线的编辑

(1) 常用的编辑方式

① 拟合数据。编辑定义样条曲线的拟合点数据，包括修改允差。

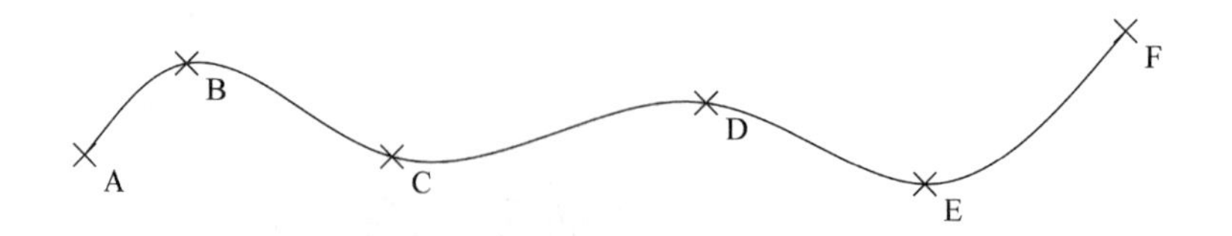

图 6-1 样条曲线的绘制示例

② 闭合。将开放样条曲线修改为连续闭合的环。

③ 移动顶点。将拟合点移动到新位置。

④ 细化。通过添加权值控制点并提高样条曲线阶数来修改样条曲线定义。

⑤ 反转。修改样条曲线方向。

⑥ 修改样条曲线的允差。允差表示样条曲线拟合所指定的拟合点集时的拟合精度。允差越小,样条曲线与拟合点越接近。

(2) 样条曲线的编辑步骤

① 执行【修改】→【对象】→【样条曲线】菜单项或在命令行下键入“Splinedit”,都可执行【样条曲线】命令。

② 选择要修改的样条曲线。

③ 通过输入一个或多个以下选项编辑样条曲线。

④ 拟合(F):编辑定义样条曲线的拟合数据。

⑤ 闭合(C):将开放样条曲线修改为连续闭合的环。

⑥ 移动顶点(M):将拟合点移动到新位置。

⑦ 细化(R):通过添加权值控制点并提高样条曲线阶数来修改样条曲线定义。

⑧ 反转(E):反转样条曲线的方向。

⑨ 放弃(U):取消上一次编辑操作。

⑩ 退出(X):结束命令。

(3) 用夹点编辑样条曲线的步骤

① 空选选择样条曲线。

② 选中需要的夹点进行拖拽,到合适位置后单击鼠标左键。

(4) 命令应用

对图 6-2 中的图形(虚线显示)使用夹点编辑方式,把夹点 E 拖至 E′点,结果见图 6-2 中的实线样条。

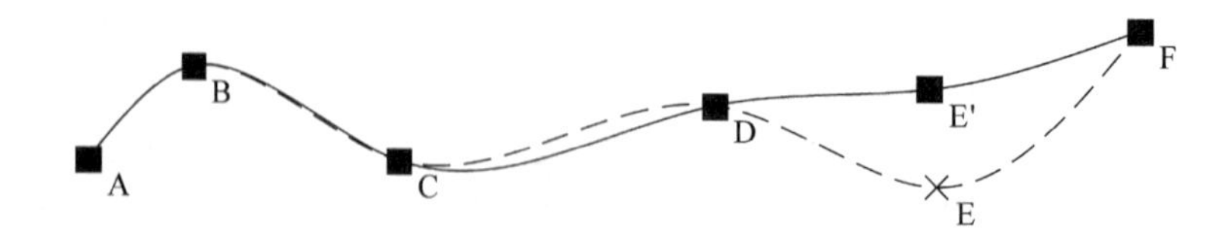

图 6-2 编辑样条曲线示例

6.1.1.5 说明

(1)【样条曲线】命令把光滑的曲线拟合成一系列的点。

(2) 样条曲线可以通过指定点来创建，样条曲线也可以封闭。

(3) 样条曲线至少由 3 点构成，绘制结束时必须回车 3 次才能结束，且回车的位置不同，绘制的结果也不同。

(4) 用拖拽夹持点的方式编辑样条曲线时，将两个夹点重合后可减少样条曲线中的夹点数。

6.1.2　多线(Mline)

6.1.2.1　命令功能

■ 创建多条平行线。

6.1.2.2　多线样式

执行【格式】→【多线样式】菜单项或在命令行输入“Mlstyle”，弹出【多线样式】对话框，见图 6-3。对话框内各项含义如下：

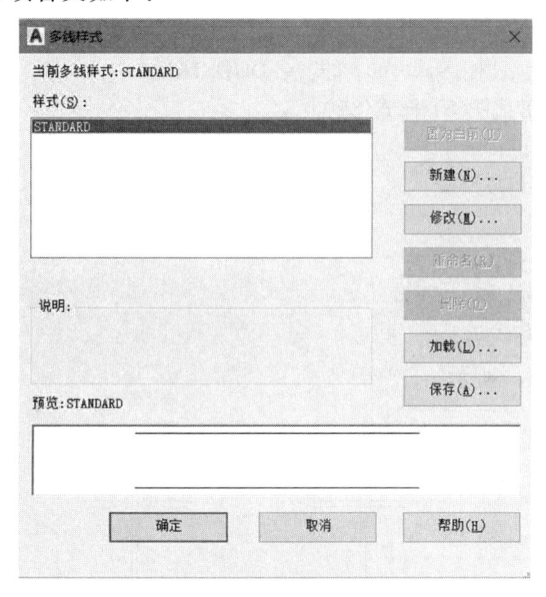

图 6-3　【多线样式】对话框

(1)【当前多线样式】用于显示当前多线样式的名称，该样式将在后续创建的多线中用到；【样式】文本框用于显示已加载到图形中的多线样式列表；【说明】区用于显示选定多线样式的说明；【预览】区显示选定多线样式的名称和图像。

(2)【置为当前】按钮可设置用于后续创建的多线的当前多线样式。【新建】按钮用于显示【创建新的多线样式】对话框，从中可以创建新的多线样式，见图 6-4；【修改】按钮可以修改选定的多线样式。

(3)【重命名】按钮用于重新命名当前选定的多线样式；【删除】按钮可从“样式”列表中删除当前选定的多线样式；【加载】按钮用于显示【加载多线样式】对话框，从中可以从指定的 MLN 文件加载多线样式，见图 6-5；【保存】按钮将多线样式保存或复制到多线库。

6.1.2.3　命令调用方式

■ 单击【默认】选项卡→【绘图】面板→【多线】按钮。

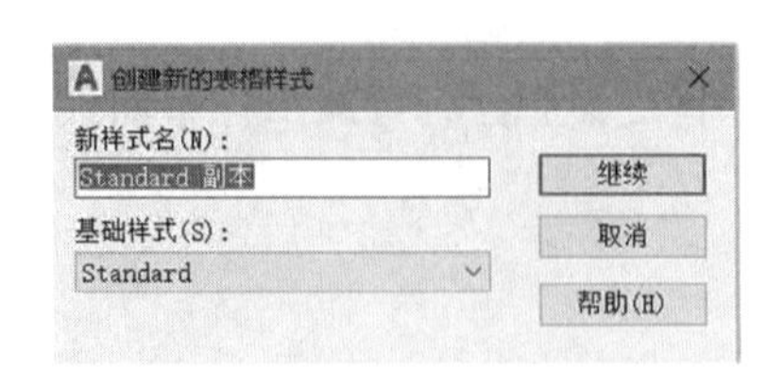

图 6-4 【创建新的多线样式】对话框

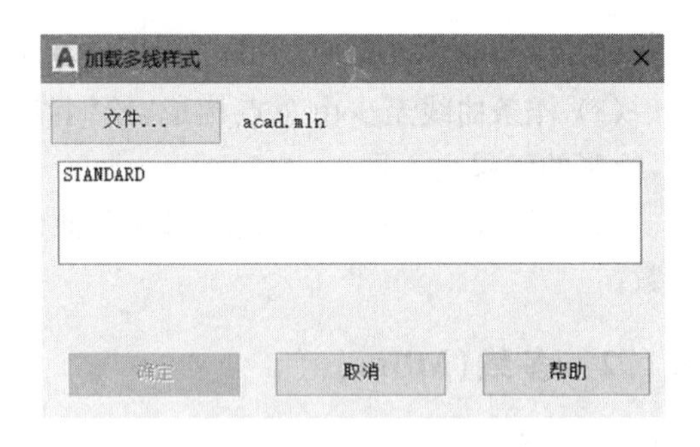

图 6-5 【加载多线样式】对话框

■ 执行【绘图】→【多线】命令。

■ 在命令行输入“Mline”或命令别名“Ml”并回车。

6.1.2.4 命令应用

命令：mline ↵	执行多线命令
当前设置：对正 = 上，比例 = 20.00，样式 = DUOXIAN	
指定起点或 [对正(J)/比例(S)/样式(ST)]：↙	指定 A 点
指定下一点：	指定 B 点
指定下一点 或 [放弃(U)]：↵	回车结束命令
命令：↵	重复执行多线命令
指定下一点：<正交 开>↙	指定 C 点
指定下一点 或 [放弃(U)]：↙	指定 D 点
指定下一点 或 [放弃(U)]：↵	回车结束命令

绘制结果如图 6-6(a)所示。

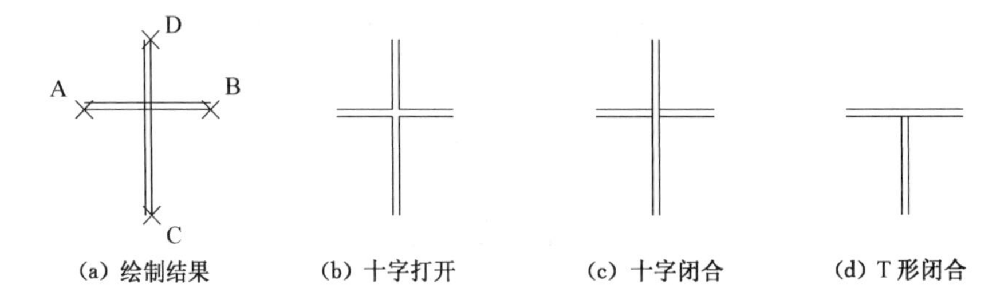

图 6-6 多线的绘制与编辑示例

6.1.2.5 多线编辑

执行【修改】→【对象】→【多线】菜单项或在命令行输入“Mledit”，都可以打开【多线编辑工具】对话框，见图 6-7。该工具提供 12 种编辑方式，其中：

(1) “十字闭合”“十字打开”和“十字合并”方式可在两组多线之间创建闭合、打开和合并的十字交点。

(2) “T 形闭合”“T 形打开”和“T 形合并”方式可在两条多线之间创建闭合、开放和合并的 T 形交点。

(3) “角点结合”“添加顶点”和“删除顶点”方式可在多线之间创建角点连接、将一个顶点添加到多线上或从多线上删除一个顶点。

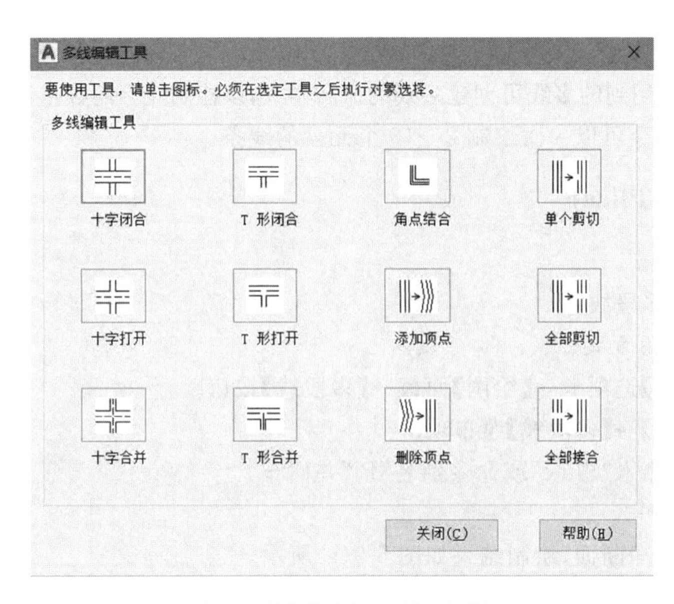

图 6-7 【多线编辑工具】对话框

(4)“单个剪切”“全部剪切”和“全部接合”方式可剪切多线上的选定元素、将多线剪切为两部分或将已被剪切的多线线段重新合并起来。

对图 6-6(a)中所绘巷道图形的编辑结果见图 6-6(b)、(c)、(d)。

用【多线】命令绘制采区巷道如图 6-8 所示，绘制过程略。

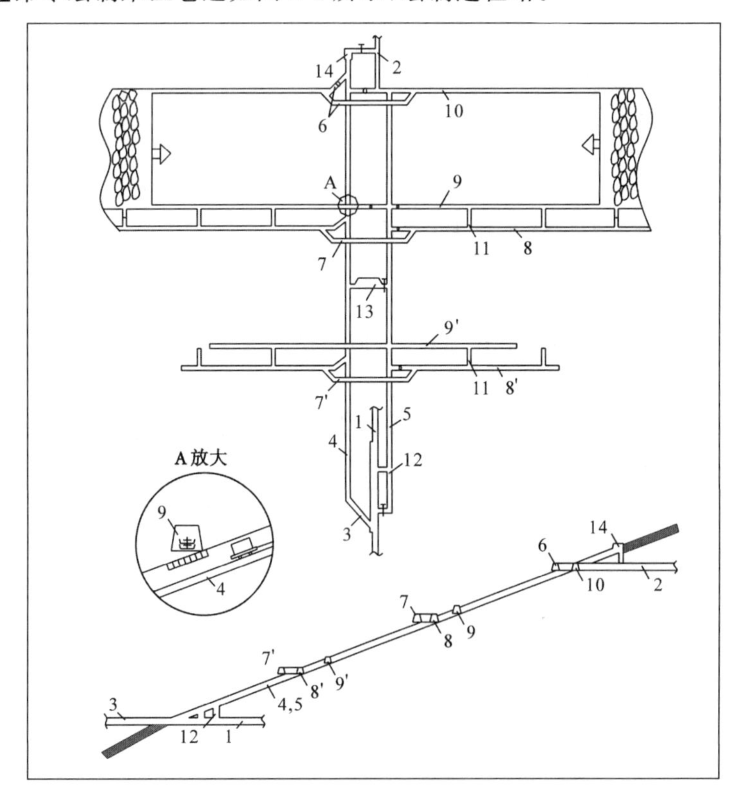

图 6-8 用【多线】命令绘制采区巷道

6.1.2.6　说明

(1) 对于经常用到的多线可创建多线的命名样式，以控制元素的数量和每个元素的特性。

(2)【多线】命令可以一次绘制 2～16 个元素的线条。

6.1.3　多段线(Pline)

6.1.3.1　命令功能

■ 创建二维多段线。

6.1.3.2　命令调用方式

■ 单击【默认】选项卡→【绘图】面板→【多段线】按钮。

■ 执行【绘图】→【多段线】菜单项。

■ 在命令行输入“Pline”或命令别名“Pl”并回车。

6.1.3.3　命令应用

(1) 绘制巷道净断面，绘制结果如图 6-9(a)所示。

命令：pline ↵	执行多段线命令
指定起点：↙	指定 A 点
当前线宽为 0.0000 ↵	执行多段线命令
指定下一点或 [圆弧(A)/半宽(H)/长度(L)/放弃(U)/宽度(W)]：1800 ↵	输入巷道墙高
指定下一点或 [圆弧(A)/闭合(C)/半宽(H)/长度(L)/放弃(U)/宽度(W)]：a ↵	选圆弧(A)项
指定圆弧的端点或 [角度(A)/圆心(CE)/闭合(CL)/方向(D)/半宽(H)/直线(L)/半径(R)/第二个点(S)/放弃(U)/宽度(W)]：a ↵	选角度(A)项
指定包含角：−180 ↵	输入包含角角度
指定圆弧的端点或 [圆心(CE)/半径(R)]：r ↵	选半径(R)项
指定圆弧的半径：1800 ↵	输入圆弧半径
指定圆弧的弦方向 ＜90＞：0 ↵	输入圆弧弦方向
指定圆弧的端点或 [角度(A)/圆心(CE)/闭合(CL)/方向(D)/半宽(H)/直线(L)半径(R)/第二个点(S)/放弃(U)/宽度(W)]：l ↵	选直线(L)项
指定下一点或[圆弧(A)/闭合(C)/半宽(H)/长度(L)/放弃(U)/宽度(W)]：1800 ↵	输入巷道墙高
指定下一点或[圆弧(A)/闭合(C)/半宽(H)/长度(L)/放弃(U)/宽度(W)]：↵	回车结束命令

(2) 绘制巷道毛断面。

执行偏移操作，把多段线向外偏移 100 mm 即得巷道毛断面图，见图 6-9(b)。

图 6-9 中图形使用【多段线】命令还有其他多种画法，在此不多阐述。

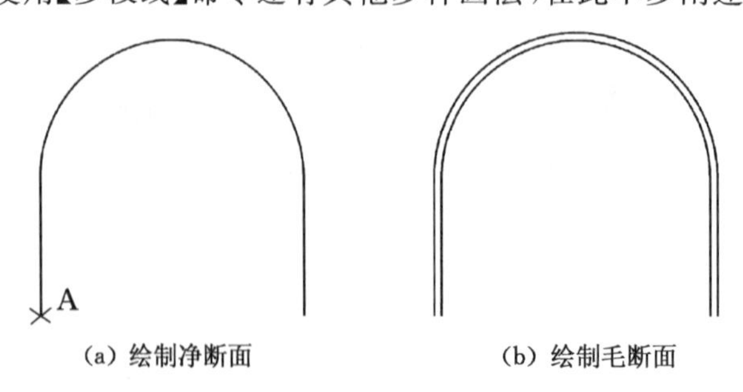

(a) 绘制净断面　　(b) 绘制毛断面

图 6-9　多段绘制示例

6.1.3.4　编辑多段线

通过闭合和打开多段线以及移动、添加或删除单个顶点可以编辑多段线。既可以在任意两个顶点之间拉直多段线，也可以切换线型以便在每个顶点前或后显示虚线；既可以为整个多段线设置统一的宽度，也可以分别控制各个线段的宽度；还可以通过多段线创建线性近似样条曲线。

(1) 合并多段线线段

如果直线、圆弧或另一条多段线的端点相互连接或接近，则可以将它们合并到打开的多段线。如果端点不重合，而是相距一段可设定的距离(称为模糊距离)，则通过修剪、延伸或将端点用新的线段连接起来的方式来合并端点。

(2) 修改多段线的属性

如果被合并到多段线的若干对象的特性不相同，则得到的多段线将继承所选择的第一个对象的特性。如果两条直线与一条多段线相接构成Y形，AutoCAD选择其中先选定的一条直线并将它与多段线合并。这样的合并将导致非曲线化，AutoCAD丢弃原多段线和与之合并的多段线的样条曲线信息。一旦完成了合并，就可以拟合新的样条曲线生成多段线。

(3) 分解多段线

分解多段线时，多段线的线宽和关联信息会自动丢失，所得直线和圆弧将沿原多段线的中心线放置。如果分解包含多段线的块，则需要单独分解多段线。

(4) 多段线的其他编辑操作

【闭合】选项可创建首尾连接的闭合多段线；【合并】选项可将端点接触的直线、圆弧或多段线和从曲线拟合的多段线合并；【宽度】选项可为多段线指定新的统一宽度；【编辑顶点】选项可在屏幕上绘制X标记多段线的第一个顶点；【拟合】选项可创建连接每一对顶点的平滑圆弧曲线；【样条曲线】选项可将选定多段线的顶点用作样条曲线拟合多段线的控制点或控制框架；【非曲线化】选项可删除圆弧拟合或样条曲线拟合多段线插入的其他顶点，并拉直所有多段线线段；【线型生成】选项可生成经过多段线顶点的连续图案线型。

(5) 修剪和延伸宽多段线

修剪和延伸宽多段线使中心线与边界相交。因为宽多段线的末端与这个片段的中心线垂直，如果边界不与延伸线段垂直，则末端的一部分延伸时将越过边界。如果修剪或延伸锥形的多段线线段，延伸末端的宽度将被更改以将原锥形延长到新的端点。如果此修正给该线段指定一个负的末端宽度，则末端宽度被强制为0。

6.1.3.5　编辑多段线的步骤

(1) 执行【修改】→【对象】→【多段线】菜单项或者在命令行输入“Pedit”命令。

(2) 选择要修改的多段线。

(3) 通过输入一个或多个选项编辑多段线。

(4) 根据需要继续编辑或结束编辑命令。

6.1.3.6　【多段线编辑】命令应用

(1) 一般线条编辑

原图如6-10(a)所示，经过修剪得到图6-10(b)；对图6-10(b)的12段线条进行多段线编辑，使其变成一条多段线，见图6-10(c)。操作如下：

命令：pedit ↵	执行多段线命令
选择多段线或［多条(M)］：m	选择要合并的对象
选择对象：↙找到 12 个，总计 12 个	拾取直线对象
选择对象：↵	回车确认
是否将直线和圆弧转换为多段线？［是(Y)/否(N)］？<Y>：↵	回车确认
输入选项［闭合(C)/打开(O)/合并(J)/宽度(W)/拟合(F)/样条曲线(S)/	
非曲线化(D)/线型生成(L)/反转(R)/放弃(U)］：j ↵	选合并(J)项
合并类型 ＝ 延伸	
输入模糊距离或［合并类型(J)］<0.0000>：↵	回车确认
多段线已增加 11 条线段	
输入选项［闭合(C)/打开(O)/合并(J)/宽度(W)/拟合(F)/样条曲线(S)/	
非曲线化(D)/线型生成(L)/反转(R)/放弃(U)］：↵	回车结束命令

(a) 原图　　(a) 修剪图　　(a) 多段线编辑结果

图 6-10　编辑多段线绘制示例

(2) 多段线在煤矿通风立体示意图中的应用

以煤矿通风立体示意图的绘制为例。首先绘制基本的线条，如图 6-11(a)所示；然后对巷道左侧和下侧的线条分别进行线宽处理，处理完成后的图形如图 6-11(b)所示。

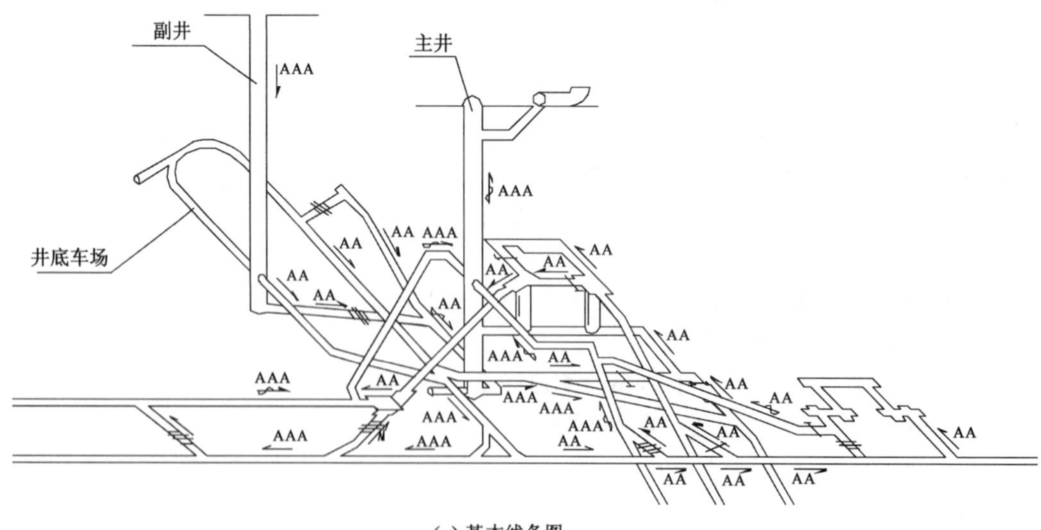

(a) 基本线条图

图 6-11　煤矿通风立体示意图

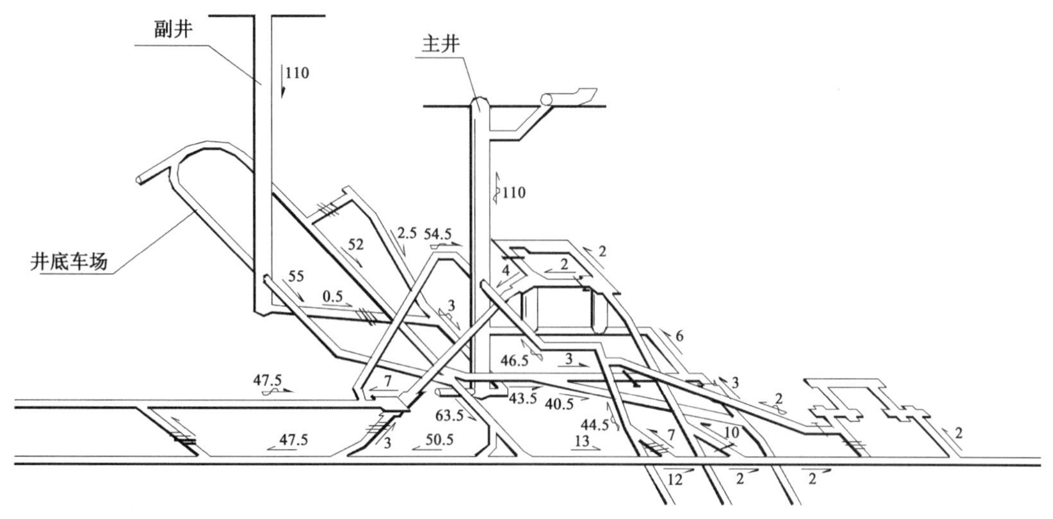

(b) 对巷道左侧和下侧的线条宽处理后的立体图

图 6-11（续）

6.1.3.7　说明

(1) 多段线是作为单个对象创建的相互连接的序列线段，可以用于创建直线段、弧线段或两者的组合线段。

(2) 多段线提供单个直线所不具备的编辑功能。例如，可以调整多段线的宽度和曲率。创建多段线之后，可以使用【多线编辑】命令对其进行编辑，或者使用【分解】命令将其转换成单独的直线段和弧线段。

6.1.4　边界(Boundary)

6.1.4.1　命令功能

■ 根据形成封闭区域的现有对象创建边界。

6.1.4.2　命令调用方式

■ 执行【绘图】→【边界】菜单项。

■ 在命令行输入“Boundary”或命令别名“Bo”并回车。

6.1.4.3　命令应用

(1) 生成内部边界。【边界创建】对话框如图6-12 所示。

命令：boundary ↵	执行边界命令
选择内部点：↙	指定内部 A 点
正在选择所有对象...	
正在选择所有可见对象...	
正在分析所选数据...	
正在分析内部孤岛...	
选择内部点：↵	回车确认
已创建 1 个多段线	系统提示

图 6-12　【边界创建】对话框

将生成的落地式带式输送机内边界图形移出，见图 6-13(b)。

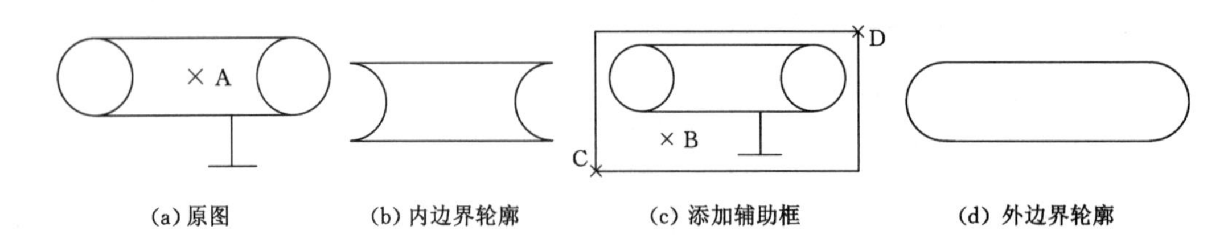

图 6-13　边界命令的应用示例

(2) 生成外部边界。在图 6-13(a)中绘制矩形 CD,结果如图 6-13(c)所示。

命令：boundary ↵	执行边界命令
选择内部点：↙	指定内部 B 点
正在选择所有对象...	
正在选择所有可见对象...	
正在分析所选数据...	
正在分析内部孤岛...	
选择内部点：↵	回车确认
已创建 2 个多段线	系统提示

移出生成的落地式带式输送机外边界,见图 6-13(d)。

6.1.4.4　说明

【边界】命令使用技巧：

(1)【边界】命令生成的多段线具有当前的特性。

(2) 在辅助线层做基础工作,在目的层生成边界。

(3) 封闭图形的内侧,直接生成边界。

(4) 封闭图形的外侧,在外侧添加辅助封闭线。

(5) 不封闭的图形,添加辅助线使其封闭。

6.2　块的创建与编辑

6.2.1　创建块(Block)

6.2.1.1　命令功能

■ 根据选定对象创建块定义。

6.2.1.2　命令调用方式

■ 单击【默认】选项卡→【块】面板→【创建】按钮。

■ 单击【插入】选项卡→【块】面板→【创建】按钮。

■ 在命令行输入“Block”或命令别名“B”并回车。

6.2.1.3　【块定义】对话框

执行【块定义】命令,弹出【块定义】对话框,见图 6-14。该对话框内各项含义如下：

(1)【名称】列表框用于指定块的名称,块名最长可达 255 个字符,可以包括字母、数字、空格和 AutoCAD 未作他用的特殊字符。

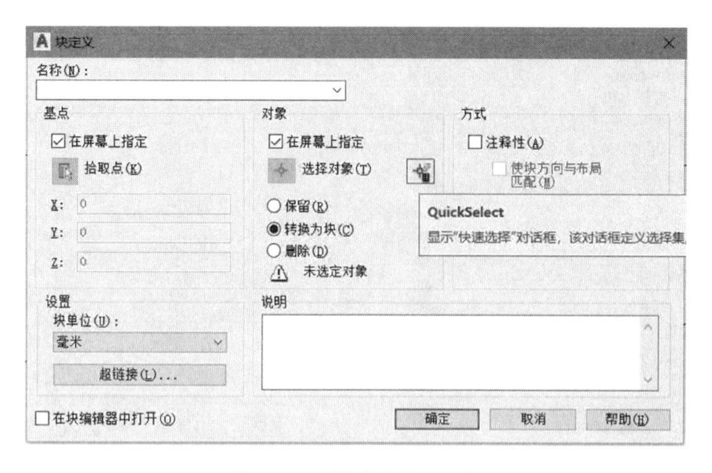

图 6-14　【块定义】对话框

(2)【基点】区用于指定块的插入基点，默认值为(0，0，0)。可以单击【拾取点】按钮切换到绘图窗口并拾取基点，还可以分别指定 X、Y、Z 的坐标值。

(3)【对象】区用于指定新块中要包含的对象，以及创建块之后如何处理这些对象，是保留还是删除选定的对象或者是将它们转换成块实例。其中：

【在屏幕上指定】复选框用于当前文档中的对象；【选择对象】按钮单击后暂时关闭【块定义】对话框，用于选择块对象，完成块对象选择后，按回车键重新显示【块定义】对话框；【快速选择】按钮可显示【快速选择】对话框，进行创建块对象的初始选择；【保留】单选钮是将选定对象保留在图形中作为区别对象；【转换为块】单选钮是将选定对象转换成图形中的块实例；【删除】单选钮是从图形中删除选定的对象。

(4)【方式】区中，【注释性】复选框可指定块为注释性；【使块方向与布局匹配】复选框可指定在图纸空间视口中的块参照的方向与布局的方向匹配，如果未选择【注释性】选项，则该选项不可用；【按统一比例缩放】复选框用于指定是否阻止块参照不按统一比例缩放；【允许分解】复选框指定块参照是否可以被分解。

(5)【设置】区中，【块单位】列表框用于设置创建块时的单位，一般默认取"毫米"；【超链接】项可弹出【插入超链接】对话框，用于插入超链接文档。

(6)【说明】区用于显示与当前块相关联的文字说明。

(7)【在块编辑器中打开】复选框选中并单击【确定】按钮后，在【块编辑器】中打开当前的块定义。

6.2.1.4　命令应用

(1) 打开前面绘制块的指北针基本图形。

(2) 执行【块定义】命令，并按照图 6-15 设置【块定义】对话框。

(3) 在【名称】框中输入块名"常规指北针"。

(4) 在【基点】区单击【拾取点】按钮，然后单击圆环图形的中心点 O，确定基点位置，见图 6-16(b)。

(5) 在【对象】区中选择【转换为块】单选钮，再单击【选择对象】按钮，切换到绘图窗口，使用窗口选择方法，选择要转换为块的图形，见图 6-16(c)。然后按回车键返回【块定义】对话框。

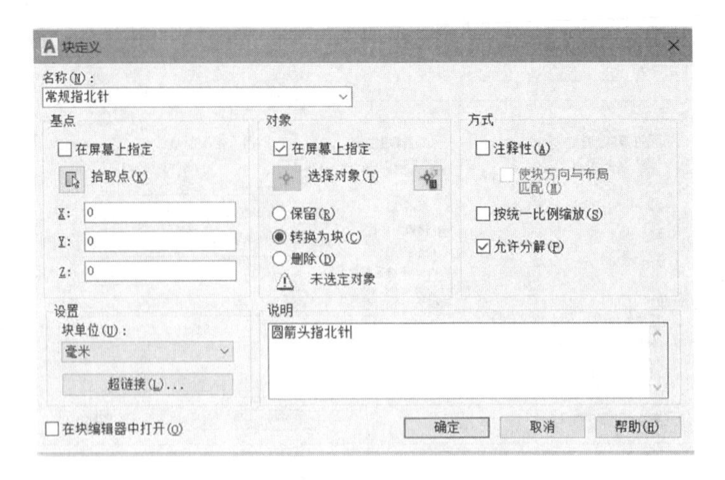

图 6-15 【块定义】对话框参数设置

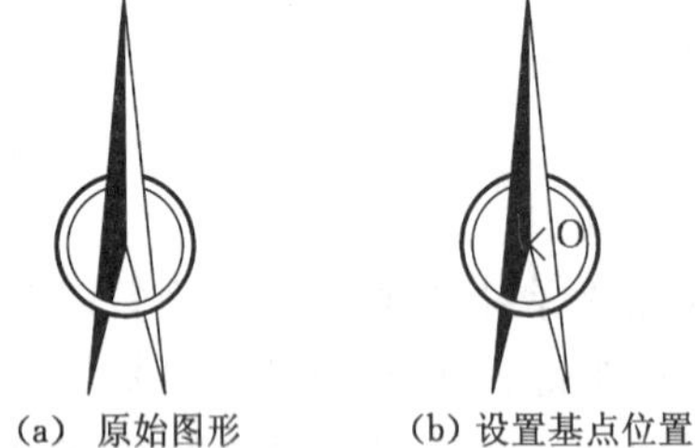
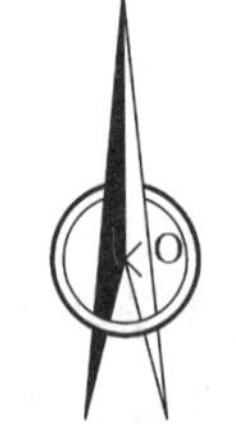
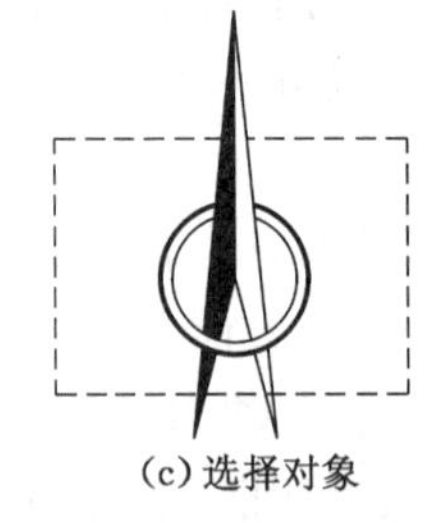
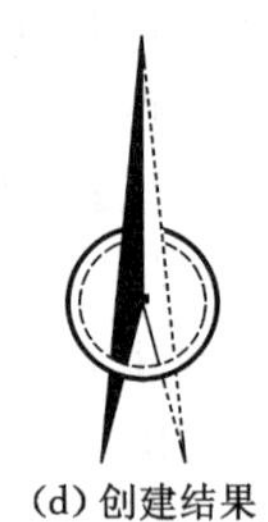

(a) 原始图形 (b) 设置基点位置 (c) 选择对象 (d) 创建结果

图 6-16 创建块示例

(6) 在【设置】区中将单位设置为“毫米”。

(7) 使用光标选择要包括在块定义中的对象，按回车键完成对象选择。

(8) 在【说明】区中输入块定义的说明：“圆箭头指北针”。

(9) 设置完毕，单击【确定】按钮保存设置，创建结果如图 6-16(d)所示。选中新创建的块后，仅出现一个夹点。

6.2.1.5 说明

(1) 如果要使新插入的块能够继承当前层的特性，则必须在“0 层”中创建初始对象，否则，插入块后原始对象的图层特性也会一并插入到当前文档中。

(2) 由【创建块】命令创建的块只能在创建该块的命令中插入使用，否则，应通过【设计中心】进行操作。有关【设计中心】的内容详见第 9 章。

6.2.2 插入块(Insert)

6.2.2.1 命令功能

■ 将块或图形插入当前图形中。

6.2.2.2 命令调用方式

■ 单击【默认】选项卡→【块】面板→【插入】按钮。

■ 单击【插入】选项卡→【块】面板→【插入】按钮。

■ 在命令行输入“Insert”或命令别名“I”并回车。

6.2.2.3　【插入块】对话框

执行【插入块】命令，弹出【插入块】对话框，见图 6-17。该对话框内各项含义如下：

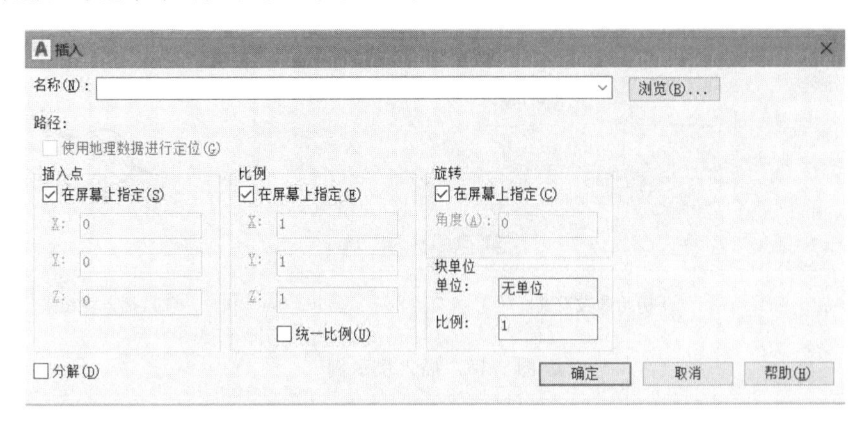

图 6-17　【插入块】对话框

(1)【名称】下拉框指定要插入块的名称，或指定要作为块插入的文件的名称。也可单击【浏览】按钮，弹出【选择图形文件】对话框，进行选择块文件。

(2)【路径】区指定块的路径。其中【使用地理数据进行定位】插入将地理数据用作参照的图形，指定当前图形和附着的图形是否包含地理数据。此选项仅在这两个图形均包含地理数据时才可用。

(3)【插入点】区用于设置块的插入点位置，也可以在 X、Y、Z 文本框中输入点的坐标，还可以通过选中【在屏幕上指定】复选框在屏幕上指定插入点的坐标。

(4)【比例】区可在设置完 X、Y 或 Z 方向的比例后自动匹配其他两个方向的比例。插入块时，如果 X、Y 或 Z 方向选择不同的比例，可以完成变换图形某个方向的比例。例如，正方形可以变换成矩形，圆形可以变换成椭圆。

(5)【旋转】区用于设置块插入时的旋转角度。既可输入特定的角度数值，也可在当前 UCS 中指定插入块的旋转角度。

(6)【块单位】区用于显示单位值和比例值。

(7)【分解】复选框可以将插入的块分解成创建块时的原始对象。

6.2.2.4　命令应用

【插入块】命令的使用步骤如下：

(1) 执行【插入块】命令。

(2) 在【名称】列表框中选择“指北针”。

(3) 在【插入点】区中选择【在屏幕上指定】复选框，并选择经纬网中的交点为插入点。

(4) 在【比例】区中取默认值。

(5) 在【旋转】区输入需要旋转的角度，即“－30”。设置的结果如图 6-18(a)所示，然后单击【确定】按钮。

(6) 在经纬网中选择一处经线和纬线的交点后单击，完成块的插入操作，结果如图 6-18(b)所示。

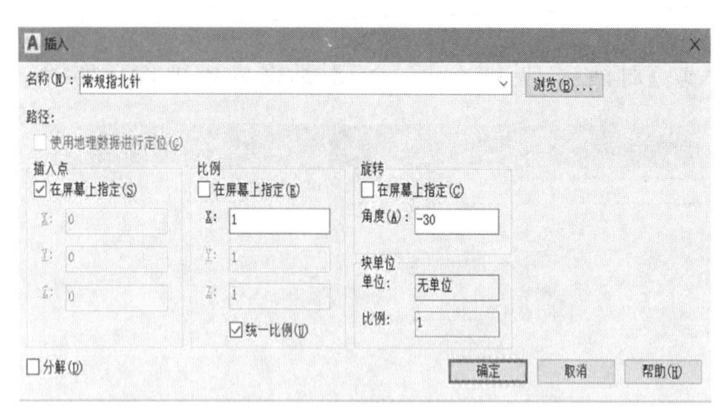

(a) 初始参数设置

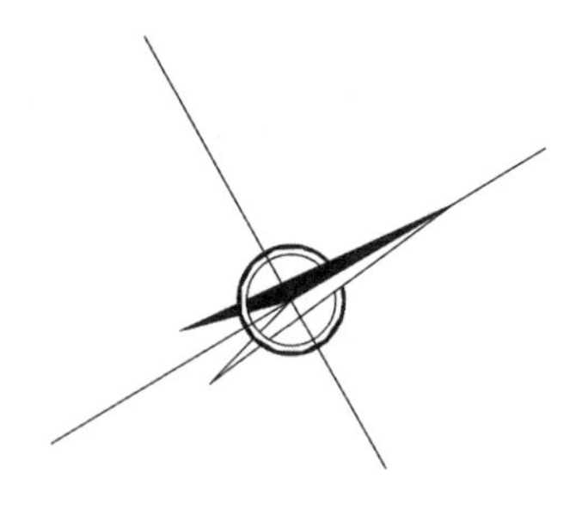
(b) 插入块结果

图 6-18 插入块示例

6.2.3 写块(Wblock)

6.2.3.1 命令功能

■ 将对象或块写入新图形文件。

6.2.3.2 命令调用方式

■ 在命令行输入“Wblock”或命令别名“W”并回车。

6.2.3.3 【写块】对话框

执行【写块】命令，弹出【写块】对话框，见图 6-19。该对话框内各项含义如下：

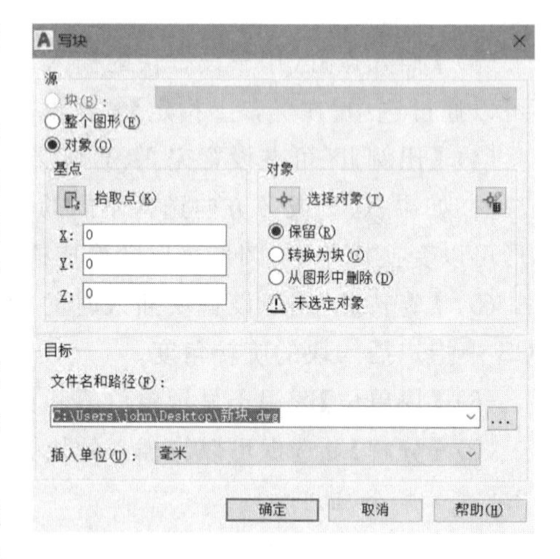

图 6-19 【写块】对话框

(1)【源】区用于指定块和对象，将其保存为文件并指定插入点。【块】单选钮用于指定要保存为文件的现有块，从列表中选择名称；【整个图形】单选钮用于选择当前图形作为一个块；【对象】单选钮用于指定要保存为文件的对象。

(2)【基点】区和【对象】区的功能与【块定义】对话框中的【基点】区和【对象】区的功能完全一样，使用方法见 6.2.1 节。

(3)【目标】区用于指定文件的新名称和新位置以及插入块时所用的测量单位。【文件名和路径】列表框用来指定文件名和保存块或对象的路径；【插入单位】列表框是指定从【设计中心】中拖动新文件并将其作为块插入到使用不同单位的图形中时自动缩放所使用的单位值。如果希望插入块时不自动缩放图形，可选择“无单位”。

6.2.3.4 命令应用

(1) 执行【写块】命令并为新块命名。

(2) 选择基点(拾取点)，选择对象。

(3) 选择系统合理的文件夹保存块。

使用【写块】命令时，为了使插入块时能够预览对象，在单击【确定】按钮前应将写块对象最大化地显示在当前绘图区内，以便预览时能够较清晰预览块。

6.2.4　块的创建技巧

6.2.4.1　单位块与原块

单位块是指生成块的对象的最大尺寸。例如，不同规格的六角螺母的基本图形均为正六边形，正六边形外接圆的直径是螺母的规格，则可以创建一个直径为 1 mm 的正六边形作为单位块，有不同规格的需求时，只需将插块的比例设为需要的数值即可，见图 6-20。

原块是指生成块的对象的起初角度。例如，在创建“常规指北针”块时，为了使插入指北针块能够随鼠标的旋转而旋转，应该在创建块之前将图元先顺时针旋转 90°，见图 6-21，此时执行【写块】命令后，会提高插块操作的速度。

此外，创建块时插入点的选择一定要拾取最有实际意义的点，否则会在执行【插入块】命令后，插入的对象不能显示在需要的位置。

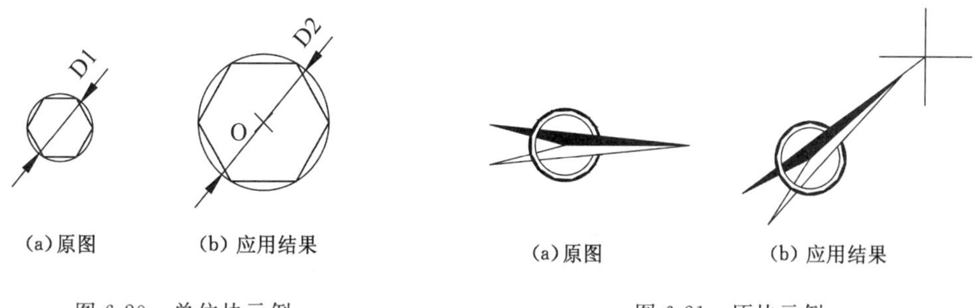

图 6-20　单位块示例　　　　图 6-21　原块示例

6.2.4.2　块的命名与存储

块的命名要有可读性，块的存储要系统合理化。一般地，随着创建块数量的增多，应该建立专门的文件夹以保存块，保存时应体现出分门别类的特性。

【写块】命令创建的块比【创建】块命令创建的块更易于修改块的名称，而且有更强的通用性。【插块】命令可以将 dwg 格式的文档整体作为一个块插入到需要的文档中。

6.2.4.3　块的分解及嵌套

对插入到当前图形文件中的块执行【分解】命令后，块被分解为创建该块时的对象。如果该块嵌套有别的块时，嵌套的块不会被分解。

新创建的块可以将已创建的块对象作为新块的一部分，但未作任何修改的块不能直接嵌套自身。

6.2.4.4　块与图层的关系

(1) 一般不通过更改当前设置，如颜色、线型和线宽等特性来改变块中对象的特性。

(2) 在创建块定义时，可对每个对象单独设置颜色、线型和线宽特性。

(3) 如果未进行明确设置(即在 0 层创建原始对象)，则继承指定给当前图层的特性；否则，不管当前设置如何变化，块中对象的特性均继承原有特性不会改变。

6.2.5　编辑块(Beidt)

对于已经创建成的块可以有多种编辑方法：

(1) 对创建块的原始图元进行编辑,然后用同一块名进行重新创建块操作,并替代原有块。

(2) 对于用【写块】命令创建的块,可以将其视为 AutoCAD 的文件,用 AutoCAD 程序直接打开后进行编辑,然后保存。

(3) 采用【编辑块定义】对话框编辑块,这种方法多用于已经插入到当前文件内的块,编辑后存盘退出,已经定义的同名块随之更新。

本节主要介绍最后一种方式,即通过【编辑块定义】对话框编辑块的操作方法。

6.2.5.1 命令功能

■ 编辑已创建好的块。

6.2.5.2 命令调用方式

■ 单击【默认】选项卡→【块】面板→【编辑】按钮。

■ 单击【插入】选项卡→【块】面板→【块编辑器】按钮。

■ 在命令行输入“Beidt”并回车。

6.2.5.3 命令应用

下面举例说明如何将“常规指北针”块编辑为原块的操作方式。

(1) 将“常规指北针”块编辑为原块(即将指北针顺时针旋转 90°,使箭头所指方向与 AutoCAD 默认笛卡尔坐标系 0°方向一致)。

执行【编辑块】命令,弹出【编辑块定义】对话框,见图 6-22。

该对话框中各项含义为:【要创建或编辑的块】列表框有两个或多个选择项,第一次创建块只可选择【当前图形】,然后进行新块的创建,对已有块进行编辑,可在示例区内进行选择后单击【确定】按钮即可;【预览】区用于对已建块的预览;【说明】区用于显示对已创建或待创建块的说明。

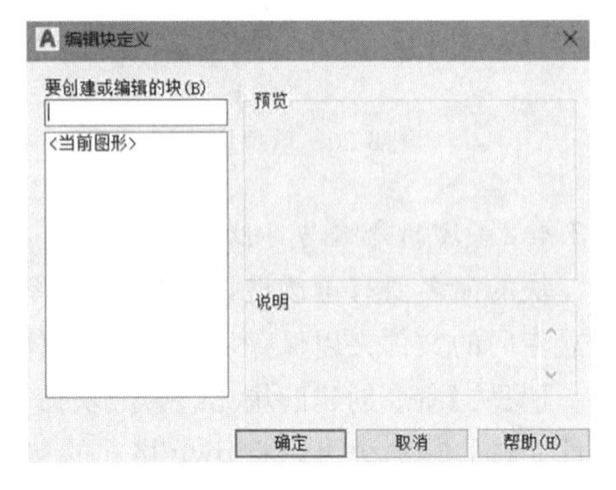

图 6-22 【编辑块定义】对话框

(2) 在图 6-22 左侧列表框中选中“常规指北针”项,然后单击【确定】按钮。在选项卡区域显示区后方会新弹出【块编辑器】选项卡和【块编写选项板】窗口,见图 6-23 和图 6-24。

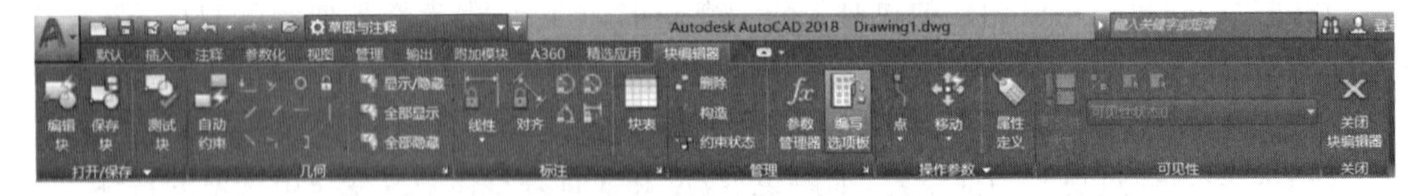

图 6-23 【块编辑器】选项卡显示界面

【块编辑器】选项卡界面包括【打开/保存】、【几何】、【标注】、【管理】、【操作参数】、【可见性】和【关闭】共 7 个面板。各面板功能如下:【打开/保存】面板用于编辑、保存和测试当前块;【几何】面板用于约束组成当前块的各对象间的几何位置关系,其主要功能与参数化制图一致;【标注】面板用于对当前块的尺寸进行标注,也可根据需要将某些标注用于编辑器中的注释,但在使用块的文档中不显示该内容;【管理】与【操作参数】面板的操作与参数化制图相似;【可见性】面板用于创建、删除或修改动态块的可见性状态;【关闭】面板中仅有【关闭块编辑器】按钮,用于关闭【块编辑器】选项卡的显示,并根据当前操作选择退出的方式。

【块编写选项板】窗口包括【约束】、【参数项】、【动作】和【参数】四个面板,其功能和操作方式与参数化制图和【块编辑器】选项卡中各按钮的功能基本相同。

除【块编辑器】和【块编辑选项板】中显示的各项功能外,在编辑块的状态下,AutoCAD程序自带的各选项卡的功能仍可使用。

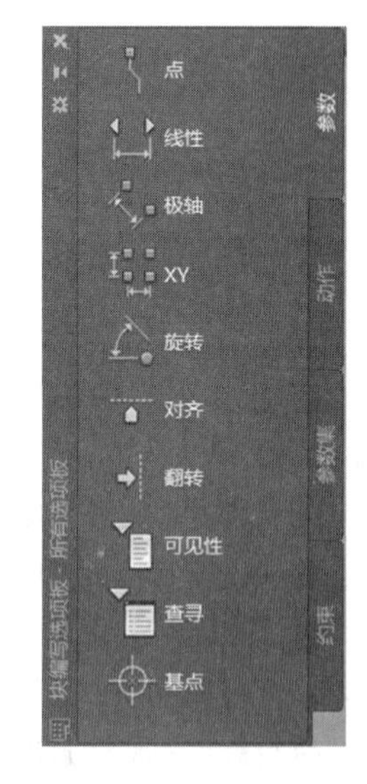

图 6-24 【块编写选项板】

(3) 选中当前图形,执行【旋转】命令,将所有对象顺时针旋转90°。

(4) 单击【关闭块编辑器】按钮,选择【将更改保存到 常规指北针】项,见图6-25。

(5) 重命名块,在命令行输入“Rename”,弹出【重命名】对话框,依次在【命名对象】列表框中选择“块”,在【项数】列表框中选择“常规指北针”,在【重命名为】按钮右侧的文本框内输入新块名“原块指北针”,见图6-26所示。

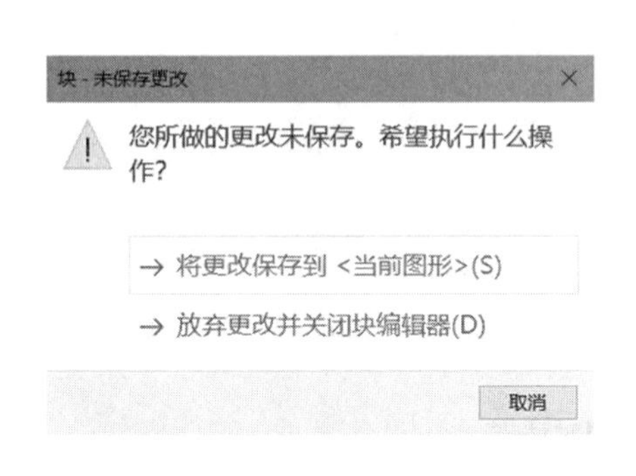

图 6-25 【块编辑器】退出信息提示框

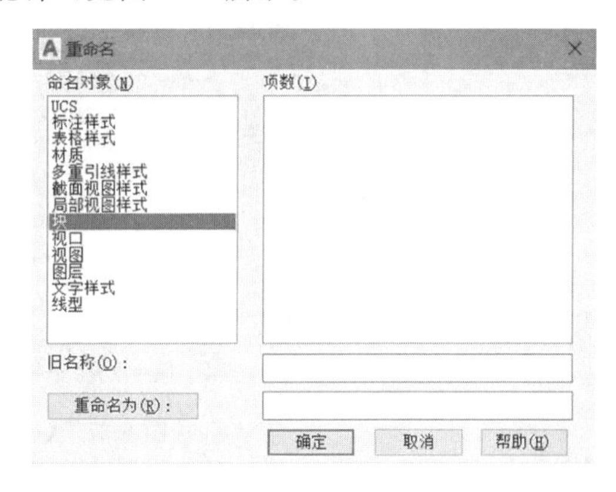

图 6-26 【重命名】对话框

(6) 单击【确定】按钮,完成块重命名操作。

6.2.5.4 说明

(1) 图形文件内已插入的块对象可通过【删除】命令删除,但创建块的名称仍保留在当前文档内,此时可以采取【清理】(Purge)命令清理块文件以及块操作过程中产生的大量临时性块,降低文档大小,提高运行速度。

(2) 通过重新定义块的操作,可实现块的替代功能,其快捷性类似于文字的【查找与替换】。

6.3 属性块的创建与应用

6.3.1 定义属性

6.3.1.1 命令功能

■ 在块参照中编辑属性。

6.3.1.2 命令调用方式

■ 单击【默认】选项卡→【块】面板→【定义属性】按钮。

■ 单击【插入】选项卡→【属性】面板→【定义属性】按钮。

■ 在命令行输入“Attdef”并回车。

6.3.1.3 【属性定义】对话框

执行【定义属性】命令，弹出【属性定义】对话框，见图 6-27。该对话框内各项含义如下：

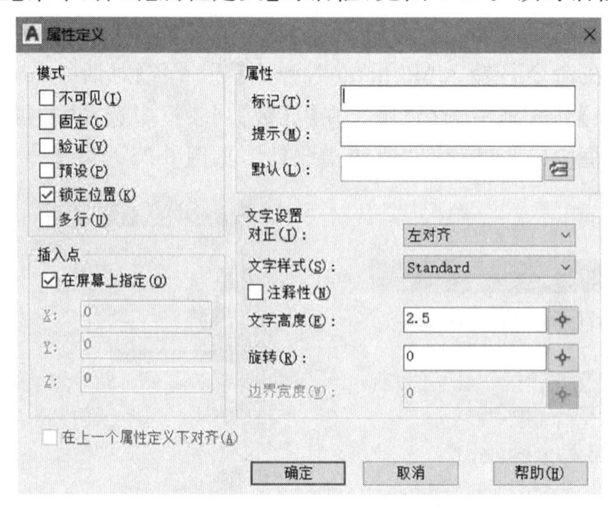

图 6-27 【属性定义】对话框

(1)【模式】区是显示在图形中插入块时，设置与块关联的属性值选项。其中：【不可见】项指定插入块时不显示或打印属性值；【固定】项用于在插入块时赋予属性固定值；【验证】项用于在插入块时提示验证属性值是否正确；【预设】项表明在插入包含预置属性值的块时，将属性设置为默认值；【锁定位置】项用于锁定块参照中属性的位置；【多行】项允许创建的属性值内包含多行文字。

(2)【属性】区用于设置属性数据，由【标记】、【提示】和【默认】组成。【标记】用于标识图形中每次出现的属性；【提示】用来指定在插入包含该属性定义的块时显示的提示，如果不输入提示，属性标记将用作提示，如果在【模式】区域选择【固定】项，【属性】区的【提示】选项将不可用；【默认】用于指定默认属性值。

(3)【插入点】区用于指定属性位置。输入坐标值或者选择【在屏幕上指定】，并使用光标根据与属性关联的对象指定属性的位置。

(4)【文字设置】区用来设置属性文字的对正、样式、高度和旋转。【对正】用于指定属性文字的对正方式。【文字样式】用于指定属性文字的预定义样式，显示当前加载的文字样式，要加载或创建文字样式。【文字高度】用于显示指定属性文字的高度，可输入值或选择【文字高度】按钮用光标指定高度，此高度为从原点到指定位置的测量值；如果选择有固定高度的文字样式，或者在【对正】列表中选择了【对齐】，则【文字高度】选项不可用。【旋转】用于指定属性文字的旋转角度，可输入值或选择【旋转】按钮用光标指定旋转角度，此旋转角度为从原点到指定位置的测量值；如果在【对正】列表中选择了【对齐】或【调整】，则【旋转】选项不可用。【边界宽度】项可以在换行前，指定多行文字属性中文字行的最大长度。

(5)【在上一个属性定义下对齐】复选框用于将属性标记直接置于上一个定义的属性下面。如果以前没有创建属性定义，该选项不可用。

6.3.1.4　说明

创建属性定义后，可以在创建块定义时将其选为对象。如果已经将属性定义合并到块中，那么只要插入块，AutoCAD 就会使用指定的文字字符串提示输入属性。该块的每个后续参照可以使用为该属性指定的不同的值，此类块也称为动态块。

6.3.2　编辑属性

6.3.2.1　命令功能

■ 更改位置、高度和样式等属性特性。

6.3.2.2　命令调用方式

■ 单击【默认】选项卡→【块】面板→【编辑属性】下拉列表框→【多个】按钮。

■ 单击【插入】选项卡→【属性】面板→【编辑属性】按钮。

■ 在命令行输入“Attedit”并回车。

6.3.2.3　命令应用

(1) 执行【编辑属性】命令，弹出【编辑属性定义】对话框，见图 6-28(a)。该对话框中的【标记】、【提示】和【默认】三项功能与【属性定义】对话框的一致。

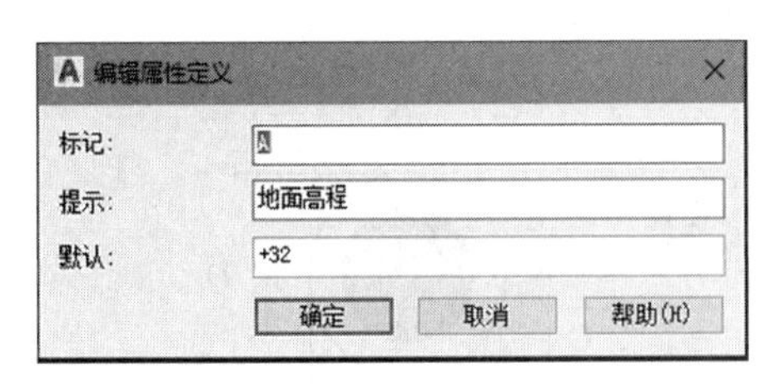

(a)　【编辑属性定义】对话框

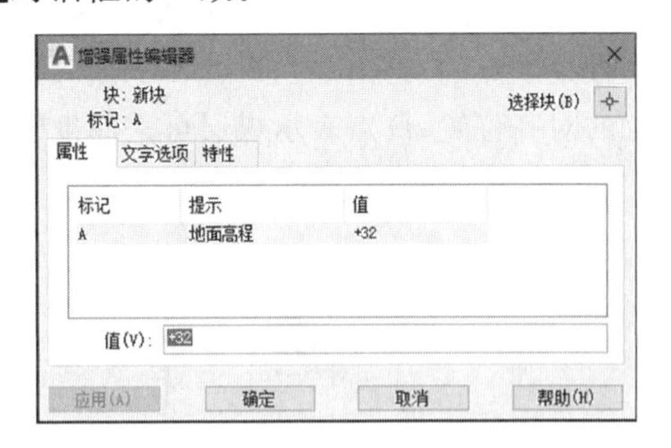

(b)　【增强属性编辑器】对话框

图 6-28　编辑属性的两种对话框

(2) 对于已经创建为属性块的属性，执行【编辑属性】命令后，会弹出【增强属性编辑器】对话框，见图 6-28(b)。该对话框可以进行修改的内容更加丰富，既可对属性的通用特性进行编辑，也可以对文字的特性和图层、颜色等基本特性进行编辑。

6.3.2.4 说明

(1) 对于刚刚创建完成尚未创建为块的属性,无【增强属性编辑器】功能。

(2) 已经创建完成的属性,既可以通过【编辑属性定义】对话框和【增强属性编辑器】对话框编辑属性,也可以通过【特性】窗口编辑属性。

6.3.3 创建属性块

属性块的创建与将普通对象创建为块的操作步骤完全一致,可以用创建块的方式也可以采用写块的方式创建新块。属性块与普通块的区别在于普通块内所包含的线条、文字等信息均为固定的;而属性块创建完成时,在插入的过程中或插入完成后,仍可对文本信息进行实时修改。

6.3.3.1 命令功能

■ 创建带有属性的动态块。

6.3.3.2 命令调用方式

■ 单击【插入】选项卡→【块】面板→【创建】按钮。

■ 在命令行输入“Block”或命令别名“B”并回车。

■ 在命令行输入“Wblock”或命令别名“W”并回车。

6.3.3.3 命令应用

下面举例说明创建带有属性的见煤钻孔属性块的操作步骤。

(1) 见煤钻孔的具体参数如图 6-29(a)、(b)、(c)所示。

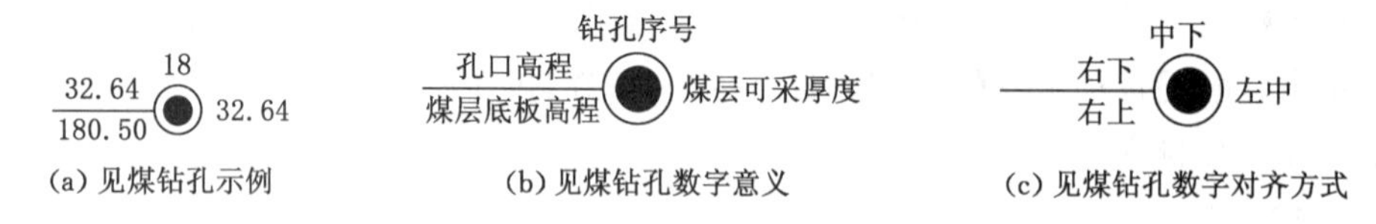

(a) 见煤钻孔示例　(b) 见煤钻孔数字意义　(c) 见煤钻孔数字对齐方式

图 6-29 见煤钻孔参数及意义

(2) 见煤钻孔的几何尺寸以及各参数对齐位置的定位尺寸见图 6-30。其中:A 点表示孔序号中下点的对齐位置;B 点表示孔口高程右下点的对齐位置;C 点表示煤层底板高程右上点的对齐位置;D 点表示煤层可采厚度左中点的对齐位置。

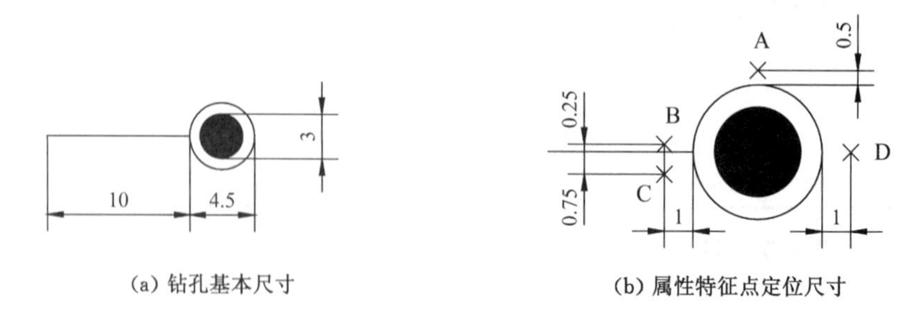

(a) 钻孔基本尺寸　(b) 属性特征点定位尺寸

图 6-30 属性块及其定位的几何尺寸

(3) 执行【文字样式】命令,创建 TNR2 样式名。

(4) 按照图 6-30 绘制基本图形,定位点只需绘出标记,标号 A、B、C 不需标注。

(5) 执行【定义属性】命令,按照图 6-31 所示设置【属性定义】对话框中的各参数的状态，单击【确定】按钮，完成钻孔序号的属性创建。

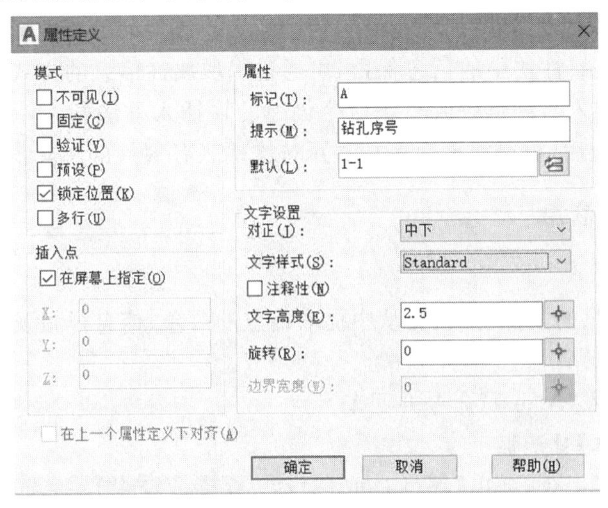

图 6-31　钻孔序号属性参数设置

(6) 重复执行【定义属性】命令，完成孔口高程、煤层底板高程和煤层可采厚度的属性创建。具体属性特征见表 6-1。

表 6-1　　**【属性定义】对话框中设置的详细信息表**

序号	标记(T)	提示(M)	值(L)	拾取点	对正(J)	文字样式
1	A	钻孔序号	1-1	A	中下	TNR2
2	B	孔口高程	+22.5	B	右下	
3	C	煤层底板高程	−589.8	C	右上	
4	D	煤层可采厚度	3.4	D	左中	

(7) 选中创建的线条、圆和属性等对象，执行【写块】或【创建块】命令，创建一带有四项属性信息的属性块，属性块的名称定为“见煤钻孔属性块”。在弹出的【编辑属性】对话框中先不做修改，单击【确定】按钮完成操作。

(8) 选中创建完成的属性块，执行【插入】选项卡→【属性】面板→【管理】命令，弹出【块属性管理器】对话框，见图 6-32，按 A～D 的标记项顺序重新调整属性顺序。

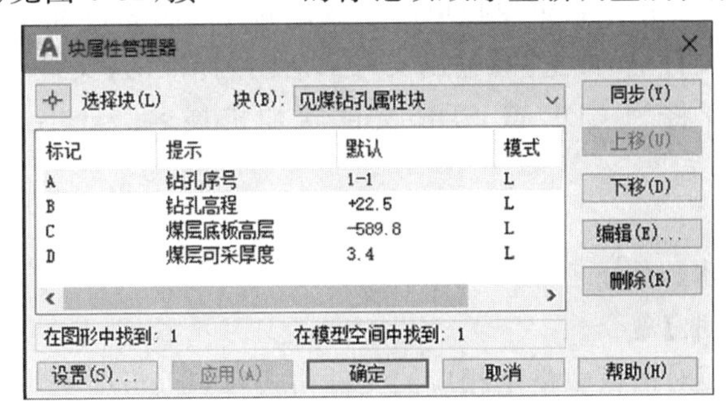

图 6-32　【块属性管理器】对话框

6.3.3.4 说明

(1) 对于属性块一般不进行分解操作,否则经修改或验证的属性特征值会丢失。

(2) 如果需要将属性块中的信息保留,可通过提取属性信息的方式进行。

(3) 属性块的插入与创建块或写块命令创建的块插入方法基本一致,但在【插入】对话框中单击【确定】按钮后,需要根据命令行提示依次输入各属性的实际值并验证之。

6.3.4 提取属性信息

6.3.4.1 命令功能

■ 指定属性信息的文件格式、要从中提取信息的对象、信息样板及其输出文件名。

6.3.4.2 命令调用方式

■ 在命令行输入"Attext"命令并回车。

6.3.4.3 【属性提取】对话框

执行【属性提取】命令,弹出【属性提取】对话框,见图 6-33。该对话框内各项含义如下:

(1)【文件格式】区用于设置存放提取出来的属性数据的文件格式。其中,【逗号分隔文件】选择开关:用逗号来分隔每个记录的字段,字符字段置于单引号中;【空格分隔文件】选择开关:记录中的字段宽度固定,不需要字段分隔符或字符串分隔符;【DXF 格式提取文件】选择开关:生成 AutoCAD 图形交换文件格式的子集,其中只包括块参照、属性和序列结束对象。DXF 格式提取不需要样板,文件扩展名.dxx 将这种输出文件与普通 DXF 文件区分开来。

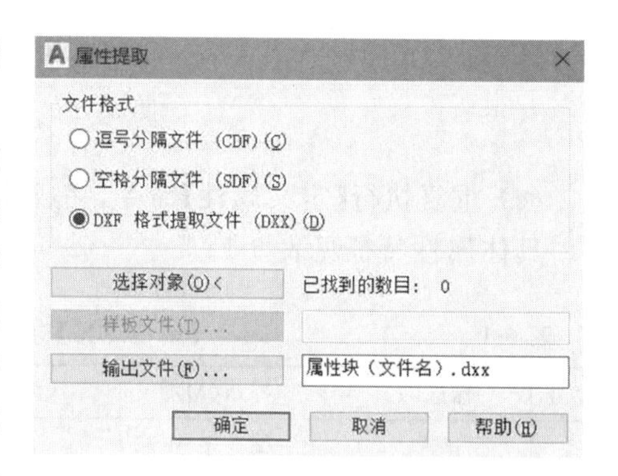

图 6-33 【属性提取】对话框

(2)【选择对象】按钮用于关闭【属性提取】对话框,以便使用光标选择带属性的块。【属性提取】对话框重新弹出时,【已找到的数目】区将显示已选定的对象。

(3)【样板文件】按钮用于指定 CDF 和 SDF 格式的样板提取文件。在文本框中输入文件名或选择【样板文件】以使用标准的【文件选择】对话框搜索现有样板文件。AutoCAD 的默认文件扩展名为.txt。如果在【样板文件】下选择了 DXF,【样板文件】选项将不可用。

(4)【输出文件】按钮用于指定要提取属性数据的文件名和位置。在文本框中输入要从中提取数据的路径和文件名,或选择【输出文件】以使用标准的【文件选择】对话框搜索现有样板文件。AutoCAD 将为 CDF 或 SDF 文件附加扩展名.txt,为 DXF 文件附加扩展名.dxx。

6.3.4.4 命令应用

提取属性信息的步骤如下:

(1) 执行【属性提取】命令。

(2) 在【属性提取】对话框中指定相应的文件格式:CDF、SDF 或 DXF。

(3) 选择【选择对象】,指定要提取属性的对象,可在图形中选择单个或多个块。

(4) 输入文件名,或者选择【样板文件】并浏览,以指定属性样板文件。

（5）输入文件名，或者选择【输出文件】并浏览，以指定输出属性信息文件。

（6）单击【确定】按钮。

6.4　外部参照的附着与绑定

在AutoCAD中进行辅助设计时，可以将整个图形文件作为参照图形（外部参照）附着到当前图形中。通过外部参照，参照图形中所作的修改将反映在当前图形中。附着的外部参照链接至另一图形，并不真正插入。所以，使用外部参照可以生成图形而不会显著增加图形文件的大小。操作时必须在当前图形中首先绑定外部参照，并将其分解才能将原参照文件内的对象移植到当前文件。

对于较大尺幅或内容复杂的采矿工程图纸，例如可以将全矿井的《采掘工程平面图》分为各采区的单独图形，然后汇总成新的图形文件，实现对矿井采掘动态信息的及时把握。单一的采区图中也可以将表示基本地理信息的经纬网、表示地质情况的等高线和构造、表示巷道布置进展的文件单独保存后再进行参照，汇总成图。

6.4.1　附着外部参照（Attach External Reference）

6.4.1.1　命令功能

■ 将外部参照附着到当前图形。

6.4.1.2　命令调用方式

■ 单击【插入】选项卡→【参照】面板→【附着】按钮。

■ 在命令行输入“Xattach”或命令别名“Xa”并回车。

6.4.1.3　命令应用

下面举例说明将第5章绘制完成的经纬网附着到一新文件的操作步骤。

（1）执行【外部参照】命令，弹出【选择参照文件】对话框，见图6-34。

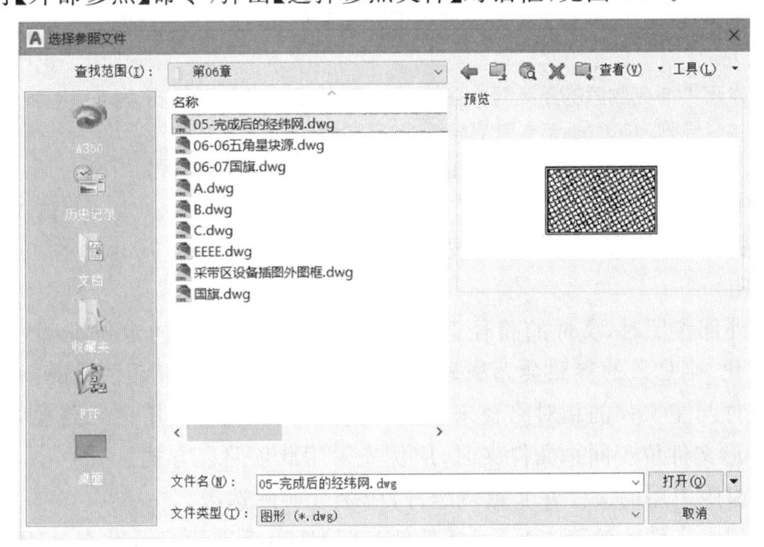

图6-34　【选择参照文件】对话框

(2) 在【选择参照文件】对话框中选择要参照的文件名后单击【打开】按钮，弹出【附着外部参照】对话框，见图 6-35。该对话框组成各项含义为:【名称】列表框列出外部参照的名称并显示该参照的路径;【浏览】按钮可重新弹出【选择参照文件】对话框，为当前图形选择外部参照;【预览】区用于预览将附着到当前文件的原始图形文件;【比例】区用于指定外部参照的比例因子，可以为 X、Y、Z 三个坐标方向设置不同的比例;【路径类型】区用于指定外部参照的保存路径是绝对路径、相对路径还是无路径;【旋转】区用于为外部参照实例指定旋转角度;【参照类型】区用于指定外部参照是【附加型】还是【覆盖型】;【插入点】区用于指定选定的外部参照的插入点;【块单位】区用于更改附着文件的单位类型和比例;【显示细节】按钮可显示附着文件的详细存储路径。

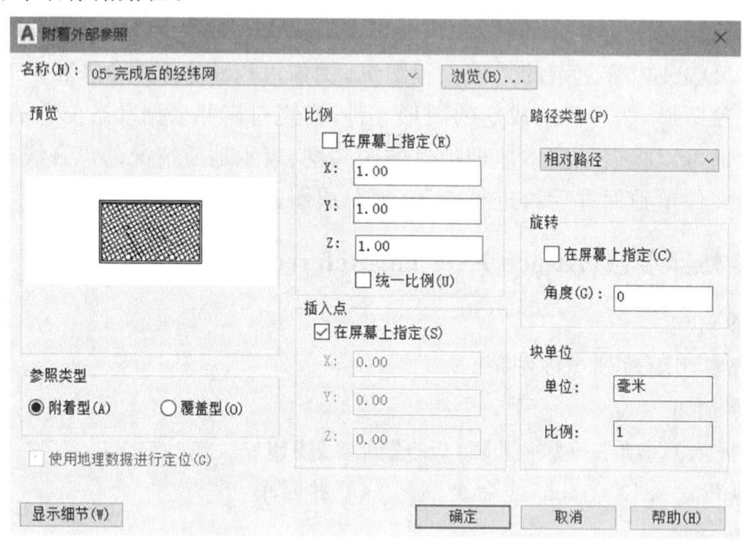

图 6-35 【附着外部参照】对话框

(3) 按照图 6-35 默认项设置，然后单击【确定】按钮，在命令行输入"0,0"并回车。

命令: xa ↲ 执行附着参照命令

附着 外部参照 "05-完成后的经纬网":采矿 AutoCAD 绘图基础与开发\第 6 章\05-完成后的经纬网.dwg"05-完成后的经纬网"已加载。

指定插入点 或[比例(S)/X/Y/Z/旋转(R)/预览比例(PS)/PX/PY/PZ/预览旋转(PR)]: 0,0 ↲ 输入插入基点坐标

(4) 执行【范围缩放】命令后，附着完成的文档显示结果如图 6-36 所示。

6.4.1.4 说明

(1) 附着外部参照时，文件的路径选择应慎重:"完整路径"的定位准确性高，但如果文件路径发生变化，则加入的参照会无法显示;"相对路径"的定位灵活性最高，移动文件后，只要附着初始文件与主文件的相对路径未改变，则参照文件仍可使用;"无路径"项主要用于参照文件与主图形文件位于同一文件夹时，应优先采用此项路径方式。

(2) 外部参照引用的文件并非越多越好，应结合实际选择。

(3) 附着到主文件的参照主要通过【外部参照】选项板进行编辑操作。暂时用不到的参照可卸载之，下次使用时再重载。无继续使用价值的参照应拆离。

(4) 附着文件的操作与插入块的操作方式，参数选项设置基本相同。但其结果截然不

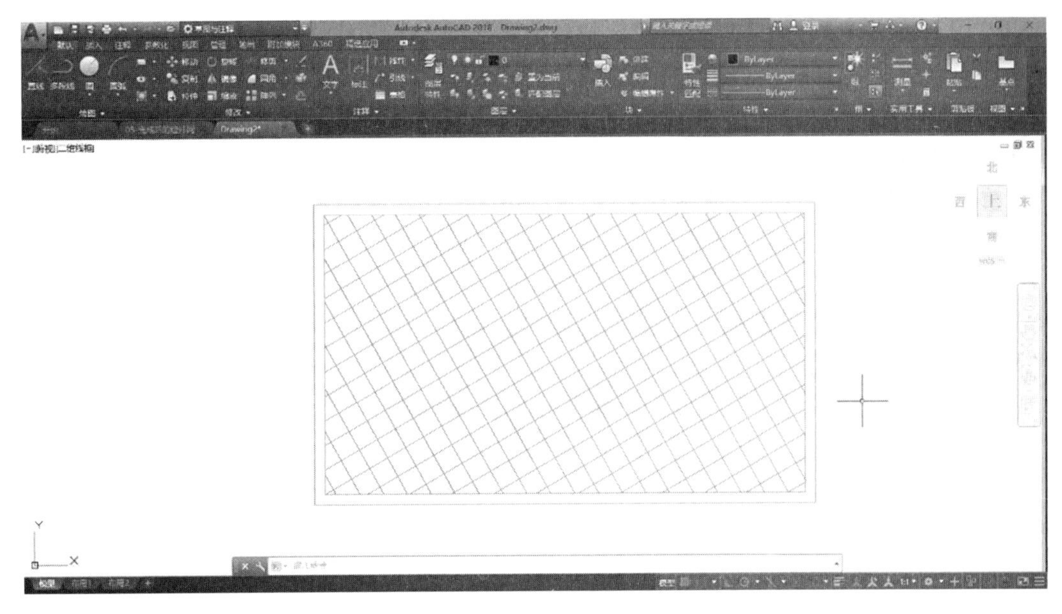

图 6-36　附着完成的文档

同，插入块的操作的确将块中的对象完整地插入到了主文件内，主文件存储大小增大；而附着命令仅将参照文件附着到了主文件内，且仅在主文件内显示，并未将原文件内的任何对象插入到主文件内，主文件的存储大小不增加。

(5) 通过【绑定】外部参照命令和【分解】命令可以将附着到主文件的对象真正插入到主文件内。

6.4.2　外部参照选项板

6.4.2.1　命令功能

■【外部参照】选项板用于组织、显示和管理参照文件。

6.4.2.2　命令调用方式

■ 单击【插入】选项卡→【参照】面板→【外部参照】按钮。

■ 在命令行输入"ExternalReferences"或命令别名"Xref"并回车。

6.4.2.3　【外部参照】选项板

执行【外部参照器】命令，弹出【外部参照】选项板窗口，见图 6-37。该窗口组成各项含义如下：

(1)【外部参照】选项板窗口上方为【附着】、【刷新】和【帮助】3 个按钮，可分别实现附着新外部参照文件、刷新当前视口和打开帮助功能窗口。

(2)【文件参照】区用于附着到当前文件内的参照文件的基本信息，其右侧的【列表图】按钮和【树状图】按钮用于控制基本信息的显示方式。默认的显示方式为列表图显示。

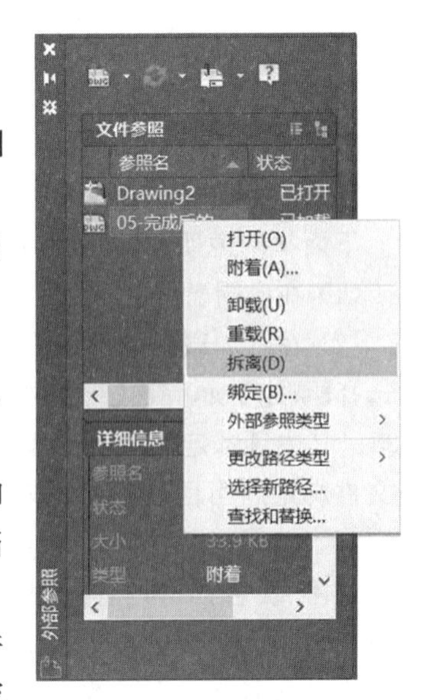

图 6-37　【外部参照】选项板

(3)【详细信息】区用于显示已附着到当前文件的参照文件详细信息，主要包括参照名、状态、大小、类型、日期、保存位置和找到该文件的位置等。

(4) 在已经附着到当前文件的参照文件上单击鼠标右键，可弹出快捷菜单，快捷菜单共包括 6 项功能：

①【打开】项用于打开对应附着文件，在 AutoCAD 内可对附着文件进行编辑。

②【附着】项用于重新打开【附着外部参照】对话框，对已附着文件参数进行重新设定。

③【卸载】项用于卸载一个或多个外部参照。已卸载的外部参照可以很方便地重新加载。与拆离不同，卸载不是永久地删除外部参照，它仅仅是不显示和重生成外部参照定义，这有助于提高当前应用程序的工作效率。

④【重载】项用于将一个或多个外部参照标记为“重载”。这个选项用于重新读取并显示最新保存的图形版本。

⑤【拆离】项用于从图形中拆离一个或多个外部参照，从定义表中清除指定外部参照的所有实例，并将该外部参照定义标记为删除。只能拆离直接附着或覆盖到当前图形中的外部参照，而不能拆离嵌套的外部参照。

⑥【绑定】项用于显示【绑定外部参照】。【绑定】选项使选定的外部参照及其依赖的命名对象(例如块、文字样式、标注样式、图层和线型)成为当前图形的一部分。

6.4.2.4 说明

(1) 通过【外部参照】选项板可以实现对参照文件的便捷管理，也可以将该选项布局至绘图区的最左侧或最右侧，使其呈窗口显示模式，减少对绘图区的影响。

(2) 通过【外部参照】选项板编辑可实现对参照文件的附着、卸载、重载、拆离和绑定等功能，前 4 种功能的操作文件基本一致，最后一种稍有不同，下面主要介绍绑定功能的操作。

6.4.3 绑定外部参照

6.4.3.1 命令功能

■ 将 DWG 参照(外部参照)转换为标准内部块定义。

6.4.3.2 命令调用方式

■ 在【外部参照】选项板窗口中的参照文件上单击鼠标右键，选择【绑定】项。

6.4.3.3 命令应用

下面举例说明如何将附着到当前文件的经纬网文件内的对象转换到当前文件。

(1) 在已附着经纬网文件的主文件内弹出【外部参照】选项板窗口。

(2) 在已加载的外部参照上单击鼠标右键弹出快捷菜单，见图 6-37。然后在快捷菜单中选择【绑定】项，弹出【绑定外部参照】对话框，见图 6-38。其中，【绑定】和【插入】均可实现将选定的参照文件绑定到当前图形中的功能，两者的区别在于绑定到当前图形文件后，原有参照文件中图层名称、样式名称、块名称等内容的显示结果差异。如果选择【插入】项，绑定到当前图形文件中的图层名称与参照文件的名称完全一致；如果选择【绑定】项，除了将参照文件中的图层名称移植到当前图形文件外，还会在图层名称前面显示参照文件的文件名和图层的数量序号，其格式为 \$n\$，数

图 6-38 【绑定外部参照】选项板

量序号自0开始编号，如“05-完成后的经纬网0标题栏”。

(3) 在图6-38中选择【插入】项，并单击【确定】按钮。

(4) 选中绑定完成的参照文件对象，并执行【分解】命令。

(5) 执行【范围缩放】命令，完成所有操作。

6.4.3.4 说明

除了采用本节的【绑定外部参照】命令外，也可以在命令行输入“Xb”命令别名并回车，弹出【外部参数绑定】对话框，见图6-39，进行参照文件的绑定操作。

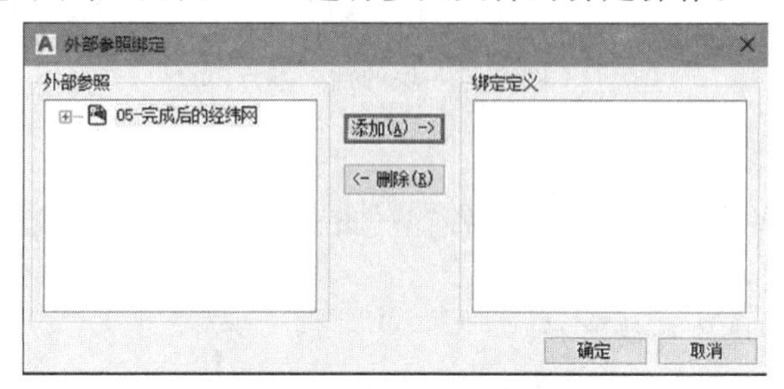

图6-39 【外部参照绑定】对话框

【外部参照绑定】对话框中的各项内容含义为：【外部参照】区用于列出当前附着在图形中的外部参照，可以选择一个外部参照(双击)，将在附着的外部参照中显示其命名对象的定义；【绑定定义】区用于列出依赖外部参照的命名对象定义，以绑定到宿主图形；【添加】按钮用于将【外部参照】列表中选定的命名对象定义移动到【绑定定义】列表中；【删除】按钮用于将【绑定定义】列表中选定的依赖外部参照的命名对象定义移回到它的依赖外部参照的定义表中。

按照图6-40的界面设置可以将示例参照文件中的一个图层绑定到当前图形文件。

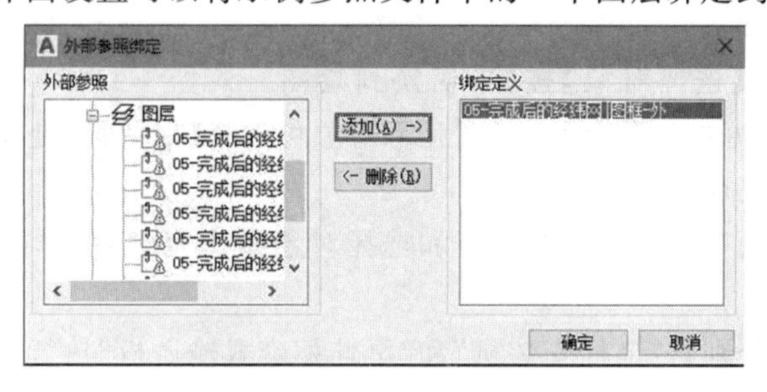

图6-40 【外部参照绑定】示例

6.5 采矿基本图元的写块应用

本节实例共3个，分别是写块、插块和属性块的应用。

6.5.1 写块应用

6.5.1.1 绘制常用采矿基本图元

(1) 本例需要绘制的常用采矿图元为综掘工作面配套装备，即部分断面掘进机、锚杆安装机和可伸缩带式输送机。

(2) 确定基本图元的几何重心为创建块的插入点，3 个图元的创建块的插入点如图 6-41 中的点 A、点 B、点 C。

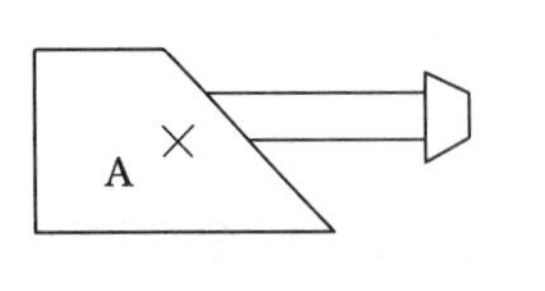

(a) 部分断面掘进机

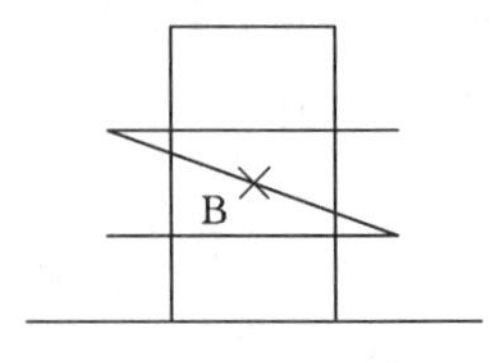

(b) 锚杆安装机

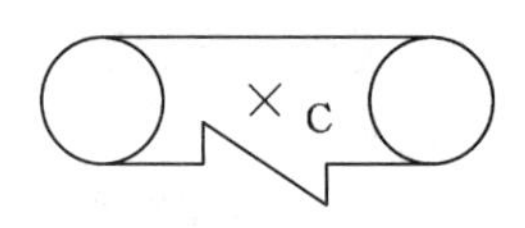

(c) 可伸缩带式输送机

图 6-41 块的插入基点

6.5.1.2 写块

在命令行输入“Wblock”或命令别名“W”并回车，弹出【写块】对话框，见图 6-42。

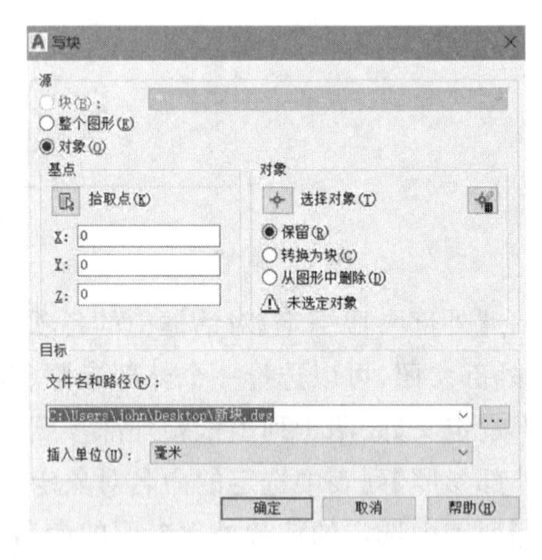

图 6-42 【写块】对话框参数设置

6.5.1.3 确定块名和块的存储路径

(1) 创建专门用于存储块的文件夹，如“块库/采掘机械”。

(2) 按照图元的名称分别进行命名，如“部分断面掘进机”。

6.5.1.4 选择基点

在“辅助层”中作出各图元的几何重心点，单击【基点】区内的【拾取点】按钮，以该点作为各块的插入点。

6.5.1.5 选择写块对象

单击【对象】区的【选择对象】按钮，切换到绘图窗口，选择“部分断面掘进机”图元。对图元源对象可选择【保留】项处理。

6.5.1.6 【预览】并完成操作

在对新块的名称、存储路径以及基点和选择对象操作完毕后，单击【确定】按钮，出现写块预览对话框。

重复以上步骤，分别将“锚杆安装机”和“可伸缩带式输送机”执行【写块】操作。

6.5.2 插块应用

将 6.5.1 节中所创建的块插入图 6-43(a)中所示的 A、B、C 三点位置处，操作步骤如下：

(1) 绘制如图 6-43(a)所示的基本图形，确定插块时的基点。

(2) 执行【插块】命令，在弹出的【插入】对话框中单击【浏览】按钮选择所要插入的块文件“部分断面掘进机”，其余参数按照图 6-44 设置。

(3) 在窗口中指定基点，其余参数可连续回车取默认值。

(4) 重复步骤(1)、(2)，分别将“锚杆安装机”和“可伸缩带式输送机”插入图 6-43(a)的对应位置。

(5) 插块结果如图 6-43(b)所示。

常用的采煤工作面内配套设备图元示例如图 6-45 所示。

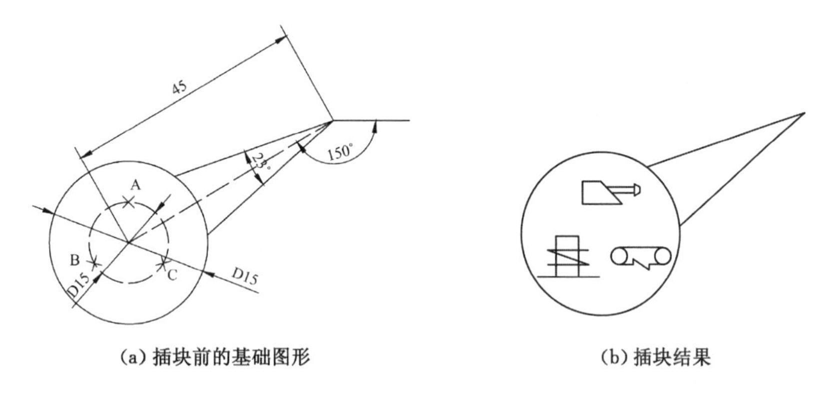

(a) 插块前的基础图形　　(b) 插块结果

图 6-43　插块示例

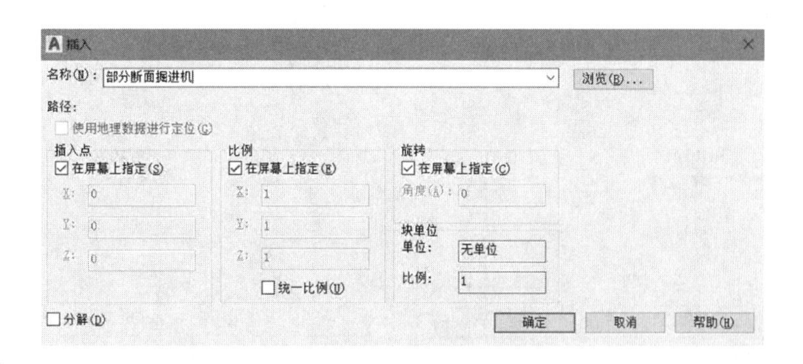

图 6-44　【插入】对话框参数设置

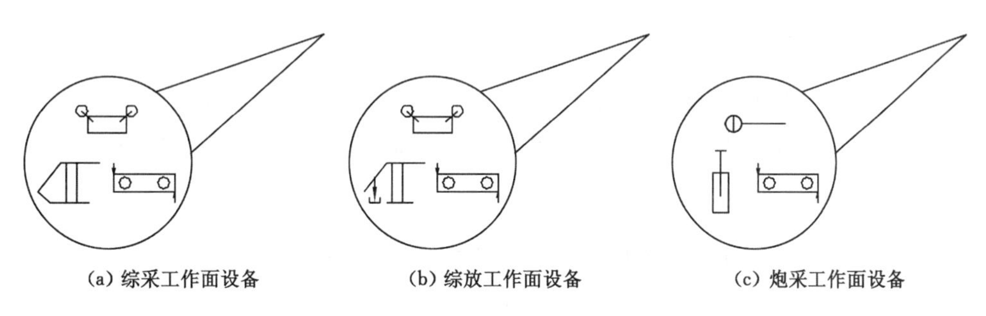

(a) 综采工作面设备　　(b) 综放工作面设备　　(c) 炮采工作面设备

图 6-45　常用采煤工作面设备图元示例

6.5.3　属性块应用

属性块的应用以第 4 章中实例——标题栏的创建为例，见图 6-46(a)。标题栏中通用的内容以单行文字的形式仍保留，变化的内容以字母 A～H 为序标出，见图 6-46(b)。

6.5.3.1　定义属性

执行【属性块】命令，弹出【属性定义】对话框，按图 6-47 中显示设置【属性】区，拾取插入点的位置为各单元格的正中位置处，属性的对齐方式均为正中。

注：如果是在新的图形文件中定义属性，则应执行【文字样式】命令，弹出【文字样式】对话框后，分别创建 HT6 和 FS4-0.75 两种字体，并按照图 4-45 尺寸标注进行表格的创建。

(1) 执行【定义属性】命令，弹出【属性定义】对话框，按照图 6-47(a)创建图纸名称的

中国矿业大学矿业工程学院 采矿工程系			
比例	采区巷道布置平面图		
1:2000			
设计人	岳炜	完成日期	2021-1-9
指导教师	郑西贵	评阅日期	2021-1-10
评阅教师	李学华	评阅日期	2021-1-19

(a) 常用标题栏形式

中国矿业大学矿业工程学院 采矿工程系			
比例	A		
B			
设计人	C	完成日期	D
指导教师	E	评阅日期	F
评阅教师	G	评阅日期	H

(b) 待建属性块的特性分析结果

图 6-46 属性块应用示例

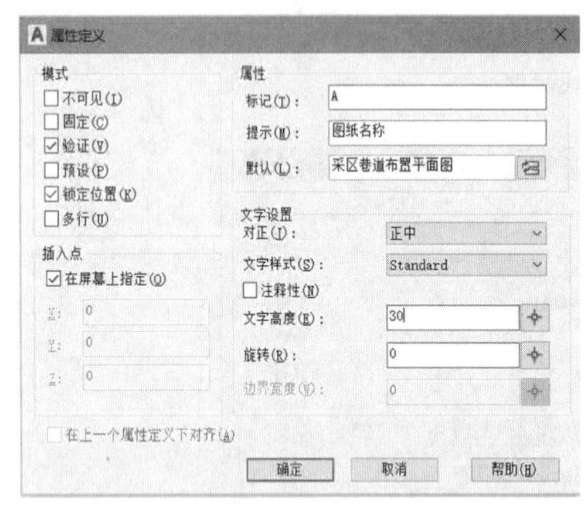

(a) 图纸名称的属性参数设置

(b) 图纸比例的属性参数设置

图 6-47 定义属性示例

属性。

(2) 重复执行【定义属性】命令,按照表 6-2 依次创建 B～H 共 7 个属性定义。图 6-47(b)为图纸比例的属性参数设置。也可以将属性 B 复制后通过【特性】窗口依次修改各属性,以完成属性定义。

表 6-2 【属性定义】对话框中设置的详细信息表

序号	标记(T)	提示(M)	值(L)	拾取点	对正(J)	文字样式
1	A	图纸名称	采区巷道布置平面图	A	正中	HT6
2	B	图纸比例	1∶2000	B		
3	C	设计人	岳炜	C		
4	D	完成日期	2021-1-9	D		
5	E	指导教师	郑西贵	E	正中	FS4-0.75
6	F	评阅日期	2021-1-10	F		
7	G	评阅教师	李学华	G		
8	H	评阅日期	2021-1-19	H		

6.5.3.2　创建属性块

(1) 执行【写块】命令后，选择合适的文件名和保存路径。块的插入点需选择标题栏右下角点。创建完成的属性块见图6-48(b)。

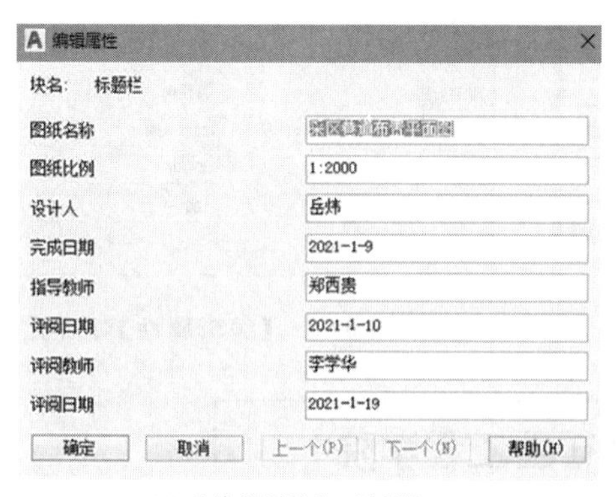

(a)【编辑属性】对话框

中国矿业大学矿业工程学院 采矿工程系			
比例 1:2000	采区巷道布置平面图		
设计人	岳炜	完成日期	2021-1-9
指导教师	郑西贵	评阅日期	2021-1-10
评阅教师	李学华	评阅日期	2021-1-19

(b) 创建完成的属性块

图6-48　属性块创建完成

(2) 单击【写块】对话框中的【确定】按钮将快速闪现出【写块预览】，然后出现【编辑属性】对话框。在此对话框中将显示【属性块】中设置的【提示】和【值】。写块结果是标题栏中所定义的属性块的【标记】将被【值】取代。

(3) 选中刚刚创建完成的属性块，执行【块属性管理器】命令，弹出【块属性管理器】对话框，按照标记的提示，将各属性按A～H顺序排序，排序结果如图6-49所示。

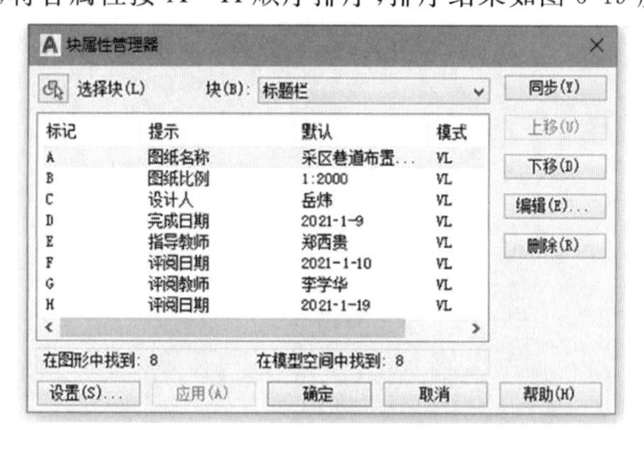

图6-49　排序完成的【块属性管理器】对话框

6.5.3.3　插入属性块

将带有属性的标题栏块插入到绘图区中，操作步骤如下：

命令：insert ↵	执行插块命令 弹出【插入】对话框，按图6-50设置并确定
指定插入点或[基点(B)/比例(S) X Y Z/旋转(R)]：0,0 ↵	插入到坐标原点 弹出【编辑属性】对话框，按图6-51设置并确定

插入完成的属性块见图6-52。

图 6-50 【插入】对话框

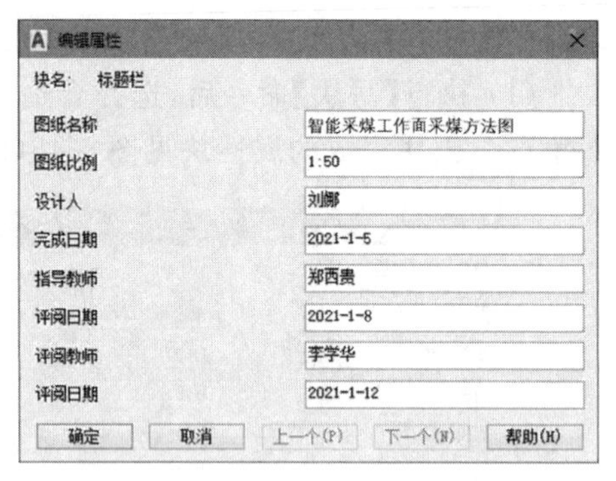

图 6-51 【编辑属性】对话框

<table>
<tr><td colspan="4">中国矿业大学矿业工程学院
采矿工程系</td></tr>
<tr><td>比例</td><td colspan="3" rowspan="2">智能采煤工作面采煤方法图</td></tr>
<tr><td>1:50</td></tr>
<tr><td>设计人</td><td>刘娜</td><td>完成日期</td><td>2021-1-5</td></tr>
<tr><td>指导教师</td><td>郑西贵</td><td>评阅日期</td><td>2021-1-8</td></tr>
<tr><td>评阅教师</td><td>李学华</td><td>评阅日期</td><td>2021-1-12</td></tr>
</table>

图 6-52 插入完成的属性块

第7章　图形显示、查询和计算

本章主要介绍AutoCAD的图形显示、绘图次序、状态查询和计算功能。

实例绘图技巧有圆和矩形的标准对称轴的画法、在矩形重心处作圆、建筑测量等专业指北针的画法、梯形、打断线的快捷画法。

7.1　视图的基本命令

在绘制图形时，经常需要改变绘图区内图形显示的大小或位置，如实时平移或实时缩放等。实现平移或缩放视图的操作可以单击【视图】选项卡→【二维导航】面板→【平移】按钮，再单击弹出的菜单上的按钮完成平移或缩放视图的功能，见图7-1。也可以单击绘图区右侧导航工具栏上的【平移】、【范围缩放】等按钮完成平移或缩放视图的功能，见图7-2。

图7-1　【平移】命令

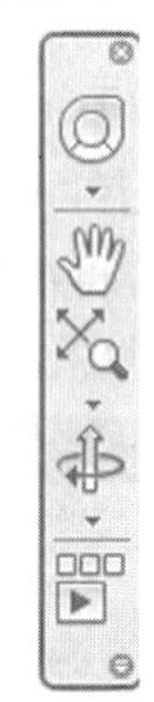

图7-2　导航工具栏

下面结合采矿工程专业本科毕业设计中需要完成的“某矿采区巷道布置平面图”文档阐述图形显示命令。该文档打开后初始显示见图7-3。

7.1.1　移动视图

7.1.1.1　命令功能

■ 在当前视口中平移视图。

7.1.1.2　命令调用方式

■ 单击导航栏上的【平移】工具按钮。

■ 单击【视图】选项卡→【二维导航】面板→【平移】按钮。

■ 在命令行输入“Pan”或命令别名“P”并回车。

■ 按住鼠标中轮不放，拖动到合适的位置后放开。

■ 不选定任何对象，在绘图区单击鼠标右键弹出快捷菜单，然后选择【平移】选项进行实时平移。

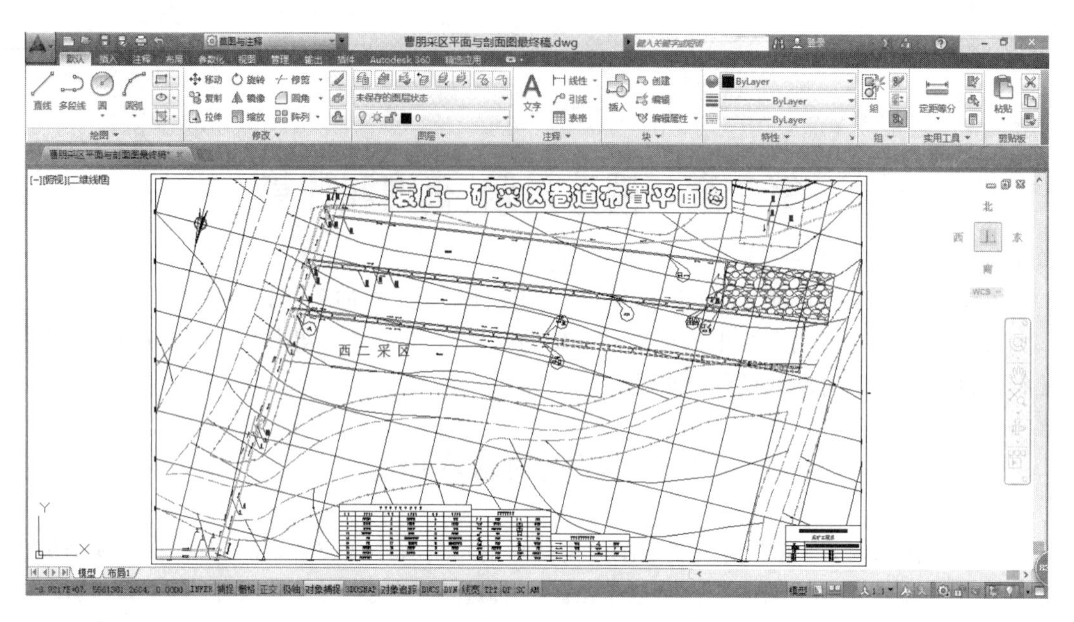

图 7-3 “某矿采区巷道布置平面图”示例

7.1.1.3 命令应用

执行【平移】命令后，光标在绘图区内变为手的形状。在绘图区内按住鼠标左键并拖动鼠标可左、右、上、下平移视图，释放鼠标，平移停止。也可以在释放鼠标后，将光标移动到图形的其他位置，再次按下鼠标左键，接着从该位置平移视图。按回车键或 Esc 键可退出实时平移。例如，对图 7-3 中的视图向左平移后可得到如图 7-4 所示结果。

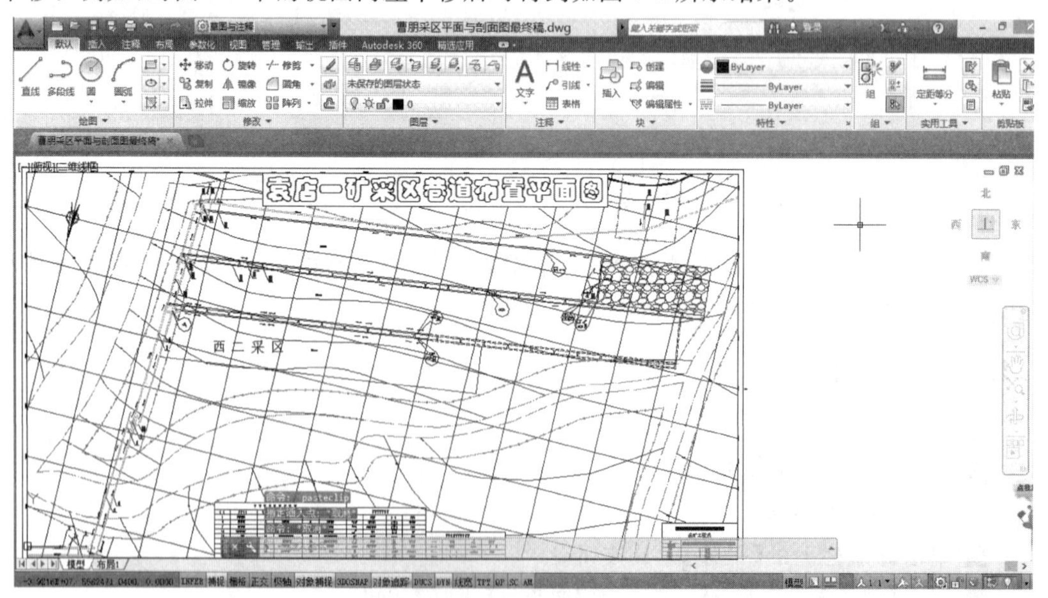

图 7-4 【平移】视图

【平移】命令为透明命令，执行完毕后单击鼠标右键弹出快捷菜单(见图 7-5)，可选择退出或执行其他操作。

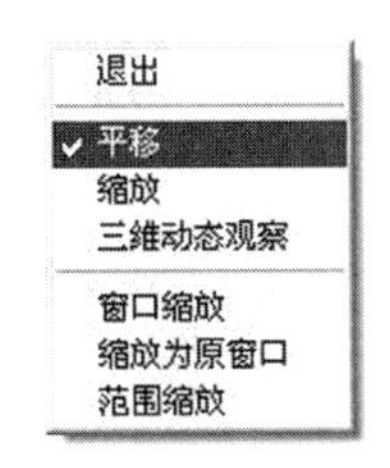

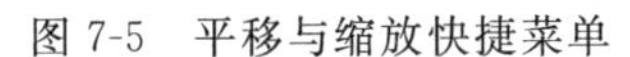
图 7-5　平移与缩放快捷菜单

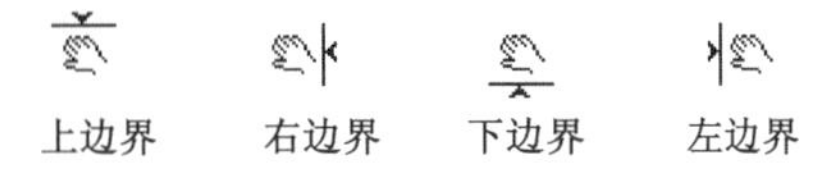

图 7-6　【平移】视图提示信息

7.1.1.4　说明

(1) 当平移视图到达逻辑范围时，在范围边缘上的手形光标处将显示边界栏。据此可知逻辑范围处于图形顶部、底部还是两侧，将相应地显示边界栏，见图 7-6。此时结束命令后，执行【重生成】命令后可继续执行平移视图命令。

(2) 结合 Shift 键可实现水平或垂直平移视图。

7.1.2　缩放视图

7.1.2.1　命令功能

■ 放大或缩小当前视口中对象的外观尺寸。

7.1.2.2　命令调用方式

■ 单击导航工具栏上的【范围缩放】工具按钮。

■ 单击【视图】选项卡→【二维导航】面板→【范围】下拉菜单中的相应选项。

■ 在命令行输入“Zoom”或命令别名“Z”并回车。

■ 命令行为空时，在绘图区单击鼠标右键弹出快捷菜单，然后选择【缩放】选项进行实时缩放。

7.1.2.3　命令应用

在命令行输入“Z”回车后，会出现“[全部(A)/中心(C)/动态(D)/范围(E)/上一个(P)/比例(S)/窗口(W)/对象(O)] <实时>:”的提示，提示中参数含义如下：

(1) 实时缩放。默认参数，直接回车即可调用该种显示方式。按下回车键后，光标在绘图内变为带“±”号的放大镜形状。此时可按要求进行下列操作：① 放大视图：在绘图区内按住鼠标左键并垂直向上拖动；② 缩小视图：在绘图区内按住鼠标左键并垂直向下拖动；③ 停止缩放：释放鼠标，可停止缩放。也可以在释放鼠标后，将光标移动到图形的其他位置，然后再次按住鼠标左键，接着从该位置缩放视图。按回车键或 Esc 键可退出实时缩放，操作结果如图 7-7 所示。

使用【实时缩放】视图命令时，应把鼠标的拖动方向控制在垂直方向才可以将图形快捷地放大或缩小。如果沿水平方向拖动鼠标，则图形的放大或缩小不明显。

(2) 窗口缩放。选择“窗口(W)”后，光标在绘图区内变成十字光标形状。在当前视口内指定一矩形区域后，可对该区域进行局部放大，操作结果如图 7-8 所示。

(3) 缩放上一个。选择“上一个(P)”后，会返回到上一次显示的视图。例如，对图 7-8 执行【缩放上一个】命令后，可回到图 7-7 所示的视图。此命令最多可以连续执行 10 次。

(4) 范围缩放。选择“范围(E)”后，可使所有对象最大化显示在当前视口内，操作结果如图 7-3 所示。【范围缩放】视图命令可用于对绘图区内对象的查找。

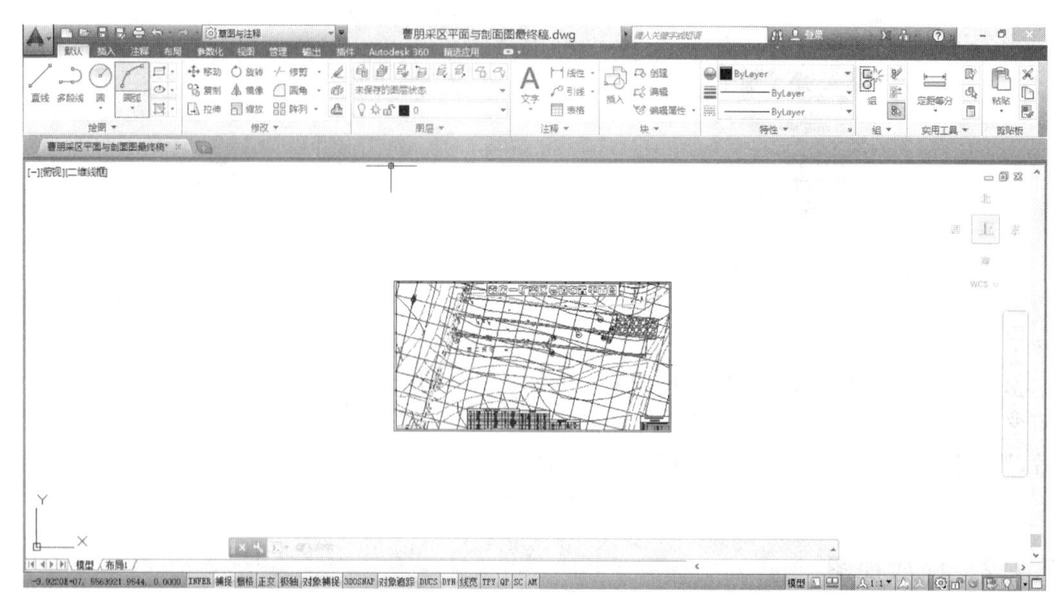

图 7-7 【实时缩放】视图

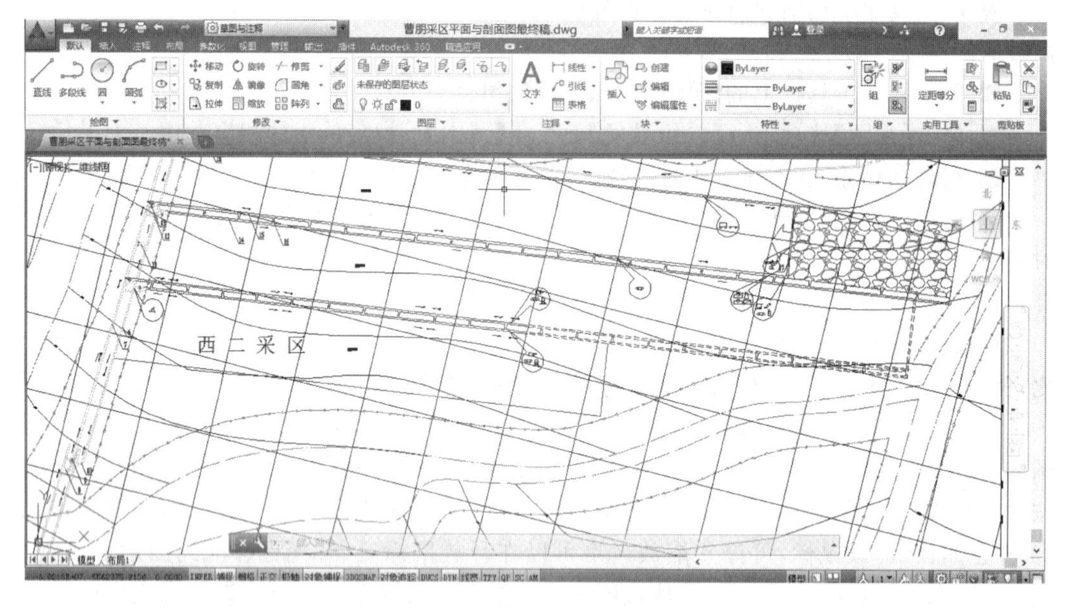

图 7-8 【窗口缩放】视图

(5) 按比例缩放。选择“比例(S)”后,会出现“输入比例因子 (nX 或 nXP):”提示,以指定的比例因子缩放显示。输入的值中带着 X 或 XP,表示可根据当前视图或图纸指定比例。例如,对图 7-3 按照 0.5X 比例缩放结果见图 7-9;对图 7-9 执行 2XP 缩放结果见图 7-10。

若输入既不带 X 也不带 XP 的数值,则指定相对于图形界限的比例。例如,如果缩放到图形界限,则输入 2 可使对象以原来尺寸的两倍显示对象。人们经常用到的是带 X 或 XP 的方式,不带参数的纯数值项较少用到。

(6) 按中心点缩放。选择“中心(C)”后,可在绘图区内指定一点作为中心点,缩放显示由中心点和放大比例(或高度)所定义的窗口决定。高度值较小时增加放大比例,高度值较

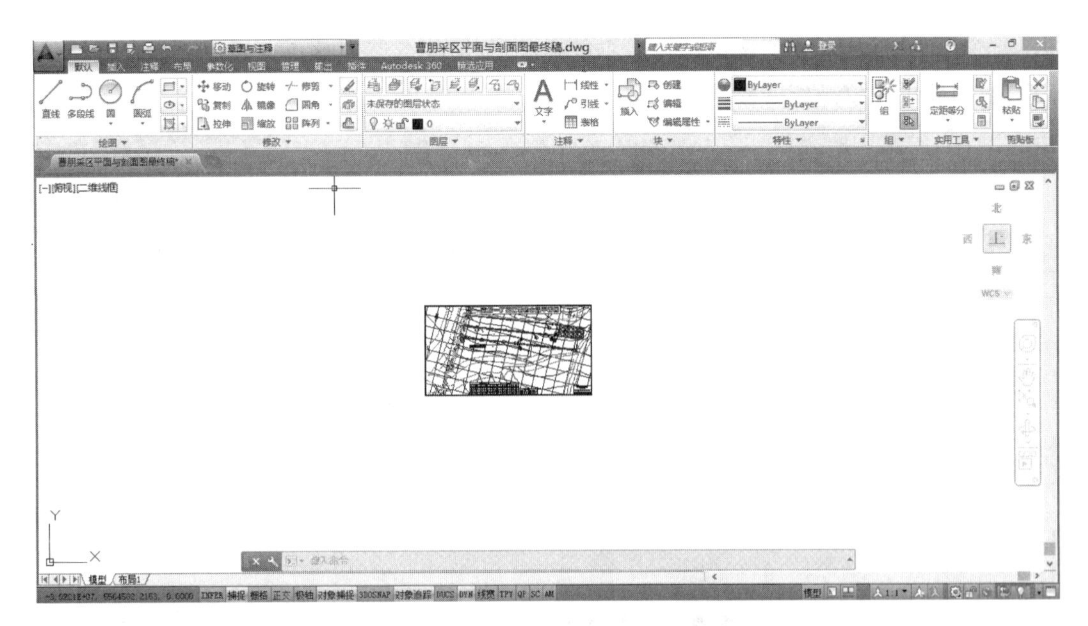

图 7-9 【按当前视图比例缩放】视图

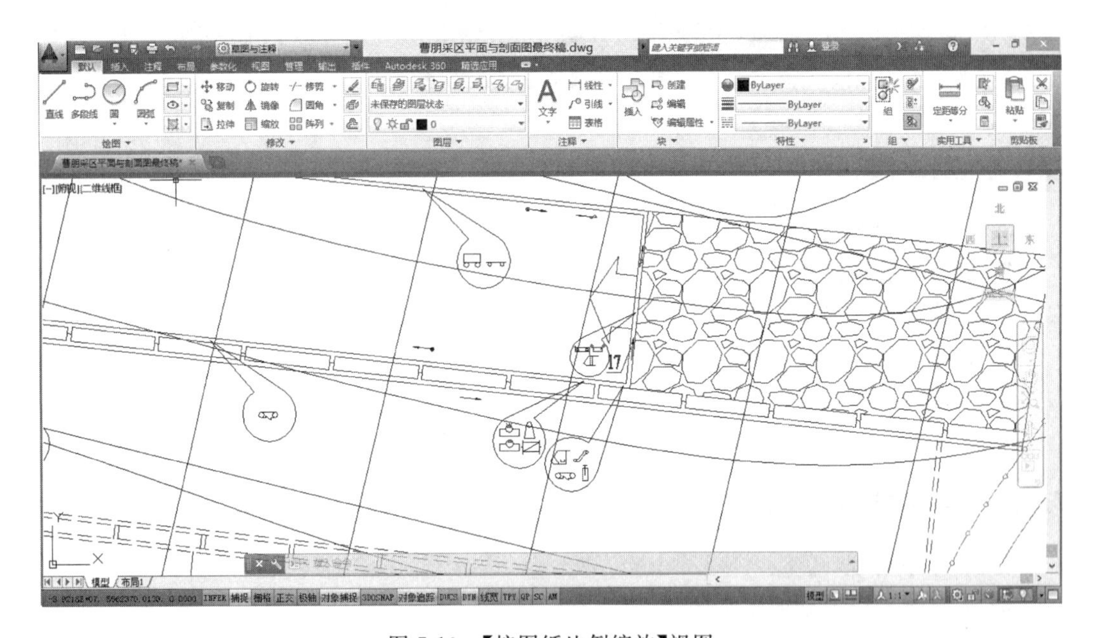

图 7-10 【按图纸比例缩放】视图

大时减小放大比例。中心点的选取可以固定,也可以根据需要重新设定。

(7) 全部缩放。选择“全部(A)”后,可执行全部缩放。该项功能与图形界限和绘图区内绘制的对象的位置有关。如果所有对象均位于图形界限范围内,执行该命令后,可以将整个图形界限显示在当前视口,即显示出栅格所在的区域,否则应执行【范围缩放】视图命令。

(8) 动态缩放。选择“动态(D)”后,绘图区出现图 7-11 所示的有两个方框的动态缩放特殊模式。两框作用为:黑色实线框表示当前屏幕显示区域;蓝色虚线框可以活动且中心有一小叉，移动该框到需要的区域后按回车键确认，再根据需要调整活动框的大小后再次按回车键确认，即可完成操作的要求。

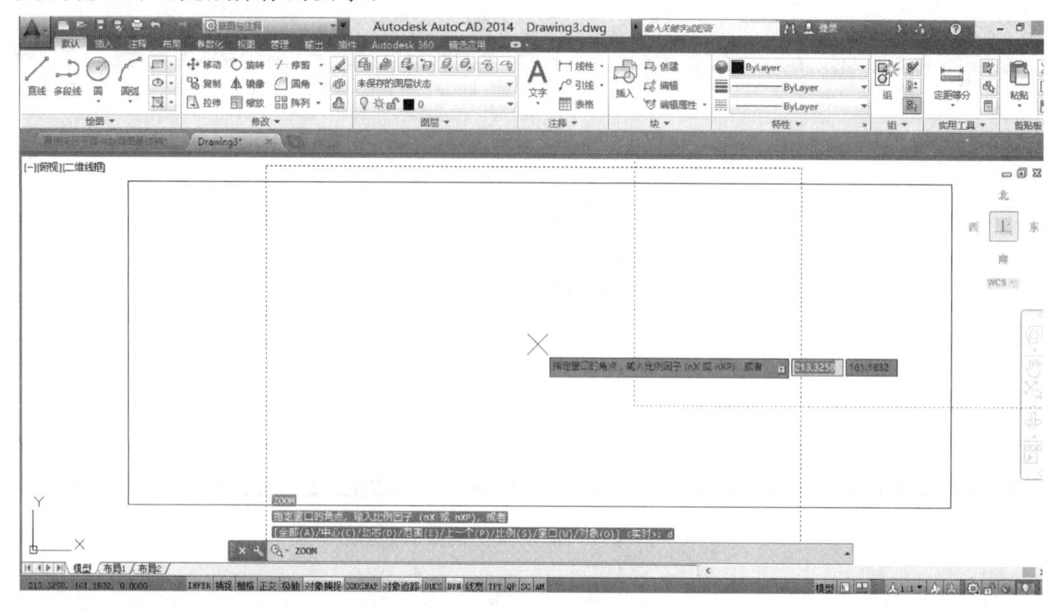

图 7-11 【动态缩放】视图

7.1.3 重画(Redraw)

7.1.3.1 命令功能

■ 刷新当前视口中的显示。

7.1.3.2 命令调用方式

■ 在命令行输入“Redraw”并回车。

7.1.3.3 命令应用

对图 7-12(a)执行【重画】命令，结果如图 7-12(b)所示。

7.1.4 重生成(Regen)

7.1.4.1 命令功能

■ 从当前视口重生成整个图形。

7.1.4.2 命令调用方式

■ 在命令行输入“Regen”或命令别名“Re”并回车。

7.1.4.3 命令应用

对图 7-13(a)执行【重生成】命令，结果如图 7-13(b)所示。

7.1.4.4 说明

【重生成】命令与【重画】命令的区别：

(1)【重画】命令可从当前视口中删除编辑命令留下的点标记，不计算视口内图形的坐标，执行速度较快。

(2)【重生成】命令要重新生成图形，重新计算视口内图形的坐标，重新为图形数据库建

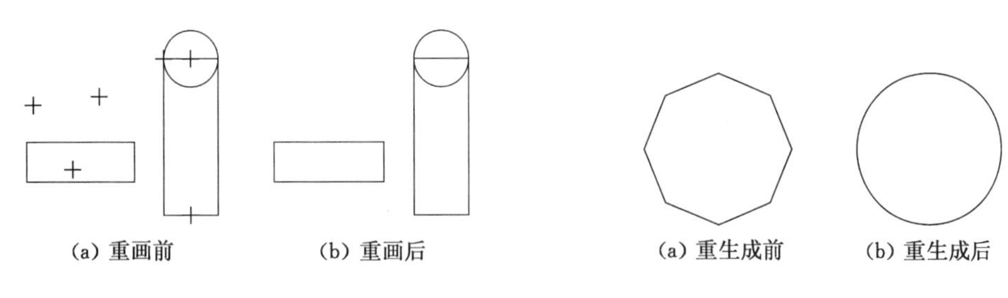

(a) 重画前 (b) 重画后

图 7-12 【重画】视图

(a) 重生成前 (b) 重生成后

图 7-13 【重生成】视图

立索引以获得最佳效果,对较大图形的执行速度要比【重画】命令慢。

(3)【重画】命令是透明命令,【重生成】命令不是透明命令。

7.1.5 命名视图

7.1.5.1 命令功能

■ 保存和恢复命名视图和正交视图。

7.1.5.2 命令调用方式

■ 单击【视图】选项卡→【视图】面板→【视图管理器】按钮。

■ 在命令行输入"View"或命令别名"V"并回车。

7.1.5.3 【视图管理器】对话框

执行【命名视图】命令后,可弹出【视图管理器】对话框,见图 7-14。对话框中各项参数含义如下:【视图管理器】对话框第一次弹出时,当前视图为默认的【当前】形式。【查看】区列出了 AutoCAD 提供的几种视图方式,有【模型视图】、【布局视图】和【预设视图】3 种方式,其中【预设视图】可实现创建多个视图后的树状显示。【视图】参数区列出了相机或目标,即当前视口位置的参数。对话框右侧的按钮区域中,【新建】按钮可显示【新建视图/快照特性】对话框,见图 7-15;【更新图层】按钮可更新与选定的命名视图一起保存的图层信息,使其与当前模型空间和布局视口中的图层可见性匹配;【编辑边界】按钮可居中并缩小显示选定的命名视图,绘图区域的其他部分以较浅的颜色显示,从而显示命名视图的边界,并可以重复指定新边界的对角点,直到按回车键接受结果;【删除】按钮可删除选定的命名视图。

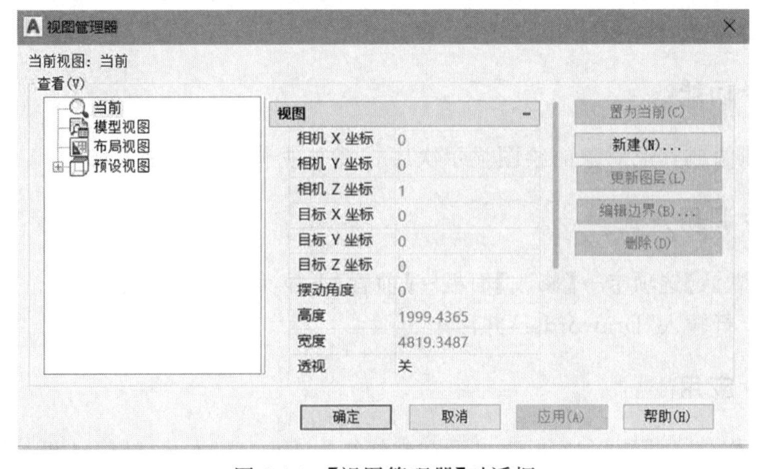

图 7-14 【视图管理器】对话框

7.1.5.4 命令应用

(1) 创建【命名视图】。

① 将当前图形显示为需要保存的视图。

② 执行【命名视图】命令。

③ 在【视图管理器】对话框内单击【新建】按钮,见图 7-15。

④ 在【新建视图/快照特性】对话框中为该视图输入名称,如“全图”。

⑤ 单击【确定】按钮保存新视图并退出所有对话框。

(2)【命名视图】命令的应用

① 执行【命名视图】命令。

② 选中需要显示的视图后,单击【置为当前】按钮。

③ 单击【确定】按钮后屏幕即显示为选中视图显示的视口。

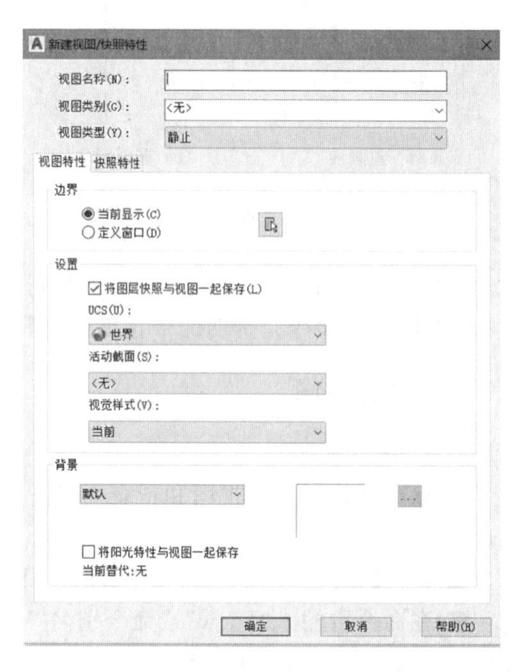

图 7-15 【新建视图/快照特性】对话框

7.1.5.5 说明

(1) 对经常应用到的视图模式分类建立视图,以便快捷地进行辅助绘图。

(2) 由于显示器或分辨率或 AutoCAD 版本的不同,在不同计算机上创建的视图在其他计算机上打开时可能出现非预设的状态,此时只需更新视图显示即可。

(3) 与文件或图层的命名一样,视图的命名也应该表现出可读性。

7.2 绘图次序的应用与技巧

通常情况下,重叠对象(例如文字、宽多段线和实体填充多边形)以其创建的顺序显示,新创建的对象显示在现有对象的前面。使用【前置】命令可更改图形数据库中任何对象的绘图次序、显示顺序或打印顺序。

7.2.1 命令功能

■ 修改图像或其他对象的绘图显示次序。其选项卡显示见图 7-16。

7.2.2 命令调用方式

■ 单击【默认】选项卡→【修改】面板→【前置】下拉菜单→【前置】选项。

■ 在命令行输入“Draworder”并回车。

7.2.3 命令应用

下面的操作将实线矩形 ABCD 显示在虚线矩形 EFGH 之上,操作结果如图 7-17(b)所示。由 DE、FC 段可以看出虚线线条将原有的实线线条遮盖掉了。

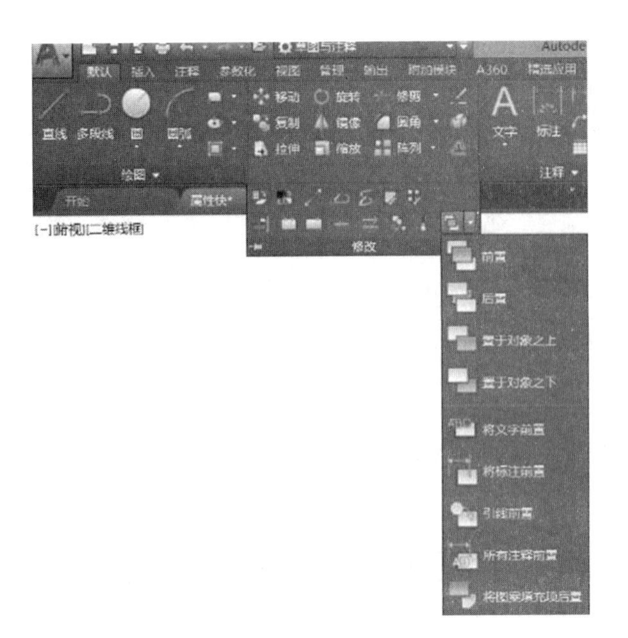

图 7-16　【绘图次序】命令

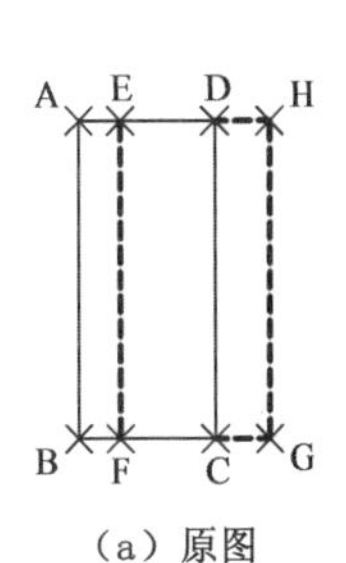

(a) 原图

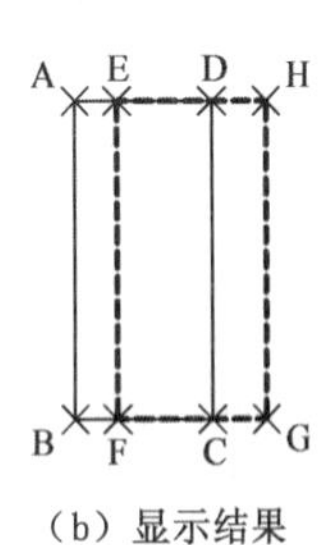

(b) 显示结果

图 7-17　绘图次序示例

命令：draworder ↵　　　　执行绘图次序命令,图 7-16
选择对象：找到 1 个↙　　　　选择矩形 ABCD,图 7-17(a)
选择对象：↵　　　　结束选择
输入对象排序选项
[对象上(A)/对象下(U)/最前(F)/最后(B)] <最后>：f ↵　　　　选择最前(F)项

7.2.4　说明

(1) 使用【绘图次序】命令时,对象的绘图次序将与图形一起保存。
(2) 采矿工程制图中的标注、填充对象一般位于绘图次序的最下方。
(3) 结合图层功能可将绘图次序的使用速度大大提高。
(4) 绘图次序也可采用先选择对象后执行前置或后置的操作方式。

7.3　状态查询与测量

7.3.1　状态(Status)

7.3.1.1　命令功能

■ 显示图形统计信息、模式及范围。

7.3.1.2　命令调用方式

■ 在命令行输入“Status”并回车。

7.3.1.3　命令应用

命令：status ↵　　　　执行列表查询命令

对当前文件执行【状态】命令后,【文本窗口】显示信息见图 7-18。

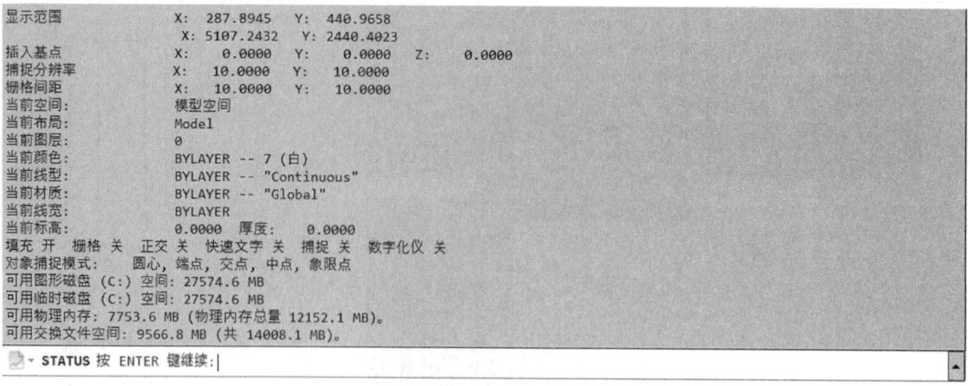

```
显示范围                X:  287.8945   Y:  440.9658
                         X: 5107.2432   Y: 2440.4023
插入基点                X:    0.0000   Y:    0.0000   Z:    0.0000
捕捉分辨率              X:   10.0000   Y:   10.0000
栅格间距                X:   10.0000   Y:   10.0000
当前空间:               模型空间
当前布局:               Model
当前图层:               0
当前颜色:               BYLAYER -- 7 (白)
当前线型:               BYLAYER -- "Continuous"
当前材质:               BYLAYER -- "Global"
当前线宽:               BYLAYER
当前标高:               0.0000  厚度:    0.0000
填充 开  栅格 关  正交 关  快速文字 关  捕捉 关  数字化仪 关
对象捕捉模式:    圆心, 端点, 交点, 中点, 象限点
可用图形磁盘 (C:) 空间: 27574.6 MB
可用临时磁盘 (C:) 空间: 27574.6 MB
可用物理内存: 7753.6 MB (物理内存总量 12152.1 MB)。
可用交换文件空间: 9566.8 MB (共 14008.1 MB)。
STATUS 按 ENTER 键继续:
```

图 7-18　状态查询窗口显示信息

7.3.1.4　说明

【状态】命令主要用于说明当前图形文件中对象的数目以及模型空间或图纸空间的图形界限、显示范围；列出当前视口中可见的图形范围部分；显示图形的插入点、捕捉分辨率、栅格间距；显示当前空间、图层、颜色、线型、线宽、打印样式、标高和厚度等；显示填充、栅格、正交、快速文字、捕捉和数字化仪的开关模式；显示驱动器上为 AutoCAD 临时文件指定的可用磁盘空间、可用物理内存和交换文件中的可用空间。

7.3.2　列表显示(List)

7.3.2.1　命令功能

■ AutoCAD 2018 列表显示对象类型、对象图层、相对于当前用户坐标系的 X、Y、Z 坐标位置以及对象是位于模型空间还是图纸空间。

7.3.2.2　命令调用方式

■ 单击【默认】选项卡→【特性】面板→【特性】下拉按钮→【列表】按钮。

■ 在命令行输入“List”或命令别名“Li”并回车。

7.3.2.3　命令应用

命令：list ↵	执行列表查询命令
选择对象：指定对角点：找到 2 个	指定对象，图 7-19
选择对象：↵	回车确认

对图 7-19 中的图形执行【列表显示】命令后，【文本窗口】显示信息见图 7-20。

7.3.3　点的坐标显示(Id)

7.3.3.1　命令功能

■ 在命令行显示指定位置的用户坐标系坐标。

■ 列出指定点的 X、Y、Z 值。

■ 如果在三维空间中捕捉对象，则 Z 坐标值与此对象选定特征值相同。

7.3.3.2　命令调用方式

■ 在命令行输入“Id”命令并回车。

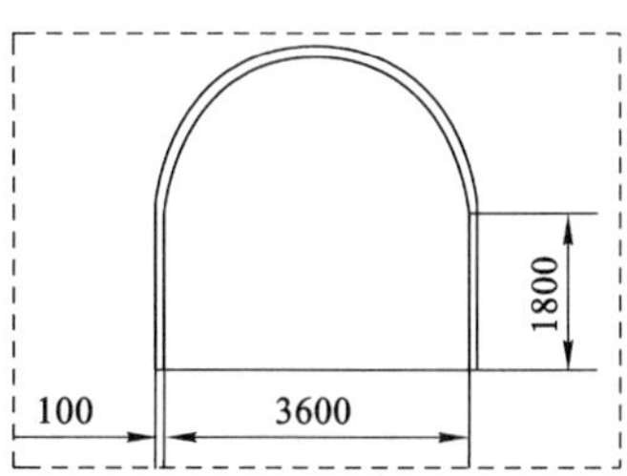

图 7-19 列表显示查询

```
选择对象:

            圆弧        图层:"岩层巷道(前期)"
                            空间:模型空间
                  句柄 = dde5
              圆心 点,  X=31216.4336  Y=5341.8421  Z=    0.0000
              半径 1900.0000
              起点 角度       0
              端点 角度     180
           长度 5969.0260

            直线        图层:"岩层巷道(前期)"
                            空间:模型空间
                  句柄 = dde4
               自 点,  X=33116.4336  Y=3541.8421  Z=    0.0000
               到 点,  X=33116.4336  Y=5341.8421  Z=    0.0000
         长度 =1800.0000, 在 XY 平面中的角度 =      90
                  增量 X =    0.0000, 增量 Y = 1800.0000, 增量 Z =    0.0000

            直线        图层:"岩层巷道(前期)"
                            空间:模型空间
                  句柄 = dde3
               自 点,  X=29316.4336  Y=2672.0287  Z=    0.0000
               到 点,  X=29316.4336  Y=5341.8421  Z=    0.0000
         长度 =2669.8134, 在 XY 平面中的角度 =      90
                  增量 X =    0.0000, 增量 Y = 2669.8134, 增量 Z =    0.0000

            圆弧        图层:"岩层巷道(前期)"
                            空间:模型空间
                  句柄 = dddb
              圆心 点,  X=31216.4336  Y=5341.8421  Z=    0.0000
按 ENTER 键继续:
```

图 7-20 列表显示窗口显示信息

7.3.3.3 命令应用

查询图 7-21 中 A 点坐标,【文本窗口】显示信息见图 7-22。

命令:'_id ↵	执行 Id 命令
指定点:↙	指定 A 点,图 7-22

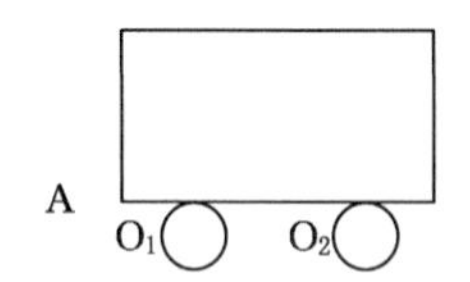

图 7-21 点的坐标查询

```
命令: ID
指定点:  X = 2161.3753     Y = 1538.9368     Z = 0.0000
```

图 7-22 点的坐标显示窗口显示信息

7.3.4 距离测量(Distance)

7.3.4.1 命令功能

■ 测量两点之间的距离。

■ 测量直线的角度。

7.3.4.2 命令调用方式

■ 在命令行输入“Distance”或命令别名“Di”并回车。

7.3.4.3 命令应用

查询图 7-23 中直线 AB 的距离,命令行或【文本窗口】显示信息见图 7-24。

命令:'_dist ↵	执行距离查询命令
指定第一点:↙	指定 A 点,图 7-23
指定第二点:↙	指定 B 点,图 7-23

7.3.4.4 说明

(1) 测量矩形的长宽时,选取对角点即可一次得出矩形的长和宽。

(2) 测量直线的角度时,注意选择点的顺序,第一个拾取点为相对坐标原点。

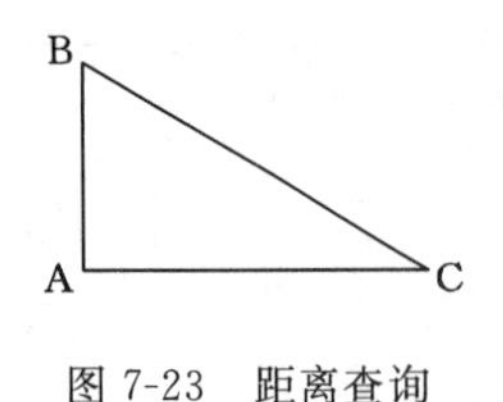

图 7-23 距离查询

指定第二个点或 [多个点(M)]:
距离 = 1037.0241, XY 平面中的倾角 = 0, 与 XY 平面的夹角 = 0
X 增量 = 1037.0241, Y 增量 = 0.0000, Z 增量 = 0.0000

图 7-24 距离测量窗口显示信息

7.3.5 面积和周长测量(Area and Perimeter)

7.3.5.1 命令功能

■ 计算对象或指定区域的面积和周长。

7.3.5.2 命令调用方式

■ 单击【默认】选项卡→【实用工具】面板→【定距等分】下拉菜单→【面积】按钮。

■ 在命令行输入“Area”并回车。

7.3.5.3 命令应用

(1) 查询矩形的面积和周长,见图 7-25(a)。

命令: area ↵　　执行查询命令
指定第一个角点或 [对象(O)/增加面积(A)/减少面积(S)]<对象(O)>: ↵　　选对象(O)项
选择对象: ↙　　选择矩形,图 7-25(a)
查询结果:面积 = 260.0000,周长 = 66.0000

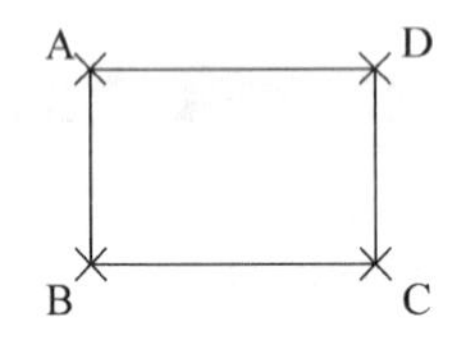

(a) 矩形面积和周长的测量

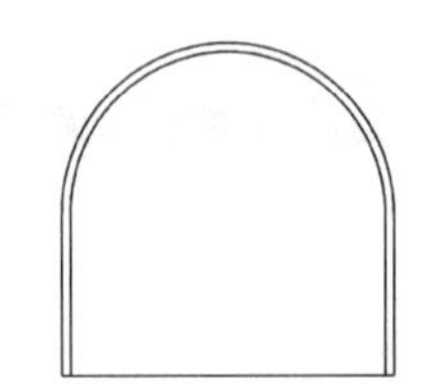

(b) 巷道面积和周长的测量

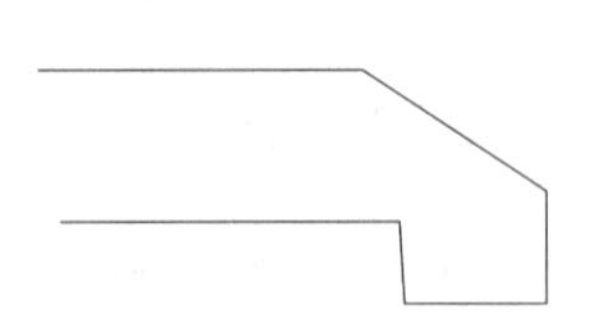

(c) 不规则形状图形的测量

图 7-25 面积和周长的测量

(2) 查询巷道的面积和长度,见图 7-25(b)。

命令: area ↵　　执行查询命令
指定第一个角点或 [对象(O)/增加面积(A)/减少面积(S)]<对象(O)>: ↵　　选对象(O)项
选择对象: ↙　　拾取图形内框,图 7-25(b)
查询结果:面积 = 416.4977,长度 = 78.0292

7.3.5.4 说明

(1) 计算根据指定的点所定义的任意形状闭合面域时,这些点所在的平面必须与当前用户坐标系的 XY 平面平行。

(2) 可计算的内容有:圆、椭圆、多段线、多边形、面域和 AutoCAD 三维实体对象的闭合面积、周长或圆周的面积、周长或圆周。

(3) 用户也可以对不规则的图形,如图 7-25(c)所示的图形采用增添辅助线的方式进行面积和周长的测量。

7.3.6　查询时间(Time)

7.3.6.1　命令功能

■ 显示当前时间。

■ 当前图形的时间统计，包括创建时间、上次更新时间、累计编辑时间、消耗时间计时器、下次自动保存时间。

7.3.6.2　命令调用方式

■ 在命令行输入“Time”并回车。

7.3.6.3　命令应用

执行【查询时间】命令后，【文本窗口】显示信息见图 7-26。

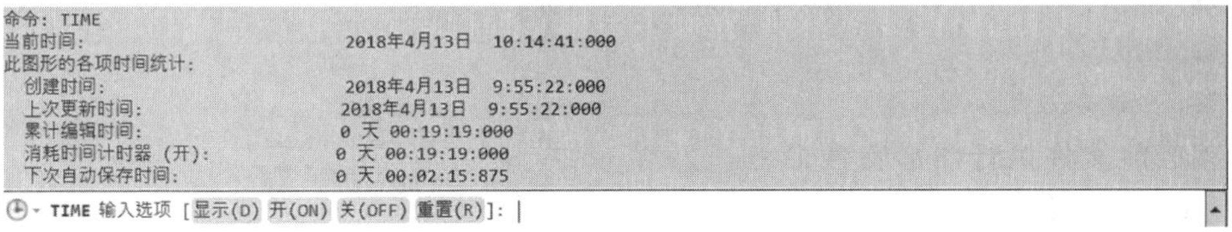

```
命令: TIME
当前时间:                    2018年4月13日  10:14:41:000
此图形的各项时间统计:
  创建时间:                  2018年4月13日  9:55:22:000
  上次更新时间:              2018年4月13日  9:55:22:000
  累计编辑时间:              0 天 00:19:19:000
  消耗时间计时器 (开):       0 天 00:19:19:000
  下次自动保存时间:          0 天 00:02:15:875
TIME 输入选项 [显示(D) 开(ON) 关(OFF) 重置(R)]:
```

图 7-26　时间查询窗口显示信息

7.3.6.4　说明

时间查询【文本窗口】内各项含义为：【当前时间】使用 24 小时制显示当前日期和时间，精确到毫秒；【创建时间】显示当前图形创建的日期和时间；【上次更新时间】显示当前图形最后一次更新的日期和时间；【累计编辑时间】显示编辑当前图形花费的时间；【消耗时间计时器】是在运行 AutoCAD 的同时运行的另一个计时器，可随时打开、关闭或重置此计时器；【下次自动保存时间】显示距离下一次自动保存的时间。

7.3.7　设置变量(Setvar)

7.3.7.1　命令功能

■ 列出系统变量或修改变量值。

7.3.7.2　命令调用方式

■ 在命令行输入“Setvar”或命令别名“Set”并回车。

7.3.7.3　命令应用

(1) 修改系统变量设置的步骤。

在命令提示下，输入系统变量名称。例如，输入“Gridmode”来修改栅格设置。

命令：gridmode ↵	执行栅格命令
输入 GRIDMODE 的新值 <0>：1 ↵	输入参数

(2) 查看系统变量完整列表的步骤。

命令：setvar ↵	执行设置变量命令
输入变量名或 [?] <GRIDMODE>：? ↵	输入“?”并回车
输入要列出的变量 <*>：↵	回车确认

ACADLSPASDOC　　0

ACADPREFIX　　"C:\Documents and Settings\all user\Application

	Data\Autodesk..."	(只读)
ACADVER	"16.1s (LMS Tech)"	(只读)
ACISOUTVER	70	
AFLAGS	0	

……

7.3.8 图形特性(Drawing Properties)

7.3.8.1 命令功能

■ 设置和显示当前图形的属性。

7.3.8.2 命令调用方式

■ 在命令行输入“Dwgprops”并回车。

7.3.8.3 命令应用

对当前文件执行图形特性命令，可弹出【图形属性】对话框，见图 7-27。

7.3.8.4 说明

在【图形属性】对话框的【概要】选项卡中，可输入图形标题、主题、作者、关键字、注释和图形中超链接数据的默认地址。对于超链接基本路径，可以指定一个 Internet 地址或网络驱动器上的文件夹路径。

在【自定义】选项卡中单击【添加】按钮，可添加自定义特性的名称和值。

图 7-27 【图形属性】对话框

7.4 计算功能的简介与使用

7.4.1 表达式

7.4.1.1 表达式种类

AutoCAD 中可使用的表达式种类有以下两种：

(1) 数值表达式。

数值表达式由实数、整数和函数及运算符组成。数值表达式中的运算符和操作见表 7-1。

表 7-1 数值表达式运算符和操作

序号	运算符	操 作	序号	运算符	操 作
1	( )	将表达式编组	3	*,/	乘、除
2	∧	指数计算	4	+,-	加、减

(2) 矢量表达式。

矢量表达式由点集、矢量、数字和函数及运算符组成。矢量表达式中的运算符和操作见表 7-2。

表 7-2　矢量表达式运算符和操作

序号	运算符	操 作 方 式
1	( )	将表达式编组
2	&	计算矢量的矢量积(结果仍为矢量) [a,b,c]&[x,y,z]=[(b*z)-(c*y),(c*x)-(a*z),(a*y)-(b*x)]
3	*	计算矢量的标量积(结果为实数)　[a,b,c]*[x,y,z]=ax+by+cz
4	*,/	矢量与实数相乘除　a*[x,y,z]=[a*x,a*y,a*z]
5	+,-	矢量与矢量(点)相加减　[a,b,c]+[x,y,z]=[a+x,b+y,c+z]

7.4.1.2　表达式中计算符号的优先等级

■ 括号中的表达式优先,最内层括号优先。

■ 运算符按标准顺序计算:指数优先,乘除次之,加减最后。

■ 优先级相同的运算符从左至右计算。

7.4.2　计算功能

AutoCAD 2018 中的计算功能使用步骤如下:

(1) 在"命令:"提示下输入"cal"。

(2) 输入表达式后回车即可。

例如:计算 25/8 的数值。

命令: cal ↵　　　　执行计算命令
>>表达式:25/8 ↵　　　　输入表达式并回车
3.125　　　　输出结果

7.4.3　在线计算

AutoCAD 2018 中的在线计算功能是指在其他命令使用的过程中使用计算功能(即计算功能的透明使用),其步骤如下:

(1) 执行 AutoCAD 命令。

(2) 在需要输入数值时,输入"'cal"。

(3) 输入表达式后回车即可。

具体实例见本章 7.5.3 节在"矩形的重心处作圆"。

7.4.4　快速计算器(Quickcalc)

7.4.4.1　命令功能

■ 快速进行数学计算。

7.4.4.2　命令调用方式

■ 单击【默认】选项卡→【实用工具】面板→【快速计算器】按钮。

■ 在命令行输入“Quickcalc”并回车。

7.4.4.3 【快速计算器】窗口

执行【快速计算】命令，弹出【快速计算器】窗口，见图 7-28。该窗口内各项含义如下：

(1)【数字键区】提供可供用户输入算术表达式的数字和符号的标准计算器键盘。

(2)【科学】计算通常与科学和工程应用相关的三角、对数、指数和其他表达式。

(3)【单位转换】将测量单位从一种单位类型转换为另一种单位类型。【单位转换】区域只接受不带单位的小数值。

(4)【变量】提供对预定义常量和函数的访问。用户可以使用【变量】区域定义并存储其他常量和函数。

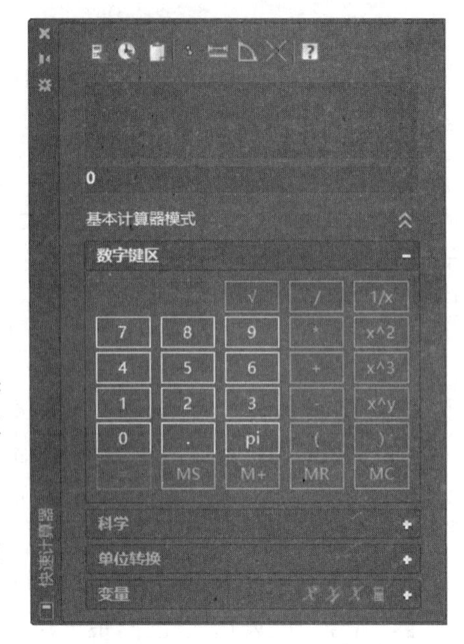

图 7-28 【快速计算器】对话框

7.4.4.4 命令应用

【快速计算器】的数字键区使用方式与 Windows 自带附件中的【计算器】功能相似，其他几种方式在执行该命令时根据提示逐步响应即可完成命令的使用。

7.5 绘图技巧实例

7.5.1 圆的标准对称轴画法

圆的标准对称轴是指在绘制采矿工程图时圆的对称轴向外延伸的距离是 5 mm。绘制步骤如下：

(1) 新建图层。

打开图层管理器，新建两个图层并分别命名为“轮廓”和“中心线”，将“中心线”图层的线型改为“Center”“轮廓”图层线型取默认，颜色分别设置为蓝色和红色。

(2) 绘圆。

(3) 将“中心线”图层置为当前，从圆上象限点向圆的圆心作一直线段，绘制结果如图 7-29(a)。

(4) 将直线 OA 向圆外拉长 5 mm。

命令：lengthen ↵	执行拉长命令
选择对象或 [增量(DE)/百分数(P)/全部(T)/动态(DY)]：de ↵	选增量(DE)项
输入长度增量或 [角度(A)] <0.0000>：5 ↵	输入 5 并回车
选择要修改的对象或 [放弃(U)]：↙	拾取 OA，图 7-29(b)
选择要修改的对象或 [放弃(U)]：↵	回车结束命令

(5) 反向拉长直线 1 倍。

命令：lengthen ↵	执行拉长命令

选择对象或［增量(DE)/百分数(P)/全部(T)/动态(DY)]：p ↵	选百分数(P)项
输入长度百分数 ＜100.0000＞：200 ↵	输入 200 并回车
选择要修改的对象或［放弃(U)]：↙	拾取 OA，图 7-29(c)
选择要修改的对象或［放弃(U)]：↵	回车结束命令

(6) 阵列直线 OA(90°范围内 2 个)，结果如图 7-29(d)所示。

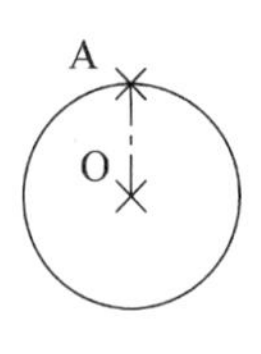

(a) 作中心线

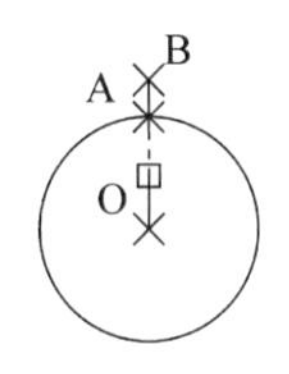

(b) 向外拉 5 个单位

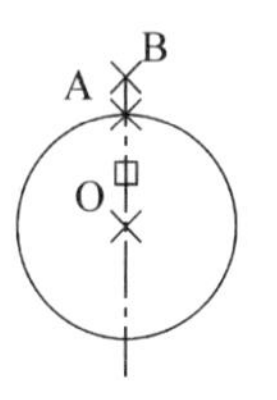

(c) 反向拉长1倍

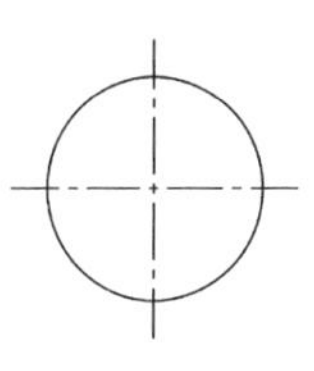

(d) 环形阵列

图 7-29　圆的标准对称轴画法

7.5.2　矩形的标准对称轴画法

与圆的标准对称轴相似，矩形的标准对称轴是指在绘制采矿工程图时矩形的对称轴向外延伸的距离是 5 mm。绘制步骤如下：

(1) 新建图层。

打开图层管理器，新建两个图层并分别命名为“轮廓”和“中心线”，将“中心线”图层的线型改为“Center”“轮廓”图层线型取默认，颜色分别设置为蓝色和红色。

(2) 绘制矩形，见图 7-30(a)。

(3) 连接矩形长边和宽边中点的连线，见图 7-30(b)。

(4) 将连线向外拉长 5 mm，见图 7-30(c)。

(5) 适当调整中心线的比例，使图形显示为图 7-30(d)。

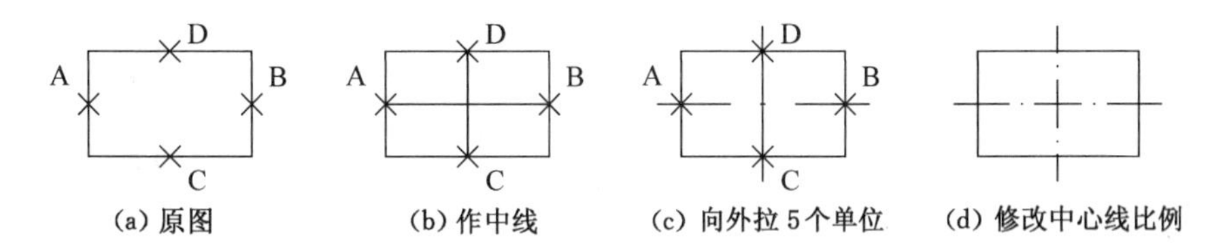

图 7-30　矩形的标准对称轴画法

7.5.3　在矩形的重心处作圆

在采矿工程制图中，我们经常会遇到在矩形或圆形等其他多边形的重心上画圆，有时也要在圆的重心上作多边形。下面以在矩形的重心上画圆为例来介绍这一技巧。绘制结果如图 7-31(b)所示。

(1) 新建图层。

打开图层管理器，新建两个图层并分别命名为“矩形”和“圆”。将“矩形”图层的颜色设置为蓝色，“圆”图层的颜色设置为红色。

(2) 绘制矩形，见图 7-31(a)。

(3) 绘圆。

命令：circle ↵	执行绘圆命令
指定圆的圆心：'cal ↵	输入在线计算命令
>>表达式：mee ↵	输入 mee 函数
>>选择一个端点给 MEE：↙	指定 A 点，图 7-31(a)
>>选择下一个端点给 MEE：↙	指定 B 点，图 7-31(a)
(0.0　0.0　0.0)	自动获得圆心 O
指定圆的半径或［直径(D)］<0.0000>：8 ↵	输入圆半径

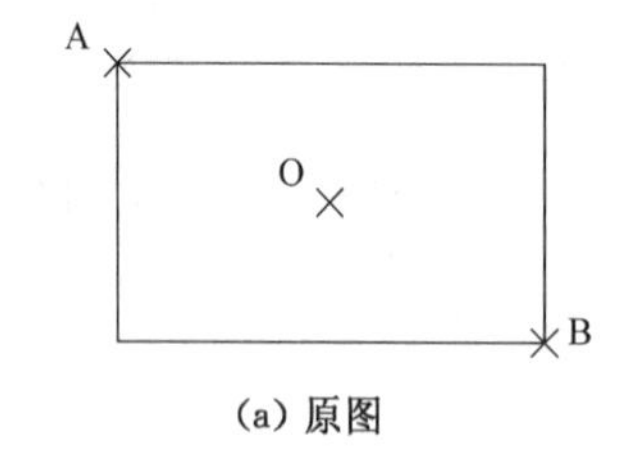

(a) 原图

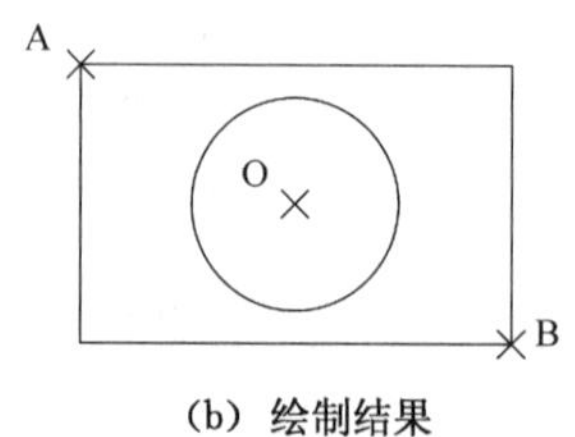

(b) 绘制结果

图 7-31　在矩形重心处作圆画法

注：本例也可以通过对象追踪和对象捕捉相结合的方式或者应用对象捕捉中的【两点之间的中点】命令完成操作。

7.5.4　建筑、测量等专业指北针的画法

在建筑、测量等其他工程的设计中，我们要经常用到指北针。设计规范规定标准指北针的箭尾宽度为圆直径的 1/8，圆直径为 25 mm。画法如下：

(1) 新建一文件并命名为"建筑测量用指北针"。

(2) 绘制一直径为 25 mm 的圆，见图 7-32(a)。

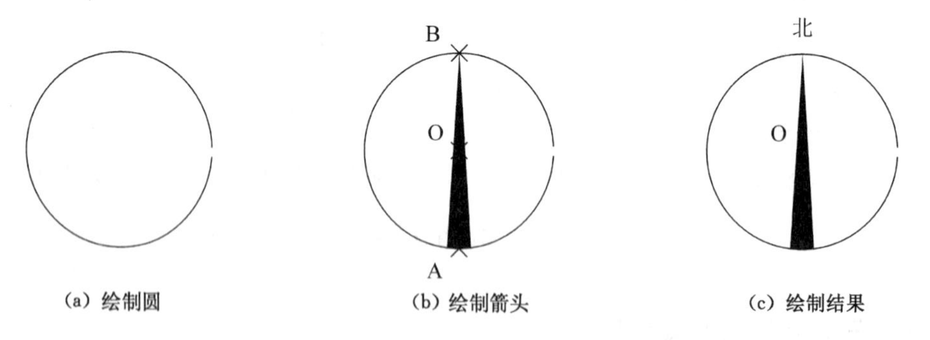

(a) 绘制圆　(b) 绘制箭头　(c) 绘制结果

图 7-32　建筑、测量等专业标准指北针画法

(3) 绘制箭头。

命令：pline ↵	执行多段线命令
指定起点：↙	指定 A 点，图 7-32(b)
指定下一个点或［圆弧(A)/半宽(H)/长度(L)/放弃(U)/宽度(W)］：w ↵	选宽度(W)项
指定起点宽度：'cal ↵	执行在线计算命令
>>表达式：25/8 ↵	输入表达式
3.125	

指定端点宽度 <3.1250>：0 ↵　　输入端点宽度

指定下一个点或[圆弧(A)/半宽(H)/长度(L)/放弃(U)/宽度(W)]：↙　　指定 B 点，图 7-32(b)

指定下一个点或[圆弧(A)/闭合(C)/半宽(H)/长度(L)/放弃(U)/
宽度(W)]：↵　　回车确认，图 7-32(b)

(4) 在箭头添加文本标注五号宋体"北"字，结果如图 7-32(c)所示。

7.5.5　折断线的画法

绘制图 7-33(a)中的折断线，绘制步骤如下：

(1) 绘制一尺寸为 5 mm×10 mm 的虚线辅助矩形，见图 7-33(b)。

(2) 打开【对象追踪】、【对象捕捉】(必须将中点、端点设置为自动捕捉)。

(3) 执行【多段线】命令，捕捉矩形上边中点 B 后即垂直向上拖动鼠标，根据出现的虚线提示，即在给定方向的提示下输入距离 5，得到 A 点，再依次绘出 B、C、D、E、F 点，见图 7-33(c)、(d)。

(4) 删除虚线矩形，绘制结果如图 7-33(a)所示。

注：如果对图 7-33(a)执行两次偏移命令，并将原对象删除，可得到双线折断线，见图 7-33(e)。

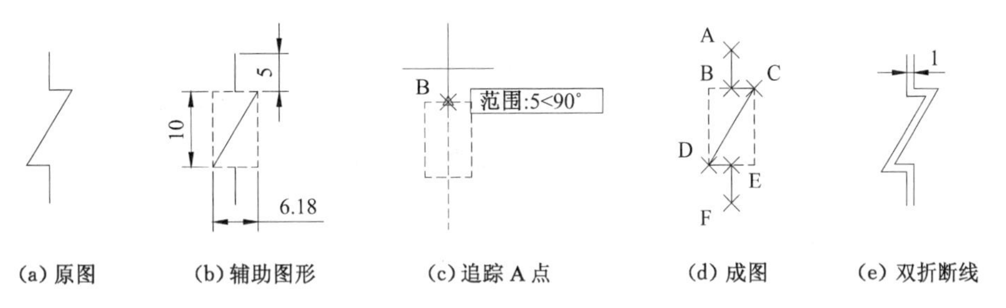

图 7-33　折断线画法

7.5.6　采煤工作面推进箭头的画法

在采矿工程专业的毕业设计中，绘制采煤工作面时要求体现出其推进方向，需要画出推进箭头。画法如下：

(1) 绘制箭头左半部。

命令：pline ↵　　执行多段线命令

指定起点：↙　　任意指定一点 A 点

当前线宽为 0.0000 ↵

指定下一个点或[圆弧(A)/半宽(H)/长度(L)/放弃(U)/
宽度(W)]：@0,10 ↵　　输入 B 点相对 A 点的坐标

指定下一个点或[圆弧(A)/闭合(C)/半宽(H)/长度(L)/放弃(U)/
宽度(W)]：@－15,0 ↵　　输入 C 点相对 B 点的坐标

指定下一个点或[圆弧(A)/闭合(C)/半宽(H)/长度(L)/放弃(U)/
宽度(W)]：@30<25 ↵　　输入 CD 的角度及预计长度
回车结束命令

命令：pline ↵　　执行多段线命令

指定起点：↙	指定 A 点
当前线宽为 0.0000 ↵	
指定下一个点或［圆弧(A)/半宽(H)/长度(L)/放弃(U)/宽度(W)］：@20,0 ↵	输入 E 点相对 A 点的坐标
	回车结束命令，图 7-34(a)

(2) 镜像出箭头右半部。

命令：mirror ↵	执行镜像命令
选择对象：指定对角点：找到 2 个↙	选择箭头左半部
选择对象：↵	结束选择
指定镜像线的第一点：↙	指定 F 点，图 7-34(b)
指定镜像线的第二点：↙	打开正交，向上任意指定点 G
是否删除源对象？［是(Y)/否(N)］<N>：↵	选择默认参数

(3) 修剪。

执行【修剪】(Trim)命令修剪箭头多出的部分，完成箭头的绘制，见图 7-34(c)。

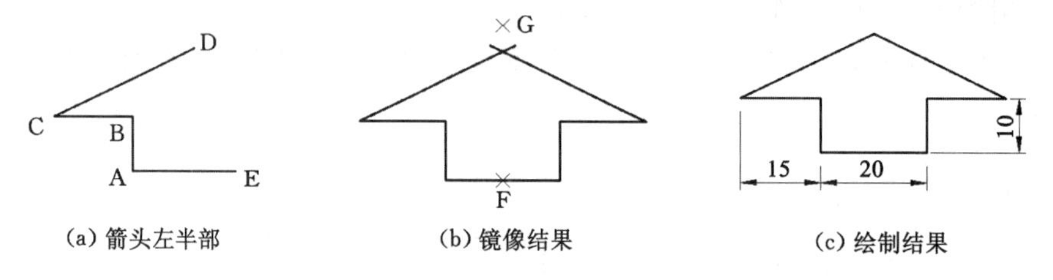

图 7-34 采煤工作面推进箭头的画法

第8章 尺寸标注

在采矿工程制图中，图形的主要作用是表达对象的结构和形状，对象各部分的真实大小和它们之间的相对位置只能通过尺寸标注来确定。AutoCAD 2018 提供了一套完整的尺寸标注命令，并且使用【标注样式管理器】命令控制尺寸标注的样式，可以方便地设置和编辑各种类型的尺寸样式。在设置尺寸样式和标注尺寸时，应遵循煤炭行业标准中的有关规定，做到正确、完整、清晰和合理地标注尺寸，以满足煤矿生产实际的需要。

本章主要讲述比例尺与比例因子、尺寸标注的基本概念、尺寸标注样式、标注各种类型的尺寸、编辑尺寸标注。

本章实例为标注第 5 章绘制完成的双轨运输大巷断面图的相关尺寸，然后着重介绍 AutoCAD 中的作图步骤。

8.1 比例尺与比例因子

8.1.1 比例尺

图上距离与实际距离的比例叫作比例尺，如 1：50。常用的采矿工程图纸的比例尺有：1：100000、1：5000、1：2000、1：1000、1：200、1：100、1：50、1：25 等。

8.1.2 比例因子

比例尺的倒数称为比例因子。例如图纸比例为 1：50，则比例因子为 50。

使用 AutoCAD 的优点之一是能以 1：1 的真实尺寸来绘图，而无须考虑图纸尺寸的限制。为了能够不随比例因子的不同而均按照 1：1 的方式进行绘图，在创建对象之前，下列内容必须放大，放大的倍数为比例因子：

(1) 图纸图框，即图形界限的大小。

(2) 文字的字高。

(3) 尺寸标注中直线、箭头及文字。

(4) 非连续型的线型、非实体的填充的比例。

8.2 尺寸标注要点概述

8.2.1 尺寸标注的组成

一组完整的尺寸标注由尺寸线、尺寸界线、标注文字和箭头等组成，见图 8-1。

(1)【尺寸线】用于指示标注的方向和范围。对于角度标注，【尺寸线】是一段圆弧。

(2)【尺寸界线】也称为投影线或证示线,从标注基点延伸到尺寸线并超过尺寸线。

(3)【标注文字】用于指示测量值的字符串。文字还可以包含前缀、后缀和公差。

(4)【箭头】也称为终止符号,显示在尺寸线的两端。

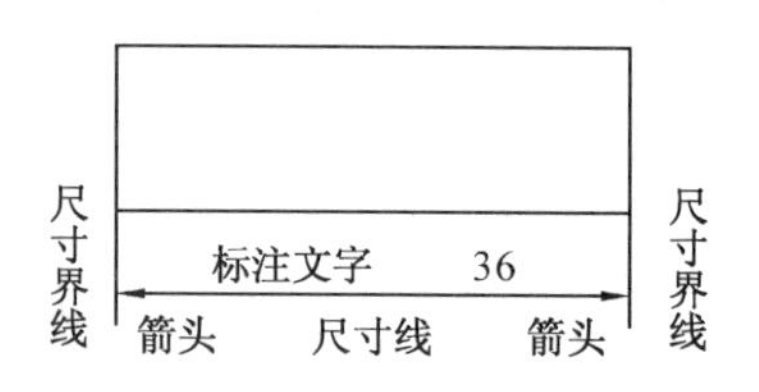

图 8-1 尺寸标注的组成

8.2.2 关联和非关联的尺寸标注

像图案填充一样,AutoCAD 2018 提供了两种尺寸标注方式,一种是关联的尺寸标注,另一种是非关联的尺寸标注。

8.2.2.1 关联尺寸标注(Dimassoc=2)

尺寸标注的各部分为一个整体,尺寸具有关联特性,即标注文字的数值随图形比例的变化而变化,当标注的一部分被选中,则全部被选中。例如图 8-2(b)所示,当矩形被拉伸后,关联的尺寸标注随着图形变化而变化。

8.2.2.2 非关联尺寸标注(Dimassoc=1)

尺寸标注的各部分是独立的各个实体,标注文字的数值不随图形比例的变化而变化,但标注文字的字高、箭头的大小均随图形比例的变化而变化。例如图 8-2(c)所示,矩形被拉伸后,非关联的尺寸标注不随图形的变化而变化。

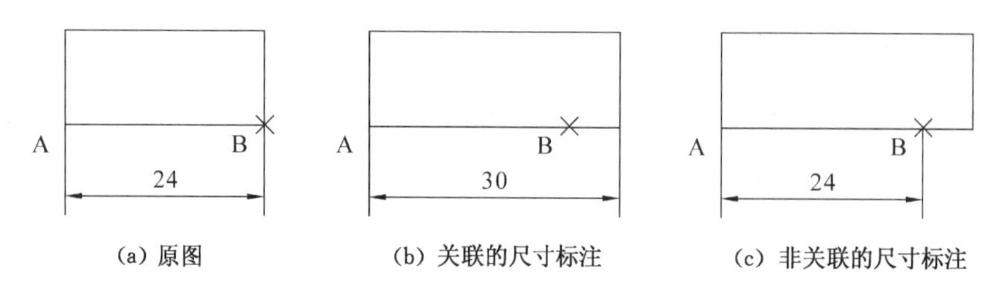

(a) 原图　(b) 关联的尺寸标注　(c) 非关联的尺寸标注

图 8-2 尺寸标注的关联性

设置尺寸标注的关联性的步骤如下:

```
命令: dimassoc ↲                              执行尺寸关联标注命令
输入 DIMASSOC 的新值 <开>: 2 ↲                 输入新值
DIMASSOC 已被设置为 2
```

8.2.3 尺寸变量

AutoCAD 2018 的设置和特性基本都是通过系统变量决定的。在尺寸标注中也给出了很多变量,用来决定尺寸标注的方法和形式,如尺寸标注时各尺寸元素的大小与形状、放置位置等,可通过改变尺寸变量的状态或数值来改变它。尺寸变量有的是开关变量,有的是数值。对尺寸变量可在命令行中键入尺寸变量名进行重新设置,可用对话框的方式来设定大部分尺寸变量。上例中的 Dimassoc 变量就是控制尺寸标注关联性与否的变量。

8.2.4 尺寸标注类型

尺寸标注可分为标注尺寸对象、快速标注和标注注释三种类型。

8.2.4.1 标注尺寸对象

AutoCAD 中可以通过线性、对齐、坐标、角度、直径与半径标注等命令对对象进行标注。

8.2.4.2 快速标注

快速标注用于快速地进行尺寸标注，可快速地标注出多个基线尺寸、连续尺寸以及快速、一次性地标注多个圆或圆对象等类型。

8.2.4.3 注释标注

注释标注主要有引线、圆心标记与形位公差标注等类型。

8.3 尺寸标注样式的创建与管理

像文字标注一样，在标注尺寸时，AutoCAD 尺寸标注的默认设置通常不能满足需要，需要设置多种标注样式，才能满足多种标注样式要求。

8.3.1 尺寸标注样式

由于专业的不同，对图纸的尺寸标注有不同的要求，如绘制采矿工程图纸和建筑图纸时尺寸标注都有自己的规定。AutoCAD 2018 可把不同类型图纸对尺寸标注的要求设置成不同的尺寸标注样式，并给予文件名保存下来，以备后用。

标注样式是通过【标注样式管理器】对话框来设置的。

像文字标注一样，以后在开始尺寸标注之前必须建立尺寸标注样式。

8.3.2 标注样式管理器

8.3.2.1 命令功能

■ 预设 AutoCAD 尺寸标注的样式。

8.3.2.2 命令调用方式

■ 单击【默认】选项卡→【注释】面板的下拉箭头→【标注样式】按钮。

■ 单击【注释】选项卡→【标注】面板的下拉箭头。

■ 在命令行输入“Dimstyle”并回车。

8.3.2.3 【标注样式管理器】对话框

执行【标注样式】命令，弹出【标注样式管理器】对话框，见图 8-3。

该对话框中各项含义为：【当前标注样式】用于显示当前标注样式的名称；【样式】列出图形中的标注样式；【列出】用于控制样式显示；【预览】用于显示【样式】列表中选定样式的图示；【说明】用于说明【样式】列表中与当前样式相关的选定样式；【置为当前】按钮将在【样式】中选定的标注样式设置为当前标注样式；【新建】按钮弹出【创建新标注样式】对话框，定义新的标注样式；【修改】按钮弹出【修改标注样式】对话框，修改标注样式；【替代】按钮显示【替代当前样式】对话框，设置标注样式的临时替代；【比较】按钮弹出【比较标注样式】对话框，比较两个标注样式或列出一个标注样式的所有特性。

8.3.2.4 【创建新标注样式】对话框

在图 8-3 中单击【新建】按钮，弹出【创建新标注样式】对话框，见图 8-4。该对话框中各项含义如下：【新样式名】用于命名新的样式名称；【基础样式】列出基于哪种样式创建新的标

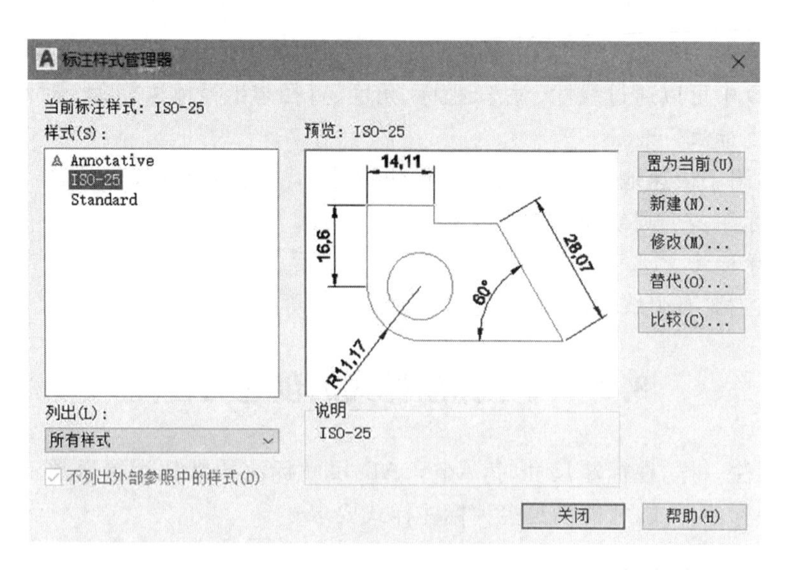

图 8-3 【标注样式管理器】对话框

注样式;【用于】确定新创建的样式适用于哪些标注类型。

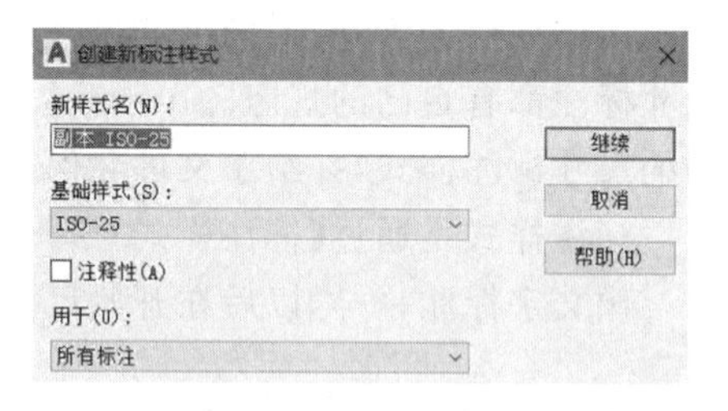

图 8-4 【创建新标注样式】对话框

输入合适的样式名称后，单击【继续】按钮，弹出带样式名的【新建标注样式】对话框，见图 8-5。用户可根据对话框中各选项卡的要求进行设置，各选项卡代表的含义依次介绍如下。

(1)【线】选项卡，见图 8-5。

该选项卡用于设置尺寸线、尺寸界线标记的格式和特性，主要参数含义为:【尺寸线】用于设置尺寸线的特性。其中:【颜色】显示并设置尺

新建标注样式：副本 ISO-25
线 符号和箭头 文字 调整 主单位 换算单位 公差
尺寸线
颜色(C)： ByBlock
线型(L)： ByBlock
线宽(G)： ByBlock
超出标记(N)： 0
基线间距(A)： 3.75
隐藏： 尺寸线 1(M) 尺寸线 2(D)
尺寸界线
颜色(R)： ByBlock
尺寸界线 1 的线型(I)： ByBlock
尺寸界线 2 的线型(T)： ByBlock
线宽(W)： ByBlock
隐藏： 尺寸界线 1(1) 尺寸界线 2(2)
超出尺寸线(X)： 1.25
起点偏移量(F)： 0.625
固定长度的尺寸界线(O)
长度(E)： 1
14,11
16,6
28,07
60°
R11,17
确定 取消 帮助(H)

图 8-5 创建标注样式之【线】选项卡

寸线的颜色;【线型】设置尺寸线的线型;【线宽】设置尺寸线的线宽;【超出标记】指定当箭头使用倾斜、建筑标记、积分和无标记时尺寸线超过尺寸界线的距离;【基线间距】设置基线标注的尺寸线之间的距离;【隐藏】不显示尺寸线。【尺寸界线】控制尺寸界线的外观。其中:【超出尺寸线】指定尺寸界线超出尺寸线的距离;【起点偏移量】设置自图形中定义标注的点到尺寸界线的偏移距离。

(2)【符号和箭头】选项卡,见图 8-6。

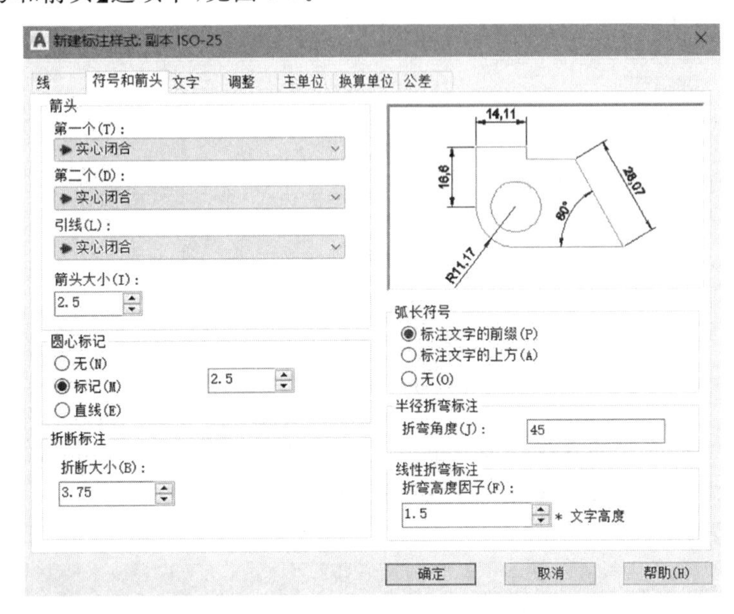

图 8-6　创建标注样式之【符号和箭头】选项卡

该选项卡用于设置箭头、圆心标记、弧长符号和半径折弯标注的格式和位置。主要参数含义为:【箭头】控制标注箭头的外观。其中:【第一个】设置第一条尺寸线的箭头;【第二个】设置第二条尺寸线的箭头;【引线】设置引线箭头;【箭头大小】显示和设置箭头的大小。【圆心标记】控制直径标注和半径标注的圆心标记和中心线的外观。其中:【无】不创建圆心标记或中心线;【标记】创建圆心标记;【直线】创建中心线;【圆心标记】区右侧的框用于显示和设置圆心标记或中心线的大小。【弧长符号】控制弧长标注中圆弧符号的显示。其中:【标注文字的前缀】将圆弧符号放在标注文字的前面;【标注文字的上方】将圆弧符号放在标注文字的上方;【无】不显示圆弧符号。

(3)【文字】选项卡,见图 8-7。

该选项卡用于设置标注文字的外观、位置和对齐方式。主要参数含义为:【文字外观】控制标注文字的格式和大小。其中:【文字样式】显示和设置当前标注文字样式;【文字样式按钮】显示文字样式对话框,从中可以定义或修改文字样式;【文字颜色】设置标注文字的颜色;【填充颜色】设置标注文字背景的颜色;【文字高度】设置当前标注文字样式的高度;【分数高度比例】设置相对于标注文字的分数比例;【绘制文字边框】如果选择此选项,将在标注文字周围绘制一个边框。【文字位置】控制标注文字的位置。其中:【垂直】控制标注文字相对于尺寸线的垂直位置;【水平】控制标注文字相对于尺寸界线的水平位置;【从尺寸线偏移】设置当前文字间距,文字间距是指当尺寸线断开以容纳标注文字时文字周围的距离。【文字对

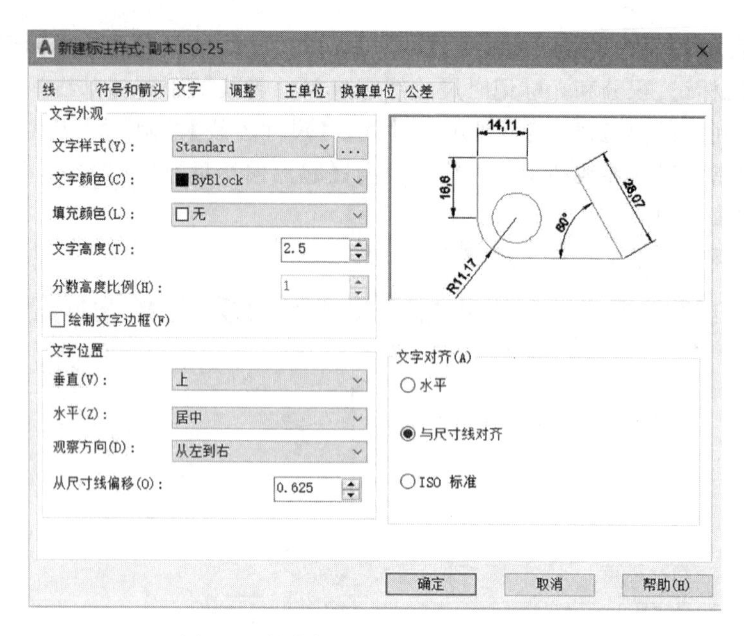

图 8-7 创建标注样式之【文字】选项卡

齐】控制标注文字放在尺寸界线外边或里边时的方向是保持水平还是与尺寸界线平行。其中:【水平】表示水平放置文字;【与尺寸线对齐】表示文字与尺寸线对齐。

(4)【调整】选项卡,见图 8-8。

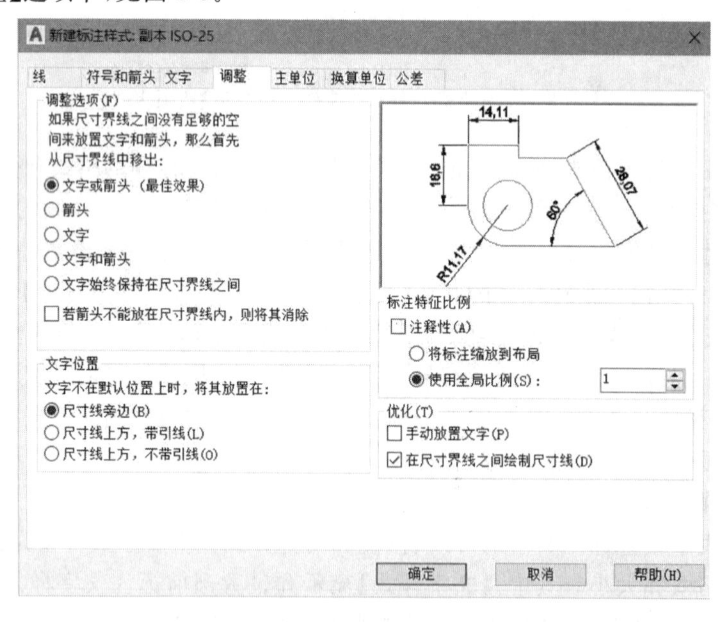

图 8-8 创建标注样式之【调整】选项卡

该选项卡用于控制标注文字、箭头、引线和尺寸线的位置。主要参数含义为:【调整选项】控制基于尺寸界线之间可用空间的文字和箭头的位置。其中:【箭头】先将箭头移动到尺寸界线外部,然后移动文字;【文字】先将文字移动到尺寸界线外部,然后移动箭头,当尺寸界线间的距离足够放置文字和箭头时,文字和箭头都放在尺寸界线内;【文字和箭头】当尺寸界线间距离不足以放下文字和箭头时，文字和箭头都将移动到尺寸界线外；【文字始终保持在尺寸界线之间】始终将文字放在尺寸界线之间，若不能放在尺寸界线内，或者尺寸界线内没有足够的空间，则隐藏箭头。【文字位置】设置标注文字默认位置。【标注特征比例】设置全局标注比例值或图纸空间比例。其中【使用全局比例】为所有标注样式设置设定一个比例。

(5)【主单位】选项卡，见图 8-9。

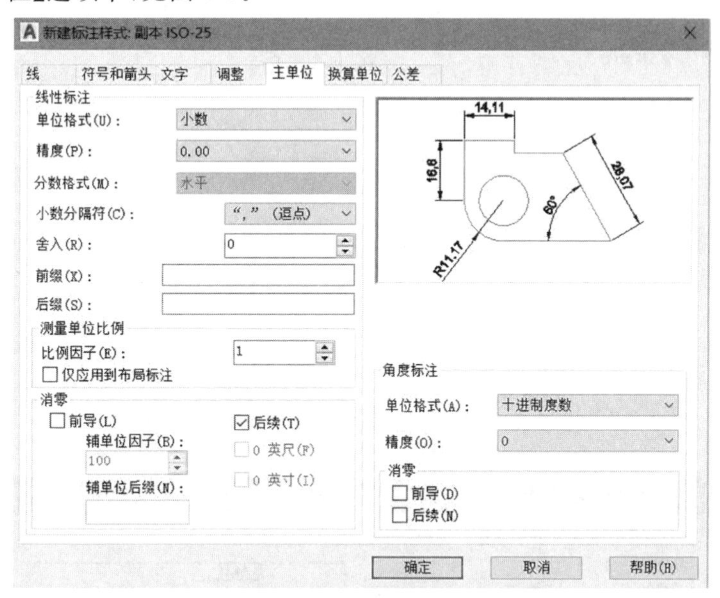

图 8-9 创建标注样式之【主单位】选项卡

该选项卡用于设置主标注单位的格式和精度，并设置标注文字的前缀和后缀。主要参数含义为：【线性标注】设置线性标注的格式和精度。其中：【单位格式】设置除角度之外的所有标注类型的当前单位格式；【精度】显示和设置标注文字中的小数位数；【分数格式】设置分数格式；【小数分隔符】设置用于十进制格式的分隔符；【舍入】为除角度之外的所有标注类型设置标注测量值的舍入规则；【前缀】在标注文字中包含前缀；【后缀】在标注文字中包含后缀。【测量单位比例】定义线性比例选项。【角度标注】显示和设置角度标注的当前角度格式。其中：【单位格式】设置角度单位格式；【精度】设置角度标注的小数位数。【消零】控制不输出前导零和后续零。

(6)【换算单位】选项卡，见图 8-10。

该选项卡用于指定标注测量值中换算单位的显示并可设置其格式和精度。主要参数含义为：【显示换算单位】向标注文字添加换算测量单位。【换算单位】区显示和设置除角度之外的所有标注类型的当前换算单位格式。其中：【单位格式】设置换算单位的单位格式；【精度】设置换算单位中的小数位数；【舍入精度】设置除角度之外的所有标注类型的换算单位的舍入规则；【前缀】在换算标注文字中包含前缀；【后缀】在换算标注文字中包含后缀。【位置】控制标注文字中换算单位的位置。

(7)【公差】选项卡，见图 8-11。

该选项卡用于控制标注文字中公差的格式及显示。主要参数含义为：【公差格式】区控制公差格式。其中：【方式】设置计算公差的方法；【上偏差】设置最大公差或上偏差；【下偏

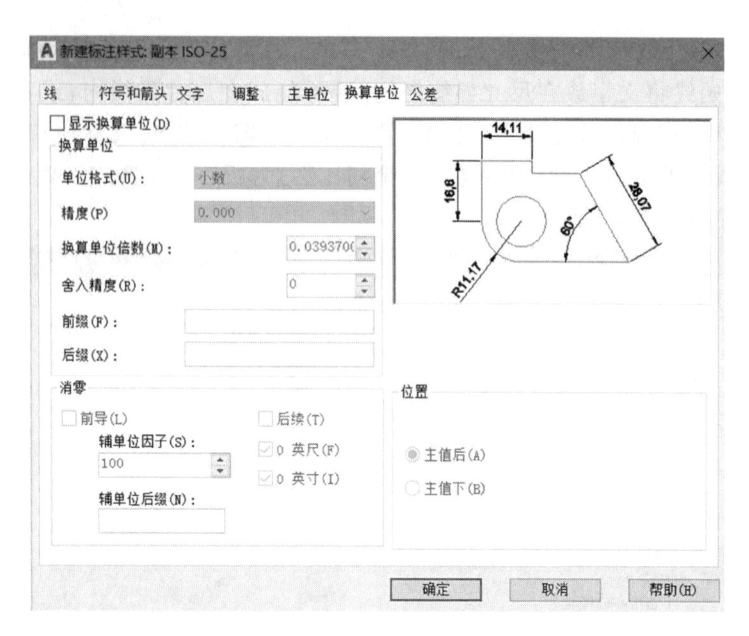

图 8-10 创建标注样式之【换算单位】选项卡

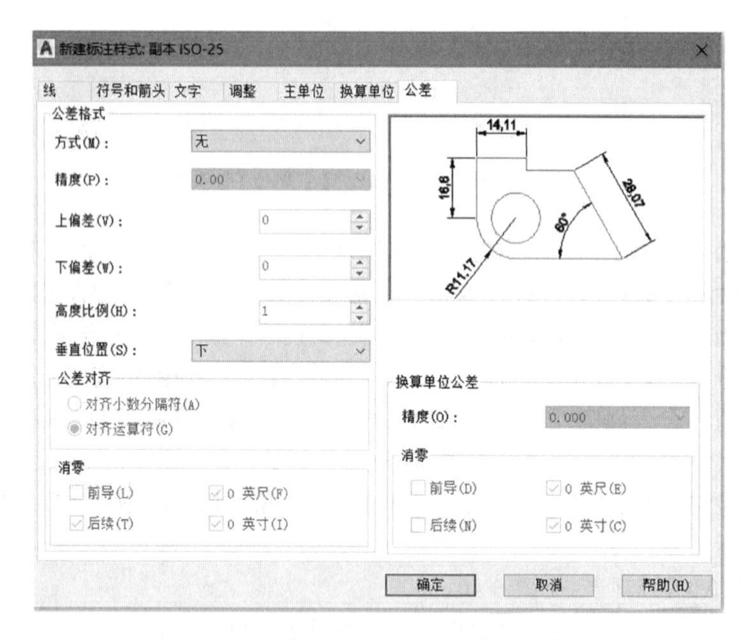

图 8-11 创建标注样式之【公差】选项卡

差】设置最小公差或下偏差;【高度比例】设置公差文字的当前高度;【垂直位置】控制对称公差和极限公差的文字对正,【上】公差文字与主标注文字的顶部对齐,【中】公差文字与主标注文字的中间对齐,【下】公差文字与主标注文字的底部对齐。【消零】控制不输出前导零和后续零以及零英尺和零英寸部分。其中:【前导】不输出所有十进制标注中的前导零;【后续】不输出所有十进制标注的后续零。

8.3.2.5 命令应用

(1) 单击【注释】→【标注】下拉箭头,弹出【标注样式管理器】对话框。

（2）单击【新建】按钮，在弹出的【创建新标注样式】对话框中的【新样式名】中输入样式名称“1-1”后单击【继续】按钮。

（3）按照表 8-1 对【创建新标注样式】对话框内的参数进行设置，未涉及的参数取默认值。

表 8-1 创建比例因子为 1 的尺寸标注样式

<table>
<tr><th>序 号</th><th>选项卡名称</th><th>项 目</th><th>内 容</th><th>说 明</th></tr>
<tr><td rowspan="2">1</td><td rowspan="2">直线</td><td>超出尺寸线</td><td>2.2</td><td rowspan="10">2.2 个单位为小五号字高的大小；中文字体使用宋体或仿宋体，数字符号一般使用新罗马字体；采矿工程制图中的箭头一般选择 AutoCAD 中的实心闭合样式；小数分隔符取句点样式</td></tr>
<tr><td>起点偏移量</td><td>0</td></tr>
<tr><td rowspan="3">2</td><td rowspan="3">符号和箭头</td><td>箭头大小</td><td>2.2</td></tr>
<tr><td>箭头样式</td><td>实心闭合</td></tr>
<tr><td>圆心标记大小</td><td>2.2</td></tr>
<tr><td rowspan="3">3</td><td rowspan="3">文字</td><td>文字样式</td><td>新罗马体或宋体</td></tr>
<tr><td>文字高度</td><td>2.2</td></tr>
<tr><td>从尺寸线偏移</td><td>1</td></tr>
<tr><td rowspan="2">4</td><td rowspan="2">主单位</td><td>精度</td><td>0</td></tr>
<tr><td>小数分隔符</td><td>句点</td></tr>
</table>

8.3.3 修改、替代和比较标注样式

8.3.3.1 修改与替代标注样式

执行【标注样式】命令，弹出【标注样式管理器】对话框，选择需要修改或替代的标注样式名称后，单击【修改】或【替代】按钮，可弹出【修改标注样式】或【替代当前样式】对话框。

以【修改标注样式】对话框为例，见图 8-12。该对话框的 7 个选项卡和【创建新标注样式】对话框的使用方法完全一致，在此不再赘述。

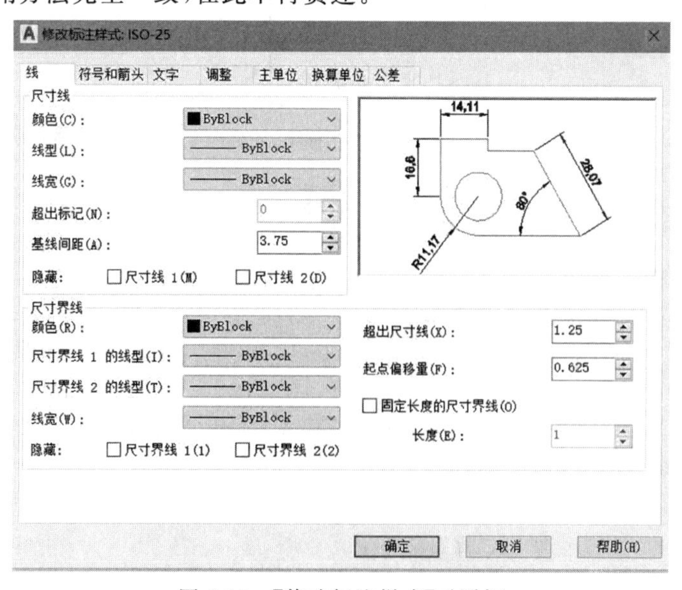

图 8-12 【修改标注样式】对话框

【替代标注样式】的使用方法与【创建新标注样式】的使用方法也基本一致。

8.3.3.2 比较标注样式

执行【标注样式】命令，弹出【标注样式管理器】对话框，选择需要修改或替代的标注样式名称后，单击【比较】按钮，可弹出【比较标注样式】对话框，见图 8-13。该对话框中【比较】列表用于指定要进行比较的第一个标注样式；【与】列表指定第二个标注样式。比较结果自动显示在其下拉标题下。

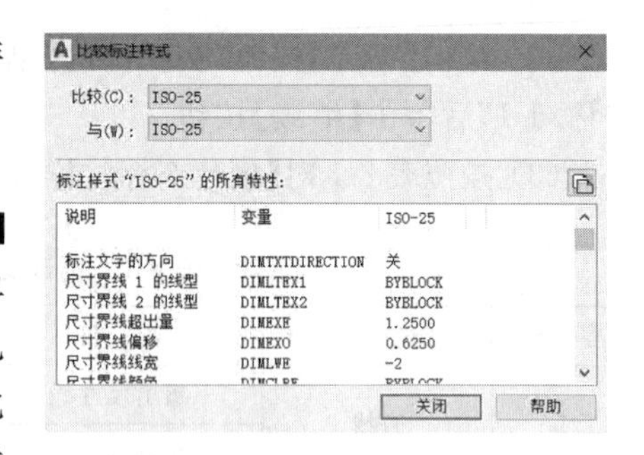

图 8-13 【比较标注样式】对话框

8.4 尺寸标注的分类与应用

8.4.1 线性标注

8.4.1.1 命令功能

■ 创建线性标注。

8.4.1.2 命令调用方式

■ 单击【默认】选项卡→【注释】面板→【线性】按钮

■ 单击【注释】选项卡→【标注】面板→【线性】按钮。

■ 在命令行输入“Dimlinear”并回车。

8.4.1.3 命令应用

创建线性标注，操作结果如图 8-14(b)、(c)所示。

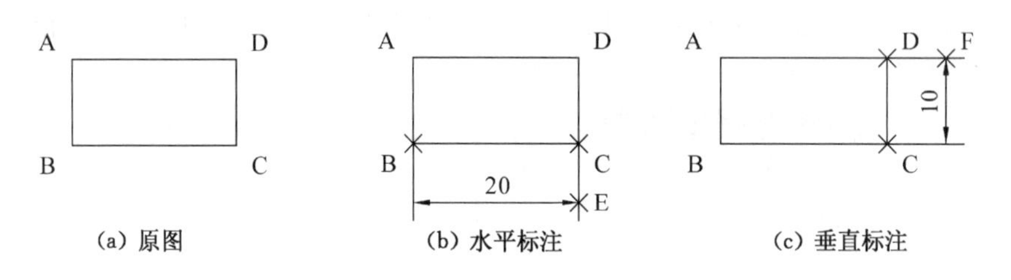

图 8-14 线性标注示例

命令：dimlinear ↵ 执行线性标注命令

指定第一条尺寸界线原点或 <选择对象>:↙ 指定 B 点，图 8-14(b)

指定第二条尺寸界线原点:↙ 指定 C 点，图 8-14(b)

指定尺寸线位置或

[多行文字(M)/文字(T)/角度(A)/水平(H)/垂直(V)/旋转(R)]: ↙ 指定 E 点，图 8-14(b)

标注文字 =20

命令：dimlinear ↵ 执行线性标注命令

指定第一条尺寸界线原点或 <选择对象>:↙ 指定 C 点，图 8-14(c)

指定第二条尺寸界线原点:↙ 指定 D 点，图 8-14(c)

指定尺寸线位置或

[多行文字(M)/文字(T)/角度(A)/水平(H)/垂直(V)/旋转(R)]: ↙ 指定 F 点,图 8-14(c)
标注文字 =10

8.4.2 对齐线性标注

8.4.2.1 命令功能

■ 创建对齐线性标注。

8.4.2.2 命令调用方式

■ 单击【默认】选项卡→【注释】面板→【对齐】按钮。

■ 单击【注释】选项卡→【标注】面板→【对齐】按钮。

■ 在命令行输入“Dimaligned”并回车。

8.4.2.3 命令应用

创建对齐线性标注，标注结果如图 8-15(b)所示。

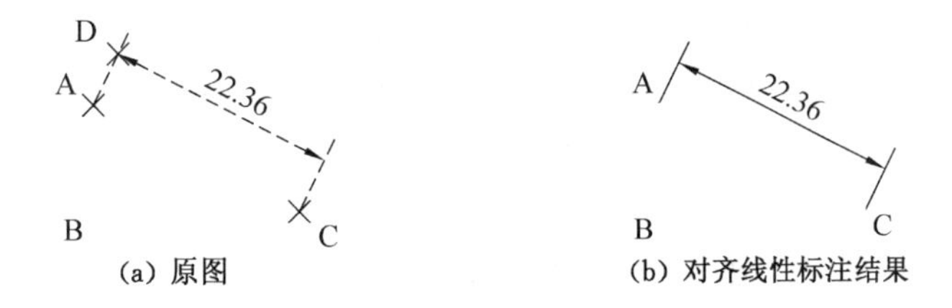

图 8-15 对齐标注示例

命令: dimaligned ↵ 执行对齐线性标注命令
指定第一条尺寸界线原点或 <选择对象>: ↙ 指定 A 点,图 8-15(a)
指定第二条尺寸界线原点: ↙ 指定 C 点,图 8-15(a)
指定尺寸线位置或[多行文字(M)/文字(T)/角度(A)]: ↙ 指定 D 点,图 8-15(a)
标注文字 =22.36

8.4.3 半径标注

8.4.3.1 命令功能

■ 创建半径标注。

8.4.3.2 命令调用方式

■ 单击【默认】选项卡→【注释】面板→【半径】按钮。

■ 单击【注释】选项卡→【标注】面板→【半径】按钮。

■ 在命令行输入“Dimradius”并回车。

8.4.3.3 命令应用

创建半径标注,标注结果如图 8-16(d)所示。

命令: dimradius ↵ 执行半径标注命令
选择圆弧或圆: ↙ 拾取圆 O,图 8-16(b)
标注文字 =8
指定尺寸线位置或[多行文字(M)/文字(T)/角度(A)]: ↙ 指定 A 点,图 8-16(c)

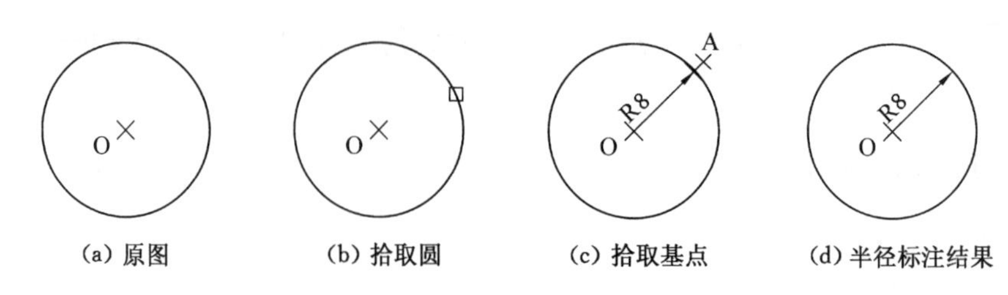

图 8-16 半径标注示例

8.4.4 直径标注

8.4.4.1 命令功能

■ 创建直径标注。

8.4.4.2 命令调用方式

■ 单击【默认】选项卡→【注释】面板→【直径】按钮。

■ 单击【注释】选项卡→【标注】面板→【直径】按钮。

■ 在命令行输入"Dimdiameter"并回车。

8.4.4.3 命令应用

创建直径标注,标注结果如图 8-17(d)所示。

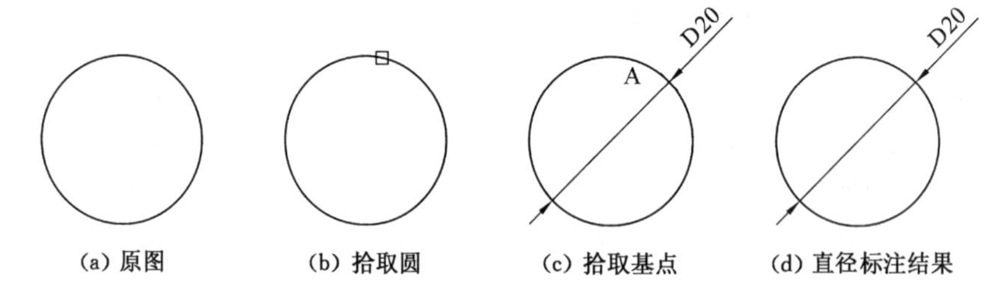

图 8-17 直径标注示例

命令：dimdiameter ↵	执行直径标注命令
选择圆弧或圆：↙	拾取圆,图 8-17(b)
标注文字 =20	
指定尺寸线位置或［多行文字(M)/文字(T)/角度(A)］：↙	指定 A 点,图 8-17(c)

8.4.5 角度标注

8.4.5.1 命令功能

■ 创建角度标注。

8.4.5.2 命令调用方式

■ 单击【默认】选项卡→【注释】面板→【角度】按钮。

■ 单击【注释】选项卡→【标注】面板→【角度】按钮。

■ 在命令行输入"Dimangular"并回车。

8.4.5.3 命令应用

创建角度标注,标注结果如图 8-18(d)所示。

命令: dimangular ↵　　执行角度标注命令

选择圆弧、圆、直线或 <指定顶点>:↙　　拾取 AB 边,图 8-18(b)

选择第二条直线:↙　　拾取 AC 边,图 8-18(b)

指定标注弧线位置或[多行文字(M)/文字(T)/角度(A)]:↙　　指定 D 点,图 8-18(c)

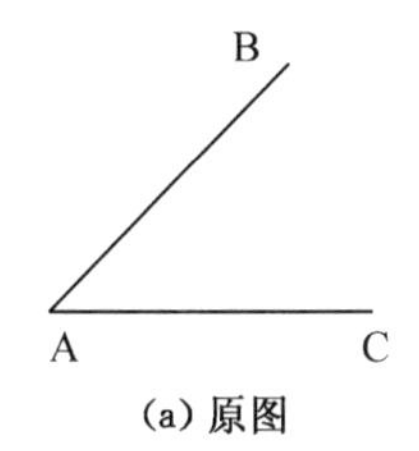

(a) 原图

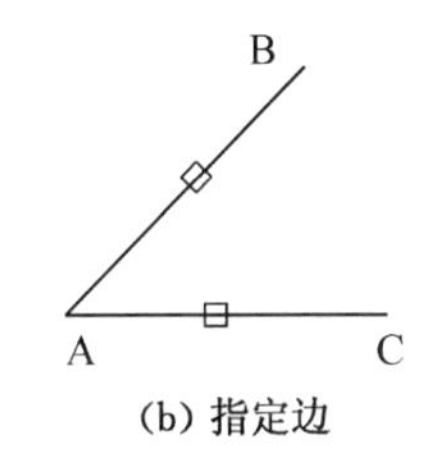

(b) 指定边

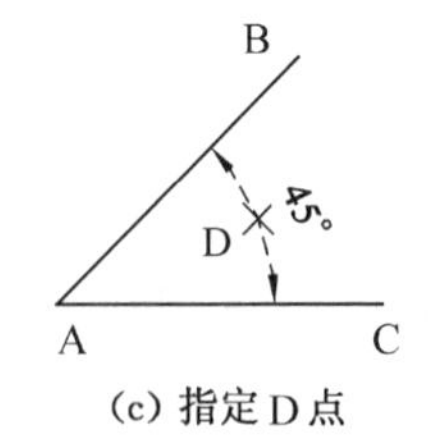

(c) 指定 D 点

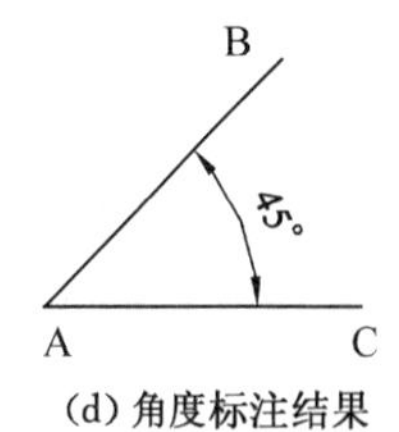

(d) 角度标注结果

图 8-18　角度标注示例

8.4.6　基线标注

8.4.6.1　命令功能

■ 创建基线标注。

8.4.6.2　命令调用方式

■ 单击【注释】选项卡→【标注】面板→【连续标注】按钮→【基线】选项。

■ 在命令行输入"Dimbaseline"并回车。

8.4.6.3　命令应用

在首次创建基线标注之前必须先进行线性标注,标注结果如图 8-19(c)所示。

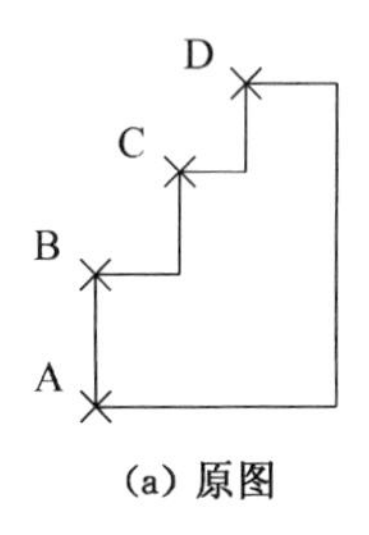

(a) 原图

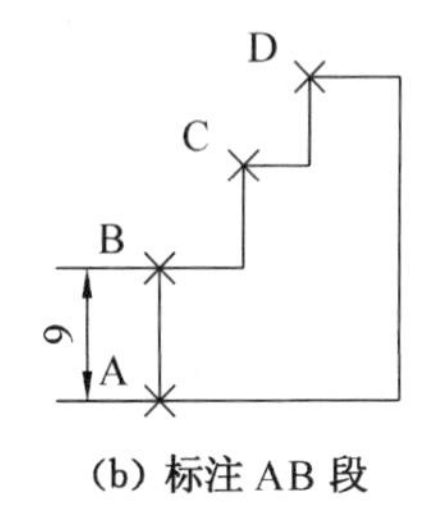

(b) 标注 AB 段

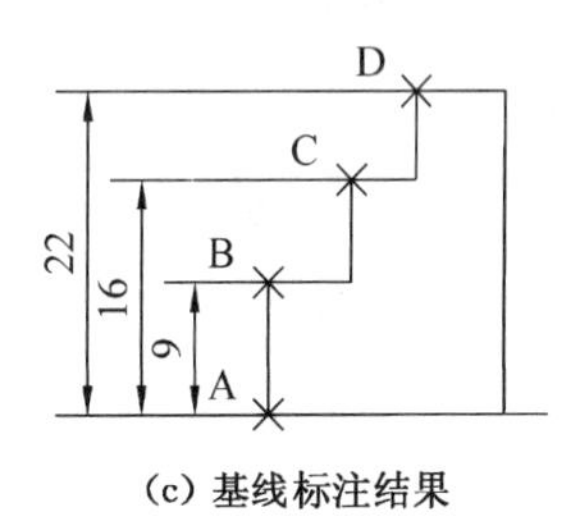

(c) 基线标注结果

图 8-19　基线标注示例

命令: dimlinear ↵　　执行线性标注命令

指定第一条尺寸界线原点或 <选择对象>:↙　　指定 A 点,图 8-19(b)

指定第二条尺寸界线原点:↙　　指定 B 点,图 8-19(b)

指定尺寸线位置或

[多行文字(M)/文字(T)/角度(A)/水平(H)/垂直(V)/旋转(R)]:↙　　指定尺寸线位置点

标注文字 =9

命令: dimbaseline ↵　　执行基线标注命令

指定第二条尺寸界线原点或 [放弃(U)/选择(S)] <选择>:↙　　指定 C 点,图 8-19(c)

标注文字 =16

指定第二条尺寸界线原点或 [放弃(U)/选择(S)] <选择>:↙　　指定 D 点,图 8-19(c)

标注文字 =22

指定第二条尺寸界线原点或 [放弃(U)/选择(S)] <选择>: ↲↲　　连续回车结束命令

8.4.7 连续标注

8.4.7.1 命令功能

■ 创建连续线性标注。

8.4.7.2 命令调用方式

■ 单击【注释】选项卡→【标注】面板→【连续】按钮。

■ 在命令行输入“Dimcontinue”并回车。

8.4.7.3 命令应用

在首次使用连续标注之前必须先进行线性标注,标注结果如图 8-20(c)所示。

命令: dimlinear ↲　　执行线性标注命令

指定第一条尺寸界线原点或 <选择对象>:↙　　指定 A 点,图 8-20(b)

指定第二条尺寸界线原点:↙　　指定 B 点,图 8-20(b)

指定尺寸线位置或

[多行文字(M)/文字(T)/角度(A)/水平(H)/垂直(V)/旋转(R)]: ↙　　指定尺寸线位置点

标注文字 =9

命令: dimcontinue ↲　　执行连续标注命令

指定第二条尺寸界线原点或 [放弃(U)/选择(S)] <选择>:↙　　指定 C 点,图 8-20(c)

标注文字 =8

指定第二条尺寸界线原点或 [放弃(U)/选择(S)] <选择>:↙　　指定 D 点,图 8-20(c)

标注文字 =7

指定第二条尺寸界线原点或 [放弃(U)/选择(S)] <选择>:↙

选择连续标注: ↲↲　　连续回车结束命令

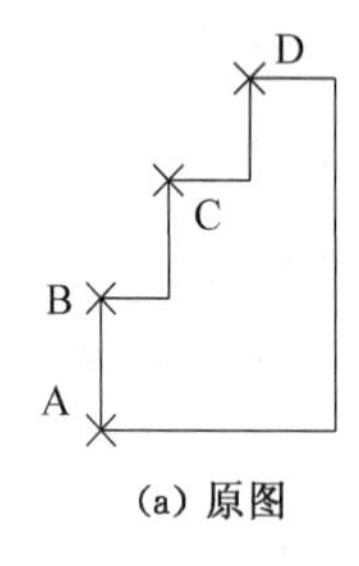

(a) 原图

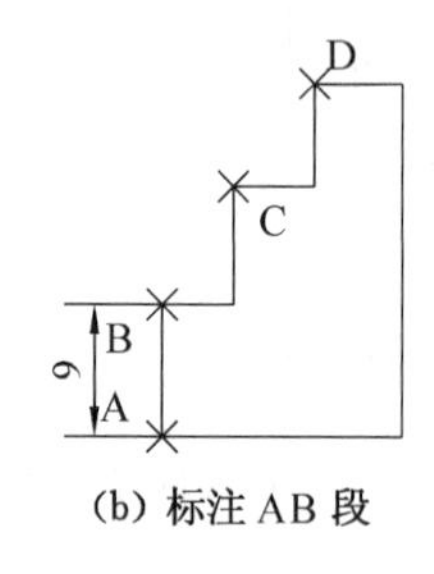

(b) 标注 AB 段

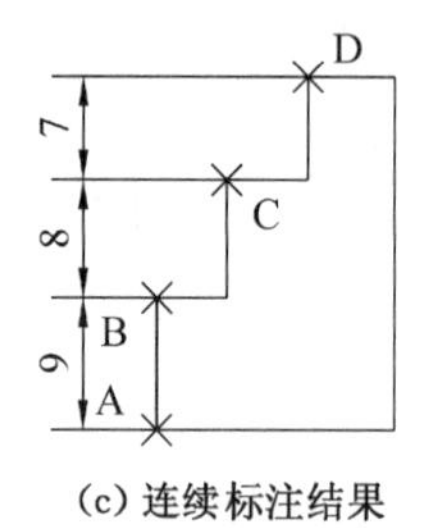

(c) 连续标注结果

图 8-20　连续标注示例

8.4.8 快速标注

8.4.8.1 命令功能

■ 创建快速标注。

8.4.8.2 命令调用方式

■ 单击【注释】选项卡→【标注】面板→【快速标注】按钮。

■ 在命令行输入“Qdim”命令并回车。

8.4.8.3 命令应用

创建快速尺寸标注,标注结果如图 8-21(c)所示。

命令：qdim ↵　　执行快速标注命令

关联标注优先级 = 端点找到 7 个↙　　拾取所有对象,图 8-21(b)

指定尺寸线位置或

[连续(C)/并列(S)/基线(B)/坐标(O)/半径(R)/直径(D)/基准点(P)/

编辑(E)/设置(T)]：↙　　指定合适的位置

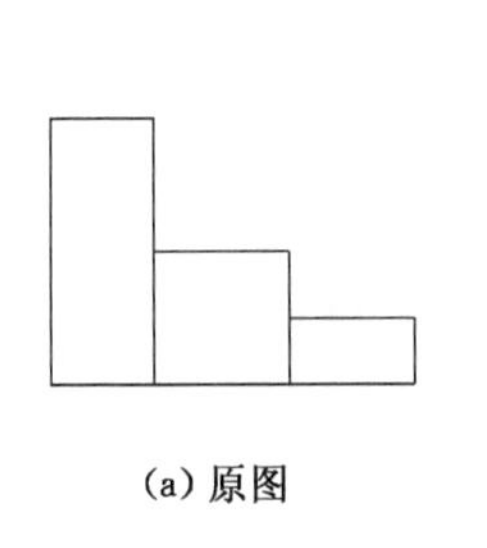

(a) 原图

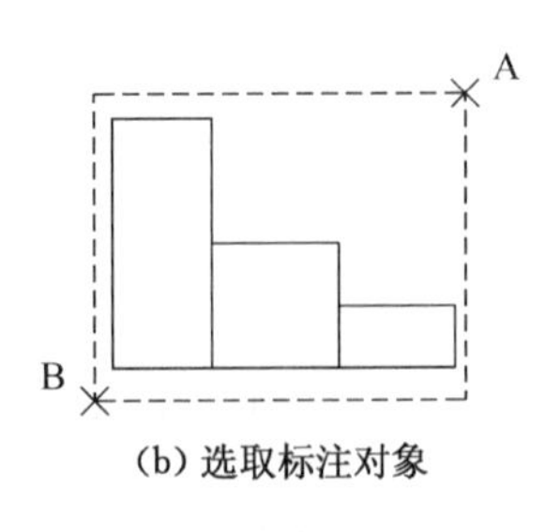

(b) 选取标注对象

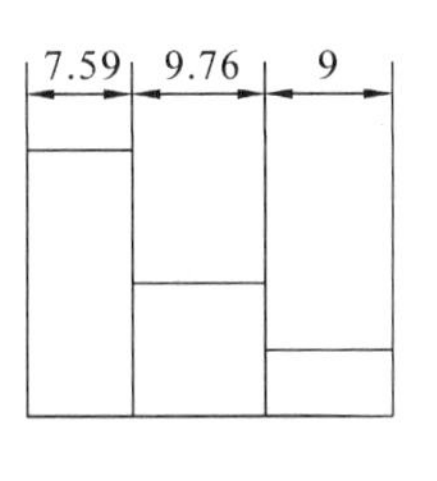

(c) 快速标注结果

图 8-21　快速标注示例

8.4.9　多重引线标注

8.4.9.1　命令功能

■ 创建多重引线对象。

8.4.9.2　命令调用方式

■ 单击【默认】选项卡→【注释】面板→【引线】按钮。

■ 单击【注释】选项卡→【引线】面板→【多重引线】按钮。

■ 在命令行输入“Qleader”并回车。

8.4.9.3　命令应用

创建引线尺寸标注,标注结果如图 8-22(c)所示。

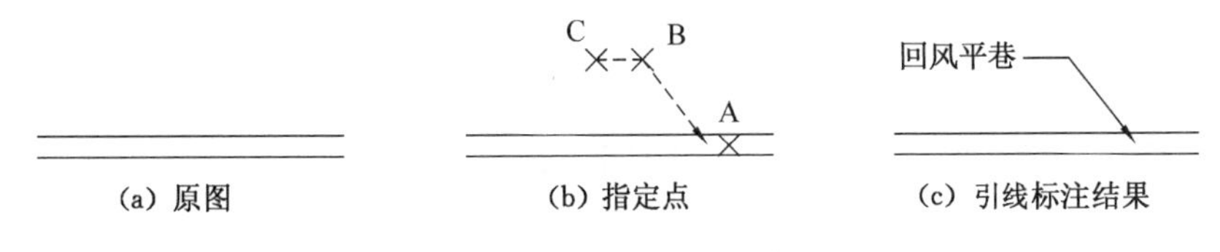

(a) 原图　(b) 指定点　(c) 引线标注结果

图 8-22　引线标注示例

命令：qleader ↵　　执行引线标注命令

指定第一个引线点或 [设置(S)] <设置>:↙　　指定 A 点,图 8-22(b)

指定下一点：↙　　指定 B 点,图 8-22(b)

指定下一点：↙　　指定 C 点,图 8-22(b)

指定文字宽度 <0.0000>：↵　　回车选取默认宽度

输入注释文字的第一行 <多行文字(M)>：回风平巷↵　　输入注释文字

输入注释文字的下一行：↵　　回车结束命令

8.4.9.4　说明

(1) 多重引线标注是引线标注的一种方式,也可以根据实际需要创建新的引线标注管理器,见图 8-23。

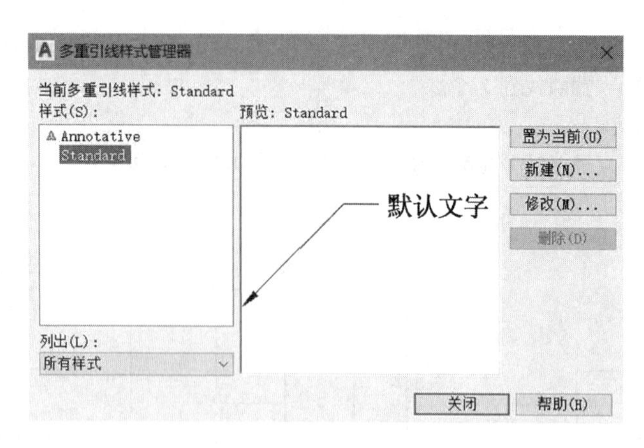

图 8-23 【多重引线样式管理器】对话框

(2) 对于标注完成的引线标注,可以对引线进行删除或添加新的引线编辑,也可以对两个以上的引线标注进行合并或格式对齐等编辑。

8.4.10 坐标标注

8.4.10.1 命令功能

■ 创建坐标标注。

8.4.10.2 命令调用方式

■ 单击【默认】选项卡→【注释】面板→【标注】下拉按钮→【坐标】按钮。

■ 单击【注释】选项卡→【标注】面板→【标注】下拉按钮→【坐标】按钮。

■ 在命令行输入"Dimordinate"并回车。

8.4.10.3 命令应用

创建坐标标注,标注结果如图 8-24(c)所示。

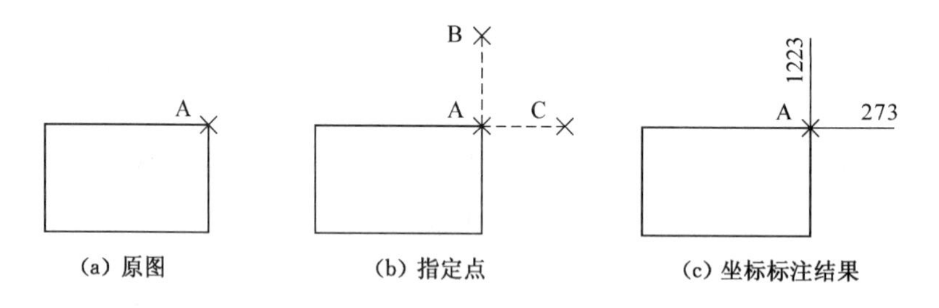

图 8-24 坐标标注示例

命令: dimordinate ↵	执行坐标标注命令
指定点坐标:↙	指定 A 点,图 8-24(b)
指定引线端点或[X 基准(X)/Y 基准(Y)/多行文字(M)/文字(T)...]:↙	指定 B 点,图 8-24(b)
标注文字 =273	
命令: dimordinate ↵	重复坐标标注命令
指定点坐标:↙	指定 A 点,图 8-24(b)
指定引线端点或[X 基准(X)/Y 基准(Y)/多行文字(M)/文字(T)...]:↙	指定 C 点,图 8-24(b)
标注文字 = 1223	

8.4.11 公差标注

8.4.11.1 命令功能

■ 创建公差标注,表示特征的形状、轮廓、方向、位置和跳动的允许偏差。

8.4.11.2 命令调用方式

■ 单击【注释】选项卡→【标注】面板→【标注】下拉按钮→【公差】按钮。

■ 在命令行输入"Tolerance"并回车。

8.4.11.3 命令应用

(1) 执行【公差标注】命令,弹出【形位公差】对话框,见图 8-25(a)。

(2) 单击【符号】后,在弹出的【特征符号】选项框中选择"⊥",见图 8-25(b)。【特征符号】选项框一共提供了 14 种形位公差的符号,这里以垂直度为例。

(3) 在【形位公差】对话框【公差 1】中的 3 个条件框中分别单击输入相应数值后单击【确定】按钮。

(4) 在绘图区内进行需要点的指定,操作结果如图 8-25(c)所示。

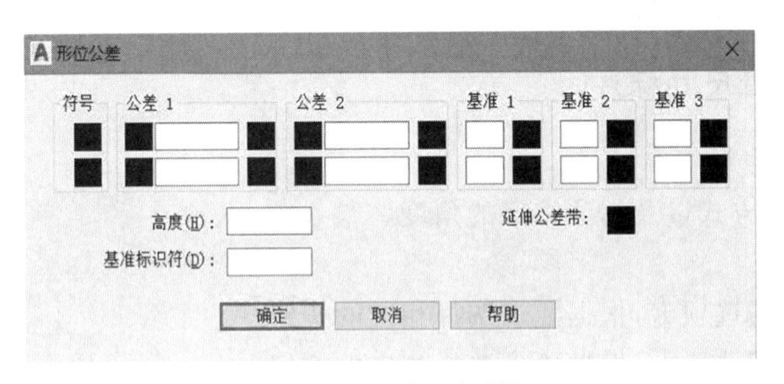

(a)【形位公差】对话框

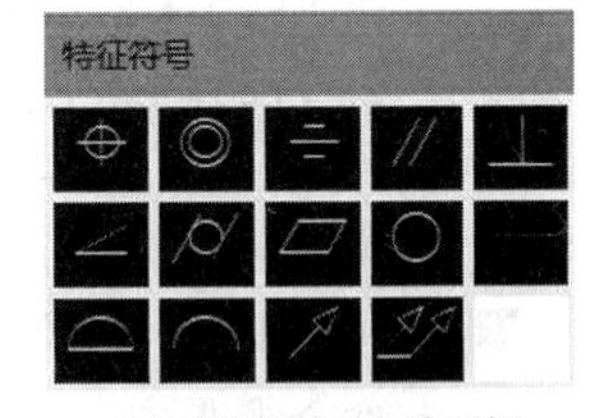

(b)【特征符号】选项框

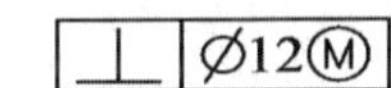

(c) 公差标注结果

图 8-25 公差标注示例

8.4.12 圆心标注

8.4.12.1 命令功能

■ 创建圆心标注。

8.4.12.2 命令调用方式

■ 单击【注释】选项卡→【标注】面板→【圆心标注】按钮。

■ 在命令行输入"Dimcenter"并回车。

8.4.12.3 命令应用

创建圆心标注,标注结果如图 8-26(b)所示。

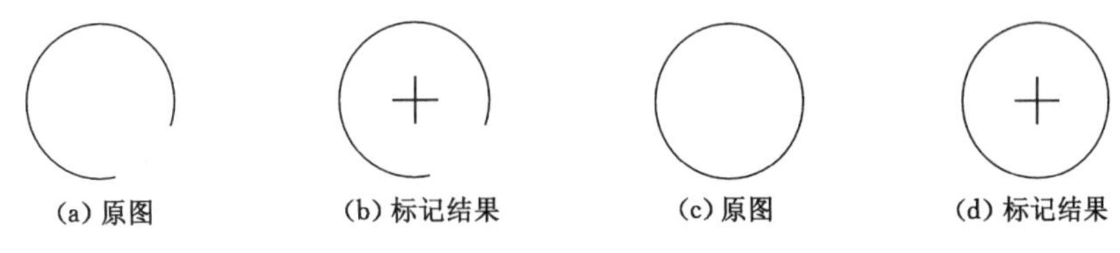

(a) 原图　(b) 标记结果　(c) 原图　(d) 标记结果

图 8-26 圆心标注示例

命令：dimcenter ↵　　执行圆心标注命令
选择圆弧或圆：↙　　拾取圆弧或圆，图 8-26(a)、(c)

8.5 尺寸标注的编辑技巧

我们可以使用移动、拷贝等 AutoCAD 2018 的图形编辑命令对尺寸标注进行编辑，也可以使用尺寸标注专用编辑命令对尺寸标注进行编辑修改，以使注释更加整齐、美观。

8.5.1 使用标注样式编辑尺寸标注

使用标注样式编辑尺寸标注的方式与文字样式编辑文字的方式相同，步骤如下：

(1) 执行【标注样式】命令，弹出【标注样式管理器】对话框。

(2) 将需要修改的尺寸标注的样式名称置为当前。

(3) 单击【修改】按钮，弹出【修改标注样式】对话框。

(4) 按照需要对【修改标注样式】对话框中的各选项卡中的参数进行重设。

(5) 单击【确定】按钮后再弹击【关闭】按钮即可。

8.5.2 使用编辑标注命令编辑尺寸标注

8.5.2.1 命令功能

■ 修改标注文字的位置、对齐方式以及标注文字的角度。

8.5.2.2 命令调用方式

■ 单击【默认】选项卡→【注释】选项卡，根据要求选择相应的按钮。

■ 单击【注释】选项卡→【标注】选项卡，根据要求选择相应的按钮。

■ 在命令行输入“Dimtedit”并回车。

8.5.2.3 命令应用

(1) 编辑标注文字命令的应用，操作结果如图 8-27(c)所示。

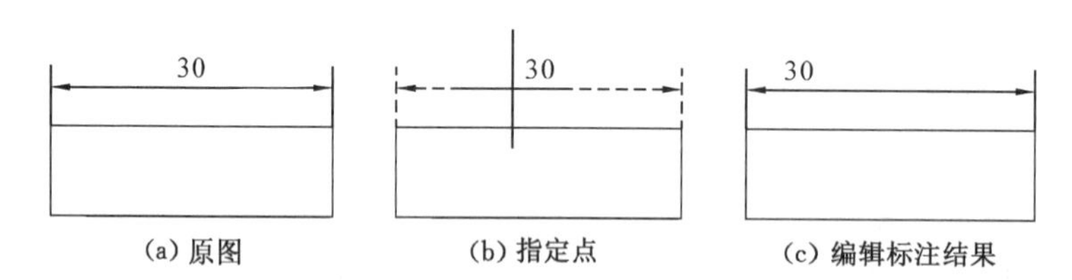

(a) 原图　(b) 指定点　(c) 编辑标注结果

图 8-27　编辑标注示例之一

命令：dimtedit ↵　　执行编辑标注文字命令
选择标注：↙　　拾取标注对象，图 8-27(b)
指定标注文字的新位置或 [左(L)/右(R)/中心(C)/默认(H)/角度(A)]:l ↵　　选左(L)项

(2) 编辑标注命令的应用，操作结果如图 8-28(c)所示。

命令：dimtedit ↵　　执行编辑标注命令
选择标注：↙　　拾取对象，图 8-28(b)
指定标注文字的新位置或 [左(L)/右(R)/中心(C)/默认(H)/

角度(A)]: a ↵ 选角度(A)项
指定标注文字的角度: 45 ↵ 输入文字的角度值

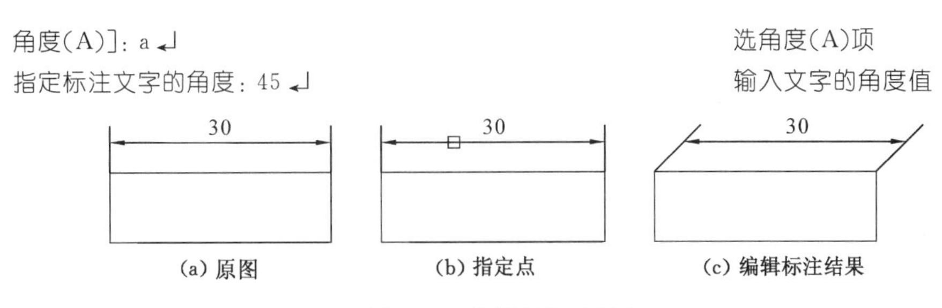

(a) 原图　(b) 指定点　(c) 编辑标注结果

图 8-28　编辑标注示例之二

8.5.3　使用对象特性窗口编辑尺寸标注

8.5.3.1　命令功能

■ 通过【对象特性】窗口编辑尺寸标注的参数。

8.5.3.2　命令调用方式

■ 单击【视图】选项卡→【选项板】面板→【特性】按钮。

■ 在命令行输入“Pr”并回车。

8.5.3.3　命令应用

(1) 命令行为空时选中需要编辑的尺寸标注。

(2) 执行【对象特性】命令,弹出【对象特性】窗口。

(3) 在【对象特性】窗口中对需要修改的参数进行重设后回车。

8.5.4　使用夹点编辑标注尺寸

使用夹点编辑标注尺寸的方式如下:

(1) 命令行为空时选中需要编辑的尺寸标注。

(2) 选中需要更改位置的夹点。

(3) 将夹点拖至需要的位置后单击鼠标左键确认。

对于关联的尺寸标注可通过夹点编辑,非关联的尺寸标注则不能使用该方式。

8.6　双轨运输大巷断面尺寸标注

8.6.1　双轨运输大巷断面的标注

本节以第 5 章 5.6.2 节巷道断面为例介绍创建尺寸标注的步骤。图 8-29(a)为标注完成后的尺寸结果,图 8-29(b)为用符号 A11 等表示需要标注的尺寸及其相对位置注释。其中:A(B)表示线性标注,第一个数字 1 表示第几行标注,第二个数字 1 表示本行中第几个标注。

8.6.1.1　分析组成

所有标注均为水平或垂直标注,且有大量基线标注和连续标注。

8.6.1.2　绘制顺序

创建标注层;创建标注样式;按图 8-29(b)进行顺序标注。

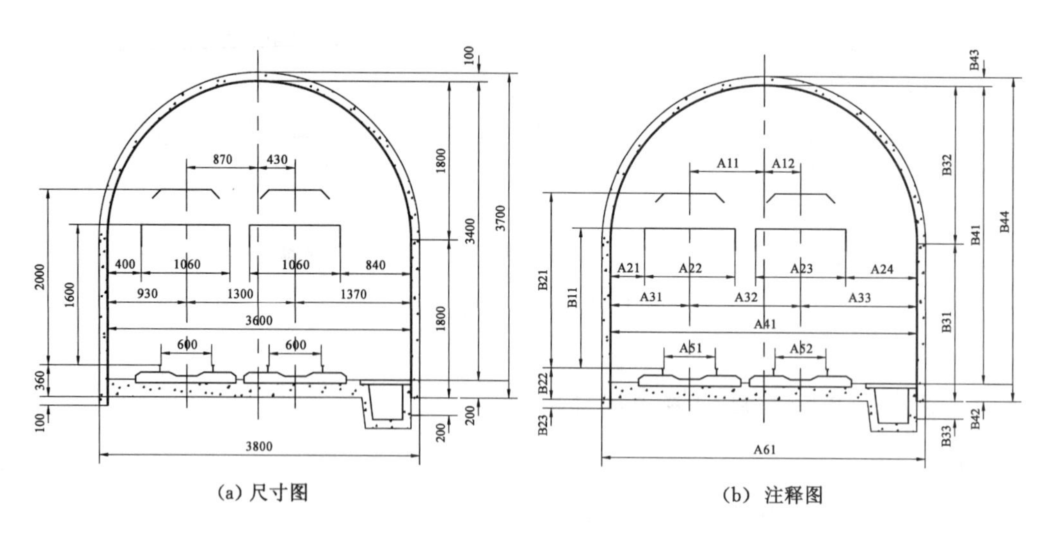

(a) 尺寸图　　　　(b) 注释图

图 8-29　标注巷道断面

8.6.1.3　绘制

(1) 打开 5.6.2 节绘制的"双轨运输大巷断面"文件。

(2) 执行【图层】命令，创建"标注"图层，该层属性：颜色为蓝色，线宽 0.13，其他取默认值。创建完毕后将该层置为当前。

(3) 创建"标注样式"。执行【标注样式】命令，按表 8-2 创建名称为"1-50"的标注样式。创建完成后将其置为当前。

表 8-2　创建比例因子为 1 的尺寸标注样式

序　号	选项卡名称	项　目	内　容	说　明
1	直线	超出尺寸线	110	110 个单位为小五号字高的大小；其余与表 8-1 含义相同
		起点偏移量	0	
2	符号和箭头	箭头大小	110	
		箭头样式	实心闭合	
		圆心标记大小	110	
3	文字	文字样式	新罗马体或宋体	
		文字高度	110	
		从尺寸线偏移	50	
4	主单位	精度	0	
		小数分隔符	句点	

(4) 创建"线性标注"。以 A11 和 A12 的创建为例，标注结果如图 8-30(c)所示。

命令：dimlinear ↵　　　　执行线性标注命令

指定第一条尺寸界线原点或 <选择对象>：↙　　　　指定 A 点，图 8-30(a)

指定第二条尺寸界线原点：↙　　　　指定 B 点，图 8-30(a)

指定尺寸线位置或

[多行文字(M)/文字(T)/角度(A)/水平(H)/垂直(V)/旋转(R)]：↙　　指定 C 点，图 8-30(a)

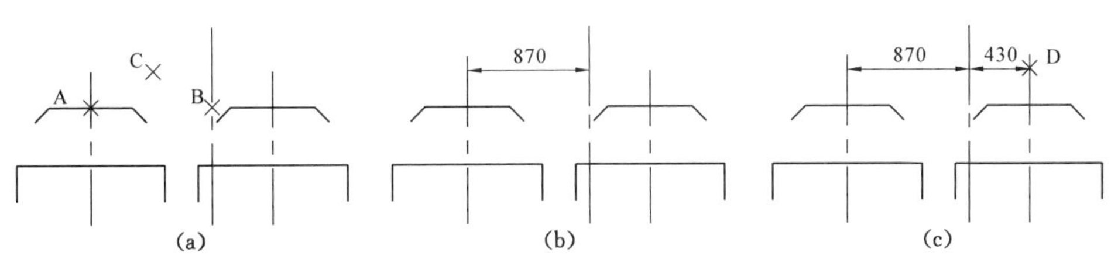

图 8-30 创建第一组尺寸标注

标注文字 = 870

命令: dimcontinue ↵ 执行连续标注命令

指定第二条尺寸界线原点或 [放弃(U)/选择(S)] <选择>:↙ 指定 D 点,图 8-30(c)

标注文字 = 430

指定第二条尺寸界线原点或 [放弃(U)/选择(S)] <选择>:↵↵ 连续回车结束命令

其余尺寸标注与此类似,在此不作赘述。标注完成后如图 8-29(a)所示。

8.6.2 AutoCAD 中的绘图步骤

前面已经讲过,学习 AutoCAD 的指导方针是:绘图之道,唯在于勤;成图之妙,唯在于思。要达到这个层次,是有一定的原则可以遵循的,这些原则总结如下:

建个文件存上盘,定准比例选好纸。

审图分层立样式,辅助层中定位置。

层乱色变快快刷,拖左拽右连连移。

范围缩放把图查,自在成图勤与思。

下面对上述原则进行分述:

第一句"建个文件存上盘",是指在开始绘图前应首先新建文件并存盘。存盘时的路径与文件的命名应系统合理化。

第二句"定准比例选好纸",是指确定绘图所用的比例因子和设定图形界限。为了能够在 AutoCAD 中按照 1∶1 的实际尺寸绘制图形,应将图形界限的范围放大比例因子倍。

第三句"审图分层立样式",是指绘图前应详细对所绘图形进行审图,查找整幅图的组成部分有无相同或相近的对象。为了便于管理以后绘制的对象,应将其分门别类地进行图层化处理,图层的设置应体现分类和成组。"立样式"是指创建图形中需要的文字样式、标注样式、表格样式等样式,这些样式的命名同样应具有较强的可读性。

第四句"辅助层中定位置",是指绘图时应首先绘制辅助定位线,用于确定对象在图形中的位置。在 AutoCAD 中创建辅助线最有效的命令是构造线和射线,当然也可以根据需要利用直线段、圆等任何 AutoCAD 对象。

第五句"层乱色变快快刷"指的是为了保证所绘对象的特性与该对象所在图层的特性一致,如出现乱层现象,应尽早修改其特性,修改对象特性最快捷的命令是"特性匹配"(类似于 Office 中的"格式刷"),也可以通过【对象特性】窗口进行修改。

第六句"拖左拽右连连移",一层意思是在创建或编辑对象时应尽可能利用已有图形,通过拖拽夹点的方式进行新对象的创建;另一层意思是虽然创建了定位线,为了便于绘制新图元少受定位线的影响(如位置、范围、夹点等),可在当前绘图区内的其他位置创建好对象后再将其归位。

第七句“范围缩放把图查”,是指在图形文件的绘制过程中,经常需要查找绘图区的对象,此时最有效的命令就是执行“范围缩放”命令。

第八句“自在成图勤与思”,是指绘图应记清 AutoCAD 中的绘图方针——勤和思,多练习新的命令并及时总结经验。

实际上,本书前面所讲各例遵循的都是上述原则,读者可认真体会。

第 9 章　批量化设计和光栅图像

本章主要介绍批量化及格式化制图时的样板、向导、设计中心等功能，以及光栅图像在 AutoCAD 2018 中的应用等内容。

本章实例共 2 个，分别是样板文件的创建与使用和液压支架光栅图像的矢量化。

9.1　样板的创建、使用与编辑

9.1.1　样板概述

9.1.1.1　样板含义

从前面章节的实例可以看出，几乎所有新建文件都要进行单位类型和精度、标题栏、边框、图层、捕捉、栅格、图形界限、标注样式、文字样式等功能的预设。如果对每一个图形文件都进行这样的操作，不仅枯燥、工作量大，而且易出错。为了保证各图形文件的一致性，AutoCAD 2018 提供了“样板文件”的功能。图形样板文件的扩展名为.dwt。

9.1.1.2　样板类型

样板类型有标准样板和自定义样板两种。标准样板是 AutoCAD 2018 提供的 66 个图形样板文件，这些文件存储在 Template 文件夹中。自定义样板是用户根据需要自己创建的样板。

9.1.1.3　样板文件中的惯例标准设置

无论是标准样板还是自定义的样板文件，均应有以下标准设置：单位类型、精度、栅格、图形界限、标题栏、边框和标志、图层、标注样式、文字样式及线型等。

9.1.1.4　显示样板

新建文件时显示样板的方法在 3.1.1 节已经讲述，即将参数 startup 的值设为 1，可在新建文档时显示【使用样板】的对话框，见图 9-1。

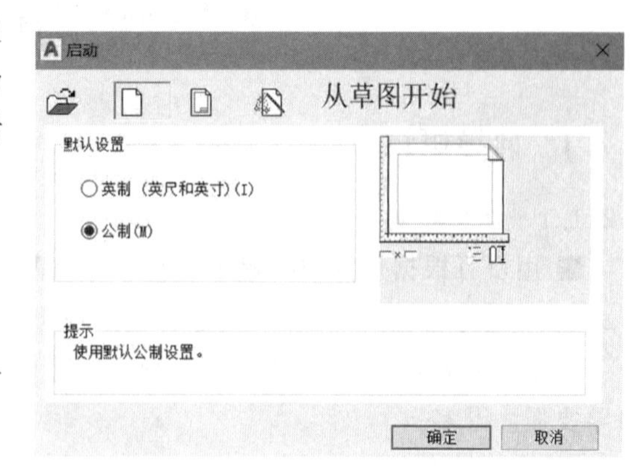

图 9-1　【创建新图形-使用样板】对话框

9.1.2　创建样板

样板文件的创建步骤如下：

(1) 按照需要或根据惯用标准创建一个标准文件。

(2) 用【删除】命令删除不需要的对象。

(3) 用【另存为】命令将当前文件存为“.dwt”格式文件。

(4) 输入样板文件名并根据需要输入描述文字。

(5) 选择合适的测量系统,一般取公制。

(6) 单击【确定】按钮完成样板文件的创建。

默认时,新创建的样板文件存在 Template 文件夹中,可以根据自己的需要创建新的样板文件文件夹。

9.1.3 使用样板

样板文件的使用方式如下:

(1) 执行【新建文件】命令。

(2) 在【选择样板】对话框的提示下,查找合适的样板。

(3) 单击【打开】按钮即可。

默认时,从 Template 文件夹中开始选择样板文件,也可以从创建的样板文件夹中打开样板。

9.1.4 编辑样板

9.1.4.1 编辑样板

(1) 打开 AutoCAD 2018 程序。

(2) 打开需要编辑的样板文件。

(3) 进行复制、删除、图层设置等编辑操作。

(4) 保存样板文件。

9.1.4.2 说明

(1) 编辑样板文件时不影响以前使用该样板创建的文件。

(2) 编辑完成的样板文件保存时其格式仍为“.dwt”。

(3) 读者可以将经常用的文档,如不同比例的巷道断面绘制等图形文件设置为样板文件,加速新文件的设计。

9.2 向导的种类与设置

9.2.1 向导概述

9.2.1.1 命令功能

■ 用户可根据设置向导提示逐步地建立基本图形。

9.2.1.2 向导类型

向导的种类有两种,高级设置向导和快速设置向导。高级设置向导的功能较快速设置向导要强大得多。

9.2.1.3 显示向导

新建文件时显示向导的方法在 3.1.1 节已经讲述,即将 startup 和 filedia 值分别设为 1 即可。

9.2.2　高级设置向导

（1）单击【新建文件】按钮，弹出【使用向导】对话框，见图 9-2(a)。

（2）选择【高级设置】后单击【确定】按钮，弹出【高级设置】对话框，见图 9-2(b)。

（3）在【高级设置】对话框内依次对图形文件的单位、角度、角度测量、角度方向及区域（图形界限）等进行设置。

（4）单击【确定】按钮完成文件的创建。

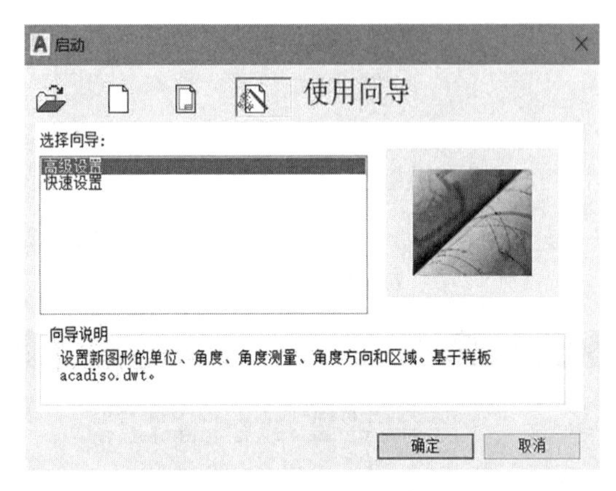

(a)【使用向导】对话框

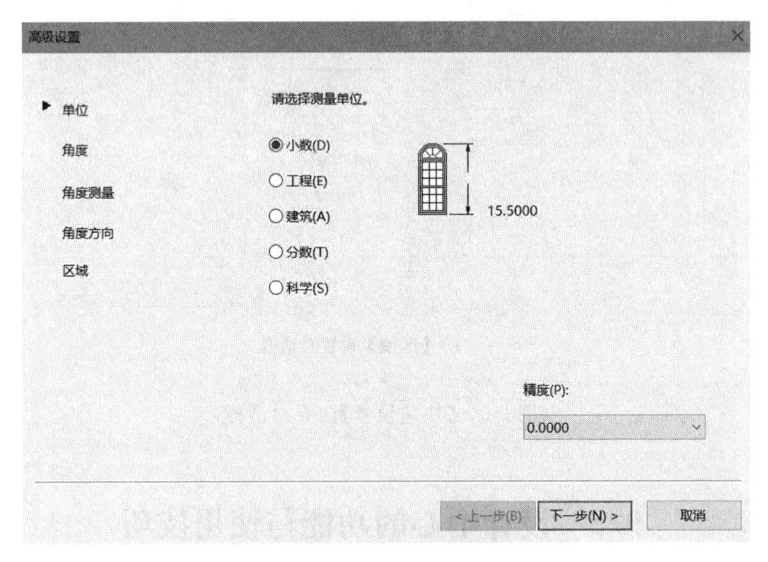

(b)【高级设置】对话框

图 9-2　【创建新图形-使用向导】对话框

9.2.3　快速设置向导

快速设置向导的使用方式与高级设置向导基本相同。但快速设置向导只能对新图形文件的单位和图形界限进行设置，见图 9-3(a)、(b)。

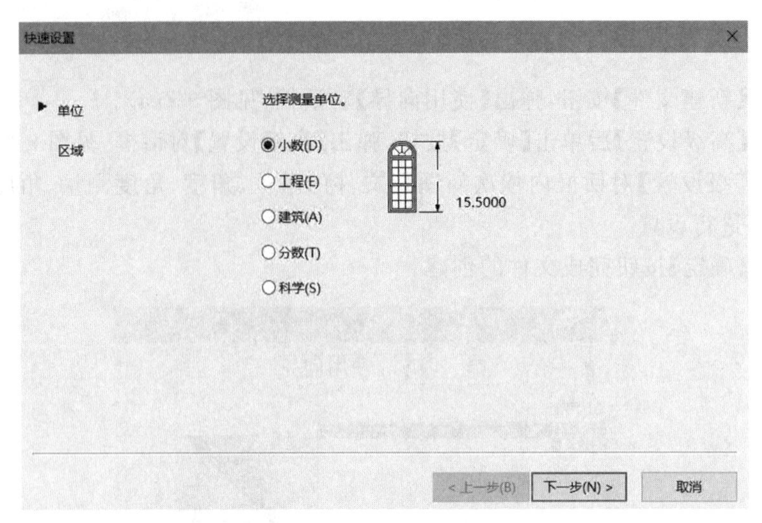

（a）【单位】设置对话框

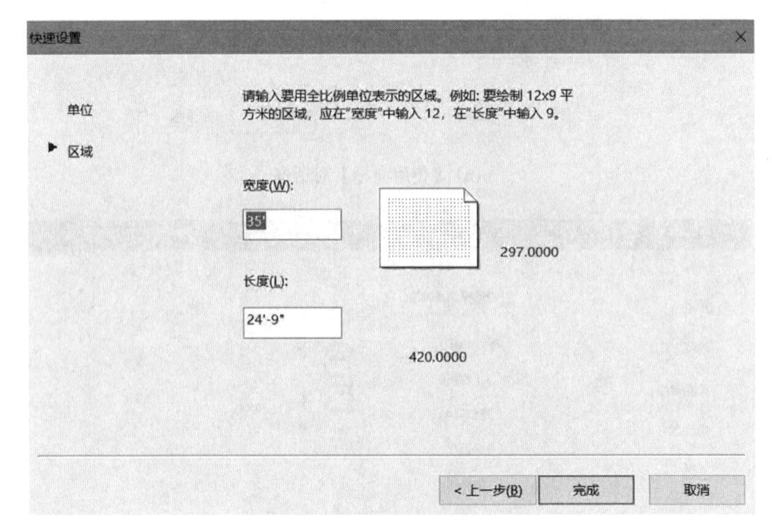

（b）【区域】设置对话框

图 9-3 【快速设置】向导对话框

9.3 设计中心的功能与使用技巧

9.3.1 设计中心概述

9.3.1.1 命令功能

■ 组织对图形、块、图案填充和其他图形内容的访问。

■ 将源图形中的任何内容拖动到当前图形中。

■ 可以将图形、块和填充拖动到工具选项板上。

9.3.1.2 命令调用方式

■ 单击【视图】选项卡→【选项板】面板→【设计中心】按钮。

■ 在命令行输入“Adcenter”并回车。

9.3.2 设计中心窗口

9.3.2.1 【设计中心】窗口

执行【设计中心】命令，弹出【设计中心】窗口，见图 9-4。

【设计中心】窗口的组成有：设计中心标题栏、树状图域、内容区域、说明区、状态栏、工具栏等。

(1)【标题栏】。位于【设计中心】最左侧，最下部分为【特性】按钮，单击鼠标右键可弹出快捷菜单。【特性】按钮上方为【自动隐藏】按钮，当【设计中心】窗口打开时，单击该按钮可将【设计中心】最小化。标题栏最上方为【关闭】按钮。

(2)【树状图域】。该区域显示用户计算机和网络驱动器上的文件与文件夹的层次结构、打开图形的列表、自定义内容以及上次访问过的位置的历史记录。选择树状图域中的项目，以便在内容区域中显示其内容。该区域与 3 个选项卡对应，其中：【文件夹】选项卡显示计算机或网络驱动器中文件和文件夹的层次结构；【打开的图形】选项卡显示 AutoCAD 任务中当前打开的所有图形；【历史记录】选项卡显示最近在【设计中心】打开的文件的列表。显示历史记录后，在一个文件上单击鼠标右键显示此文件信息或从【历史记录】列表中删除此文件。

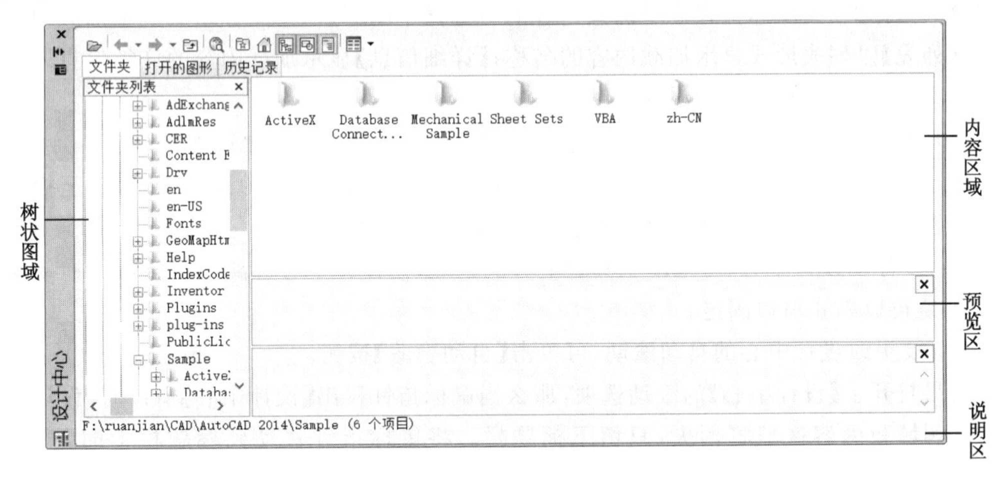

图 9-4 【设计中心】窗口

(3)【内容区域】。该区域显示【树状图域】中当前选定“容器”的内容。在【内容区域】中，通过拖动、双击或单击鼠标右键并选择【插入为块】、【附着为外部参照】或【复制】，可以在图形中插入块、填充图案或附着外部参照，也可以通过拖动或单击鼠标右键向图形中添加其他内容(例如图层、标注样式和布局)，还可以从【设计中心】将块和填充图案拖动到工具选项板中。

(4)【说明区】。用于显示【内容区域】选定内容的图像。

(5)【状态栏】。位于窗口底部，显示当前文件的所在目录。

(6)【工具栏】。由多个图标按钮组成，控制【树状图域】和【内容区域】中信息的浏览和显示，见图 9-5。分述如下：

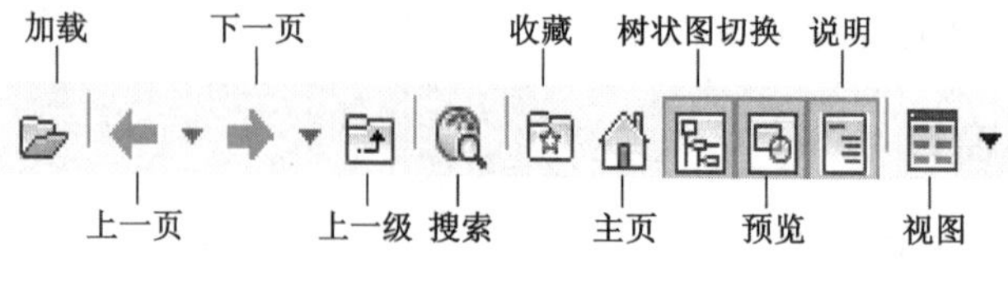

图 9-5 【设计中心】工具栏

① 【加载】显示【加载】对话框，浏览本地网络驱动器或 Web 上的文件，然后选择内容加载到内容区域。

② 【上一页】返回到历史记录列表中最近一次的位置；【下一页】返回到历史记录列表中下一次的位置；【上一级】显示当前容器的上一级容器的内容。

③ 【搜索】显示【搜索】对话框，从中可以指定搜索条件以便在图形中查找图形、块和非图形对象，【搜索】也显示保存在桌面上的自定义内容；【收藏】在内容区域中显示【收藏夹】文件夹的内容。

④ 【树状图切换】显示和隐藏树状视图；【预览】显示和隐藏【内容区域】窗格中选定项目的预览图像，如果选定项目没有保存的预览图像，【预览区】将为空；【说明】显示和隐藏【内容区域】窗格中选定项目的文字说明。

⑤ 【视图】为加载到【内容区域】中的内容提供不同的显示格式。【视图】按钮包含以下内容：【大图标】以大图标格式显示加载内容的名称；【小图标】以小图标格式显示加载内容的名称；【列表】以列表形式显示加载内容的名称；【详细信息】显示加载内容的详细信息。

9.3.2.2 控制设计中心的大小、位置和外观

(1) 要调整设计中心的大小，可以拖动其内容区域和树状图域之间的滚动条。

(2) 要固定设计中心，可将其拖至 AutoCAD 窗口右侧或左侧的固定区域，直至捕捉到固定位置。也可以通过双击【设计中心】窗口标题栏将其固定。

(3) 要浮动设计中心，可拖动工具栏上方的区域，使设计中心远离固定区域。拖动时按住 Ctrl 键可以防止窗口固定。

(4) 要更改设计中心的自动滚动，可单击【自动隐藏】按钮。

如果打开了【设计中心】的滚动选项，那么当鼠标指针移出【设计中心】窗口时，设计中心的树状图域和内容区域将消失，只留下标题栏。将鼠标指针移动到标题栏上时，窗口将恢复。

9.3.3 访问内容

9.3.3.1 搜索对象

单击【设计中心】窗口上【搜索】按钮，弹出【搜索】对话框，见图 9-6。该对话框内各项含义如下：

(1) 【搜索】下拉列表列出了使用 AutoCAD 设计中心可搜索的图形文件内容的设定条件。具体的条件有：图形、填充图案、填充图案文件、块、图形和块、块和外部参照、文字样式、表格样式、标注样式、图层、线型和布局等。

(2)【于】(即路径)下拉列表显示搜索文件的路径,默认的路径是“C:\Program Files\AutoCAD 2018\Sample”,也可以单击【浏览】按钮重新指定需要查找的路径。若打开【包含子文件夹】开关,在搜索时可对指定路径下的子文件夹一并进行搜索。

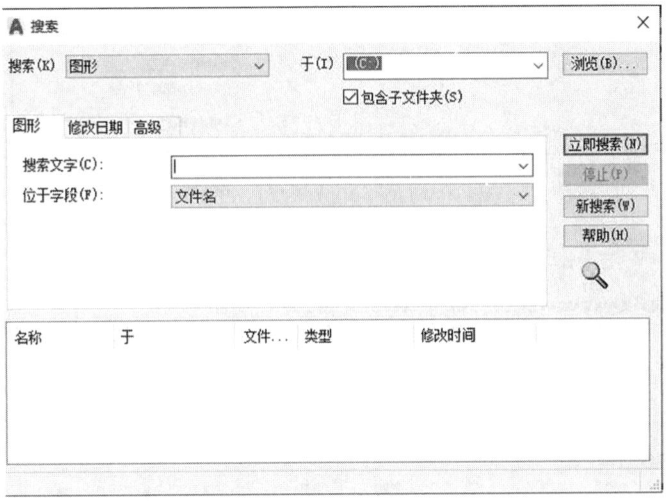

图 9-6　【搜索】对话框

(3)【信息】显示区位于【搜索】对话框的下方,可显示符合搜索条件的文件的名称、位置、文件大小、文件类型和修改时间。

(4) 在【图形】选项卡的【搜索文字】文本框中输入需要搜索的文件名,然后单击【立即搜索】按钮,即开始搜索。搜索到符合指定条件的文件后会在【信息】区内显示。

(5) 在【修改日期】选项卡中,可对需要搜索的文件的创建日期和修改日期进行设定。

(6) 在【高级】选项卡中,可以指定搜索包含特定内容或文件的文件,包括图形中的块名、属性或图形说明、属性标记或属性值,也可以指定文件大小进行搜索,还可以将上述条件一起指定后再进行搜索。

9.3.3.2　通过设计中心访问内容

通过设计中心访问内容的步骤如下:

(1) 执行【设计中心】命令,打开【设计中心】窗口。

(2) 单击【文件夹】或【打开的图形】选项卡,选择相应文件,这里选择液压支架的矢量画图。

(3) 选择需要访问的选项,如图层、样式或块等,见图 9-7。

对于经常访问到的文件或图层、块等内容,可将其添加到收藏夹中以方便访问。

9.3.3.3　收藏内容

设计中心提供了一种方法,可以帮助用户快速找到经常需要访问的内容。树状图域和内容区域均包括可激活【收藏夹】文件夹的选项。

收藏夹的使用方式如下:

(1) 收藏文件。

打开【设计中心】窗口,选中需要收藏到收藏夹的文件后单击鼠标右键,弹出右键快捷菜单,见图 9-8。单击【添加到收藏夹】,选定的文件即完成收藏。

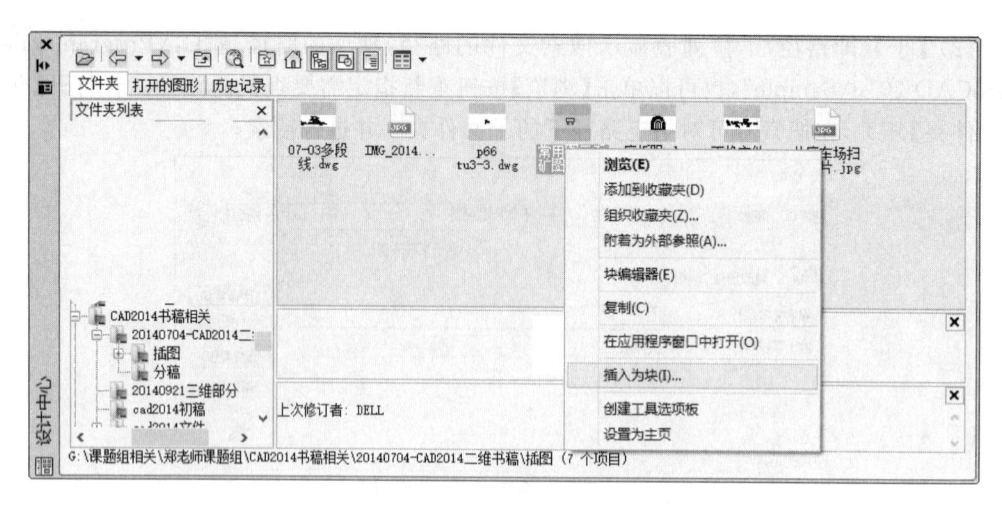

图 9-7 通过【设计中心】访问内容

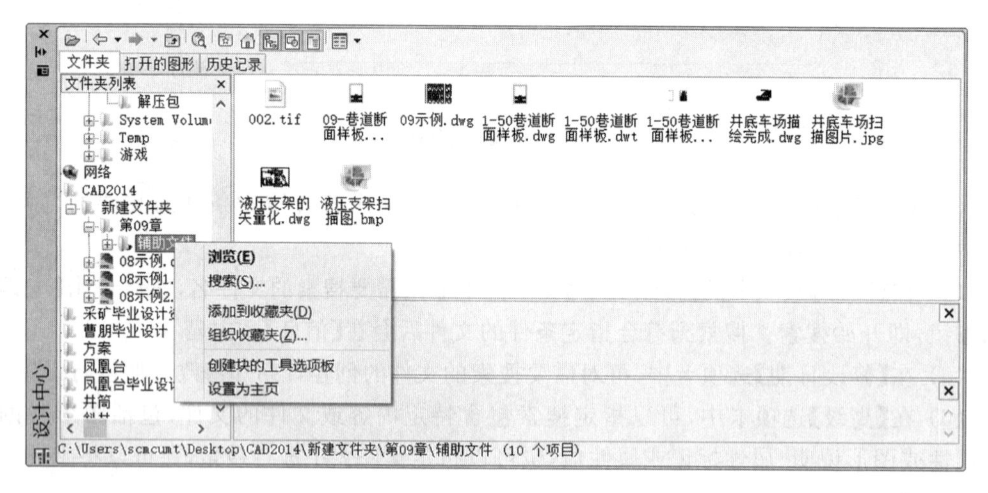

图 9-8 向收藏夹中添加文件

（2）查看收藏夹。

单击【设计中心】窗口上的【收藏】按钮，可查看收藏夹内的文件，见图 9-9。

（3）整理收藏夹。

当收藏夹内收藏了较多的文件后，应对其整理以使文件能系统化。在图 9-8 的右键快捷菜单中，单击【组织收藏夹】可弹出【Autodesk】收藏夹浏览器，在该浏览器中可以使用 Windows Explorer 或 Internet Explorer 对文件进行添加、删除等操作。

9.3.4 向图形文件添加内容

9.3.4.1 插入块

（1）打开需要插入块的图形文件并打开【设计中心】窗口。

（2）在【设计中心】窗口的【文件夹】或【已打开的图形】选项卡中找到需要插入块的源文件。

（3）在【内容区域】选中需要插入的块，在【预览区】预览正确无误后，单击鼠标右键弹出

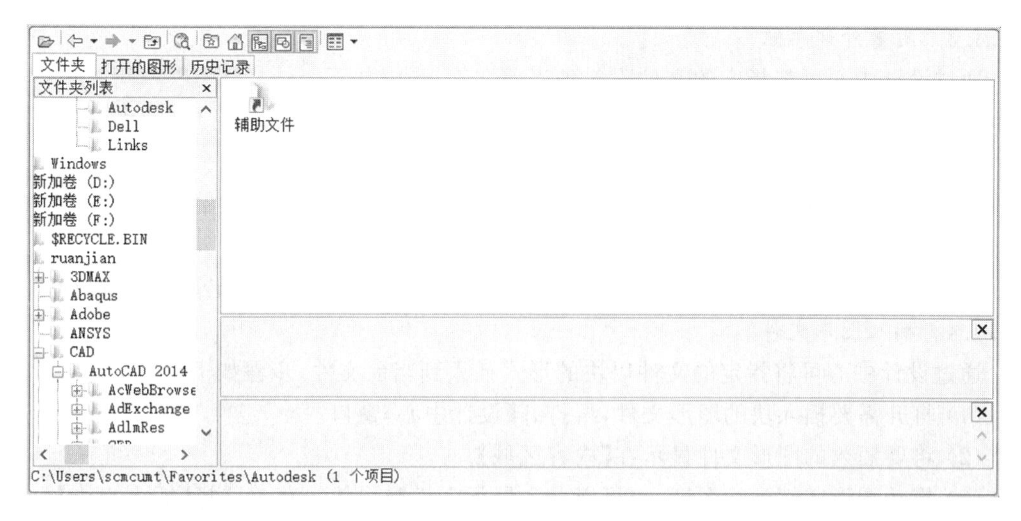

图 9-9　收藏夹中收藏的文件

快捷菜单，单击【插入为块】，见图 9-7。

(4) 在弹出的【插入】对话框中，根据需要进行设置，然后单击【确定】按钮即可将块插入到当前文件，见图 9-10。

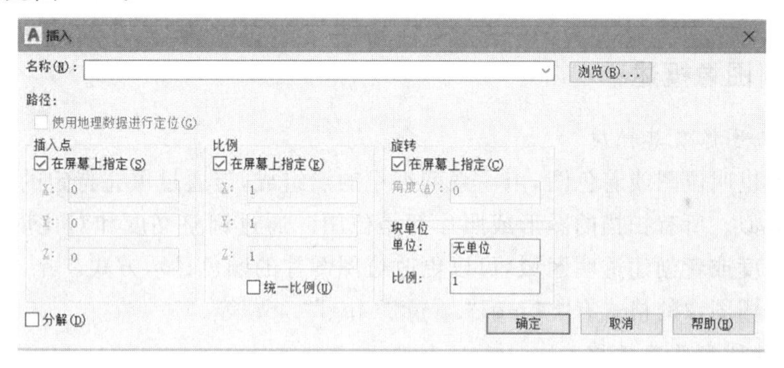

图 9-10　【插入】对话框

说明：

① 除块或带属性的块外，重复上述步骤，在当前文件中可插入的其他内容还有图层、线型、文字样式、表格样式、标注样式、布局等。

② 如果在图 9-7 中直接双击图形文件图标，则对象被导入当前文件的块库中，读者可根据实际绘制需要，在适当时候插入块。

9.3.4.2　附着光栅图像

通过设计中心可将指定的光栅文件附着到当前文件中，步骤如下：

(1) 打开需要附着光栅图像的图形文件，再打开【设计中心】窗口。

(2) 将光栅图像文件显示在【内容区域】。

(3) 拖动光栅图像文件到绘图区，也可以单击鼠标右键弹出快捷菜单选择【附着图像】。

(4) 根据需要输入插入点、缩放比例和旋转角度。

9.3.4.3 附着外部参照

通过设计中心可将指定的文件附着到当前文件，步骤如下：

(1) 打开需要附着外部参照的图形文件，再打开【设计中心】窗口。

(2) 将外部参照的源文件显示在【内容区域】。

(3) 拖动外部参照文件到绘图区，也可以单击鼠标右键弹出快捷菜单选择【附着为外部参照】。

(4) 在弹出的【外部参照】对话框中，根据需要进行设置后单击【确定】即可完成操作。

9.3.4.4 插入图形文件

通过设计中心可将指定的文件以块的形式插入到当前文件，步骤如下：

(1) 打开需要插入块的图形文件，再打开【设计中心】窗口。

(2) 将要插入的图形文件显示在【内容区域】。

(3) 拖动图形文件到绘图区，也可以单击鼠标右键弹出快捷菜单选择【插入为块】。

(4) 在弹出的【插入】对话框中，根据需要进行设置后单击【确定】按钮。

(5) 根据需要依次输入插入点、缩放比例和旋转角度后即可完成操作。

9.4 光栅图像的插入与编辑

9.4.1 光栅图像概述

9.4.1.1 光栅图像及其性质

光栅图像也叫位图或着色图，由一系列细小的点组成，与通过填充特定的方格来形成图像的绘图纸类似。所有扫描的图形或照片都是位图。通过调整亮度和对比度，将彩色转换成黑白色或灰度或者创建透明区域，可以更改位图图片的颜色显示方式。

常用的光栅图像的格式有“.bmp”“.png”“.jpg”“.gif”等。

9.4.1.2 矢量图形及其性质

矢量图形也叫作线条图，是由线条、曲线、矩形以及其他对象创建的，可以编辑、移动和重新排列单独的线条。当调整矢量图形的大小时，计算机将重新绘制线条和形状，使其保持最初的清晰度和透明度。

常用的矢量图形文件的格式有“.wmf”“.dwg”“.dxf”等。

9.4.1.3 光栅图像与矢量图形区别

(1) 光栅图像有放大倍数的限制，如果超过一定的倍数，光栅图像会失真；矢量图形不受放大倍数的限制，不论放大多少倍，均保持原清晰程度不变。

(2) 文件占用磁盘空间的大小不同。对于尺寸较大的工程图纸，存储为光栅图像格式的文件要比存储为矢量图形格式的文件占据大得多的磁盘空间。

9.4.1.4 光栅图像的用途

在 AutoCAD 中使用光栅图像的用途大致有两类：

(1) 直接使用光栅图像文件。这种情况多将光栅图像文件进行简单的旋转、裁剪等操作后，作为当前图形文件的背景图，一般用于渲染后的三维造型文件。

(2) 将光栅图像文件矢量化。常用的光栅图像文件的矢量化方法有：跟踪描绘法、比例法和扫描法。

跟踪描绘法是用数字化仪跟踪描绘手工图纸，这种方法适用于对图纸尺寸精度要求不是太高的情况。比例法的矢量方式比较简单，不需要使用数字化仪，能精确输入正交线条，但如果所绘图纸上没有包含详细的尺寸信息，需要不断地用数字化仪进行数据读取，此方法尤其不适用于不规则的地形等高线。扫描法的实现方式是将现有的图纸扫描后存储为光栅图像文件，然后将该文件插入到 AutoCAD 2018 中，对图形线条进行跟踪描绘。这种方法也称为光栅图像的矢量化，此方法可提高绘图速度与精度，是目前采矿工程领域使用最为广泛的方式。

9.4.2　插入光栅图像

9.4.2.1　命令功能

■ 将扫描后的井底车场图形文件插入到当前的 AutoCAD 文件中。

9.4.2.2　命令调用方式

■ 单击【插入】选项卡→【参照】面板→【附着】。

■ 在命令行输入"Imageattach"命令并回车。

9.4.2.3　命令应用

(1) 新建一图层，命名为"位图"，并将该层置为当前，其他特性均取默认设置。

(2) 执行【光栅图像】命令，弹出【选择参照文件】对话框，见图 9-11。

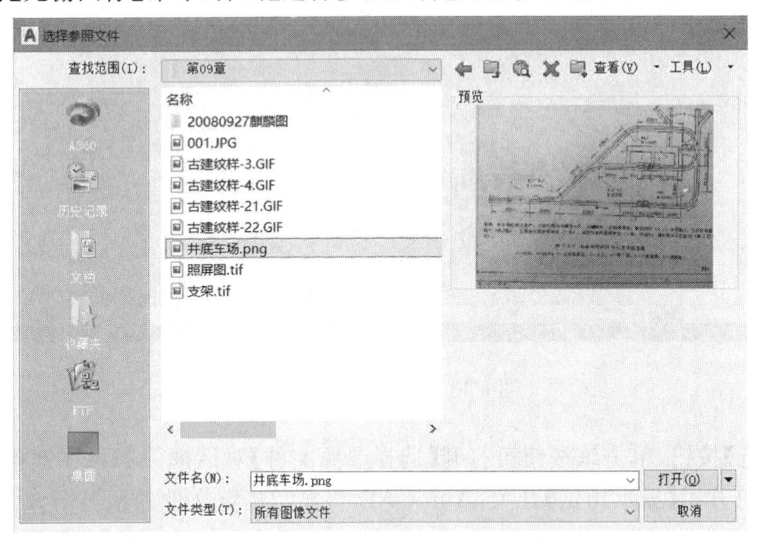

图 9-11　【选择参照文件】对话框

(3) 选择文件，弹出【附着图像】对话框，见图 9-12。

(4) 在【附着图像】对话框中进行合适的选项设置后(也可以先插入到当前文件再进行设置)，单击【确定】按钮。

(5) 用【范围缩放】命令查看上一步插入到 AutoCAD 中的图像文件，见图 9-13。

9.4.2.4　【附着图像】对话框

该对话框(见图 9-12)内各项含义如下：

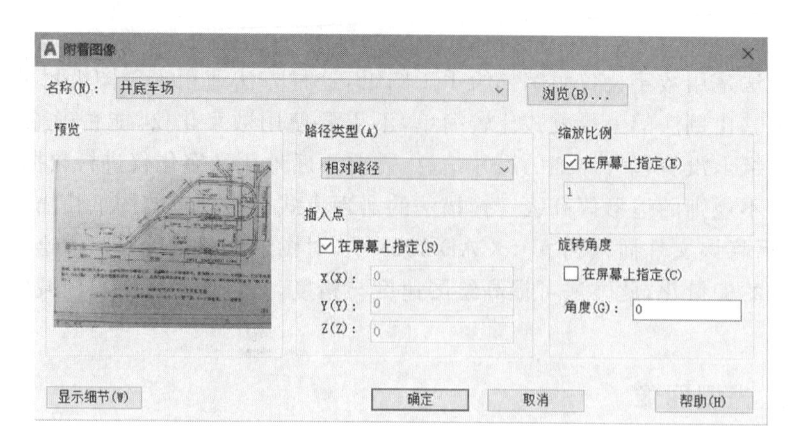

图 9-12 【附着图像】对话框

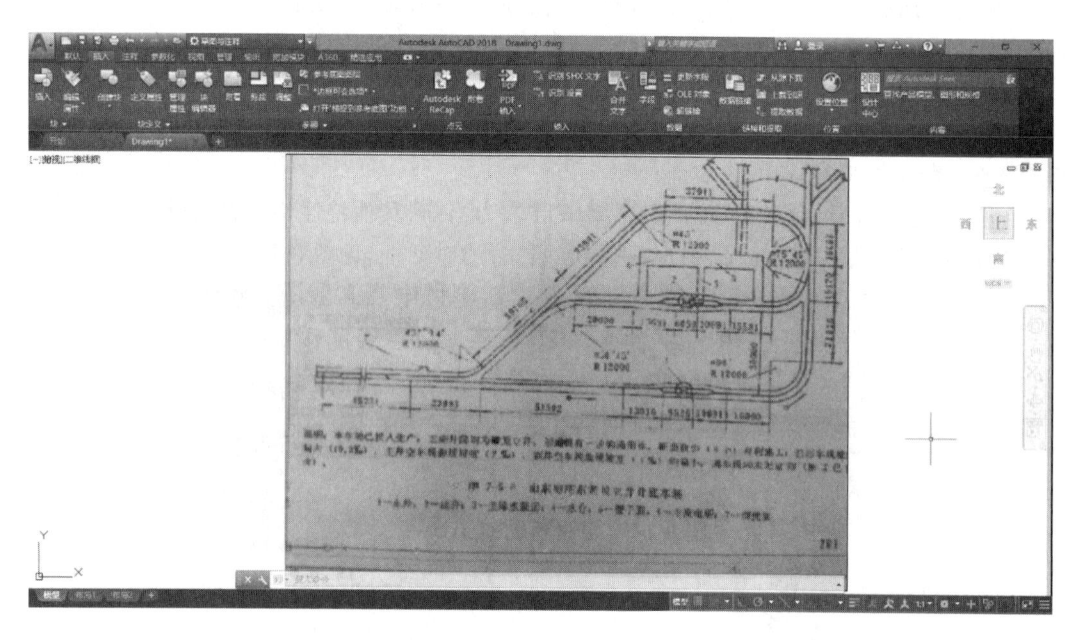

图 9-13 光栅图像插入结果

(1)【浏览】按钮，单击该按钮可打开【选择参照文件】对话框。如果在选择【选择参照文件】对话框时打开了【显示预览】开关，AutoCAD 将显示选定文件的预览图像。

(2)【名称】列表及【预览】显示区，用于显示定位图像文件的路径和图像。

(3)【路径类型】区有 3 种路径，分别是完整路径、相对路径和无路径。【完整路径】可指定图像文件的绝对路径；【相对路径】可指定图像文件的相对路径；【无路径】只可指定图像文件名，此类型的图像文件应位于当前图形文件所在的文件夹中。

(4)【插入点】、【缩放比例】和【旋转角度】分别用于指定光栅图像的插入位置、尺寸大小和旋转角度，其含义和用法与插入块和外部参照时的操作类似。

(5)【显示细节/隐藏细节】按钮用于显示或隐藏文件打开位置和保存路径。

9.4.3　调平光栅图像

由于手工绘图时的误差或扫描时的技术原因，会造成插入到 AutoCAD 中的光栅图像有一定角度的偏斜，在矢量化之前应首先将其调平。调平光栅图像的原理是：光栅图像内一般都有水平的线条，在 AutoCAD 中用【直线】命令描绘出该直线，然后用【旋转】命令中的参照旋转方式将光栅图像旋转成水平方向。

9.4.3.1　调平光栅图像步骤

（1）新建一图层，命名为“辅助层”，并将该层置为当前，颜色设置为红色，线型和线宽取默认值。

（2）执行【直线】命令，绘制直线 AB，见图 9-14。

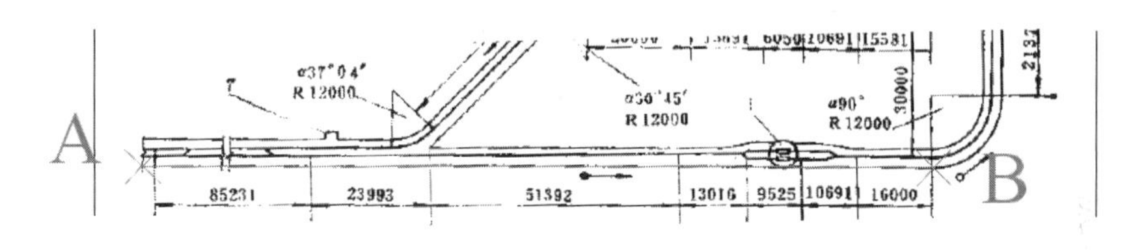

图 9-14　绘制辅助线 AB

（3）旋转位图，操作结果如图 9-15 所示。

命令：rotate ↲	执行旋转命令
UCS 当前的正角方向：　ANGDIR＝逆时针　ANGBASE＝0	
选择对象：指定对角点：找到 2 个↙	选择位图及辅助线 AB
选择对象：↲	结束选择
指定基点：↙	指定 A 点
指定旋转角度或［参照(R)］：r ↲	选参照(R)项
指定参照角 <0>：↙	指定 A 点
指定第二点：↙	指定 B 点
指定新角度：0 ↲	输入角度值

9.4.3.2　说明

（1）辅助线 AB 的选择要具有代表性，一般选择图像中的最长水平线。

（2）在上述的旋转步骤中，注意“指定新角度”的值，如果将 B 点作为基点，则“新角度”应为 180。

（3）如果【旋转】命令执行完成后，对象的显示顺序发生了变化，即光栅图像显示在辅助线的上方，可执行【绘图次序】命令重新显示对象的绘图次序。

（4）辅助线 AB 在矢量过程中起参考作用，一般不删除。

9.4.4　缩放光栅图像

在 AutoCAD 中使用光栅图像时，一般需要对它的尺寸进行缩放，缩放完成后的光栅图像尺寸应与它所代表的实际图纸尺寸相吻合。

9.4.4.1　光栅图像与分辨率信息

（1）如果图像有分辨率信息，AutoCAD 将它与比例因子和图形测量单位组合起来缩放

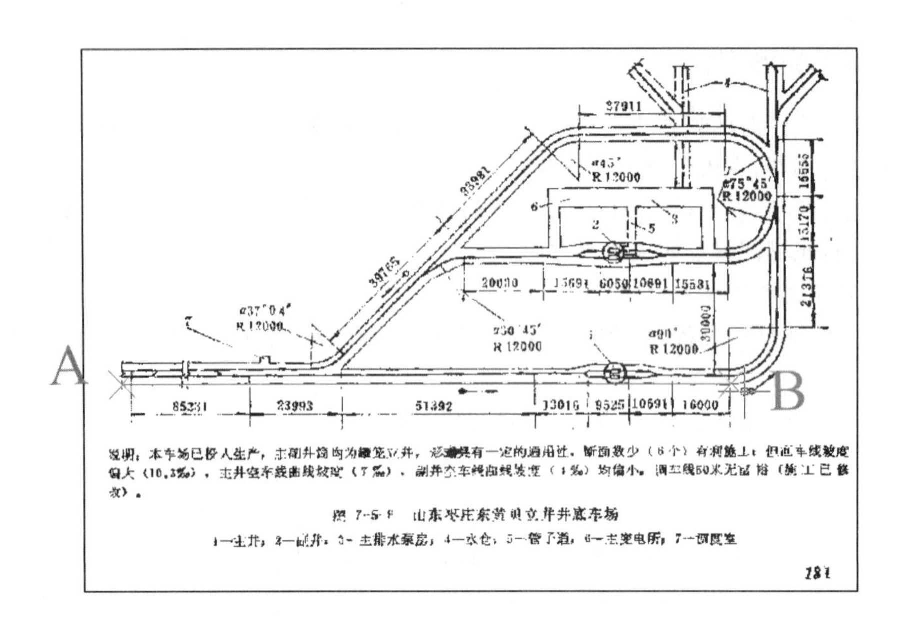

图 9-15 调平后的位图

图形中的图像。例如,如果光栅图像是扫描的蓝图,其比例是 1 mm 等于 1 m(即 1∶1000),而且 AutoCAD 图形设置为 1 个图形单位代表 1 m,那么在【附着图像】对话框的【缩放比例】下,选择【在屏幕上指定】复选框。如果要缩放图像,清除【在屏幕上指定】选项,然后在【缩放比例】中输入 1000。AutoCAD 按此比例附着图像,这个比例将使图像中的几何图形与图形中的几何图形对齐。

(2) 如果插入的图像文件中没有定义分辨率信息,AutoCAD 会将光栅图像的宽度设置为一个单位。这样,附着图像后,以 AutoCAD 单位表示的图像宽度即等于光栅图像的比例因子。绘制采矿工程图纸时,一般将 AutoCAD 的【单位】设置为“毫米”,所以插入到当前文件的图像尺寸的 X 方向尺寸为 1 mm。

9.4.4.2 缩放比例

从光栅图像与分辨率的关系可以很容易地看出,如果图像有分辨率信息的话,直接输入图纸的比例即可;若没有分辨率信息,则应根据图纸的实际尺寸或图纸内定对象之间的距离及绘图比例来确定缩放比例。例如,可将上一步调平好的光栅图按照 170 倍的比例因子放大,图像正好充满 A4 图纸的内框。

9.4.5 编辑光栅图像

9.4.5.1 显示和隐藏光栅图像边界

(1) 单击【插入】选项卡→【参照】面板→【边框可变选项】下拉菜单→【隐藏边框】选项。

(2) 要显示图像边界,输入开(ON);要隐藏图像边界,输入关(OFF)。

9.4.5.2 剪裁光栅图像

(1) 单击【插入】选项卡→【参照】面板→【裁剪】选项或单击图像边界,在弹出的【图像】面板中选择【裁剪】选项卡的【创建裁剪边界】选项。

(2) 选择图像边界以选择要剪裁的图像。

(3) 根据需要输入选项,部分选项含义分别为:【新建(N)】可新建边界;【多边形(P)或矩形(R)】可绘制多边形边界或矩形边界。如果绘制多边形边界,将会提示指定连续的顶点。

9.4.5.3 更改光栅图像对比度、淡入度和亮度

(1) 单击【插入】选项卡→【参照】面板→【调整】选项。

(2) 选择要修改的图像。

(3) 在命令行提示下,输入值可调整图像的对比度、亮度和淡入度。

(4) 亮度和对比度的默认值都是 50,可以将其在 0～100 的范围内调整。

(5) 输入适当的值后回车。

9.4.5.4 重载和卸载光栅图像

(1) 单击【插入】选项卡→【参照】面板右下角的下拉按钮,弹出【文件参照】窗口。

(2) 在【文件参照】窗口中的图像名上单击鼠标右键,然后单击【重载】或【卸载】。

对图 9-15 所示的光栅图像矢量化结果如图 9-16 所示。

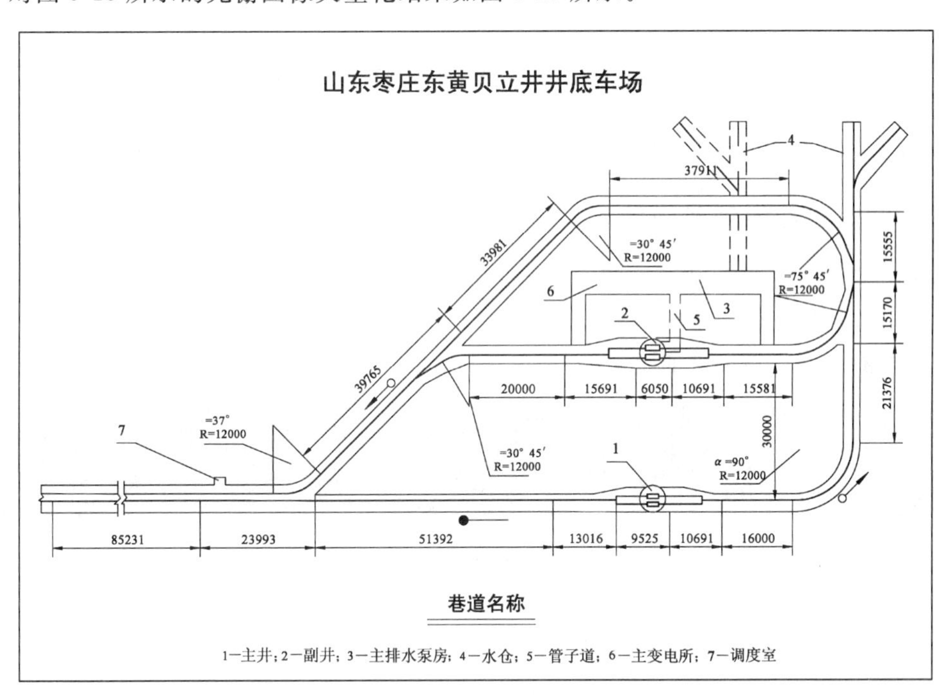

图 9-16 完成矢量化的井底车场图

9.4.6 常见问题

(1) 选中的光栅图像不能插入到当前文件。出现这种情形的原因是位图格式有问题。AutoCAD 中可以插入的图像最好为“.tif”“.jpg”或“.pcx”等格式。

(2) 图像插入到当前文件后,用【范围缩放】命令也不能找出图像。出现这种情形的原因是当前层被关闭。处理方法:打开当前层。

(3) 在以光栅图像中的水平线为参照调整光栅图后,图中原来垂直的线条却产生了偏

斜，与水平线不垂直。处理方法：用其他软件进行倾斜纠偏。

(4) 绘图区内只能显示光栅图像，已矢量的线条等均不可见。出现这种情形的原因是光栅图像的显示顺序位于最顶层。处理方法：改变光栅图像文件的显示顺序，将其置于显示顺序的最底层。

(5) 将文件复制到其他计算机打开后，光栅图像文件不可见，只显示存储路径。出现这种情形的原因是，虽然将光栅图像文件插入到了当前文件，但实际上 AutoCAD 保存的只是用 AutoCAD 命令创建的各种对象，并没有将光栅图像真正复制到当前文件来，记录的只是光栅图像文件的路径。处理方法：将光栅文件与 AutoCAD 文件一起存放、复制，如果使用的是绝对路径，则复制到别的计算机后路径也应完全一致；若无更高一级的目录，则应重新创建，否则光栅图像仍不可见。

(6) 已经完成对光栅图像的矢量化，但打印出的结果仍显示为位图文件。出现这种情况的原因是打印前没有关闭位图图层。处理方法：关闭位图图层后再进行打印。

(7) 通过剪贴板方式将光栅图像复制、粘贴到 AutoCAD 文档后，位图文档可以保存在当前文档中，但会增加文档的大小。

9.5 液压支架光栅图像的矢量化

本节实例共 2 个，分别是样板文件的创建与使用和液压支架光栅图像的矢量化。

9.5.1 样板文件的创建与使用

本例以第 8 章 8.6.1 节巷道断面为例介绍创建样板文件和使用样板文件的步骤。

9.5.1.1 创建样板文件的步骤

(1) 打开创建样板文件的源文件，见图 9-17。

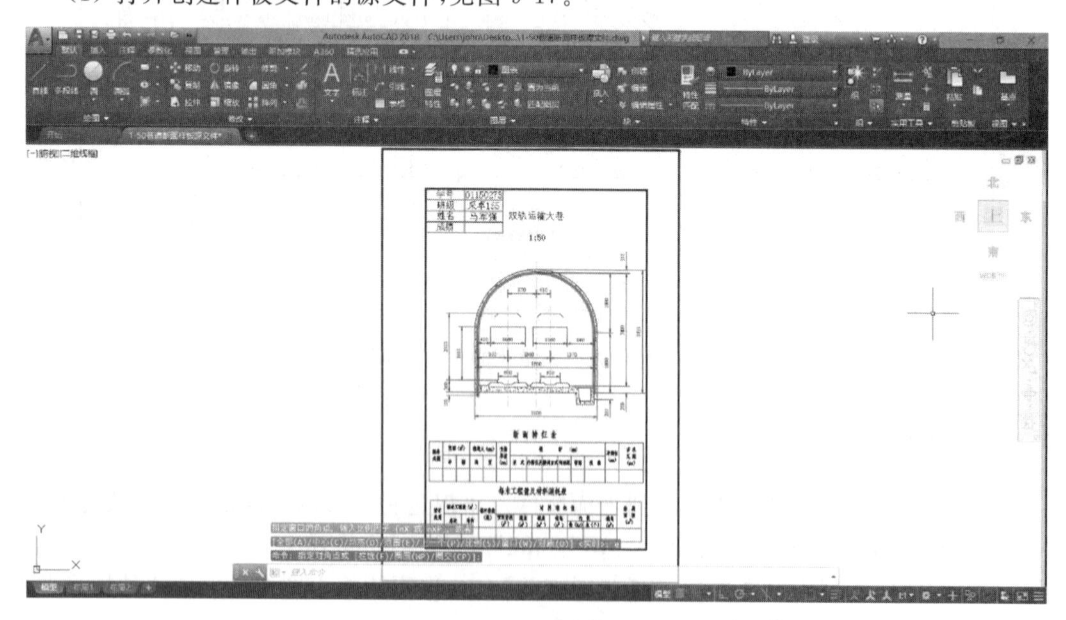

图 9-17 创建样板文件的源文件

(2) 整理文件内容。删除文件内的下列内容:巷道轮廓线、标注和特征表内的具体数值等。

(3) 保存样板文件。执行【文件】→【另存为】菜单项,弹出【图形另存为】对话框,如图 9-18(a)。在【文件名】框中输入“1-50 巷道断面样板”,在【文件类型】列表中选择“AutoCAD 图形样板(＊.dwt)”类型,然后单击【保存】按钮。

(4) 对样板文件进行说明。在弹出的【样板选项】对话框的【说明】框中输入“1-50 巷道断面样板”等内容后,单击【确定】按钮,见图 9-18(b)。

(5) 在上一步单击【确定】按钮后,AutoCAD 会将创建的样板文件置为当前,此时仍可对该文件进行编辑,也可以退出 AutoCAD,完成样板文件的创建。完成后样板文件仍可进行修改等编辑操作。

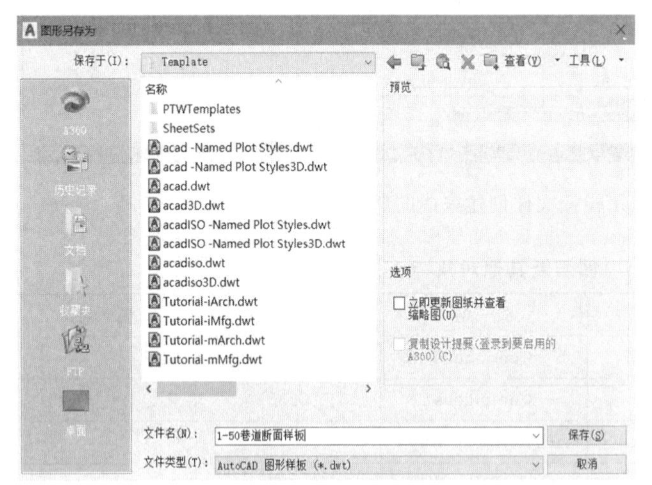

(a)【图形另存为】对话框

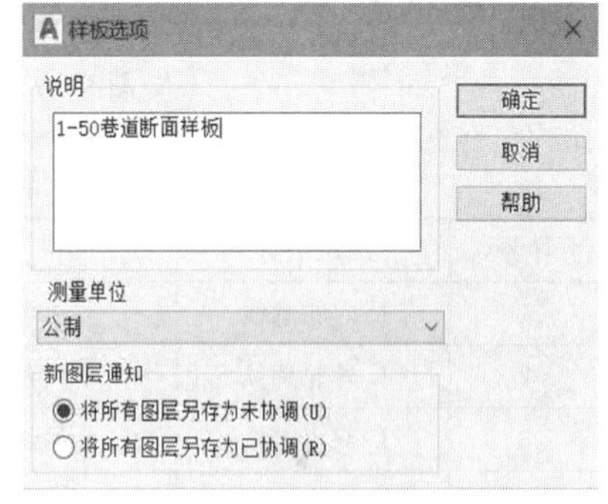

(b)【样板选项】对话框

图 9-18　样板文件的创建

9.5.1.2　样板文件的使用

(1) 新建文件。打开 AutoCAD,弹出【启动】对话框,选择【使用样板】按钮。

(2) 选择样板文件。从对话框中找到上节创建的图形样板文件。若保存路径不是默认路径,单击【浏览】按钮后找到上节创建的图形样板文件,单击【打开】按钮。

(3) 创建结果。AutoCAD 2018 自动创建一个新文件,该文件包括单位类型和精度、标题栏、边框和徽标、图层名、捕捉、栅格和正交设置、图形界限、标注样式、文字样式等功能,见图 9-19。

9.5.2　液压支架光栅图像的矢量化

本例介绍采用 AutoCAD 2018 对液压支架光栅图像进行矢量化的过程。具体如下:

(1) 扫描液压支架位图得到光栅文件。

(2) 打开 AutoCAD 新建一文件并命名为“液压支架的矢量化”。

(3) 设定图形界限为 A4 横向(297 mm×210 mm),设置图形文件的单位为“毫米”。

(4) 仔细对液压支架图纸进行审图,建立图层及样式,分别见表 9-1、表 9-2 和表 9-3。

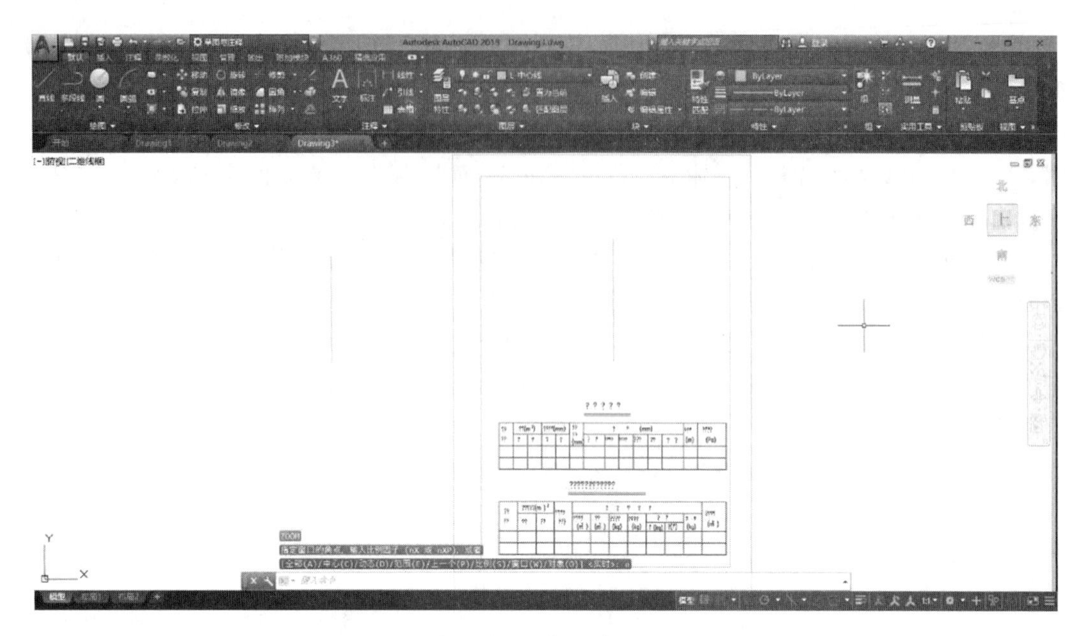

图 9-19 应用样板文件创建完成的新文件

表 9-1 图层及其他对象特性

序号	图层名称	颜 色	线 型	线 宽	备 注
1	L-内轮廓线	白色	Continuous	0.20	
2	L-外轮廓线	白色	Continuous	0.35	
3	L-双点画线	品红	ACAD_ISO05W100	0.13	
4	L-虚线	8 号色	ACAD_ISO02W100	0.2	
5	标注	蓝色	Continuous	0.13	
6	辅助	255 号色	Continuous	默认	辅助层
7	位图	白色	Continuous	默认	插入光栅图像
8	中心线	红色	Continuous	0.13	
9	图框	白色	ACAD_ISO04W100	0.20	图纸框

表 9-2 文字样式

序 号	样式名	字体名	文字高度	宽度比例	备 注
1	FS5	仿宋_GB2312	5.0	1	标识图名
2	TNT2.2	Times New Roman	2.2	1	尺寸标注

表 9-3 尺寸标注样式

序号	样式名	直线和箭头		文字	
1	1-1	超过尺寸线	2	文字样式	TNT2.2
		起点偏移量	1	文字高度	2.2
		箭头大小	2	从尺寸线偏移	1.0

注：表 9-1～表 9-3 中的图层与样式可在当前文件中创建，但更快捷的方式是使用设计中心功能从已有文件中直接将需要的图层和样式插入到当前文件；如果有建立完成的样板文件，也可以选择从“样板文件”创建新文件。

(5) 将“图框”图层置为当前，并在该层内绘制图框。

(6) 插入光栅图像文件。

① 将“位图”图层置为当前。

② 执行【插入光栅图像】命令，弹出【选择参照文件】对话框，见图 9-20。找到液压支架的光栅图像文件后，单击【打开】按钮。

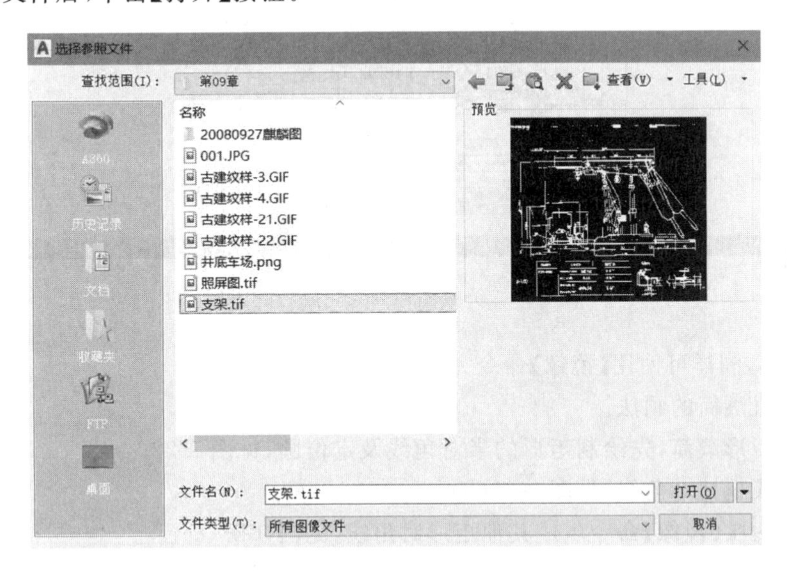

图 9-20　【选择参照文件】对话框

③ 在打开的【附着图像】对话框中按图 9-12 设置各参数。【路径类型】选择“无路径”，【插入点】中 X、Y、Z 坐标分别为 30、35、0，【缩放比例】为 230，【旋转角度】为 0。

注：前面已讲述过，可以先将光栅图像插入到当前文件中，再进行调平和缩放等操作。为减少操作步骤，本例在图 9-12 所示对话框中已将各参数预设。如果预设的参数与实际有出入，应重新调平和缩放光栅图像。如果选择“在屏幕上指定”插入点或缩放比例，会在插入过程中提示选择插入点和 X、Y、Z 方向的比例。光栅图像插入完成后的图形见图 9-21。

(7) 在“辅助”图层绘制辅助定位线。需要绘制的辅助定位线包括：

① 液压支架滚筒的水平、垂直中心线，前后刮板输送机的水平、垂直中心线；

② 液压支架前后立柱的定位线，液压支架底板的水平线；

③ 液压支架前探梁、顶梁的水平线，推移输送机活塞、尾梁活动范围的运动趋势线；

④ 各附属元件的定位线以及绘制这些元件的中心线、文字标注的“正中”定位线。

(8) 在与光栅图像对应的各图层内进行光栅图像的描绘时，对有规律的图形应使用【复制】、【镜像】或【阵列】等命令以提高绘图速度。例如：

① 液压支架的支柱为一对称图形，可先绘制一半，然后执行【镜像】命令生成整个支柱。前、后支柱的尺寸与形状完全相同，虽然朝向不同，但绘制出两立柱的定位线后再绘制出定

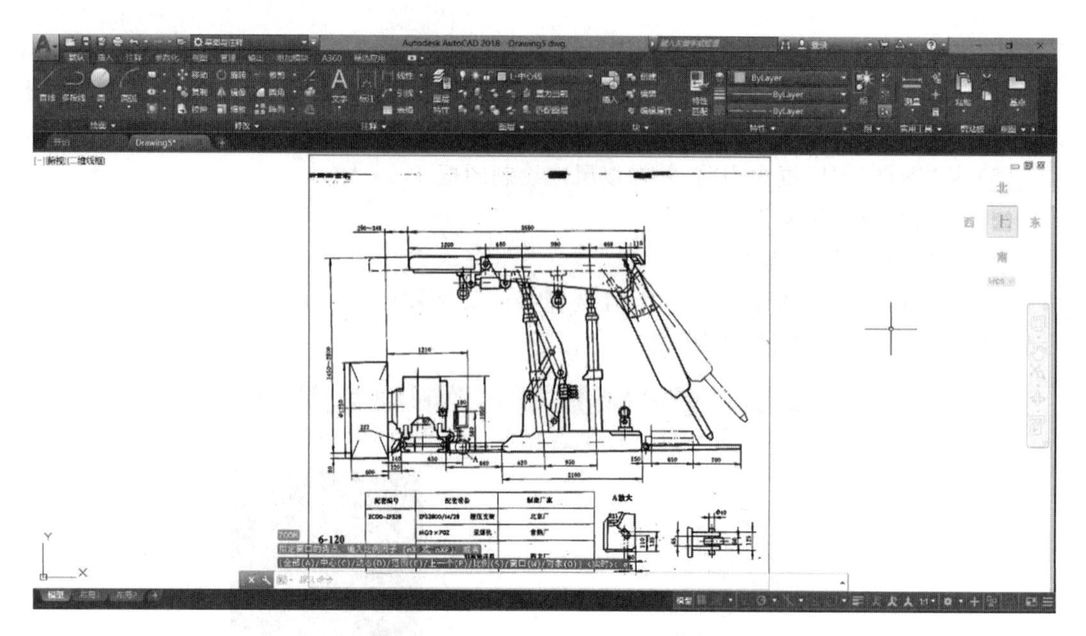

图 9-21 光栅图像插入完成后的图形

位线的中心线，同样可使用【镜像】命令完成另一支柱的创建。

② 采煤机滚筒的画法。

- 绘制矩形滚筒，先绘制矩形的半对角线及定位圆，见图 9-22(a)。
- 修剪或拖拽对角线，见图 9-22(b)
- 执行两次【镜像】命令生成其他矩形对角线，见图 9-22(c)。
- 关闭定位圆所在的图层，绘制结果如图 9-22(d)所示。

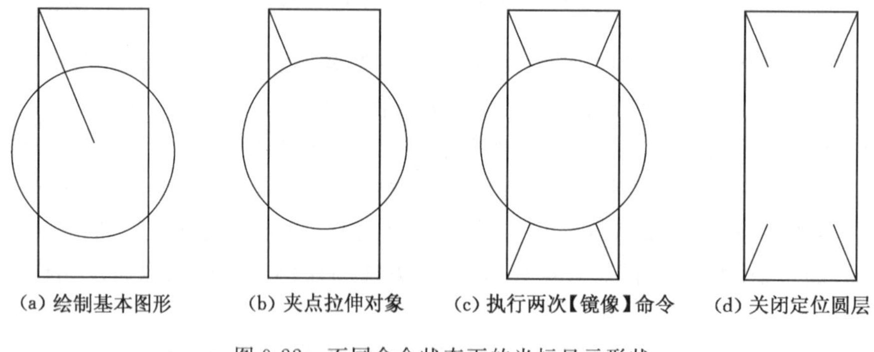

(a) 绘制基本图形　(b) 夹点拉伸对象　(c) 执行两次【镜像】命令　(d) 关闭定位圆层

图 9-22 不同命令状态下的光标显示形状

③ 为了图形的显示需要，可先在“辅助”图层或“内轮廓”图层中描绘线条，然后用【边界】命令在“外轮廓”图层中生成外轮廓线。

④ 对图形进行标注时，可使用【快速标注】或【连续】标注命令进行操作。

⑤ 图形描绘完成后，应对所有对象的特性进行检查，对象的特性与层的特性应一一对应，如有不一致的对象，应及时修改其特性。

(9) 对液压支架光栅图像完成矢量化后的图形如图 9-23 所示。

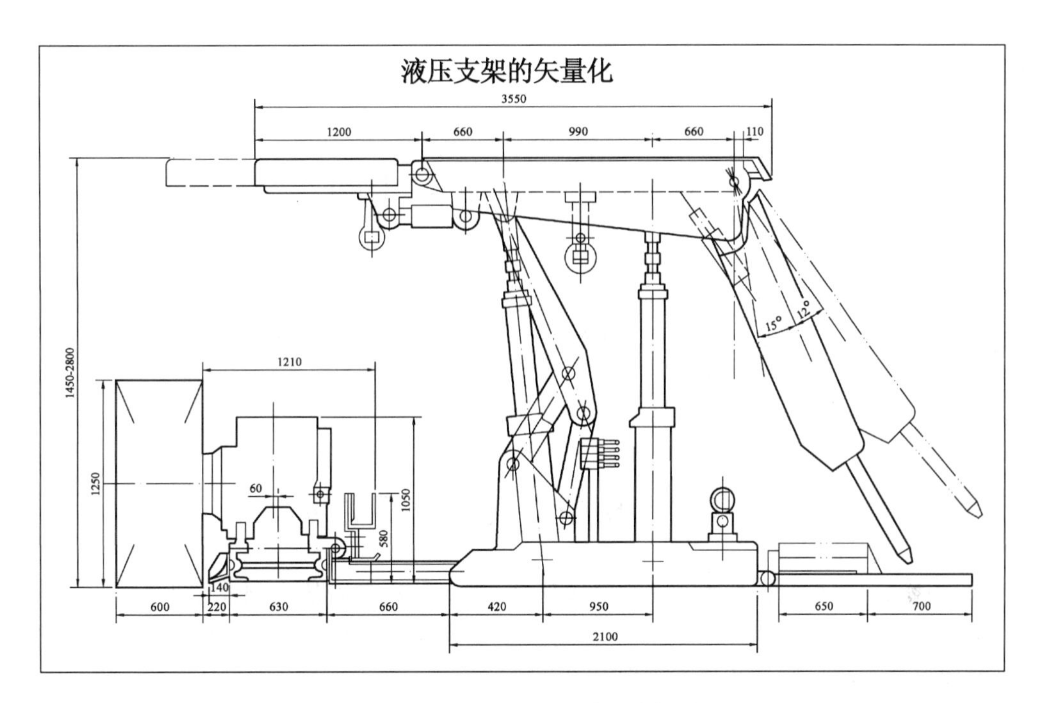

图 9-23　完成矢量化的液压支架图

第10章　布局与出图

绘制完成的图纸最终需要打印出来才能实现其功用。本章主要介绍:模型空间和图纸空间、布局、输出图形前的准备工作、配置绘图设备、页面设置等内容。

本章实例包括图形文件的准备工作、打印图形的步骤、页面设置步骤和巷道断面平面图的打印示例。

10.1　模型空间和图纸空间

AutoCAD 2018 中有两种不同的工作环境(或空间),可以从中创建图形对象。这两种工作环境分别是模型空间和图纸空间。一般地,使用模型空间可以创建和编辑模型,而使用图纸空间多进行构造图纸和定义视图。

10.1.1　模型空间

模型空间是一个无限的三维绘图区域。在模型空间中,可以按 1∶1 的比例绘制模型。绘制模型时既可以绘制二维图形,也可以绘制三维图形。在模型空间内,可以查看并编辑模型空间对象。十字光标在整个绘图区域都处于激活状态。如果在模型空间输出图纸,一般应只涉及一个视图,否则应使用图纸空间。每个图形文件的模型空间只有一个,而且模型空间的默认名称为“模型”,此名称不可更改。

10.1.2　图纸空间

图纸空间是由【布局】选项卡提供的一个二维空间。在图纸空间中,可以放置标题栏、创建用于显示视图的布局视口、标注图形以及添加注释,也可以绘制其他图形。但在图纸空间绘制的图形在模型空间不显示,所以一般不在该空间内创建图形,只在该空间输出图形。每个图形文件的图纸空间与布局数相同,可以有多个,图纸空间的名称可以根据需要进行重新命名。

10.2　布局的创建与修改

10.2.1　布局

10.2.1.1　命令功能

■ 创建和修改图形的布局。

10.2.1.2　命令调用方式

■ 单击【布局】选项卡→【创建】工具按钮。

■ 在命令行输入“Layout”并回车。

10.2.1.3　命令中各参数意义

执行【新建】命令后，命令行中出现的各参数含义为：【复制】用于复制布局；【删除】用于删除布局；【新建】用于创建新的布局选项卡；【样板】可基于样板创建新布局选项卡；【重命名】用于给布局重新命名，布局名必须唯一；【设置】用于设置当前布局；【?】可列出当前图形文件内所有布局。

在【布局】选项卡名称上单击鼠标右键可以便捷地用上述选项。

10.2.1.4　命令应用

命令：_layout ↵	执行布局命令
输入布局选项 [复制(C)/删除(D)/新建(N)/样板(T)/重命名(R)/另存为(SA)/设置(S)/?]<设置>：n ↵	选新建(N)项
输入新布局名 <布局 3>：巷道断面(1-40)	输入新建布局名称

命令执行完毕后，在绘图区下侧出现上步生成的布局名称，见图 10-1。

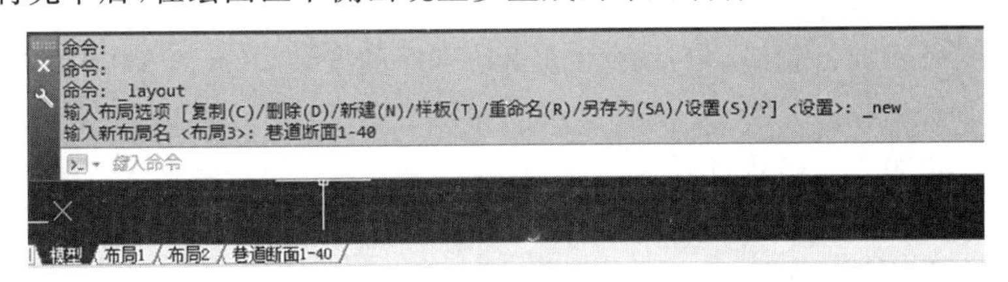

图 10-1　新创建的布局

10.2.2　布局向导

10.2.2.1　命令功能

■ 创建新的【布局】选项卡并指定页面和打印设置。

10.2.2.2　命令调用方式

■ 在命令行输入“Layoutwizard”并回车。

10.2.2.3　命令应用

执行【布局向导】命令，弹出【创建布局】对话框，见图 10-2。

创建布局 - 开始

开始
打印机
图纸尺寸
方向
标题栏
定义视口
拾取位置
完成

本向导用于设计新布局。

可以选择打印设备和打印设置，插入标题栏，以及指定视口设置。

当本向导完成时，所做的设置将与图形一起保存。

要修改这些设置，可在布局中使用“页面设置”对话框。

输入新布局的名称(M)：

布局3

< 上一步(B)　下一步(N) >　取消

图 10-2　【创建布局】对话框

根据实际需要依次对“布局名称”“打印机”“图纸尺寸”“方向”“标题栏”“定义视口”“拾取位置”进行相应设置，即可完成新的布局的创建。

10.2.2.4 说明

通过【布局向导】和【布局样板】命令也可以创建新的布局，且这种命令的使用方式与【样板】与【向导】的使用方式相同。

以上为【布局向导】命令的应用，另一命令请自行练习。

10.3 图形打印的步骤与技巧

10.3.1 准备打印机

打印机的准备工作包括：

(1) 打印机是否准备就绪，包括打印机驱动程序的安装，AutoCAD 中的【选项】对话框中是否添加。

(2) 打印机电源开关是否打开。

(3) 打印机是否与计算机连接正确。

(4) 打印机自检是否正确。

(5) 打印纸张的尺寸、安装是否合乎要求。

10.3.2 图形文件的准备

10.3.2.1 图形文件的准备工作

图形文件的准备工作包含以下内容：

(1) 检查图形文件内对象的图层归属是否正确。

(2) 检查对象图层的开关及冻结设置。

(3) 检查对象颜色的色号。

(4) 检查对象线型加载的正误。

(5) 检查对象线宽的设置是否合乎要求。

(6) 检查图框大小与纸张大小是否匹配。

(7) 检查比例的设置是否正确。

10.3.2.2 说明

有以下情形时，对象不可打印：

(1) 关闭或冻结的图层内的对象。

(2) 打印设置为 OFF 的图层内的对象。

(3) 彩色打印时，色号为 255 的对象。

(4) 定义点(Defpoint)图层内的对象。

10.3.3 配置打印环境

单击【输出】选项卡中的【选项】命令，弹出【选项】对话框，并将【打印和发布】选项卡置为当前，见图 10-3 所示。【打印和发布】选项卡用于设置控制与打印的相关选项，其中各项含义如下：

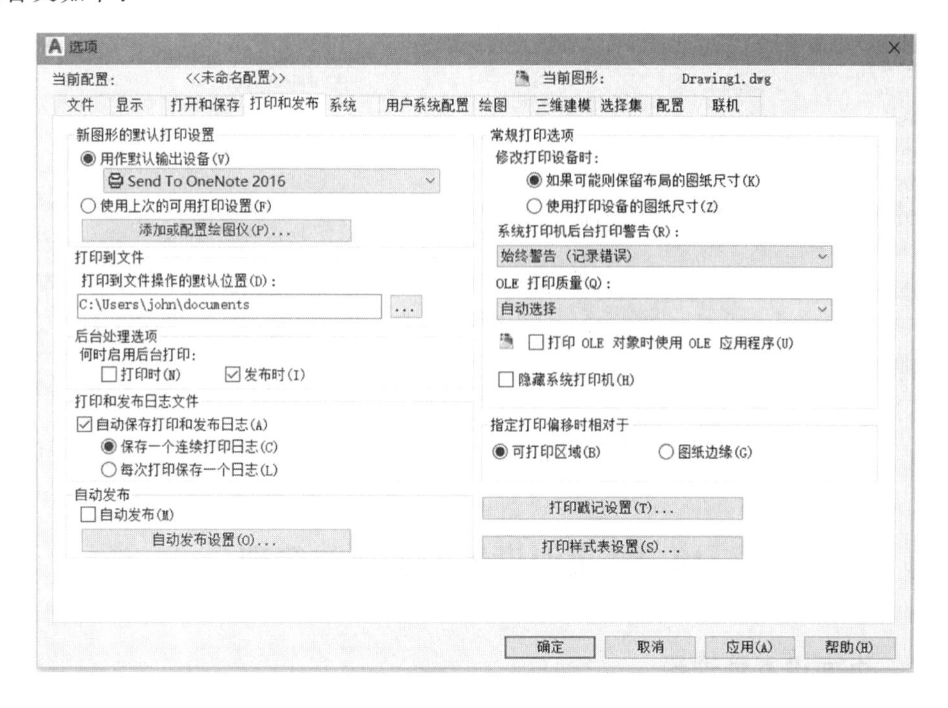

图 10-3 【打印和发布】选项卡

(1)【新图形的默认打印设置】区内的【用作默认输出设备】项用于设置系统默认的打印机;【使用上次的可用打印设置】项用于设置与上一次成功打印的设置相匹配的打印设置;【添加或配置绘图仪】按钮用于显示绘图仪管理器(Windows 系统窗口),可以使用绘图仪管理器来添加或配置绘图仪。

(2)【打印到文件】区为打印到文件操作指定默认位置。用户可以输入位置,或单击【...】按钮指定新位置。若选此项,则文件不会通过打印机打印出纸质文件。

(3)【后台处理选项】区用于指定与后台打印和发布相关的选项。

(4)【打印和发布日志文件】区用于控制将打印和发布日志文件是否另存为逗号分隔值(CSV) 文件(可以在电子表格程序中查看)的选项。

(5)【打印戳记设置】和【打印样式表设置】按钮分别用于打开【打印戳记】对话框和【打印样式表设置】对话框,见图 10-4、图 10-5。

【打印戳记】对话框用于指定打印戳记信息。打印的戳记字段由逗号和空格分开,戳记信息可包含图形名称和路径、布局名称、日期和时间、登录名、设备名、图纸尺寸和打印比例。

【打印样式表设置】对话框用于指定给【布局】选项卡或【模型】选项卡的打印样式的集合。打印样式表有两种类型:使用颜色相关打印样式表和使用命名打印样式表。颜色相关打印样式表 (CTB) 用对象的颜色来确定打印特征(例如线宽)。命名打印样式表(STB) 包括用户定义的打印样式。

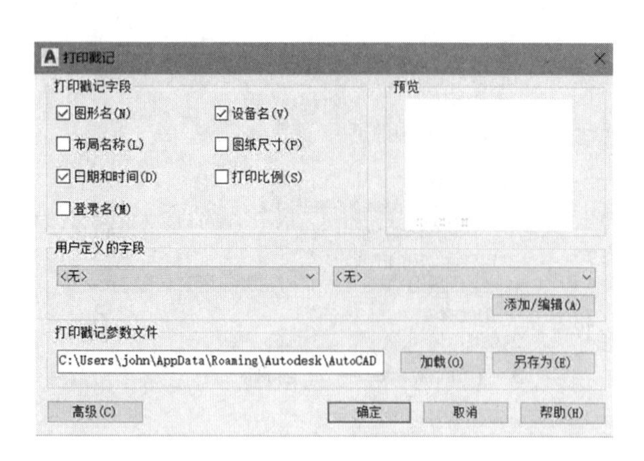

图 10-4 【打印戳记】对话框

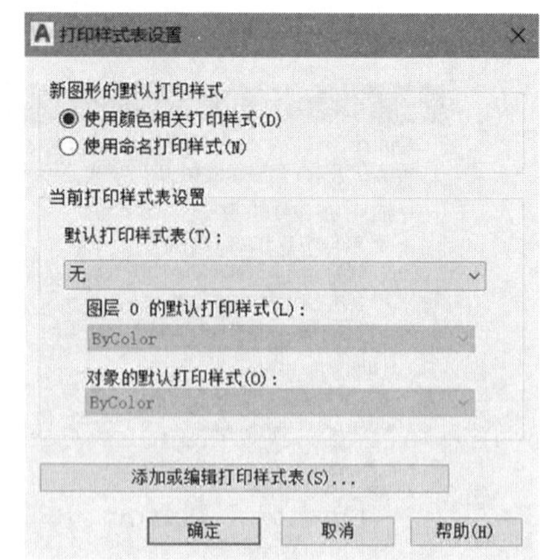

图 10-5 【打印样式表设置】对话框

10.4 页面设置的新建与管理

10.4.1 页面设置管理器

10.4.1.1 命令功能

■ 控制每个新建布局的页面布局、打印设备、图纸尺寸和其他设置。

10.4.1.2 命令调用方式

■ 在【模型】或【布局】选项卡上单击鼠标右键后选择【页面设置管理器】选项。

■ 单击【输出】选项卡→【打印】面板→【页面设置管理】按钮。

■ 在命令行输入“Pagesetup”并回车。

10.4.1.3 【页面设置管理器】对话框

执行【页面设置管理器】命令后，会弹出【页面设置管理器】对话框，见图 10-6。该对话框内各项含义如下：

(1)【当前布局】用于列出要应用页面设置的当前布局。

(2)【页面设置】区用于显示当前页面设置、将另一个不同的页面设置为当前、创建新的页面设置、修改现有页面设置以及从其他图纸中输入页面设置。其中：【当前页面设置】显示应用于当前布局的页面设置；【页面设置列表】列出可应用于当前布局的页面设置，或列出发布图纸集时可用的页面设置；【置为当前】按钮将所选页面设置为当前布局的当前页面设置；【新建】按钮显示【新建页面设置】对话框；【修改】按钮显示【页面设置】对话框；【输入】按钮显示【从文件选择页面设置】对话框。

(3)【选定页面设置的详细信息】区用于显示所选页面设置的信息。其中：【设备名】显示当前所选页面设置中指定的打印设备的名称；【绘图仪】显示当前所选页面设置中指定的打印设备的类型；【打印大小】显示当前所选页面设置中指定的打印大小和方向；【位置】显示当前所选页面设置中指定的输出设备的物理位置；【说明】显示当前所选页面设置中指定的输出设备的说明文字。

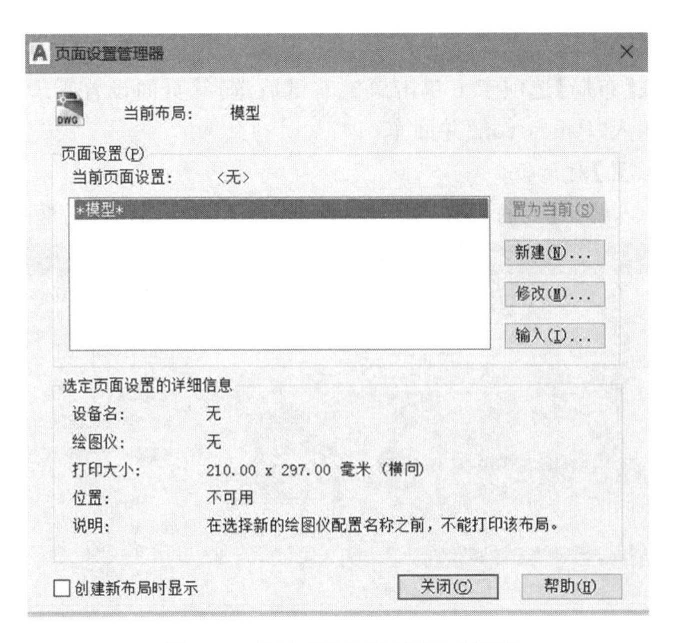

图 10-6　【页面设置管理器】对话框

(4)【创建新布局时显示】开关用于指定当选中新的【布局】选项卡或创建新的布局时，显示【页面设置】对话框。

特别地，当创建了多个“页面设置”后，【页面设置】区会显示出所有结果，按 Delete 键可删除不需要的页面设置。

10.4.2　新建页面设置

10.4.2.1　命令功能

■ 创建新的页面设置。

10.4.2.2　命令调用方式

■ 单击【页面设置管理器】对话框内的【新建】按钮。

10.4.2.3　【新建页面设置】对话框

单击图 10-6 中的【新建】按钮，弹出【新建页面设置】对话框，见图 10-7。该对话框内各项含义如下：

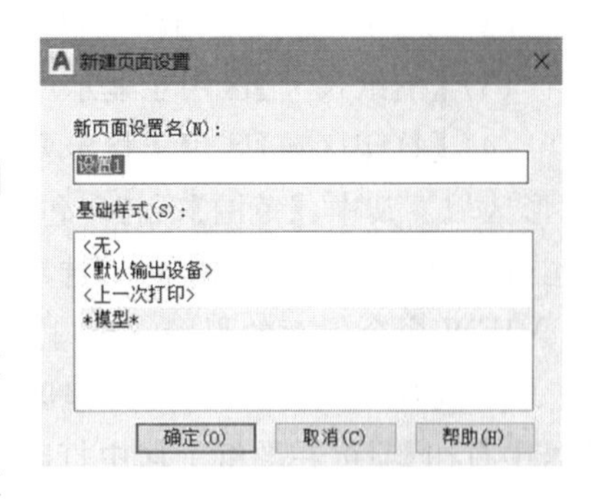

图 10-7　【新建页面设置】对话框

(1)【新页面设置名】框用于输入新创建的页面设置名称。

(2)【基础样式】区用于指定新创建的页面设置是基于哪种样式创建，默认的选项有“无”“默认输出设备”“上一次打印”和“模型(或布局)”等。

10.4.3　页面设置

10.4.3.1　命令功能

■ 创建或修改【模型】或【布局】的页面设置。

10.4.3.2 命令调用方式

■ 在【模型】或【布局】选项卡上单击鼠标右键后选择【页面设置管理器】。

■ 在命令行输入“Pagesetup”并回车。

10.4.3.3 【页面设置】对话框

执行【修改】命令，弹出【页面设置-模型】对话框，见图 10-8。该对话框内各项含义如下：

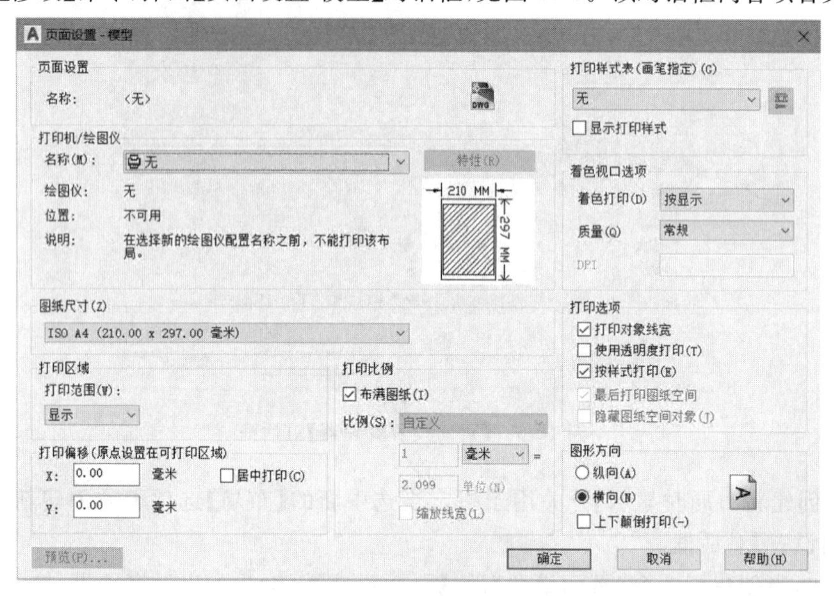

图 10-8 【页面设置-模型】对话框

(1)【页面设置】区用于显示当前页面设置的名称。

(2)【打印机/绘图仪】区用于指定打印或发布布局或图纸时使用的已配置的打印设备。【特性】按钮用于修改绘图仪配置。

(3)【图纸尺寸】区用于显示所选打印设备可用的标准图纸尺寸。

(4)【打印区域】区用于指定要打印的图形区域。在【打印范围】下，可以选择要打印的图形区域。其中：【范围】项打印包含对象的图形的部分当前空间；【显示】项打印【模型】选项卡当前视口中的视图或【布局】选项卡上当前图纸空间视图中的视图；【视图】项打印以前使用 VIEW 命令保存的视图；【窗口】项打印指定的图形部分。

(5)【打印偏移】区指定打印区域相对于可打印区域左下角或图纸边界的偏移。其中：【居中打印】项可在图纸上居中打印；【X】与【Y】项分别指定 X、Y 方向上的打印原点。

(6)【打印比例】区用于控制图形单位与打印单位之间的相对尺寸。其中：【布满图纸】项可缩放打印图形以布满所选图纸尺寸；【比例】用于定义打印的精确比例。

(7)【打印样式表(画笔指定)】区用于设置、编辑打印样式表，或者创建新的打印样式表。

(8)【着色视口选项】区用于指定着色和渲染视口的打印方式。其中：【着色打印】项指定视图的打印方式。

(9)【打印选项】区用于指定线宽、打印样式、透明度打印和对象的打印次序等选项。其中：【打印对象线宽】指定是否打印为对象或图层指定的线宽；【使用透明度打印】指定将打印应用于对象和图层的透明度级别，“打印透明度”仅适用于线框和隐藏打印；【按样式打印】指定是否打印应用于对象和图层的打印样式;【最后打印图纸空间】指定最后打印模型空间几何图形;【隐藏图纸空间对象】指定消隐操作是否应用于图纸空间视口中的对象。

(10)【图形方向】区为支持纵向或横向的绘图仪指定图形在图纸上的打印方向。其中:【纵向】与【横向】用于控制图形在图纸中的相对朝向。

(11)【预览】按钮用于对打印前的图形文件进行打印效果的预览。

10.5 双轨运输大巷断面的打印

本节实例是以第 8 章 8.6.1 节绘制完成的双轨运输大巷巷道断面的打印为例练习布局与输出图形的操作。

10.5.1 准备图形文件

图形文件的准备工作包括:

(1) 打开 8.6.1 节所绘图形文件,逐一检查文件内对象的特性与其所在图层的特性是否一致。较快的检查方法是命令行为空时选中所有对象,【对象特性】工具栏中的【颜色】、【线型】和【线宽】项均应显示为“Bylayer”。

(2) 打开【图层特性管理器】对话框,检查对象所在图层的特性设置。需要注意的是,打印的对象所在的图层不能被设置为关闭、冻结或不可打印状态,随尺寸标注时产生的“定义点”图层内的所有对象不能够被打印出来,彩色打印时色号为 255 的对象不可打印。

(3) 检查对象颜色的色号。如果是输出黑白图纸,可在【打印样式表编辑器】中将对象的颜色特性全部设置为“黑色”,也可通过打印机的特性进行设置。如果是输出彩色图纸,应仔细对照对象的色号与需要打印的颜色是否一致。

(4) 检查对象线型加载得是否正确,线型比例的设置是否合适。

(5) 检查对象线宽的设置是否合乎要求。

(6) 检查图框大小与纸张大小是否匹配。

(7) 检查比例的设置是否正确。

10.5.2 创建布局

命令: layout ↵　　　　执行布局命令

输入布局选项 [复制(C)/删除(D)/新建(N)/样板(T)/重命名(R)/

另存为(SA)/设置(S)/?]＜设置＞: n ↵　　　　选新建(N)项

输入新布局名 <布局 3>: 巷道断面(1-50) ↵　　　　输入新建布局名称

10.5.3 页面设置

(1) 在【“巷道断面(1-50)”布局】选项卡上单击鼠标左键,激活该选项卡。

(2) 在【“巷道断面(1-50)”布局】选项卡上单击鼠标右键选择【页面设置管理器】,弹出【页面设置管理器】对话框。

(3) 在【页面设置管理器】对话框中,单击【修改】按钮后弹出【页面设置-巷道断面(1-50)】对话框,按照图 10-9 设置对话框。

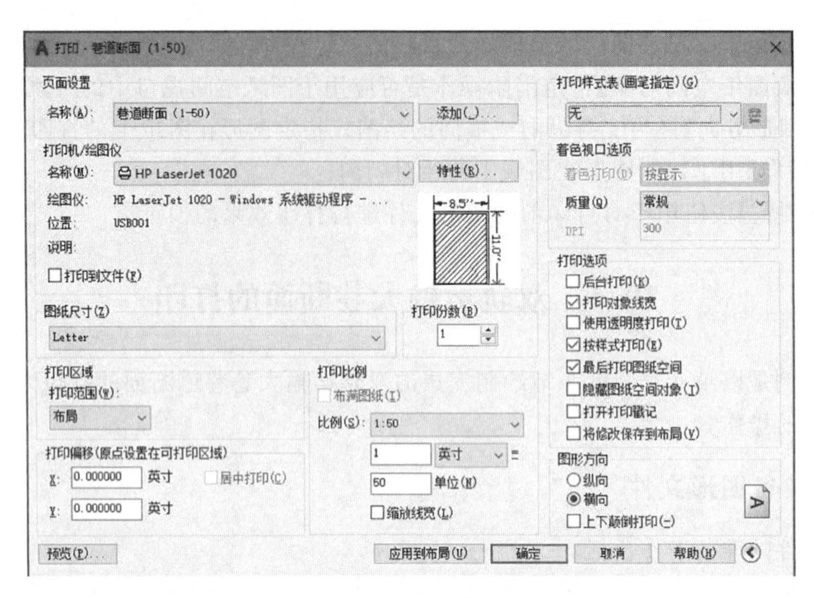

图 10-9　设置完成的【页面设置】对话框

在【打印机/绘图仪】的【名称】列表中选择需要的打印机，并单击【特性】按钮对打印机或绘图仪的特性进行设置；在【图纸尺寸】的列表中选择“Letter”型纸张；在【打印区域】的【打印范围】列表中选择“布局”；【打印比例】选择“1∶50”；在【打印样式表】列表中选择“无”，并将其【特性】中的【颜色】属性设置为“黑色”；【图形方向】选择【横向】。

10.5.4　预览

单击【预览】按钮进行打印前的预览，预览结果如图 10-10 所示。

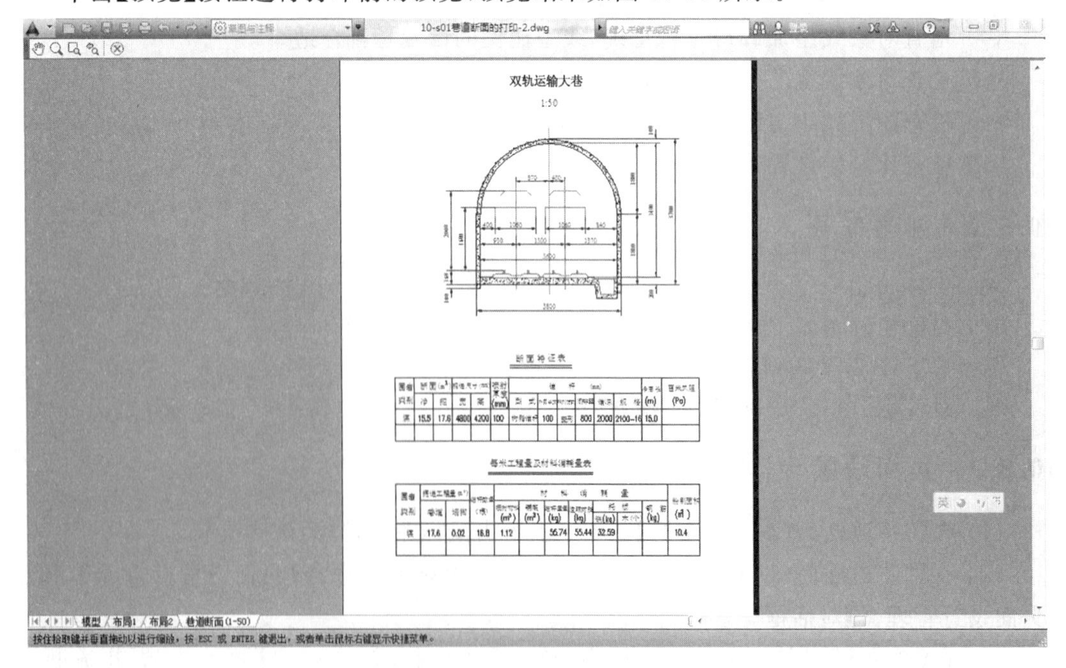

图 10-10　预览要打印的图形

在预览状态下，可使用【视图缩放】命令对图形进行细部观察。检查无误后击鼠标右键选择【退出】选项退出预览状态。然后单击【确定】按钮保存各项的设置。单击【关闭】按钮退出【页面设置管理器】对话框。

10.5.5　打印

执行【输出】→【打印】菜单项，或在【“巷道断面(1-50)”布局】选项卡上单击鼠标左键选择【打印】选项对图形文件进行打印。

第 11 章　三维坐标系和三维视图

本章介绍三维坐标系与三维基础知识，包括用户坐标系(UCS)的建立和管理，三维图形的分类和厚度的概念，视口、视点和视图在三维建模中的使用，以及三维动态观察器的使用和技巧。

11.1　三维坐标和三维坐标系

11.1.1　三维坐标

与二维坐标一样，三维坐标表示法有绝对坐标和相对坐标表示法。

11.1.1.1　绝对坐标

输入绝对坐标(三维)的坐标值(x,y,z)，类似于输入二维坐标值(x,y)。在输入点的提示下，使用(x,y,z)格式输入坐标。这里的坐标系可以是世界坐标系(WCS)，也可以是用户坐标系(UCS)，关于这两个坐标系将在下一节中介绍。图 11-1 中 a 点坐标为(3,2,3)，在当前坐标系下输入坐标值；当需要基于上一点定义点时，可以输入带有@号的相对坐标值，这与二维中是相同的。

11.1.1.2　相对坐标

(1) 柱面坐标

柱面坐标输入在 XY 平面中相当于二维极坐标的输入。柱面坐标通过指定某点在 XY 平面中距坐标系原点的距离，在 XY 平面中与 X 轴所成的角度及其 Z 值定位该点。其格式如下：

X[距当前坐标系原点的距离]<[与 X 轴所成的角度],Z

在图 11-2 中，坐标(5<30,6)表示距当前坐标系的原点 5 个单位、在 XY 平面中与 X 轴成 30°角、沿 Z 轴延伸 6 个单位的点。

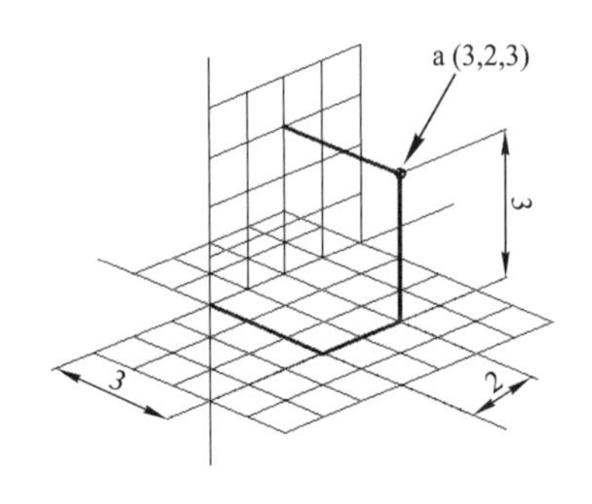

图 11-1　绝对坐标表示法

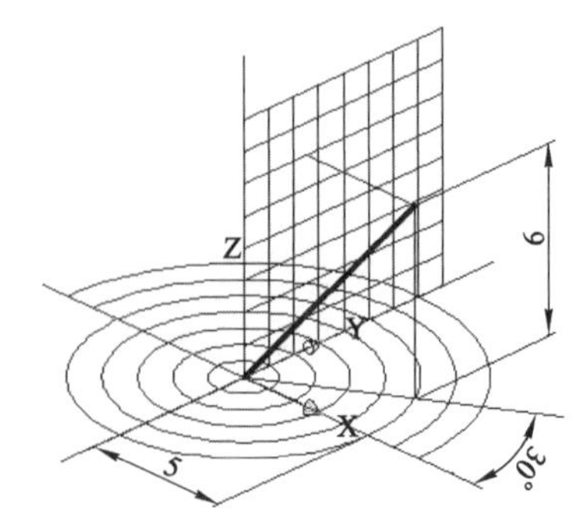

图 11-2　柱面坐标表示法

需要基于“上一点”定义点时，可以输入带有@号的相对柱坐标。在图 11-2 中，相对柱坐标按@5<30,6 格式输入可得到同样结果。

(2) 球面坐标

三维中的球面坐标输入与二维中的极坐标输入类似，通过指定某点距当前坐标系原点的距离、与 X 轴所成的角度(在 XY 平面中)以及与 XY 平面所成的角度来定位点，每个角度前面加了一个左尖括号(<)。其格式如下：

X[距当前 UCS 原点的距离]<[与 X 轴所成的角度]<[与 XY 平面所成的角度]

在图 11-3 中，坐标(4<30<45)表示在 XY 平面距 UCS 原点 4 个单位距离、在 XY 平面中与 X 轴成 30°角及相对 XY 平面与 Z 轴正向成 45°角的点。

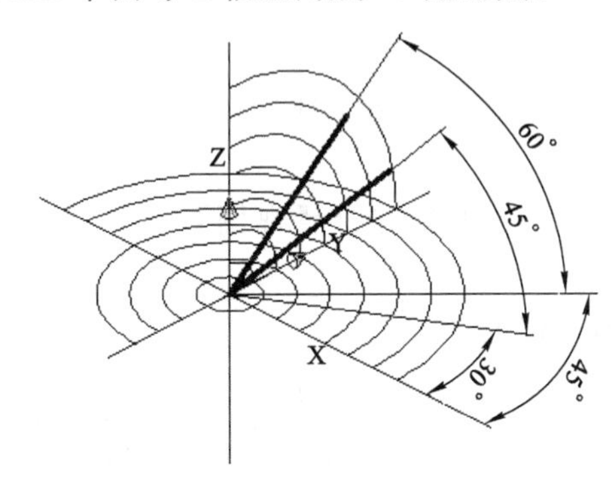

图 11-3　球面坐标

需要基于“上一点”定义新点时，可以输入距离前面带有@符号的相对球坐标，这与绝对坐标和柱面坐标表示法是相同的。

11.1.1.3　世界坐标系(WCS)与用户坐标系(UCS)

世界坐标系(WCS)是 AutoCAD 内定的直角坐标系统，也是唯一固定的坐标系统。在 WCS 中，X 轴是水平的，Y 轴是垂直的，Z 轴垂直于 XY 平面，原点是绘图区的左下角 X 轴和 Y 轴的交点(0,0)。

用户坐标系(UCS)是 AutoCAD 另一个坐标系统，是一种活动的坐标系统，对于输入坐标、定义图形平面和设置视图是非常有用的。UCS 的坐标原点由用户根据实际需要改变位置，并且可以依据 WCS 定义 UCS。

创建三维对象时，可以重新定位 UCS 来简化工作。例如，对于创建完成的长方体，可以通过在编辑的过程中，将 UCS 与要编辑的每一条边对齐来轻松地编辑六个面中的每一条边和每一个面，见图 11-4(关于 UCS 命令的使用将在下一节介绍)。

在三维坐标系中绘图时，无论如何重新定义 UCS，都可以通过使用 UCS 命令的【世界】选项使其与 WCS 重合。

11.1.1.4　右手规则

在三维坐标系中，如果已知 X 轴和 Y 轴的方向，可使用右手规则来确定 Z 轴的正方向，还可以使用右手规则来确定三维空间中绕坐标轴旋转的正方向，见图 11-5。伸开右手，拇指代表 X 轴，食指代表 Y 轴方向，中指绕拇指方向转过 90°，则中指所指的方向就是 Z 轴的方向。

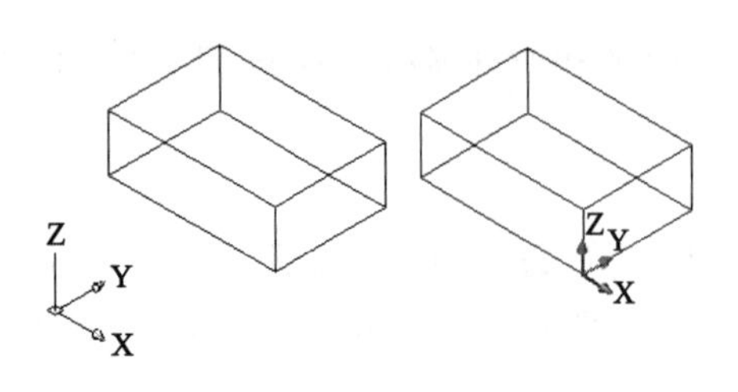

图 11-4　创建新的 UCS

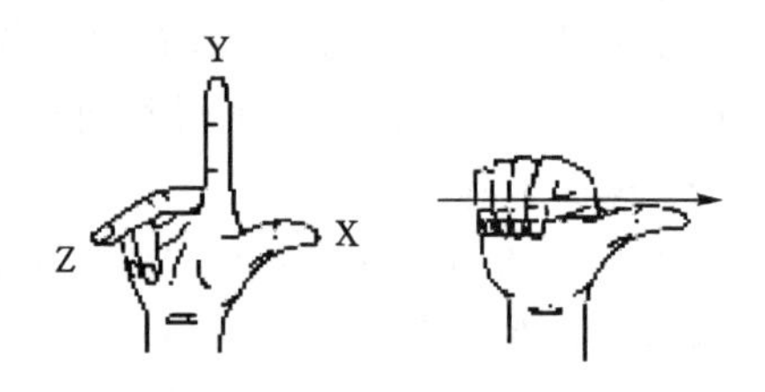

图 11-5　右手规则

11.1.2　用户坐标系(UCS)

11.1.2.1　命令功能

■ 通过 Ucsicon 命令可以实现打开或关闭用户坐标系(UCS)图标显示。

11.1.2.2　命令调用方式

■ 在 AutoCAD 经典工作空间中，执行【视图】→【显示】→【UCS 图标】菜单项，见图 11-6。

■ 在命令行输入"Ucsicon"并回车。

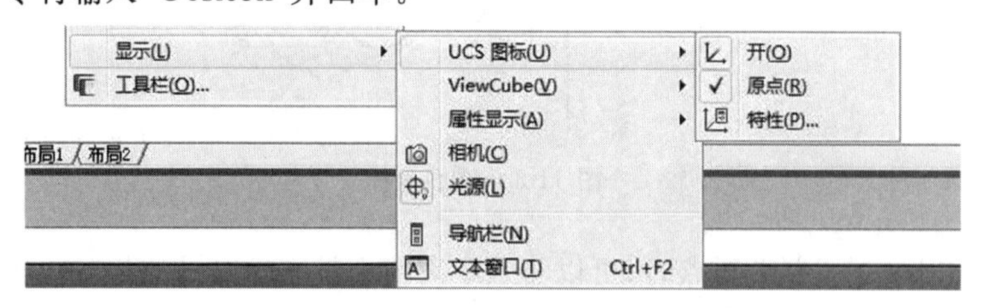

图 11-6　【UCS 图标】菜单项

11.1.2.3　命令中各参数的含义

(1)【开(ON)/关(OFF)】用于显示或关闭 UCS 图标。

(2)【全部(A)】项可对图标的修改应用到所有活动视口。

(3)【非原点(N)】项用于在视口的左下角显示坐标系图标。

(4)【原点(OR)】项在当前坐标系的原点(0,0,0)处显示该图标。

(5)【特性(P)】项显示【UCS 图标】对话框(见图 11-7)，可以控制 UCS 图标的样式、可见性和位置。

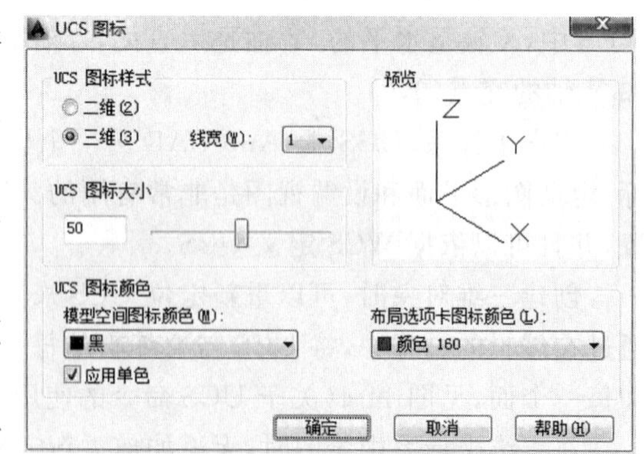

图 11-7　【UCS 图标】对话框

11.1.3　管理用户坐标系

11.1.3.1　命令功能

■ 显示和修改已定义但未命名的用户坐标系或恢复命名的用户坐标系。

11.1.3.2　命令调用方式

■ 在 AutoCAD 经典工作空间中，执行【工具】→【命名 UCS】菜单项。

■ 在命令行输入“Ucsicon”并回车。

11.1.4　【UCS】对话框

【UCS】对话框包括【命名 UCS】、【正交 UCS】、【设置】三个选项卡，见图 11-8。

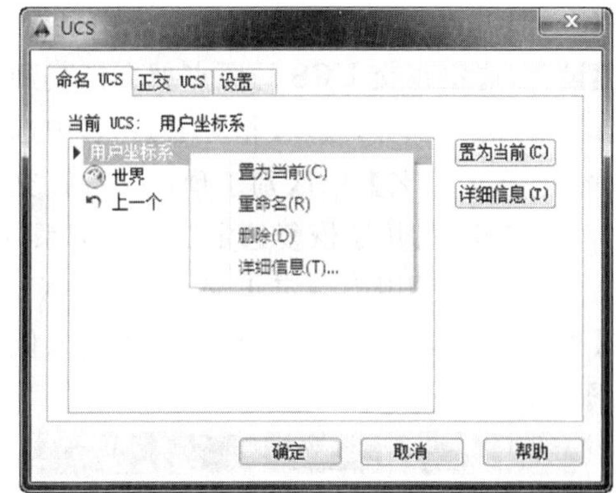

图 11-8　【UCS】对话框

11.1.4.1　【命名 UCS】选项卡

该选项卡可列出用户坐标系并设置当前 UCS，其中：

(1)【当前 UCS】区可显示当前 UCS 的名称。

(2)【UCS 名称】列表区可列出当前图形中已定义的坐标系。

(3)【置为当前】按钮用于恢复选定的坐标系，也可在列表中双击坐标系名来恢复此坐标系，或在坐标系名上单击鼠标右键，然后从快捷菜单中选择【置为当前】。

(4)【详细信息】按钮用于显示【UCS 详细信息】对话框，也可以在坐标系名上单击鼠标右键，然后从快捷菜单中选择【详细信息】选项来查看选定坐标系的详细信息，见图 11-9。

(5)【重命名】用于重命名自定义 UCS，不能重命名世界坐标系(WCS)，也可以在列表中双击 UCS 名称来重命名 UCS。

(6)【删除】用于删除自定义的 UCS，世界坐标系(WCS)不可删除。

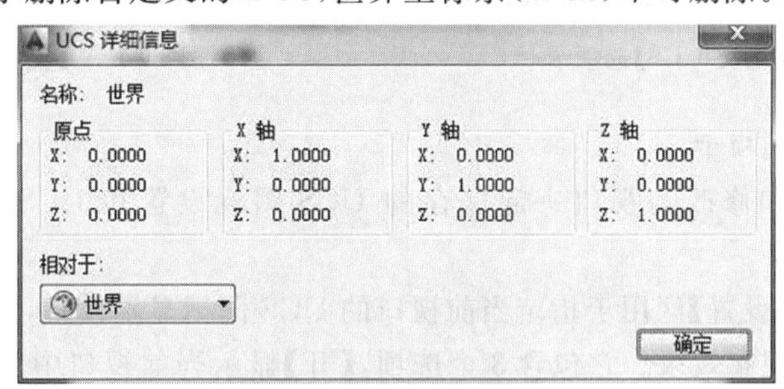

图 11-9　【UCS 详细信息】对话框

11.1.4.2　【正交 UCS】选项卡

该选项卡可将用户定义的 UCS 设置为正交 UCS(见图 11-10)，其中：

(1)【当前 UCS】区显示当前 UCS 的名称。如果该 UCS 未被保存和命名，则显示为【未命名】或者显示为【世界】。

(2)【正交 UCS 名称】列表区列出 6 种正交坐标系，这 6 种坐标系是相对【相对于】列表中指定的 UCS 进行定义的。【名称】指定正交坐标系的名称；在列出的坐标系名称上单击鼠标右键弹出快捷菜单，其中【深度】用于指定正交 UCS 的 XY 平面与通过由 UCSBASE 系统变量指定的坐标系原点的平行平面之间的距离。

(3)【置为当前】按钮可恢复选定的坐标系,也可在列表中双击坐标系名来恢复此坐标系,或在坐标系名上单击鼠标右键,然后从快捷菜单中选择【置为当前】。

(4)【详细信息】按钮用于显示【UCS 详细信息】对话框,也可以在坐标系名上单击鼠标右键,然后从快捷菜单中选择【详细信息】选项来查看选定坐标系的详细信息。

(5)【相对于】列表指定用于定义正交 UCS 的基准坐标系。默认情况下,世界坐标系(WCS)是基准坐标系。在下拉列表中显示当前图形中的所有已命名 UCS。只要选择【相对于】设置,选定正交 UCS 的原点就会恢复到默认位置。如果将图形中的正交坐标系保存为视口配置的一部分,或从【相对于】列表中选择了其他设置而不是【世界】,则正交坐标系的名称将变为【未命名】,以区别于预定义的正交坐标系。

(6)【重置】用于恢复选定正交坐标系的原点。

(7)【深度】用于指定正交 UCS 的 XY 平面与经过坐标系原点的平行平面间的距离。在【正交 UCS 深度】选项卡对话框中输入值或者点击【指定深度】框右边的图标,可以直接在绘图区选择。

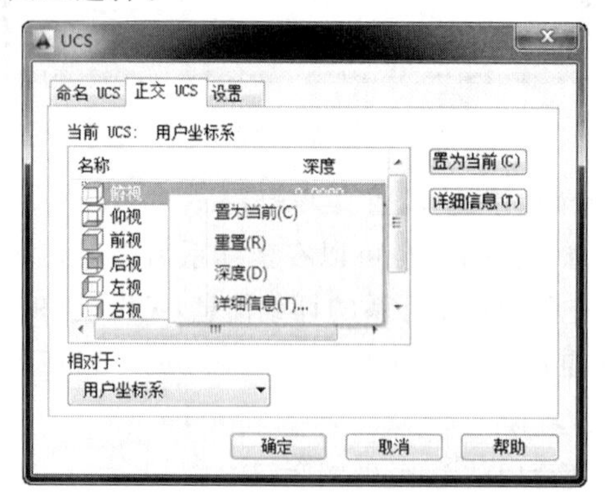

图 11-10 【正交 UCS】选项卡

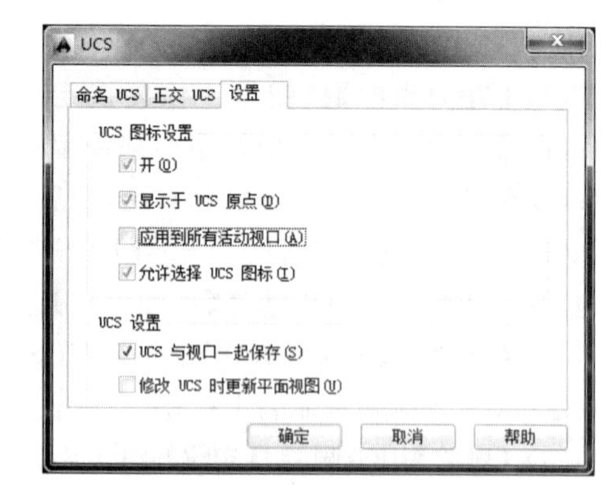

图 11-11 【设置】选项卡

11.1.4.3 【设置】选项卡

该选项卡显示和修改与视口一起保存的 UCS 图标设置和 UCS 设置(见图 11-11),其中:

(1)【UCS 图标设置】区用于指定当前视口的 UCS 图标显示设置,大家可以在实际的操作中选择各开关来观察效果。它包含 3 个选项:【开】显示当前视口中的 UCS 图标,可以通过选中该框而使得绘图区的 UCS 图标显示;【显示于 UCS 原点】在当前视口中当前坐标系的原点处显示 UCS 图标;【应用到所有活动视口】将 UCS 图标设置应用到当前图形中的所有活动视口。

(2)【UCS 设置】区用于指定更新 UCS 设置时 UCS 的动作。它包含 2 个开关:【UCS 与视口一起保存】可将坐标系设置与视口一起保存;【修改 UCS 时更新平面视图】即修改视口中的坐标系时恢复平面视图。

11.1.5 新建 UCS

11.1.5.1 命令功能

■ 创建用户坐标系。

11.1.5.2　命令调用方式

■ 在 AutoCAD 经典工作空间中，执行【工具】→【新建 UCS】菜单项。

11.1.5.3　命令中各参数的含义

(1)【原点】项通过移动当前 UCS 的原点，保持其 X、Y 和 Z 轴方向不变，从而定义新的 UCS。

命令：ucs ↵　　执行 UCS 命令
当前 UCS 名称：* 世界 *
指定 UCS 的原点或 [面(F)/命名(NA)/对象(OB)/上一个(P)/视图(V)/
世界(W)/X/Y/Z/Z 轴(ZA)] <世界>：n ↵　　n 为新建选项
指定新 UCS 的原点或[Z 轴(ZA)/三点(3)/对象(OB)/面(F)/视图(V)/
X/Y/Z]<0,0,0>：↙

在绘图区指定新的原点输入坐标值，如果不给新原点指定 Z 坐标值，此选项将使用当前标高。

(2)【Z 轴(ZA)】项用特定的 Z 轴正半轴定义 UCS。

命令：ucs ↵　　执行 UCS 命令
当前 UCS 名称：* 世界 *
指定 UCS 的原点或 [面(F)/命名(NA)/对象(OB)/上一个(P)/视图(V)/
世界(W)/X/Y/Z/Z 轴(ZA)] <世界>：za ↵　　选 Z 轴(ZA)项
指定新原点<0,0,0>：↙　　在绘图区指定新的原点
在正 Z 轴范围上指定点 <1013.5270,504.0711,1.0000>：@0,0,50 ↵　　输入坐标点

(3)【三点(3)】项指定新 UCS 原点及 X 和 Y 轴的正方向，Z 轴方向由右手规则确定。

命令：ucs ↵　　执行 UCS 命令
当前 UCS 名称：* 世界 *
输入选项：3 ↵　　选三点(3)项
指定新原点<0,0,0>：↙　　指定点 1
在正 X 轴范围上指定点 <当前>：↙　　指定点 2
在 UCSXY 平面的正 Y 轴范围上指定点<当前>：↙　　指定点 3

第一点指定新 UCS 的原点。第二点定义了 X 轴的正方向。第三点定义了 Y 轴的正方向。第三点可以位于新 UCSXY 平面的正 Y 轴范围上的任何位置，见图 11-12。

(4)【对象(OB)】项根据选定三维对象定义新的坐标系。新 UCS 的拉伸方向(Z 轴正方向)与选定对象的一样，见图 11-13。

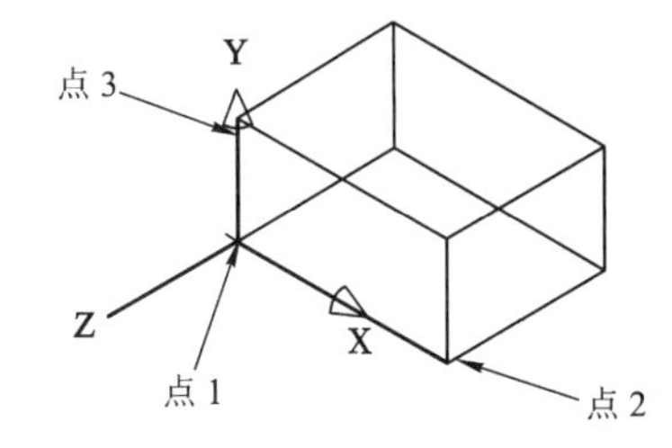

图 11-12　三点定义 UCS

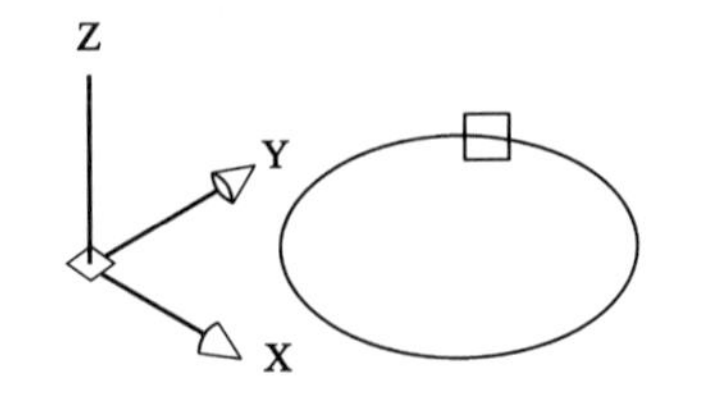

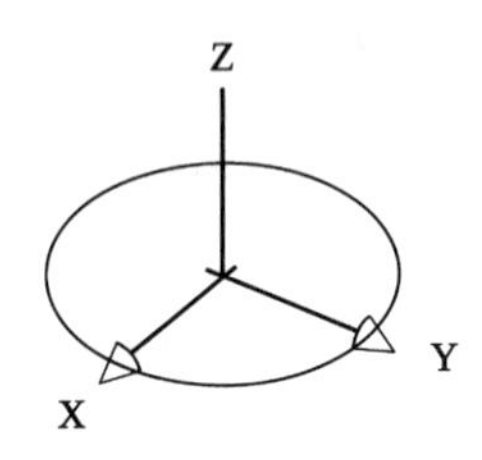

图 11-13　选择对象定义 UCS

命令：ucs ↵　　执行 UCS 命令
当前 UCS 名称：* 世界 *

指定 UCS 的原点或 [面(F)/命名(NA)/对象(OB)/上一个(P)/视图(V)/

世界(W)/X/Y/Z/Z 轴(ZA)] <世界>: ob　　　　选对象(OB)项

选择对齐 UCS 的对象:↙　　　　拾取圆的边

操作结果如图 11-13 所示。

注意:此选项不能用于下列对象:三维实体、三维多段线、三维网格、视口、多线、面域、样条曲线、椭圆、射线、构造线、引线、多行文字。

常见的通过选择对象来定义 UCS 的方法,见表 11-1。

表 11-1 常见的通过选择对象来定义 UCS 的方法

对象	确定 UCS 的方法
圆弧	圆弧的圆心成为新 UCS 的原点,新 X 轴通过距离选择点最近的圆弧端点
圆	圆的圆心成为新 UCS 的原点,新 X 轴通过选择点
标注	标注文字的中点成为新 UCS 的原点,新 X 轴的方向平行于当绘制该标注时生效的 UCS 的 X 轴
直线	离选择点最近的端点成为新 UCS 的原点。AutoCAD 选择新 X 轴使该直线位于新 UCS 的 XZ 平面上,该直线的第二个端点在新坐标系中 Y 坐标为零
点	该点成为新 UCS 的原点
二维多段线	多段线的起点成为新 UCS 的原点,新 X 轴沿从起点到下一顶点的线段延伸
实体	二维实体的第一点确定为新 UCS 的原点,新 X 轴沿前两点之间的连线方向
宽线	宽线的起点成为新 UCS 的原点,新 X 轴沿宽线的中心线方向
三维面	取第一点作为新 UCS 的原点,新 X 轴沿前两点的连线方向,新 Y 轴的正方向取自第一点和第四点,新 Z 轴由右手规则确定
图形、文字、块参照、属性定义	该对象的插入点成为新 UCS 的原点,新 X 轴由对象绕其拉伸方向旋转定义。用于建立新 UCS 的对象在新 UCS 中的旋转角度为零

(5)【面(F)】项将 UCS 与实体对象的选定面对齐,选择一个面时,在该面的边界内或面的边上单击,被选中的面将虚显,UCS 的 X 轴将与找到的第一个面上的最近的边对齐。

命令: ucs ↵　　　　执行 UCS 命令

当前 UCS 名称: * 世界 *

输入选项: n ↵　　　　选新建(N)项

指定 UCS 的原点或 [面(F)/命名(NA)/对象(OB)/上一个(P)/视图(V)/

世界(W)/X/Y/Z/Z 轴(ZA)] <世界>: f ↵　　　　选面(F)项

选择实体对象的面:↙　　　　拾取左前面,图 11-14

输入选项[下一个(N)/X 轴反向(X)/Y 轴反向(Y)]<接受>: ↵　　　　回车结束命令

操作结果如图 11-14 所示。

各选项含义为:【下一个】将 UCS 定位于邻接的面或选定边的后向面;【X 轴反向】将 UCS 绕 X 轴旋转 180°;【Y 轴反向】将 UCS 绕 Y 轴旋转 180°;【接受】如果按回车键,则接受该位置,否则将重复出现提示,直到接受位置为止。

(6)【视图(V)】项以垂直于观察方向(平行于屏幕)的平面为 XY 平面,建立新的坐标系,UCS 原点保持不变。

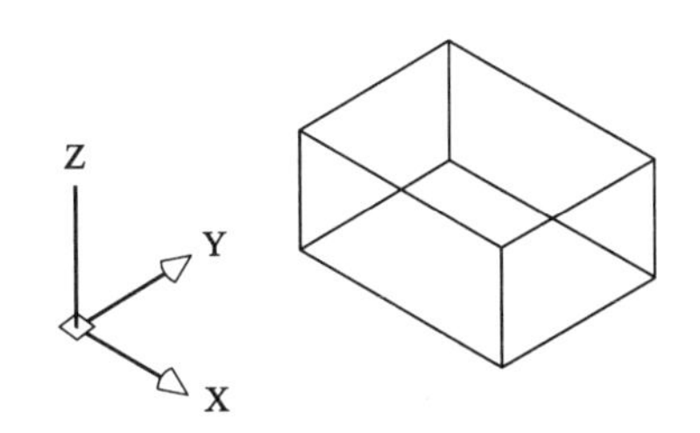

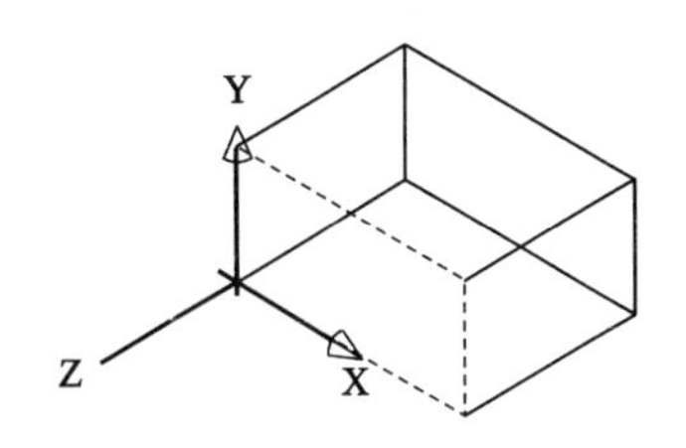

图 11-14　选择面定义 UCS

(7)【X/Y/Z】项绕指定轴 X、Y、Z 旋转当前 UCS。

命令：ucs ↵　　　　执行 UCS 命令
当前 UCS 名称：* 世界 *
指定 UCS 的原点或［面(F)/命名(NA)/对象(OB)/上一个(P)/视图(V)/
世界(W)/X/Y/Z/Z 轴(ZA)］＜世界＞：x ↵　　　　选 X 项
指定绕 X 轴的旋转角度＜90＞：60 ↵　　　　输入角度并回车

11.1.6　移动 UCS

11.1.6.1　命令功能

■ 通过平移当前 UCS 的原点或修改其 Z 轴深度来重新定义 UCS。

11.1.6.2　命令调用方式

■ 在命令行输入“Ucs”回车后再输入“移动”(M)项。

11.1.6.3　命令选项

【新原点】用于修改 UCS 原点位置。

【Z 向深度】用于指定 UCS 原点在 Z 轴上移动的距离。

11.1.6.4　命令应用

命令：ucs ↵　　　　执行 UCS 命令
当前 UCS 名称：* 世界 *　　　　当前设置
输入选项：m ↵　　　　选移动(M)项
指定新原点或[Z 向深度(Z)]＜0,0,0＞:z ↵　　　　选 Z 向深度(Z)项
指定 Z 向深度＜0＞:30 ↵　　　　输入 Z 向深度值并回车

11.1.7　正交 UCS

11.1.7.1　命令功能

■ 通过正交可以指定 AutoCAD 提供的 6 个正交 UCS 之一。

11.1.7.2　命令调用方式

■ 在命令行输入“Ucs”回车后再输入“正交”(G)项。

11.1.7.3　命令选项

【俯视(T)】将当前 UCS 转变为俯视状态坐标系。

【仰视(B)】将当前 UCS 转变为仰视状态坐标系。

【前视(F)】将当前 UCS 转变为前视状态坐标系。

【后视(BA)】将当前 UCS 转变为后视状态坐标系。

【左视(L)】将当前 UCS 转变为左视状态坐标系。

【右视(R)】将当前 UCS 转变为右视状态坐标系。

各坐标系状态见图 11-15。

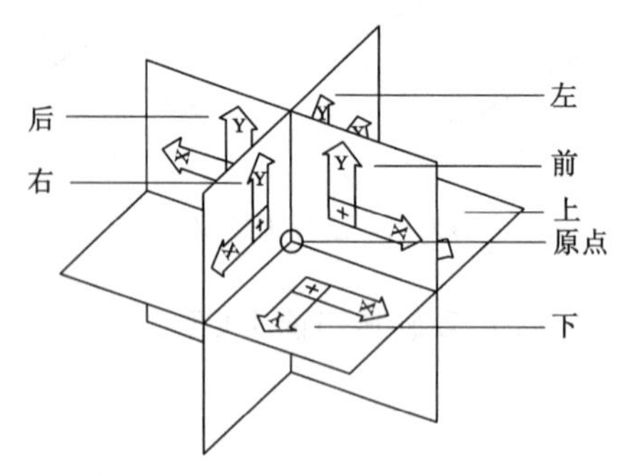

图 11-15 正交 UCS 示意

11.1.7.4 命令应用

命令: ucs ↵	执行 UCS 命令
当前 UCS 名称: * 没有名称 *	
输入选项: g ↵	选正交(G)项
输入选项[俯视(T)/仰视(B)/前视(F)/后视(BA)/左视(L)/右视(R)] <俯视>: t ↵	选俯视(T)项

11.1.8 上一个 UCS

11.1.8.1 命令功能

■ 恢复上一个 UCS。

11.1.8.2 命令调用方式

■ 执行【工具】→【新建 UCS】→【上一个】菜单项。

■ 在命令行输入“Ucs”回车后再输入“上一个”(P)项。

11.1.9 恢复 UCS

11.1.9.1 命令功能

■ 恢复已保存的 UCS 使它成为当前 UCS。

11.1.9.2 命令调用方式

■ 单击【UCS】工具栏上的【UCS】工具按钮。

■ 在命令行输入“Ucs”回车后再输入“恢复”(R)项。

11.1.9.3 命令选项

【名称】选项用于指定一个已命名的 UCS。

11.1.9.4 命令应用

命令: ucs ↵	执行 UCS 命令
当前 UCS 名称: * 没有名称 *	
输入选项: r ↵	选恢复(R)项
输入要恢复的 UCS 名称或[?]: ↵	输入名称或输入?

11.1.10　保存UCS

11.1.10.1　命令功能

■ 把当前定义的UCS按指定名称保存。

11.1.10.2　命令调用方式

■ 在命令行输入“Ucs”回车后再输入“保存”(S)项。

11.1.10.3　命令选项

在【名称】选项提示下可使用指定的名称保存当前UCS。

11.1.10.4　命令应用

命令：ucs ↵　　执行UCS命令
当前UCS名称：*世界*
输入选项：s ↵　　选保存(S)项
输入保存当前UCS的名称或[?]:↵　　输入名称或输入?
输入保存当前UCS的名称或[?]:u-左视↵　　输入名称

在实际操作中，命名UCS时应尽量用有意义的名称以提高工作效率，避免命名多个UCS后发生混淆。

11.1.11　删除UCS

11.1.11.1　命令功能

■ 从已保存的用户坐标系列表中删除指定的UCS。

11.1.11.2　命令调用方式

■ 在命令行输入“Ucs”回车后再输入“删除”(D)项。

11.1.11.3　命令应用

命令：ucs ↵　　执行UCS命令
当前UCS名称：*世界*
输入选项：d ↵　　选删除(D)项
输入要删除的UCS名称 <无>:u-左视↵　　输入要删除的UCS名称

11.1.12　应用UCS

11.1.12.1　命令功能

■ 将当前UCS设置应用到指定的视口或所有活动视口。

11.1.12.2　命令调用方式

■ 在命令行输入“Ucs”回车后再输入“应用”(A)项。

11.1.12.3　命令选项

【视口】与【所有】选项分别为将UCS应用到指定视口或所有活动视口并结束命令。

11.1.12.4　命令应用

命令：ucs ↵　　执行UCS命令
当前UCS名称：ucs1
输入选项：a ↵　　选应用(A)项
拾取要应用当前UCS的视口或[所有(A)] <当前>：a ↵　　选所有(A)项

11.1.13 世界坐标系(WCS)

11.1.13.1 命令功能

■ 将当前用户坐标系设置为世界坐标系或回到 WCS 状态。

11.1.13.2 命令调用方式

■ 执行【工具】→【新建 UCS】→【世界】菜单项。

■ 在命令行输入"Ucs"回车后再输入"世界"(W)项。

11.1.13.3 命令应用

命令：ucs ↵ 执行 UCS 命令

当前 UCS 名称：ucs1

输入选项：w ↵ 选世界(W)项

11.2 三维视图

11.2.1 视口

视口是显示创建模型的不同视图的区域。在大型或复杂的图形中，为同一模型显示不同的视图可以缩短在单一视图中缩放或平移的时间。但是，在一个视图中所犯的错误可能会在其他视图中也表现出来。在模型空间中，可以将图形区域拆分成一个或多个相邻的矩形视图，称为模型视口；也可以在布局空间中创建视口，可以移动这些视口并且可以调整其大小，也可以对显示进行更多的控制。

在模型空间中创建的视口充满整个绘图区域并且相互之间不重叠。在一个视口中做出修改后，其他视口也会立即更新。使用模型视口，可以实现以下功能：

(1) 平移、缩放、设置捕捉栅格和改变 UCS 图标模式以及恢复命名视图。

(2) 在某一单独的视口中保存用户坐标系方向。

(3) 执行命令时，从一个视口绘制到另一个视口。

(4) 为视口排列命名，以便在模型空间上重复使用或者将其应用到布局空间上。

活动视口的数目和布局及其相关设置称为"视口配置"，【视口】(Vports)命令决定模型空间和布局空间(布局)环境的视口配置。

11.2.2 视口(-Vports)命令

11.2.2.1 命令功能

■ 创建或者修改当前模型空间和布局空间的视口配置。

11.2.2.2 命令调用方式

■ 在命令行输入"-Vports"并回车。

11.2.2.3 命令中各参数的含义

【保存】选项使用指定的名称保存当前视口配置。

【恢复】选项恢复以前保存的视口配置，输入要恢复的视口配置名称或输入"?"列出所有保存过的视口配置。

【删除】选项删除命名的视口配置。

【合并】选项可将两个邻接的视口合并为一个较大的视口。

【单一】选项可将图形返回到单一视口的视图中，该视图使用当前视口的视图。

【?】选项可列表显示视口配置，显示活动视口的标识号和屏幕位置。输入要列出的视口配置名称或按回车键，首先列出当前视口，视口的位置是通过它的左下角点和右上角点定义的。对于这些角点，AutoCAD 使用(0.0,0.0)(用于绘图区域的左下角点)和(1.0,1.0)(用于右上角点)之间的值。

【2】选项可将当前视口拆分为相等的 2 个视口，其中包括水平(H)和垂直(V)2 个选项。

【3】选项可将当前视口拆分为 3 个视口，其中包括水平(H)、垂直(V)、上(A)、下(B)、左(L)和右(R)6 个选项。

【4】选项可将当前视口拆分为大小相同的 4 个视口。

11.2.2.4　命令应用

在这里仅列出【保存】视口选项的使用步骤，其他参数的使用方式与此类似。

```
命令：-vports ↵                                              执行视口命令
输入选项 [保存(S)/恢复(R)/删除(D)/合并(J)/
单一(SI)/? /2/3/4] <3>：s ↵                                  选保存(S)项
输入新视口配置的名称或 [?]：? ↵                               输入? 列出保存视口配置
输入要列出的视口配置的名称 <*>：↵                             列出已保存的视口配置
配置"*Active"：
    0.0000,0.0000 1.0000,1.0000
配置"3 垂直"：
    0.0000,0.0000 0.3333,1.0000
    0.3333,0.0000 0.6667,1.0000
    0.6667,0.0000 1.0000,1.0000
输入新视口配置的名称或 [?]：3 ↵                               回车结束命令
正在重生成模型。
```

11.2.3　视口对话框

11.2.3.1　命令功能

■ 显示【视口】对话框，以完成创建新的视口配置或命名和保存模型视口配置。

11.2.3.2　命令调用方式

■ 在 AutoCAD 初始工作空间中，执行【视图】→【视口】→【设置视口】菜单项。

■ 在 AutoCAD 经典工作空间中，执行【视图】→【视口】菜单项。

■ 单击【视点】工具栏上的【显示视口对话框】工具按钮。

■ 在命令行输入"Vports"并回车。

11.2.3.3　【模型】空间【视口】对话框

在【模型】空间执行【视口】命令，弹出【视口】对话框，见图 11-16。该对话框中各项含义如下：

(1)【新建视口】选项卡，用于显示标准视口配置列表并配置模型视口。其中：【新名称】为新建的模型视口配置指定名称。【标准视口】列出并设置标准视口配置，包括当前配置。

【预览】显示所选视口配置的预览图像，以及在配置中指定给每个单独视口的默认视图和视觉样式。【应用于】将模型视口配置应用到整个显示窗口或当前视口。“显示”将视口配置应用到整个【模型】空间，该选项是默认设置；“当前视口”仅将视口配置应用到当前视口。【设置】指定二维或三维设置。如果选择二维，新的视口配置将通过所有视口中的当前视图来创建；如果选择三维，一组标准正交三维视图将被应用到配置中的视口。【修改视图】从列表中选择的视图替换选定视口中的视图。

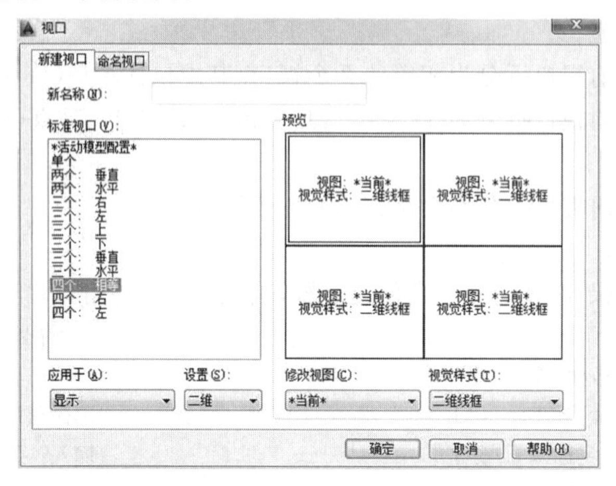

图 11-16 【模型】空间【视口】对话框

(2)【命名视口】选项卡，用于显示图形中已保存的视口配置，见图 11-17。其中：【当前名称】显示当前视口配置的名称；【命名视口】显示视口名称，在视口名称上单击鼠标右键可以完成重命名和删除操作。

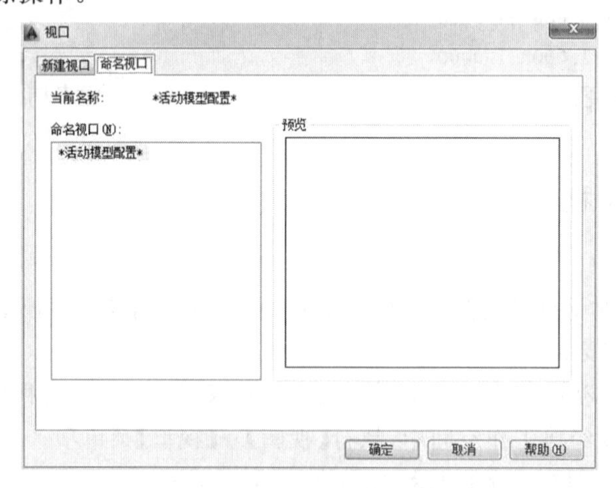

图 11-17 【命名视口】选项卡

11.2.3.4 【布局】空间【视口】对话框

在【布局】空间执行【视口】命令，弹出【视口】对话框，见图 11-18。该对话框中各项含义如下：

(1)【新建视口】选项卡，其中：【当前名称】显示当前布局视口配置的名称；【标准视口】显

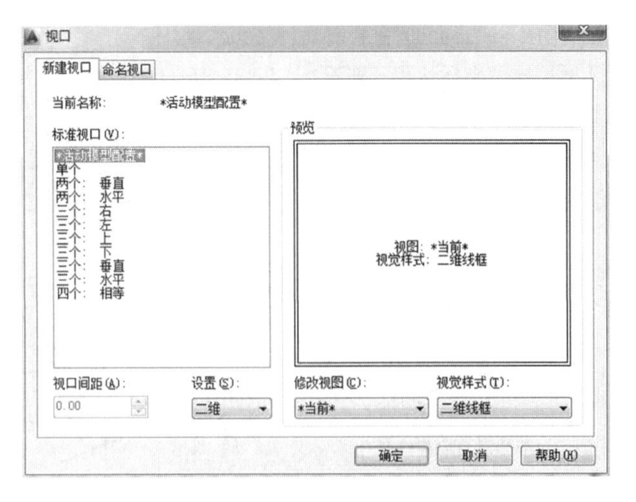

图 11-18　【布局】空间【视口】对话框

示标准视口配置列表并配置布局视口;【视口间距】指定要在配置的布局视口之间应用的间距;【预览】显示所选视口配置的预览图像,以及在配置中指定给每个单独视口的默认视图;【设置】指定二维或三维设置;【修改视图】用于列表中选择的视图替换选定视口中的视图。

(2)【命名视口】选项卡,用于显示任意已保存的和已命名的模型视口配置,以便在当前布局中使用。

11.2.4　视点(Vpoint)命令

11.2.4.1　命令功能

■ 新定义一个观察角度和方向。

11.2.4.2　命令调用方式

■ 在 AutoCAD 经典工作空间中,执行【视图】→【三维视图】→【视点】菜单项。

■ 单击【视点】工具栏上的【显示视口对话框】工具按钮。

■ 在命令行输入“Vpoint”并回车。

11.2.4.3　命令中各参数的含义

(1)【视点】选项使用输入的 X、Y 和 Z 坐标,创建定义观察视图方向的矢量。按照约定,不同坐标值所表示的视图如表 11-2 所列。

表 11-2　AutoCAD 2018 中约定不同坐标值所示的视图

X、Y、Z 坐标值	对应的视图	X、Y、Z 坐标值	对应的视图
0,0,1	俯视图	1,1,1	东北等轴测视图
0,−1,0	主视图	−1,−1,1	西南等轴测视图
1,0,0	右视图	−1,1,1	西北等轴测视图
−1,0,0	左视图	1,−1,1	东南等轴测视图

“Vpoint”命令【视点】选项应用如下:

命令: vpoint ↵　　　　　　　　　　执行视点命令

当前视图方向：VIEWDIR=－1.0000,－1.0000,1.0000

指定视点或[旋转(R)]＜显示坐标球和三轴架＞：25,25,15 ↵　　输入视点坐标

操作结果如图 11-19(b)所示。

(2)【旋转】选项可使用两个角度指定新的观察方向，第一个角度指定的大小为在 XY 平面中与 X 轴的夹角，第二个角度指定的大小为与 XY 平面的夹角，位于 XY 平面的上方或下方，见图 11-20。

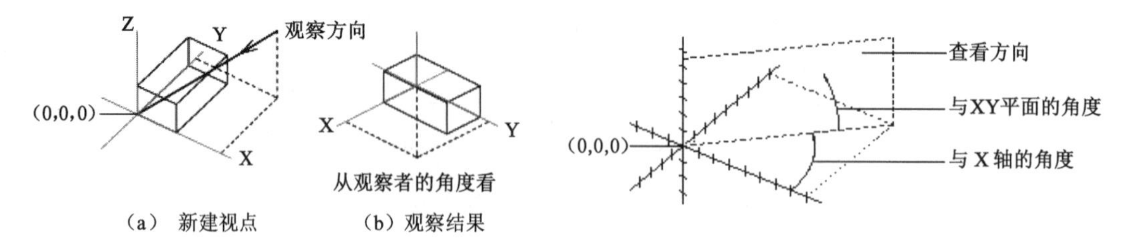

(a) 新建视点　　(b) 观察结果

图 11-19 【视点】命令的应用　　图 11-20 观察方向

“Vpoint”命令【旋转】选项应用如下：

命令：vpoint ↵　　执行视点命令

当前视图方向：VIEWDIR=0.0000,0.0000,46.7707

指定视点或[旋转(R)]＜显示坐标球和三轴架＞：r ↵　　选旋转(R)项

输入 XY 平面中与 X 轴的夹角＜0＞：45 ↵　　输入与 X 轴夹角

输入与 XY 平面的夹角＜90＞：90 ↵　　输入与 XY 平面夹角

(3)【显示坐标球和三轴架】选项用于显示坐标球和三轴架，在视口中用坐标球和三轴架定义观察方向。

“Vpoint”命令【显示坐标球和三轴架】选项应用如下：

命令：vpoint ↵　　执行视点命令

当前视图方向：VIEWDIR=－1.0000,－1.0000,1.0000

指定视点或[旋转(R)] ＜显示坐标球和三轴架＞：↵　　回车使用默认参数

11.2.4.4 说明

指南针是球体的二维表现方式。中心点是北极(0,0,n)，内环是赤道(n,n,0)，整个外环是南极(0,0,－n)。可以使用光标将指南针上的小十字光标移动到球体的任意位置上。移动十字光标时，三轴架根据坐标球指示的观察方向旋转。要选择观察方向，可将光标移动到球体上的某个位置并单击。

除以上方法外，还可以通过【视点预设】对话框来完成视点的预置。

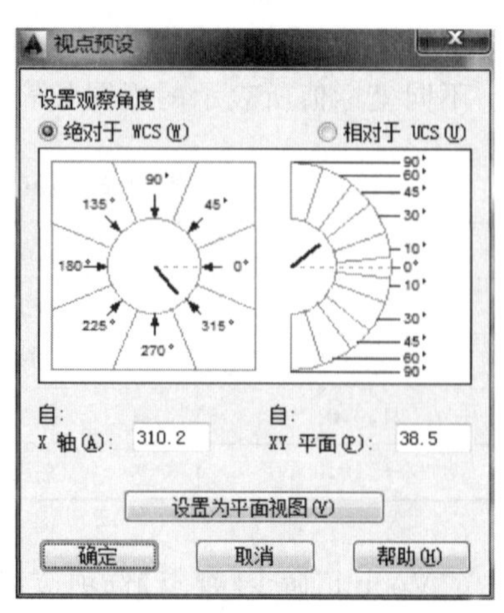

图 11-21 【视点预设】对话框

11.2.5 视点预设对话框

【视点预设】对话框包括【设置观察角度】区和【设置为平面视图】按钮，见图 11-21。

11.2.5.1 命令功能

■ 视点预设。

11.2.5.2　命令调用方式

■ 在命令行输入“Ddvpoint”并回车。

11.2.5.3　对话框中各参数的含义

(1)【设置观察角度】区包括以下几项：

【绝对于 WCS】用于指定 X 轴观察角度和 XY 平面观察。

【相对于 UCS】用于指定 X 轴观察角度和 XY 平面观察角度相对于 UCS 观察。

【自】用于指定查看角度。其中:【X 轴】指定与 X 轴的角度;【XY 平面】指定与 XY 平面的角度。用户也可以使用对话框中样例图像来指定查看角度。如图 11-21 所示,黑针指示新角度,通过选择圆或半圆的内部区域来指定一个角度;如果选择了边界外面的区域,那么就将该角度四舍五入到在该区域显示的角度值,这种方法比较直观并且准确。

(2)【设为平面视图】按钮用于设置观察角度以相对于选定坐标系显示平面视图(XY 平面)。

11.2.5.4　命令应用

命令行：ddvpoint ↵	执行视点预设命令
选择绝对于 Wcs,自 X 角度：270,XY 角度：45 ↵	输入新角度

操作结果如图 11-22(a)所示。若在图 11-22(a)的情况下,在【视点预设】对话框中选择设为平面视图,结果如图 11-22(b)所示。

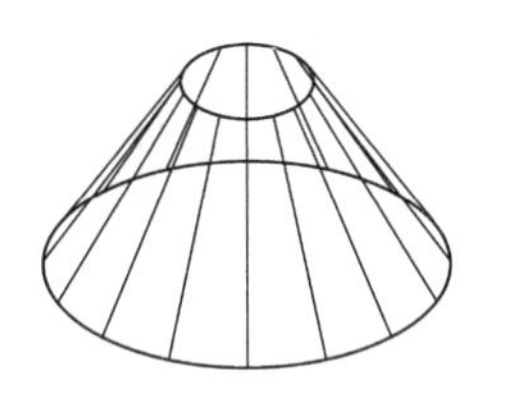

(a) 视点预设新观察角度

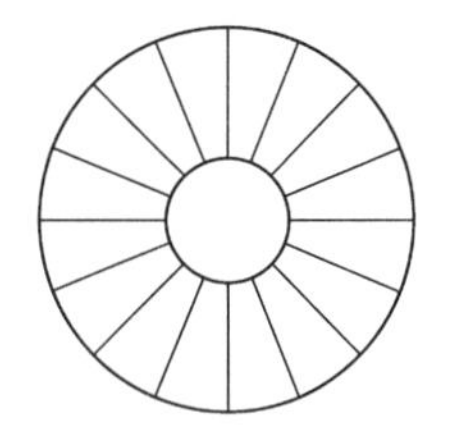

(b) 平面视图

图 11-22　【视点预设】的应用

11.2.6　视图

按一定比例、观察位置和角度显示的图形称为视图(View)。视图是图形的一部分,它显示在视口中。在实际操作中,某个对象的某些视图需要经常使用,或者由于当退出当前绘制命令时,将不保留先前的视图,我们可以按名称保存和恢复特定的视图,以便于调用。视图分别可以保存在模型空间和布局空间中。保存视图和恢复视图可以通过【视图管理器】对话框和【视图】(-View)命令来完成。

11.2.7　视图管理器对话框

11.2.7.1　命令功能

■ 显示可用视图的列表;可以展开每个节点(“当前”节点除外)以显示该节点的视图。

11.2.7.2　命令调用方式

■ 单击【视图】→【视图管理器】按钮。

■ 在 AutoCAD 经典工作空间中,执行【视图】→【命名视图】菜单项。

■ 在命令行输入“View”或“Ddview”并回车。

11.2.7.3 【视图管理器】对话框

执行【视图】命令后，弹出【视图管理器】对话框，见图 11-23。该对话框可以对当前视图或模型空间、布局空间的视图进行编辑，也可以对绘图过程的视图进行预设，其中各项参数含义如下：

(1)【当前】：显示当前视图及其“查看”和“剪裁”特性。

(2)【模型视图】：显示命名视图和相机视图列表，并列出选定视图的“常规”“查看”和“剪裁”特性。

(3)【布局视图】：在定义视图的布局上显示视口列表，并列出选定视图的“常规”和“查看”特性。

(4)【预设视图】：显示正交视图和等轴测视图列表，并列出选定视图的“常规”特性。

(5)【视图】：用于显示当前相机所处的坐标和视角等信息。

(6) 对话框右侧的功能区中可以分别实现新建视图、更新图层、编辑边界、置为当前和删除视图等操作。

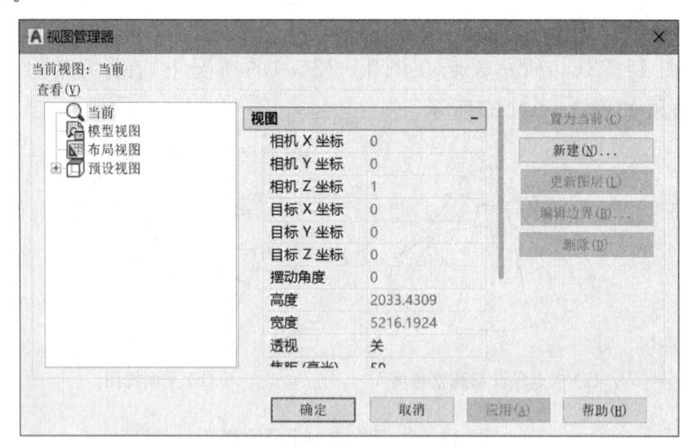

图 11-23 【视图管理器】对话框

11.2.8 视图(-View)命令

通过-View 命令也可以完成保存视图和恢复视图等操作。命令中各参数含义如下：

(1) 列出图形中的命名视图【?】。

命令：-view ↵ 执行视图命令

输入选项 [? /删除(D)/正交(O)/恢复(R)/保存(S)/设置(E)/窗口(W)]:? ↵ 选?项

输入要列出的视图名 <*>:↵ 回车列出保存的视图

保存的视图：

视图名称 空间

"视点(0,1,1)" M M 指定模型空间

P 指定布局空间

(2)【删除(D)】删除一个或多个命名视图。

(3)【正交(O)】指定命名视图的分类，例如立视图或剖视图。

(4)【恢复(R)】恢复指定视图到当前视口中。如果 UCS 设置已与视图一起保存,它也被恢复,也会恢复所保存视图的中心点和比例。如果在图纸空间工作时恢复模型空间视图,将提示选择一个视口来恢复此视图。

(5)【保存(S)】以给定的名称命名视图。

11.2.9 平面视图(Plan)

Plan 命令提供了一种从平面视图查看图形的便捷方式,选择的平面视图可以是基于当前用户坐标系、以前保存的用户坐标系或世界坐标系。

11.2.9.1 命令调用方式

■ 在 AutoCAD 经典工作空间中,执行【视图】→【三维视图】→【平面视图】菜单项。

■ 在命令行输入“Plan”并回车。

11.2.9.2 命令中各参数含义

【当前 UCS(C)】用于重生成平面视图显示,以使图形范围布满当前 UCS 的当前视口。

【UCS(U)】用于修改以前保存的 UCS 的平面视图并重生成显示。在命令行输入“U”时,出现提示“输入 UCS 名称或[?]”,可以输入名称,也可以在提示下输入“?”,那么在命令行将显示下列提示:“输入要列出的 UCS 名称<*>:”,此时输入名称或输入“ * ”,将列出图形中的所有 UCS。

【世界(W)】可重生成平面视图显示,以使图形范围布满世界坐标系屏幕。

下面举例说明 Plan 命令中 UCS(U)参数的使用,其他参数的使用可参照 UCS(U)。

命令: Plan ↲　　执行平面视图命令
输入选项 [当前 UCS(C)/UCS(U)/世界(W)]<当前 UCS>: u ↲　　选 UCS(U)项
输入 UCS 名称或 [?]: ? ↲　　选? 项
输入要列出的 UCS 名称 <*>: ↲　　列出 UCS 名称
当前 UCS 名称: "z 旋转 45 度"
已保存的坐标系:
"z 旋转 45 度"
　原点 = <0.0000,0.0000,0.0000>,X 轴 = <1.0000,0.0000,0.0000>
　Y 轴 = <0.0000,1.0000,0.0000>,Z 轴 = <0.0000,0.0000,1.0000>
输入 UCS 名称或[?]:↲　　回车结束命令

11.3 三维动态观察

11.3.1 三维动态观察器

11.3.1.1 命令功能

■ 通过三维动态观察器快捷地对三维模型进行观察。

11.3.1.2 命令调用方式

■ 单击工具栏上的【受约束的动态观察】工具按钮。

■ 按 Shift 键并单击鼠标滚轮可临时进入“三维动态观察”模式。

■ 启动任意三维导航命令,在绘图区中单击鼠标右键,然后依次单击“其他导航模式”

“受约束的动态观察”。

■ 在命令行输入“3Dorbit”并回车。

11.3.1.3 命令应用

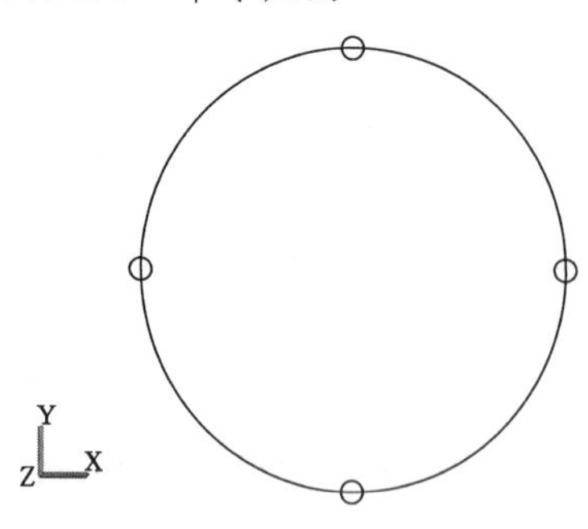

图 11-24 三维动态观察器视图

执行【三维动态观察】命令后，在绘图区出现三维动态观察器视图，显示为一个转盘（被四个小圆平分的一个大圆），见图 11-24。

三维动态观察器也可以显示为虚线的指南针形状，此时在绘图区或三维动态观察器上单击鼠标右键，可通过右键快捷菜单设置。

11.3.1.4 说明

(1)【三维动态观察】(3Dorbit)命令处于活动状态时无法编辑对象。

(2) 按回车键、Esc 键或从右键快捷菜单中选择【退出】项可退出【三维动态观察】(3Dorbit)命令。

(3) 单击并拖动光标可以旋转视图。将光标移动到转盘的不同部分时，光标会有所变化。单击并拖动鼠标时的光标外观显示以下视图的旋转：

该状态下将光标移动到转盘内，光标图标会显示为两条直线围绕一个小球体形式。光标变为球体时拖动，可以沿水平、竖直和对角方向拖动视图。

将光标移动到转盘之外时，光标图标将显示为围绕小球体的圆形箭头形式。此时可使视图围绕穿过转盘（垂直于屏幕）中心延伸的轴进行转动。

将光标移动到转盘左侧或右侧较小的圆上时，光标将显示为围绕小球体的水平椭圆形式。此时可绕垂直轴（即 Y 轴）通过转盘中心延伸的 Y 轴旋转视图。

将光标移动到转盘顶部或底部较小的圆上时，光标显示为围绕小球体的垂直椭圆形式。此时可绕水平轴（即 X 轴）通过转盘中心延伸的 X 轴旋转视图。

11.3.2 【三维导航】工具栏

【三维导航】工具栏见图 11-25，包括全导航控制盘、平移、范围缩放、动态观察、ShowMotion。

(1) 全导航控制盘，提供对通用和专用导航工具的访问。

(2) 平移，沿屏幕方向平移视图。

(3) 范围缩放，缩放以显示所有对象的最大范围。

(4) 动态观察，在三维空间旋转视图，但仅限于在水平和垂直方向上进行动态观察。

(5) ShowMotion，为出于设计检查、演示以及书签样式导航目的而创建和为回放电影式相机动画提供屏幕上显示。

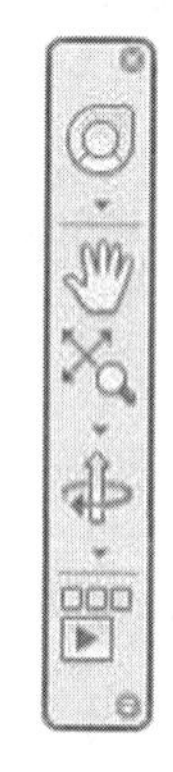

图 11-25 【三维导航】工具栏

第 12 章　三 维 对 象

本章中主要介绍三维多段线、面域、三维面与二维填充曲面、三维网格面以及三维实体对象的基础知识。

12.1　三维多段线(3Dpoly)

12.1.1　命令调用方式

■ 在 AutoCAD 经典工作空间中，执行【绘图】→【三维多段线】菜单项。

■ 在命令行输入“3Dpoly”并回车。

12.1.2　命令中各参数的含义

(1)【直线的端点】指从前一点到新指定的点绘制一条直线。命令提示不断重复，直到按回车键结束命令为止。

(2)【放弃(U)】删除创建的上一线段，可以继续从前一点绘图。

(3)【闭合(C)】从最后一点至第一个点绘制一条闭合线，然后结束命令，要闭合的三维多段线必须至少有两条线段。

12.1.3　命令应用

命令：3dpoly ↵	执行三维多段线命令
指定多段线的起点：↙	指定点 1
指定直线端点或 [放弃(U)]：↙	指定点 2
指定直线端点或 [闭合(C)/放弃(U)]：↙	指定点 3

依次指定其他点或输入选项，操作结果如图 12-1 所示。图 12-2 是以三维多段线为例通过路径方式拉伸的井底车场三维模型。

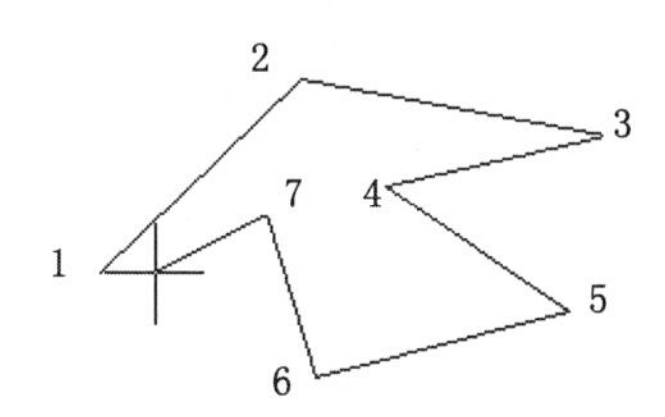

图 12-1　三维多段线的绘制

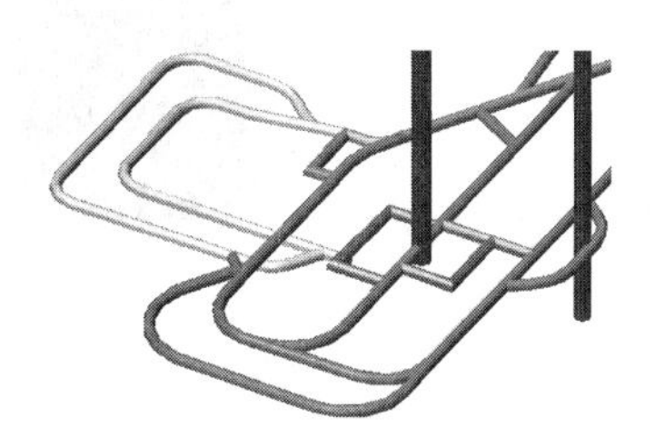

图 12-2　井底车场模型

12.1.4 说明

与二维多段线相比，三维多段线不能指定宽度和长度，也不能够绘制圆弧，可选项仅限于闭合和放弃两项。

12.2 面 域 (Region)

12.2.1 命令功能

■ 从闭合图形创建二维区域。

12.2.2 命令调用方式

■ 单击【绘图】工具栏上的【面域】工具按钮。
■ 在 AutoCAD 经典工作空间中，执行【绘图】→【面域】菜单项。
■ 在命令行输入"Region"并回车。

12.2.3 命令应用

命令：region ↵	执行面域命令
选择对象：指定对角点：找到 1 个	拾取图 12-3 中(a)图形
选择对象：↵	回车结束选择
已提取 1 个环。	
已创建 1 个面域。	

操作结果如图 12-3(b)所示。

在二维线框视图状态下，新生成的面域图形与原始图看起来并无区别，但单击绘图区左上角【视觉样式控件】选择【着色】项(见图 12-4)，即可看出两者的差异：原始的线条图无变化，而面域对象显示为一个面，见图 12-3(b)。也可以选择其他视觉样式看出两者的差异。

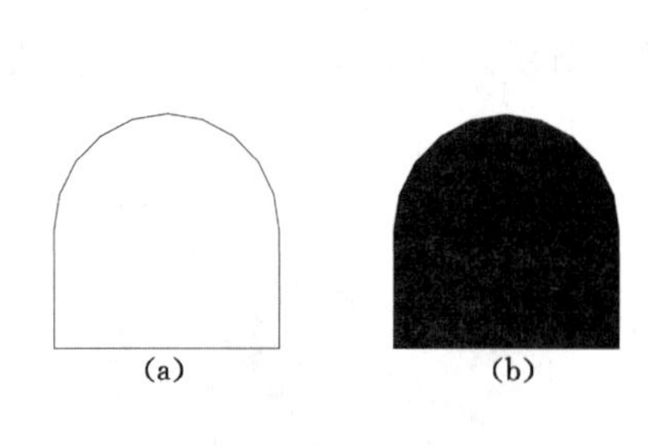

图 12-3 【面域】命令的应用

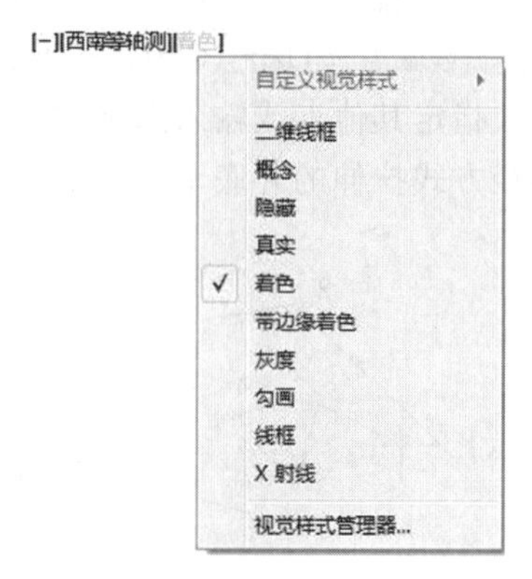

图 12-4 【着色】菜单项

12.2.4 说明

(1) 闭合的多段线、直线和曲线都是有效的选择对象。

(2) AutoCAD将所选对象中的闭合二维多段线和分解的平面三维多段线转换为单独的面域,然后转换成多段线、直线和曲线形成的闭合平面环(面域的外边界和孔)。面域的边界由端点连成的曲线组成,曲线上的每个端点仅连接两条边。如果有两个以上的曲线共用一个端点,得到的面域可能是不确定的。

(3) 单击【视觉样式控件】上的【着色】,可显示面域与普通线条图形的区别。也可以选择其他视觉样式查看两者的差别。

(4) 面域的创建也可以使用【边界】(Boundary)命令,弹出【面域创建】对话框,见图12-5。在该对话框中选择【对象类型】下的【面域】选项进行面域的创建。

(5)【面域】命令与图层的关系:位于锁定图层中的对象执行【面域】命令无效,新生成的面域对象的特性为当前的特性。

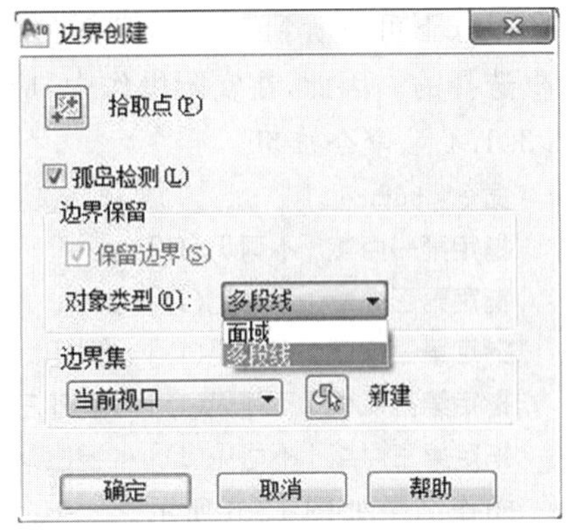

图12-5 【边界创建】对话框

12.3 三维面与二维填充曲面

【三维面】(3Dface)命令与【二维填充曲面】(Solid)命令均可在三维空间中创建一个三边或四边曲面,其中【三维面】(3Dface)命令创建的曲面未填充,【二维填充曲面】(Solid)命令创建填充的曲面。

12.3.1 三维面(3Dface)

12.3.1.1 命令功能

■ 在三维空间中的任意位置创建三边或四边曲面。

12.3.1.2 命令调用方式

■ 在AutoCAD经典工作空间中,执行【绘图】→【建模】→【网格】→【三维面】菜单项。

■ 在命令行输入“3Dface”并回车。

12.3.1.3 命令中各参数的含义

(1)【第一个点】项。

该项用于定义三维面的起点。在输入第一点后,可按顺时针或逆时针方向输入其余的点,以创建普通三维面。如果四个顶点在同一个平面上,AutoCAD将创建一个类似于面域对象的平面。当【着色】或【渲染】对象时,该平面将被填充。在指定第1点后,AutoCAD将提示依次指定第2个点、第3个点、第4个点,然后AutoCAD将从第1点到第4点封闭3D面。如果在第4点提示下输入一空值,AutoCAD将用三条边封闭3D面,并且最后两个点作为后一3D面的前两个点,提示输入第3个点、第4个点,直至命令结束。

另外,该命令是不支持【放弃】(Undo)的,绘制多个3D面时就要十分小心,一不小心出现的错误会导致重新绘制。

(2)【不可见】项。

该项用于控制三维面各边的可见性。但这个选项必须在边的第 1 点之前输入 I 或 Invisible,才可使该边不可见。此选项可以创建所有边都不可见的三维面,这样的面是虚幻面,它不显示在线框图形中,但在线框图形中会遮挡其他形体,并且 3D 面确实出现在着色的渲染中。如果在绘制 3D 面时,将包括起点在内的 4 个点全部设置为不可见,此时在平面着色模式下可以看到 3D 面,但是在二维线框模式下,该 3D 面是不可见的,而且也无法用拾取框选择的。因此,在实际操作中,应该熟悉控制 3D 面各边不可见的操作。

12.3.1.4　命令应用

命令:3dface ↵	执行三维面命令
指定第一点或[不可见(I)]:↙	拾取第 1 点
指定第二点或[不可见(I)]:↙	拾取第 2 点
指定第三点或[不可见(I)]＜退出＞:↙	拾取第 3 点
指定第四点或[不可见(I)]＜创建三侧面＞:↙	拾取第 4 点
指定第三点或[不可见(I)]＜退出＞:↙	重复提示,至命令结束

操作结果如图 12-6 所示。

另外,也可以通过 Edge 命令实现控制和修改 3D 面的可见性。

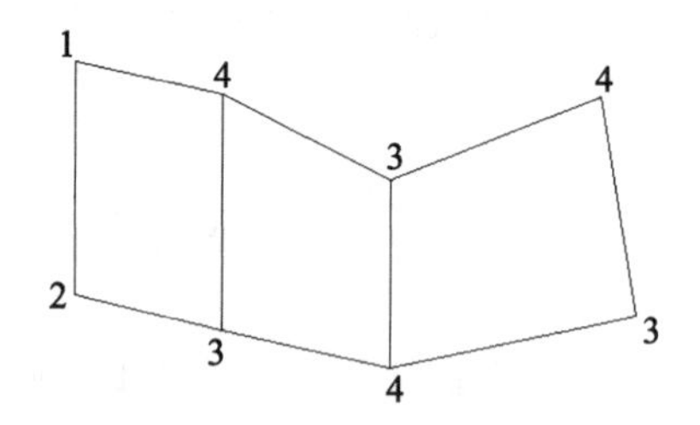

图 12-6　创建 3Dface 曲面

12.3.1.5　说明

(1) 创建 3D 面时指定第 1 点后,其他 3 个点应保持相同转向。

(2) 执行【三维面】命令后,第一个循环从第 1 点到第 4 点,然后依次指定第 3 点和第 4 点进行重复。

12.3.2　边(Edge)

12.3.2.1　命令调用方式

■ 在命令行输入"Edge"并回车。

12.3.2.2　命令中各参数的含义

(1)【边】项。

该项用于控制选中边的可见性。Edge 命令下,首先要求指定要切换可见性的三维面的边或显示(D),并且 AutoCAD 将重复提示直到按回车键。如果一个或多个三维面的边是共线的,AutoCAD 将改变每个共线边的可见性。

(2)【显示(D)】项。

该项用于选择三维面的不可见边,以便可以重新显示它们。用户可以逐一选择也可以选择(S)或全部选择(A),输入不同选项后按回车键。

(3)【全部选择(A)】项。

该项用于选中图形中所有三维面的隐藏边并显示它们。当输入该选项时,原来隐藏的对象变为虚线,如果此时要使三维面的边再次可见,必须用光标选定每条边才能显示它们。

系统将自动显示【自动捕捉】和【捕捉提示】，提示在每条可见边的外观捕捉位置，该提示将继续显示，直到按回车键。

(4)【选择(S)】项。

该项用于选择部分可见的三维面的隐藏边并显示它们。当输入该选项时，所选择的原来隐藏了的部分边的三维面对象变为虚线，如果此时要使三维面的边再次可见，必须用鼠标选定每条边才能显示它们。系统将自动显示【自动捕捉】和【捕捉提示】，提示在每条可见边的外观捕捉位置，该提示将继续显示，直到按回车键。

12.3.2.3　命令应用

(1) 隐藏边。

命令：edge ↵	执行边命令
指定要切换可见性的三维表面的边或[显示(D)]：↙	选中边 14、43，图 12-7(a)
指定要切换可见性的三维表面的边或 [显示(D)]：↵	回车结束命令

操作结果如图 12-7(b)所示。

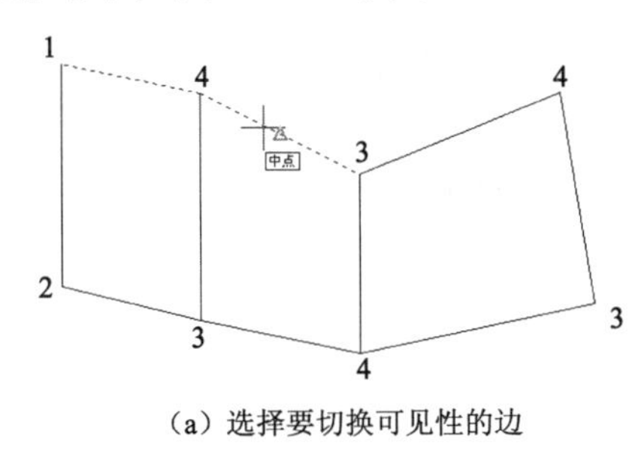

(a) 选择要切换可见性的边

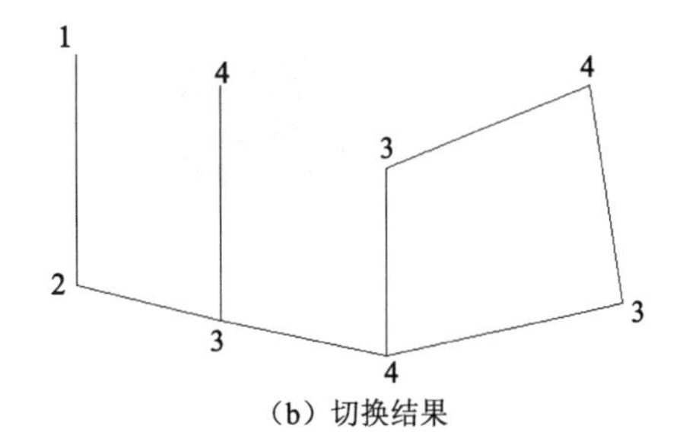

(b) 切换结果

图 12-7　隐藏边

(2) 显现隐藏的边。

命令：edge ↵	执行边命令
指定要切换可见性的三维表面的边或 [显示(D)]：d ↵	选显示(D)项
输入用于隐藏边显示的选择方法[选择(S)/全部选择(A)]<全部选择>：s ↵	选择(S)项
选择对象：↙	找到 1 个，图 12-8(a)
选择对象：↵	回车结束选择
** 重生成三维面对象	完成
指定要切换可见性的三维表面的边或 [显示(D)]：↙	选择边 14，图 12-8(b)

操作结果如图 12-8(c)所示。

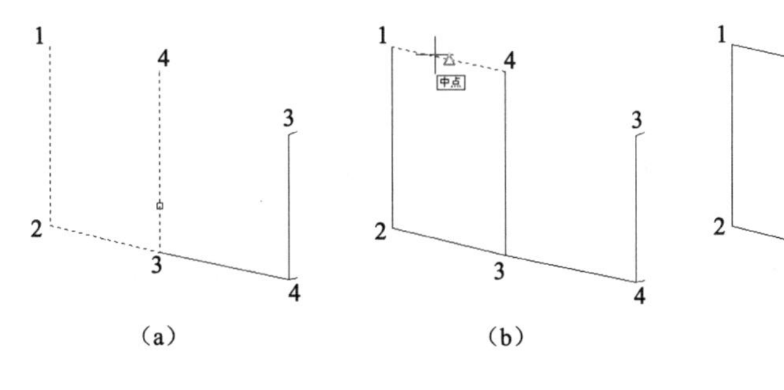

图 12-8　隐藏边的显示

12.3.3 二维填充曲面(Solid)

12.3.3.1 命令功能

■ 创建实体填充的三角形和四边形。

12.3.3.2 命令调用方式

■ 在命令行输入“Solid”并回车。

12.3.3.3 命令应用

命令：solid ↵	执行二维填充曲面命令
指定第一点：↙	指定点 1,图 12-9(a)
指定第二点：↙	指定点 2,图 12-9(a)
指定第三点：↙	指定点 3,图 12-9(a)
指定第四点或 <退出>：↙	指定点 4 并结束命令

操作结果如图 12-9(b)所示。

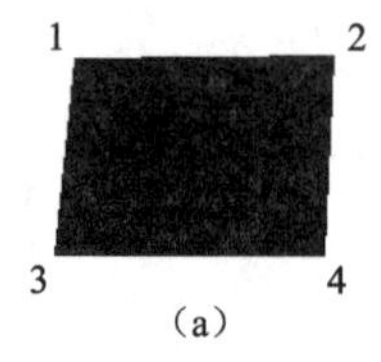

(a)

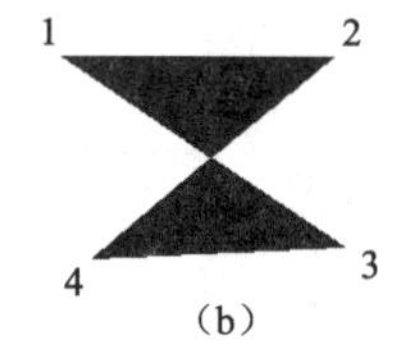

(b)

图 12-9 曲面二维填充

12.3.3.4 说明

(1) 要创建四边形区域,必须从左向右指定顶部和底部边缘。如果在右侧指定第 1 点而在左侧指定第 2 点,那么第 3 点和第 4 点也必须从右向左指定。继续指定点对时,要持续这种“之”字形顺序以确保得到预期的结果。

(2) 在执行【二维填充曲面】命令过程中,前两点定义多边形的一条边,后两点构成下一填充区域的第一条边,然后 AutoCAD 将重复指定第 3 点和第 4 点。连续指定第 3 点和第 4 点将在单个实体对象中创建更多相连的三角形和四边形,按回车键结束命令。

(3) 创建四边形实体填充区域时,第 3 点和第 4 点的指定顺序将决定它的形状。图 12-9(a)为正常的指定顺序,(b)为第 3 点和第 4 点反向的指定顺序。

(4)【二维填充曲面】(Solid)命令与【三维面】(3Dface)命令均可创建一个封闭的曲面,但 Solid 命令创建与当前用户坐标系平行的三边或四边曲面,并且不能对每个角点使用不同的 Z 坐标值,而 3Dface 命令则可以。另外,3Dface 创建的曲面未填充,而 Solid 创建填充的曲面。

12.4 三维网格面

网格面是由一个或多个 3D 面来表示一个曲面对象,由一系列成行成列的直线构成网格,网格的密度由包含 M×N 个顶点的矩阵决定,类似于用行和列组成的栅格。M 和 N 分别指给定顶点的列和行的位置。在二维和三维中都可以创建网格,但主要在三维空间中使用。网格常常用于创建不规则的几何图形,如山脉的三维地形模型等。

我们可以通过确定曲面或平面的边界来建立网格(称为几何构造表面),网格的形状取决于定义曲面的边界和用于确定在边界之间的顶点的位置的规则。AutoCAD 提供了直纹网格(Rulesurf)、平移网格(Tabsurf)、边界网格(Edgesurf)、旋转网格(Revsurf),用于建立几何构造曲面。另外 AutoCAD 还提供了网格面(3Dmesh)和三维多面网格(Pface)用于建立多边形网格。要有效地使用各种网格,就要了解各种网格的使用条件和用处,并结合实际条件选用合适的网格。

12.4.1 直纹网格(Rulesurf)

12.4.1.1 命令功能

■ 在两条直线或曲线之间构造表示直纹曲面的多边形网格。

12.4.1.2 命令调用方式

■ 在 AutoCAD 经典工作空间中,执行【绘图】→【建模】→【网格】→【直纹网格】菜单项。

■ 在命令行输入“Rulesurf”并回车。

12.4.1.3 命令中参数含义

【定义曲线】用于定义直纹网格的两条边。边可以是点、直线、圆弧、样条曲线、圆或多段线。如果有一条边是闭合的,那么另一条边必须也是闭合的。也可以将点用作开放曲线或闭合曲线的一条边。

12.4.1.4 命令应用

命令:rulesurf ↵	执行直纹曲面命令
当前线框密度:SURFTAB1=6	
选择第一条定义曲线:↙	拾取第一条定义曲线
选择第二条定义曲线:↙	拾取第二条定义曲线

图 12-10 显示了几种边界定义曲线形成的直纹网格,其中图 12-10(a)、(b)为点与线边界,图 12-10(c)、(d)为线与线边界。

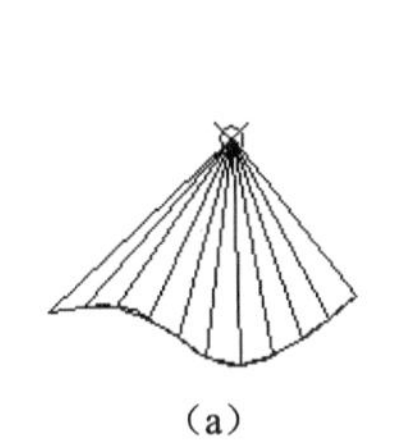
(a)

(b)

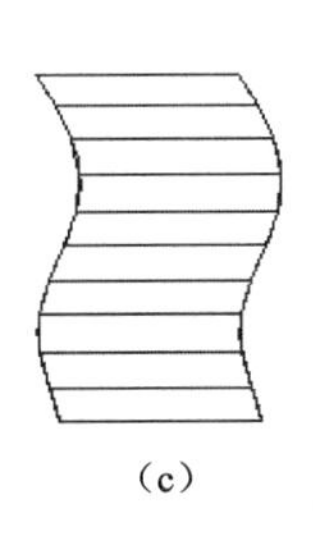
(c)

(d)

图 12-10 点与线、线与线为边界

12.4.1.5 说明

【直纹网格】(Rulesurf)命令建立的是一个 M×N 多边形形式的网格构造(M=常量 2),该命令将网格的半数顶点沿着一条定义好的曲线均匀放置,将另半数顶点沿着另一条曲线均匀放置。等分数目由 SURFTAB1 系统变量指定,默认情况下 SURFTAB1=6,此数值对每条曲线都是相同的。因此,如果定义曲线不等长,那么两条曲线上顶点之间的距离不相等,见图 12-11(a);如果在同一端选择对象,则创建多边形网格,如果在两个对端选择对象,则创建自交的多边形网格,见图 12-11(b)、(c)。

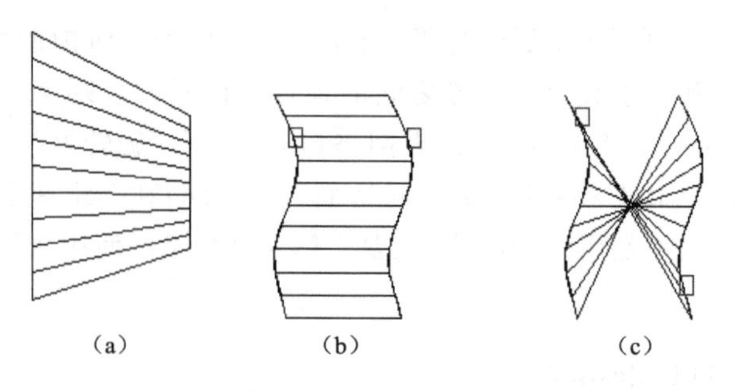

(a) (b) (c)

图 12-11 不对等边界与拾取点对直纹网格的影响

12.4.2 平移网格(Tabsurf)

12.4.2.1 命令功能

■ 通过轮廓曲线和方向矢量创建表示平移曲面的多边形网格。

12.4.2.2 命令调用方式

■ 在 AutoCAD 经典工作空间中,执行【绘图】→【建模】→【网格】→【平移网格】菜单项。

■ 在命令行输入"Tabsurf"并回车。

12.4.2.3 命令中参数含义

(1)【选择用作轮廓曲线的对象】定义多边形网格的曲面。它可以是直线、圆弧、圆、椭圆、二维或三维多段线。AutoCAD 从轮廓曲线上离选定点最近的点开始绘制网格。

(2)【选择用作方向矢量的对象】指定直线或开放的多段线。

12.4.2.4 命令应用

命令:tabsurf ↵	执行平移曲面命令
当前线框密度:SURFTAB1=16	当前线框密度
选择用作轮廓曲线的对象:↙	拾取图 12-12(a)轮廓曲线
选择用作方向矢量的对象:↙	拾取图 12-12(a)方向矢量

操作结果如图 12-12(b)所示。

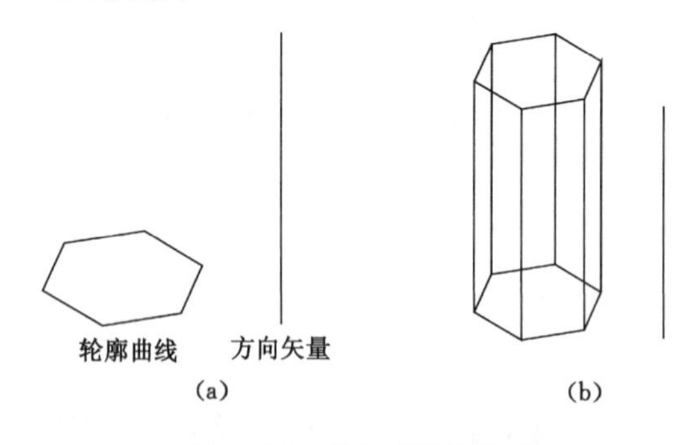

(a) (b)

图 12-12 平移网格的应用

12.4.2.5 说明

(1)【平移网格】(Tabsurf)命令与【直纹网格】(Rulesurf)命令一样都是构造了一个 M×N 的多边形网格,其中 N 由 SURFTAB1 系统变量决定,方向为沿着轮廓曲线的方向;M 始终为 2 并且沿着方向矢量的方向。

(2) 如果方向矢量是多段线，AutoCAD 只考虑多段线的第一点和最后一点，忽略中间的顶点。此时在方向矢量的不同点处指定方向时，将产生不同的结果。

12.4.3 边界网格(Edgesurf)

12.4.3.1 命令功能

■ 在四条相邻的边之间创建三维多边形网格。

12.4.3.2 命令调用方式

■ 在 AutoCAD 经典工作空间中，执行【绘图】→【建模】→【网格】→【边界网格】菜单项。

■ 在命令行输入“Edgesurf”并回车。

12.4.3.3 命令中参数含义

【选择用作曲面边界的对象 1】指定要用作边界的第一条边。类似的命令不再赘述。

12.4.3.4 命令应用

命令：edgesurf	执行边界网格命令
当前线框密度：SURFTAB1＝当前 SURFTAB2＝当前	
选择用作曲面边界的对象 1：↙	拾取边界 1，图 12-13(a)
选择用作曲面边界的对象 2：↙	拾取边界 2，图 12-13(a)
选择用作曲面边界的对象 3：↙	拾取边界 3，图 12-13(a)
选择用作曲面边界的对象 4：↙	拾取边界 4，图 12-13(a)

操作结果如图 12-13(b)所示。

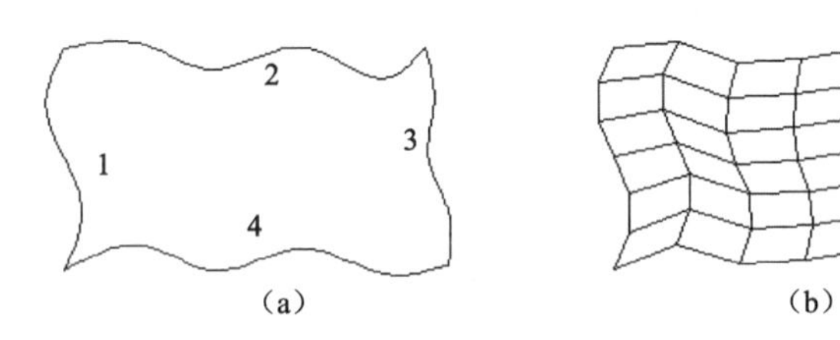

图 12-13 边界网格的应用

12.4.3.5 说明

(1)【边界网格】命令中的邻接边可以是直线、圆弧、样条曲线或开放的二维或三维多段线，但这些边必须在端点处相交以形成一个闭合的路径。

(2) 在选择曲面边界时可以用任何次序选择这四条边，第一条边决定了生成网格的 M 方向，该方向是从距选择点最近的端点延伸到另一端。与第一条边相接的两条边形成了网格的 N 方向的边。

12.4.4 旋转网格(Revsurf)

12.4.4.1 命令功能

■ 通过围绕选定轴旋转轮廓曲线创建旋转曲面。

12.4.4.2 命令调用方式

■ 在 AutoCAD 经典工作空间中，执行【绘图】→【建模】→【网格】→【旋转网格】菜单项。

■ 在命令行输入“Revsurf”并回车。

12.4.4.3　命令中参数含义

(1)【旋转对象】可以是直线、圆弧、圆或二维、三维多段线或者多段线的组合。

(2)【旋转轴】对象是直线或开放的二维、三维多段线,从多段线第一个顶点到最后一个顶点的矢量确定旋转轴,旋转轴确定网格的 M 方向。

(3)【起点角度】默认情况是从零度开始,也可以输入值。

(4)【包含角】在旋转角度前加【+】表示逆时针,在旋转角度前加【-】表示顺时针。包含角是路径曲线绕轴旋转所扫过的角度。路径曲线是围绕选定的轴旋转来定义曲面的,它可定义曲面网格的 N 方向。选择圆或闭合的多段线作为路径曲线,可以在 N 方向上闭合网格。输入一个小于整圆的包含角可以避免生成闭合的圆。

12.4.4.4　命令应用

命令：revsurf ↵	执行旋转曲面命令
选择要旋转的对象：↙	拾取旋转对象,图 12-14(a)
选择定义旋转轴的对象：↙	拾取旋转轴,图 12-14(a)
指定起点角度 <0>：↵	回车结束命令
指定包含角(+=逆时针,-=顺时针)<360>：120 ↵	输入包含角

操作结果如图 12-14(b)所示。

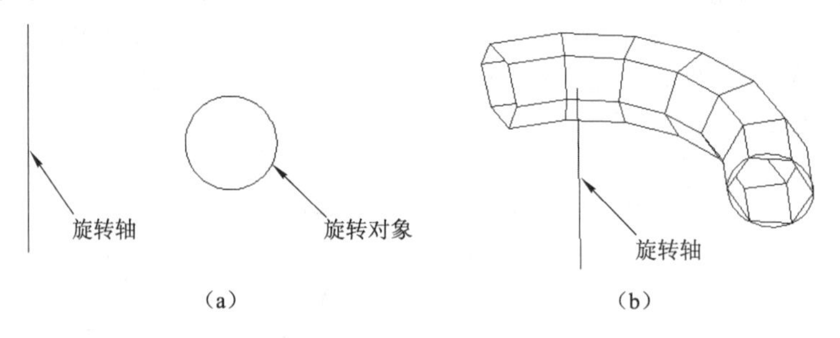

图 12-14　旋转网格的应用

12.4.4.5　说明

(1) 选择旋转轴的点的位置不同会影响旋转的方向。

(2) 生成的网格的密度由 SURFTAB1 和 SURFTAB2 系统变量控制。SURFTAB1 和 SURFTAB2 系统变量的系统默认值是 6。

SURFTAB1 指定在旋转方向上绘制的网格线的数目。如果路径曲线是直线、圆弧、圆或样条曲线拟合多段线,SURFTAB2 指定绘制的网格线数目以进行等分;如果路径曲线是没有进行样条曲线拟合的多段线,网格线将绘制在直线段的端点处,并且每个圆弧都被等分为 SURFTAB2 所指定的段数。

12.4.5　网格面(3Dmesh)

12.4.5.1　命令功能

■ 创建自由格式的多边形网格。

12.4.5.2　命令调用方式

■ 在命令行输入“3Dmesh”并回车。

12.4.5.3 命令中参数含义

(1)【M方向网格数目】与【N方向网格数目】均可输入2～256之间的值。

(2)【顶点的位置(0,0)】可输入二维或三维坐标数值。

12.4.5.4 命令应用

命令：3dmesh ↵	执行网格面命令
M方向网格数目：4 ↵	输入M方向数值
N方向网格数目：3 ↵	输入N方向数值
顶点(0,0)：10,1,3 ↵	输入坐标值
顶点(0,1)：10,5,5 ↵	输入坐标值

然后依次输入其他顶点，如顶点(0,2)、顶点(1,0)、顶点(1,1)、顶点(1,2)、顶点(2,0)、顶点(2,2)、顶点(2,1)、顶点(3,1)、顶点(3,0)、顶点(3,2)的坐标值。操作结果如图12-15所示。

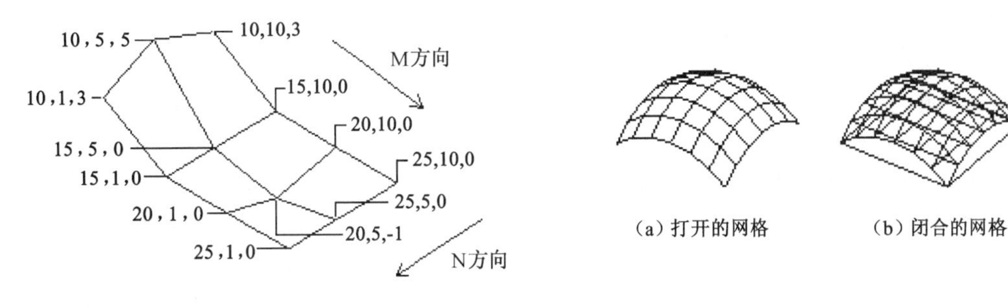

图12-15 建立3Dmesh　　图12-16 不同的网格状态

12.4.5.5 说明

(1) 在AutoCAD中另有一个Pface命令用于创建多面(多边形)网格。与创建三维网格(3Dmesh)类似，要创建多面网格，首先要指定其顶点坐标，然后通过输入每个面的所有顶点的顶点号来定义每个面。创建多面网格时，可以将特定的边设置为不可见，指定边所属的图层或颜色。多面网格(Pface)类似于三维网格(3Dmesh)，两种网格都是逐点构造的，因此可以创建不规则表面形状。通过指定各个顶点，然后将这些顶点与网格中的面关联，可将其作为一个单元来编辑。

(2) AutoCAD中多边形网格大小由M和N网格数决定。网格中每个顶点的位置由M和N定义，定义顶点首先从顶点(0,0)开始。顶点之间可以是任意距离。3Dmesh绘制的多边形网格在M向和N向上始终为打开状态，可以使用Pedit闭合网格。图12-16为经过编辑的网格面。

12.5 三维实体对象

所谓实体对象，与曲面对象相比就是实心的。在各类三维建模中，实体的信息最完整，同时复杂实体模型比线框和网格更容易构造和编辑。与网格类似，在进行消隐、着色或渲染操作之前，实体显示为线框。

创建三维实体对象的方法有三种：根据基本实体对象(长方体、圆锥体、圆柱体、球体、圆环体和楔体)创建实体,沿路径拉伸二维对象,或者绕轴旋转二维对象以形成三维实体。以这些方式创建实体之后,可以应用布尔运算将这些实体创建成更复杂的实体。比如可以合并这些实体,获得它们的差集或交集。

对于三维实体对象,不能通过拖拽夹点方式改变对象的大小,对实体执行拖拽夹点的操作相当于移动对象。

12.5.1 长方体(Box)

12.5.1.1 命令功能

■ 创建三维实心长方体。

12.5.1.2 命令调用方式

■ 单击【建模】工具栏上的【长方体】工具按钮。

■ 在 AutoCAD 经典工作空间中,执行【绘图】→【建模】→【长方体】菜单项。

■ 在命令行输入"Box"并回车。

12.5.1.3 命令应用

命令: box ↲	执行长方体命令
指定长方体的角点或[中心点(CE)]<0,0,0>: ↙	在绘图区指定一点
指定角点或[立方体(C)/长度(L)]: l ↲	选长度(L)项
指定长度: 40 ↲	输入长方体长度
指定宽度: 30 ↲	输入长方体宽度
指定高度: 20 ↲	输入长方体高度

操作结果如图 12-17 所示。与创建长方体相似,该命令也可以创建立方体。

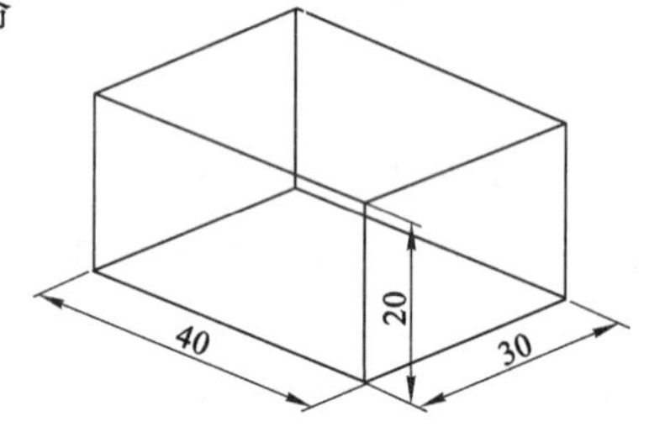

图 12-17 长方体

12.5.2 圆锥体(Cone)

12.5.2.1 命令功能

■ 创建三维实心圆锥体。

12.5.2.2 命令调用方式

■ 单击【建模】工具栏上的【圆锥体】工具按钮。

■ 在 AutoCAD 经典工作空间中,执行【绘图】→【建模】→【圆锥体】菜单项。

■ 在命令行输入"Cone"并回车。

12.5.2.3 命令中参数含义

圆锥体是可以以圆或椭圆作为底面的实体。

(1) 以圆作为底面时,首先定义圆锥体底面圆的中心点,按提示指定圆锥体底面的半径或直径。圆锥体的高度可以指定顶点或指定距离,输入正值将沿当前 UCS 的 Z 轴正方向绘制高度;如果输入的是负值,则沿 Z 轴的负方向绘制高度。

(2) 以椭圆作为底面时,可以指定圆锥体底面椭圆的轴端点,第二点定义一个轴的直径,第三点定义另一轴的半径,或先指定中心点,第二点定义一个轴的半径,第三点定义另一轴的半径,其高度和顶点的含义同圆为底面。

12.5.2.4　命令应用

命令：cone ↵	执行圆锥体命令
指定底面的中心点或[三点(3P)/两点(2P)/切点、切点、半径(T)/椭圆(E)]:↙	在绘图区指定一点
指定底面半径或[直径(D)]：15 ↵	输入圆锥底面半径
指定高度或[两点(2P)/轴端点(A)/顶面半径(T)] ＜50.0000＞：40 ↵	输入圆锥高

操作结果如图 12-18 所示。

12.5.3　圆柱体(Cylinder)

12.5.3.1　命令功能

■ 创建三维实心圆柱体。

12.5.3.2　命令调用方式

■ 单击【建模】工具栏上的【圆柱体】工具按钮。

■ 在 AutoCAD 经典工作空间中，执行【绘图】→【建模】→【圆柱体】菜单项。

■ 在命令行输入“Cylinder”并回车。

12.5.3.3　命令参数含义

圆柱体与圆锥体一样也可以创建以圆或者椭圆作为底面的实体。

12.5.3.4　命令应用

命令：cylinder ↵	执行圆柱体命令
指定底面的中心点或[三点(3P)/两点(2P)/切点、切点、半径(T)/椭圆(E)]:↙	在绘图区指定一点
指定底面半径或[直径(D)]:15 ↵	输入圆柱体底面半径
指定高度或[两点(2P)/轴端点(A)]：40 ↵	输入圆柱体高

操作结果如图 12-19 所示。

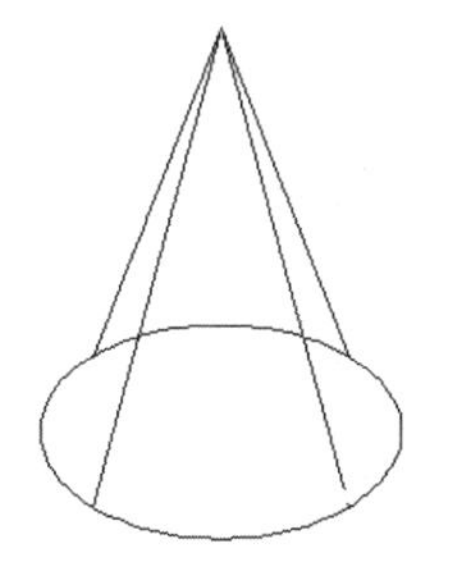

图 12-18　圆底面圆锥体

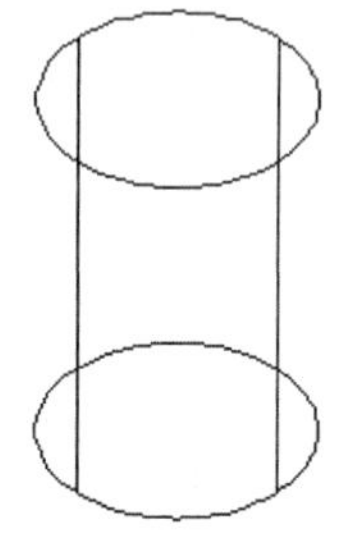

图 12-19　圆底面圆柱体

12.5.4　球体(Sphere)

12.5.4.1　命令功能

■ 创建三维实心球体。

12.5.4.2　命令调用方式

■ 单击【建模】工具栏上的【球体】工具按钮。

■ 在 AutoCAD 经典工作空间中，执行【绘图】→【建模】→【球体】菜单项。

■ 在命令行输入“Sphere”并回车。

12.5.4.3 命令应用

命令：sphere ↵	执行球体命令
指定中心点或[三点(3P)/两点(2P)/切点、切点、半径(T)]：↙	在绘图区指定球心
指定半径或[直径(D)]：20 ↵	输入球体半径

操作结果如图 12-20 所示。

12.5.5 圆环体(Torus)

12.5.5.1 命令功能

■ 创建圆环形三维实体。

12.5.5.2 命令调用方式

■ 单击【建模】工具栏上的【圆环体】工具按钮。

■ 在 AutoCAD 经典工作空间中，执行【绘图】→【建模】→【圆环体】菜单项。

■ 在命令行输入“Torus”并回车。

12.5.5.3 命令中参数含义

圆环体与圆环曲面同样是由两个半径值定义，一个是圆管的半径，另一个是从圆环体中心到圆管中心的距离。

12.5.5.4 命令应用

命令：torus ↵	执行圆环体命令
指定中心点或[三点(3P)/两点(2P)/切点、切点、半径(T)]：↙	指定圆环体中心
指定半径或[直径(D)]：25 ↵	输入圆环体半径
指定圆管半径或[两点(2P)/直径(D)]：5 ↵	输入圆管半径

操作结果如图 12-21 所示。

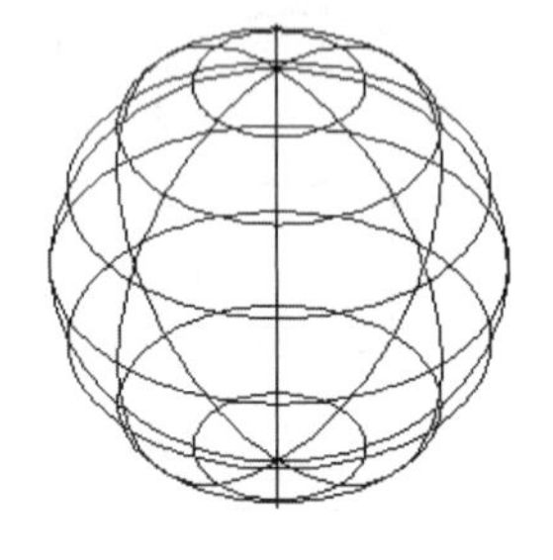

图 12-20 球体

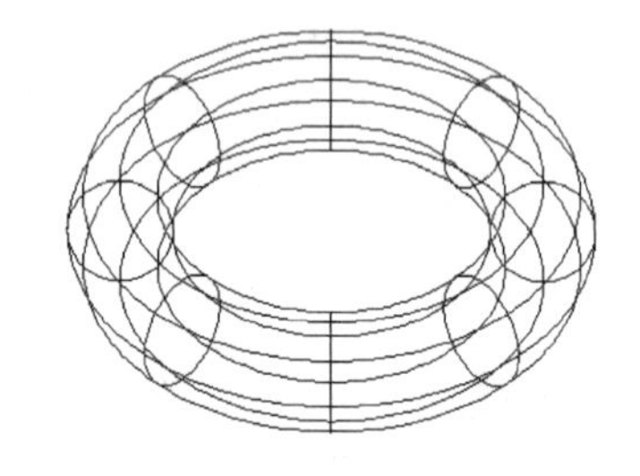

图 12-21 圆环体

12.5.5.5 说明

(1) 使用【圆环体】命令可以创建自交圆环体。自交圆环体没有中心孔，圆管半径比圆环体半径大。

如果两个半径都是正值，且圆管半径大于圆环体半径，结果就如一个两极凹陷的球体，见图 12-22(a)。

(2) 如果圆环体半径为负值，圆管半径为正值且大于圆环体半径的绝对值，则结果为一个两极尖锐突出的球体，见图 12-22(b)。

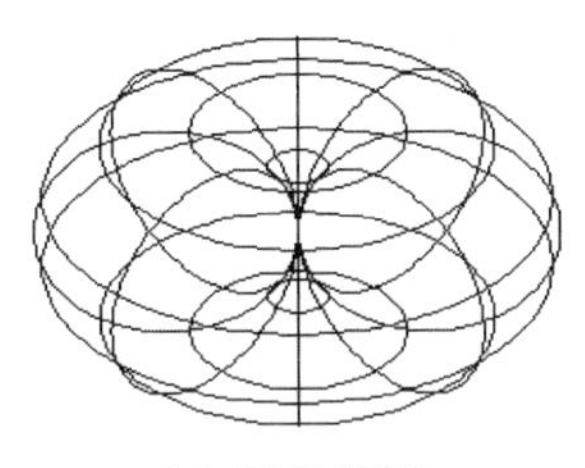

（a）凹陷圆环体

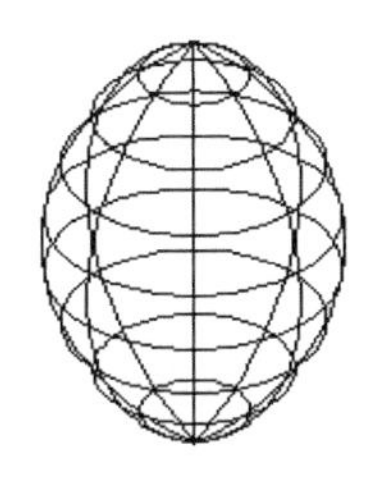

（b）两极突出圆环体

图 12-22　圆环体特例

12.5.6　楔体(Wedge)

12.5.6.1　命令功能

■ 创建三维实心楔形体。

12.5.6.2　命令调用方式

■ 单击【建模】工具栏上的【楔体】工具按钮。

■ 在 AutoCAD 经典工作空间中，执行【绘图】→【建模】→【楔体】菜单项。

■ 在命令行输入"Wedge"并回车。

12.5.6.3　命令中参数含义

在指定楔体的第一个角点后，命令行出现提示："指定角点或[立方体(C)/长度(L)]"，要求指定楔体另一个角点。

若两个角点的 Z 值相同，则必须指定楔体的高度；否则，AutoCAD 使用这两个角点 Z 值的差表示楔体高度。

如果输入 C，则在指定长度后，将建立等边长的楔形体；如果输入 L，将依次提示输入长度、宽度、高度。若在指定第一角点之前输入 CE，即按照中心点绘制楔体，接下来会提示："立方体(C)/长度(L)"，其含义同指定角点。

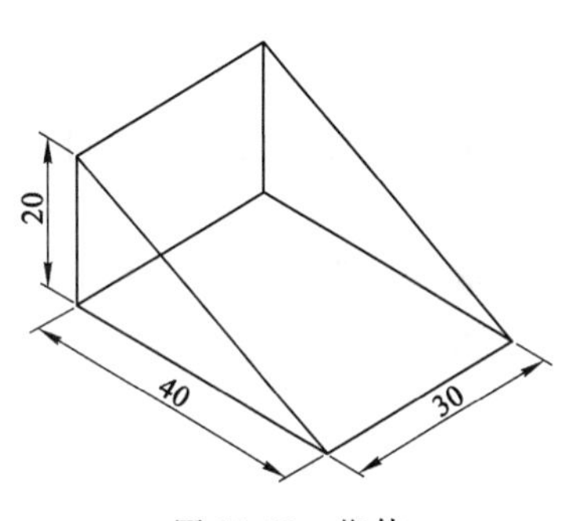

图 12-23　楔体

12.5.6.4　命令应用

命令：wedge ↵	执行楔体命令
指定楔体的第一个角点或[中心点(CE)] <0,0,0>：↙	指定第一角点
指定角点或 [立方体(C)/长度(L)]：l ↵	选长度(L)项
指定长度：40 ↵	输入楔体长度
指定宽度：30 ↵	输入楔体宽度
指定高度或 [两点(2P)]：20 ↵	输入楔体高度

操作结果如图 12-23 所示。

12.5.7　拉伸

12.5.7.1　命令功能

■ 通过拉伸选定的对象来创建实体。

12.5.7.2　命令调用方式

■ 单击【建模】工具栏上的【拉伸】工具按钮。

■ 在 AutoCAD 经典工作空间中，执行【绘图】→【建模】→【拉伸】菜单项。

■ 在命令行输入“Extrude”或命令别名“Ext”并回车。

12.5.7.3　命令应用

命令：extrude ↵　　执行拉伸命令

选择要拉伸的对象：↙找到 1 个　　拾取巷道断面

选择要拉伸的对象：↵　　回车确认对象选择完毕

指定拉伸的高度或［方向(D)/路径(P)/倾斜角(T)］＜14.0000＞：p ↵　　选路径(P)项

选择拉伸路径或［倾斜角(T)］：↙　　拾取拉伸路径

操作结果如图 12-24 所示。

12.5.7.4　说明

（1）可以拉伸闭合的对象有多段线、多边形、矩形、圆、椭圆、闭合的样条曲线、圆环和面域等。不能拉伸的三维对象有包含在块中的对象、有交叉、横断非闭合多段线。

（2）可以沿路径拉伸对象，也可以指定高度值和倾斜角。

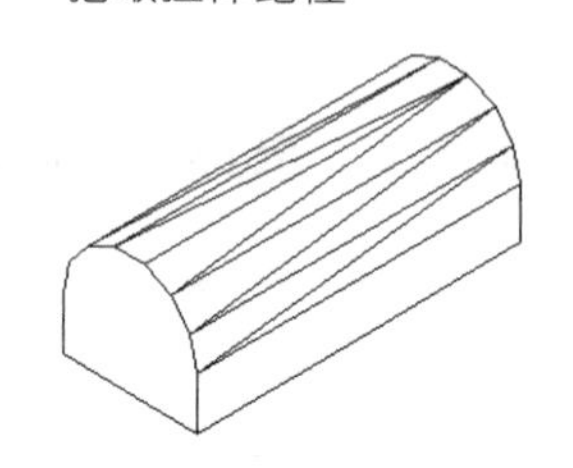

（a）原图　　（b）拉伸结果

图 12-24　拉伸实体对象

12.5.8　旋转

12.5.8.1　命令功能

■ 通过绕轴旋转二维对象来创建实体。

12.5.8.2　命令调用方式

■ 单击【建模】工具栏上的【旋转】工具按钮。

■ 在命令行输入“Revolve”并回车。

12.5.8.3　命令应用

命令：revolve ↵　　执行旋转实体命令

选择要旋转的对象：↙　　拾取图 12-25(a)中线框

指定轴起点或根据以下选项之一定义轴[对象(O)/X/Y/Z]＜对象＞：y ↵　　选 Y(轴)项

指定旋转角度或［起点角度(ST)］＜360＞：↵　　回车确认选择 360 度

操作结果如图 12-25(b)所示。

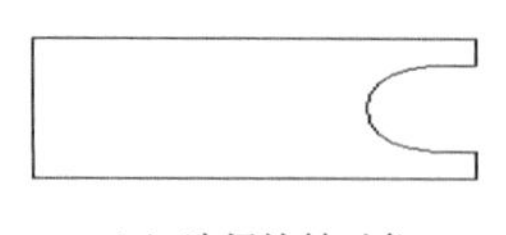

（a）选择旋转对象

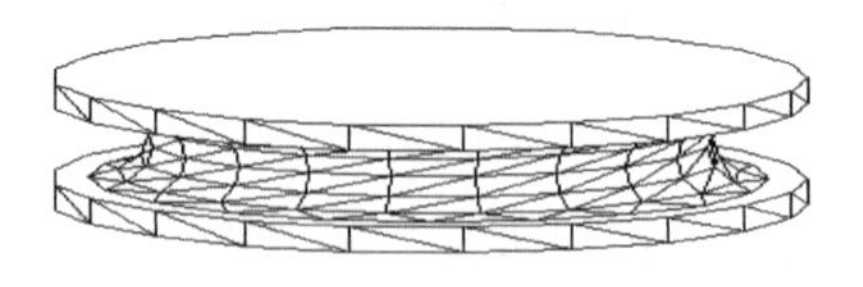

（b）旋转结果

图 12-25　旋转对象

12.5.8.4　说明

（1）旋转对象时可作为旋转轴的对象有直线、多段线等对象。

（2）可以对闭合对象（例如多段线、多边形、矩形、圆、椭圆和面域）使用【旋转】命令，不能对包含在块中的对象、有交叉或横断部分的多段线或非闭合多段线使用该命令。

第 13 章　三维对象编辑

本章介绍三维实体的编辑(Solidedit),包括在三维空间中编辑实体对象时常用的命令,如三维阵列(3Darray)、三维镜像(Mirror3d)、三维旋转(Rotate3d)、三维对齐(Align),以及在三维空间中进行剪切和延伸的操作。在三维实体编辑中,对边的着色、复制及面的复制、拉伸、移动等命令将做详细阐述。在实体对象的修改中,将介绍实体对象的布尔运算及对象的剖切、分割、干涉、压印、清除、抽壳、倒角与倒圆角命令。

13.1　编辑对象的边

13.1.1　复制边

13.1.1.1　命令功能

■ 复制三维实体对象的边。

13.1.1.2　命令调用方式

■ 在命令行输入“Solidedit”并回车后选择选项“E”再选择选项“C”并回车。

13.1.1.3　命令中各参数的含义

(1) 在命令行输入命令 Solidedit 并回车,在提示下输入选项 E,在选择边或输入选项后,AutoCAD 将显示提示:“选择边或[放弃(U)/删除(R)]”。如果已选择一条或多条边并按回车键,此时若输入 U,则放弃选择最近添加到选择集中的边;若输入 R,则提示选择要删除的边。这对我们有时因为误操作等原因多选或错选边非常有效,此时输入 R,就可以从选择集中删除先前选择的边。如果选择集中的所有边都被删除,AutoCAD 将显示提示:“未完成边选择”。在 AutoCAD 显示提示:“删除边或[放弃(U)/添加(A)]”下,还可以输入“A”,可向选择集中添加边。

(2) 指定位移的基点、指定位移的点的操作与【复制】命令相同。

13.1.1.4　命令应用

命令: solidedit ↵	执行实体编辑命令
输入实体编辑选项 [面(F)/边(E)/体(B)/放弃(U)/	
退出(X)] <退出>: e ↵	选边(E)项
输入边编辑选项 [复制(C)/着色(L)/放弃(U)/退出(X)]<退出>:c ↵	选复制(C)项
选择边或 [放弃(U)/删除(R)] ↙	选择面 1 与 2 的交线,图 13-1(a)
指定基点或位移: ↙	拾取基点
指定位移的第二点: ↙	拾取第二点
输入边编辑选项[复制(C)/着色(L)/放弃(U)/退出(X)]<退出>:x ↵	选退出(X)项退出复制边
输入实体编辑选项[面(F)/边(E)/体(B)/放弃(U)/退出(X)]<退出>:x ↵	选退出(X)项结束命令

操作结果如图 13-1(b)所示。

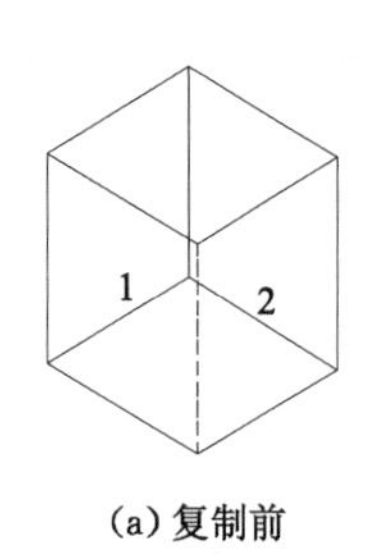

(a) 复制前

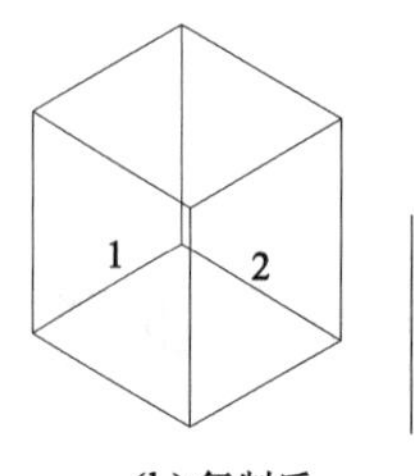

(b) 复制后

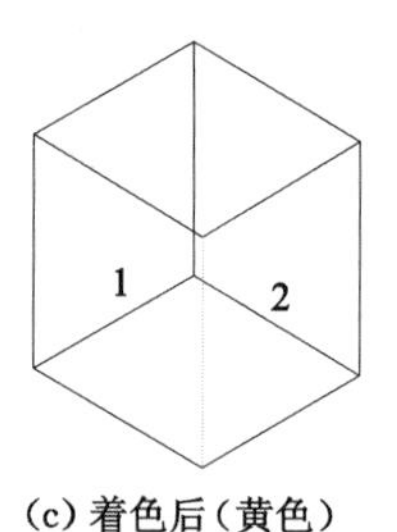

(c) 着色后(黄色)

图 13-1　复制、着色边

13.1.2　着色边

13.1.2.1　命令功能

■ 通过更改边的颜色来编辑三维实体对象。

13.1.2.2　命令调用方式

■ 在 AutoCAD 经典工作空间中，执行【修改】→【实体编辑】→【着色边】菜单项。

■ 在命令行输入“Solidedit”并回车后选择选项“E”再选择选项“L”并回车。

13.1.2.3　命令应用

命令：solidedit ↲	执行实体编辑命令
输入实体编辑选项：e ↲	选边(E)项
输入边编辑选项[复制(C)/着色(L)/放弃(U)/退出(X)]＜退出＞：l ↲	选择着色选项
选择边或[放弃(U)/删除(R)]：↙	选择面 1 与 2 的交线，图 13-1(a)
输入边编辑选项[复制(C)/着色(L)/放弃(U)/退出(X)]＜退出＞：x ↲	完成着色边并退出
输入边编辑选项[复制(C)/着色(L)/放弃(U)/退出(X)]＜退出＞：x ↲	结束命令

操作结果如图 13-1(c)所示。

13.2　编辑对象的面

13.2.1　拉伸面(Extrude)

13.2.1.1　命令功能

■ 通过拉伸现有创建的实体实现。

13.2.1.2　命令调用方式

■ 在命令行输入“Solidedit”并回车后选择选项“F”再选择选项“E”并回车。

13.2.1.3　命令应用

命令：solidedit ↲	执行实体编辑命令
输入实体编辑选项[面(F)/边(E)/体(B)/放弃(U)/退出(X)]＜退出＞：f ↲	选面(F)项
输入面编辑选项[拉伸(E)/移动(M)/旋转(R)/偏移(O)/倾斜(T)/删除(D)/复制(C)/颜色(L)/材质(A)/放弃(U)/退出(X)]＜退出＞：e ↲	选拉伸(E)项
选择面或 [放弃(U)/删除(R)]：↙找到 1 个面	拾取面
选择面或 [放弃(U)/删除(R)/全部(ALL)]：↲	确认当前选择

指定拉伸高度或［路径(P)］：10 ↲	指定拉伸高度
指定拉伸的倾斜角度 ＜0＞：10 ↲	输入拉伸的倾斜角度
输入面编辑选项[拉伸(E)/移动(M)/旋转(R)/偏移(O)/倾斜(T)/删除(D)/复制(C)/颜色(L)/材质(A)/放弃(U)/退出(X)]＜退出＞：x ↲	退出拉伸面命令
输入实体编辑选项[复制(C)/着色(L)/放弃(U)/退出(X)]＜退出＞：x ↲	结束命令

操作结果如图 13-2(b)所示，其前端面为正角度拉伸，上端面为负角度拉伸。

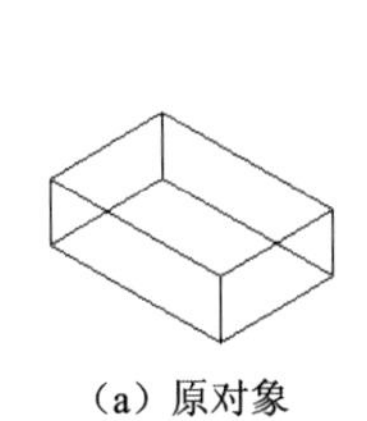
(a) 原对象

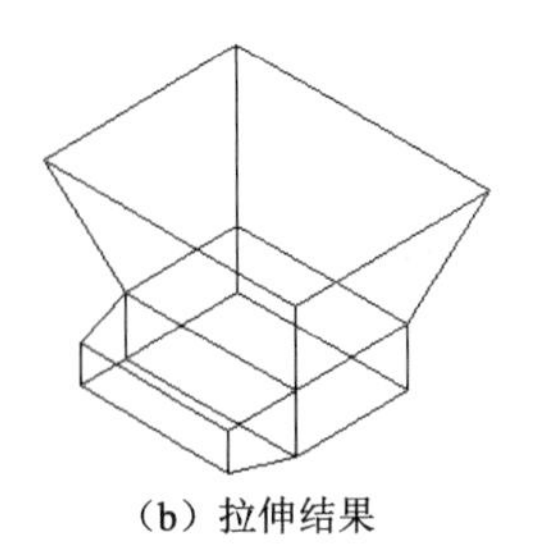
(b) 拉伸结果

图 13-2　拉伸面

13.2.1.4　说明

(1)【拉伸面】命令只能用于实体的拉伸，而不能将封闭平面图形或面域拉伸为实体，这是与前面讲的【拉伸】(Extrude)命令不同之处，在实际操作中应该注意两个命令的不同应用。

(2) 如果指定的角度为负，则将向当前坐标系的负方向拉伸对象。

13.2.2　移动面(Move)

13.2.2.1　命令功能

■ 沿指定的高度或距离移动选定的三维实体对象的面。

13.2.2.2　命令调用方式

■ 在命令行输入“Solidedit”并回车后选择选项“F”再选择选项“M”并回车。

13.2.2.3　命令应用

命令：solidedit ↲	执行实体编辑命令
输入实体编辑选项[面(F)/边(E)/体(B)/放弃(U)/退出(X)]＜退出＞：f ↲	选面(F)项
输入面编辑选项[拉伸(E)/移动(M)/旋转(R)/偏移(O)/倾斜(T)/删除(D)/复制(C)/颜色(L)/材质(A)/放弃(U)/退出(X)]＜退出＞：m ↲	选移动(M)项
选择面或［放弃(U)/删除(R)］：↲	选择面，图 13-3(a)
指定基点或位移：↙	拾取基点，图 13-3(a)
指定位移的第二点：↙	拾取第二点
已开始实体校验。已完成实体校验。	
输入面编辑选项[拉伸(E)/移动(M)/旋转(R)/偏移(O)/倾斜(T)/删除(D)/复制(C)/颜色(L)/材质(A)/放弃(U)/退出(X)] ＜退出＞：x ↲	退出移动面命令
输入实体编辑选项[复制(C)/着色(L)/放弃(U)/退出(X)]＜退出＞：x ↲	结束命令

操作结果如图 13-3(b)所示。

13.2.2.4　说明

(1) 对实体执行移动面编辑时，可一次选择多个面。

(2) 移动实体上的面后，实体模型随着改变。

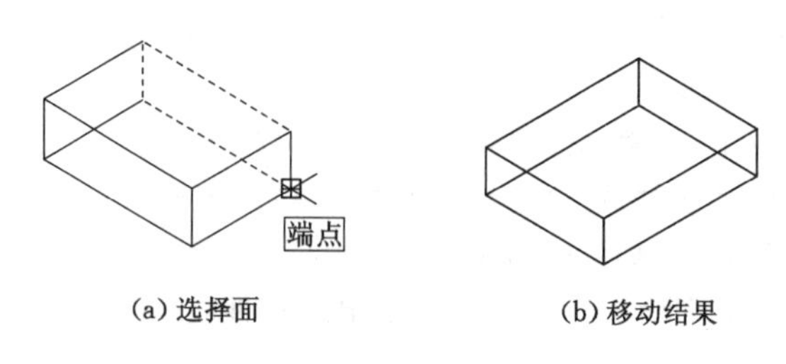

(a) 选择面　　(b) 移动结果

图 13-3　移动面

13.2.3　偏移面(Offset)

13.2.3.1　命令功能

■ 按指定的距离或通过指定的点将面均匀地偏移。

13.2.3.2　命令调用方式

■ 在命令行输入“Solidedit”并回车后选择选项“F”再选择选项“O”并回车。

13.2.3.3　命令应用

命令：solidedit ↵	执行实体编辑命令
输入实体编辑选项[面(F)/边(E)/体(B)/放弃(U)/退出(X)]<退出>:f ↵	选面(F)项
输入面编辑选项[拉伸(E)/移动(M)/旋转(R)/偏移(O)/倾斜(T)/删除(D)/复制(C)/颜色(L)/材质(A)/放弃(U)/退出(X)] <退出>:o ↵	选偏移(O)项
选择面或 [放弃(U)/删除(R)]: ↙	拾取需要偏移的面
删除面或 [放弃(U)/添加(A)/全部(ALL)]: ↵	删除多余的面
指定偏移距离:10 ↵	输入偏移距离
输入面编辑选项[拉伸(E)/移动(M)/旋转(R)/偏移(O)/倾斜(T)/删除(D)/复制(C)/颜色(L)/材质(A)/放弃(U)/退出(X)] <退出>: x ↵	退出偏移面命令
输入实体编辑选项[复制(C)/着色(L)/放弃(U)/退出(X)]<退出>:x ↵	结束命令

操作结果如图 13-4(b)所示。如果偏移距离为负,则偏移结果如图 13-4(c)所示。

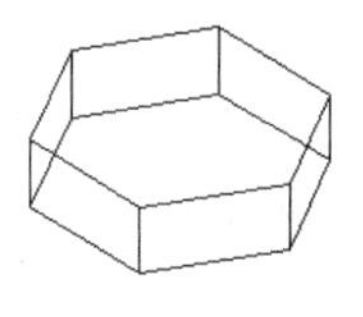

(a) 原对象

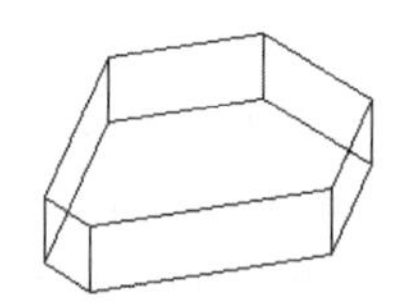

(b) 距离为正

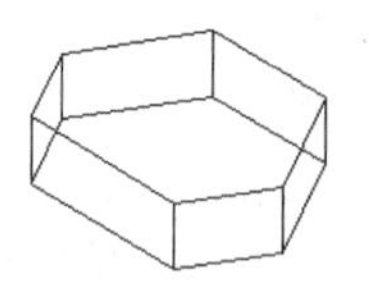

(c) 距离为负

图 13-4　偏移面

13.2.4　删除面(Delete)

13.2.4.1　命令功能

■ 利用删除面可以将实体对象中的面删除,包括圆角和倒角。

13.2.4.2　命令调用方式

■ 在命令行输入“Solidedit”并回车后选择选项“F”再选择选项“D”并回车。

13.2.4.3　命令应用

命令：solidedit ↵　　执行实体编辑命令
输入实体编辑选项[面(F)/边(E)/体(B)/放弃(U)/退出(X)]＜退出＞:f ↵　　选面(F)项
输入面编辑选项[拉伸(E)/移动(M)/旋转(R)/偏移(O)/倾斜(T)/删除(D)/
复制(C)/颜色(L)/材质(A)/放弃(U)/退出(X)] ＜退出＞:d ↵　　选删除(D)项
选择面或 [放弃(U)/删除(R)]:↙　　拾取需要删除的面,图 13-5(a)
选择面或 [放弃(U)/删除(R)/全部(ALL)]:r ↵　　选删除(R)项
删除面或 [放弃(U)/添加(A)/全部(ALL)]: ↙　　删除多余的面
删除面或 [放弃(U)/添加(A)/全部(ALL)]: ↵　　重复选择或结束选择
已开始实体校验。已完成实体校验。
输入面编辑选项[拉伸(E)/移动(M)/旋转(R)/偏移(O)/倾斜(T)/删除(D)/
复制(C)/颜色(L)/材质(A)/放弃(U)/退出(X)] ＜退出＞:x ↵　　退出删除面命令
输入实体编辑选项[复制(C)/着色(L)/放弃(U)/退出(X)]＜退出＞:x ↵　　结束命令

操作结果如图 13-5(b)所示。

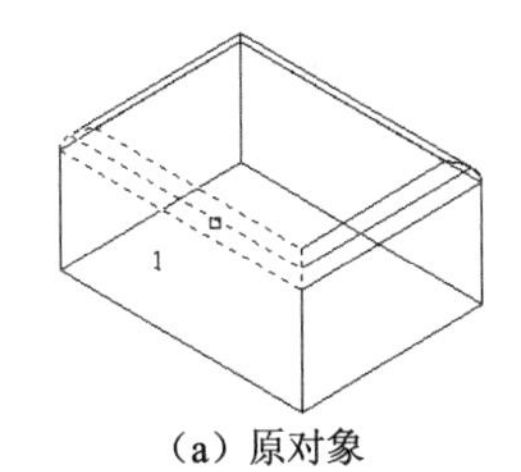

(a) 原对象

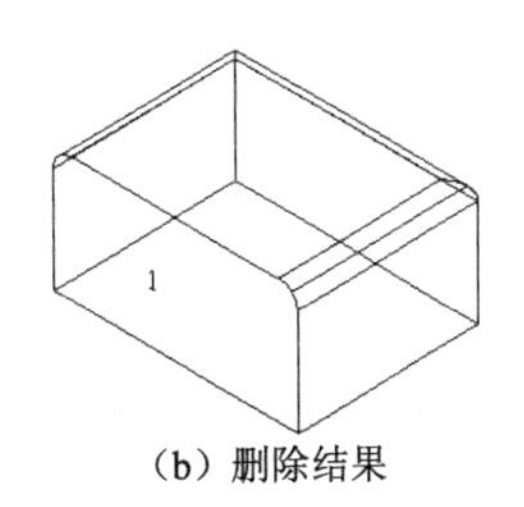

(b) 删除结果

图 13-5　删除面

13.2.5　旋转面(Rotate)

13.2.5.1　命令功能

■ 绕指定的轴旋转一个面、多个面或实体的某些部分。

13.2.5.2　命令调用方式

■ 在命令行输入“Solidedit”并回车后选择选项“F”再选择选项“R”并回车。

13.2.5.3　命令应用

命令：solidedit ↵
输入实体编辑选项[面(F)/边(E)/体(B)/放弃(U)/退出(X)]＜退出＞:f ↵　　选面(F)项
输入面编辑选项[拉伸(E)/移动(M)/旋转(R)/偏移(O)/倾斜(T)/删除(D)/
复制(C)/颜色(L)/材质(A)/放弃(U)/退出(X)] ＜退出＞:r ↵　　选旋转(R)项
选择面或 [放弃(U)/删除(R)/全部(ALL)]: ↙　　选择需要旋转的面,图 13-6(a)
选择面或 [放弃(U)/添加(A)/全部(ALL)]: ↵　　重复选择或结束选择
指定轴点或 [经过对象的轴(A)/视图(V)/X 轴(X)/Y 轴(Y)/Z 轴(Z)]
＜两点＞:z ↵　　选 Z 轴(Z)项
指定旋转原点 ＜0,0,0＞:↙ ↙　　拾取旋转原点
指定旋转角度或 [参照(R)]: 90 ↵　　输入旋转角
已开始实体校验。已完成实体校验。
输入面编辑选项[拉伸(E)/移动(M)/旋转(R)/偏移(O)/倾斜(T)/删除(D)/
复制(C)/颜色(L)/材质(A)/放弃(U)/退出(X)] ＜退出＞:x ↵　　退出旋转面命令

输入实体编辑选项[复制(C)/着色(L)/放弃(U)/退出(X)]<退出>:x ↵ 结束命令

操作结果如图 13-6(b)所示。

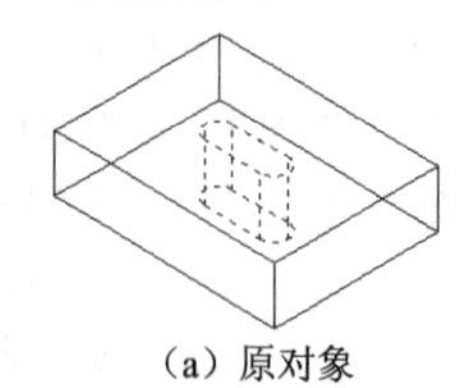
(a) 原对象

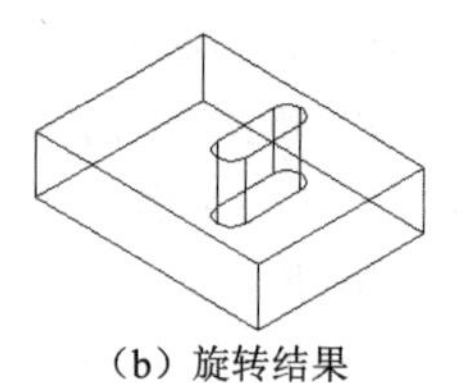
(b) 旋转结果

图 13-6 旋转面

13.2.6 倾斜面(Taper)

13.2.6.1 命令功能

■ 按一定角度将面进行倾斜。

13.2.6.2 命令调用方式

■ 在命令行输入“Solidedit”并回车后选择选项“F”再选择选项“T”并回车。

13.2.6.3 命令应用

命令: solidedit ↵ 执行实体编辑命令

输入实体编辑选项[面(F)/边(E)/体(B)/放弃(U)/退出(X)]<退出>:f ↵ 选面(F)项

输入面编辑选项[拉伸(E)/移动(M)/旋转(R)/偏移(O)/倾斜(T)/删除(D)/

复制(C)/颜色(L)/材质(A)/放弃(U)/退出(X)] <退出>:t ↵ 选倾斜(T)项

选择面或 [放弃(U)/删除(R)]: ↙找到 1 个面 选择需要倾斜的面

删除面或 [放弃(U)/添加(A)/全部(ALL)]: ↙ 删除多余的面

指定基点: ↙ 指定倾斜基点

指定沿倾斜轴的另一个点: ↙ 指定另一个基点

指定倾斜角度: 30 ↵ 输入倾斜角度

输入面编辑选项[拉伸(E)/移动(M)/旋转(R)/偏移(O)/倾斜(T)/删除(D)/

复制(C)/颜色(L)/材质(A)/放弃(U)/退出(X)] <退出>:x ↵ 退出倾斜面命令

输入实体编辑选项[复制(C)/着色(L)/放弃(U)/退出(X)]<退出>:x ↵ 结束命令

操作结果如图 13-7(b)所示。若输入的倾斜角度为负,则操作结果如图 13-7(c)所示。

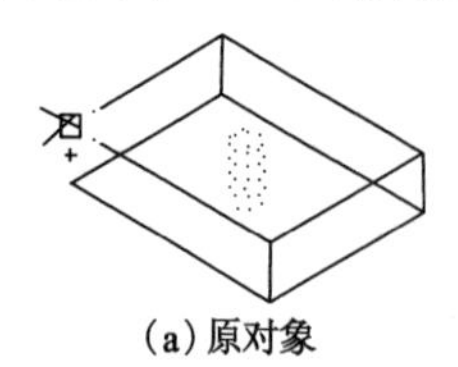
(a) 原对象

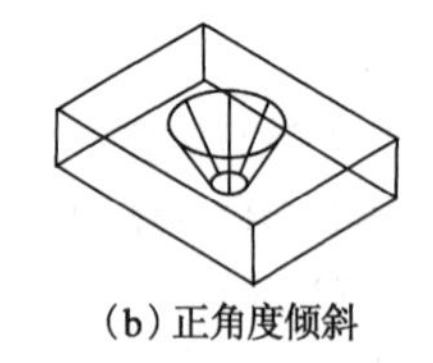
(b) 正角度倾斜

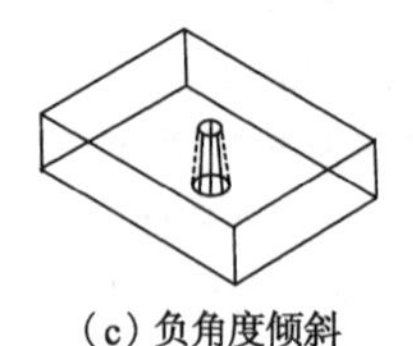
(c) 负角度倾斜

图 13-7 倾斜面

13.2.7 复制面(Copy)

13.2.7.1 命令功能

■ 将面复制为面域或体。

13.2.7.2 命令调用方式

■ 在命令行输入“Solidedit”并回车后选择选项“F”再选择选项“C”并回车。

13.2.7.3 命令应用

命令：solidedit ↵	执行实体编辑命令
输入实体编辑选项[面(F)/边(E)/体(B)/放弃(U)/退出(X)]＜退出＞:f ↵	选面(F)项
输入面编辑选项[拉伸(E)/移动(M)/旋转(R)/偏移(O)/倾斜(T)/删除(D)/	
复制(C)/颜色(L)/材质(A)/放弃(U)/退出(X)] ＜退出＞:c ↵	选复制(C)项
选择面或 [放弃(U)/删除(R)]：↙	选择需要复制的面
删除面或 [放弃(U)/删除(R)/全部(ALL)]：↵	删除多余的面
指定基点或位移：↙	拾取基点
指定位移的第二点：↙	拾取第二点
已开始实体校验。已完成实体校验。	
输入面编辑选项[拉伸(E)/移动(M)/旋转(R)/偏移(O)/倾斜(T)/删除(D)/	
复制(C)/颜色(L)/材质(A)/放弃(U)/退出(X)] ＜退出＞：x ↵	退出复制面命令
输入实体编辑选项[复制(C)/着色(L)/放弃(U)/退出(X)]＜退出＞:x ↵	结束命令

13.2.8 着色面(Color)

13.2.8.1 命令功能

■ 修改面的颜色。

13.2.8.2 命令调用方式

■ 在命令行输入“Solidedit”并回车后选择选项“F”再选择选项“L”并回车。

13.2.8.3 命令应用

命令：solidedit ↵	执行实体编辑命令
输入实体编辑选项[面(F)/边(E)/体(B)/放弃(U)/退出(X)]＜退出＞:f ↵	选面(F)项
输入面编辑选项[拉伸(E)/移动(M)/旋转(R)/偏移(O)/倾斜(T)/删除(D)/	
复制(C)/颜色(L)/材质(A)/放弃(U)/退出(X)] ＜退出＞:l ↵	选颜色(L)项
选择面或 [放弃(U)/删除(R)]：↙	拾取需要着色的面
选择面或 [放弃(U)/删除(R)/全部(ALL)]：↵	重复选择后根据【选择颜色】对话框进行拾取
输入面编辑选项[拉伸(E)/移动(M)/旋转(R)/偏移(O)/倾斜(T)/删除(D)/	
复制(C)/颜色(L)/材质(A)/放弃(U)/退出(X)] ＜退出＞：x ↵	退出着色面命令
输入实体编辑选项[复制(C)/着色(L)/放弃(U)/退出(X)]＜退出＞:x ↵	结束命令

13.3 三维空间中编辑实体对象

13.3.1 三维阵列(3Darray)

13.3.1.1 命令功能

■ 在三维空间中创建对象的矩形阵列或环形阵列。

13.3.1.2 命令调用方式

■ 在命令行输入“3Darray”并回车。

13.3.1.3 命令中各参数含义

关于选择对象、阵列类型，3Darray 与二维绘图命令 Array 相同，3Darray 与 Array 不同的是不仅要指定行、列间距，还要指定层间距，即指定 Z 方向的距离。输入正值将沿 X、Y、Z 轴的正向生成阵列，输入负值将沿 X、Y、Z 轴的负向生成阵列。

13.3.1.4　命令应用

命令：3darray ↵　　执行三维阵列命令
选择对象：↙找到 1 个　　拾取对象，图 13-8(a)
输入阵列类型［矩形(R)/环形(P)］＜矩形＞：r ↵　　选矩形(R)项
输入行数（−−−）＜1＞：2 ↵　　输入行数数值
输入列数（|||）＜1＞：2 ↵　　输入列数数值
输入层数（...）＜1＞：2 ↵　　输入层数数值
指定行间距（−−−）：15 ↵　　输入行间距
指定列间距（|||）：15 ↵　　输入列间距
指定层间距（...）：10 ↵　　输入层间距

操作结果如图 13-8(b)所示。

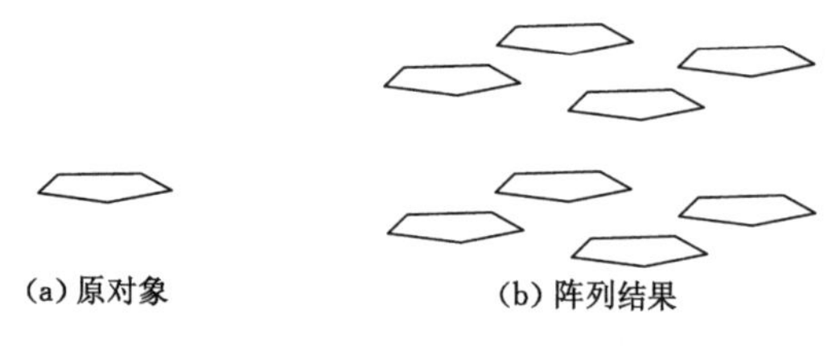
(a) 原对象　　(b) 阵列结果

图 13-8　三维阵列

13.3.2　三维镜像(Mirror3d)

13.3.2.1　命令功能

■ 创建相对于某一平面的镜像对象。

13.3.2.2　命令调用方式

■ 在命令行输入“Mirror3d”并回车。

13.3.2.3　命令中各参数含义

【对象】指使用选定平面对象的平面作为镜像平面，这些对象可以是圆、圆弧或二维多段线线段。

【上一个】指相对于最后定义的镜像平面对选定的对象进行镜像处理。

【Z 轴】用于根据平面上的一个点和平面法线即镜像平面的 Z 轴上的一个点定义镜像平面。

【视图】可将镜像平面与当前视口中通过指定点的视图平面对齐。

【XY 平面/YZ 平面/ZX 平面】将镜像平面与一个通过指定点的标准平面(XY、YZ 或 ZX)对齐，指定 XY(或 YZ、ZX)平面上的点。

【三点】可通过三个点定义镜像平面，AutoCAD 将分别提示在镜像平面上指定第一点、第二点、第三点直至完成。

13.3.2.4　命令应用

命令：mirror3d ↵　　执行三维镜像命令
选择对象：↙ 找到 1 个　　选择需要镜像的对象，图 13-9(a)

选择对象：↵　　　　重复选择或结束选择，图 13-9(a)
指定镜像平面(三点)的第一个点或[对象(O)/最近的(L)/Z 轴(Z)/视图(V)/
XY 平面(XY)/YZ 平面(YZ)/ZX 平面(ZX)/三点(3)] <三点>:yz ↵　选 YZ 平面(YZ)项
指定 YZ 平面上的点 <0,0,0>：↙　　　　在平行 YZ 平面指定一点
是否删除原对象[是(Y)/否(N)] <否>：n ↵　　　　选否(N)项

操作结果如图 13-9(b)所示。

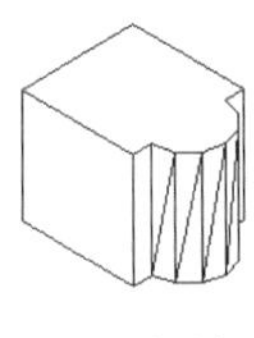
(a) 原对象

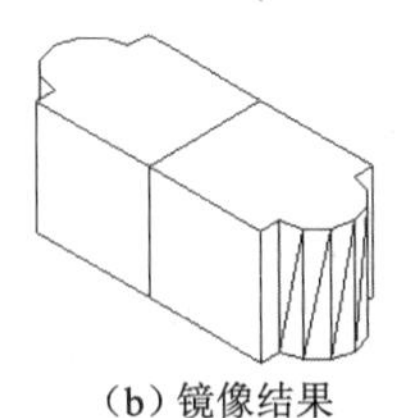
(b) 镜像结果

图 13-9　镜像对象

13.3.3　三维旋转(3Drotate)

13.3.3.1　命令功能

■ 按指定轴在三维空间旋转对象。

13.3.3.2　命令调用方式

■ 在命令行输入"3Drotate"并回车。

13.3.3.3　命令中各参数含义

关于【对象】、【上一个】、【视图】等命令与【三维镜像】命令一样，不过在【三维镜像】命令中指的是镜像轴，而在【三维旋转】命令中指的是旋转轴；【X 轴】等选项与【旋转】(Rotate)命令是一样的。

13.3.3.4　命令应用

命令：3drotate ↵　　　　执行三维旋转命令
选择对象：↙找到 1 个　　　　拾取需要旋转的对象，图 13-10(a)
指定基点：↙　　　　拾取基点
拾取旋转轴：↙　　　　指定旋转轴
指定角的起点或键入角度：↙　　　　指定起点
指定角的端点：↙　　　　指定端点

操作结果如图 13-10(b)所示。

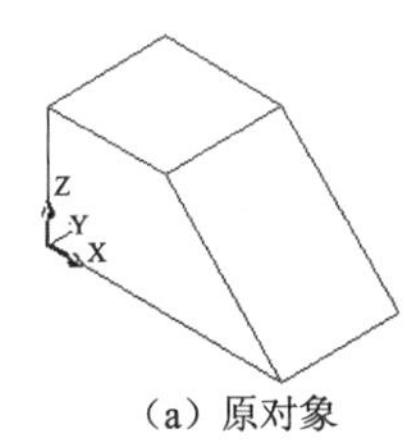

(a) 原对象

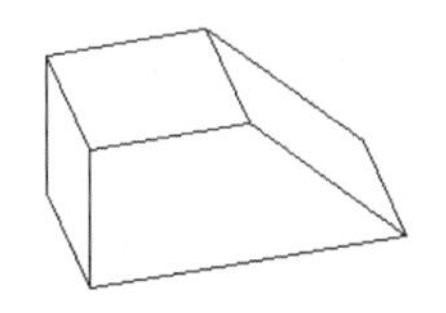
(b) 旋转结果

图 13-10　旋转对象

13.3.4 三维对齐(Align)

13.3.4.1 命令功能

■ 在二维和三维空间中将对象与其他对象对齐。

13.3.4.2 命令调用方式

■ 在命令行输入“Align”并回车。

13.3.4.3 命令中各参数含义

【基点】指定一个点以用作源对象上的基点，希望移动该源对象以使其与目标基点对齐。

【第二点】指定源对象上的第二点。

【第三点】指定源对象上的第三点。

【第一个目标点】定义源对象基点的目标。

【第二个目标点】、【第三个目标点】分别对应源对象上的【第一点】、【第二点】。

13.3.4.4 命令应用

命令：align ↲	执行三维对齐命令
选择对象：↙	选择需对齐的目标对象
选择对象：↲	重复选择或结束选择
指定第一个源点：↙	指定边 1 中源点 1
指定第一个目标点：↙	指定边 2 中目标点 1
指定第二个源点：↙	指定边 1 中源点 2
指定第二个目标点：↙	指定边 2 中目标点 2
指定第三个源点或 <继续>：↲	回车不选择第三个点
是否基于对齐点缩放对象？[是(Y)/否(N)] <否>：n ↲	选否(N)项

操作结果如图 13-11(b)所示。

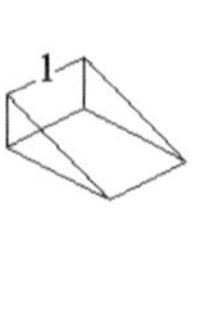

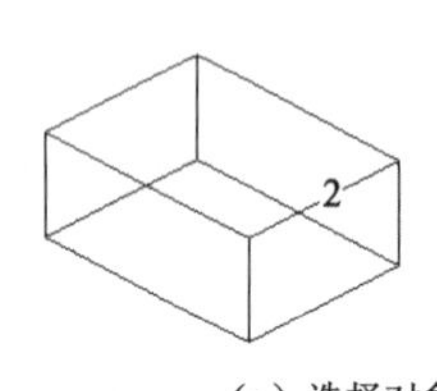

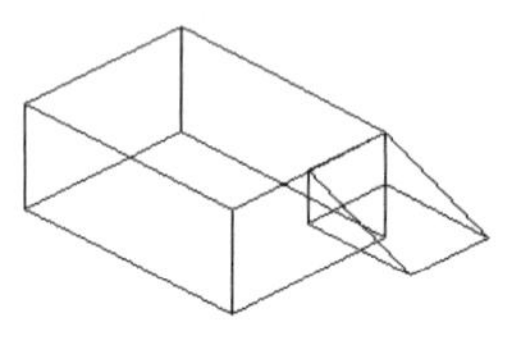

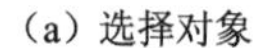

(a) 选择对象　　(b) 对齐结果

图 13-11 对齐对象

13.3.5 剪切与延伸

在 3D 空间中，可以使用【延伸】(Extend)命令将一个对象向另一个对象延伸，以及使用【剪切】(Trim)命令对对象进行修剪，而不用考虑剪切对象是否位于同一平面。

在延伸或修剪之前，投影选项中的参数【无(N)】可不进行投影，只对与边界相交的对象进行延伸或剪切；【UCS(U)】选项可将对象投影到当前 UCS 的 XY 平面上，就可以对空间上不相交的对象进行延伸或修剪；【视图(V)】选项将对象按视图方向进行投影。对图 13-12(a)中的对象剪切后结果见图 13-12(b)。对图 13-12(c)中的对象进行延伸后结果见图 13-12(d)。

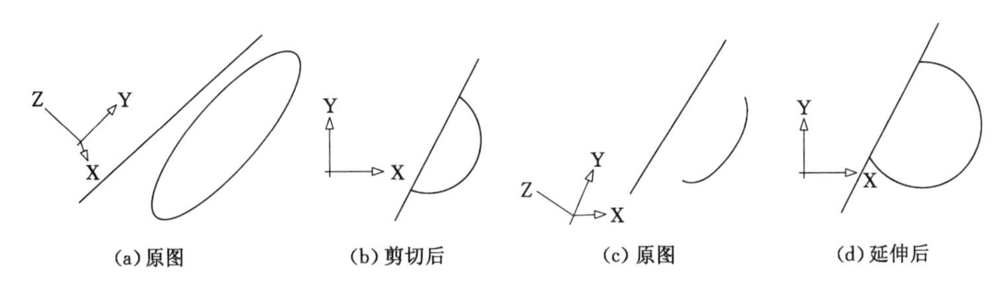

(a) 原图　(b) 剪切后　(c) 原图　(d) 延伸后

图 13-12　剪切与延伸

13.4　布尔运算

在 AutoCAD 中,可以使用布尔运算将两个面域、实体组合成其他面域或实体。布尔运算包括:并集(Union)、差集(Subtract)和交集(Intersect)。

13.4.1　并集(Union)

13.4.1.1　命令功能

■ 通过加操作来合并选定的三维实体、曲面或二维面域。

13.4.1.2　命令调用方式

■ 在命令行输入"Union"并回车。

13.4.1.3　命令中各参数含义

选择集可包含位于任意多个不同平面中的面域或实体。AutoCAD 把这些选择集分成单独连接的子集,实体组合在第一个子集中;第一个选定的面域和所有后续共面面域组合在第二个子集中;下一个不与第一个面域共面的面域以及所有后续共面面域组合在第三个子集中,依此类推,直到所有面域都属于某个子集。得到的组合实体包括所有选定实体所封闭的空间,得到的组合面域包括子集中所有面域所封闭的面积。

图 13-13(a)的面域并集操作结果见图 13-13(b),图 13-14(a)的实体并集操作结果见图 13-14(b)。

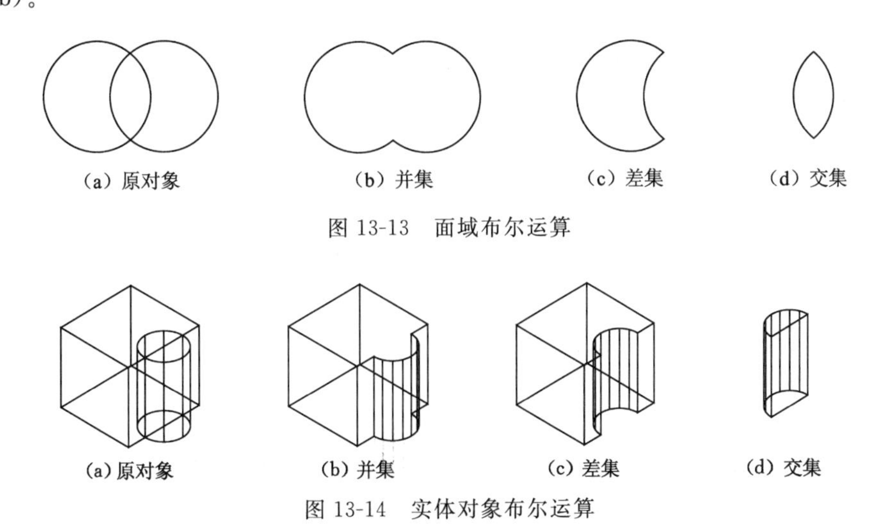

(a) 原对象　(b) 并集　(c) 差集　(d) 交集

图 13-13　面域布尔运算

(a) 原对象　(b) 并集　(c) 差集　(d) 交集

图 13-14　实体对象布尔运算

13.4.2 差集(Subtract)

13.4.2.1 命令功能

■ 通过减操作来减去选定的三维实体、曲面或二维面域。

13.4.2.2 命令调用方式

■ 在命令行输入"Subtract"并回车。

13.4.2.3 命令中各参数含义

执行差集操作的两个面域必须位于同一平面上,但是,通过在不同的平面上选择面域集,可同时执行多个 Subtract 操作,AutoCAD 会在每个平面上分别生成减去的面域。如果面域所在的平面上没有其他选定的共面面域,则 AutoCAD 不接受该面域。

图 13-13(a)的面域差集操作结果见图 13-13(c),图 13-14(a)的实体差集操作结果见图 13-14(c)。

13.4.3 交集(Intersect)

13.4.3.1 命令功能

■ 通过重叠实体、曲面或面域创建三维实体、曲面或二维面域。

13.4.3.2 命令调用方式

■ 在命令行输入"Intersect"并回车。

13.4.3.3 命令中各参数含义

选择集中可以包含位于任意多个不同平面中的面域或实体,AutoCAD 将选择集分成多个子集,并在每个子集中测试相交部分,直到所有的面域、实体分属各个子集为止。有时在选择对象后会出现这样的提示:"至少必须选择 2 个实体或共面的面域",那么就要检查选中的对象是否包含不是面域或实体的对象,或者会出现提示:"创建了空实体或空面域(提示)已删除",那么在选择要进行差集运算的面域或实体之前要保证面域之间或实体之间有相交的区域。

图 13-13(a)的面域交集操作结果见图 13-13(d),图 13-14(a)的实体交集操作结果见图 13-14(d)。

13.5 实体对象的修改

在实体对象的修改中,将介绍【剖切】、【分割】、【干涉】、【压印】、【清除】、【抽壳】、【倒角】与【倒圆角】等命令。

13.5.1 剖切(Slice)

13.5.1.1 命令功能

■ 通过剖切或分割现有对象,创建新的三维实体和曲面。

13.5.1.2 命令调用方式

■ 在命令行输入"Slice"并回车。

13.5.1.3 命令中各参数含义

AutoCAD 默认的剖切平面是指定三个点定义剖切平面,其中第一点定义剪切平面的原点(0,0,0),第二点定义正 X 轴,第三点定义正 Y 轴。还可以通过以下方式定义剖切面:

【对象】可将剖切面与圆、椭圆、圆弧、椭圆弧、二维样条曲线或二维多段线对齐。

【视图】可将剪切平面与当前视口的视图平面对齐，指定一点可定义剪切平面的位置。

【XY】可将剪切平面与当前用户坐标系(UCS)的 XY 平面对齐，指定一点可定义剪切平面的位置；同样【YZ】、【ZX】选项表示剪切平面与当前 UCS 的 YZ 平面、ZX 平面对齐。

13.5.1.4　命令应用

命令：slice ↵　　执行剖切命令

选择要剖切的对象：↙ 找到 1 个　　选择图 13-15(a)实体

指定切面的起点或 [平面对象(O)/曲面(S)/Z 轴(Z)/视图(V)/

XY(XY)/YZ(YZ)/ZX(ZX)/三点(3)] <三点>：yz ↵　　选 YZ 平面(YZ)项

指定 YZ 平面上的点 <0,0,0>：↙　　拾取与 YZ 面平行的一点

在所需的侧面上指定点或 [保留两个侧面(B)] <保留两个侧面>：↵　　选保留两侧(B)项

操作结果如图 13-15(b)所示。

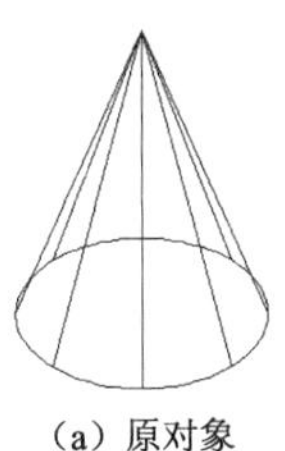

(a) 原对象　　(b) 剖切结果

图 13-15　剖切实体

13.5.2　分割(Section)

13.5.2.1　命令功能

■ 用平面和实体的交集创建面域。

13.5.2.2　命令调用方式

■ 在命令行输入“Section”并回车。

13.5.2.3　命令中参数含义

默认方法是指定三个点定义一个面，亦可通过其他对象、当前视图、Z 轴或者 XY、YZ 或 ZX 平面来定义相交截面平面，含义与【剖切】相同。AutoCAD 在当前图层上放置相交截面平面。

13.5.2.4　命令应用

命令：section ↵　　执行分割命令

选择对象：↙找到 1 个　　选择图 13-16(a)实体

指定截面上的第一个点，依照 [对象(O)/Z 轴(Z)/视图(V)/XY 平面(XY)/

YZ 平面(YZ)/ZX 平面(ZX)/三点(3)] <三点>：xy ↵　　选 XY 平面(XY)项

指定 XY 平面上的点 <0,0,0>：↙　　拾取与 XY 面平行的一点

操作结果如图 13-16(b)所示。

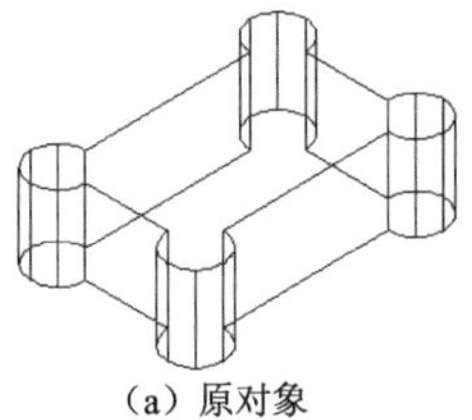

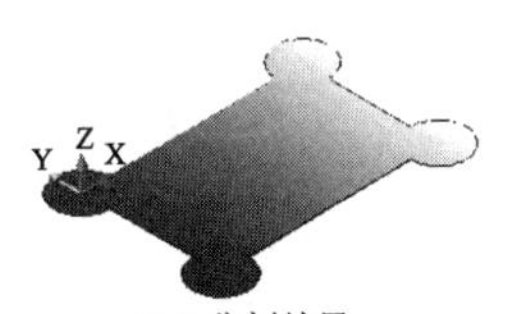

(a) 原对象　　(b) 分割结果

图 13-16　分割实体

13.5.3 干涉(Interfere)

13.5.3.1 命令功能

■ 用两个或多个实体的公共部分创建三维组合实体。

13.5.3.2 命令调用方式

■ 在命令行输入“Interfere”并回车。

13.5.3.3 命令中各参数含义

执行【干涉】命令后,将亮显重叠的三维实体,按回车键开始进行各对三维实体之间的干涉测试。命令应用中:

【第一组对象】指定要检查的一组对象。如果不选择第二组对象,则会在此选择集中的所有对象之间进行检查。

【第二组对象】指定要与第一组对象进行比较的其他对象集。如果同一个对象选择两次,则该对象将作为第一个选择集的一部分进行处理。

【检查】为两组对象启动干涉检查。

【检查第一组(K)】仅为第一个选择集启动干涉检查。

13.5.3.4 命令应用

命令: interfere ↲	执行干涉命令
选择第一组对象或［嵌套选择(N)/设置(S)］: ↙找到 1 个	选定图 13-17(a)中长方体
选择第二组对象或［嵌套选择(N)/检查第一组(K)］<检查>: ↙找到 1 个	选定图 13-17(a)中圆柱体
选择第二组对象或［嵌套选择(N)/检查第一组(K)］<检查>:正在重生成模型。	

操作结果如图 13-17(b)所示。

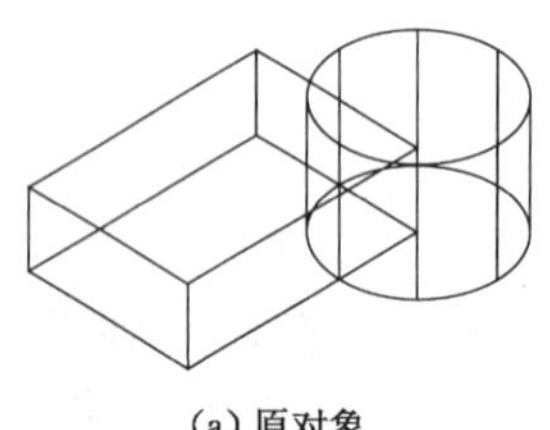

(a) 原对象

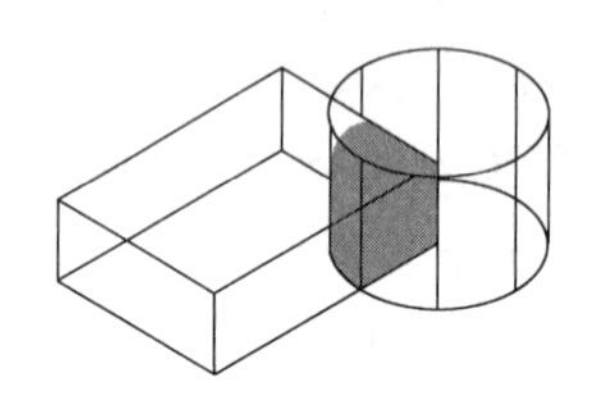

(b) 干涉结果

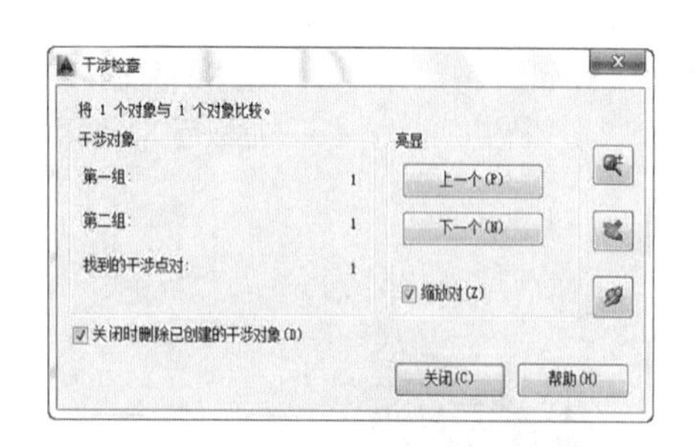

(c) 干涉检查

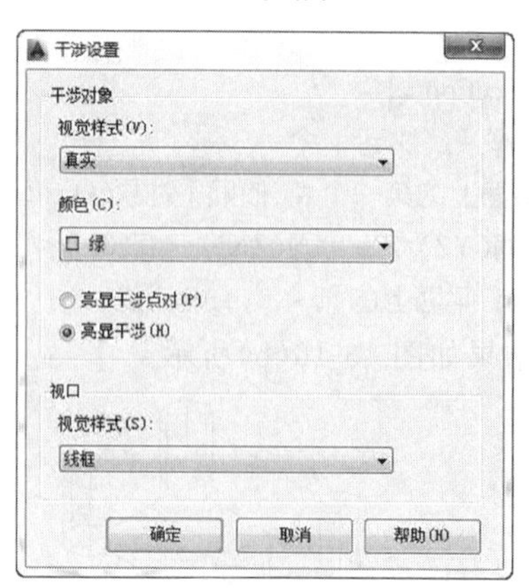

(d) 干涉设置

图 13-17 干涉

【干涉】(Interfere)命令执行的操作与【差集】(Intersect)命令相同，但【干涉】命令保留两个原始对象，而执行【差集】命令后会将原实体删除。

13.5.4　压印(Imprint)

13.5.4.1　命令功能

■ 在选定的对象上压印一个对象。

13.5.4.2　命令调用方式

■ 在命令行输入“Solidedit”并回车后选择选项“B”后再选择选项“I”并回车。

13.5.4.3　命令应用

命令：solidedit ↵	执行实体编辑命令
输入实体编辑选项[面(F)/边(E)/体(B)/放弃(U)/退出(X)]＜退出＞:b ↵	选体(B)项
输入体编辑选项[压印(I)/分割实体(P)/抽壳(S)/清除(L)/检查(C)/放弃(U)/退出(X)] ＜退出＞:i ↵	选压印(I)项
选择三维实体：↙	选图 13-18(a)中的实体
选择要压印的对象：↙	选图 13-18(a)中的圆
是否删除源对象 [是(Y)/否(N)] ＜N＞: y ↵	选是(Y)项
选择要压印的对象：↵	连续回车结束命令

操作结果如图 13-18(b)所示。

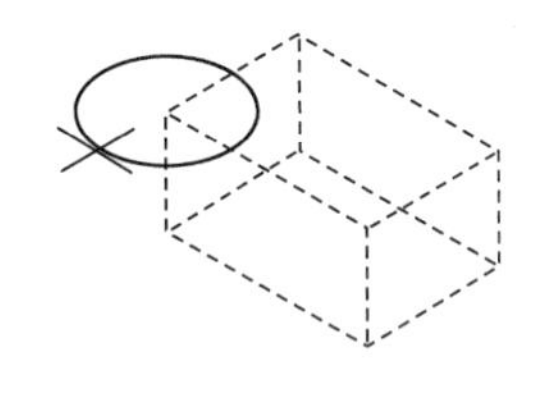
(a) 原对象

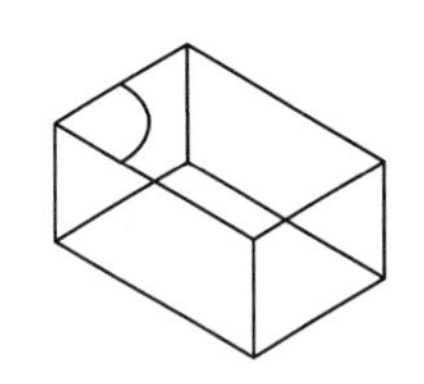
(b) 压印结果

图 13-18　压印对象

13.5.5　清除(Clean)

13.5.5.1　命令功能

■ 删除共用同一个曲面或顶点定义的冗余边或顶点。

13.5.5.2　命令调用方式

■ 在命令行输入“Solidedit”并回车后选择选项“B”后再选择选项“C”并回车。

13.5.5.3　命令应用

命令：solidedit ↵	执行实体编辑命令
输入实体编辑选项:b ↵	选体(B)项
输入体编辑选项:c ↵	选清除项(C)项
选择三维实体:↙	选择图 13-19(a)中实体
选择三维实体:↙	连续回车结束命令

操作结果如图 13-19(b)所示。

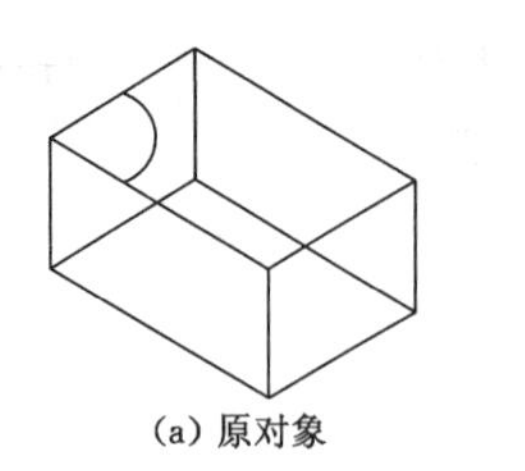
(a) 原对象

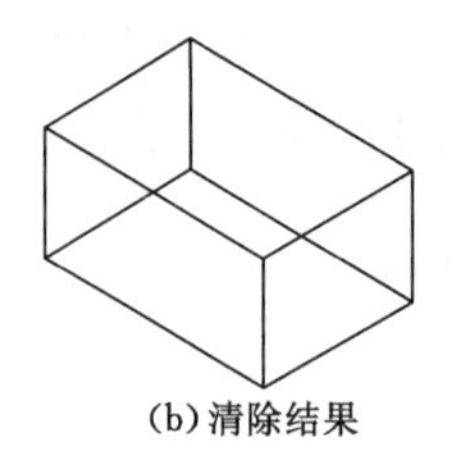
(b) 清除结果

图 13-19 清除对象

13.5.6 抽壳(Shell)

13.5.6.1 命令功能

■ 从三维实体对象中以指定的厚度创建壳体或中空的薄壁。

13.5.6.2 命令调用方式

■ 在命令行输入“Solidedit”并回车后选择选项“B”后再选择选项“S”并回车。

13.5.6.3 命令应用

命令：solidedit ↵

输入实体编辑选项：b ↵ 选体(B)项

输入体编辑选项：s ↵ 选抽壳(S)项

选择三维实体：↙ 选择图 13-20(a)中实体

删除面或［放弃(U)/添加(A)/全部(ALL)]：↙ 选定前后两个半圆拱断面

输入抽壳偏移距离：0.5 ↵ 输入偏移距离

已开始实体校验。已完成实体校验。

输入体编辑选项［压印(I)/分割实体(P)/抽壳(S)/清除(L)/检查(C)/

放弃(U)/退出(X)］＜退出＞：↵ 回车退出抽壳命令

输入实体编辑选项［面(F)/边(E)/体(B)/放弃(U)/退出(X)］＜退出＞：↵ 结束命令

操作结果如图 13-20(b)所示。

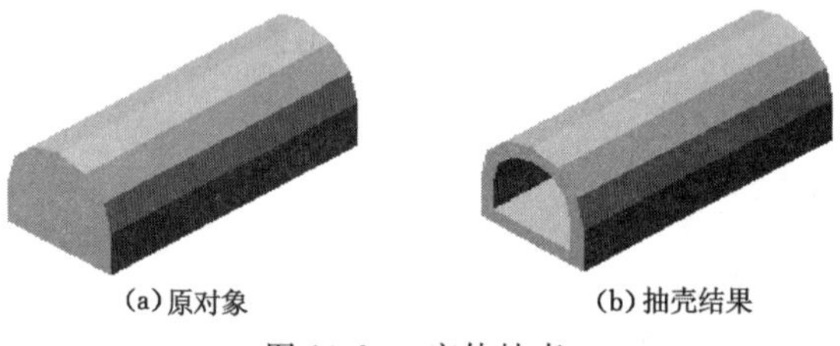
(a)原对象 (b)抽壳结果

图 13-20 实体抽壳

13.5.7 实体倒角(Chamfer)

13.5.7.1 命令功能

■ 给实体对象加倒角。

13.5.7.2 命令调用方式

■ 在命令行输入“Chamfer”或命令别名“Cha”并回车。

13.5.7.3 命令中参数含义

【第一条直线】用来指定要倒角的三维实体边中的第一条边，从相邻的两个面中选定其中一个作为基准面。

13.5.7.4　命令应用

命令：chamfer ↵　　执行倒角命令
选择第一条直线或 [放弃(U)/多段线(P)/距离(D)/角度(A)/
修剪(T)/方式(E)/多个(M)]：↙　　拾取对象
基面选择：↙　　选择实体的上表面，图 13-21(a)
输入曲面选择选项 [下一个(N)/当前(OK)] <当前>：n ↵　　选下一个(N)项
输入曲面选择选项 [下一个(N)/当前(OK)] <当前>：ok ↵　　确定当前的选择，图 13-21(b)
指定基面的倒角距离：5 ↵　　指定第一个倒角距离
指定其他曲面的倒角距离 <5.0000>：↵　　指定第二个倒角距离
选择边或 [环(L)]：l ↵　　选环(L)项
选择边环或 [边(E)]：↵　　重复选择或结束命令

操作结果如图 13-21(c)所示。

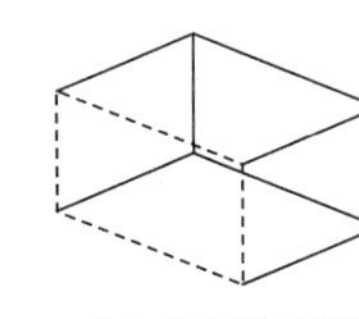
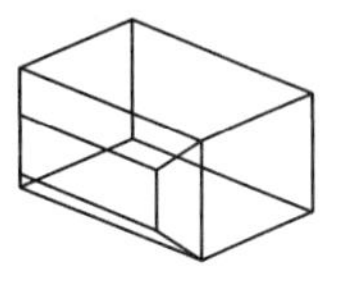

(a) 选择上表面　　(b) 选择前表面　　(c) 倒角结果

图 13-21　实体倒角

13.5.8　实体倒圆角(Fillet)

13.5.8.1　命令功能

■ 给实体对象加圆角。

13.5.8.2　命令调用方式

■ 在命令行输入"Fillet"并回车。

13.5.8.3　命令中参数含义

【边】在选择一条边后可以连续地选择所需的单个边直到按回车键为止。

【链】指选中一条边也就选中了一系列相切的边。

13.5.8.4　命令应用

命令：fillet ↵　　执行倒圆角命令
当前设置：模式 = 修剪，半径 = 0.0000
选择第一个对象或 [多段线(P)/半径(R)/修剪(T)/多个(M)]：↙　　拾取对象，图 13-22(a)
输入圆角半径或[表达式(E)]：3 ↵　　输入圆角半径
选择边或 [链(C)/环(L)半径(R)]：↙　　连续选择多条边

操作结果如图 13-22(b)所示。

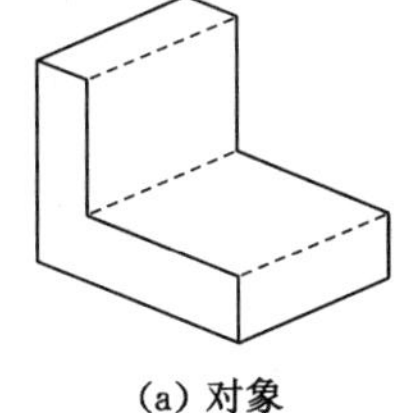

(a) 对象　　(b) 圆角结果

图 13-22　实体圆角

第 14 章　采矿三维实例

本章以矿用锚索和 U 型钢拱形可缩支架为例绘制三维模型，使学生通过学习可以熟练运用各项三维操作命令，同时加深对采矿工程专业两种巷道支护结构的理解。绘制过程中各项数据既参考了相关国家、行业规范，也结合了矿业实际现场测量。

本章需要注意的是三维坐标系和视图的选择，这是因为合理的坐标系和视图是三维操作的基础。实例的各程序步骤中，三维命令的文本内容是在 AutoCAD 文本窗口（按 F2 键可调出）的基础上删减而来的，只留下了关键信息，避免冗杂。

14.1　矿用锚索三维绘制

14.1.1　审图

矿用锚索是由钢绞线按一定长度截断加工而成的。矿用锚索的公称直径有 15.24、17.8、18.6、21.6、21.8 、28.6 mm，分为 1×7 股和 1×19 股，长度一般有 6300、8300 mm 等。实例中钢绞线为 1×7 股、公称直径 17.8 mm。锚具为 SKM18P-1/1860，为了简便起见忽略锚具夹片内的刻痕和夹片外的 2 圈箍丝（起到固定夹片的作用）。锚索托盘采用受力更合理的碟形托盘配合球形垫圈，以防止锚索偏载被剪断。如图 14-1 所示。

图 14-1　矿用锚索组装效果图

矿用锚索主要分五部分来绘制：① 钢绞线；② 锚索锁具；③ 球形垫圈；④ 碟形托盘；⑤ 组装。

矿用锚索各部分尺寸见图 14-2～图 14-6。

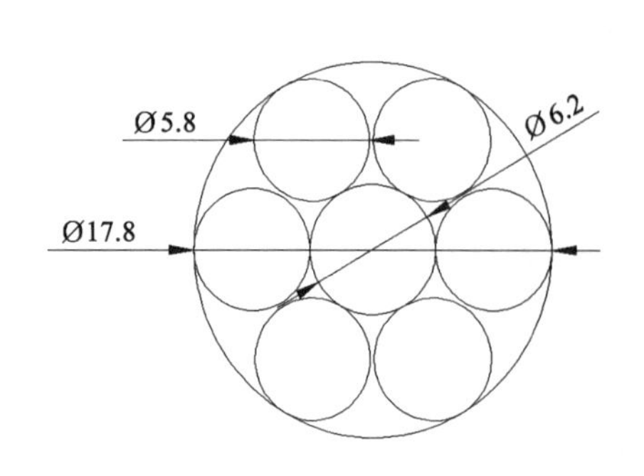

图 14-2　钢绞线断面

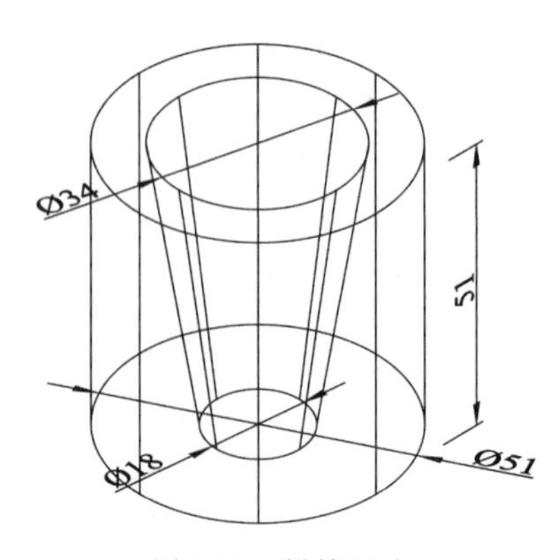

图 14-3　锚筒尺寸

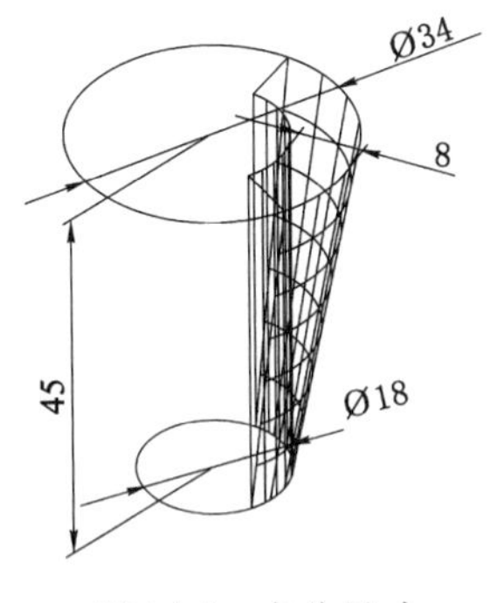

图 14-4 夹片尺寸

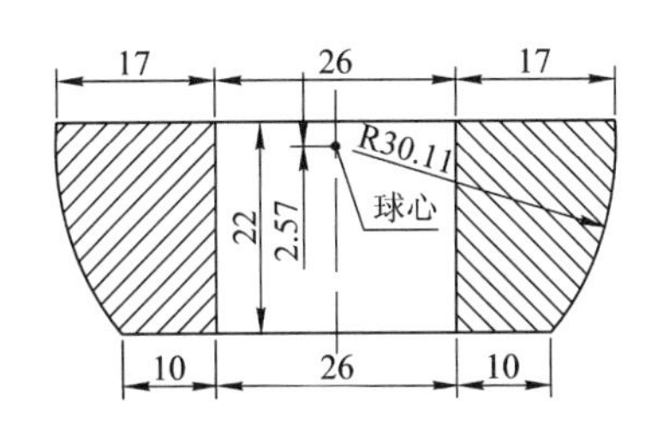

图 14-5 60 型万向调心球垫剖面图

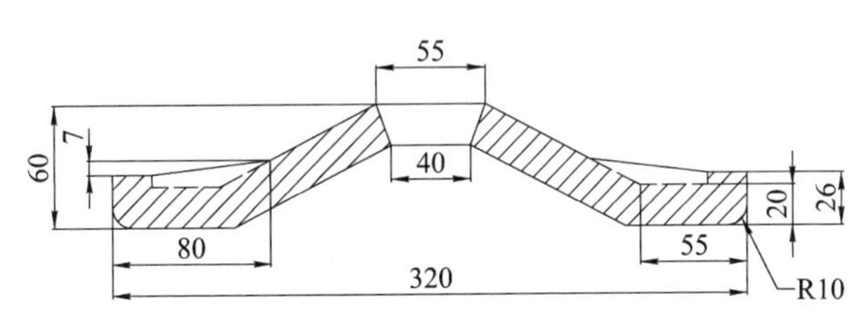

图 14-6 碟形托盘尺寸

14.1.2 分项绘制

14.1.2.1 钢绞线

绘制思路:① 绘制中丝;② 绘制边丝。绘制边丝时,以一条螺旋线作为【扫掠】路径,扫掠出一条边丝;然后以此边丝【环形阵列】出其他边丝。

(1) 建立新文件。新建文件命名为“17.8 mm 钢绞线.dwg”,并保存。

(2) 使用【西南等轴测】视图。

(3) 绘制钢绞线中丝。中丝直径为 6.2 mm,其尺寸如图 14-2 所示。

命令:_cylinder
指定底面的中心点:0,0,0 ↵ 输入坐标轴原点坐标
指定底面半径或[直径(D)]:d ↵ 选直径(D)项
指定直径:6.2 ↵ 输入中丝直径
指定高度或[两点(2P)/轴端点(A)]:6300 ↵ 输入锚索长度

(4) 绘制钢绞线边丝。边丝直径为 5.8 mm,其尺寸如图 14-2 所示。

①【螺旋线】。

命令:helix
圈数 = 3.0000 扭曲=CCW 默认为 3 圈、逆时针旋转
指定底面的中心点:0,0,0 ↵ 输入螺旋线底面中心坐标
指定底面半径或[直径(D)]:d ↵ 选直径(D)项
指定直径 :12 ↵ 输入 6 条边丝圆心所在圆的直径(17.8 mm−5.8 mm=12 mm)
指定顶面半径或[直径(D)]<6>:↵
指定螺旋高度或[轴端点(A)/圈数(T)/圈高(H)/扭曲(W)]:h ↵ 选择圈高(H)项(圈高即螺距=14 倍钢绞线)

指定圈间距：250 ↵ 输入圈间距(直径 14×17.8 mm≈250 mm)

指定螺旋高度或［轴端点(A)/圈数(T)/圈高(H)/扭曲(W)］：6300 ↵ 输入锚索长度

单击绘图区左上角的【视觉样式控件】，选择【概念】视觉样式，如图 14-7(a)所示。

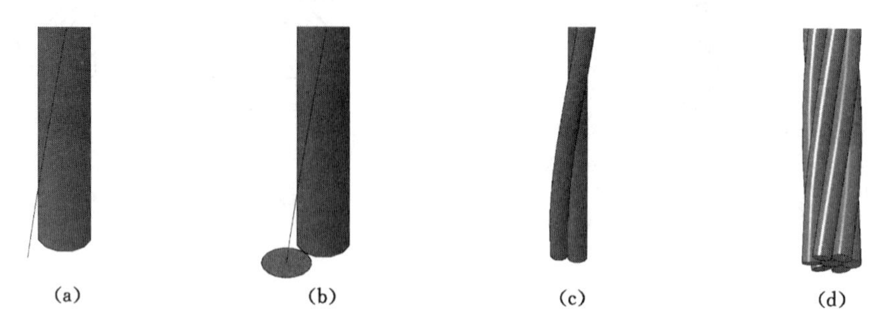

图 14-7 钢绞线绘制步骤

② 绘制边丝断面，进行【面域】处理，准备【扫掠】。

命令：_circle

指定圆的圆心：↙ 单击图 14-7(a)中螺旋线底部端点

指定圆的半径或［直径(D)］：d ↵ 选择直径(D)项

指定圆的直径：5.8 ↵ 输入边丝直径

结果如图 14-7(b)所示。

③【扫掠】。

命令：_sweep

选择要扫掠的对象：↙ 选定图 14-7(b)中圆面域

选择扫掠路径或［对齐(A)/基点(B)/比例(S)/扭曲(T)］：↙ 选定螺旋线

结果如图 14-7(c)所示。

④【环形阵列】。其中心点为(0,0,0)，出现【阵列创建】对话框进行设置，如图 14-8 所示。阵列后如图 14-7(d)所示。

类型	项目		行		层级		特性	关闭
极轴	项目数:	6	行数:	1	级别:	1	关联 基点 旋转项目 方向	关闭阵列
	介于:	60	介于:	27.9007	介于:	9451.319		
	填充:	360	总计:	27.9007	总计:	9451.319		

图 14-8 【阵列创建】对话框

(5)【并集】处理。将中丝和边丝【并集】成一个整体。

(6)【渲染】。选择【菜单栏】→【渲染】→【材质浏览器】，将相应的材质用鼠标左键拖动到需要渲染的部件上。实例中材质选择【镀锌】，类型：常规，类别：钢，如图 14-9 所示。当然还可以选择其他材质，亦可以打开相应的【材质编辑器】修改各个参数。限于篇幅，此处不再赘述。【渲染】完成后，效果如图 14-10 所示。

(7) 保存文件“17.8 mm 钢绞线.dwg”。在绘图各个步骤中也要注意随时保存，养成绘图好习惯。

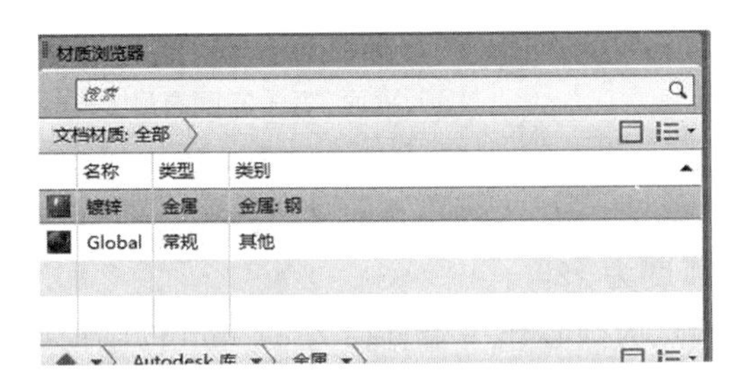

图 14-9 【材质浏览器】对话框

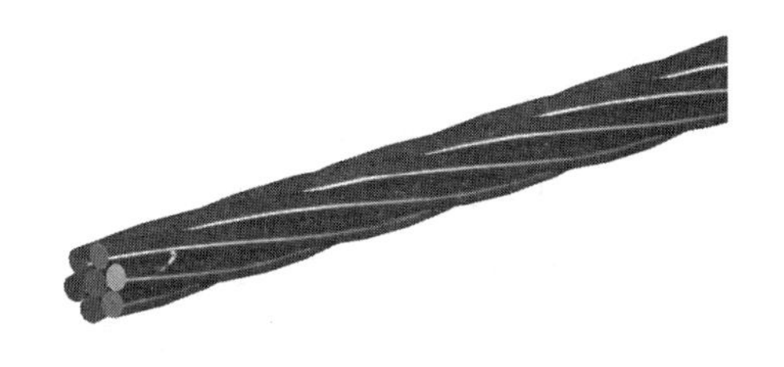

图 14-10 钢绞线【渲染】后

14.1.2.2 锚索锁具

锚索锁具应与锚索的直径相配套，实例中 SKM18P-1/1860 锚具与 17.8 mm 钢绞线配合使用。

绘制思路：① 绘制锚筒；② 绘制夹片。绘制锚筒时，使用【差集】生成锥形孔。绘制夹片时，通过【旋转】出一块，然后【环形阵列】出其他两块。忽略夹片的刻痕和箍丝。

(1) 建立新文件。新建文件命名为“SKM18P-1 锚索锁具.dwg”，并保存。

(2) 切换为【西南等轴测】视图。

(3) 绘制锚具锚筒。直径×高为 51 mm×51 mm，锥形孔大孔直径为 34 mm，小孔直径为 18 mm。

① 【圆柱体】。

命令：_cylinder	
指定底面的中心点：0,0,0 ↵	输入坐标轴原点坐标
指定底面半径或［直径(D)］：d ↵	选择直径(D)项
指定直径：51 ↵	输入直径 51 mm
指定高度或［两点(2P)/轴端点(A)］：51 ↵	输入高 51 mm

结果如图 14-11(a)所示。

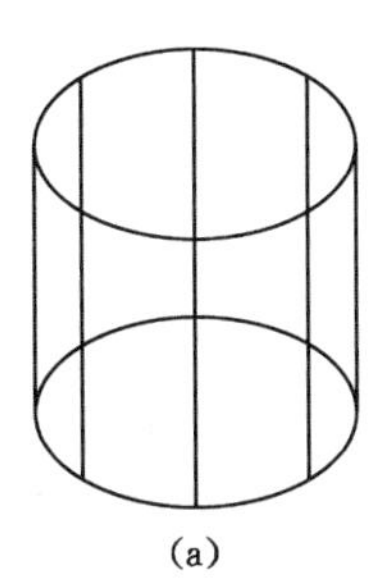
(a)

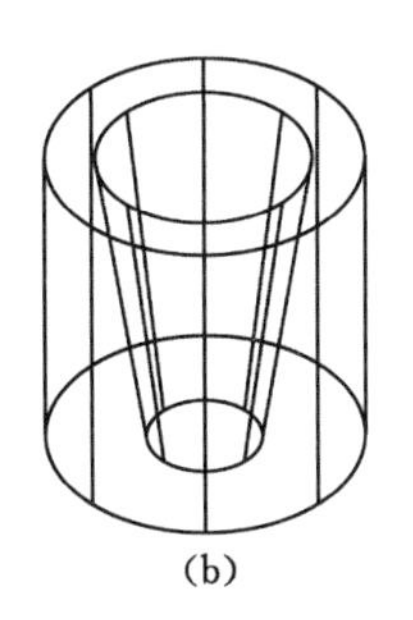
(b)

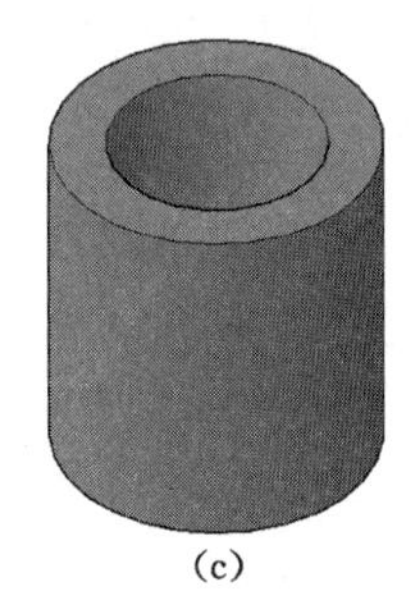
(c)

图 14-11 锚筒绘制步骤

② 【圆锥体】。

命令：_cone	
指定底面的中心点：0,0,0 ↵	输入坐标轴原点坐标
指定底面半径或［直径(D)］:d ↵	选直径(D)项
指定直径：18 ↵	输入直径(等于小孔直径)
指定高度或［两点(2P)/轴端点(A)/顶面半径(T)］：t ↵	选顶面半径(T)项
指定顶面半径或［直径(D)］:d ↵	选直径(D)项

指定直径：34 ↵ 输入直径(等于大孔直径)

指定高度或［两点(2P)/轴端点(A)］：51 ↵ 输入高度(等于锚筒高度)

结果如图 14-11(b)所示。

③【差集】除去锥形体，如图 14-11(c)所示。

(4) 绘制锚具夹片。夹片数为 3，每片对应弧度为 120°。

① 作一条辅助线，竖直向下。以辅助线上端点为圆心作一个直径为 34 mm 的辅助圆，然后根据图 14-12(a)所示尺寸绘制夹片断面，进行【面域】处理，准备【旋转】。

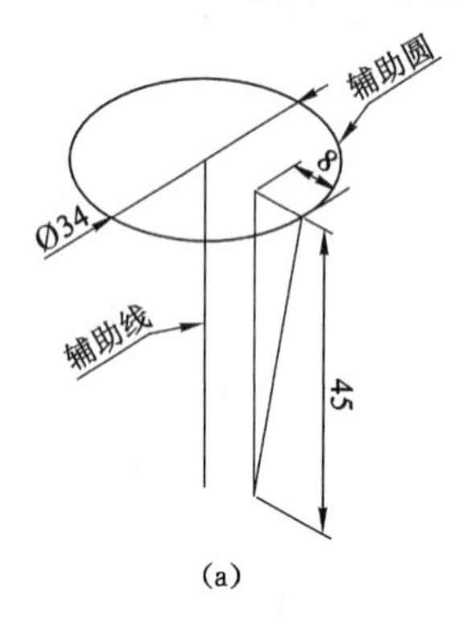

(a)

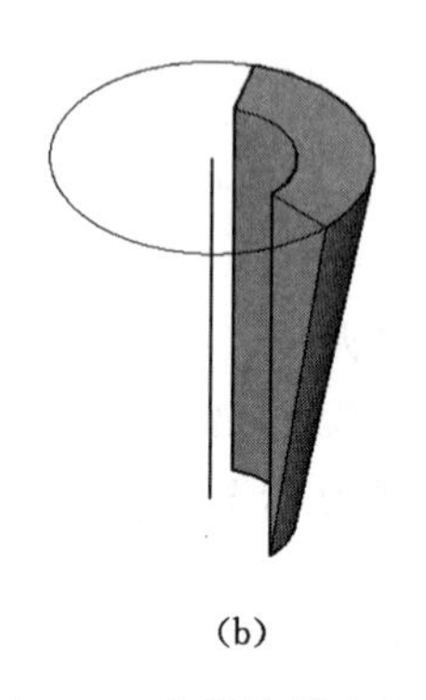
(b)

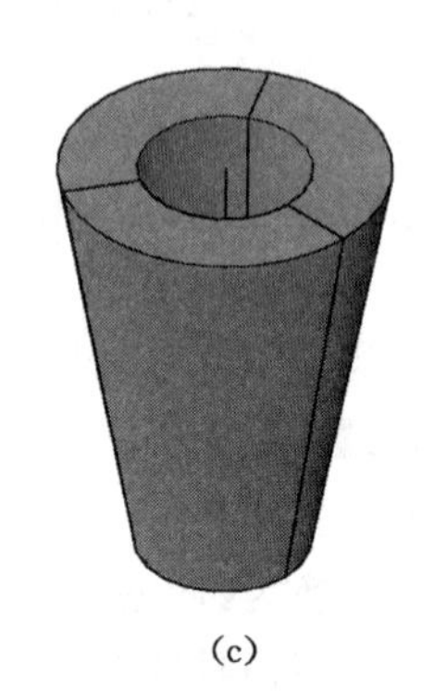
(c)

图 14-12 夹片绘制步骤

②【旋转】。

命令：_revolve

选择要旋转的对象：↙ 单击图 14-12(a)中三角形面域

指定轴起点：↙ 单击图 14-12(a)中辅助线上端点

指定轴端点：↙ 单击图 14-12(a)中辅助线下端点

指定旋转角度：120 或－120 ↵ 输入旋转角度 120°

旋转后如图 14-12(b)所示。

③【环形阵列】。其中心点为辅助线上端点，项目数为 3，阵列后如图 14-12(c)所示。

(5)【移动】夹片进入锥形孔。

命令：_3dmove

选择对象：↙ 选定图 14-13(a)中三块夹片

指定基点：↙ 单击图 14-13(a)中辅助线上端点

指定第二个点：↙ 单击图 14-13(a)中锚筒圆柱顶面圆心

结果如图 14-13(b)所示。

(6)【并集】处理，将锚筒和夹片【并集】成一个整体。

(7)【渲染】。切换为【真实】视觉样式，打开【材质浏览器】对话框，实例中材质选择【镀锌】，类型：常规，类别：钢。【渲染】完成后，效果如图 14-14 所示。

(8) 保存文件“SKM18P-1 锚索锁具.dwg”。在绘图各个步骤中也要注意随时保存，养成绘图好习惯。

14.1.2.3 球形垫圈

垫圈为 60 型万向调心球垫，具体尺寸见图 14-5。

绘制思路：先绘制出一半剖面，然后【旋转】360°。

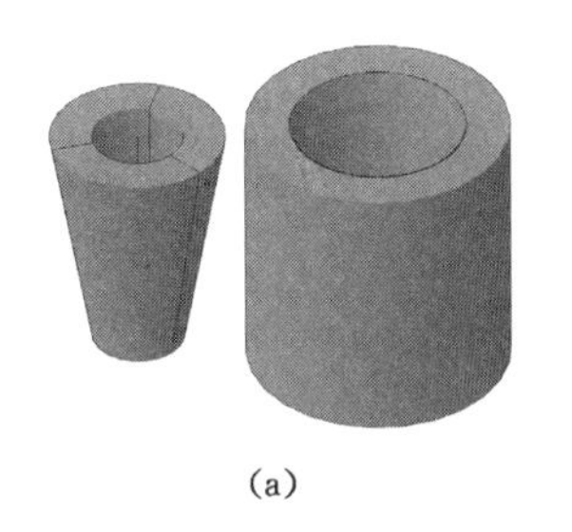
(a)

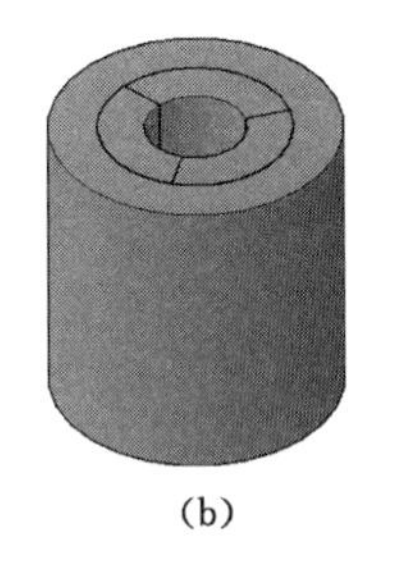
(b)

图 14-13　锚具组装步骤

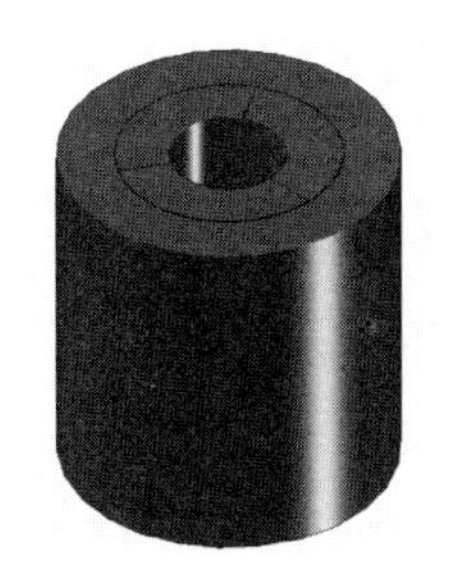

图 14-14　锚具【渲染】后

(1) 建立新文件。新建文件命名为“球形垫圈.dwg”，并保存。

(2) 切换为【前视】视图。

(3) 根据图 14-5 所示尺寸，绘制球形垫圈一半剖面，进行【面域】处理，如图 14-15(a) 所示。

(4)【旋转】。

命令：_revolve	
选择要旋转的对象：↙	单击图 14-15(a)中剖面面域
指定轴起点：↙	单击图 14-15(a)中中心线上端点
指定轴端点：↙	单击图 14-15(a)中中心线下端点
指定旋转角度:360 ↵	输入旋转角度 360°

结果如图 14-15(b)所示。

(5)【渲染】。切换为【真实】视觉样式，打开【材质浏览器】对话框，实例中材质选择【镀锌】，类型：常规，类别：钢。【渲染】完成后，效果如图 14-16 所示。

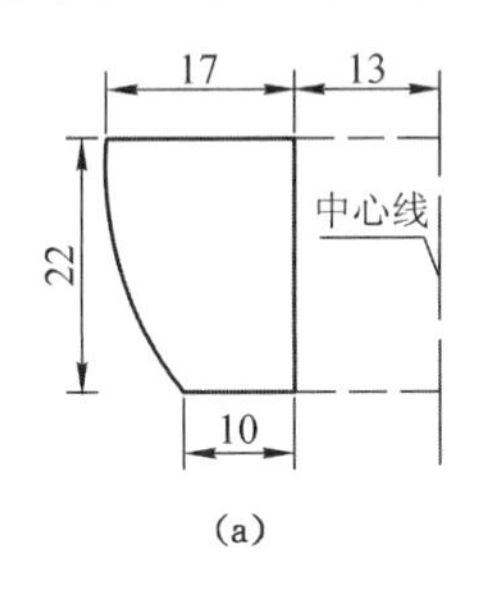

(a)

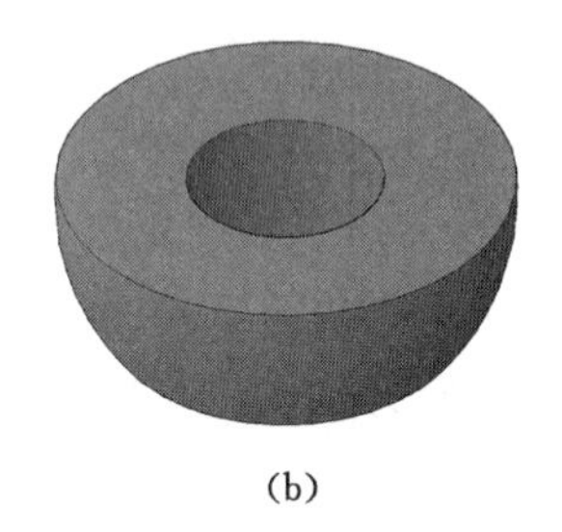
(b)

图 14-15　球形垫圈绘制步骤

图 14-16　球形垫圈【渲染】后

(6) 保存文件“球形垫圈.dwg”。在绘图各个步骤中也要注意随时保存，养成绘图好习惯。

14.1.2.4　碟形托盘

实例中的矿用锚索采用受力更合理的碟形托盘，具体尺寸见图 14-6。

绘制思路：先绘制出一半剖面，然后【旋转】360°。类似于球形垫圈的绘制，只是剖面发生了变化。

(1) 建立新文件。新建文件命名为“碟形托盘.dwg”，并保存。

(2) 切换为【前视】视图。

(3) 绘制碟形托盘一半剖面，其尺寸见图 14-6。对图 14-17(a)中的 1、3 进行【面域】处理，准备【旋转】1 和【拉伸】3。1 和 3 的共用边界需要绘制两次。

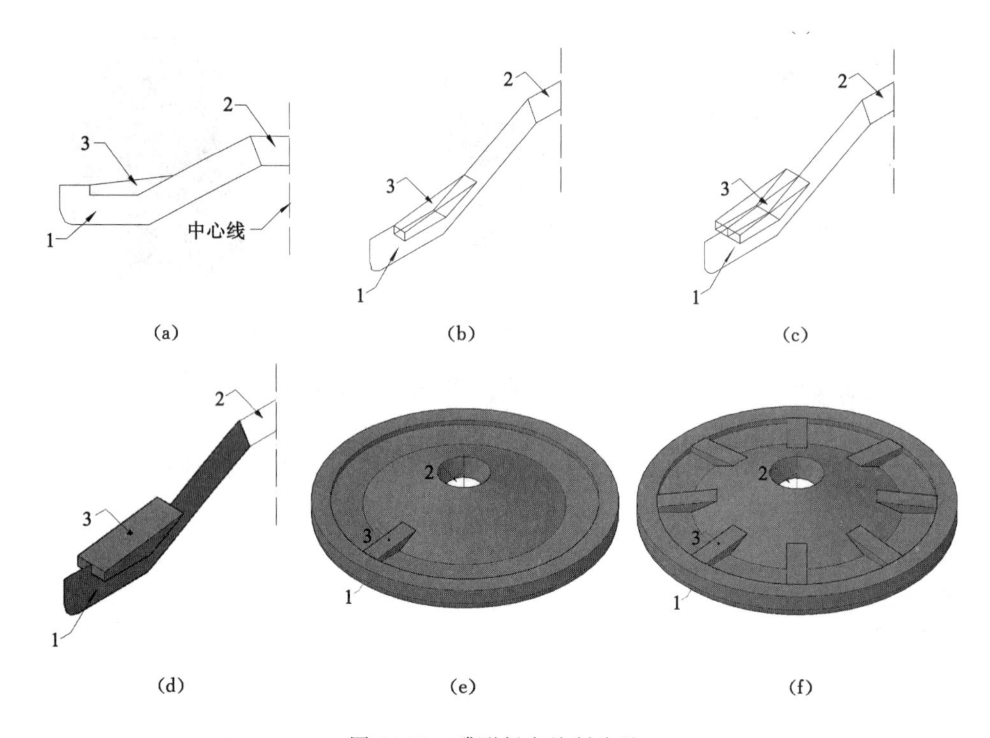

图 14-17　碟形托盘绘制步骤

(4) 对 3 进行【拉伸】、【三维镜像】及【并集】。

①【拉伸】。

命令：_extrude

选择要拉伸的对象：↙　　单击图 14-17(a)中面域 3

指定拉伸的高度或[方向(D)/路径(P)/倾斜角(T)/表达式(E)]:10 ↵　输入面域 3 的半宽

结果如图 14-17(b)所示。

②【三维镜像】。镜像面为剖面，如图 14-17(c)所示。

③【并集】。使对称的 3 成为整体，切换为【概念】视觉样式，如图 14-17(d)所示。

(5) 对 1 进行【旋转】。

命令：_revolve

选择要旋转的对象：↙　　单击图 14-17(d)中面域 1

指定轴起点:↙　　单击图 14-17(d)中中心线上端点

指定轴端点:↙　　单击图 14-17(d)中中心线下端点

指定旋转角度:360 ↵　　输入旋转角度 360°

结果如图 14-17(e)所示。

(6) 对 3 进行【环形阵列】。【环形阵列】的中心点为中心线上端点，项目数为 8，阵列后如图 14-17(f)所示。

(7)【并集】处理，将 1 和 3【并集】成一个整体。

(8)【渲染】。切换为【真实】视觉样式，打开【材质浏览器】对话框，实例中材质选择【镀锌】，类型：常规，类别：钢。【渲染】完成后，如图 14-18 所示。

(9) 保存文件“碟形托盘.dwg”。在绘图各个步骤中也要注意随时保存，养成绘图好习惯。

14.1.2.5　实体对象组装

绘制思路：要把这些分项部件组装在一起，需要有统一的参照。绘制一条辅助线段，通过部件之间的尺寸确定线段长度，然后通过【三维移动】将各部件移动到相应的位置。

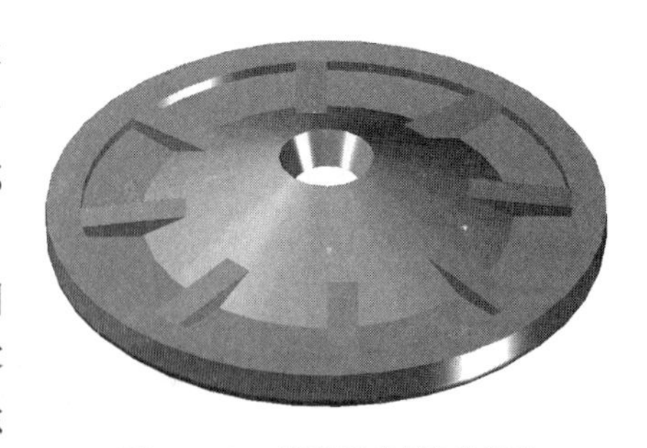
图14-18　碟形托盘【渲染】后

为了使视觉效果明显，只需要从钢绞线中【剖切】出一段500 mm长即可。巷道支护中锚索外露150～200 mm，实例中为180 mm。锚具的夹片考虑到预应力不低于60～80 kN的要求，夹片需要外露3 mm。

(1) 打开“钢绞线.dwg”文件。

(2) 切换为【前视】视觉样式，准备【剖切】。

命令：_slice

选择要剖切的对象：↙　　单击钢绞线

指定切面的起点或[平面对象(O)/曲面(S)/Z轴(Z)/视图(V)/

XY(XY)/YZ(YZ)/ZX(ZX)/三点(3)]<三点>：zx↵　　剖切面平行于ZX面

指定ZX平面上的点：0,500,0↵　　输入剖切面上的一点坐标

在所需的侧面上指定点：↙　　单击(0,500,0)下端任一处

(3) 打开“SKM18P-1锚索锁具.dwg”“碟形托盘.dwg”和“球形垫圈.dwg”文件，将它们复制到“钢绞线.dwg”文件中，如图14-19(b)所示。注意：复制前，要保证这四个文件的视图都是【西南等轴测】视图，且坐标系方向一致，如图14-19(a)所示；否则，会出现各部件相互之间的空间位置不利于组装。

(4) 组装。

① 锚具的夹片外露3 mm。

命令：_3dmove

选择对象：↙　　选定夹片

指定基点或[位移(D)]<位移>：↙　　单击夹片上端圆心

指定第二个点或<使用第一个点作为位移>：@0,0,3↵　　外露长度为3 mm

结果如图14-19(c)所示。

② 作辅助线。作辅助线ABCD，如图14-19(d)所示。辅助线的长度是基于各部件的相对位置确定的，15 mm为球形垫圈与碟形托盘间距，如图14-19(e)所示；54 mm为锚具夹片外露3 mm后的总高度；180 mm为锚索外露长度。

③【三维移动】。

a. 移动锚具：

命令：_3dmove

选择对象：↙　　选定锚具

指定基点或[位移(D)]<位移>：↙　　单击夹片上端圆心

指定第二个点或<使用第一个点作为位移>：↙　　单击B点

b. 移动球形垫圈：

命令：_3dmove

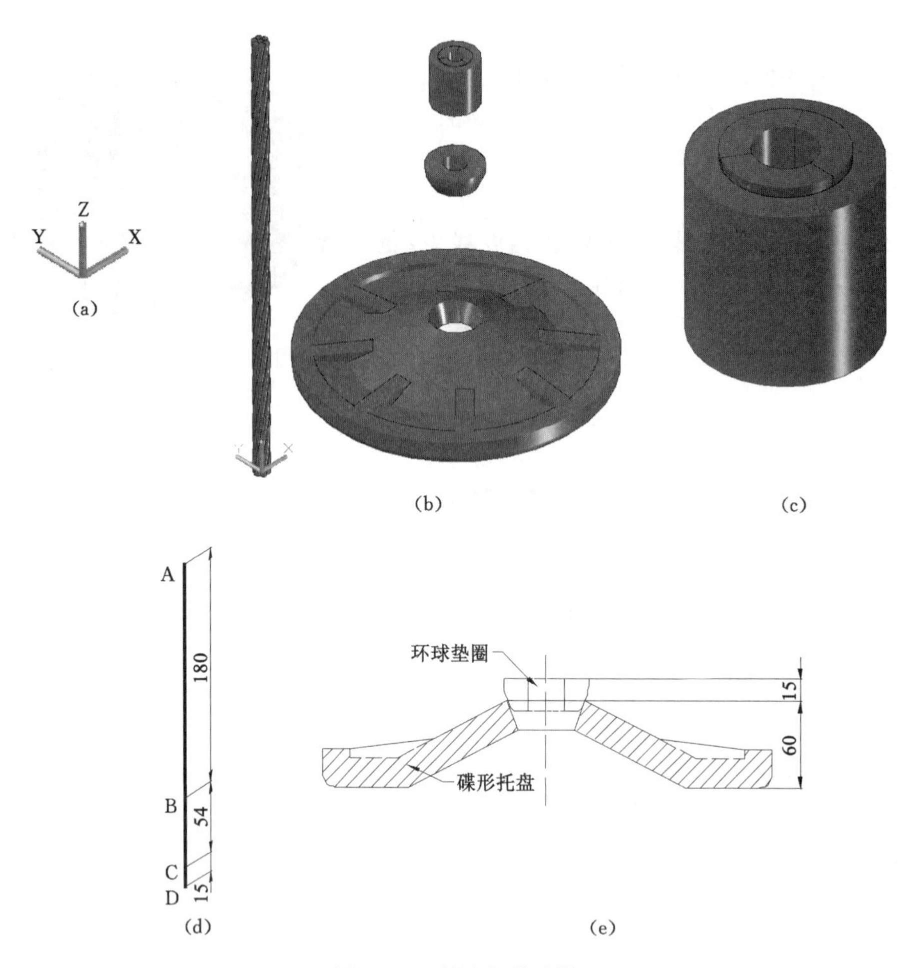

图 14-19 锚索组装步骤

选择对象：↙ 选定球形垫圈
指定基点或［位移(D)］＜位移＞：↙ 单击垫圈上端圆心
指定第二个点或＜使用第一个点作为位移＞：↙ 单击 C 点

c. 移动碟形托盘：

命令：_3dmove
选择对象：↙ 选定碟形托盘
指定基点或［位移(D)］＜位移＞：↙ 单击托盘上端孔口圆心
指定第二个点或＜使用第一个点作为位移＞：↙ 单击 D 点

d. 移动钢绞线：

命令：_3dmove
选择对象：↙ 选定钢绞线
指定基点或［位移(D)］＜位移＞：↙ 单击钢绞线上端中丝圆心
指定第二个点或＜使用第一个点作为位移＞：↙ 单击 A 点

调整视图，切换为【真实】视觉样式，如图 14-20 所示。

(5) 另存为“锚索组装效果图. dwg”。在绘图各个步骤中也要注意随时保存，养成绘图好习惯。

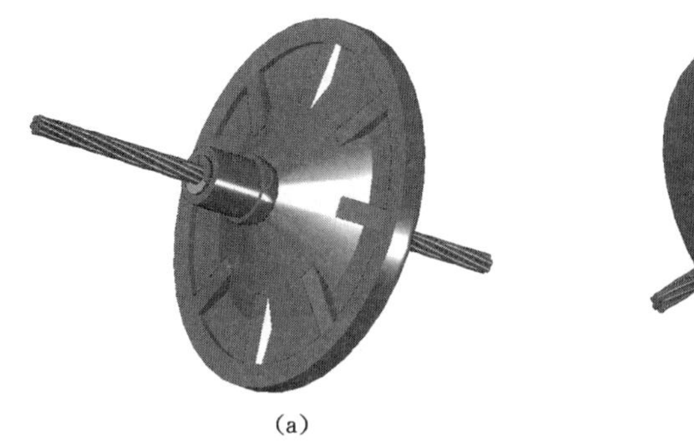
(a)

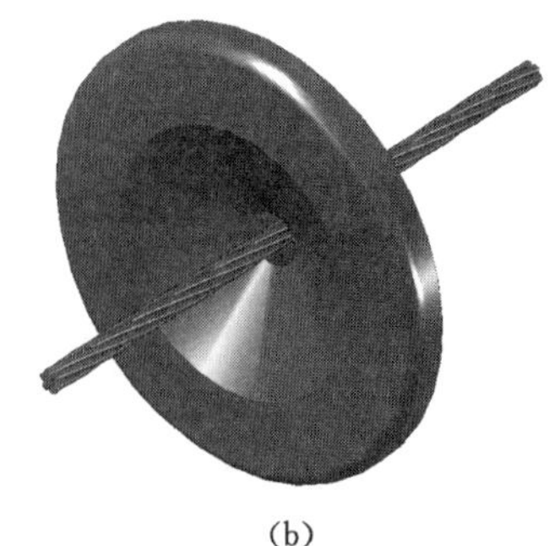
(b)

图 14-20　三维锚索组装后

14.2　U 型钢拱形可缩支架三维绘制

14.2.1　审图

U 型钢拱形可缩支架又称为 U 形棚，为金属支架的一种。U 型钢拱形可缩支架最大的特点是具有一定的可缩量，对围岩既有“抗”的一面，又有“让”的一面。尤其是矿井进入深井开采后，地压大，纯粹的抵抗围岩变形是行不通的，必须使支护结构适应围岩的变形，以允许围岩松动圈的适当扩展为代价，来实现较小的围岩应力。U 型钢拱形可缩支架支护即基于以上原理。

U 型钢拱形可缩支架按每米型钢理论质量可分为 U18、U25、U29 和 U36 几种。U18 由于承载能力很低，现在很少用。实例中，以 U36 为绘制对象，支架节数为 3 节，每 3 排支架被一根拉杆连接在一起，以提高支架稳定性；棚腿“鞋”为焊接在 U36 型钢棚腿底部的钢板，以减少支架对地比压，防止陷入底板；配套的 U36 卡揽为两节 U36 型钢的连接和锁紧装置，实例中有 4 个 U36 卡揽，左右棚腿各 2 个；限位器的作用为限制支架的可缩量，实例中有 2 个限位器，左右棚腿各 1 个，每个限制可缩量为 100 mm。如图 14-21 所示。

图 14-21　U36 型钢支架组装效果图

U 型钢拱形可缩支架主要分四部分来绘制：① U36 型钢及棚腿“鞋”；② U36 卡揽；③ 拉杆；④ 组装及添加限位器。

U36 型钢支架和卡揽尺寸如图 14-22、图 14-23 所示。

14.2.2　分项绘制

14.2.2.1　U36 型钢

绘制思路：① 绘制 U36 型钢断面；② 绘制出拉伸路径，按路径【拉伸】；③ 绘制棚腿“鞋”。

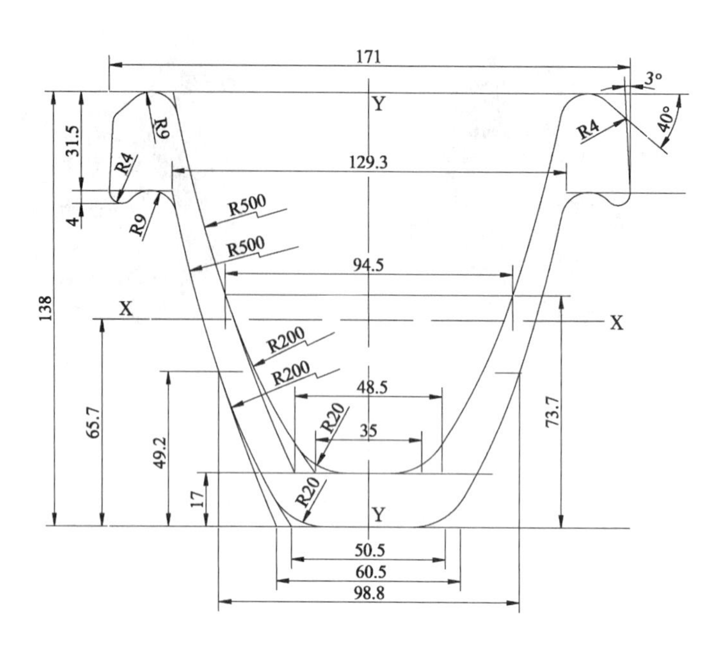

图 14-22　U36 型钢断面

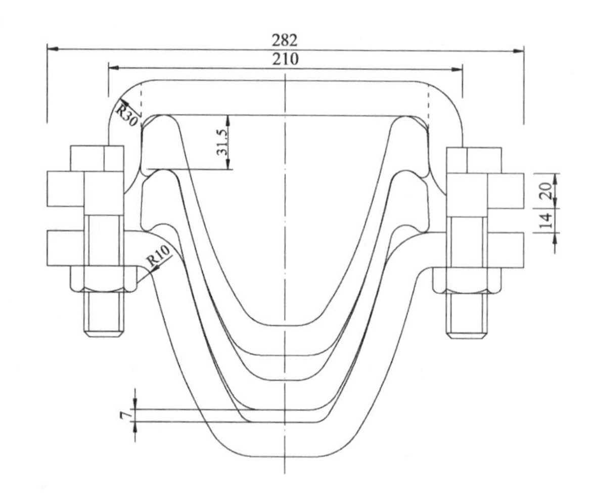

图 14-23　U36 卡揽断面

(1) 建立新文件。新建文件命名为“U36 型钢.dwg”,并保存。

(2) 使用【俯视】视图。绘制 U36 型钢断面,尺寸见图 14-22,进行【面域】处理,便于【拉伸】。

(3) 绘制 U36 型钢拉伸路径,尺寸见图 14-24。直墙半圆拱巷道断面尺寸如图 14-25 所示。

① 切换为【前视】视图。

② 左棚腿路径。

a. 直线段:(0,0,0)→(0,1600,0)。亦可开启【正交模式】(按 F8 键),确定方向后输入距离 1600 mm。

b. 圆弧段:使用【圆弧】命令中的“圆心,起点,角度”先画出 45°对应的圆弧段。

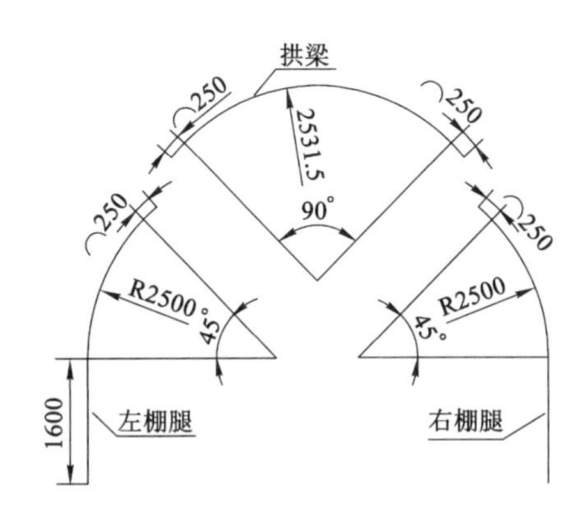

图 14-24 三节式 U36 型钢拉伸路径

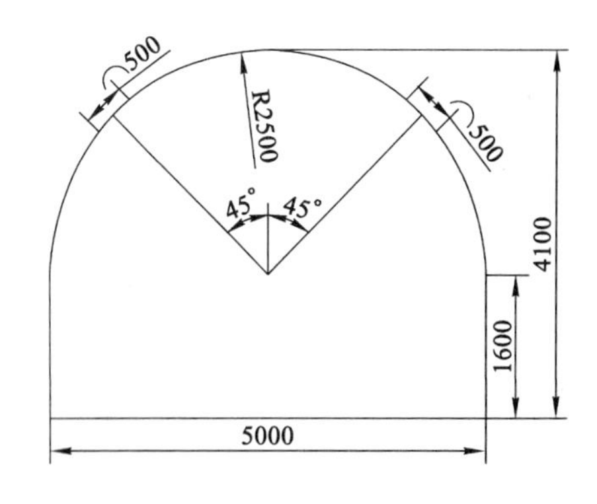

图 14-25 直墙半圆拱巷道断面

命令：_arc
指定圆弧的起点或［圆心(C)］：_c
指定圆弧的圆心：2500,1600,0 ↲　　　　输入圆心坐标
指定圆弧的起点：↙　　　　单击直线段上端点
指定圆弧的端点或［角度(A)/弦长(L)］：_a
指定包含角：－45 ↲　　　　输入圆弧包含角度

③ 拱梁路径(考虑到 U36 型钢搭接，故拱梁圆弧路径的半径比左右棚腿的圆弧半径多出 31.5 mm，如图 14-23 所示)。

a. 圆弧起点：

命令：_line
指定第一个点：↙　　　　单击棚腿圆弧圆心
指定下一点或［放弃(U)］：@2531.5<45 ↲　　　　两节 U36 型钢搭接，拱梁圆弧的半径为 2500 mm＋31.5 mm＝2531.5 mm

b. 圆弧：

命令：_arc
指定圆弧的第二个点或［圆心(C)/端点(E)］：_c
指定圆弧的圆心：↙　　　　单击圆弧圆心
指定圆弧的起点或［圆心(C)］：↙　　　　单击圆弧起点
指定圆弧的端点或［角度(A)/弦长(L)］：_a
指定包含角：－90 ↲　　　　输入拱梁对应弧度

④ U36 型钢搭接处。以上绘制的左棚腿和拱梁路径“缺”搭接，搭接长度为 500 mm。

命令：len
选择对象或［增量(DE)/百分数(P)/全部(T)/动态(DY)］：de ↲
输入长度增量或［角度(A)］：250 ↲　　　　增量为 250 mm
选择要修改的对象或［放弃(U)］：↙　　　　选定需要搭接的圆弧段

⑤【合并】左棚腿直线段和圆弧段，便于 U36 型钢断面【拉伸】。

完成以上步骤得到 U36 型钢拉伸路径(无右棚腿拉伸路径，因为只要绘制出左棚腿即可通过【镜像】得右棚腿)。

(4) 左棚腿。

① 调整 U36 型钢断面，使其垂直于左棚腿路径，如图 14-26 所示。

②【拉伸】。

命令：_extrude

选择要拉伸的对象：↙　　　选定 U 型钢面域

指定拉伸的高度或 [方向(D)/路径(P)/倾斜角(T)/表达式(E)]：p ↵　　　按路径(P)拉伸

选择拉伸路径或 [倾斜角(T)]：↙　　　单击左棚腿路径

(5) 拱梁。

① 调整 U36 型钢断面，使其位于拱梁路径中点并垂直于拱梁路径，如图 14-27 所示。

图 14-26　左棚腿拉伸前　　　　图 14-27　拱梁拉伸前

②【拉伸】。

命令：_extrude

选择要拉伸的对象：↙　　　选定 U 型钢面域

指定拉伸的高度或 [方向(D)/路径(P)/倾斜角(T)/表达式(E)]：p ↵　　　按路径(P)拉伸

选择拉伸路径或 [倾斜角(T)]：↙　　　单击拱梁路径

(6)【镜像】得右棚腿。

(7) 绘制 U36 型钢棚腿“鞋”。

① 根据 U36 型钢断面轮廓绘制出棚腿“鞋”断面，进行【面域】处理，准备【拉伸】，如图 14-28(a)所示。

②【拉伸】。

命令：_extrude

选择要拉伸的对象：↙　　　选定“鞋”面域

指定拉伸的高度或 [方向(D)/路径(P)/倾斜角(T)/表达式(E)]：20 ↵　　　“鞋”厚为 20 mm

结果如图 14-28(b) 所示。

③【移动】棚腿底部，【镜像】得到另一侧棚腿“鞋”，如图 14-28(c)所示。

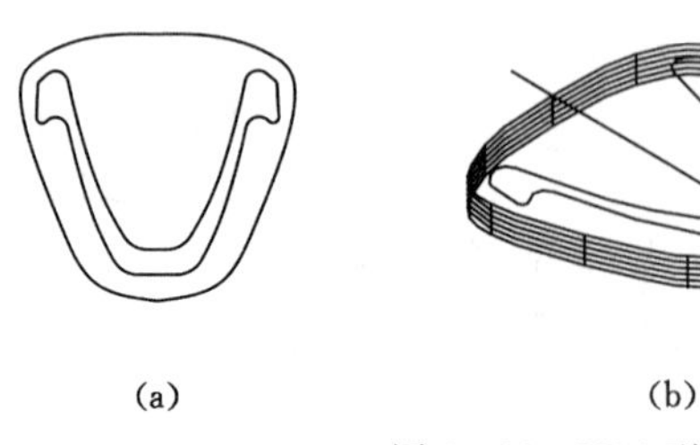

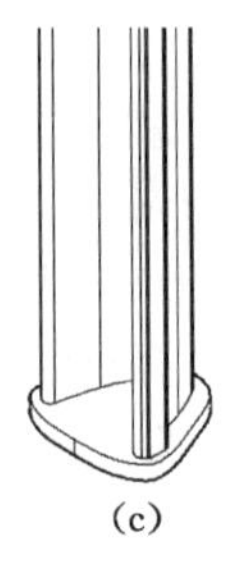

(a)　　(b)　　(c)

图 14-28　U36 型钢棚腿“鞋”

(8) 设置【视觉样式】。为了更好地观察效果，打开【视觉样式管理器】，切换为【真实】视觉样式，设置【光源】中【光显强度】值为 80，其余设置沿用默认值，如图 14-29 所示。

(9)【渲染】。选择【菜单栏】→【渲染】→【材质浏览器】，将相应的材质用鼠标左键拖动到需要渲染的部件上。实例中考虑到井下潮湿空气对型钢的锈蚀，选择【铁锈】，类型：常规，类别：金属，如图 14-30 所示。当然还可以选择其他材质，亦可以打开相应的【材质编辑器】修改各个参数。限于篇幅，此处不再赘述。【渲染】完成后，如图 14-31 所示。

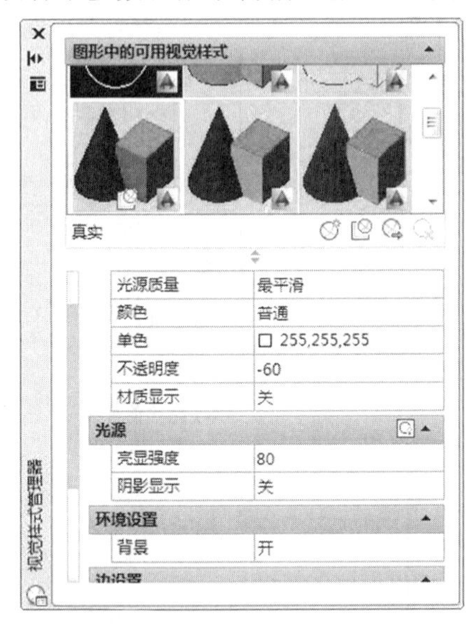

图 14-29　【真实】视觉样式设置

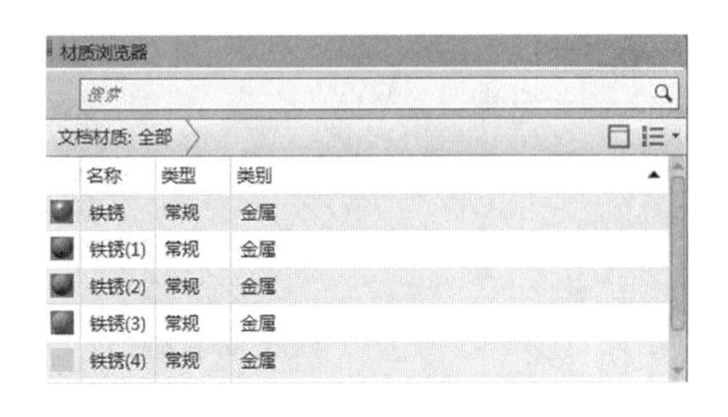

图 14-30　【材质浏览器】对话框

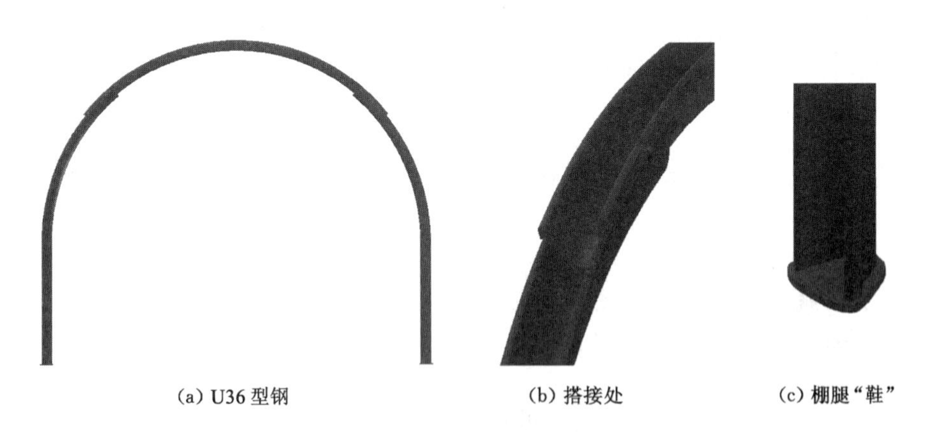

(a) U36 型钢　　(b) 搭接处　　(c) 棚腿"鞋"

图 14-31　【渲染】效果图

(10)【并集】处理，将左右棚腿、拱梁和棚腿"鞋"【并集】成一个整体。

(11) 保存文件"U36 型钢.dwg"。在绘图各个步骤中也要注意随时保存，养成绘图好习惯。

14.2.2.2　U36 卡揽

绘制思路：① 绘制卡揽的上、下槽形夹板；② 在夹板上穿孔；③ 绘制螺栓；④ 组装。

实例中采用与 U36 型钢配套的 U36 双槽形夹板式卡揽，它由两块槽形夹板和一对螺栓组成，具有强度高、刚性较大、支架可缩性能好、工作阻力稳定、型钢滑移平稳等优点。

（1）建立新文件。新建文件命名为“U36 卡揽.dwg”，并保存。

（2）切换为【前视】视图。绘制 U36 卡揽断面，尺寸见图 14-32，使其与 U36 型钢平滑接触，进行【面域】处理，便于【拉伸】。

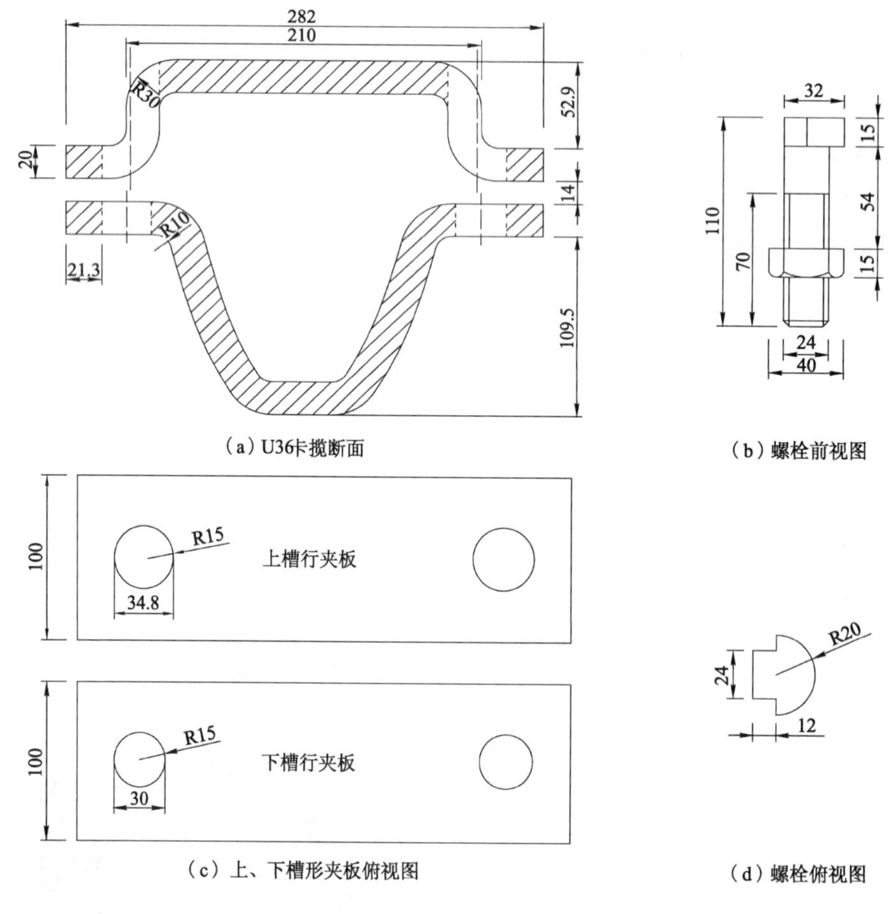

图 14-32　U36 卡揽尺寸

（3）切换为【西南等轴测】视图，经【拉伸】得上、下槽形夹板。

命令：_extrude

选择要拉伸的对象：↙　　单击上槽形夹板面域

指定拉伸的高度或［方向(D)/路径(P)/倾斜角(T)/表达式(E)］：100 ↲　　卡揽宽度为 100 mm

采用同样的方法【拉伸】下槽形夹板，宽度亦为 100 mm，如图 14-33(a)所示。为了方便观察，采用【真实】视觉样式，修改【光显强度】值为 50，其余采用默认。为了方便在上、下夹板上穿孔，可以先将上夹板向后【三维移动】 200 mm，如图 14-33(b)所示。

命令：_3dmove

选择对象：↙　　单击上槽形夹板

指定基点或［位移(D)］<位移>：d ↲

指定位移：@0,0,200 ↲　　向后移动 200 mm

（4）下槽形夹板穿孔。下槽形夹板上的螺栓孔尺寸见图 14-32(c)。

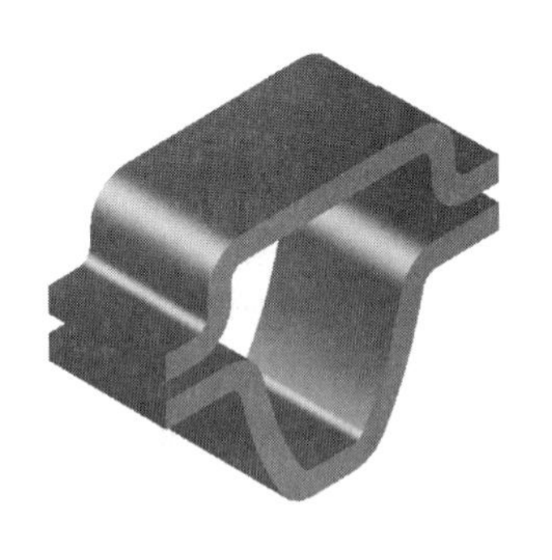

(a)【拉伸】后效果图

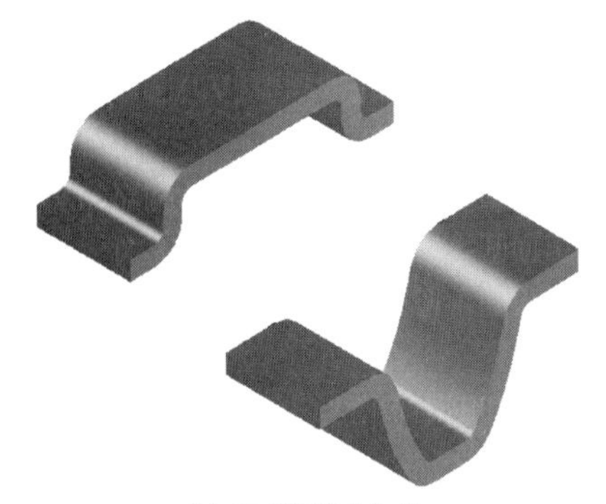

(b)【三维移动】后

图 14-33　上、下槽形夹板

① 调整坐标系，如图 14-34(a)所示。

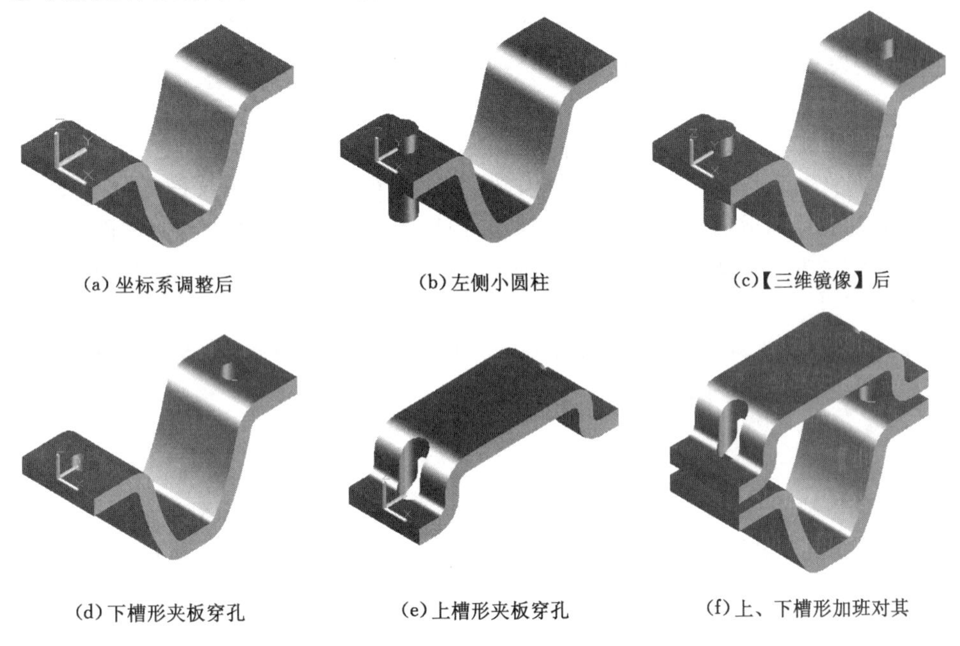

(a) 坐标系调整后　(b) 左侧小圆柱　(c)【三维镜像】后

(d) 下槽形夹板穿孔　(e) 上槽形夹板穿孔　(f) 上、下槽形加班对其

图 14-34　上、下槽形夹板穿孔步骤

② 绘制小圆柱。

a. 绘制左侧小圆柱：

命令：_cylinder

指定底面的中心点：0,36.3,20 ↵

21.3 mm+15 mm=36.3 mm，其中 21.3 mm 为孔边距夹板边缘距离；15 mm 为孔半径

指定底面半径或［直径(D)］：15 ↵

孔半径为 15 mm

指定高度或［两点(2P)/轴端点(A)］：100 ↵

圆柱高度尺寸是为了方便观察及差集运算

结果如图 14-34(b) 所示。

b.【三维镜像】得右侧小圆柱：

命令：_mirror3d

选择对象：↙ 　　单击左侧圆柱

指定镜像平面（三点）的第一个点或[对象(O)/最近的(L)/Z 轴(Z)/视图(V)/XY 平面(XY)/YZ 平面(YZ)/ZX 平面(ZX)/三点(3)]＜三点＞：zx ↵ 　　镜像面平行于 ZX 面

指定 ZX 平面上的点：0,141,0 ↵ 　　镜像面上的一点，141 mm 为夹板长度(282 mm)的一半

是否删除源对象？[是(Y)/否(N)]＜否＞：↵

如图 14-34(c) 所示。

c.【差集】除去小圆柱，如图 14-34(d) 所示。

(5) 上槽形夹板穿孔。绘制步骤相似于下槽形夹板穿孔，此处不再赘述。上槽形夹板上的螺栓孔尺寸如图 14-32(c)所示，注意并非圆孔。穿孔后如图 14-34(e)所示。

(6) 将上、下槽形夹板对齐。在前面第(3)步骤中，为了便于穿孔和观察，曾将上槽形夹板向后移动了 200 mm。现在穿孔完成后，【三维移动】恢复上、下夹板对齐状态，如图 14-34(f)所示。

(7) 绘制螺栓。

绘制思路：① 绘制螺帽；② 绘制螺杆；③ 绘制螺杆外螺纹，外螺纹是由【差集】除去附着在螺杆上的螺旋体而成的；④ 绘制 M24 螺母，内螺纹是在孔壁上附着螺旋体而成的。

保持坐标系方向不变，XY 面平行于槽形夹板平面，如图 14-34(a)所示。视图为【西南等轴测】。

① 螺帽。绘制螺帽断面，尺寸如图 14-32(d)所示，进行【面域】处理，准备【拉伸】；在螺帽中心作辅助“十”字，便于【三维移动】定位，如图 14-35(a)所示。

命令：_extrude

选择要拉伸的对象：↙ 　　单击螺帽面域

指定拉伸的高度或[方向(D)/路径(P)/倾斜角(T)/表达式(E)]：15 ↵ 　　螺帽高 15 mm

调整坐标系，将坐标系原点移动到螺帽“十”字中心，如图 14-35(b)所示。

② 螺杆。

命令：_cylinder

指定底面的中心点：0,0,−15 ↵ 　　位于螺帽正下方

指定底面半径或[直径(D)]：12 ↵ 　　螺杆半径 12 mm

指定高度或[两点(2P)/轴端点(A)]：95 ↵ 　　螺杆长 95 mm

结果如图 14-35(c)所示。

③ 螺杆外螺纹。

a.【螺旋线】：

命令：＜正交 开＞ 　　谨记：开启正交模式，便于扫掠对象垂直于螺旋线

命令：helix

指定底面的中心点：0,0,−115 ↵ 　　螺旋线起始处在螺杆下方 5 mm，便于生成平滑的螺纹

指定底面半径或[直径(D)]：12 ↵ 　　等于螺杆半径 12 mm

指定顶面半径或 [直径(D)]: 12 ↲	等于螺杆半径 12 mm
指定螺旋高度或 [轴端点(A)/圈数(T)/圈高(H)/扭曲(W)]: h ↲	选圈高(H)项，圈高即螺距
指定圈间距: 3 ↲	螺距为 3 mm
指定螺旋高度或 [轴端点(A)/圈数(T)/圈高(H)/扭曲(W)]: 80 ↲	螺纹段高度为 70 mm，绘制螺旋线高度上下各多出 5 mm，是为了使最终生成的螺纹平滑

结果如图 14-35(d)所示。

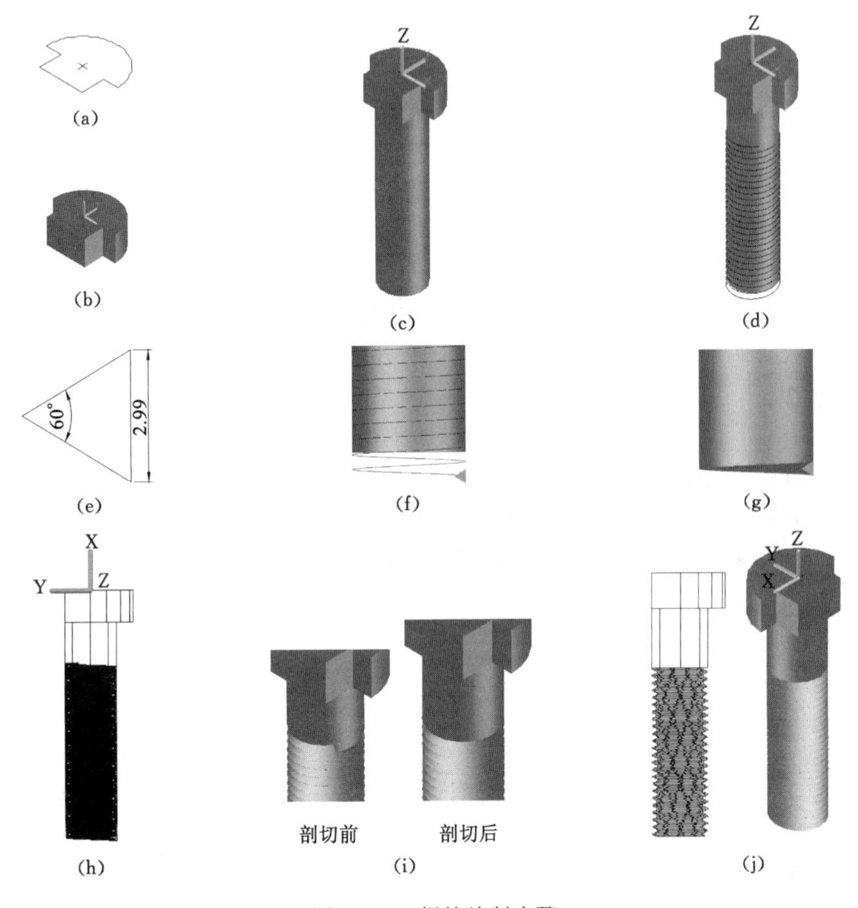

图 14-35　螺栓绘制步骤

b. 切换为【前视】视图，绘制正三角形，边长为 2.99 mm<螺旋线圈高 3 mm，如图 14-35(e)所示(扫掠生成的螺旋体不能相交或相切，若边长为 3 mm，会使得扫掠后螺旋体上、下相切，此时 AutoCAD 会提示："无法扫掠 1 个选定的对象"。所以正三角形边长要略小于圈高)。

c. 【扫掠】：扫掠前将正三角形作【面域】处理，通过【移动】，如图 14-35(f)所示。

命令: _sweep	
选择要扫掠的对象: ↙	单击正三角形面域
选择扫掠路径或 [对齐(A)/基点(B)/比例(S)/扭曲(T)]: ↙	单击螺旋线

结果如图 14-35(g)所示。

d.【剖切】螺旋体：螺杆外螺纹段高度为 70 mm，为了使生成的螺纹更平滑，螺旋线高度设为 80 mm，附着在螺杆上的高度为 75 mm，这里需【剖切】多出的 5 mm 高螺旋体。【剖切】前将坐标轴原点调整到螺帽所在平面上(因为上一步中切换为【前视】视图时，默认使用了【世界】坐标系)，如图 14-35(h)所示。

命令：_slice
选择要剖切的对象：↙　　　　单击螺旋体
指定 切面 的起点或［平面对象(O)/曲面(S)/Z 轴(Z)/视图(V)/XY(XY)/YZ(YZ)/ZX(ZX)/三点(3)］<三点>：yz ↵　　　　剖切面平行于 YZ 面
指定 YZ 平面上的点：−40,0,0 ↵　　　　螺纹段上端距螺帽上表面 40 mm
在所需的侧面上指定点：↙　　　　在所需侧单击任一点

剖切前后对比如图 14-35(i)所示。

e.【差集】除去螺杆外附着的螺旋体，生成平滑的螺纹，如图 14-35(j)所示。

(8) 绘制螺栓配套的 M24 螺母。为了便于组装，坐标系方向不变，如图 14-35(j)所示。视图为【西南等轴测】。

① 绘制螺母断面，进行【面域】处理，并在六边形中心作辅助“十”字，便于【三维移动】定位，如图 14-36(a)所示。

②【拉伸】。

命令：_extrude
选择要拉伸的对象：↙　　　　单击六边形面域
指定拉伸的高度或［方向(D)/路径(P)/倾斜角(T)/表达式(E)］：15 ↵　　　　螺母高 15 mm

调整坐标系，使得坐标原点位于“十”中心，将此坐标系保存为【螺母坐标系】，方便【剖切】多出的螺旋体，如图 14-36(b)所示。

③ 绘制小圆柱。

命令：_cylinder
指定底面的中心点：↙　　　　单击“十”字中心
指定底面半径或［直径(D)］：12 ↵　　　　螺母内螺纹半径
指定高度或［两点(2P)/轴端点(A)］：15 ↵　　　　等于螺母高度

结果如图 14-36(c)所示。

④【差集】除去小圆柱，如图 14-36(d)所示。

⑤ 螺母内螺纹。

a.【螺旋线】：

命令：<正交 开>　　　　开启正交模式
命令：helix
指定底面的中心点：0,0,−20 ↵　　　　螺旋线起始处位于螺母下方 5 mm
指定底面半径或［直径(D)］：12 ↵　　　　等于圆孔半径 12 mm
指定顶面半径或［直径(D)］：12 ↵　　　　等于圆孔半径 12 mm
指定螺旋高度或［轴端点(A)/圈数(T)/圈高(H)/扭曲(W)］：h ↵　　　　选圈高(H)项，圈高即螺距
指定圈间距：3 ↵　　　　与螺杆外螺纹配套
指定螺旋高度或［轴端点(A)/圈数(T)/圈高(H)/扭曲(W)］：25 ↵　　　　螺纹段高度为 15 mm，

绘制螺旋线高度上、下各多出 5 mm，是为了最终生成的螺纹平滑

结果如图 14-36(e)所示。

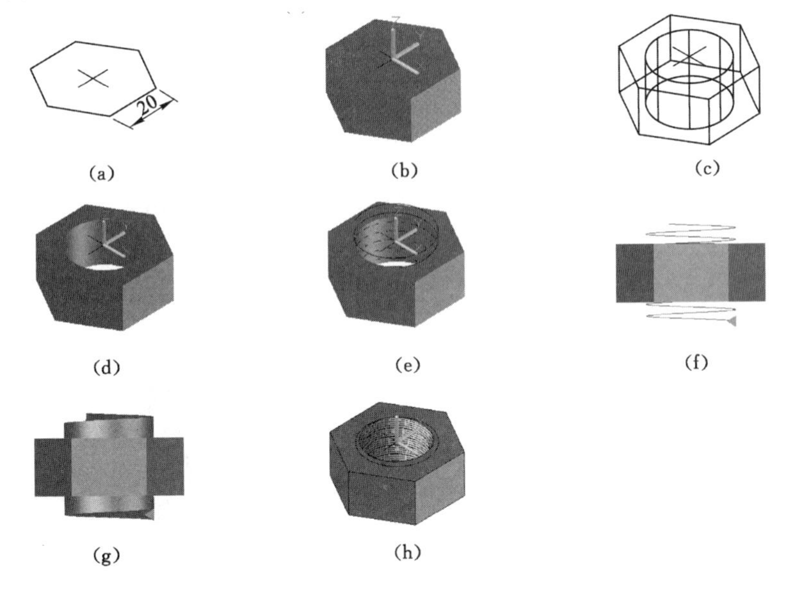

图 14-36　M24 螺母绘制步骤

b. 切换为【前视】视图，绘制正三角形牙形，与螺杆外螺纹牙形相同，如图 14-36(e)所示。

c. 【扫掠】：扫掠前将正三角形作【面域】处理，通过【移动】，如图 14-36(f)所示。

命令：_sweep

选择要扫掠的对象：↙　　单击正三角形面域

选择扫掠路径或［对齐(A)/基点(B)/比例(S)/扭曲(T)］：↙　　单击螺旋线

结果如图 14-36(g)所示。

d. 将坐标系切换为【螺母坐标系】。

e. 【剖切】螺旋体：【剖切】除去螺母上表面多出的螺旋体。

命令：_slice

选择要剖切的对象：↙　　单击螺旋体

指定 切面 的起点或［平面对象(O)/曲面(S)/Z 轴(Z)/视图(V)/XY(XY)/YZ(YZ)/ZX(ZX)/三点(3)］<三点>：xy ↵　　剖切面平行于 XY 面

指定 XY 平面上的点：0,0,0 ↵　　剖切面：螺母上表面

在所需的侧面上指定点：↙　　在所需要侧单击任一点

【剖切】除去螺母下表面多出的螺旋体与上述操作步骤类似。剖切面仍平行于 XY 面，(0,0,－15)为剖切面上一点。为了便于观察内螺纹，设置【真实】视觉样式中【边设置】的【显示】为【素线】，其余设置沿用默认，如图 14-36(h)所示。

(9) 组装螺母和螺栓。

① 作辅助线，起点为螺母“十”字中心，高度为 14 mm＋20 mm×2＋15 mm＝69mm，其

中,14 mm 为上、下槽形夹板之间的距离;20 mm 为上、下槽形夹板厚度;15 mm 为螺帽厚度。如图 14-37(a)所示。

② 【三维移动】。

命令: _3dmove

选择对象: ↙ 选定螺母

指定基点或 [位移(D)] <位移>:↙ 单击辅助线上端点

指定第二个点或 <使用第一个点作为位移>:↙ 单击螺帽上"十"字中心

结果如图 14-37(b)所示。

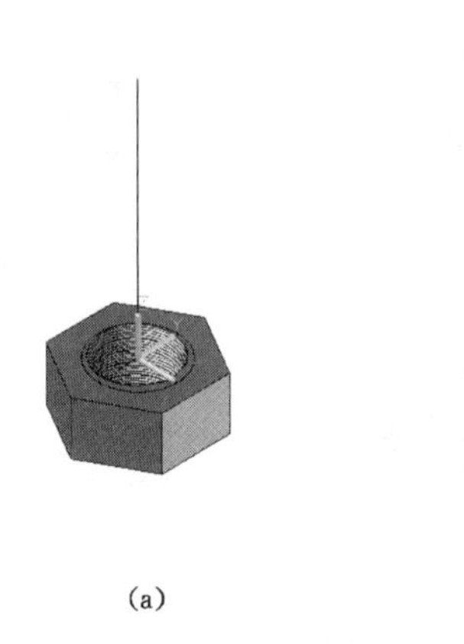

(a)

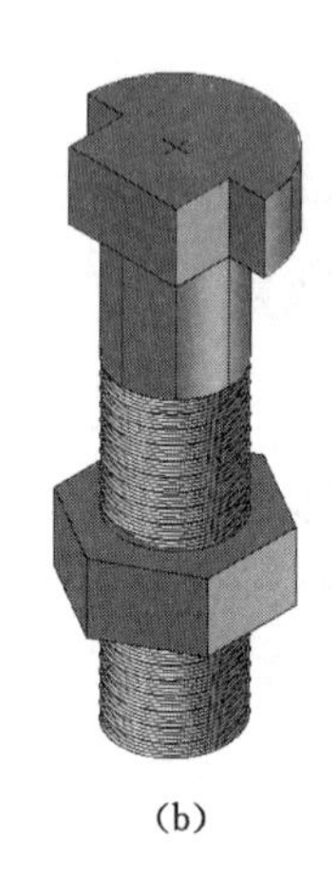

(b)

图 14-37 M24 螺母和螺栓组装步骤

(10)【并集】。将螺母、螺杆和螺帽【并集】为一个整体,便于【三维移动】。

(11) 组装螺栓与槽形夹板。

① 调整坐标系,如图 14-38(a)所示。

② 调整螺栓和槽形夹板的相对位置。由于之前绘制的螺栓是配合槽形夹板右侧孔的,所以这里需进行【三维镜像】处理,如图 14-38(b)所示。

③ 【三维移动】。

命令: _3dmove

选择对象:↙

指定基点或 [位移(D)] <位移>:↙ 单击螺帽上"十"字中心

指定第二个点: 0,36.3,15 ↵ 此点位于下槽形夹板圆孔中心线上,距离上槽形夹板上表面 15 mm,正好等于螺帽厚度

左侧螺栓已组装好,如图 14-38(c)所示。

④ 【三维镜像】得到右侧螺栓,如图 14-38(d)所示。

(12)【渲染】。选择【菜单栏】→【渲染】→【材质浏览器】,将相应的材质用鼠标左键拖动到需要渲染的部件上。上、下槽形夹板采用【板】,类型:常规,类别:钢;螺栓采用【镀锌】,类型:常规,类别:钢。【渲染】效果如图 14-39(b) 所示。当然亦可尝试其他材质,熟练操作。

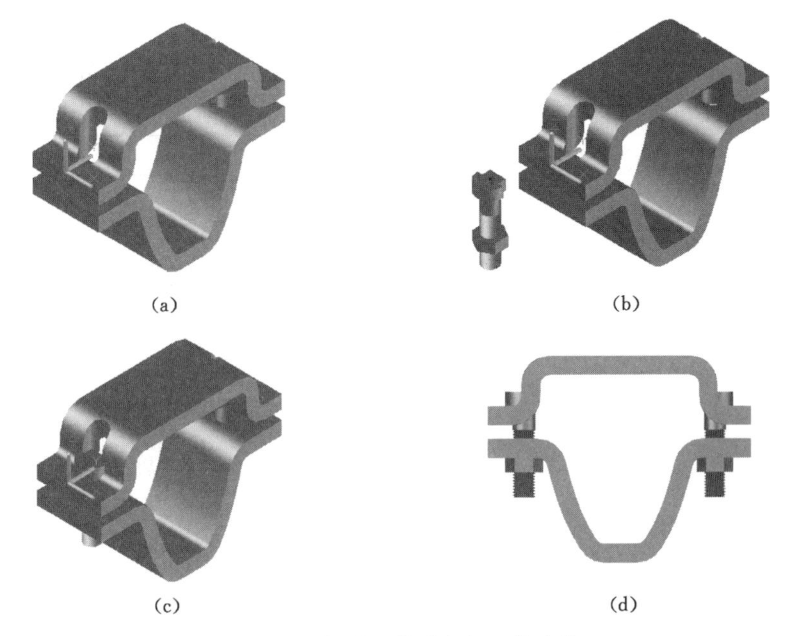

(a)　(b)　(c)　(d)

图 14-38　螺栓和槽形夹板组装步骤

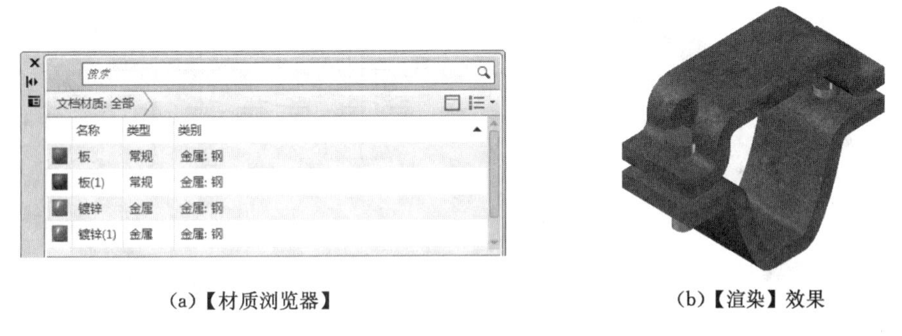

(a)【材质浏览器】　(b)【渲染】效果

图 14-39　U36 卡揽【渲染】效果图

(13)【并集】处理。将上、下槽形夹板与螺栓【并集】成一个整体，便于以后与 U36 型钢组装。

(14) 保存文件“U36 卡揽. dwg”。在各个操作步骤中也要随时注意保存，养成作图好习惯。

14.2.2.3　拉杆

绘制思路：① 绘制拉杆断面，【拉伸】处理；② 根据 U36 型钢轮廓绘制“凹”状体，【差集】处理；③ 绘制 U 形螺杆；④ 绘制配套螺母 M16；⑤ 组装。

拉杆是 U 型钢支架的辅助构件，主要作用将若干 U 型钢支架连接成一个整体，增强其稳定性。

(1) 建立新文件。新建文件命名为“拉杆. dwg”，并保存。

(2) 使用【左视】视图。绘制拉杆断面，尺寸如图 14-40 所示，并进行【面域】处理，便于【拉伸】。

(3) 切换为【西南等轴测】视图，准备【拉伸】。

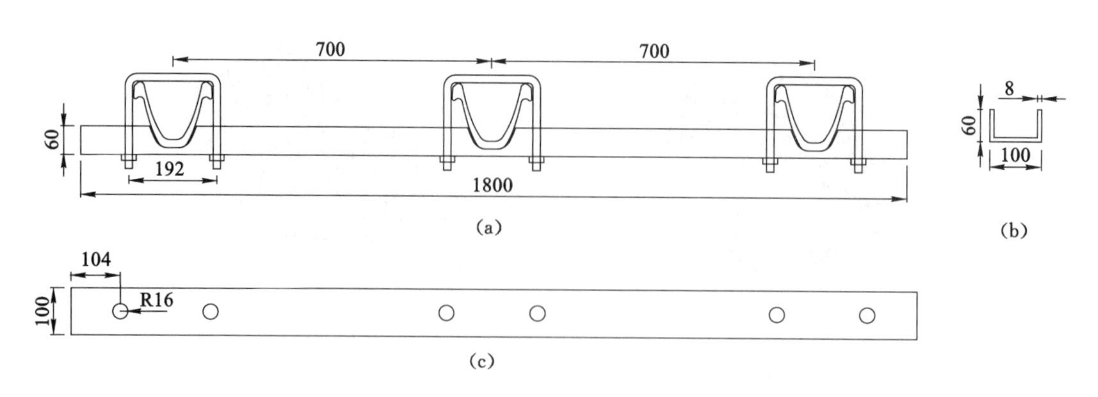

图 14-40　拉杆尺寸

命令：_extrude

选择要拉伸的对象：↙　　选定拉杆断面面域

指定拉伸的高度或［方向(D)/路径(P)/倾斜角(T)/表达式(E)］：1800 ↵　　一根拉杆长度

结果如图 14-41(a)所示。

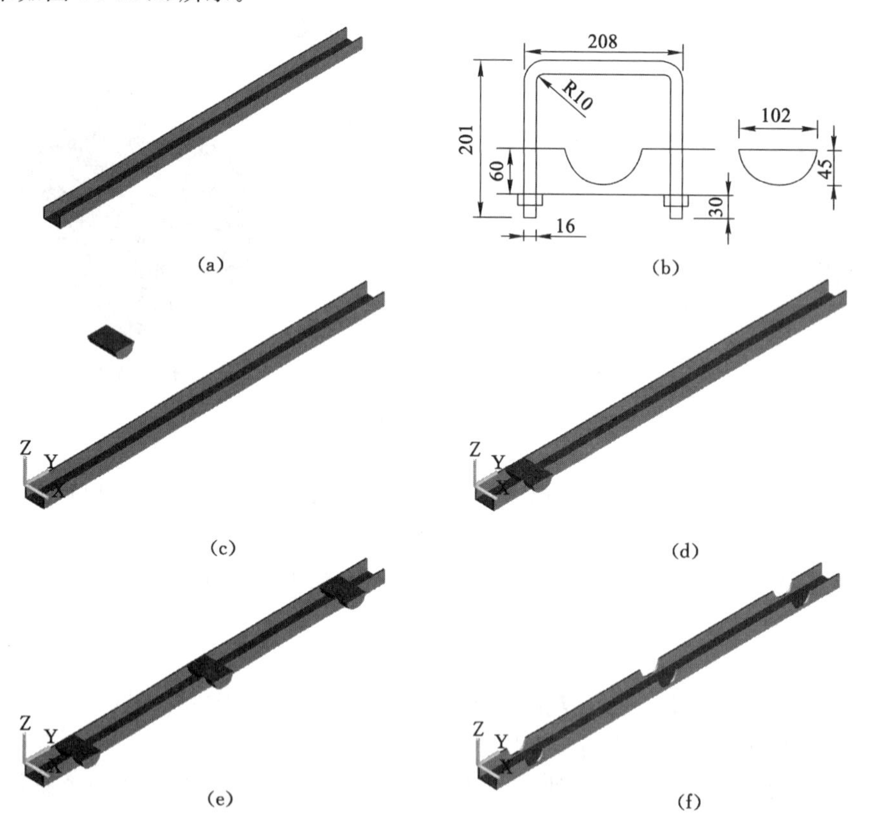

图 14-41　拉杆绘制步骤

(4) 切换为【前视】视图，根据 U36 型钢轮廓绘制拉杆上“凹”状断面，如图 14-41(b)所示。进行【面域】处理，准备【拉伸】。

命令：_extrude
选择要拉伸的对象：↙　　选定“凹”状面域
指定拉伸的高度或 [方向(D)/路径(P)/倾斜角(T)/表达式(E)]：150 ↵　　长度大于拉杆宽度

【拉伸】完成后，调整坐标系，如图 14-41(c)所示。

(5)【三维移动】。

命令：_3dmove
选择对象：↙　　选定“凹”状体
指定基点或 [位移(D)] <位移>：↵　　单击“凹”状体左边中心，此边平行于 Y 轴
指定第二个点或 <使用第一个点作为位移>：0,200,0 ↵　　“凹”状体中心距拉杆一端 200 mm

结果如图 14-41(d)所示。

(6)【三维阵列】“凹”状体，沿拉杆方向排列，间距为 700 mm，如图 14-41(e)所示。

(7)【差集】除去“凹”状体，如图 14-41(f)所示。

(8) U 形螺杆绘制。

① 绘制 U 形螺杆【扫掠】路径，并将其【合并】成一条线段，如图 14-42(a)所示。

②【扫掠】断面为一个半径为 8 mm 的圆，进行【面域】处理，如图 14-42(b)所示。

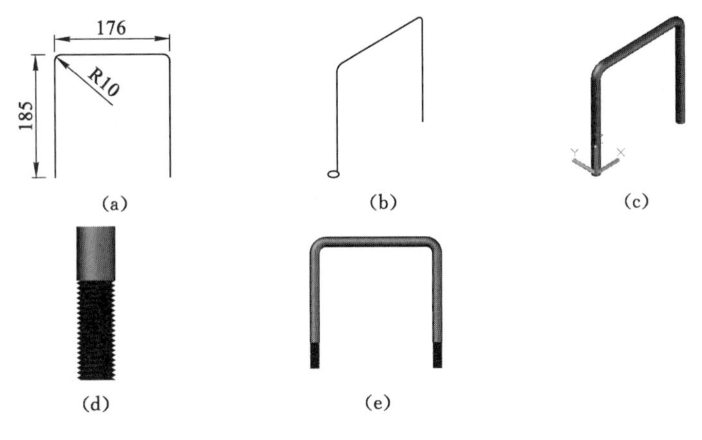

图 14-42　U 形螺杆绘制步骤

③【扫掠】。

命令：_sweep
选择要扫掠的对象：↙　　单击圆面域
选择扫掠路径或 [对齐(A)/基点(B)/比例(S)/扭曲(T)]：↙　　单击 U 形路径

【扫掠】完成后，调整坐标系，使其原点位于螺杆底部圆心，保存为【U 形螺杆坐标系】，便于绘制 U 形螺杆外侧螺纹及组装 M16 螺母，如图 14-42(c)所示。

④ 绘制 U 形螺杆外螺纹，其方法类似于前面 U36 卡揽螺栓螺杆外螺纹的绘制步骤，只是相应的尺寸发生变化：螺纹段高度为 40 mm；螺距为 2 mm；牙形呈边长为 1.99 mm 的正三角形。绘制效果如图 14-42(d)、(e)所示。

(9) 绘制 U 形螺杆配套的 M16 螺母。绘制方法类似于 M24 的绘制步骤，只是相应的

尺寸发生变化，如图 14-43 所示。

(10) 组装 U 形螺杆配套螺母。在 M16 螺母上表面中心做一个辅助“十”字或“圆”，将坐标系切换为【U 形螺杆坐标系】。

命令：_3dmove

选择对象：↙　　单击 M16 螺母

指定基点或 [位移(D)] <位移>：↙　　单击“十”字中心

指定第二个点或 <使用第一个点作为位移>：0,0,30 ↵　　U 形螺杆在拉杆一侧为 13 mm ＋17 mm＝30 mm，其中，13 mm 为螺母厚度，17 mm 为螺纹露出长度

左侧螺母组装后，通过【三维镜像】组装右侧螺母，如图 14-44 所示。组装完成后，将 U 形螺杆与螺母【并集】处理，为下面步骤作准备。

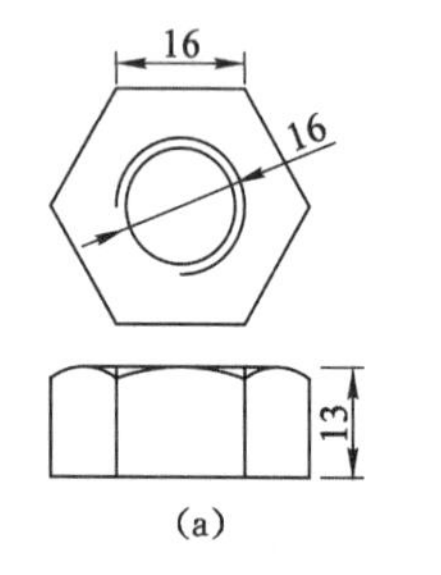

(a)

(b)

图 14-43　绘制 M16 螺母

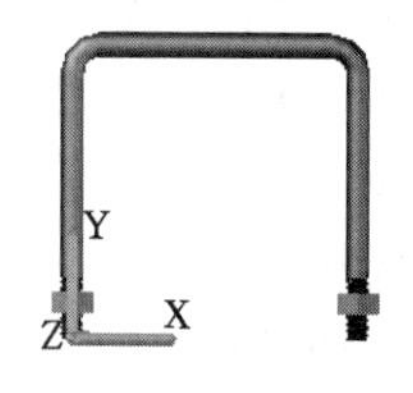

图 14-44　组装 U 形螺杆和 M16 螺母

(11) 组装 U 形螺杆和拉杆。

① 保持【U 形螺杆坐标系】，如图 14-45(a)所示。作辅助圆或“十”字，便于【三维移动】时定位。

命令：_circle

指定圆的圆心或 [三点(3P)/两点(2P)/切点、切点、半径(T)]：0,96,0 ↵　　圆心位于螺杆中心线上

指定圆的半径或 [直径(D)]：50 ↵　　辅助圆大小适宜即可

结果如图 14-45(b)所示。

② 调整坐标系，如图 14-45(c)所示。

③【三维移动】。

命令：_3dmove

选择对象：↙　　单击 U 形螺杆

指定基点或 [位移(D)] <位移>：↙　　单击辅助圆圆心

指定第二个点或 <使用第一个点作为位移>：0,200,−38 ↵　　30 mm＋8 mm＝38 mm，其中，U 形螺杆在拉杆一侧为 30 mm，拉杆钢板厚度为 8 mm

结果如图 14-45(d)所示。

④【三维阵列】，其操作步骤类似于拉杆“凹”状体的【三维阵列】，沿拉杆方向排列，间距为 700 mm，如图 14-45(e)所示。

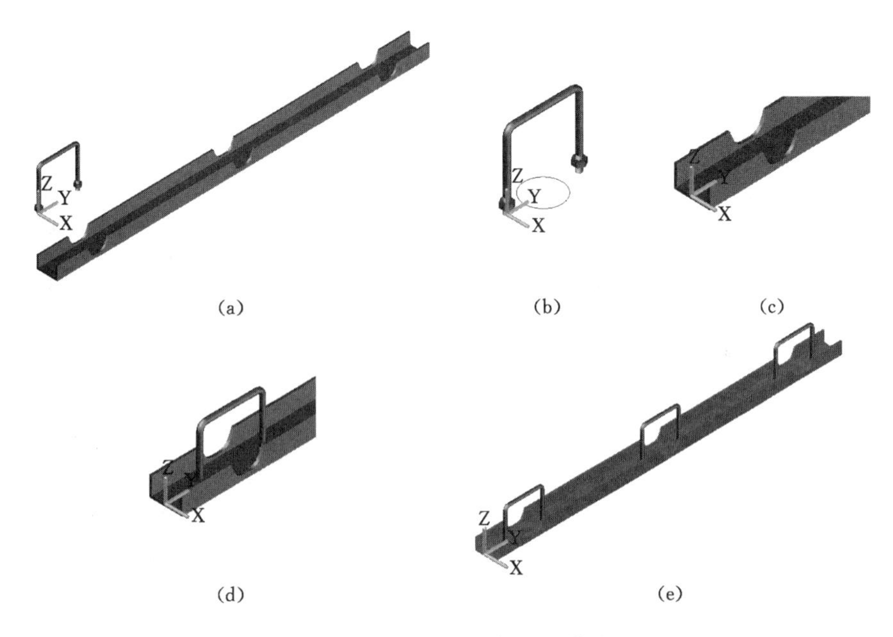

图 14-45　U形螺杆和拉杆组装步骤

(12)【渲染】。选择【菜单栏】→【渲染】→【材质浏览器】，将相应的材质用鼠标左键拖动到需要渲染的部件上。拉杆采用【板】，类型：常规，类别：钢；U形螺杆采用【镀锌】，类型：常规，类别：钢。【渲染】效果如图 14-46 所示。当然亦可尝试其他材质，熟练操作。

图 14-46　拉杆【渲染】效果

(13) 将U形螺杆与拉杆【并集】处理，便于其与U36型钢组装。

(14) 保存文件“拉杆.dwg”。在各个操作步骤中也要随时注意保存，养成作图好习惯。

14.2.2.4　U36 型钢支架组装

绘制思路：U36型钢支架由三部分组成：U36型钢、U36卡揽和拉杆，组装卡揽时补充限位器。组装操作的关键在于坐标系、视图的选择和各部件的定位。具体地，先将U36卡揽和拉杆组装在U36型钢拉伸路径上，然后【移动】到绘制好的U36型钢上。这是因为，若直接组装在绘制好的U36型钢上，其线段太繁杂，不易于操作。组装尽量在【二维线框】视觉样式下进行，减少 AutoCAD 占用内存，防止其突然关闭。

(1) 建立新文件。新建文件命名为“U36型钢支架组装效果图.dwg”，设置为【前视】视图，并保存。

(2) 打开“U36卡揽.dwg”，设置为【左视】视图。打开“U36型钢.dwg”，设置为【前视】视图。将绘制好的U36卡揽、U36型钢及U36型钢拉伸路径复制到新文件中。这里设置不同的视图是为了方便支架组装。

(3) 在U36型钢拉伸路径上作辅助线，连接搭接处圆弧段中心与圆弧圆心，如图 14-47(a) 所示。

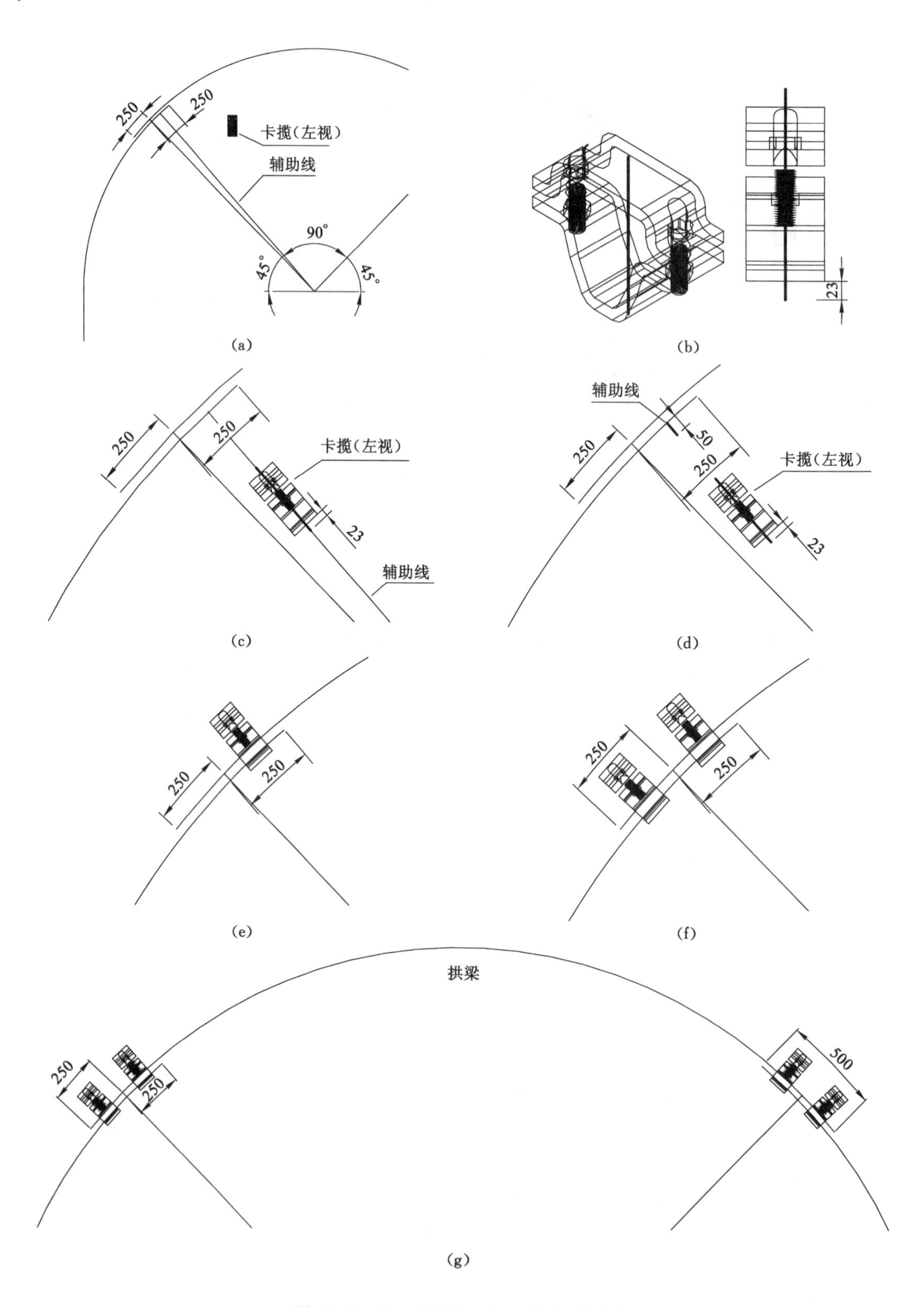

图 14-47　U36 卡揽和 U36 型钢组装步骤

(4) 减少图形中的线条数目，便于操作。

命令：isolines

输入 ISOLINES 的新值 <8>：0 ↲　　减少线条数目便于操作

完成后【重生成】图形。

(5) 作卡揽中心线，在下槽形夹板外露出 23 mm(为精确【移动】作准备)，如图 14-47(b)所示。通过【对齐】，使其中心线与辅助线重合，如图 14-47(c)所示。

(6) 修改搭接处的辅助线，保持方向不变，长度减为 7 mm＋20 mm＋23 mm＝50 mm，其中，7 mm 为卡揽下槽形夹板与 U36 型钢之间的间隙；20 mm 为下槽形夹板的厚度；23 mm 为卡揽中心线在下槽形夹板外露出的长度。如图 14-47(d)所示。

(7)【移动】卡揽，使得卡揽中心线最下端移动到辅助线最下端，如图 14-47(e)所示。

(8)【镜像】获得另一个卡揽，镜像线为始于圆弧圆心且与水平方向呈 45°的半径，如图 14-47(f)所示。

(9) 已组装好左棚腿卡揽，【镜像】得到右棚腿卡揽，如图 14-47(g)所示。

(10) 绘制限位器。限位器实质上也是一段长 100 mm 的 U36 型钢，焊接在棚腿上，限制支架的可缩量。

① 绘制【拉伸】路径，如图 14-48(a)所示。

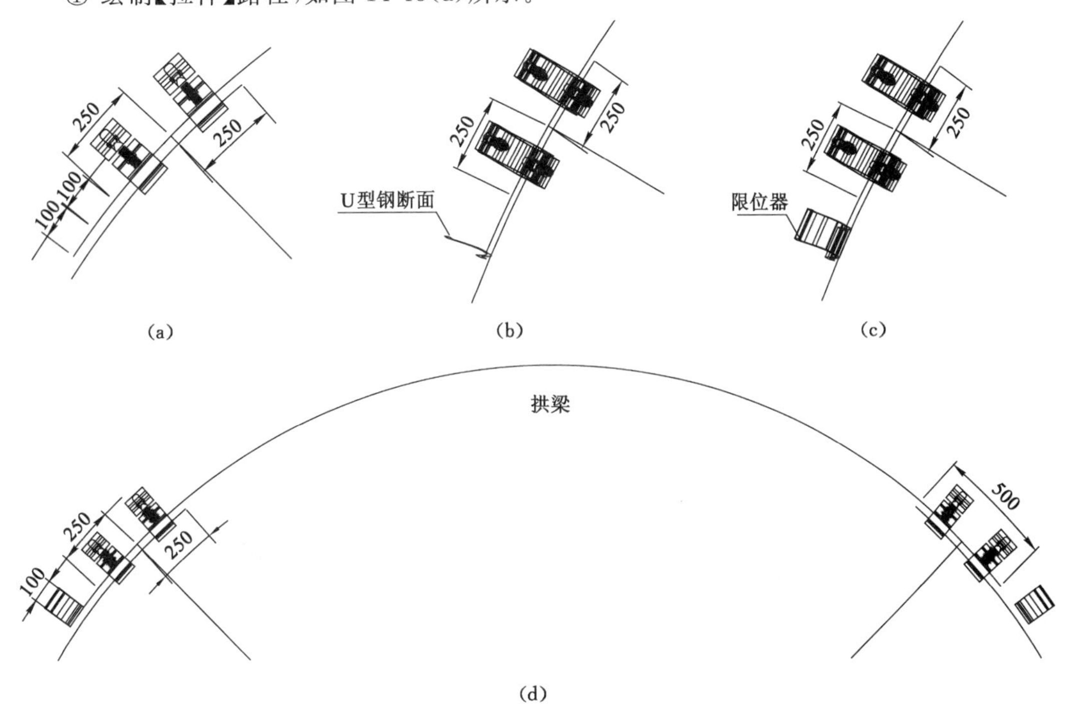

图 14-48　限位器绘制步骤

②【移动】U36 型钢断面，使其垂直于【拉伸】路径，进行【面域】处理，如图 14-48(b)所示。

③【拉伸】得到左侧限位器。

命令：_extrude

选择要拉伸的对象：↙ 选定 U36 型钢面域
指定拉伸的高度或［方向(D)/路径(P)/倾斜角(T)/表达式(E)］：p ↵ 按路径(P)拉伸
选择拉伸路径或［倾斜角(T)］：↙ 单击路径(100 mm)

结果如图 14-48(c)所示。

④【镜像】得到右侧限位器，如图 14-48(d)所示。

(11) 打开“拉杆.dwg”文件，设置为【左视】视图，将绘制好的拉杆复制到“U36 型钢支架组装效果图.dwg”文件中，使得拉杆的 U 形螺杆所在平面垂直于棚腿路径，其与棚腿底部距离为 500 mm，与棚腿路径水平距离为 15 mm。如图 14-49(a)～(c)所示。

(12)【矩形阵列】U36 型钢【拉伸】路径、U36 卡揽和限位器，层数为 7，间距为 700 mm，如图 14-49(d) 所示。

(13) 切换为【右视】视图，【移动】拉杆使其端头距离第一排 U36 型钢路径为 200 mm，如图 14-49(e)所示。

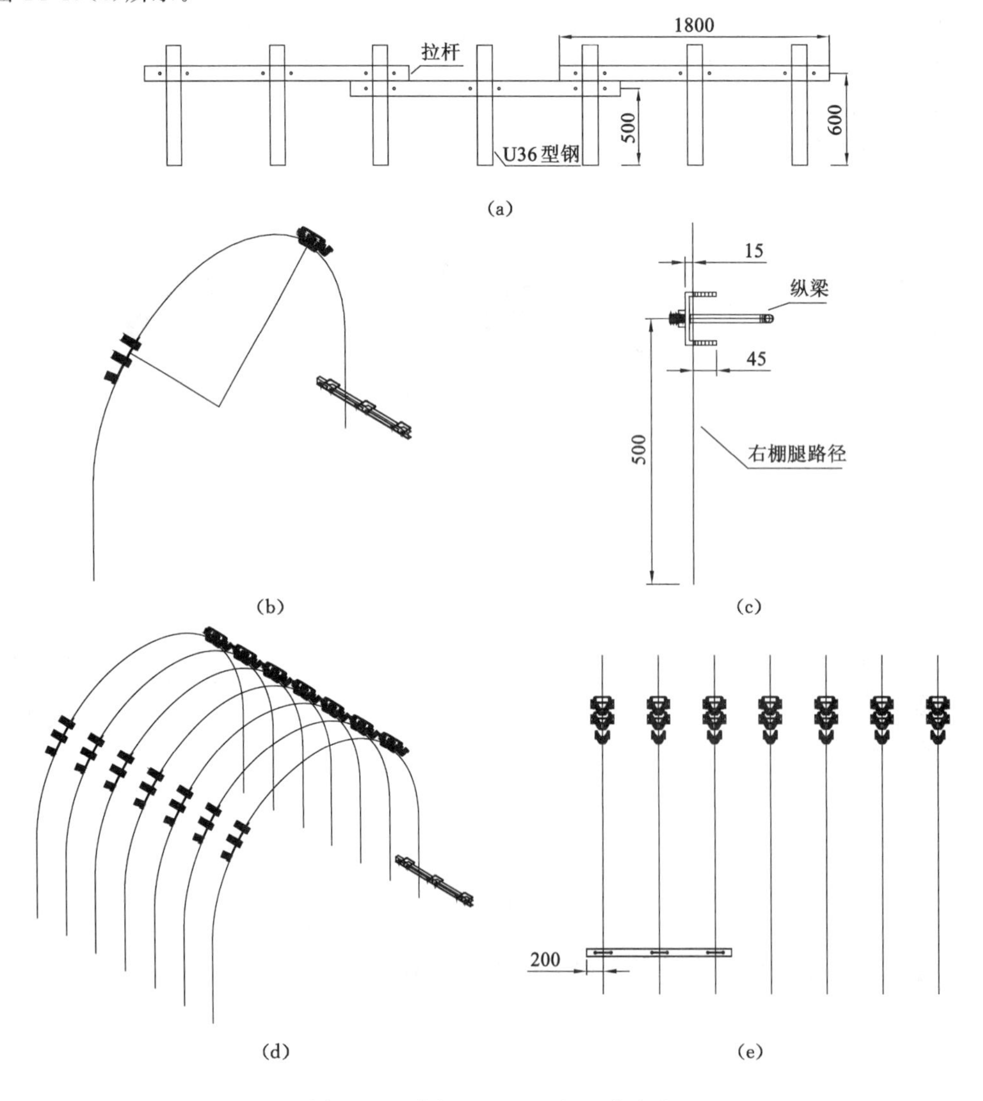

图 14-49 拉杆和 U36 型钢组装步骤

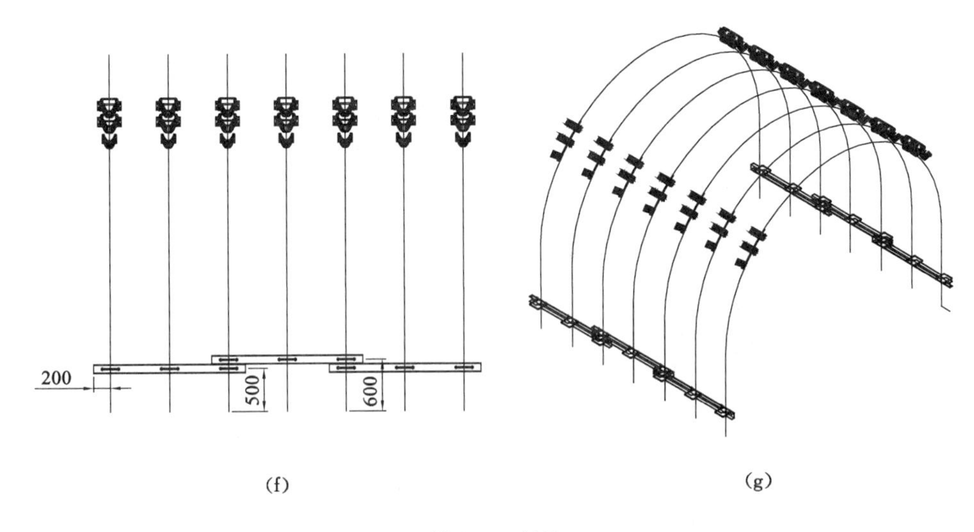

(f)　　(g)

图 14-49（续）

(14)【复制】、【移动】得到迈步搭接的拉杆，如图 14-49(f)所示。

(15) 切换为【前视】视图，【镜像】得到左棚腿搭接的拉杆，如图 14-49(g)所示。

至此，U36 卡揽、限位器和拉杆的空间位置在 U36 型钢【拉伸】路径上已经全部确定。

(16) 将绘制好的 U36 型钢进行【矩形阵列】，层数为 7，间距为 700 mm，如图 14-50(a)所示。

(17) 将 U36 型钢路径上确定的 U36 卡揽、限位器和拉杆【移动】到已经阵列好的 U36 型钢上，切换为【真实】视觉样式，如图 14-50(b)～(f)所示。

(18) 保存文件“U36 型钢支架组装效果图. dwg”。在各个操作步骤中也要随时注意保存，养成作图好习惯。

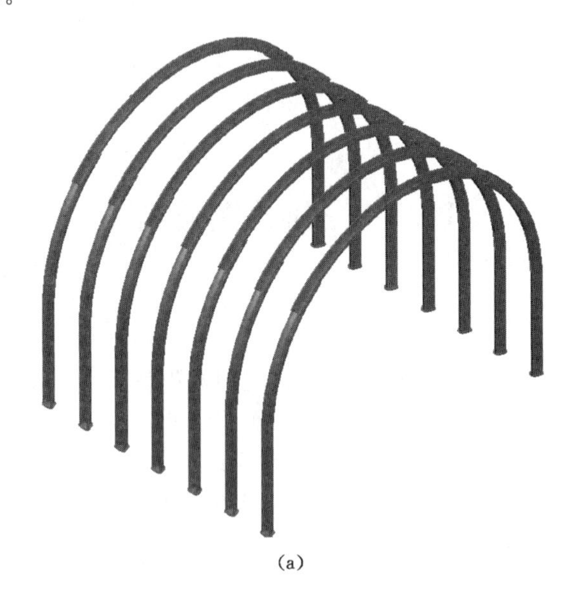

(a)

图 14-50　U36 型钢支架组装效果图

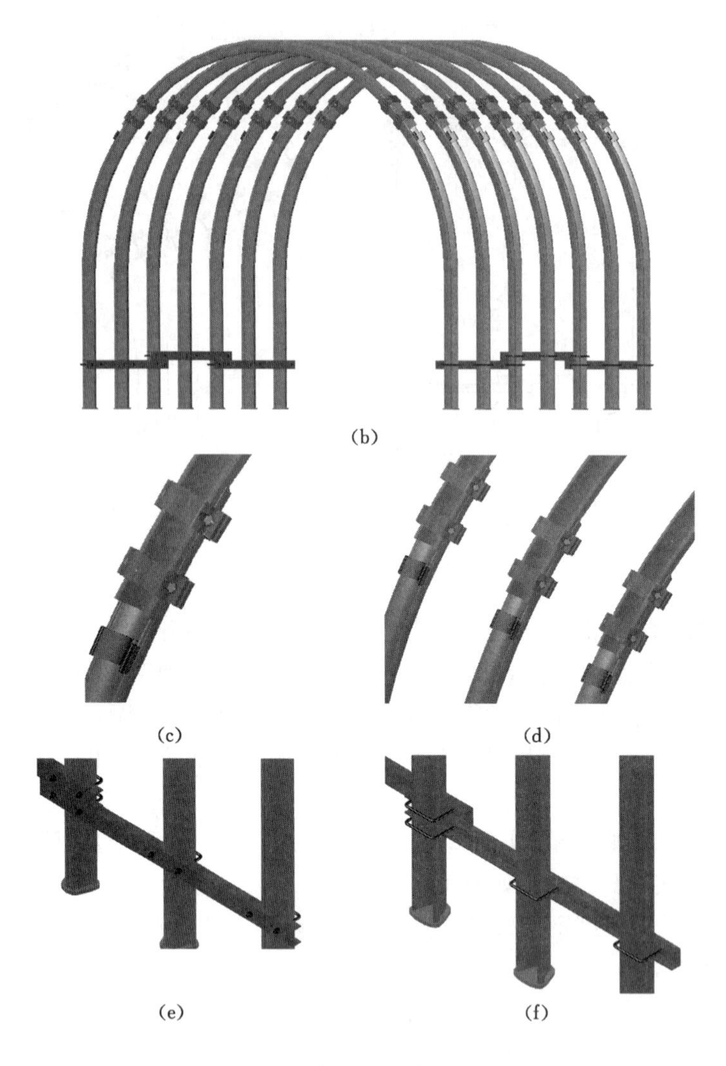

(b)

(c) (d)

(e) (f)

图 14-50（续）

14.3 三维绘图总结

14.3.1 数据

任何三维操作都离不开相应数据作支撑，合理的数据使得三维效果图更逼真。前面两小节中介绍的锚索和 U 型钢拱形可缩支架三维实例绘制，使用了很多数据，有的是查阅相关国家、行业规范，有的是矿山实际测量而得。对于绘制的三维实体，要清楚需要获得哪些数据。例如，钢绞线的绘制需要清楚公称直径、各个钢丝直径等；螺纹的绘制，需要清楚螺纹段的高度、螺距、牙形尺寸等。这样做到心中有图，认真严谨。

14.3.2 视图、坐标系选择

三维有别于二维之处就在于它有视图、坐标系的变换。合理的视图和坐标系选择是三维绘图的基础。例如，U36 型钢支架组装时，复制各部件前，U36 型钢设置为【前视】视图，而 U36 卡揽设置为【左视】视图，拉杆设置为【左视】视图。在组装搭接的拉杆时，切换为【右视】视图。

设置相应的用户坐标系，对于操作步骤中点的捕捉、距离的确定都有很大的益处。例如，M24 螺母绘制中，为了使生成的螺纹平滑，【剖切】多出的螺旋体，采用【螺母坐标系】；组装 M16 螺母和 U 形螺杆时，采用【U 形螺杆坐标系】。

14.3.3　基本三维操作命令

虽然绘制这两个三维实例使用了很多篇幅来叙述，但细心的读者会发现，用的三维命令种类并不多，主要是【拉伸】、【扫掠】、【差集】、【并集】、【螺旋线】、【三维移动】、【三维镜像】、【环形阵列】、【矩形阵列】等。复杂的三维图都是由这些简单的操作完成的，所以绘制三维图时，不要被最终的效果图难倒，只要化整为零，删繁就简，分解成一个个简单的操作，就可以完成绘制工作。正所谓“绘图无难事，只怕有心人”。

14.3.4　灵活运用辅助线

三维绘图中的线段一般比二维绘图要多，不便于点的捕捉、距离的确定。为解决这个问题，一个方法是设置＜isolines＞值为 0；另一个方法是灵活运用辅助线。例如，在组装锚索时，先绘制了一条辅助线，线段之间的距离由各个部件的尺寸来确定；U 形螺杆和拉杆的组装步骤中，也是先绘制一个辅助圆，便于移动时定位。绘图时，开动脑筋多思考，灵活处理勿束缚。

第15章 采矿 AutoCAD 二次开发实践案例

根据目前国内煤矿矿图的绘制情况，矿图大致可以分为 3 类：① 规则矿图，包括巷道断面、交岔点、车场、各类硐室等常用的施工图。② 非规则矿图，包括矿井开拓平面图和剖面图、采区布置平面图和剖面图、井底车场平面图和剖面图、采掘工程平面图、井上下对照图等。③ 在采矿基础上生成的各种专业图，包括通风系统图、水文地质图、井下运输系统图、井下管线系统图、井下供电系统图、井下机电设备图、井下排水系统图、井下通信系统图、安全避灾路线图等。本章将从规则矿图的自动绘制和采矿图元设计两个方面介绍矿图自动绘制和二次开发的一种思路，为矿图的 AutoCAD 二次开发提供可以借鉴的参考。

15.1 AutoCAD 二次开发技术

15.1.1 AutoCAD 二次开发技术简介

Autodesk 公司开发的 AutoCAD 软件是一个行销 160 多个国家、拥有 19 种语言版本、用户超过 600 万的二维计算机辅助设计软件，应用领域遍及产品制造业、工程建筑业，已成为全球二维设计软件厂家的标准。

AutoCAD 是一个极其灵活的应用系统，用户可以通过编程的方式对其进行定制开发。在以往的 AutoCAD 系统开发中，最常用的是 AutoLisp 和 ADS。AutoLisp 不如编程语言方便，在开发较大项目时会使开发人员力不从心；ADS 由功能强大的 C 语言编制，但较为复杂，不适应当前可视化编程的需要。为此，Autodesk 公司在 AutoCAD 中加入了 ActiveX 自动化服务功能(ActiveX automation server capabilities)，使得用户可以通过可视化编程工具，如 VS. NET、Visual Basic、Delphi 等对 AutoCAD 进行系统开发，极大地提高了工作效率。

利用 VB. NET 进行 AutoCAD 的二次开发具有很大的优势，它是一种面向对象的可视化编程工具，具有快速的开发环境，语法简单、功能强大、界面清晰，可充分利用. NET 的各种优势，大大提高了开发速度。

. NET 框架是. NET 最为重要的组件。. NET 框架平台代表了一种崭新的软件开发模式，它与 Win32 API 或 COM 一样，是把系统服务以接口形式提供给开发人员的软件开发平台。与以往不同的是，. NET 框架能够更好地完成代码重用、资源配置、多语言集成开发和安全管理等任务，在安全性、易用性及开发效率等方面远远超过了以往的开发模式。

使用. NET 开发程序有许多好处，概括起来有：① 统一的面向对象的开发平台；② 内存自动管理-垃圾收集；③ 一致的异常处理；④ 支持多种开发语言。

从 AutoCAD 2006 开始，AutoCAD 增加了. NET API，它提供了一系列托管的外包类(managed wrap-per class)，使开发人员可在. NET 框架下使用 VB. NET 对 AutoCAD 进行二次开发。随着 AutoCAD 版本的更新，从 AutoCAD 2008 开始，. NET API 已经拥有与

C++相匹配的强大功能。由于开发接口是完全面向对象的，又具有方便易用的特点，因此.NET API 是目前较理想的 AutoCAD 开发工具。

为了使用 VB.NET 对 AutoCAD 进行二次开发，需要引入 AutoCAD 的命名空间，主要包括 AutoCAD 的托管程序集的两个文件 acdbmgd.dll 和 acmgd.dll，它们存在于 AutoCAD 的安装目录下，如 C:\Program Files\AutoCAD 2010\。其中，acdbmgd.dll 包含 ObjectDBX 托管类，主要包含用于处理 AutoCAD 数据库和 DWG 文件的相关操作的命名空间和类，如实体操作等；而 acmgd.dll 则包含 AutoCAD 托管类，用于处理 AutoCAD 程序级别的对象，如程序对象、文档对象等。

15.1.2　ActiveX Automation 技术

ActiveX Automation 是 AutoCAD 图形处理系统的嵌入式绘图调用技术，是 AutoCAD 服务程序和用户系统接口的理想工具，该技术发展到目前，包罗了几乎所有绘图函数、常用 CAD 处理函数和 CAD 窗口处理方法。AutoCAD 对象模型如图 15-1 所示，详细完整的 AutoCAD 对象模型结构请参考 AutoCAD 的联机帮助文件。

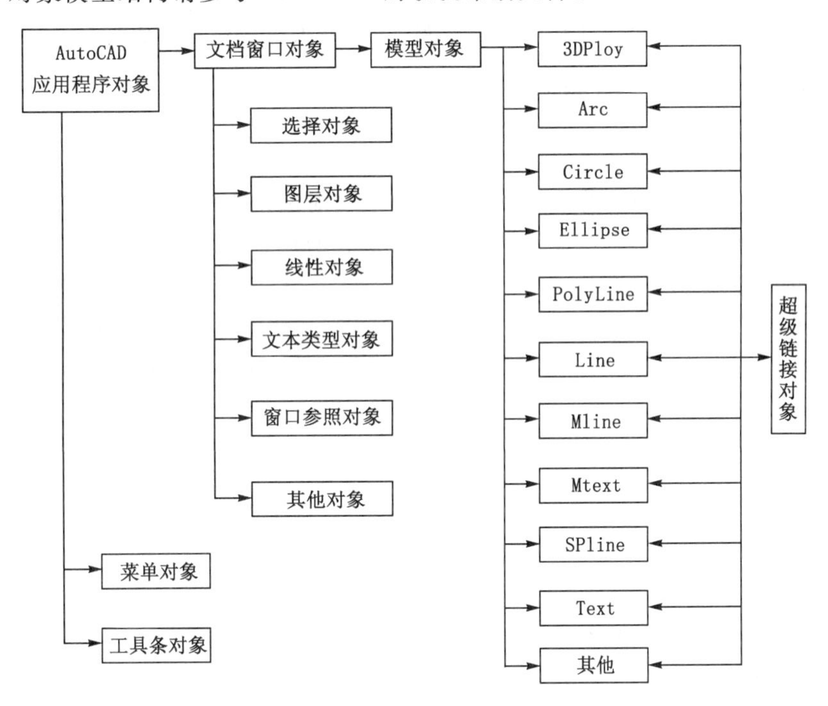

图 15-1　AutoCAD 对象模型简图

理解 AutoCAD 对象模型是对其编程开发的基础。正如图 15-1 所示，AutoCAD 以层次结构组织对象。

在顶层是 Application 对象（即 AutoCAD 本身），其他对象均为 Application 对象的子对象；在 Application 对象下面是 Preferences（优先设置）和 Document（文档）对象。通过 Preferences 对象可以对 AutoCAD Tools→Preferences 菜单项中的几乎每一个选项进行访问和修改，以获取或改变 AutoCAD 的优先设置；Document 对象是控制 AutoCAD 图形文件的直接对象，它代表某一个装入的 CAD 图形文件（一般设为当前激活的文件）。

Document 对象下面有 ModelSpace(模型空间)和 PaperSpace(图纸空间)对象及 Blocks(块)、Layers(层)、Plot(出图)、Selectionsets(选择集)、Views(视图)、Utility(功能)等一系列对象(集合),其含义与 AutoCAD 中相似。

ModelSpace 是当前图形文件中图形实体,如直线(Line)、圆(Circle)、多义线(PolyLine)等的集合,每个实体是一个对象,可通过属性和方法改变实体或生成新实体。对非图形实体,如层(Layer)、线型(Linetype)等的访问则通过访问 Document 对象下面相应的集合类型的子对象,如 Layers、Linetypes 等来实现。

集合类型的对象可以使用 VB 中所有的集合操作方法。Plot 对象提供了访问 Plot 对话框中各选项的桥梁,使应用程序具有用不同方式控制 AutoCAD 出图的能力。Utility 对象使用户在 AutoCAD 命令行与 CAD 交互成为可能,通过它可以处理整型、浮点型、字符型等用户输入,还可以接受点(Point)或角(Angle)等 AutoCAD 的特殊量。

在 AutoCAD 联机帮助文档目录的最后,有一个名为"ActiveX and VBA Reference"帮助文档目录,该内容提供了关于 ActiveX 对象模型及其关联接口组件的参考。"ActiveX and VBA Reference"包含了对象模型、事件、方法、特性、对象和代码样例等内容,是进行 AutoCAD 二次开发最全面和详细的参考资料,为开发人员提供了很大便利。

15.1.3 AutoCAD 对象的使用

(1) 开始一个应用程序

如前所述,Application 对象位于 AutoCAD 层次对象结构的顶层,它代表 AutoCAD 本身,用户的应用程序也理所当然地从 Appliction 对象的建立开始。

```
Dim acadapp As Object                                        '建立 Application 对象
Dim acaddoc As Object                                        '建立 Document 对象
Dim mospace As Object                                        '建立 Model Space 对象
On Error Resume Next
Set acadapp = GetObject(, "autocad. application")            '若 AutoCAD 已启动,则直接得到
If Err Then
  Err. Clear
  Set acadapp = CreateObject("autocad. application")         '若 AutoCAD 未启动,则运行它
  If Err Then
    MsgBox Err. Des cription
    Exit Sub
  End If
End If
acadapp. Visible = True                                      '使 AutoCAD 可见
Set acaddoc = acadapp. ActiveDocument                        '设 acaddoc 为当前图形文件
Set mospace = acaddoc. ModelSpace                            '设 mospace 为当前图形文件的模型空间
```

以上程序段是应用程序初始化的过程,一般对 AutoCAD 图形文件的操作,主要是与 Application、Document 和 ModelSpace 等对象发生关系。

(2) 通过 Document 对象对图形文件的操作

Document 对象提供了大多数 AutoCAD 的文件功能,可以通过它实现对文件的更新

(New)、打开(Open)、输出(Export)、输入(Import)等操作。一般要先把 Document 对象设为 Application 对象的 ActiveDocument 属性,以返回当前图形文件。

```
Set acaddoc=Application. ActiveDocument
```

关于对文件的操作,如下列代码所示:

```
Dim dwgname As String
dwgname = "c:\acadr14\sample\campus. dwg"
If Dir(dwgname) <> "" Then
    acaddoc. Open dwgname                    '打开一个 CAD 文件
Else
    acaddoc. new("acad")                     '以 acad. dwt 为模板建立一个新文件
End If
```

Document 对象还提供了两个十分有用的方法——SetVariable 和 GetVariable,通过它们可以得到或改变 AutoCAD 的系统变量。如:

```
acaddoc. SetVariable "Orthomode", 1          '打开正交模式
dim cadver As String
cadver=acaddoc. GetVariable("Acadver")       '获取 AutoCAD 的版本号
```

(3) 对图形实体的自动操作(生成、编辑、查询)

图形实体指所有画在屏幕上的物体,如直线(Line)、圆(Circle)、弧(Arc)、多义线(PolyLine)、文字(Text)等,它们包含于 ModelSpace 和 PaperSpace 集合对象中,对实体的操作总要从这两个集合开始,向下查找相应实体的方法或属性。ModelSpace 与 PaperSpace 的含义和 AutoCAD 中类似,它们是所有图形实体的集合,要取得图中的某一实体,一般采用遍历或用实体句柄(Handle)查找的方法。用户可以操作 AutoCAD 自动生成、编辑实体或查询实体参数。请看下例。

① 生成一个轻量多义线(LightWeight PolyLine)

画多义线,以(2,4,4)(2,10,4)为端点。

```
Dimlwpoly As Object
Dimptarray(0 To 5) As Double                 '设坐标变量
ptarray(0) = 2
ptarray(1) = 4
ptarray(2) = 4
ptarray(3) = 2
ptarray(4) = 10
ptarray(5) = 4
Set lwpolyObj = moSpace. AddLightWeightPolyline(ptarray)
```

② 改变一个现有长方体的颜色(假设此实体句柄为"4C")

```
Dim tobj As object
    Set tobj=acaddoc. HandletoObject("4C")   '通过 Handle 来获取实体
tobj. Color=acRed                            '变颜色为红色
    tobj. Update                             '更新状态
```

③ 查询当前图形文件中所有实体的实体名、实体句柄、颜色、所在层、线形等参数

```
Diment As Object
```

```
DimmsgStr, NL As String
Dim I as Integer
NL =Chr(13) & Chr(10)                                  '回车与换行
I=1
For Eachent in mospace                                 '采用迭代遍历模型空间中的实体
  msgStr = "第" & Format(I) & "个实体信息" & NL & NL
  msgStr = msgStr & "实体名：" & ent. EntityName & NL
  msgStr = msgStr & "所在层：" & ent. Layer & NL
  msgStr = msgStr & "颜色：" & Str(ent. Color) & NL
  msgStr = msgStr & "线形：" & ent. Linetype & NL
  msgStr = msgStr & "句柄：" & ent. Handle & NL
  MsgBox msgStr
  I=I+1
Next
```

15.2 基于 VB. NET 的 AutoCAD 规则矿图开发

15.2.1 巷道断面结构组成的定义

为了便于编程实现巷道断面的自动绘制，需要对巷道断面的结构组成进行定义。图 15-2 所示为巷道断面的结构组成定义。

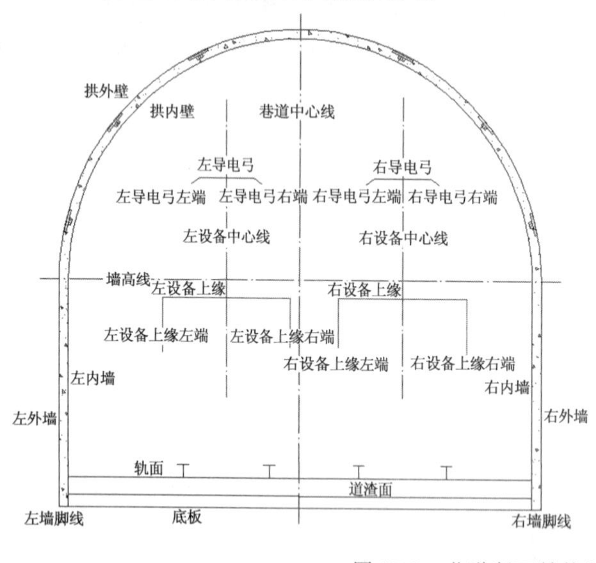

说明：
1. 如果是单轨巷道，设备和轨道就不作左右之分；
2. 如果是梯形或者矩形断面，则拱内壁相应地改称为顶内壁，拱外壁改称为顶外壁；
3. 对于其他情况，根据具体情况命名；
4. 对于三心圆拱，拱内壁分为三个部分，小圆弧从左到右分别命名为：左小拱内壁、大拱内壁、右小拱内壁；
5. 对于砌碹支护，若拱厚与墙厚不等，则一般外墙要比拱外壁多出一部分，分别用左拱墙连线和右拱墙连线连接拱外壁与左右外墙。

图 15-2 巷道断面结构组成定义

15.2.2 提高矿图开发效率的思路

为了提高自动绘图和相关处理与计算的效率，可以根据具体情况设定一些规则。以下给出部分在实践中总结的一些有利于提高矿图自动绘制和处理效率的规则，希望能给读者提供有益的启发和借鉴。

（1）程序绘图的方向

用程序绘制巷道断面图时，所有的图形对象均按照从左向右、从下到上的方向绘制。这是为了方便确定图形对象（主要是 Line 对象）的起点和终点的大致位置。按照这个规则，每个 Line 对象的起点多数是在靠左靠下的位置，而终点则在靠右靠上的位置。

需要注意的是，这个“从左向右、从下到上”规则，优先是“从左向右”，其次是“从下到上”，因此，起点都是在靠左的地方，而对于竖直线，起点当然是在下边。

（2）程序绘图的方法

用程序绘图时，每绘制一个图形对象，就将其信息存储在一个动态数组（DrawSect() as structureDrawSection）中，同时为其命名，命名规则参见各种类型的巷道断面绘制示意图。

这样，各个图形对象的相对关系就可以通过查询为每个图形对象起的名字（ObjName）来处理。比如，底板图形对象已经绘制完成，现在想在底板图形对象的基础上画道渣面，那么首先在数组（DrawSect）中查询 ObjName＝“底板”的图形对象，然后取得底板图形对象的相关信息，接着就可以绘制道渣面了；绘制完成后，将其命名为“道渣面”，然后将该图形对象信息存储到数组中；如果需要的话，再把数组中的所有信息存储到数据库中保存起来，以备以后进行相关处理。

在程序绘图过程中，需要用到已经绘制过的图形对象的信息，为了避免搜寻并使用还没有绘制过的图形对象，要尽量使用巷道断面的最基本图形对象来获取一些必要的信息，这些最基本的图形对象一般是刚开始绘制的，如“底板”“左内墙”“右内墙”“拱内壁”或“顶内壁”等图形对象。

（3）程序绘图尺寸标注的方法

尺寸标注是在程序绘图完成后进行的，它的绘制方法和图形的绘制方法类似。

在为某一个图形对象进行尺寸标注时，首先在图形对象数组中（数组中存储了所有图形对象的相关信息）查询该图形对象的名称，取得相关数据信息，然后绘制尺寸标注，同时对其命名。命名规则是按照巷道断面绘制示意图中所示的名称，后面加上“尺寸”。对于两个图形对象之间（假设名称分别为 A 和 B）的尺寸，则命名为“A 与 B 尺寸”。

（4）绘图环境的设置

采用模板的形式对绘图环境进行常用设置。

① 图层。图层分为“断面净尺寸”“辅助线”“尺寸标注”“文本标注”等。在模板文件里，这些图层已经添加并进行了相应的设置，程序在进行有关图层的操作时，首先查找这些图层，若没有就进行创建。

② 文字样式。在模板文件里文字样式设置了 2 种，加上原来默认的 1 种（名称为 Standard），共有 3 种。例如，名称为“竖向”的样式，文字是竖向排列的，字体文件是“FontFile：txt. shx，BigFontFile：gbcbig. shx”；名称为“宋体横向”的样式，字体名称是“宋体”。

③ 标注样式。标注样式默认的名称是 ISO-25，同时还设置了 4 个标注样式，名称分别为 Section50、Section100、Section150、Section200，它们的箭头大小和文字大小分别是 50、100、150、200 个单位。用户可根据具体情况选用。

15.2.3　组件 AcadComm 设计

为了便于进行 AutoCAD 二次开发，以下设计一个专门用来对 AutoCAD 进行相关操作和控制的组件，将其封装成为 dll 文件，在需要时调用即可。这里把组件命名为 AcadComm，组件中主要包括 AcadObj 类，该类主要用于对 AutoCAD 进行连接、打开、保存、绘图、设置等操作。

15.2.3.1 关于 AcadComm 组件的定义

(1) AcadComm 组件的类声明

```
Imports Autodesk. AutoCAD. Interop. Common
Imports Autodesk. AutoCAD. Runtime
Imports Autodesk. AutoCAD. Interop
Imports System. Math
'ImportsSystem. Windows. Forms
Public Class AcadObj
    Inherits System. ComponentModel. Component
End Class
```

(2) AcadComm 组件的私有变量

```
Private WithEvents privateApp As AcadApplication  '当前的 AcadApplication 对象
    Private privateDocs As AcadDocuments  '当前的 AcadDocuments 对象
    Private WithEvents privateDoc As AcadDocument  '当前的 AcadDocument 对象
    Private WithEvents privateModelSpace As AcadModelSpace  '当前的 AcadModelSpace 对象
    '选择集
    Private privateSelectionSets As AcadSelectionSets  '当前的选择集
    Private privateSelectionSet As AcadSelectionSet
    Private privateFileName As String  '要保存的文件名，或者要打开的文件名
    'Private privateSaveFilePath As String
    Private privateModuleName As String  '发生异常和错误时，提示在该模块出现的错误
    Private privateEntity As AcadEntity  '实体对象
    Private WithEvents privatePoint As AcadPoint  '当前的点
    Private WithEvents privateLine As AcadLine  '当前的直线
    Private WithEvents privateCircle As AcadCircle  '当前的圆
    Private WithEvents privateMLine As AcadMLine  '当前的 MLine 线
    Private WithEvents privateArc As AcadArc  '当前的圆弧
    Private WithEvents privateLayer As AcadLayer  '当前的图层
    Private WithEvents privateMText As AcadMText  '当前的 MText 文本
    Private WithEvents privateText As AcadText  '当前的 Text 文本
```

(3) AcadComm 组件的属性

```
Public ReadOnly Property App() As AcadApplication
    Public ReadOnly Property Docs() As AcadDocuments
    Public ReadOnly Property SelectionSets() As AcadSelectionSets
    Public Property FileName() As String
    Public Property currentEntity() As AcadEntity
    Public Property currentPoint() As AcadPoint
    Public Property currentLine() As AcadLine
    Public Property currentMLine() As AcadMLine
    Public Property currentCircle() As AcadCircle
```

```
Public Property currentArc() As AcadArc
Public Property currentText() As AcadText
Public Property currentMText() As AcadMText
Public Property currentDoc() As AcadDocument
Public Property currentModelSpace() As AcadModelSpace
Public Property currentLayer() As AcadLayer
Public Property currentSelectionSet() As AcadSelectionSet
```

(4) AcadComm 组件的公共函数和部分过程

```
'连接 AutoCAD,并且取得当前的 Documents, SelectionSets, ModelSpace 等对象
 '连接 AutoCAD,连接成功返回 true,否则返回 false
  Public Function AcadConnect() As Boolean
 '在 AutoCAD 中添加一个 Document,并将其设置为当前的 Document
  Public SubAddDoc(ByVal DocName As String)
 '在 AutoCAD 中打开一个 Document,打开. dwg 文件,并将其设置为当前的 Document
  Public SubOpenDoc(ByVal DocName As String)
 '在 AutoCAD 中拾取实体
  Public Function SelectEntity() As AcadEntity
 '画一条直线
  Public Function DrawLine(ByVal StartP() As Double, ByVal EndP() As Double) As AcadLine
 '根据圆心和半径画圆
  Public Function DrawCircle(ByVal CentP() As Double, ByVal R As Double) As AcadCircle
 '根据圆心、半径、起始角度和终止角度画圆弧
  Public Function DrawArc(ByVal CenterP() As Double, ByVal R As Double, ByVal StartAngle
  As Double, ByVal EndAngle As Double) As AcadArc
 '画多义线,需要确定的参数 PointList()列出了所有的定位点,包括起点和终点
  Public Function DrawMLine(ByVal PointList() As Double) As AcadMLine
 '添加一个单行文本
  Public Function AddTextFunction(ByVal str As String, ByVal insertP() As Double, ByVal H
  As Double) As AcadText
 '添加一个多行文本
  Public Function AddMTextFunction(ByVal insertP() As Double, ByVal W As Double, ByVal
  Str As String) As AcadMText
 '添加一个图层,并把它设置为当前图层
  Public Function AddLayerFunction(ByVal Str As String) As AcadLayer
```

15.2.3.2 关于 AcadComm 组件部分代码

以下给出了连接 AutoCAD 及相关操作的部分代码,以供参考。

```
#Region "AutoCAD 操作环境设置"
    '连接 AutoCAD,连接成功返回 true,否则返回 false
    Public Function AcadConnect() As Boolean
          If Not (privateApp Is Nothing) Then Return True
          Try
            privateApp = GetObject(, "autocad. application")
```

```
            Catch ex As Exception
                Try
                    privateApp = CreateObject("autocad. application")
                Catch ex1 As Exception
                    MsgBox(privateModuleName & ":AutoCAD 连接错误！错误信息：" & vbCrLf &
                    ex. Message, MsgBoxStyle. Information, "错误信息提示")
                    Return False
                End Try
            End Try
            If Not privateApp. Visible Then
                privateApp. Visible = True
            End If
            privateApp. WindowState = AcWindowState. acMax
            privateDocs = privateApp. Documents
            Try
                privateDoc = privateApp. ActiveDocument
                privateLayer = privateDoc. ActiveLayer
                privateDimStyle = privateDoc. ActiveDimStyle
                privateSelectionSets = privateDoc. SelectionSets
                privateSelectionSet = privateDoc. ActiveSelectionSet
                privateModelSpace = privateDoc. ModelSpace
                privateTextStyle = privateDoc. ActiveTextStyle
            Catch ex As Exception
            End Try
            Return True
        End Function

'在 AutoCAD 中添加一个 Document,并将其设置为当前的 Document
Public Sub AddDoc(ByVal DocName As String)
        If privateApp Is Nothing Then Exit Sub
        Try
            privateApp. Documents. Add(DocName)
            privateDoc = privateApp. ActiveDocument
            privateModelSpace = privateDoc. ModelSpace
            privateLayer = privateDoc. ActiveLayer
            privateSelectionSets = privateDoc. SelectionSets
            privateSelectionSet = privateDoc. ActiveSelectionSet
            privateDimStyle = privateDoc. ActiveDimStyle
            privateTextStyle = privateDoc. ActiveTextStyle
        Catch ex As Exception
            ShowExceptionInformation(ex)
        End Try
End Sub
```

```
'打开一个 Document[打开一个 AutoCAD 文件(.dwg 文件)],并将其设置为当前的 Document
Public Sub OpenDoc(ByVal DocName As String)
    If privateApp Is Nothing Then Exit Sub
    Try
        privateApp.Documents.Open(DocName)
        privateDoc = privateApp.ActiveDocument
        privateModelSpace = privateDoc.ModelSpace
        privateLayer = privateDoc.ActiveLayer
        privateSelectionSets = privateDoc.SelectionSets
        privateSelectionSet = privateDoc.ActiveSelectionSet
        privateDimStyle = privateDoc.ActiveDimStyle
        privateTextStyle = privateDoc.ActiveTextStyle
    Catch ex As Exception
        ShowExceptionInformation(ex)
    End Try
End Sub
```

15.2.3.3 关于 AcadComm 组件的使用方法

使用 AcadComm 组件中的 AcadObj 类的公共函数或者过程来画 AutoCAD 的实体对象(如 Line、Mline、Circle 等)时,是在当前的 Document 中的 ModelSpace 中进行的,且画完以后没有指定为当前实体对象,可以使用定义属性的方法将刚画完的实体对象指定为当前对象。代码如下:

```
dim acad as new AcadObj
dim startP(2),endP(2) as double
startP(0)=0 : startP(1)=0 : startP(2)=0
endP(0)=10 : endP(1)=15 : endP(2)=0
acad.currentLine=acad.DrawLine(startP,endP)
```

有些公共函数已经默认把新添加的对象设置为当前对象,这些函数如下。

(1) 连接 AutoCAD,连接成功返回 true,否则返回 false

```
Public Function AcadConnect() As Boolean
```

此函数指定了当前的 Documents,ActiveDocument,SelectionSets,ActiveSelectionSet,ModelSpace。代码如下:

```
privateDocs = privateApp.Documents
    privateDoc = privateApp.ActiveDocument
    privateSelectionSets = privateDoc.SelectionSets
    privateSelectionSet = privateDoc.ActiveSelectionSet
    privateModelSpace = privateDoc.ModelSpace
```

(2) 在 AutoCAD 中添加一个 Document,并将其设置为当前的 Document

```
Public Sub AddDoc(ByVal DocName As String)
```

此函数把刚添加的 Document 指定为当前的 Document,相应的 ModelSpace 也发生了变化。代码如下:

```
privateDoc = privateApp.ActiveDocument
privateModelSpace = privateDoc.ModelSpace
```

(3) 在 AutoCAD 中打开一个 Document，一般就是打开一个 AutoCAD 文件(. dwg 文件)，并将其设置为当前的 Document

```
Public Sub OpenDoc(ByVal DocName As String)
```

此函数把打开的 Document 设置为当前的 Document，相应的 ModelSpace 也发生变化。代码如下：

```
privateDoc = privateApp. ActiveDocument
privateModelSpace = privateDoc. ModelSpace
```

(4) 在 AutoCAD 中拾取实体

```
Public Function SelectEntity() As AcadEntity
```

此函数在 AutoCAD 中选择一个实体，然后将选择的实体设置为当前的实体。代码如下：

```
Public Function SelectEntity() As AcadEntity
    Dim returnObj As Object
    Dim basePoint As Object
    Dim colorValue As ACAD_COLOR
    Try
        privateApp. ActiveDocument. Utility. GetEntity(returnObj, basePoint, "请选择一个实体
        ……")
        privateEntity = returnObj
        Return privateEntity
    Catch ex As Exception
        ShowExceptionInformation(ex)
    End Try
End Function
```

15.2.4 组件 SectionLayer 设计

设计 SectionLayer 组件的主要目的是把有关巷道断面的数据结构信息和属性及方法函数等封装成组件，以实现巷道断面的自动绘制。该组件主要包含 SectionCommonObject 和 SectionObject 两类。SectionCommonObject 类主要是定义关于断面绘制的一些共同的属性和函数；SectionObject 类主要是用来处理巷道断面的自动绘制。

为了说明 SectionObject 类的使用方法，以下给出部分代码示例。

```
Imports SectionLayer. SectionObject
'section 主要是使用 SectionLayer. SectionObject 中的公共函数和过程
    Dim section As New SectionLayer. SectionObject
    'sec 主要是作为当前正在处理的断面，对它的操作主要是获取一个具体断面的参数，以及获取有
    关参数计算后的值，获取方法主要是调用 section(As New SectionLayer. SectionObject)的有关公
    共函数和过程
    Dim sec As SectionLayer. SectionCommonObject. structureSection

' 初始化 sec 的一些参数
    sec. Parameters. D = 10
```

```
sec. Parameters. B = 100
sec. Shape = enumSectionShape. 圆形
sec. RailwayType = enumRailwayType. 双轨
sec. PropMethod = enumPropMethod. 锚喷支护
'计算 sec 的一些参数
With sec. Parameters
    . D =. h0 + . bb + . A1 * . cc
    . B = section. GetB(sec)
End With
```

SectionLayer. SectionCommonObject. structureSection 是一个公共结构(public structure),它包含了关于断面的所有信息,用它进行有关参数的设置,并存储有关参数的计算结果,最后使用它的一些数据进行 AutoCAD 绘图。使用该公共结构时,要先声明,代码如下:

```
Dim sec As SectionLayer. SectionCommonObject. structureSection
```

而具体计算有关参数,则要使用 SectionObject 类的一些公共函数,例如:

```
Dim section As New SectionLayer. SectionObject
Dim sec As SectionLayer. SectionCommonObject. structureSection
With sec. Parameters
    . B = section. GetB(sec)  '计算参数 B,并将结果赋值给 sec. B
End With
```

15.2.5 界面设计

参数化绘制巷道断面需要用户根据实际需要确定一些具体参数的值,这就需要通过界面由用户进行设定。图 15-3 为确定巷道断面参数的交互界面,图 15-4 为参数化自动绘制的巷道断面效果图。

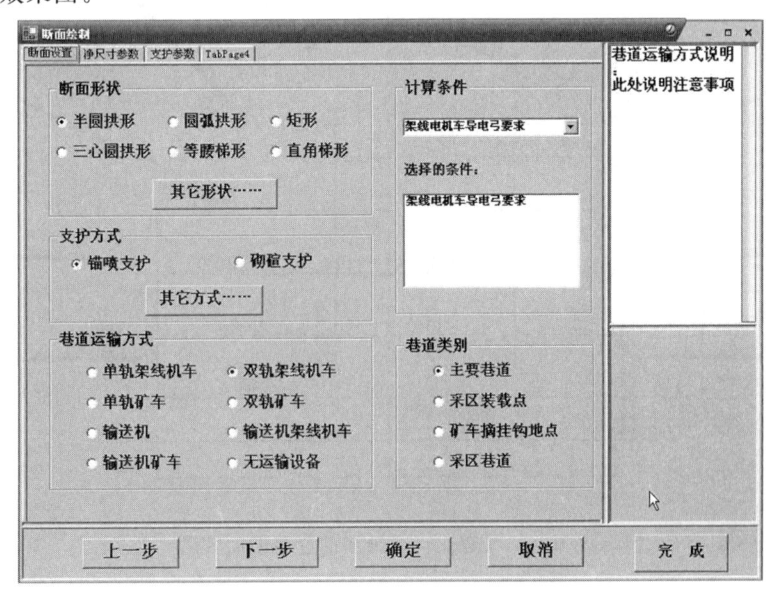

(a)

图 15-3　确定巷道断面参数的交互界面

断面绘制

断面设置 | 净尺寸参数 | 支护参数

说明：

设备尺寸

矿车最大宽度(A1) 1060　输送机最大宽度(C1) 1440　输送机上缘高度(hs) 1200

导电弓宽度之半(X) 360　渣面高度(hb) 100　轨面高度(hc) 360

架线高度(h4) 2000　管子悬吊高度(h5) 1800　顶梁高度(h1) 2000

车辆上缘高度(h) 1550　管子悬吊件总高(h7) 900　管子最大外径(D) 300

设备间距

非人行侧设备与巷道墙间距离(a) 400　人行侧设备与巷道墙间距离(c) 1000

非人行侧轨道与巷道中线间距离(b1) 1000　人行侧轨道与巷道中线间距离(b2) 500

安全距离

导电弓距拱壁(n) 300　导电弓距管子(m) 300　电机车距管子(m1) 200

非人行侧设备上缘距拱内侧(a′) 200　人行侧设备上缘距拱内侧(c′) 700

巷道有效净高不小于1800毫米处到墙的水平距离(j) 200　拱形巷道拱高(h0)

上一步　下一步　确定　取消　完 成

（b）

图 15-3（续）

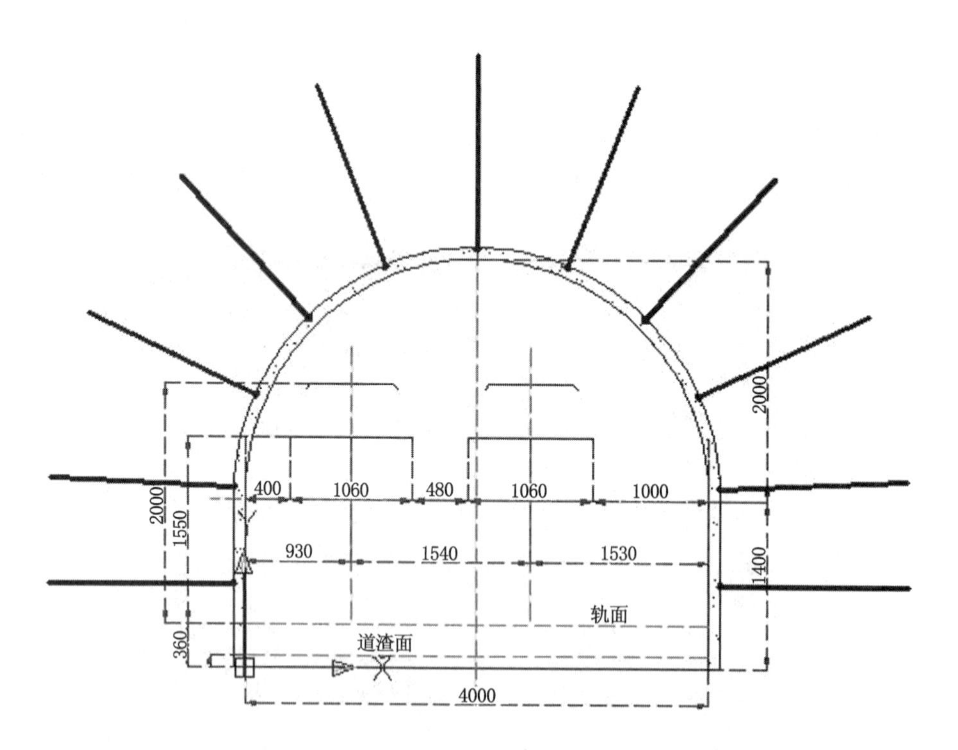

图 15-4　参数化自动绘制的巷道断面效果

15.3　AutoCAD 矿图设计环境的开发

15.3.1　采矿专用线型定义

在标准图库中，存在许多采矿领域专用而 AutoCAD 没有提供或不符合采矿工程要求的线型，这些线型代表着实际问题中的某些定义，如断层上、下盘线及停采线等。矿图绘制首先要定义这些线型和形文件。

在矿图绘制过程中，经常会遇到很多新的线型或者比较复杂的线型，如果不制作这些采矿专用的线型，而均是采用手工绘制的方法，不仅影响绘制的精确度，而且耗费绘图人员大量时间和精力，降低了矿图绘制的效率。

AutoCAD 本身提供了大量的线型，但是由于采矿绘图的特殊性，很有必要定制采矿专用线型。

(1) 关于形文件

形是一种对象，其用法与块相似。首先使用 LOAD 命令加载包含形定义的编译形文件，然后使用 SHAPE 命令将该文件中的形插入图形。将形加入图形时，可进行缩放和旋转。AutoCAD SHP 字体是一种特殊类型的形文件，其定义方式与形文件定义方式相同。

与形相比，块更容易使用，且用途更加广泛。但对 AutoCAD 而言，形的存储和绘制更加高效。如果用户必须重复插入一个简单图形或者绘图速度非常重要，用户定义的形将非常有用。

用户应在扩展名为.shp 的特殊格式的文本文件中输入形的说明。要创建这样的文件，可以使用文本编辑器或字处理器编辑 ASCII 格式的文件，然后编译该 ASCII 文件。编译形定义文件(SHP)生成编译后的形文件(SHX)。

编译后的文件与形定义文件同名，但其文件类型为 SHX。如果形定义文件定义的是字体，可使用 STYLE 命令定义文字样式，然后用文字位置命令(TEXT 或 MTEXT)将字符放入图形。如果形定义文件定义的是形，可使用 LOAD 命令将该形文件加载到图形中，然后用 SHAPE 命令将各个形放入图形(原理类似于 INSERT 命令)。

AutoCAD 字体和形文件(SHX)由形定义文件(SHP)编译而成。形定义文件可用文本编辑器或能将文件存为 ASCII 格式的字处理器创建或编辑。每个形或字符的形说明语法都不考虑形说明的最后用法(用作形或字体)。如果形定义文件被用作字体文件，则文件中的第一个条目必须描述字体本身，而不是该文件中的形；如果第一个条目描述一个形，则该文件被用作形文件。

形定义文件的每一行最多可包含 128 个字符，超过此长度的行不能编译。由于 AutoCAD 忽略空行和分号右侧的文字，所以可以在形定义文件中嵌入注释。

每个形说明都有一个标题行，以及一行或多行定义字节。这些定义字节之间用逗号分隔，最后以 0 结束。

```
*shapenumber,defbytes,shapename
specbyte1,specbyte2,specbyte3,...,0
```

shapenumber 是文件中唯一的一个 1～258 之间的数字，前面带有星号(*)。字体(包含每个字符的形定义文件)的编号要与每个字符的 ASCII 码对应;其他形可指定任意数字。

defbytes 是用于说明形的数据字节(specbytes)的数目,包括末尾的零。每个形最多可有 2000 个字节。

shapename 是形的名称。形的名称必须大写,以便于区分。包含小写字符的名称被忽略,并且通常用作字体形定义的标签。

specbyte 是形定义字节。每个定义字节都是一个代码,或者定义矢量长度和方向,或者是特殊代码的对应值之一。在形定义文件中,定义字节可以用十进制或十六进制值表示。

(2) 简单线型的定义

线型名称及其定义确定了特定的点画线序列、画线和空移的相对长度以及所包含的任何文字或形的特征。用户可以使用 AutoCAD 提供的任意标准线型,也可以创建自己的线型。

在一个或多个线型定义文件(扩展名为.lin)中定义线型。一个 LIN 文件可以包含许多简单线型和复杂线型的定义。用户可以将新线型添加到现有 LIN 文件中,也可以创建自己的 LIN 文件。要创建或修改线型定义,可以使用文本编辑器或字处理器编辑 LIN 文件,或者在命令提示下使用 LINETYPE 命令编辑 LIN 文件。

创建线型后,必须先加载该线型,然后才能使用它。

AutoCAD 中包含的 LIN 文件为 acad.lin 和 acadiso.lin。用户可以显示或打印这些文本文件,从而更好地了解如何构造线型。

在线型定义文件中用两行文字定义一种线型,第一行包括线型名称和可选说明,第二行是定义实际线型图案的代码。其中第二行必须以字母 A(对齐)开头,其后是一列图案描述符,用于定义提笔长度(空移)、落笔长度(画线)和点。通过将分号(;)置于行首,可以在 LIN 文件中加入注释。

线型定义格式如下:

```
*linetype_name,description
A,descriptor1,descriptor2,...
```

例如,名为 DASHDOT 的线型定义为:

```
*DASHDOT,Dash dot __ . __ . __ . __ . __ . __ . __ . __
A,.5,-.25,0,-.25
```

这表示一种重复图案,以 0.5 个图形单位长度的画线开头,然后是 0.25 个图形单位长度的空移、一个点和另一个 0.25 个图形单位长度的空移。该图案延续至直线的全长,并以 0.5 个图形单位长度的画线结束。该线型如下:

```
__ . __ . __ . __ . __ . __ . __ . __
```

LIN 文件必须以 ASCII 格式保存,并使用.lin 文件扩展名。下面介绍有关线型定义中每个字段的附加信息。

① 线型名称字段以星号(*)开头,并且应该为线型提供唯一的描述性名称。

② 线型说明有助于用户在编辑 LIN 文件时更直观地了解线型。线型说明还显示在“线型管理器”以及“加载或重载线型”对话框中。线型说明是可选的,可以包括以下内容:

- 使用 ASCII 文字对线型图案的简单表示;
- 线型的扩展说明;
- 注释,例如“此线型用于隐藏线”。

如果要省略线型说明，则不要在线型名称后面使用逗号。线型说明不能超过 47 个字符。

③ 对齐字段指定了每个直线、圆和圆弧末端的图案对齐操作。当前，AutoCAD 仅支持 A 类对齐，用于保证直线和圆弧的端点以画线开始和结束。

例如，假定创建一种名为 CENTRAL 的线型，该线型显示重复的点画线序列(通常用作中心线)。AutoCAD 调整每条直线上的画点序列，使画线与直线端点重合。图案将调整该直线，以便该直线的起点和终点至少含有第一段画线的一半。如果必要，可以拉长首段和末段画线。如果直线太短，不能容纳一个画点序列，AutoCAD 将在两个端点之间绘制一条连续直线。对于圆弧也是如此，将调整图案以便在端点处绘制画线。圆没有端点，但是 AutoCAD 将调整画点序列，使其显示更加合理。

用户必须在对齐字段中输入“a”以指定 A 类对齐。

④ 每个图案描述符字段指定用来弥补由逗号(禁用空格)分隔的线型的线段长度。

- 正十进制数表示相应长度的落笔(画线)线段；
- 负十进制数表示相应长度的提笔(空移)线段；
- 画线长度为 0 将绘制一点。

每种线型最多可以输入 12 种画线长度规格，但是这些规格必须在 LIN 文件的一行中，并且长度不超过 80 个字符。用户只需输入包含一个由图案描述符定义的线型图案的完整循环体。绘制线型后，AutoCAD 将使用第一个图案描述符绘制开始和结束画线。在开始和结束画线之间，从第二个画线规格开始连续绘制图案，并在需要时以第一个画线规格重新开始绘图。

A 类对齐要求第一条虚线的长度为 0 或更长(落笔线段)。需要提笔线段时，第二条画线长度应小于 0；要创建连续线型时，则第二条画线长度应大于 0。A 类对齐至少应具有两种画线规格。

(3) 复杂线型的定义

复杂线型可以包含嵌入的形(保存在形文件中)。复杂线型可以表示实用程序、边界和轮廓等。

与简单线型一样，指定端点后可以动态地绘制复杂线型。直线中嵌入的形和文字对象总是完整显示，从来不会被截断。

复杂线型的语法与简单线型的语法类似，都是一列以逗号分隔的图案描述符。除了点画线描述符之外，形和文字对象也可作为复杂线型的图案描述符。

线型说明中的形对象描述符的语法如下：

[shapename,shxfilename] 或 [shapename,shxfilename,transform]

其中，transform 是可选的，可以是下列等式的任意序列(每个等式前都带有逗号)：

- R=## 相对旋转
- A=## 绝对旋转
- S=## 比例
- X=## X 偏移
- Y=## Y 偏移

在上述语法中，## 表示带符号的十进制数(如 1、-17、0.01 等)，旋转单位为度，其他选项的单位都是线型比例的图形单位。transform 使用时后面必须跟上等号和数值。

按以上方法可以定义采矿绘图所需的任何线型。形文件定义后，经过编译和装载就可以像使用 AutoCAD 自带的线型一样使用它们。

本章实例中定义的形文件命名为 mine. shp，经过编译后形成 mine. shx 文件，定义的线型文件命名为 mine. lin。以下列出线型文件 mine. lin 的部分代码：

```
;;常用采矿线型 mine. lin
*顶板线,----  ----  ----  ----
A,10,-5,10
*巷道 1,--.--.--.--.--
A,4,-1.4,0.3,-1.4,4
*巷道 2,---- - ---- - ---- - ---- -
A,4,-1.5,0.1,-1.5,4
*中心线,----- - ----- - ----- - -----
A,15,-3,0.3,-3,15
*煤柱边界线,----○----○----○----○----
A,6.35,-2.54,[CIRC1,MINE. shx,x=-2.54,s=2.54],-2.54,25.4
*勘探境界线,---- | ---- | ---- | ---- | ----
A,13,-3,[TRACK1,MINE. SHX,S=1],-3,13
*虚线, __ __ __ __ __ __ __ __ __ __ __ __ __
A,12,-3
*点线,. . . . . . . . . . . . . . . . . . . . .
A,0,-3
*矿区边界线,---- || ---- || ---- || ---- || ----
A,10,-2,[TRACK1,MINE. SHX,S=1],-3,[TRACK1,MINE. SHX,S=1],-2,10
```

mine. lin 文件经过加载后，就可以像使用 AutoCAD 里自带的线型一样使用了。图 15-5 是加载 mine. lin 文件时的效果。

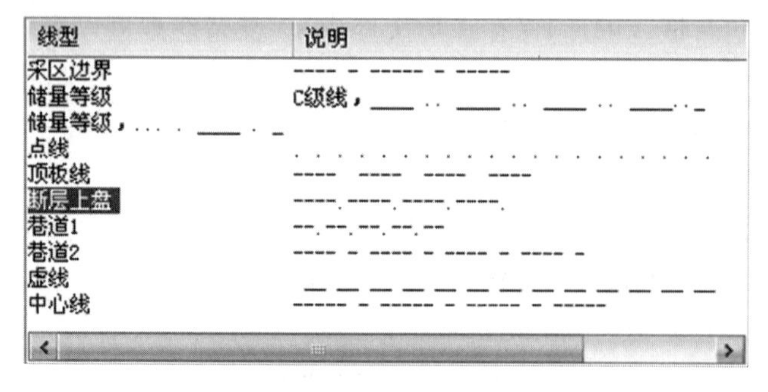

图 15-5　加载 mine. lin 文件时的效果

15.3.2　矿图填充图案的定义

(1) AutoCAD 中填充图案的定义

在 AutoCAD 中除了使用提供的预定义填充图案外，还可以设计并创建自己的自定义填充图案。AutoCAD 提供的填充图案存储在 acad. pat 和 acadiso. pat 文本文件中，用户可以在该文件中添加填充图案定义，也可以创建自己的文件。

无论将填充图案的定义存储在哪个文件中，自定义填充图案都具有相同的格式，即包括一个带有名称（以星号开头，最多包含 31 个字符）和可选说明的标题行。

```
*pattern-name,description
```

还包括一行或多行如下形式的说明：

```
angle,x-origin,y-origin,delta-x,delta-y,dash-1,dash-2,...
```

填充图案定义遵循以下规则：

① 图案定义中的每一行最多包含 80 个字符，可以包含字母、数字和以下特殊字符：下画线(_)、连字号(-)和美元符号($)。但是，图案定义必须以字母或数字开头，而不能以特殊字符开头。

② AutoCAD 将忽略分号右侧的空行和文字。

③ 每条图案直线都被认为是直线族的第一个成员，是通过应用两个方向上的偏移增量生成无数平行线来创建的。

④ 增量 x 的值表示直线族成员之间在直线方向上的位移，它仅适用于虚线。

⑤ 增量 y 的值表示直线族成员之间的间距，也就是到直线的垂直距离。

⑥ 直线被认为是无限延伸的；虚线图案叠加于直线之上。

图案填充的过程是将图案定义中的每一条线都拉伸为一系列无限延伸的平行线。所有选定的对象都被检查是否与这些线中的任意一条相交，如果相交，将由填充样式控制填充线的打开和关闭。生成的每一族填充线都与穿过绝对原点的初始线平行，从而保证这些线完全对齐。

如果创建高密度的图案填充，AutoCAD 可能会拒绝该图案填充并显示一条信息，指出填充比例太小或其画线太短。通过使用“setenv MaxHatch n”设置 MaxHatch 系统注册表变量来修改填充直线的最大数目，其中 n 是 100～10000000 之间的数字。

要定义虚线图案，用户可以在直线定义项目末尾加上虚线长度项目。每个虚线长度项目都指定组成直线的线段的长度。如果长度为正值，则绘制落笔线段；如果长度为负值，则为提笔线段，并且无法绘制。图案的第一条线段从原点开始，后面的线段以循环方式继续。每条图案直线上最多可以指定 6 个画线长度。

并非所有填充图案都使用原点(0,0)。复杂的填充图案可以使用距离原点有一定偏移的原点，并且可以包含多个直线族成员。构造较为复杂的图案时，需要谨慎地指定起点、偏移和每个直线族的虚线图案，以便正确构造填充图案。

(2) 采矿填充图案的定义

根据上述方法，在 acadiso. pat 文件中添加常用的采矿填充图案，并用添加修改后的 acadiso. pat 文件覆盖 AutoCAD 系统中的对应文件。

以下列出部分在 acadiso. pat 文件中添加的常用填充图案的定义。

```
;;自定义采矿填充图案
*石灰岩
0,        0,0,      0,8
90,       0,0,      8,8,                          8,-8
*泥质碳岩
0,        0,0,      0,8
90,       0,0,      8,8,                          8,-8
0,        6,4,      8,8,                          4,-12
```

```
*花岗岩
0, 0,.5, 1,1, 1,-1
90, .5,0, 1,1, 1,-1
*凝灰岩
0,0,0,0,2.5
135,   .849532,.717157, 0,3.535534, .8,-2.735534
45,    5.849602,.717157, 0,3.535534, .8,-2.735534
*油页岩
0,      0,0,      0,1.25
60,     .625,-.125,   1.443,2.5,              1.486,-1.4
60,     .9375,-.35,   1.443,2.5,              1.898,-.988
60,     1.245,-.25,   1.443,2.5,              2.124,-.762
```

用户可以把自定义的采矿填充图案添加在原来的 acadiso. pat 文件内容的后面，然后把添加后的 acadiso. pat 文件覆盖原来的文件，这样就能够在保持 AutoCAD 原来的填充图案的同时，把采矿常用的填充图案加载到 AutoCAD 中使用。

图 15-6 显示了当把添加了采矿填充图案的 acadiso. pat 文件覆盖原文件后，采矿填充图案的效果。

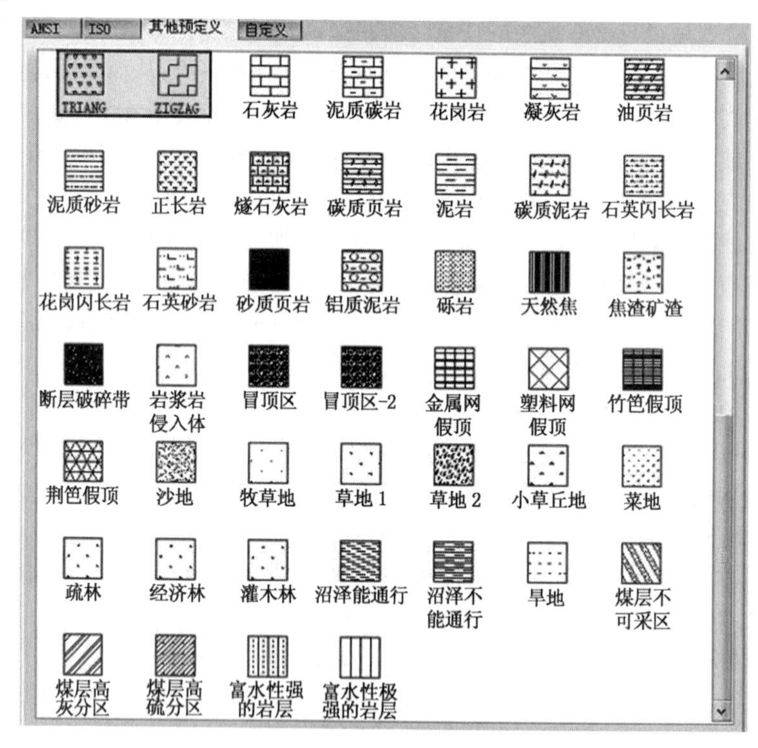

图 15-6 采矿填充图案的效果

15.3.3 采矿专用图像控件菜单的定义

(1) AutoCAD 中的菜单文件

AutoCAD 中所使用的菜单均保存在相应的菜单文件中，菜单文件用于定义菜单。

AutoCAD 中的菜单采用人机交互的方式，并且具有几种不同的形式，即菜单区域。在菜单文件中对以下几种菜单区域的功能和外观进行了定义：

① 定点设备按钮菜单；

② 下拉菜单和快捷菜单；

③ 工具栏；

④ 图像控件菜单；

⑤ 屏幕菜单；

⑥ 数字化仪菜单；

⑦ 帮助字符串和工具栏提示；

⑧ 键盘加速键。

在 AutoCAD 启动时，系统会自动装入菜单文件 ACAD. MNC（或 ACAD. MNS、ACAD. MNU）。用户可以根据需要通过修改菜单文件定制菜单，也可以创建自定义的菜单文件。

AutoCAD 采用层次结构管理菜单文件，首先菜单文件按其功能的不同分为几个部分，每个部分中都包含菜单项，它为与菜单项相关的外观和操作提供指示。菜单文件的各个部分用部分标签来标识，其格式为：

*** section_name

表 15-1 中列出了各个部分的部分标签及其说明。

表 15-1　部分标签及其说明

部分标签	说　明
*** MENUGROUP	定义菜单文件组
*** BUTTONSn	定义定点设备按钮功能
*** AUXn	定义系统定点设备菜单
*** POPn	定义下拉菜单和快捷菜单
*** TOOLBARS	定义工具栏按钮功能
*** IMAGE	定义图像控件菜单
*** SCREEN	定义屏幕菜单
*** TABLETn	定义数字化仪菜单
*** HELPSTRINGS	定义菜单项和工具栏按钮的提示信息
*** ACCELERATORS	定义加速键

菜单文件中各个部分的第二层结构用 ** 标识，第二层结构下为菜单项的具体定义。

菜单文件中的注释行以“//”为标识，菜单编译器忽略以“//”开始的行。

（2）图像控件菜单的定义

菜单文件中的图像控件菜单部分用“ *** IMAGE”标签标识，该部分定义了带有图像控件的菜单。

图像控件菜单部分包含多个子菜单，子菜单之间应至少用一个空行进行分隔。每个子菜单的第一行是其标题，该标题显示包含该图像的对话框的标签。

图像控件菜单项中不能包含名称标记，而只包含标签和菜单宏，其中标签用来定义滚动列表的文字和图像。可用的图像控件菜单项标签格式及用法如表 15-2 所示。

表 15-2　图像控件菜单项标签格式

标签格式	用　法
[sldname]	幻灯片名 sldname 显示在列表框中； 幻灯片 sldname 显示为图像
[sldname,labeltext]	文字 labeltext 显示在列表框中； 幻灯片 sldname 显示为图像
[sldlib(sldname)]	幻灯片名 sldname 显示在列表框中； 幻灯库 sldlib 中的幻灯片 sldname 显示为图像
[sldlib(sldname,labeltext)]	文字 labeltext 显示在列表框中； 幻灯库 sldlib 中的幻灯片 sldname 显示为图像
[blank]	当提供空文字(即不提供文字)做图标标签时，在列表框中显示分隔行，并显示空图像
[labeltext]	当标签的第一个字符为空格时，在列表框中显示提供的文本 labeltext，并且不显示图像

(3) 采矿图像控件菜单的建立

制作采矿图像控件菜单首先要制作图元文件，接着要制作幻灯文件，然后制作幻灯库。完成这些工作后，可以在 AutoCAD 环境中进行自定义界面操作。在 AutoCAD 的菜单中依次进入“工具→自定义→界面”，接着就可以在“传统”项的“图像平铺菜单”中建立图像控件菜单，最后在“菜单”项中添加相应的进入采矿图像控件菜单的菜单项。

除了不能使用菜单宏重复功能以外，图像控件菜单宏执行的功能与其他菜单宏相同。

图 15-7 显示了部分井下运输机械图像控件菜单的效果，其他采矿图像控件菜单都可以依照这种方法设计，经过逐步完善，就可以形成较为丰富的采矿图像控件菜单。

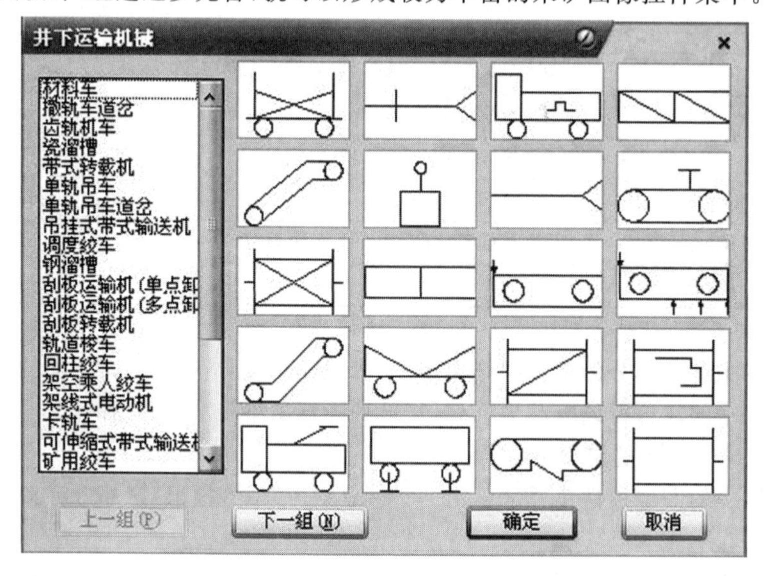

图 15-7　采矿图像控件菜单效果

附录 A AutoCAD 常用快捷命令

A1 功能键

功能键	按钮	功能	功能键	按钮	功能
F1	—	获取帮助	F7		打开/关闭栅格显示
F2	—	打开/关闭文本窗口	F8		打开/关闭正交模式
F3		打开/关闭对象捕捉	F9		打开/关闭捕捉模式
F4		打开/关闭三维对象捕捉	F10		打开/关闭极轴追踪
F5	—	等轴平面切换	F11		打开/关闭对象捕捉追踪
F6		打开/关闭动态 UCS	F12		打开/关闭动态输入

A2 数字快捷组合键

功能键	功能	功能键	功能
Ctrl+0	打开/关闭全屏显示	Ctrl+5	打开/关闭快捷帮助
Ctrl+1	打开/关闭特性对话框	Ctrl+6	打开/关闭数据库连接管理器
Ctrl+2	打开/关闭设计中心	Ctrl+7	打开/关闭标记集管理器
Ctrl+3	打开/关闭工具选项板	Ctrl+8	打开/关闭快速计算器
Ctrl+4	打开/关闭图纸集管理器	Ctrl+9	打开/关闭命令行

A3 字母功能键

功能键	功能	功能键	功能
Ctrl+A	选择当前文档全部对象	Ctrl+N	新建图形文档
Ctrl+B	打开/关闭栅格捕捉模式	Ctrl+O	打开已有文档
Ctrl+C	将选择的对象复制到剪贴板	Ctrl+P	打印文档
Ctrl+D	打开/关闭动态 UCS	Ctrl+Q	退出 AutoCAD 程序
Ctrl+E	等轴平面切换	Ctrl+S	保存当前图形
Ctrl+F	打开/关闭对象捕捉	Ctrl+T	打开/关闭数字化仪
Ctrl+G	打开/关闭栅格	Ctrl+U	打开/关闭极轴模式控制
Ctrl+H	更改选择编组的变量值	Ctrl+V	插入剪贴板数据
Ctrl+I	打开/关闭坐标动态显示	Ctrl+W	打开/关闭对象捕捉追踪
Ctrl+J	选择坐标显示方式	Ctrl+X	剪切数据到剪贴板
Ctrl+K	对象添加超链接	Ctrl+Y	恢复前面几个用 UNDO 或 U 命令取消前一步的操作
Ctrl+L	打开/关闭正交模式		
Ctrl+M	对象添加超链接	Ctrl+Z	取消前一步的操作

A4 AutoCAD 2018 功能区组成明细

<table>
<tr><th>选项卡</th><th>面板</th><th>功能组成</th></tr>
<tr><td rowspan="8">默认</td><td>绘图</td><td>直线、圆弧、多段线、圆、矩形、椭圆、图案填充、样条曲线、正多边形、构造线、射线、多点(定数等分、定距等分)、渐变色、边界、面域、云线、区域覆盖、三维多段线、螺旋、圆环</td></tr>
<tr><td>修改</td><td>移动、复制、旋转、拉伸、前置(后置、置于对象之上、置于对象之下)、缩放、偏移、镜像、修剪(延伸)、删除、分解、阵列、圆角(倒角)、设置为 Bylayer、更改空间、拉长、编辑多段线、编辑样条曲线、编辑图案填充、对齐、打断、打断于点、合并、反转</td></tr>
<tr><td>注释</td><td>多行文字(单行文字)、线性标注等、表格、多重引线、文字样式等</td></tr>
<tr><td>图层</td><td>图层特性、将对象的图层设为当前图层、匹配、上一个、隔离、取消隔离、冻结、关闭、图层状态、打开所有图层、解冻所有图层、锁定、解锁、更改为当前图层、将对象复制到新图层、图层漫游、隔离到当前视口、合并、删除、锁定图层的淡入</td></tr>
<tr><td>块</td><td>插入、创建、编辑、编辑属性(单个、多个)、定义属性、管理属性</td></tr>
<tr><td>特性</td><td>对象颜色、线宽、线型、打印样式、列表</td></tr>
<tr><td>实用工具</td><td>测量(距离、半径、角度、面积、体积)、快速选择、全部选择、快速计算器、点坐标、点样式</td></tr>
<tr><td>剪贴板</td><td>粘贴(粘贴为块、粘贴为超链接、粘贴到原坐标、选择性粘贴)、剪切、复制剪裁、特性匹配</td></tr>
<tr><td rowspan="8">插入</td><td>参照</td><td>附着、裁剪、调整、参考底图图层、打开“捕捉到参考底图”(关闭“捕捉到参考底图”功能)、编辑参照、外部参照淡入</td></tr>
<tr><td>块</td><td>插入、创建、块编辑器、设置基点</td></tr>
<tr><td>块定义</td><td>定义属性、管理属性、创建块、块编辑器</td></tr>
<tr><td>输入</td><td>输入</td></tr>
<tr><td>点云</td><td>创建点云、附着、更新</td></tr>
<tr><td>数据</td><td>字段、更新字段、OLE 对象、超链接</td></tr>
<tr><td>位置</td><td>设置位置</td></tr>
<tr><td>链接和提取</td><td>数据链接、从源下载、上载到源、提取数据</td></tr>
<tr><td rowspan="6">注释</td><td>文字</td><td>多行文字(单行文字)、拼写检查、文字样式、查找文字、注释文字高度、缩放、对正</td></tr>
<tr><td>标注</td><td>标注(线性、对齐、角度、弧长、半径、直径、折弯、坐标)、标注样式、打断、调整间距、快速标注、连续(基线)、检验、更新、标注,折弯标注、重新关联、公差、圆心标记、倾斜、文字高度、左对正、居中对正、右对正、替代</td></tr>
<tr><td>多重引线</td><td>多重引线、多重引线样式、添加引线、删除引线、对齐、合并</td></tr>
<tr><td>表格</td><td>表格、表格样式、数据链接、从源下载、上载到源、提取数据</td></tr>
<tr><td>标记</td><td>区域覆盖、修订云线</td></tr>
<tr><td>注释缩放</td><td>添加当前比例、比例列表、添加/删除比例、同步比例设置</td></tr>
</table>

A4(续)

选项卡	面板	功能组成
布局	布局	**新建**(新建布局、从样板)、页面设置
	布局窗口	**矩形**、命名、剪裁、锁定
	创建视图	**基点**(从空间模型、从 Inventor)、投影、**截面**、**局部**
	修改视图	编辑视图、编辑部件
	更新	自动更新、更新视图
	样式和标准	截面视图样式、局部视图样式
参数化	几何	自动约束、重合、共线、同心、固定、平行、垂直、水平、竖直、相切、平滑、对称、相等 、显示、全部显示、全部隐藏
	标注	**线性**(水平、竖直)、对齐、半径、直径、角度、转换、显示动态结束
	管理	删除约束、参数管理器
视图	二维导航	平移、**动态观察**(自有动态观察、连续动态观察)、**范围**(窗口、上一个、实时、全部、动态、缩放、中心、对象、放大、缩小)、前进、后退
	视图	俯视、仰视、左视、视图管理器
	视觉样式	视图样式管理器(素线、隐藏、普通、无面样式、阴影关、材质/纹理、x射线效果)
	模型视口	**视口设置**、命名、恢复、合并
	选项板	工具选项板、特性、图纸集管理器、命令行、标记集管理器、图层特性、快速计算器、设计中心、外部参照选项板
	用户界面	切换窗口、水平平铺、垂直平铺、层叠、**状态栏**[光标坐标值、捕捉(F9)、栅格(F7)、正交(F8)、极轴(F10)、对象捕捉(F3)、对象追踪(F11)、动态 UCS(F6)、动态输入(F12)、线宽、快捷特性、图纸/模型、快速查看布局、快速查看图形、平移、缩放、SteeringWheel、ShowMotion、注释比例、注释可见性、自动缩放、工作空间、显示锁定、全屏显示(Ctrl+0)、图形状态栏]、图形状态栏、**窗口锁定**(浮动工具栏/面板、固定工具栏/面板、浮动窗口、固定窗口)、文本窗口
管理	动作记录器	录制、插入消息、插入基点、暂停以请求用户输入、播放、首选项、管理动作宏、可用动作宏、动作树
	自定义设置	用户界面、工具选项板、输入、输出、编辑别名
	应用程序	加载应用程序、运行脚本、Visual Basic 编辑器、Visual LISP 编辑器、运行 VBA 宏、加载工程、VBA 管理器
	CAD 标准	图层转换器、检查、配置
输出	打印	打印、批处理打印、预览、页面设置管理器、查看详细信息、绘图仪管理器
	输出为 DWF/PDF	**输出**(DWFx、DWF、PDF)、**窗口**(显示、范围)、**页面设置**(当前、替代)、预览、“输出为 DWF/PDF”选项
	输出至 Impression	**输出**、**要输出的内容(至 Impression)**(显示、范围、窗口)、**打印样式表**(画笔指定)、笔迹类型

注:AutoCAD 2018 初始界面共包括 8 个标签、44 个面板功能区、300 余个命令按钮,其中约 40 个为下拉按钮。表中加粗显示的文字表示该按钮为下拉按钮。

A5 【绘图】面板内的部分命令按钮

按钮	功能	命令别名/全称	按钮	功能	命令别名/全称
	直线	L/Line		射线	Ray
	圆弧	A/Arc		构造线	Xl/Xline
	多段线	Pl/Pline		多点	Po/Point
	圆	C/Circle		定数等分	Div/Divide
	矩形	Rec/Rectang		定距等分	Mea/Measure
	椭圆	Ellipse		边界	Bo/Boundary
	图案填充	H/Hatch		面域	Reg/Region
	样条曲线	Spl/Spline		云线	Revcloud
	正多边形	Polygon		圆环	Do/Donut
	螺旋	Helix		三维多线段	3Dpoly

A6 【修改】面板内的部分命令按钮

按钮	功能	命令别名/全称	按钮	功能	命令别名/全称
	移动	M/Move		阵列	Ar/Array
	复制	Co/Copy		圆角	Fillet
	旋转	Ro/Rotate		倒角	Cha/Chamfer
	拉伸	S/Stretch		打断	Br/Break
	前置	Dr/Draworder		设置为 Bylayer	setbylayer
	缩放	Sc/Scale		更改空间	Chspace
	偏移	O/Offset		拉长	Len/Lengthen
	镜像	Mi/Mirror		编辑多段线	Pe/Pedit
	修剪	Tr/Trim		编辑样条曲线	Splinedit
	延伸	Ex/Extend		编辑图案填充	He/Hatchedit
	删除	E/Erase		打断于点	Br/Break
	分解	X/eXplode		合并	J/Join
	反转	Ncopy		编辑阵列	Arrayedit

A7　【对象捕捉】的部分命令按钮

按钮	捕捉功能	命令别名	按钮	捕捉功能	命令别名
	临时追踪点	TT		切点	Tan
	捕捉自	From		垂足	Per
	端点	End		平行线	Par
	中点	Mid		插入	Ins
	交点	Int		节点	Nod
	外观交点	App		最近点	Nea
	延长线	Ext		无捕捉	Non
	圆心	Cen		对象捕捉设置	Osnap
	象限点	Qua	—	两点间中点	M2P

A8　【标注】面板内的部分命令按钮

按钮	功能	命令别名/全称	按钮	功能	命令别名/全称
	线性	Dli/Dimlinear		更新	—Dimstyle
	对齐	Dal/Dimaligned		折弯标注	Djo/Dimjogline
	角度	Dan/Dimangular		重新关联	Dre/Dimreassociate
	弧长	Dar/Dimarc		公差	Tol/Tolerance
	半径	Dra/Dimradius		圆心标记	Dce/Dimcenter
	直径	Ddi/Dimdiameter		倾斜	Ded/Dimedit
	坐标	Dor/Dimordinate		文字角度	Ded/Dimtedit
	标注样式	Dst/Dimstyle		左对正	Ded/Dimtedit
	打断	Dimbreak		居中对正	Ded/Dimtedit
	调整间距	DimSpace		右对正	Ded/Dimtedit
	快速标注	Qdim		替代	Ded/Dimoverride
	连续标注	Dcon/Dimcontinue		恢复默认设置	Ded/Dimedit
	基线标注	Dba/Dimbaseline		检验	Diminspect

A9 其他常用命令按钮

序号	按钮	功能	命令别名/全称	所在功能区
1		新建	New/Ctrl+N	快捷工具栏
2		打开	Open/Ctrl+O	快捷工具栏
3		保存	Save/Ctrl+S	快捷工具栏
4		打印	Plot/Ctrl+P	快捷工具栏或输出→打印
5		打印预览	Preview	快捷工具栏或输出→打印
6		批处理打印	Publish	快捷工具栏或输出→打印
7		三维 DWF	3DDwf	块和参照→参照
8		剪切	Ctrl+X	默认→剪贴板
9		复制	Ctrl+C	默认→剪贴板
10		粘贴	Ctrl+V	默认→剪贴板
11		特性匹配	Ma/Matchprop	默认→剪贴板
12		块编辑器	Be/Bedit	插入→块
13		放弃	U/Undo	快捷工具栏
14		重做	Redo/Ctrl+Y	快捷工具栏
15		实时平移	P/Pan	状态栏
16		实时缩放	Z/Zoom	状态栏
17		窗口缩放	Z/Zoom	
18		缩放上一个	Zoom	
19		特性	Properties	视图→选项板
20		设计中心	Adcenter	视图→选项板
21		工具选项板	Toolpalettes	视图→选项板
22		图纸集管理器	Sheetset	视图→选项板
23		标记集管理器	Markup	视图→选项板
24		快速计算器	Quickcalc	默认→实用工具
25		帮助	F1	状态栏

A9(续)

序号	按钮	功能	命令别名/全称	所在功能区
26		图层特性	La/Layer	视图→选项板
27		距离	Di/Measuregeom	默认→实用工具→测量
28		列表	Li(Ls)/List	默认→特性
29		点坐标	ID	工具→查询
30		清理	Pu/Purge	应用程序菜单→图形实用工具
31	—	刷新	R/Redraw	视图→刷新
32	—	重画	Ra/Redrawall	视图→重画
33	—	重生成	Re/Regen	视图→重生成
34		加载应用程序	Ap/Appload	工具→应用程序
35		定义属性	Att/Attdef	默认→块
36	—	草图设置	Ds/Drawsetting	工具→草图设置
37	—	鸟瞰视图	Av/Dsviewer	视图→鸟瞰视图
38	—	创建布局	Lo/Layout	插入→布局→来自样板的布局(T)
39	—	设置单位	Un/Units	格式→单位
40		选项	Op/Options	工具→选项
41		输出	Exp/Export	文件→输出
42		前置	Dr/Draworder	常用→修改
43	—	加载菜单	Menu	—
44	—	写块	W/Wblock	—

附录 B 常用采矿图元符号

B1 采煤工作面支护机械图形符号表

编号	名称	液压支架	编号	名称	支撑式支架
1	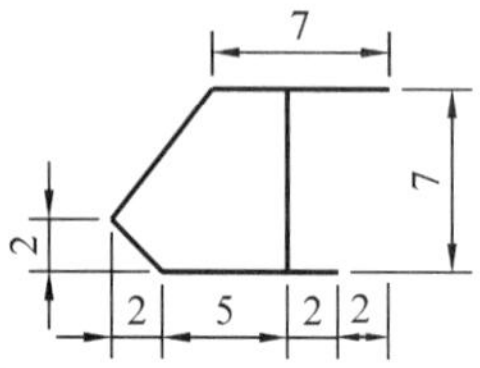		2	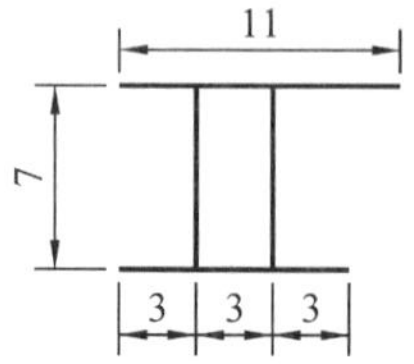	
	说明	一般符号		说明	
编号	名称	掩护式支架	编号	名称	支撑—掩护式支架
3	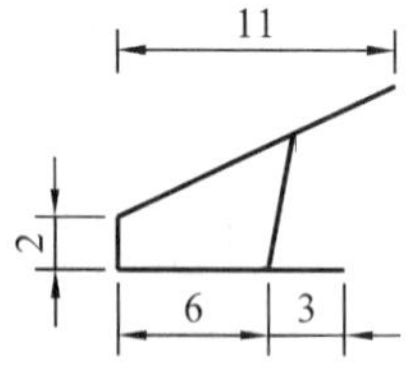		4	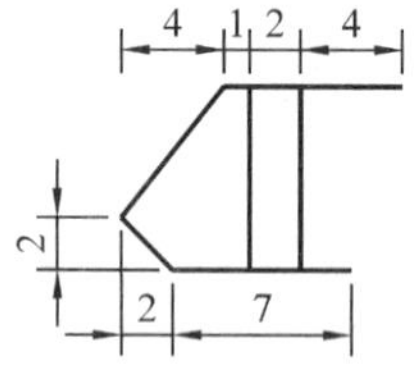	
	说明			说明	
编号	名称	大倾角支架	编号	名称	放顶煤支架
5	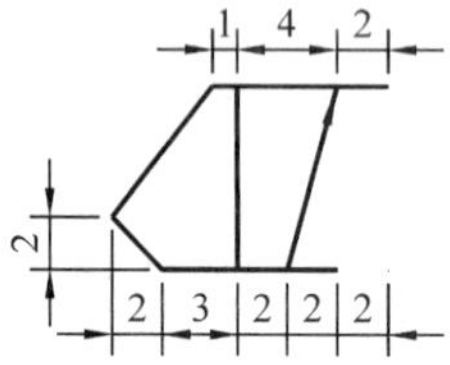		6	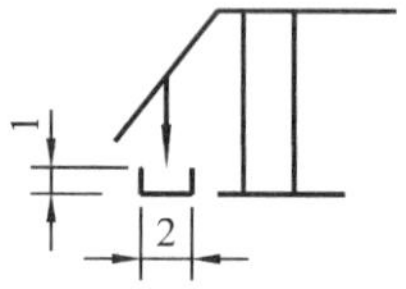	
	说明			说明	一般符号
编号	名称	滑移顶梁支架	编号	名称	铰接支架
7	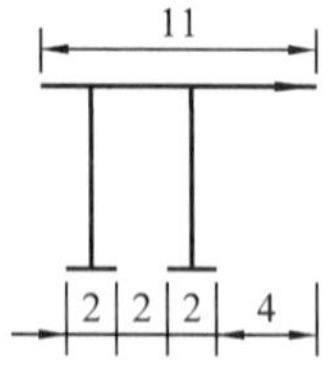		8	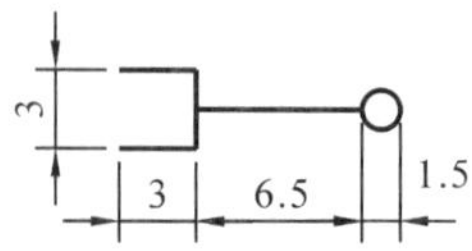	
	说明			说明	

B1(续)

编号	名称	铺网支架	编号	名称	端头支架
9	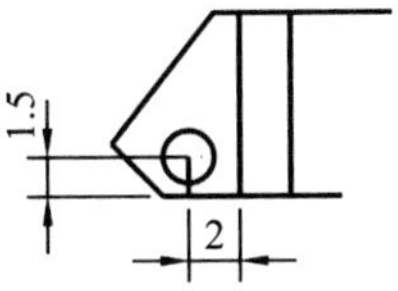		10	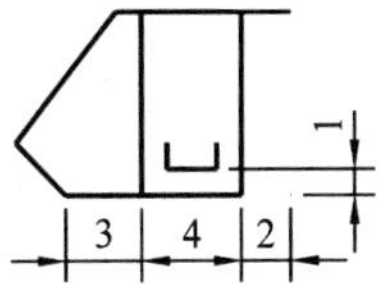	
	说明	圆直径 D=2		说明	
编号	名称	单体支柱	编号	名称	切顶支柱
11	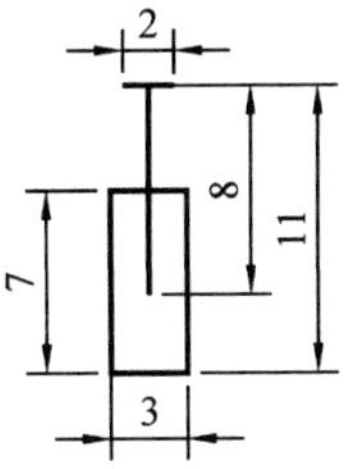		12	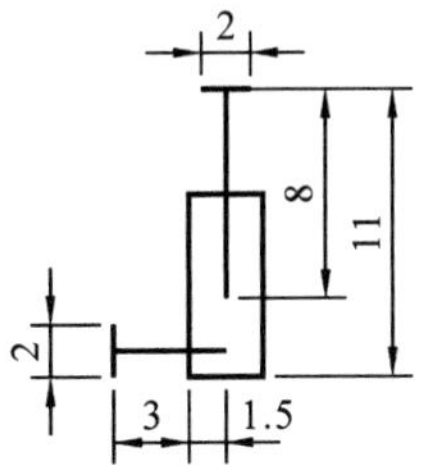	
	说明			说明	
编号	名称	升柱器			
13	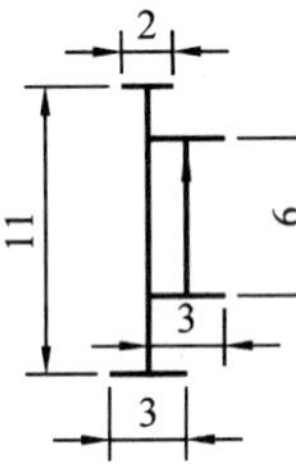				
	说明	一般符号			

注:(1) 所有图元外形最大尺寸不超过 11 mm×7 mm。

(2) 长度或直径不详的尺寸可由相似图形中获得。

B2　采掘机械图形符号表

编号	名称	双滚筒采煤机	编号	名称	单滚筒采煤机
1	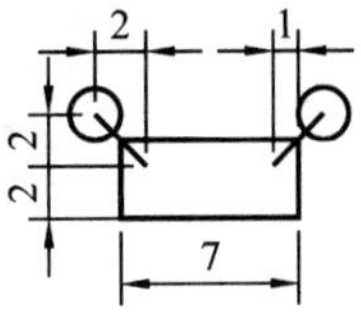		2	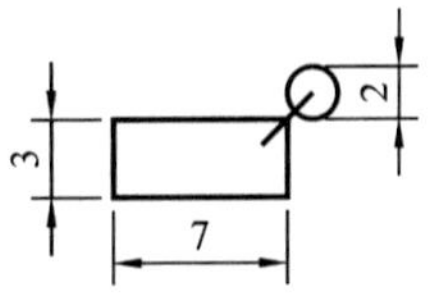	
	说明			说明	

B2(续)

编号	名称	刨煤机	编号	名称	连续采煤机(掘采机)
3		6 1 4 11	4		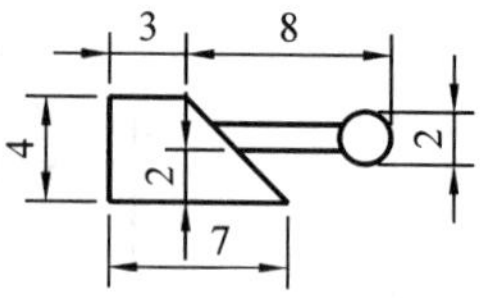 3 8 4 2 2 7
	说明			说明	
编号	名称	全断面掘进机	编号	名称	部分断面掘进机
5		3 8 4 1 7 1	6		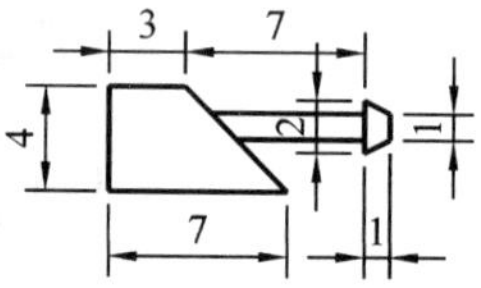 3 7 4 2 1 7 1
	说明	顶角 120°		说明	
编号	名称	铲斗装载机	编号	名称	耙斗装载机
7		9 2 3 1 6	8		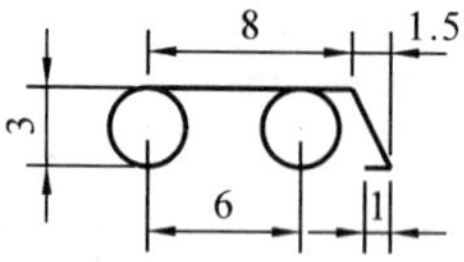 8 1.5 3 6 1
	说明			说明	
编号	名称	扒爪装载机	编号	名称	侧卸式装载机
9		6 3 1 11	10		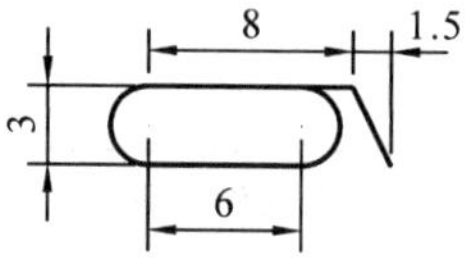 8 1.5 3 6
	说明			说明	
编号	名称	风镐	编号	名称	岩石电钻
11		6 3 11	12		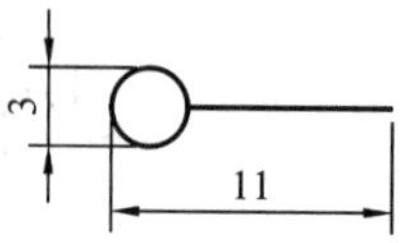 3 11
	说明			说明	

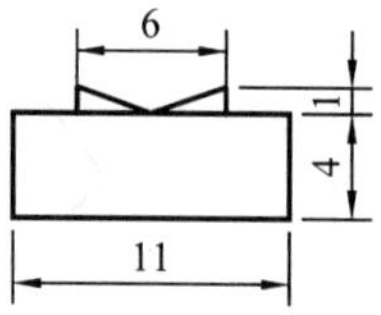

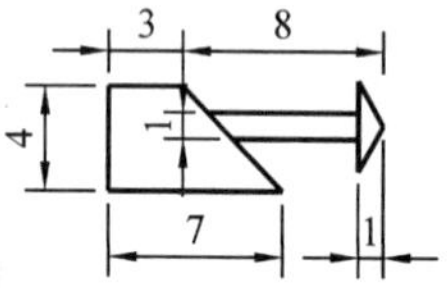

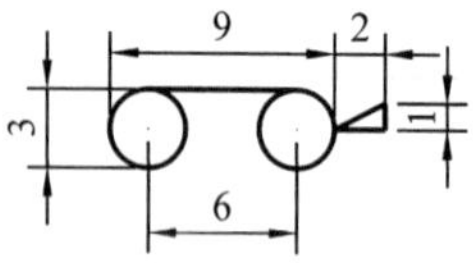

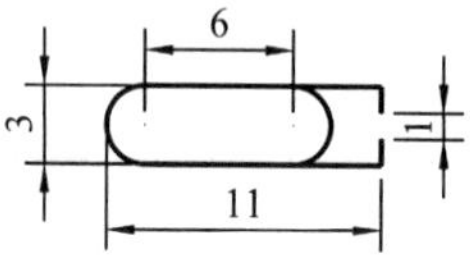

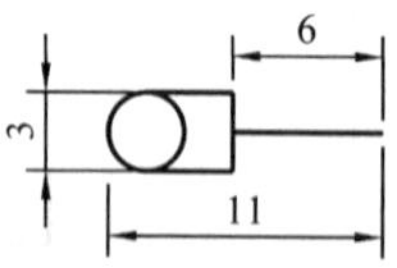

B2(续)

编号	名称	煤电钻	编号	名称	锚杆电钻
13		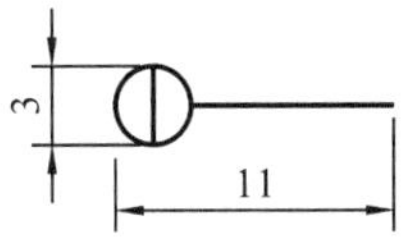	14		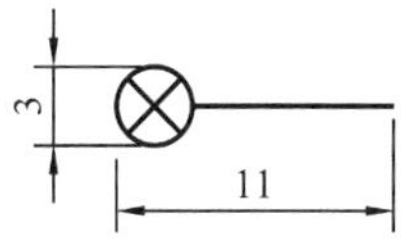
	说明			说明	
编号	名称	注水电钻	编号	名称	探水电钻
15		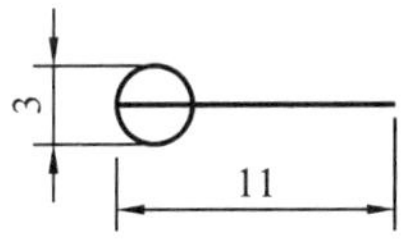	16		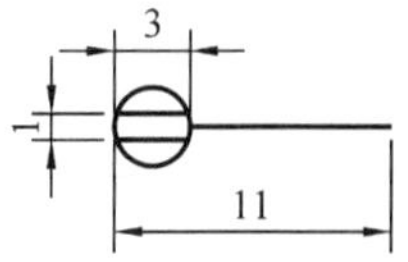
	说明			说明	
编号	名称	凿岩机	编号	名称	水枪
17		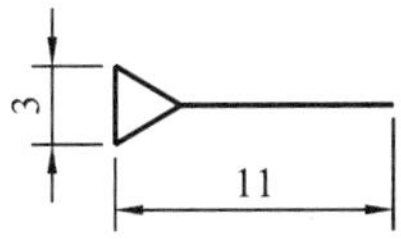	18		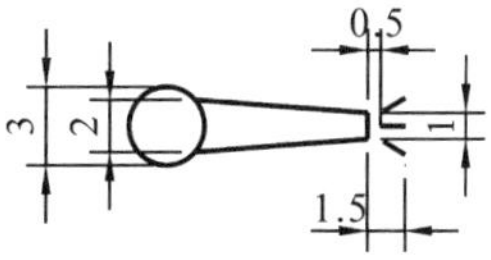
	说明	三角形内角 60°		说明	
编号	名称	混凝土搅拌机	编号	名称	锚杆安装机
19		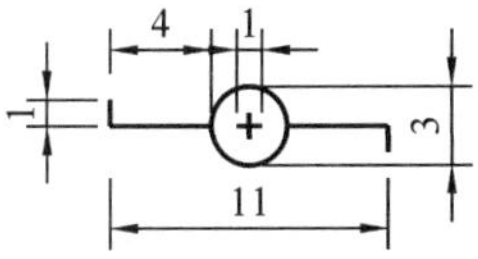	20		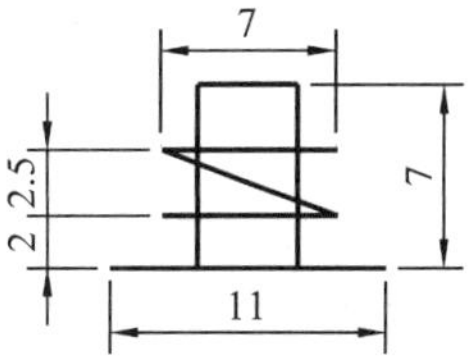
	说明			说明	
编号	名称	钻井机	编号	名称	钻装机
21		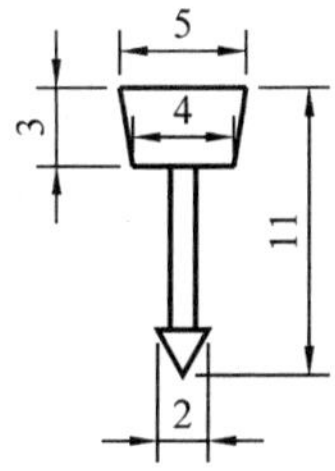	22		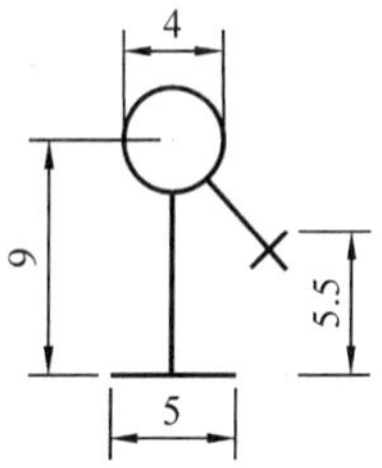
	说明	三角形内角 60°		说明	短线长 2 mm,倾角 45°,长线过圆心及短线中心

B2(续)

编号	名称	喷浆机
23	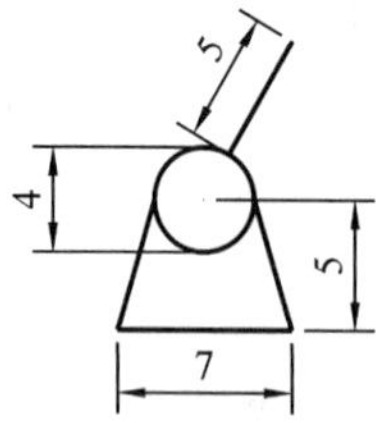	
	说明	

编号	名称	混凝土喷浆机
24	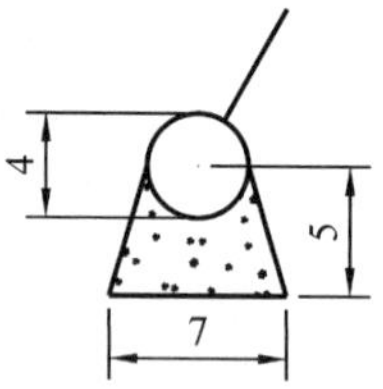	
	说明	

B3　井下运输机械图形符号表

编号	名称	刮板输送机
1	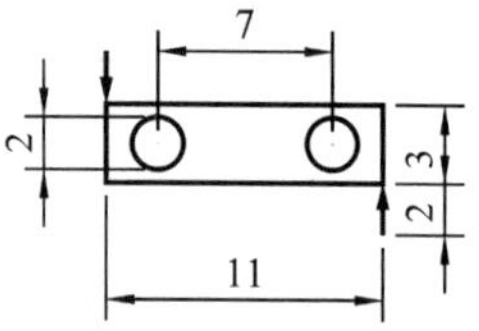	
	说明	单点卸料

编号	名称	刮板输送机
2	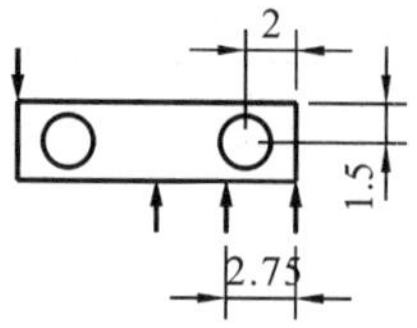	
	说明	多点卸料

编号	名称	钢溜槽
3	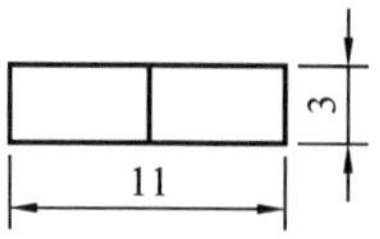	
	说明	

编号	名称	瓷溜槽
4	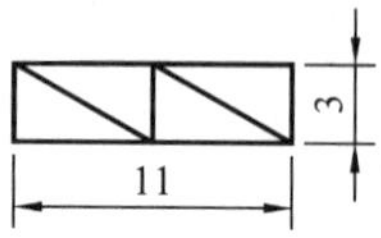	
	说明	

编号	名称	吊挂式带式输送机
5	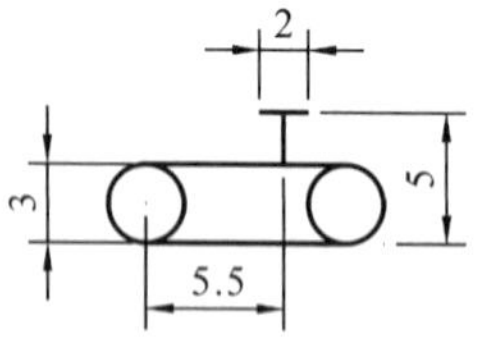	
	说明	

编号	名称	落地式带式输送机
6	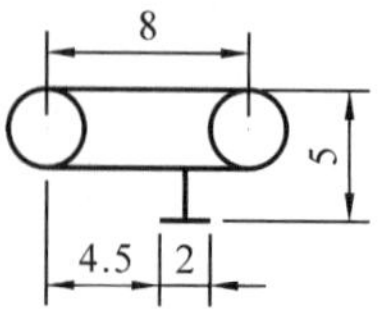	
	说明	

B3(续)

编号	名称	可伸缩式带式输送机	编号	名称	带式转载机
7	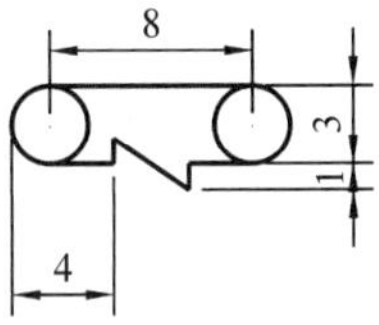		8	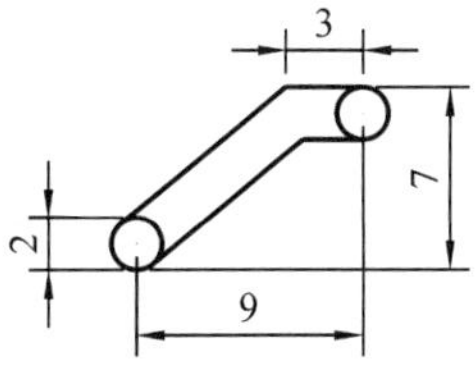	
	说明			说明	
编号	名称	刮板转载机	编号	名称	矿用绞车
9	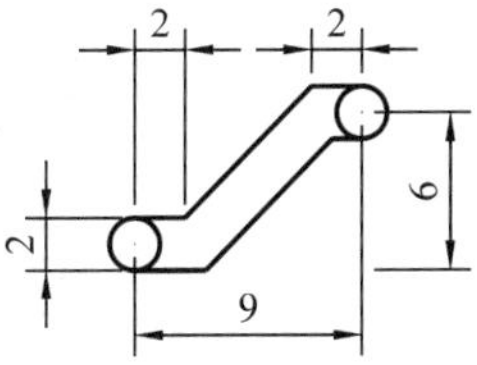		10	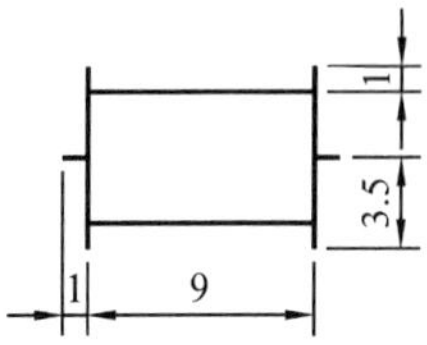	
	说明	一般符号		说明	一般符号(侧面)
编号	名称	回柱绞车	编号	名称	调度绞车
11	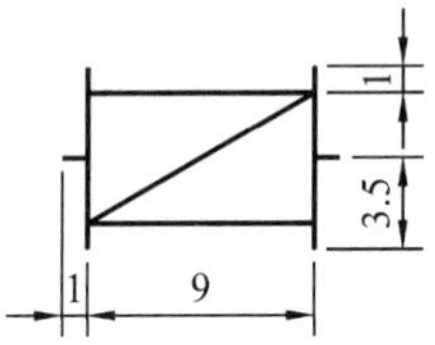		12	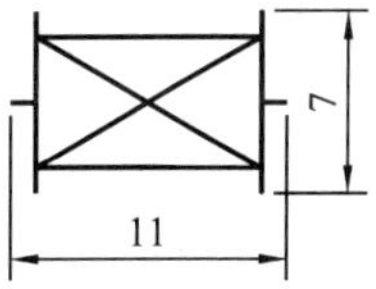	
	说明			说明	
编号	名称	架空乘人绞车	编号	名称	无极绳绞车
13	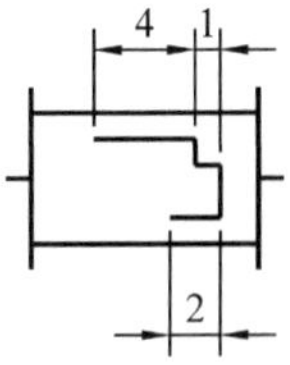		14	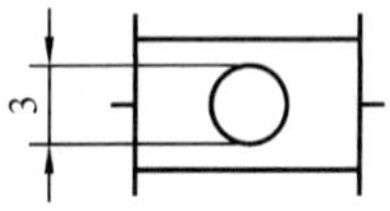	
	说明			说明	

B3(续)

编号	名称	绳牵引单轨吊绞车
15	4　3　1.5　2	
	说明	

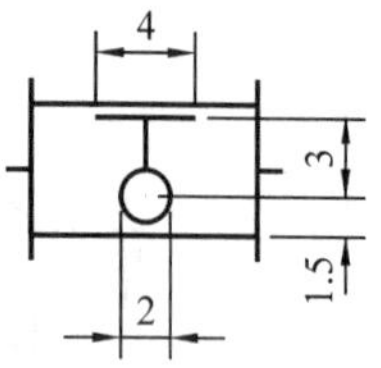

编号	名称	绳牵引卡轨车绞车
16	7　2　1.5　5	
	说明	

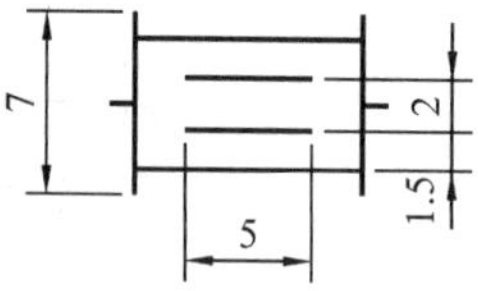

编号	名称	架线式电机车
17	3　3　3　2　5　3　7	
	说明	架线杆倾角 30°

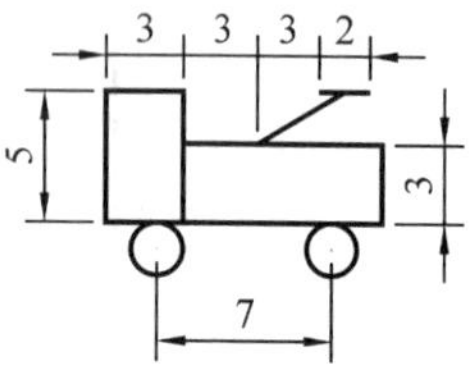

编号	名称	蓄电池式电机车
18	3　3.5　1　5　2　3　7	
	说明	

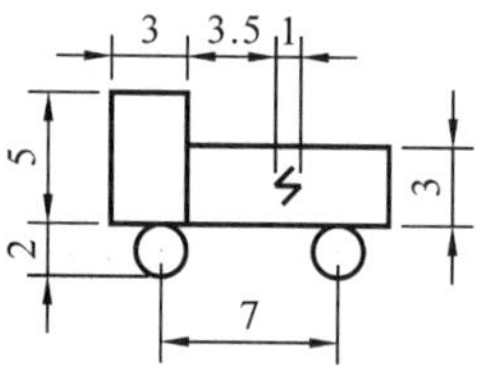

编号	名称	矿用内燃机车
19	3　4　5　3　7	
	说明	

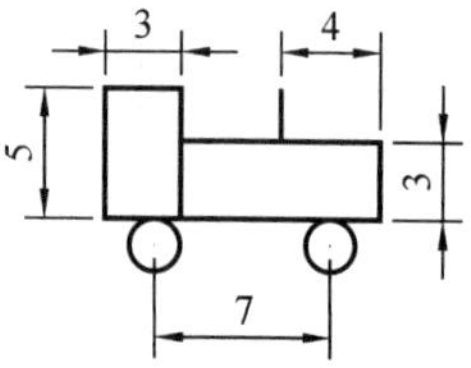

编号	名称	齿轨机车
20	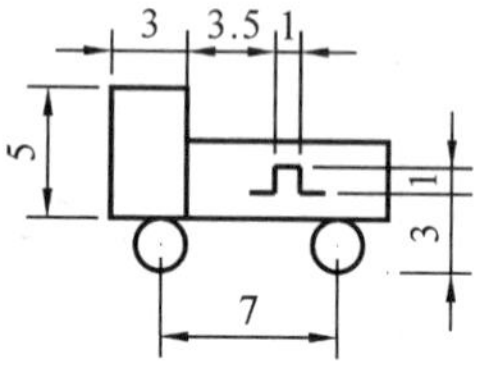 3　3.5　1　5　1　3　7	
	说明	

编号	名称	卡轨车
21	11　4　2　2　3.5　2	
	说明	

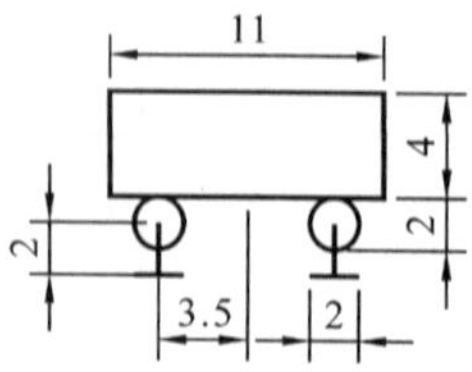

编号	名称	轨道梭车
22	5　3　7	
	说明	

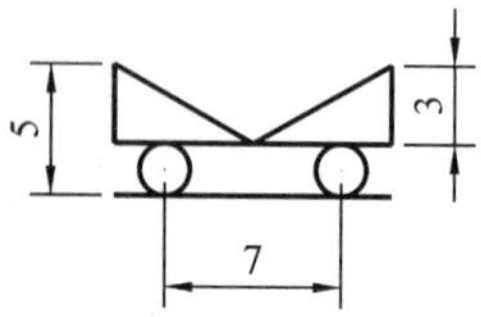

B3(续)

编号	名称	
23	平巷人车	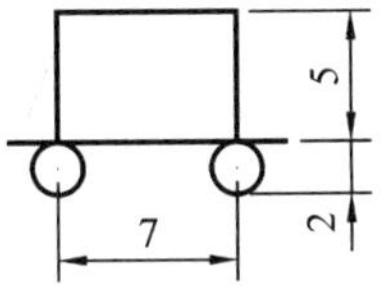
	说明	
24	斜井人车	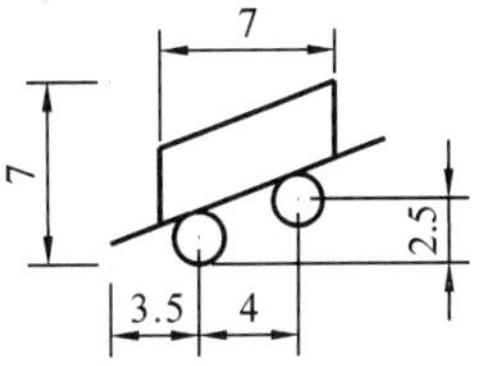
	说明	
25	平板车	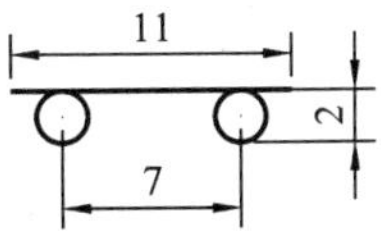
	说明	
26	材料车	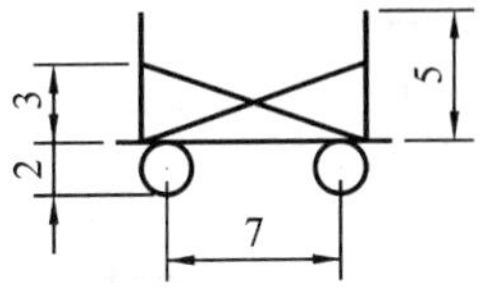
	说明	
27	单轨吊车道岔	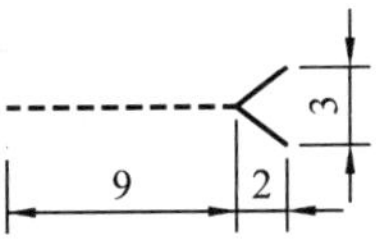
	说明	一般符号
28	齿轨车道岔	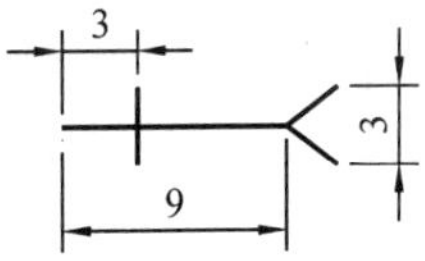
	说明	一般符号
29	单轨吊车	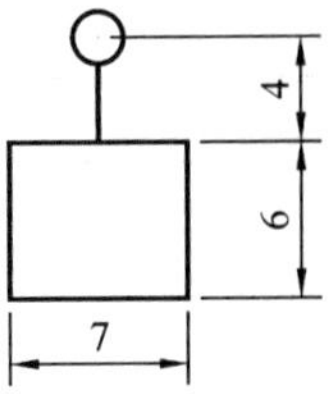
	说明	圆直径 D=2 mm

B4　采掘循环图表

编号	名称	打煤眼	编号	名称	打岩眼
1	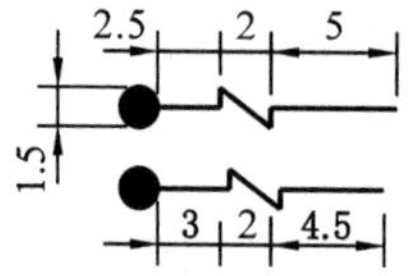		2	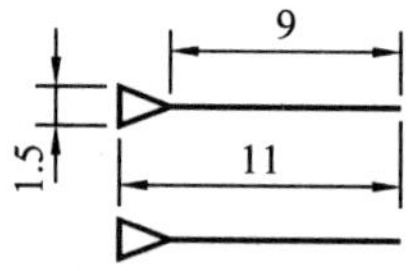	
	说明			说明	
编号	名称	爆破	编号	名称	支柱
3	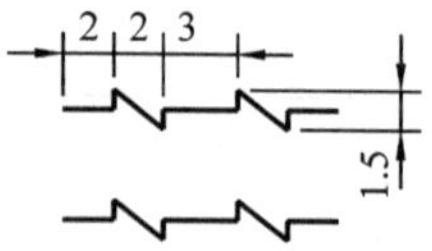		4	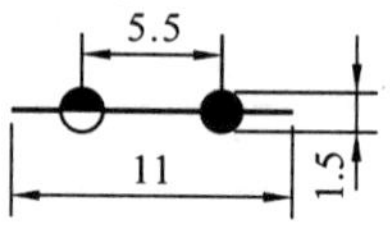	
	说明			说明	
编号	名称	回柱放顶	编号	名称	移输送机
5	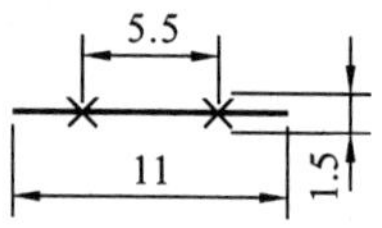		6	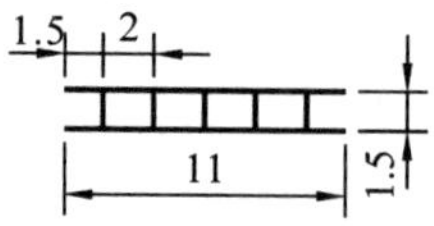	
	说明			说明	
编号	名称	运料	编号	名称	移支柱
7	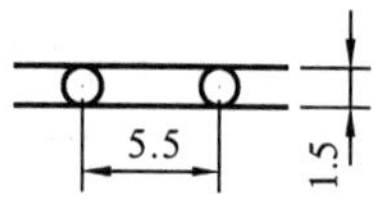		8	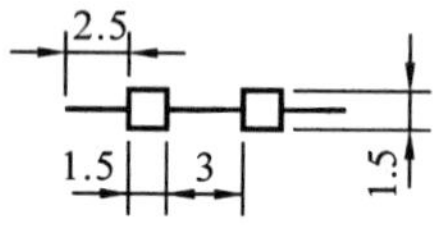	
	说明			说明	
编号	名称	移支架	编号	名称	移风管
9	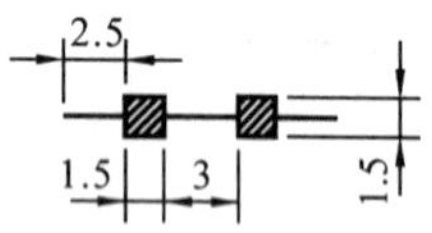		10	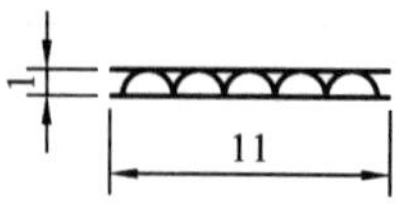	
	说明			说明	圆直径 D=2 mm
编号	名称	支木垛	编号	名称	回收木垛
11	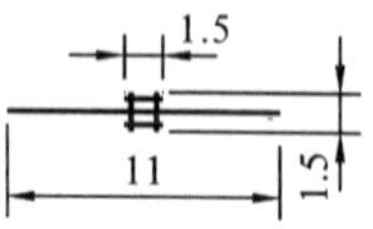		12	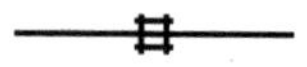	
	说明			说明	徒手画线

B4(续)

编号	名称	刨煤机	编号	名称	铺金属网及底梁
13	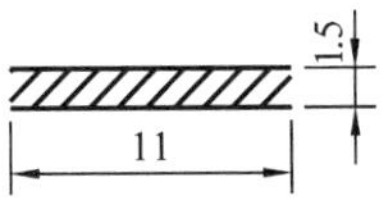		14		
	说明			说明	
编号	名称	采煤机采煤	编号	名称	采煤机下放
15	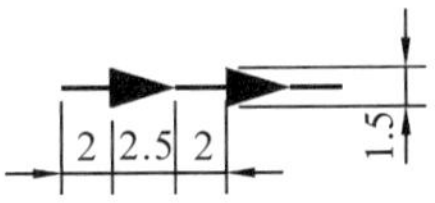		16	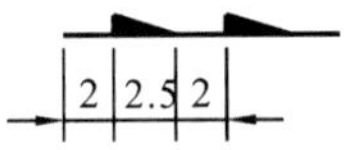	
	说明			说明	
编号	名称	风镐采煤	编号	名称	准备及检修
17	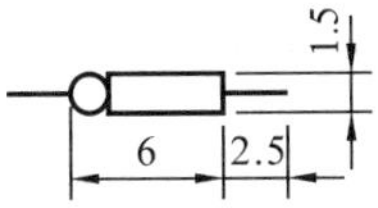		18	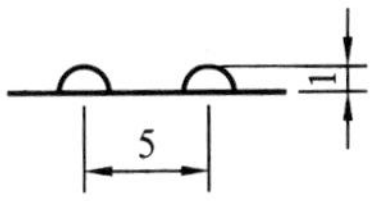	
	说明	圆直径 D=1.5 mm		说明	圆直径 D=2 mm
编号	名称	装煤、运煤	编号	名称	收密集支柱
19	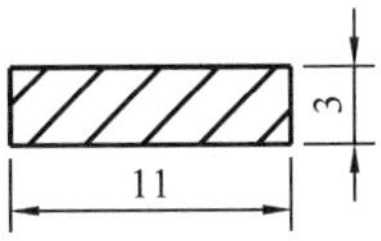		20	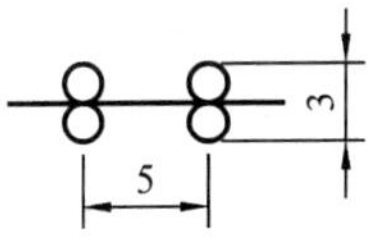	
	说明			说明	圆直径 D=1.5 mm

B5 压气、通风及排水机械图形符号表

编号	名称	压风机	编号	名称	移动式风包
1	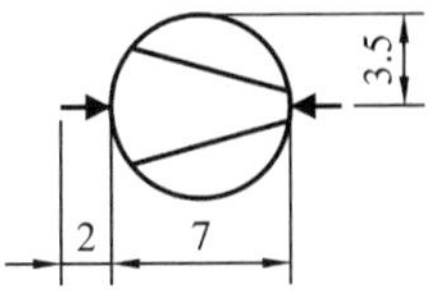		2	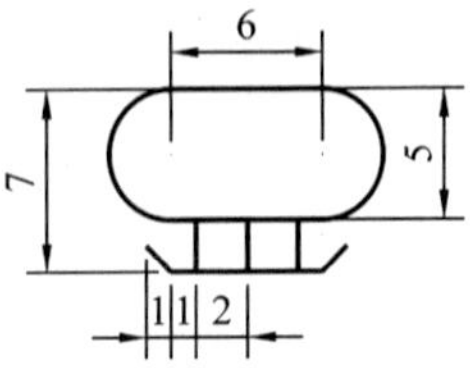	
	说明	两线夹角 30°,顶点为箭头起点		说明	

B5(续)

编号	名称	离心式通风机	编号	名称	轴流式通风机
3	4 2 7 11		4	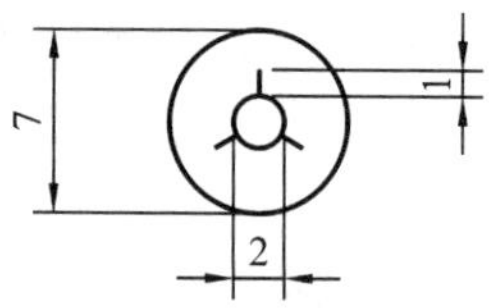 7 1 2	
	说明			说明	
编号	名称	水泵	编号	名称	注水泵
5	3.5 3.5 2		6	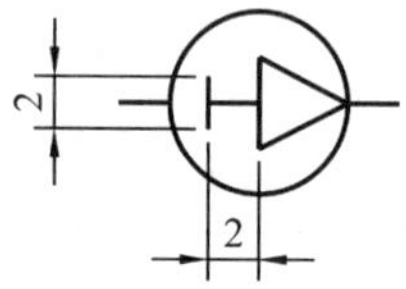 2 2	
	说明			说明	
编号	名称	泥浆泵	编号	名称	煤水泵
7	2		8	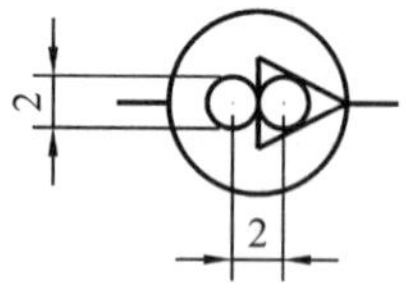 2 2	
	说明			说明	
编号	名称	乳化液泵站	编号	名称	喷雾泵站
9	4 1.5 4 6		10	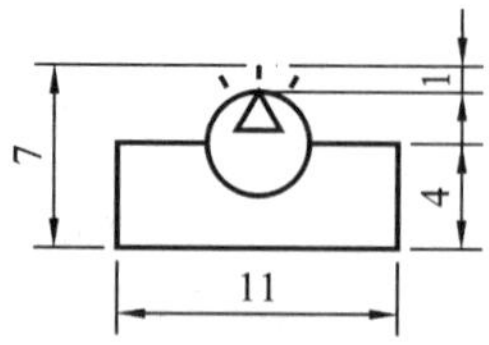 7 1 4 11	
	说明	内角为 60°		说明	
编号	名称	固定式风包	编号	名称	污水泵
11	5 4 4.5 3 2		12	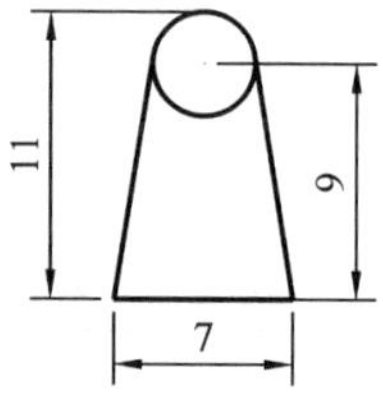 11 9 7	
	说明			说明	

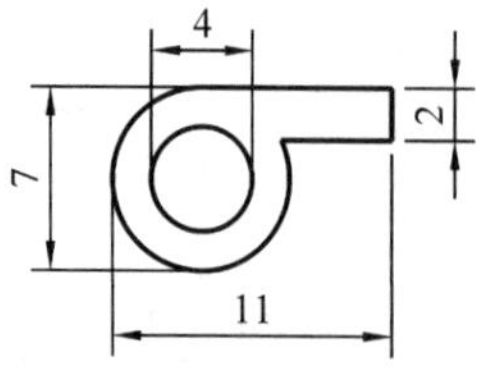

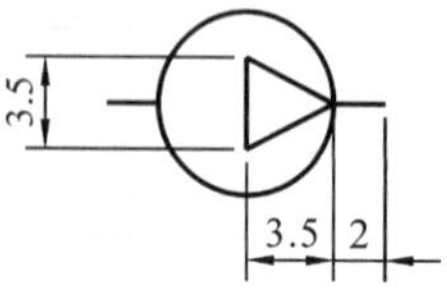

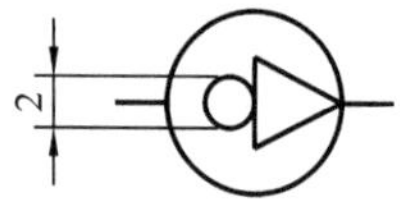

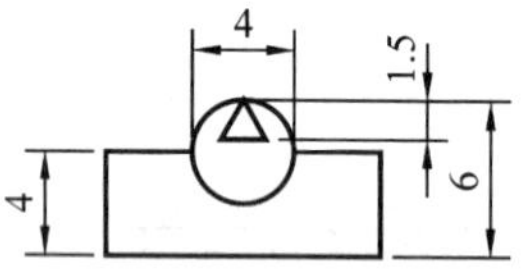

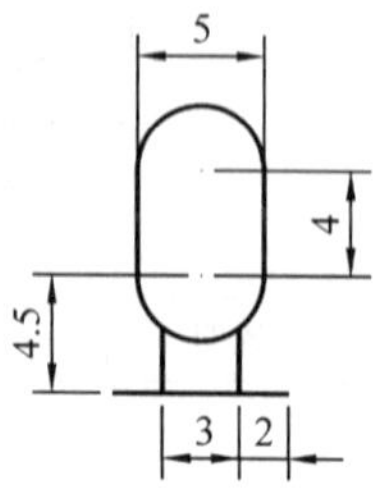

B5(续)

编号	名称	局部通风机	编号	名称	湿式除尘风机
13	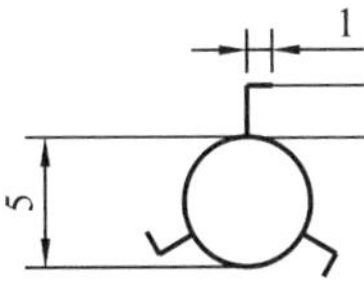		14	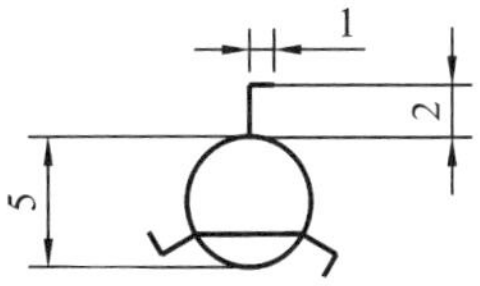	
	说明	圆内填写功率特征		说明	

B6 安全设施符号表

编号	名称	风门	编号	名称	门风(a)
1	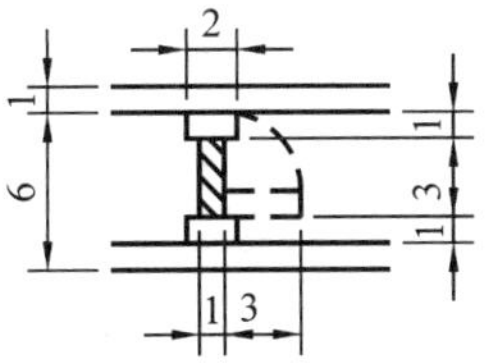		2	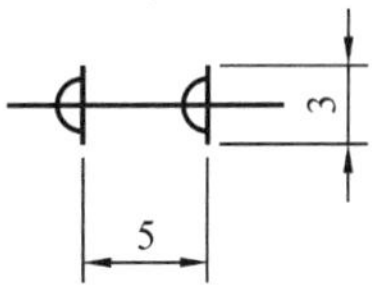	
	说明			说明	a 型用于通风系统图
编号	名称	风门(b)	编号	名称	调节风门
3	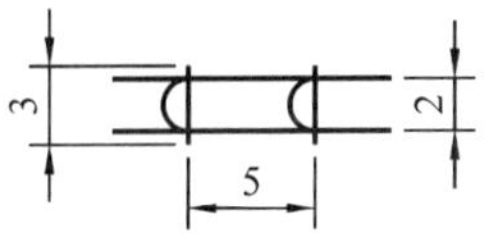		4	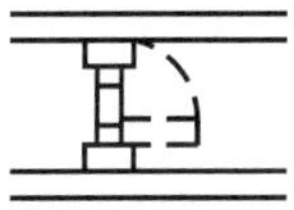	
	说明			说明	
编号	名称	调节风门(a)	编号	名称	调节风门(b)
5	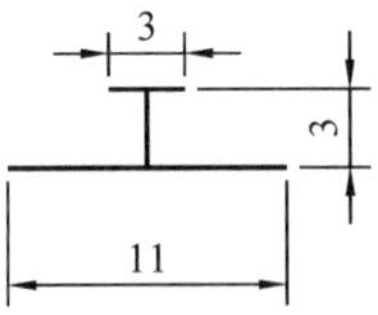		6	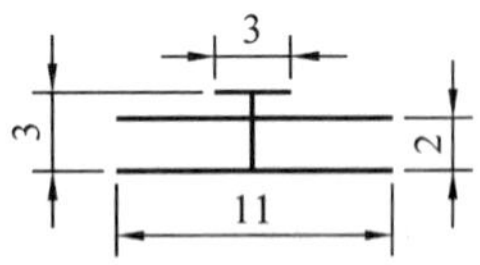	
	说明	a 型用于通风系统图		说明	
编号	名称	栅栏门	编号	名称	防火门
7	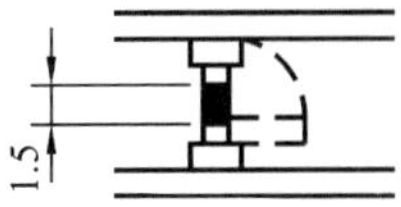		8	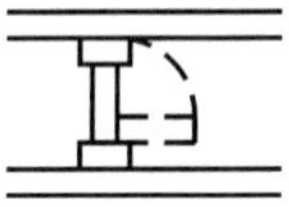	
	说明			说明	

B6（续）

编号	名称	密闭门	编号	名称	栅栏防火两用门
9	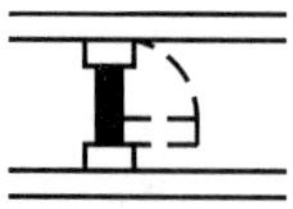		10	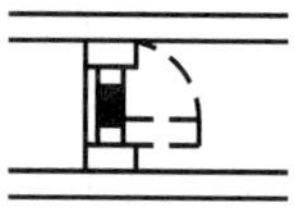	
	说明			说明	
编号	名称	风桥	编号	名称	风桥
11	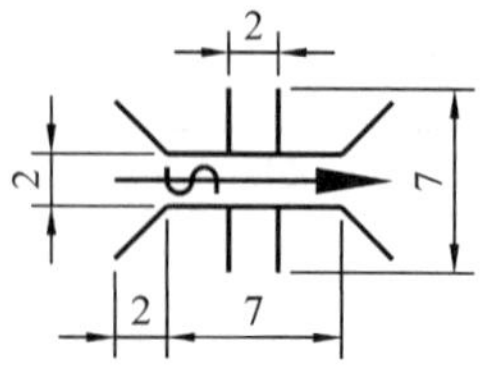		12	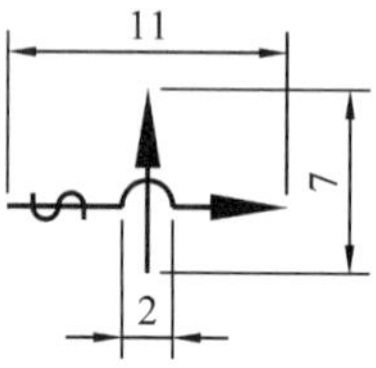	
	说明			说明	用于通风系统图
编号	名称	岩粉棚	编号	名称	水幕
13	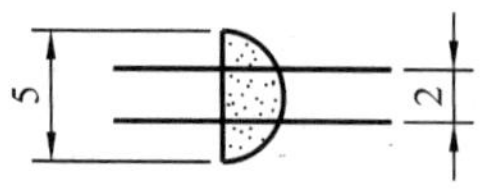		14	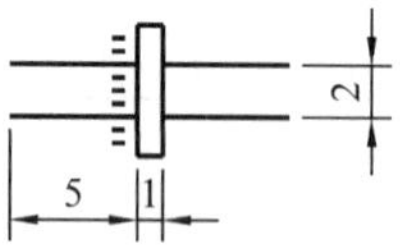	
	说明			说明	
编号	名称	水槽	编号	名称	水袋
15	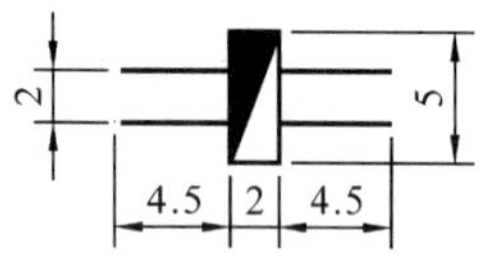		16	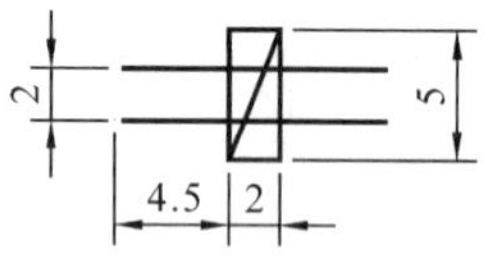	
	说明			说明	
编号	名称	防水墙	编号	名称	防水闸门
17	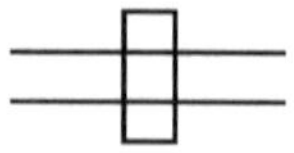		18	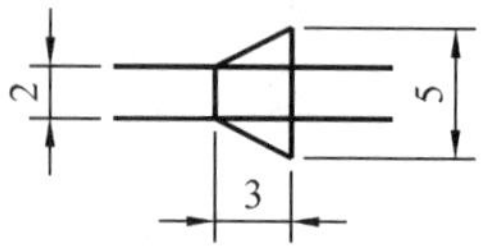	
	说明			说明	

B6(续)

编号	名称	风帘(a)	编号	名称	风帘(b)
19	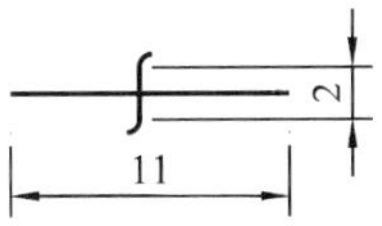		20	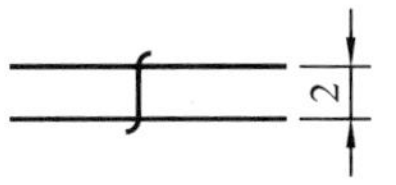	
	说明	圆弧半径 0.5 mm		说明	
编号	名称	进风	编号	名称	回风
21	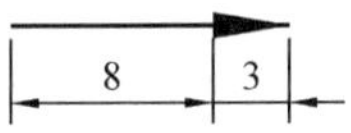		22	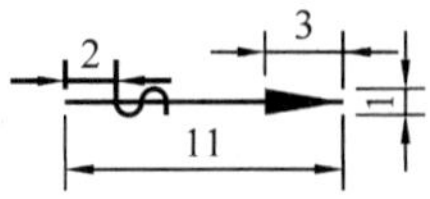	
	说明			说明	
编号	名称	密闭			
23					
	说明				

参考文献

[1] CAD/CAM/CAE 技术联盟. AutoCAD 2018 中文版从入门到精通(标准版)[M]. 北京:清华大学出版社,2018.
[2] 东兆星,吴士良. 井巷工程[M]. 徐州:中国矿业大学出版社,2005.
[3] 董国峰,黄志欣,高冰,等. 中文版 AutoCAD 2018 实用教程[M]. 北京:清华大学出版社,2018.
[4] 槐创锋,许玢. 详解 AutoCAD 2014 标准教程[M]. 北京:电子工业出版社,2014.
[5] 林在康,王斌,谭超. 采矿 CAD 开发及编程技术[M]. 徐州:中国矿业大学出版社,1998.
[6] 林在康,郑西贵. 矿业信息技术基础[M]. 徐州:中国矿业大学出版社,2009.
[7]《煤矿矿井采矿设计手册》编写组. 煤矿矿井采矿设计手册[M]. 北京:煤炭工业出版社,1984.
[8] 全国钢标准化技术委员会. 矿山巷道支护用热轧型钢:GB/T 4697—2017[S]. 北京:中国标准出版社,2017.
[9] 全国混凝土标准化技术委员会. 预应力筋用锚具、夹具和连接器:GB/T 14370—2015[S]. 北京:中国标准出版社,2016.
[10] 汪理全,郑西贵,祝木伟,等. 煤矿矿井设计[M]. 徐州:中国矿业大学出版社,2008.
[11] 王建华,程绪琦. AutoCAD 2014 标准培训教程[M]. 北京:电子工业出版社,2013.
[12] 王征,王仙红. 中文版 AutoCAD 2010 实用教程[M]. 北京:清华大学出版社,2009.
[13] 武同振,赵红珠,吴国华. 综采综掘高档普采设备选型配套图集[M]. 徐州:中国矿业大学出版社,1993.
[14] 肖静. AutoCAD 2014 中文版基础教程[M]. 北京:清华大学出版社,2014.
[15] 张传记,陈松焕,张伟. AutoCAD 2014 中文版全程范例培训手册[M]. 北京:清华大学出版社,2014.
[16] 张荣立,何国纬,李铎. 采矿工程设计手册[M]. 北京:煤炭工业出版社,2003.
[17] 郑西贵,李学华,等. 采矿AutoCAD 2006入门与提高[M]. 徐州:中国矿业大学出版社,2005.
[18] 郑西贵,李学华. 精通采矿 AutoCAD 2014 教程[M]. 徐州:中国矿业大学出版社,2014.
[19] 郑西贵,李学华. 实用采矿AutoCAD 2010教程(含三维)[M]. 2 版. 徐州:中国矿业大学出版社,2012.
[20] 中国建筑科学研究院,歌山建设集团有限公司. 预应力筋用锚具、夹具和连接器应用技术规程:JGJ 85—2010[S]. 北京:中国建筑工业出版社,2010.
[21] 中国煤炭建设协会. 煤炭工业矿井设计规范:GB 50215—2015[S]. 北京:中国计划出版社,2015.

[22] System requirements for AutoCAD 2018[EB/OL]. (2020-11-10)[2020-12-10]. https://knowledge.autodesk.com/support/autocad/troubleshooting/caas/sfdcarticles/sfdcarticles/System-requirements-for-AutoCAD-2018.html?us_oa=forums-us&us_si=06952236-2b17-4af0-8ef8-ce9d6e9dce9c&us_st=AutoCAD%202018.